U0153636

# 半導體元件物理學

## PHYSICS OF SEMICONDUCTOR DEVICES
### FOURTH EDITION

—— 第四版 下冊 ｜ Volume.2 ——

施敏、李義明、伍國珏 —— 著

顧鴻壽、陳密 —— 譯

# 序言

自 1947 年貝爾電話實驗室研究團隊（現在為諾基亞貝爾實驗室）發現電晶體效應以來，半導體元件領域快速成長。隨著此領域的發展，半導體元件的文獻逐漸增加並呈現多元化，要吸收這方面的大量資訊，需要一本完整介紹元件物理及操作原理的書籍。

第一版、第二版與第三版的 *Physics of Semiconductor devices*《半導體元件物理學》分別在 1969 年、1991 年與 2007 年發行以符合如此的需求。令人驚訝的是，本書長期以來一直為主修應用物理、電機與電子工程，以及材料科學的大學研究生的主要教科書之一。由於本書包括許多在材料參數及元件物理上的有用資訊，因此也適合研究與發展半導體元件的工程師及科學家們當作主要參考資料。直到目前為止，本書仍為被引用最多次的書籍之一，在當代工程以及應用科學領域上，已被引用超過 55,000 次(Google Scholar)[*]。

自從本書上一版在 2007 年出版後，已有超過 1,000,000 篇與半導體元件相關的論文被發表，並且在元件概念及性能上有許多突破，顯然需要推出更新版以繼續達到本書的功能。在第四版的 *Physics of Semiconductor devices* 中，有超過 50% 的材料資訊已經被校正或是被更新，並將這些材料資訊全部重新整理。我們保留了基本的元件物理，加上許多當代感興趣的元件，例如負電容、穿隧場效電晶體、多層單元與三維的快閃記憶體、氮化鎵調變摻雜場效電晶體、中間能帶太陽能電池、射極關閉晶閘管、晶格－溫度

---

[*] 編按：本書於中文版翻譯完成時，引用次數已超過 63,800 次。

方程式等，亦在每章後增加大量問題集，幫助整合主題的發展，而某些問題可以在課堂上作為教學範例。

在撰寫這本書的過程，我們有幸得到許多人幫助及支持。首先，我們對於自己所屬的學術單位國立陽明交通大學表示謝意，沒有學校的支持，本書將無法完成；也感謝台灣高等教育深耕計畫第 2 部分─特色領域研究中心─毫米波智慧雷達系統與技術研究中心，以及交大思源基金會的經費資助。

以下學者在百忙中花了不少時間校閱本書並提供建議，使我們獲益良多，績效屬於下列學者：M. Ancona, T.-C. Chang, C.-H. Chaing, Y.-S. Chauhan, K. Endo, M.-Y. Lee, Y.-J. Lee, P.-T. Liu, T. Matsuoka, M. Meyyappan, N. Mori, S. Samukawa, A. Schenk, N. M. Shrestha, P.-H. Su, T. Tanaka, V. Rajagopal Reddy, 以及 D. Vasileska。我們也感謝各期刊以及作者允許我們重製並引用他們的原始圖。

我們很高興地感謝 C.-H. Chen, C.-Y. Chen, S. R. Kola, Y.-C. Lee, C.-C. Liu, W.-L. Sung, N. Thoti 及 Y.-C. Tsai 等協助製備這份原稿。我們更進一步地感謝 Min-Hui Chuang, Norman Erdos 及 Ju-Min Hsu 協助整理原稿的技術編輯。在 John Wiley 以及 Sons，感謝 Sarah Keegan 鼓勵我們進行這個計畫。最後，對我們的妻子 Therese Sze 以及 Linda Ng 在寫作這本書過程的支持及幫助表示謝意。本書作者李義明教授將本書獻給他的母親黃蔥女士，黃女士於 2019 年 6 月過世。

**施敏**
台灣 新竹

**李義明**
台灣 新竹

**伍國珏**
美國 北卡羅來納州 教堂山

2020 年 2 月

# 譯者序一

　　本書為施敏教授、李義明教授與伍國珏博士所撰寫《半導體元件物理學》（Physics of Semiconductor Devices）第四版的中譯本，在 2022 年順利出版面市。相較於第三版《半導體元件物理學》中譯本上、下冊分別在 2008 年及 2009 年發行，這十幾年半導體元件概念、尺寸及性能都有許多突破。本版本中保留了基本的元件物理，但更新超過 50% 的資訊，加上許多當代感興趣的元件，例如負電容、穿隧場效電晶體、多層單元與三維的快閃記憶體、氮化鎵調變摻雜場效電晶體、中間能帶太陽能電池、射極關閉晶閘管等。

　　近年來半導體積體電路的應用領域已由微電子、資訊、通訊等，推展至在人工智慧、大數據、雲端運算、物聯網、機器人、5G 與固態硬碟等領域的應用，彰顯了各種不同半導體積體電路元件的重要性，亦使非揮發性記憶體成為關鍵性半導體元件之一。自 2019 年新冠疫情來臨，全球產業面臨前所未有的衝擊，對半導體晶片的需求大增，台灣的半導體產業引發全球注目，各大學院校也紛紛成立半導體學院培育產業所需人才，《半導體元件物理學》第四版英文版於 2021 年出版，適逢其時，引發全球半導體相關領域讀者的關注與重視。本書編輯的內容相當詳實而易懂，長期以來成為全球各國大學部及研究所選用的教科書之一，並成為研習半導體元件理論必備的寶典級專業書籍。由於本書包括許多在材料參數及元件物理上的有用資訊，因此也適合研究與發展半導體元件的工程師及科學家們當作主要的參考資料。

　　本人與有榮焉受恩師施敏教授的邀請，參與翻譯本書的工作，是我一生中的莫大榮幸，在工業技術研究院服務以及國立交通大學博士班就讀期間，經常有機會與施敏教授互動，對教授的授課、教導與教誨，內心一直滿懷感恩與敬佩，並引以為我個人處事的楷模與典範。本人誠摯地期望本書中文版的完成與出版，可以協助讀者簡要並有效率地學習半導體元件物理，並嘉惠在校學子們以及目前服務於半導體產業界的工程師與研發人員，如此方可不負恩師編撰此書籍的用心，以及所託付的任務。

**顧鴻壽**
謹識於台灣淡水
2022 年 4 月

# 譯者序二

　　本人與有榮焉受施敏教授的邀請，參與翻譯本書，甚感榮幸。在國立交通大學博士班就讀期間，雖未曾有機會與施敏教授互動，但在 90 年代，台灣新竹科學園區許多廠商正在新創階段，對半導體人才需求孔急，有許多原本在美國半導體大廠工作的同學得知施敏教授返台在國立交通大學任職，也對台灣半導體產業的發展有了信心，而返台加入台灣半導體產業。回顧三十年來，台灣半導體產業在全球已經佔有舉足輕重的地位，施敏教授對學子及半導體人才的培育與影響力功不可沒。與施敏教授有較深互動是本人在 2016 年主辦「群聯電子大師級講座 —— 邂逅數位電子時代」邀請施敏教授至明新科大演講，由群聯公司贊助經費；2017 年受安徽大學邀請至合肥參加半導體國際研討會有幸與施敏教授交流。施老師充滿學者風範，卻平易近人，是我最佩服的地方。

　　在學校教授「半導體製程與技術」課程近二十年，半導體元件概念、尺寸以及性能都已在近年有許多突破，此時出版《半導體元件物理學》第四版，對課程教材的更新會有莫大助益。惟目前學生閱讀原文書籍較為吃力，皆深深期待中文翻譯版本早日出版，協助在校學子們以及目前從事半導體產業工作的工程師與研發人員，簡要並有效率地學習半導體元件物理的內容。

　　自 2021 年 5 月開始翻譯本書，期間正逢台灣新冠疫情嚴峻之時，除了線上授課外，無法外出，大部分時間可以沉澱自己、專心譯書。本翻譯書得以順利出版，要感謝我貼心的碩士班學生吳承錡同學，在忙碌於碩士論文之餘同時協助中文打字。小女兒文舒犧牲週末與工作閒暇時間，協助中文打字與文字公式等編排。大女兒子念在 8 月自日本返台後，協助更新圖表中文版本與公式繕打。也謝謝國立陽明交通大學出版社程惠芳小姐的協助。本書在翻譯過程雖經多次斟酌與校對，兼顧與原版書籍的原意與文字流暢性，但本書內容豐富，且部分內容新穎，難免有疏漏之處，請各位讀者不吝指教。部分專有名詞目前無相關中文資料參考，為了維持各章節專有名詞一致性，盡量參考「國家教育研究院之雙語詞彙、學術名詞暨辭書資訊網」的中文翻譯名詞。

　　再次感謝施敏教授，本人才有機會翻譯本書，也感謝本書原文作者之一國立陽明交通大學李義明教授與他的博士班學生莊閎惠同學提供完整的原版資料。期望本書能為半導體人才培育盡一份心力。

**陳密**

謹識於台灣新竹

2022 年 4 月

# 目錄

## 第五部分 光子元件和感應器

## 附錄

## 索引

# 導論

本書的內容可分為五個部分，分別是半導體物理、元件建構區塊、電晶體、負電阻與功率元件，以及光子元件與感測器等部分。第一部分「**半導體物理**」包含第一章，總覽半導體的基本特性，作為理解以及計算元件特性的基礎，其中簡短地概述能帶、載子濃度及傳輸特性，並將重點放在兩個最重要的半導體：矽（Si）及砷化鎵（GaAs）。為便於參考，這些半導體的建議值或是最精確值將收錄於第一章的圖表及附錄之中。

第二部分「**元件建構區塊**」包含第二章到第四章，論述基本的元件建構區段，這些基本的區段可以構成所有的半導體元件。第二章探討 *p-n* 接面的特性，因為 *p-n* 接面的建構區塊出現在大部分半導體元件中，所以 *p-n* 接面理論為半導體元件物理的基礎；該章也討論由兩種不同的半導體所形成的異質接面結構，例如使用砷化鎵 GaAs 及砷化鋁 AlAs 來形成異質接面。異質接面為高速元件與發光元件的關鍵建構區塊。第三章則論述金屬─半導體接觸，即金屬與半導體之間作緊密接觸。當與金屬接觸的半導體只作適當的摻雜時，此接觸產生類似 *p-n* 接面的整流作用。然而，對半導體作重摻雜時，則形成歐姆接觸。歐姆接觸可以忽略在電流通過時造成的電壓降，並讓任一方向的電流通過，可作為提供元件與外界的必要連結。第四章論述金屬─絕緣體─半導體 MIS 電容器，其中以矽材料為基礎的金屬─氧化物─半導體 MOS 結構為主。將表面物理的知識與 MOS 電容的觀念結合是很重要的，因為這樣不但可以了解與 MOS 相關的元件，像是金氧半場效電晶體（MOSFET）與浮動閘極非揮發性記憶體，同時也是因為其與所有半導體元件表面，以及絕緣區域的穩定度與可靠度有關。

　　第三部分「**電晶體**」以第五章到第八章來討論電晶體家族。第五章探討雙極性電晶體，即由兩個緊密結合的 *p-n* 接面間交互作用所形成之元件。雙極性電晶體為最重要的初始半導體元件之一，因為其可以視為第三次工業革命（1947–2000 年）的技術驅動器，而開發了計算機、微晶片與衛星等。第六章討論金氧半場效電晶體是第四次工業革命（自 2000 年以來）*的重要技術驅動器。金氧半場效電晶體是先進積體電路中最重要的元件之一，並且廣泛地應用在微處理器以及動態隨機存取記憶體（DRAM）上。第七章論述非揮發性記憶體（特別是浮動閘極記憶體），其使得全球快速連結（手機）、人工智慧、大數據、雲端運算、物聯網、機器人與固態硬碟等得以發展。第八章介紹三種其它的場效電晶體：接面場效電晶體（JFET）、金屬半導體場效電晶體（MESFET）以及調變摻雜場效電晶體（MODFET）。JFET 是較早開發的元件，現在主要用在功率元件；而 MESFET 與 MODFET 則應用在高速、高輸入阻抗放大器，以及單晶微波積體電路上。

　　第四部分「**負電阻與功率元件**」從第九章到第十一章，探討負電阻以及功率元件。第九章討論穿隧二極體（重摻雜的 *p-n* 接面）和共振穿隧二極體（利用多個異質接面形成雙能障的結構）。這些元件顯示出由量子力學穿隧所造成的負微分電阻，它們可以產生微波或作為功能性元件，也就是說可以大幅地減少元件數量而達到特定的電路功能。第十章討論傳渡時間和傳渡電子元件。當一個 *p-n* 接面或金屬－半導體接面操作在累增崩潰區的情況下，適當的條件可使其成為衝擊離子化累增渡時二極體（IMPATT diode）。在毫米波頻率（即大於 30 GHz）下，IMPATT 二極體能夠產生所有的固態元件中最高的連續波（continuous wave, CW）功率輸出。轉移電子效應是導

---

* 自 18 世紀中葉以來，有四次工業革命，第一次工業革命自 1769 至 1830 年，詹姆士・瓦特（James Watt）發明的蒸汽引擎為工業革命技術的驅動器，第二次工業革命自 1876 至 1914 年，湯瑪斯・愛迪生（Thomas Edison）發明的電燈泡是為工業革命的技術驅動器。

電帶的電子從高移動率的低能谷，轉移到低移動率的高能谷（動量空間），利用此機制也可以產生微波振盪。閘流體基本上是由三個緊密串聯的 p-n 接面形成 p-n-p-n 結構，將於第十一章討論。本章也會討論金氧半控制閘流體（為 MOSFET 與傳統閘流體的結合）以及絕緣閘極雙極性電晶體（IGBT，為 MOSFET 與傳統雙極性電晶體的結合）。這些元件具有寬廣的功率處理範圍及切換能力，可以處理從幾個毫安培到數千安培的電流，以及超過 6,000 伏特的電壓。

第五部分「**光子元件與感測器**」，從第十二章到第十四章介紹光子元件（photonic device）與感測器。光子元件可以作為偵測、產生，或是將光能轉換為電能，反之亦然。第十二章中討論發光二極體 LED 及雷射等半導體光源，發光二極體有多方面的應用，例如作為電子設備與交通號誌上的顯示元件、手電筒及車前頭燈的照明元件等。半導體雷射則可用在光纖通訊、影視播放器及高速雷射印表機等。各種具有高量子效率與高響應速度的光偵測器將在第十三章討論。本章也會討論太陽能電池，其能夠將光能轉換成電能，與光感測器相似，但有不同的重點與元件配置。全世界的能源需求增加與化石燃料造成全球暖化，因此迫切需發展替代性能源。太陽能電池被視為主要的替代方案之一，因為其擁有良好的轉換效率，能夠直接將太陽光轉換為電，在低操作成本下提供幾乎無止境的能量，並且不會產生污染。第十四章討論重要的半導體感測器，感測器定義為可以偵測或量測外部訊號的元件，基本上訊號可區分為六種：電、光、熱、機械、磁以及化學類型，藉由感測器可以提供我們利用感官直接察覺這些訊號以外的其他資訊。基於感測器的定義，傳統的半導體元件都是感測器，因為它們具有輸入以及輸出的功能，而且兩者皆為電的型式。我們從第二章到第十一章討論電訊號的感測器，而第十二及第十三章則探討光訊號感測器。在第十四章，我們討論剩下四種訊號的感測器，即熱、機械、磁以及化學類型。

我們建議讀者先研讀半導體物理（第一部分）以及元件建構區段（第二部分），第三部分到第四部分的每一章皆討論單一個主要元件或其相關的元件家族，而大致與其他章節獨立，所以讀者可以將這本書來當作參考書，且老師可以在課堂上選擇適當的章節以及偏愛順序。半導體元件有非常多的文獻，迄今已超過 1,500,000 篇的論文在這個領域中發表，而且預計在未來十年間的總量可達到兩百萬篇。這本書的每一個章節皆以簡單和一致的風格來闡述，沒有過於依賴原始文獻。然而，我們在每個章節最後仍廣泛地列出關鍵性的論文以作為參考，並提供進一步的閱讀。

# 第八章
# 接面場效電晶體、金屬半導體場效電晶體以及調變摻雜場效電晶體
# JFETs, MESFETs, and MODFEs

## 8.1 簡介

在本章中，我們將討論金氧半場效電晶體（MOSFET）之外其它的場效電晶體（field-effect transistor, FET）。回到第六章圖 4 所描述的場效電晶體族系，我們指出所有的場效電晶體均是利用一個閘極，並透過某種型式的電容與通道耦合。MOSFET 中，是透過一個氧化層來形成此電容，然而接面場效電晶體（junction FET, JFET）和金屬半導體場效電晶體（metal-semiconductor FET, MESFET）的電容形成，是藉由接面內的空乏層效應；其中 JFET 是透過一個 *p-n* 接面，而 MESFET 則是透過蕭特基接面（金屬－半導體接面）。在異質接面場效電晶體（heterojunction FET, HFET）的分支中，利用磊晶的技術在通道層上成長一層具有較大能隙的材料，用來當作一個絕緣層。記住，一個材料的導電性基本上與能隙的大小相關，絕緣材料具有較大的能隙。利用磊晶方式製作的異質接面可產生一個理想的介面，在缺乏理想的氧化層半導體界面的情況下，特別是在矽以外的其他半導體製作上，應用此磊晶技術是必要的，可選擇摻雜或不摻雜高能隙材料在 HFET 中。而在摻雜高能隙材料的情況下，摻雜物的載子會轉移到異質介面處，並且形成一層高移動率的通道，這是因為通道本身是不摻雜的，能避免雜質散射的效應。這種技術稱為調變摻雜（modulation doping），將此技術

應用於場效電晶體的閘極時，則為調變摻雜場效電晶體（modulation-doped FET, MODFET），並且具有一些有趣的特性。而當 HFET 使用未摻雜的高能隙材料時，此種元件稱為異質接面絕緣閘極場效電晶體（heterojunction insulated-gate FET, HIGFET），HIGFET 並未使用到調變摻雜技術，只是單純地將高能隙材料當作絕緣體。這種元件的行為和 MOSFET 是一樣的，故在此章節中不會再作進一步的討論，僅專注討論 JFET、MESFET 和 MODFET 等元件。

　　在上述三種元件中，JFET 和 MESFET 具有相似的操作原理。如第六章討論的兩種元件是基於埋入式通道來傳導，並且利用閘極下的空乏區寬度來調變電流傳輸，它們與埋入式通道的 MOSFET 相似，只是後者的閘極可以施加順向偏壓以延伸在表面的聚積層，形成表面通道，並且與埋藏的通道平行。然而，在 JFET 和 MESFET 中，其操作電壓不能高於或接近平帶電壓，否則過量的電流將會流過閘極。8.2 節將討論 JFET 和 MESFET，以及共用相同的元件物理與傳輸方程式，因為 MODFET 在異質介面處具有一個二維的通道區，故在 8.3 節單獨討論。

## 8.2 JFET 和 MESFET

　　1952 年，蕭克萊（Shockley）首先提出並分析 JFET 元件[1]，此元件基本上是一個利用電壓來控制的電阻器。基於蕭克萊的理論論述，達塞（Dacey）和羅斯（Ross）發表了第一個可工作的 JFET，並在之後研究中也考慮電場與載子移動率的相關效應[2,3]。JFET 的電流是由多數載子流動造成，所以是單極元件（unipolar device），也由於其是逆偏壓 p-n 接面，造成 JFET 的輸入阻抗是非常高的。

　　1966 年，米德（Mead）提出並首次展示 MESFET 元件[4]。隨後在 1967 年，霍伯（Hopper）和雷赫爾（Lehrer）成長 GaAs 磊晶層在半絕緣的 GaAs 基板上[5]。JFETs 與 MESFETs 元件具有在類比[6-8]、數值[9]、光子與偵

測器 [10-13] 領域的高功率與高溫 [14] 等優點。JFET 和 MESFET 共同的優點為可以避免 MOSFET 氧化層－半導體間介面的問題，例如由熱電子注入與捕捉所產生的介面缺陷以及可靠度問題。然而，在閘極施加偏壓的容許範圍卻會受到限制。與 JFET 比較，MESFET 在某些製程及性能上擁有較大的優勢，舉例來說，*p-n* 接面需要利用擴散或離子佈植後再退火來製作，而金屬閘極只需在低溫下製作即可。沿著通道寬度的低閘極電阻以及低電壓降 *IR*，對微波性能而言是一個非常重要的因素，這會影響元件的雜訊與 $f_{max}$。在高速元件的應用上，金屬閘極在定義短通道長度上有較好的控制能力；在功率元件的應用上，也可以作為一個有效的熱衰減器。另一方面，JFET 有較強的接面，使得元件具有更高的崩潰電壓與功率的忍受力。此外，因為 *p-n* 接面具有較大的內建電位，有助於製作成加強模式的元件，而這較大的電位也能夠降低在同樣操作電壓下的閘極漏電流。*p-n* 接面在製程上是一種較需控制的結構，然而對於某些半導體而言，例如一些 *p-* 型的材料，不容易形成一個好的蕭特基位障。JEFT 對於閘極的結構上有較大的自由度，例如使用異質接面或是具有緩衝層的閘極，這可用來改善某方面的性能。

尤其是 GaAs 的蕭特基能障高度與表面採用的金屬型態無關，由於表面的能態，在表面上釘扎費米能階（pinned Fermi level）接近 $E_g$ 的中心位置。如圖 1，使用 *p-n* 接面導致形成一個類似能隙的高能障介面。GaAs JEFT 的介面能障高達 1.3 eV，相較之下，蕭特基 MESFET 的介面 [15] 能障為 0.8

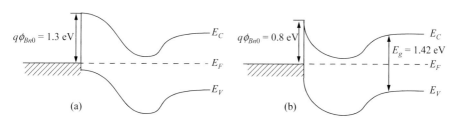

圖 1　GaAs (a)JFET (b) MESFET 元件的能帶圖，在 300 K 垂直通道的方向。（參考文獻 15）

eV。當元件具有高能障時，可容許在通道開啟前的大的正偏壓（高起始電壓 $V_T$），並允許大的訊號擺盪，因此電路可忍受大的雜訊範圍。

## 8.2.1 *I-V* 特性

在圖 2a、b 的示意結構，我們可以發現 JFET 與 MESFET 有些相似處。圖中的元件皆以 *n-* 型通道為例，電晶體是由導電通道層以及與其相接的兩歐姆接觸端所組成，其中一端為源極，另一端則為汲極。當汲極端施加 $V_D > 0$，電子會從源極端流到汲極端，因此源極的作用可視為載子提供源，汲極端則可視為接收端。第三電極為閘極，其形成一個整流接面，並藉由改變空乏區的寬度來控制淨通道的展開大小。

JFET 利用 *p-n* 接面為整流閘極，而 MESFET 則利用蕭特基位障接面，因此 JFET 的位障高於 MESFET。基本上元件可視為一電壓控制的電阻器，其電阻變化是藉由改變延伸到通道區的空乏層寬度來控制。

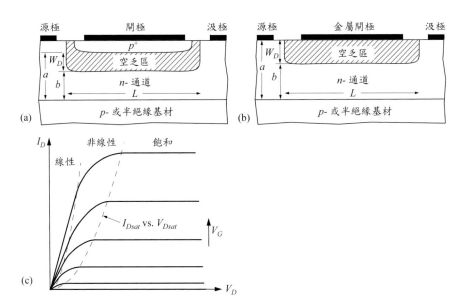

圖 2　(a) JFET 與 (b) MESFET 的結構示意圖，兩者相似處為淨通道展開的大小 *b* 是由空乏區寬度 $W_D$ 來控制 (c) JFET 與 MESFET 常見的 *I-V* 特性曲線。

　　圖 2 元件的基本幾何參數分別為通道長度 $L$（也可稱為閘極長度）、通道深度 $a$、空乏層寬度 $W_D$、淨通道展開大小 $b$ 與通道寬度 $Z$（此指垂直進入紙面的方向，圖中未顯示。）在此所使用的電壓極性，均適用於 $n$- 型通道的場效電晶體，當電壓操作於 $p$- 型通道的場效電晶體時，極性相反。閘極電壓 $V_G$ 與汲極電壓 $V_D$ 為相對於源極所測得的電壓，而源極通常是接地。當 $V_G = V_D = 0$ 時，元件即達到平衡狀態且無任何電流流動。大多數的 JFET 與 MESFET 均為空乏模式的元件，也就是說：當 $V_G = 0$ 時，元件為常態開啓（normally-on），也可解釋為起始電壓 $V_T$ 為負值。當施加的 $V_G$ 大於起始電壓時，通道的電流大小會隨著汲極電壓的增大而增大，最後當汲極電壓 $V_D$ 大到某個程度時，電流將會達到一飽和的狀態值 $I_{Dsat}$。近年有許多實驗與理論報導 JFETs 通道被多個閘極所包圍 [16-20]，而雙閘極 JFET 通道通常會被兩個閘極所包圍，在圖 2a，元件底部應該還會有第二個閘極。接下來我們將對圖 2a 作單一閘極的分析，因為雙閘極元件結構對稱的關係，可視為兩個單一閘極的結構，推導出來的電流或轉導為實際值的二分之一。

　　圖 2c 顯示 JFET 或 MESFET 的基本電流－電壓特性（在不同的閘極電壓下，汲極電流對汲極電壓的關係）。我們將圖中理想的特性曲線分成三個部分：線性區係指在汲極電壓很小時，$I_D$ 正比於 $V_D$，直到上升至某一點稱拐點電壓（knee voltage）為非線性區，在飽和區汲極電流值保持定值而與 $V_D$ 無關。當閘極電壓變得更負值時，飽和電流 $I_{Dsat}$ 與對應的飽和電壓 $V_{Dsat}$ 均會逐漸減少。圖 2c 的 $I_{Dsat}$-$V_{Dsat}$ 即為進入飽和區時，所對應的飽和電壓與飽和電流。

　　接下來，基於以下假設推導 JFET 與 MESFET 的 $I$-$V$ 特性：(1) 通道層為均勻摻雜；(2) 漸變通道近似（gradual-channel approximation）（$\mathscr{E}_x \ll \mathscr{E}_y$）；(3) 陡峭接面的空乏層；(4) 忽略閘極電流。我們先從與通道尺寸相關的通道電荷分布開始，當元件給定一閘極與汲極偏壓，其通道尺寸與電位詳細分布的情形如圖 3 所示。這些是推導 $I$-$V$ 特性的基礎。

**通道電荷分布（Channel-Charge Distribution）**　　對於均勻摻雜的 $n$- 型通道，在漸變通道近似下，空乏區寬度 $W_D$ 只隨著通道（$x$- 方向）逐漸變化，因此可利用上冊第一章一維波松方程式在 $y$- 方向求解變數 $\Delta \psi_i$

$$\frac{d\mathscr{E}_y}{dy} = -\frac{d^2\Delta\psi_i}{dy^2} = \frac{qN_D}{\varepsilon_s} \tag{1}$$

其中 $\mathscr{E}_y$ 是 $y$- 方向電場。根據單面陡峭接面的空乏近似，從源極算起距離 $x$ 的地方，其空乏層寬度 $W_D$ 為

$$W_D(x) = \sqrt{\frac{2\varepsilon_s[\psi_{bi} + \Delta\psi_i(x) - V_G]}{qN_D}} \tag{2}$$

其中 $\psi_{bi}$ 為內建電位，其值為

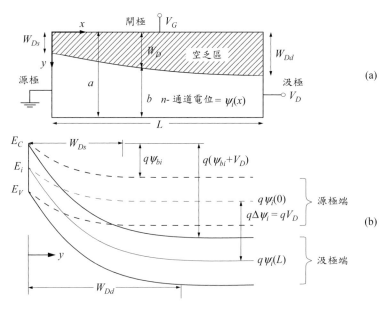

圖 3　　(a) 汲極與閘極偏壓下的通道尺寸 (b) 源極末端（虛線）與汲極末端（實線）在 $y$- 方向的能帶圖。

$$\psi_{bi} \approx \begin{cases} \dfrac{1}{q}\left[E_g - kT\ln\left(\dfrac{N_C}{N_D}\right)\right] & \text{for JFET} \\[4mm] \phi_{Bn} - \dfrac{kT}{q}\ln\left(\dfrac{N_C}{N_D}\right) & \text{for MESFET} \end{cases} \tag{3}$$

若是 MESFET，$\psi_{bi}$ 則由金屬－半導體接面的蕭特基位障高度 $\phi_{Bn}$ 來決定。對 JFET 來說，$\psi_{bi}$ 為 $p^+$-$n$ 接面的內建電位，而 $\Delta\psi_i(x)$ 為電中性的通道電位 $[-E_i(x)/q]$ 相對於源極的電位差，所以在汲極末端（$x = L$），$\Delta\psi_i(L) = V_D$。在源極與汲極的空乏區寬度 $W_D$ 分別為

$$W_D = \begin{cases} W_{Ds} = \sqrt{\dfrac{2\varepsilon_s(\psi_{bi} - V_G)}{qN_D}} & \text{for } x = 0 \\[5mm] W_{Dd} = \sqrt{\dfrac{2\varepsilon_s(\psi_{bi} + V_D - V_G)}{qN_D}} & \text{for } x = L \end{cases} \tag{4}$$

藉由閘極偏壓來增加電流，其限制最大值在 $V_G = \psi_{bi}$，此條件相當於 $W_{Ds} = 0$，實際上，閘極接面過量的順向電流會使得此平帶條件不會發生。至於 $W_{Dd}$ 能達到的最大值為 $a$，此時汲極末端的半導體會發生能帶彎曲，其相對應的電壓稱為夾止電位（pinch-off potential），定義為

$$\psi_P \equiv \frac{qN_D a^2}{2\varepsilon_s} \tag{5}$$

通道的電荷密度決定電流的傳導能力，其正比於淨通道展開大小

$$Q_n(x) = qN_D(a - W_D) \tag{6}$$

簡單來說，通道電流為電荷乘以其速度 $v$

$$I_D(x) = ZQ_n(x)v(x) \tag{7}$$

由於通道中的電流必為連續，所以跟通道位置無關。將式 (7) 由源極到汲極積分產生

$$I_D(x) = \frac{Z}{L} \int_0^L Q_n(x) v(x) dx \tag{8}$$

這個基本方程式可以用來推導出所有區域範圍的 *I-V* 關係，式 (8) 的載子速度是由外加電場所控制。在接下來的分析，我們會使用不同的假設描述此關係式。回到圖 2c，我們會發現飽和電流來自於兩種非常不同的機制，第一種機制是由於通道夾止，即淨通道完全被空乏區寬度夾止，這被認為是長通道的行為，可以藉由定值移動率，即 $v = \mu \mathscr{E}$ 簡單地描述其作用。第二種可能的機制特別適用於短通道元件：當電場足夠高，使得移動率不再是固定值，最後速度會增加到固定值，稱為飽和速度。此現象發生在通道尚未被夾止的時候。

**定值移動率模型（constant mobility Model）**    假設載子速度 $v = \mu \mathscr{E}_x$ 與 $\mathscr{E}_x = d\Delta \psi_i / dx$ 式 (8) 可表示為

$$
\begin{aligned}
I_D &= \frac{Zq\mu N_D}{L} \int_0^{V_D} \left[ a - \sqrt{\frac{2\varepsilon_s(\psi_{bi} + \Delta \psi_i - V_G)}{qN_D}} \right] d\Delta \psi_i \\
&= G_i \left\{ V_D - \frac{2}{3\sqrt{\psi_P}} [(\psi_{bi} + V_D - V_G)^{3/2} - (\psi_{bi} - V_G)^{3/2}] \right\}
\end{aligned}
\tag{9}
$$

其中，當 $W_D = 0$ 時，整體通道的電導（full channel conductance）

$$G_i \equiv \frac{Zq\mu N_D a}{L} \tag{10}$$

在線性區中，$V_D \ll V_G$ 且 $V_D \ll \psi b_i$，式 (9) 可簡化為

$$I_{Dlin} = G_i \left( 1 - \sqrt{\frac{\psi_{bi} - V_G}{\psi_P}} \right) V_D \tag{11}$$

上式可觀察到其歐姆特性。式 (11) 能進一步地利用在 $V_G = V_T$ 附近進行泰勒展開，並簡化為

$$I_{Dlin} \approx \frac{G_i}{2\psi_P} (V_G - V_T) V_D \tag{12}$$

其中

$$V_T = \psi_{bi} - \psi_P \tag{13}$$

$V_T$ 為決定電晶體開與關的閘極起始電壓。當汲極電壓持續增加,根據式 (9) 所示,電流將進入非線性區。電流會達到一個峰值,超過峰值後又開始下降。雖然電流的下降並不符合物理概念,但卻符合當 $W_{Dd} = a$ 時的夾止條件。夾止開始發生的 $V_D$ 為

$$V_{Dsat} = \psi_P - \psi_{bi} + V_G = V_G - V_T \tag{14}$$

$V_{Dsat}$ 代入式 (9) 可得飽和電流

$$I_{Dsat} = G_i \left[ \frac{\psi_P}{3} - (\psi_{bi} - V_G)\left( 1 - \frac{2}{3}\sqrt{\frac{\psi_{bi} - V_G}{\psi_P}} \right) \right] \tag{15}$$

由上式可知,飽和區電流值的極大值為 $G_i \psi_P /3$,但在實際的情況下,過量的閘極電流會使得這個極大值是無法達到的。轉導(transconductance)的表示式為

$$g_m \equiv \frac{dI_{Dsat}}{dV_G} = G_i\left( 1 - \sqrt{\frac{\psi_{bi} - V_G}{\psi_P}} \right) \tag{16}$$

以定性來說,當汲極偏壓高於 $V_{Dsat}$ 時,夾止點開始向源極端移動。然而,在夾止點的電位始終保持為 $V_{Dsat}$ 而與 $V_D$ 無關。當電流飽和發生時,在漂移區的電場會保持定值。在實際元件中的 $I_{Dsat}$,並不會隨著 $V_D$ 而完全飽和,這是因為有效通道長度的減少(有效通道長度為源極到夾止點的距離)。再次使用泰勒展開式,將式 (15) 在 $V_G = V_T$ 附近展開並簡化可得

$$I_{Dsat} \approx \frac{G_i}{4\psi_P}(V_G - V_T)^2 \tag{17}$$

以及

$$g_m \approx \frac{G_i}{2\psi_P}(V_G - V_T) \tag{18}$$

由式 (12)、(17) 和 (18) 可以看出只有在接近起始電壓 （即 $V_G \approx V_T$）時，其特性才會與 MOSFET 元件相似。這是因為 JFET 與 MESFET 的閘極電容（或者說空乏層寬度）會隨著閘極偏壓而改變，但在 MOSFET（閘極為介電材料）中卻是固定的。換句話說，MOSFET 元件的通道電荷與 $V_G$ 為線性的關係，在 JFET 或 MESFET 則不是線性的關係 [ 式 (6)]。

　　三維塊材通道（例如 JFET 與 MESFET）與二維的片電荷通道（例如 MOSFET 與 MODFET）最主要的差別在於其電流是由淨通道展開的大小所控制。因此，電流的表示式能以物理尺寸來敘述，這也許可以幫助我們釐清問題。利用以下的關係式

$$\frac{dW_D}{d\Delta\psi_i} = \frac{\varepsilon_s}{qN_DW_D} \tag{19}$$

式 (8) 可變為

$$I_D = \frac{Z\mu q^2 N_D^2}{\varepsilon_s L}\int_{W_{Ds}}^{W_{Dd}}(a-W_D)W_D dW_D = \frac{Z\mu q^2 N_D^2 a^3}{6\varepsilon_s L}[3(u_d^2-u_s^2)-2(u_d^3-u_s^3)] \tag{20}$$

其中正規化的無因次單位定義為

$$u_d \equiv \frac{W_{Dd}}{a} = \sqrt{\frac{\psi_{bi}+V_D-V_G}{\psi_P}} \quad,\quad u_s \equiv \frac{W_{Ds}}{a} = \sqrt{\frac{\psi_{bi}-V_G}{\psi_P}} \tag{21}$$

式 (9) 也可以直接轉換為式 (20)。在線性區中，對於小的 $V_D$ 方程式可以近一步簡化為

$$I_{Dlin} = G_i(1-\mu_S)V_D \tag{22}$$

當通道夾止時得到的電流即為飽和電流，設定 $u_d = 1$，則飽和電流值為

$$I_{Dsat} = \frac{Z\mu q^2 N_D^2 a^3}{6\varepsilon_s L}(1-3u_s^2+2u_s^3) \tag{23}$$

因此，轉導為

$$g_m = \frac{dI_{Dsat}}{dV_G} = \frac{dI_{Dsat}}{du_s} \times \frac{du_s}{dV_G} = G_i(1 - u_s) \tag{24}$$

**速度－電場關係（Velocity-Field Relationship）**　　在長通道的元件中，因為電場強度夠低，故載子的速度可視爲正比於電場強度，也就是移動率爲定值。當 FET 爲短通道元件時，則會發現實驗的結果跟基本理論有顯著差別，產生差異的主要原因在於短通道中的內部電場強度較強。圖 4 描述矽材料內部漂移速度與電場的定性關係，在低電場下，漂移速度隨電場強度線性增加，而其斜率對應到一個固定的移動率（$\mu = v/\mathscr{E}$）。高電場時，載子的速度將會偏離線性關係，速度與電場的斜率變得比在低電場時的外插值還來的低，而且最後會達到一飽和速度 $v_s$，因此對於短通道元件，必須考慮這些效應。

以矽材料爲例，當電場大於 $5 \times 10^4$ V/cm 時，漂移速度會趨近於 $10^7$ cm/s 的飽和值。對一些半導體材料，例如 GaAs 和 InP，漂移速度會先達到一個峰值，接著開始下降到約 $6 \times 10^6$ - $8 \times 10^6$ cm/s 的飽和速度。這個負電阻的現象是因爲轉移電子效應（transferred-electron effect）所致，它的速度　電場關係過於複雜以致於不能產生一個解析的結果，因此本章不考慮此現象。在本節，我們將討論兩種簡單的速度－電場關係，第一種爲圖 4 所示的二段線

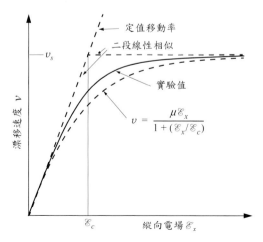

圖 4　對於 Si 或沒有轉移電子效應的半導體材料之漂移速度與電場的關係。

性近似（two-piece linear approximation），第二種為經驗式，令漂移速度在定值移動率區轉變到飽和速度區為一平滑曲線，其方程式為

$$v(\mathscr{E}_x) = \frac{\mu \mathscr{E}_x}{1 + (\mu \mathscr{E}_x / v_s)} = \frac{\mu \mathscr{E}_x}{1 + (\mathscr{E}_x / \mathscr{E}_c)} \tag{25}$$

其中 $\mathscr{E}_x = d \Delta \psi_i / dx$，為通道的縱向電場。如上述所示，這兩種關係式中都包含了一個重要的參數，即臨界電場（critical field）$\mathscr{E}_c$。

**二段線性近似移動率模型（Two-piece Linear approximated Mobility Model）**　我們首先討論基於二段線性近似關係的速度飽和，請注意在這個模型中，定值移動率的推導結果 [ 即式 (9)] 在汲極端的電場達到最大值 $\mathscr{E}_c$ 之前皆為有效的。但二段線性近關係的 $V_{Dsat}$ 值，小於定值移動率模型中的 $V_{Dsat}$，於是電流會在一個較低的新 $I_{Dsat}$ 值達到飽和，因此這裡最主要的目的在於計算新的 $V_{Dsat}$。我們從包含電場與電流之關係的式 (7) 開始，並帶入 $v = \mu \mathscr{E}$。令 $\mathscr{E} = \mathscr{E}_c$，$I_D = I_{Dsa}$，可得

$$I_{Dsat} = Zq\mu N_D \mathscr{E}_c \left[ a - \sqrt{\frac{2\varepsilon_s (\psi_{bi} + V_{Dsat} - V_G)}{qN_D}} \right] \tag{26}$$

將上式與式 (9) 相等，可獲得與 $V_{Dsat}$ 相關的超越方程式

$$\mathscr{E}_c L = \frac{V_{Dsat} - [2/(3\sqrt{\psi_P})][(\psi_{bi} + V_{Dsat} - V_G)^{3/2} - (\psi_{bi} - V_G)^{3/2}]}{1 - \sqrt{(\psi_{bi} + V_{Dsat} - V_G)/\psi_P}} \tag{27}$$

上式顯示，當 $V_D$ 達到 $\mathscr{E}_c L$ 或 $V_D / L \approx \mathscr{E}_c$，電流就會達到飽和。若 $V_{Dsat}$ 已知，可由式 (9) 計算出 $I_{Dsat}$。另外由於 $V_{Dsat}$ 的值會小於定值移動率模型下所得到的值，因此電流會在通道夾止前達到飽合。

**經驗的移動率模型（Empirical Mobility Model）**　接下來基於經驗方程式 $v(\mathscr{E})$，也就是先前所提及的式 (25)，來推導電流方程式。代入 $v$ 到式 (7) 中，並對 $x = 0$ 至 $L$ 積分，可得到

$$\int_0^L I_D\left(1 + \frac{\mathscr{E}_x}{\mathscr{E}_c}\right)dx = \int_0^L ZQ_n\mu\mathscr{E}_x dx \tag{28}$$

注意上式右邊與由定值移動率模型的方程式 [ 式 (9)] 相似。在左邊的值則為 $I_D$ ( $L + V_D/\mathscr{E}_c$ )。積分式 (28) 後得到

$$I_D = \frac{G_i}{1 + (V_D/\mathscr{E}_cL)}\left\{V_D - \frac{2}{3\sqrt{\psi_P}}[(\psi_{bi} + V_D - V_G)^{3/2} - (\psi_{bi} - V_G)^{3/2}]\right\} \tag{29}$$

相較於式 (9)，新的結果得到比定值移動率模型縮小（$1+V_D/\mathscr{E}_cL$）倍的電流值。為了計算 $V_{Dsat}$，我們令 $dI_D / dV_D = 0$ 來估算電流的最大值，結果產生 $V_{Dsat}$ 之超越方程式

$$\begin{aligned}\mathscr{E}_cL = &\sqrt{\frac{\psi_{bi} + V_{Dsat} - V_G}{\psi_P}}(\mathscr{E}_cL + V_{Dsat}) \\ &- \frac{2}{3\sqrt{\psi_P}}[(\psi_{bi} + V_{Dsat} - V_G)^{3/2} - (\psi_{bi} - V_G)^{3/2}]\end{aligned} \tag{30}$$

由上述方程式針對不同的 $\mathscr{E}_c L$ 值所計算出 $V_{Dsat}$ 的解，再繪製於圖 5，最上方的曲線（$\mathscr{E}_c L = \infty$）為定值移動率模型的限制。注意隨著 $\mathscr{E}_c L$ 的減少，會在較小的汲極電壓下就達到飽和汲極電流。為了得到飽和汲極電流值，$V_{Dsat}$ 的解可用於式 (29) 中，式 (30) 取代式 (29) 其中某幾項可得到

$$I_{Dsat} = G_i\mathscr{E}_cL\left(1 - \sqrt{\frac{\psi_{bi} + V_{Dsat} - V_G}{\psi_P}}\right) = G_i\mathscr{E}_cL(1 - u_{dm}) \tag{31}$$

其中 $u_{dm}$ 是在電壓為 $V_{Dsat}$ 時移動率的值，$V_{Dsatt}$ 為 $V_G$ 的函數。飽和區的轉導值可利用式 (30) 與 (31) 的計算得知

$$\begin{aligned}g_m = \frac{dI_{Dsat}}{dV_G} &= \frac{G_i}{\sqrt{\psi_P}}\frac{\sqrt{\psi_{bi} + V_{Dsat} - V_G} - \sqrt{\psi_{bi} - V_G}}{1 + (V_D/E_CL)} \\ &= \frac{G_i(u_{dm} - u_s)}{1 + (\psi_P/\mathscr{E}_cL)(u_{dm}^2 - u_s^2)}\end{aligned} \tag{32}$$

當 $\mathscr{E}_c L = \infty$ 且 $u_{dm} = 1$ 時，上式可以簡化爲定值移動率模型的式 (24)。介紹完上述速度－電場關係的模型後，我們有足夠的資訊來比較它們對 *I-V* 特性的影響。取單一條 *I-V* 曲線爲例：固定 $V_G$ ( = 0)，而其他的參數值分別爲：$\psi_P = 4$ V，$\psi_{bi} = 1$ V 和 $\mathscr{E}_c L = 2$ V，其結果顯示於圖 6。定值移動率、二段線性近似，與經驗方程式計算的 $V_{Dsat}$ 值分別爲 3 V、1.3 V 與 1.9 V。值得注意的是對於二段線性近似模型的曲線，在達到 $V_{Dsat}$ 前，其 $I_D$ 電流與定值移動率模型是一樣的。這三條曲線中的最低電流爲由式 (26) 所得，這是因爲在任何電場下，其對應之速度爲三個模型中的最低值，如圖 4 所示。

**速度飽和（Velocity Saturation）**　在一個極端的情況，也就是非常短的閘極限制下 ( $L \ll V_D / \mathscr{E}_c$ )，速度飽和（velocity saturation）模型 [22] 被認爲是有效的。在這個假設中，在閘極下所有區域的載子均以 $v_s$ 的飽和速度移動，而且與低電場移動率（low-field mobility）完全無關。從式 (7) 開始，飽和電流爲

$$I_{Dsat} = ZQ_n v_s = Zq(a - W_{Ds})N_D v_s \tag{33}$$

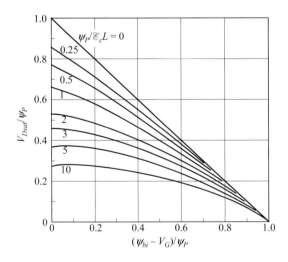

圖 5　對於不同的 $\psi_P / \mathscr{E}_c L$ 值，由式 (33) 所計算出來的 $V_{Dsat}$ 解。（參考文獻 21）

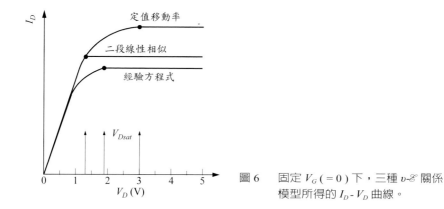

圖 6　固定 $V_G$ ( = 0 ) 下，三種 $v\text{-}\mathscr{E}$ 關係模型所得的 $I_D\text{-}V_D$ 曲線。

因此元件的最大電流值爲 $ZqaN_Dv_s$，此值是經由定值移動率模型中的 $G_i\psi_p/3$ 簡化而來。在此選擇源極端的空乏層寬度 $W_{Ds}$ 而不是汲極端，其原因與下一節（電偶層形成）將詳細討論的載子濃度與速度特性有關，其顯示飽和電流值完全與通道長度無關。轉導表示式爲

$$g_m = \frac{dI_{Dsat}}{dV_G} = -ZqN_Dv_s\frac{dW_{Ds}}{dV_G} = \frac{Z\varepsilon_sv_s}{W_{Ds}} \qquad (34)$$

式 (34) 可再近一步簡化爲類似 FET 的方程式

$$g_m = ZC_{Gs}v_s \qquad (35)$$

其中，$\varepsilon_s/W_{Ds}$ 就是閘極與源極間的電容 $C_{GS}$，由上述方程式可看出轉導爲定值，而且與閘極偏壓及通道長度無關。我們與上冊第六章圖 14 比較，定值移動率與速度飽和的輸出特性曲線，可得知在速度飽和模型下得到的飽和電流與飽和電壓均較小，但是線性區的結果仍然相似。不同 $V_G$ 的 $I\text{-}V$ 曲線以等間距顯示，也說明了速度飽和下的轉導 $g_m$ 爲定值的特性。速度飽和限制提供了非常簡單的推導與結果，加深我們對短通道限制的理解。事實上，這個簡單的方程式與目前最先進的短通道元件相當符合。即使速度飽和在場效電晶體中限制了最大載子速度，但仍然有兩個特別的效應會使得載子在部

分通道的高電場區下有較高的速度。第一個效應與材料的特性有關，例如在 GaAs、InP 中，會顯現轉移電子效應。根據上冊第一章圖 21a 表示的速度－電場關係可知，在適當的電場下，實際漂移速度大於飽和速度。若把這種負電阻效應併入其中來模擬 I-V 特性，分析將會變得非常困難。

第二個效應則出現在極短的通道元件中，也就是當通道長度相當或小於散射的平均自由徑時〔參考第一章關於彈道效應（ballistic effect）〕。對非常短的閘極而言，是指電子沒有充足的時間與距離，在通道的高電場區域中達到傳輸平衡 [23]。因此，當電子進入高電場區域後，在減緩至平衡值之前會被加速到一個更高的速度，載子會過衝（overshoot）到高於穩定態兩倍的速度，並在載子移動了一段距離後，方能減緩到平衡值。這個過衝的現象將會縮短電子的傳送時間。過衝現象通常被設計來改善元件的高頻響應，特別是在 GaAs 的 FET 上，此現象與低電場下的載子移動率有間接關係，因為它們都是由散射所決定的。在相同通道長度下，較高載子移動率的材料會有更嚴重的彈道效應。

**電偶層形成（dipole-layer formation）** 當電壓操作大於 $V_{Dsat}$，會發生一個與速度飽合相關的有趣現象：當汲極偏壓大於 $V_{Dsat}$，空乏層會持續擴張，同時淨通道也開始縮小，這是因為速度固定在 $v_s$，為了維持相同的飽和電流，在通道較狹窄處的載子濃度，須提升到高於所摻雜的濃度，以用來維持相同的電流。以下將針對此現象作更進一步的解釋。當小於飽和汲極偏壓 $V_{Dsat}$ 時，沿著通道的電位變化會從源極的零電位到汲極端的 $V_D$，因此，在通道內因閘極接觸而產生的逆向偏壓會逐漸地增加，使得源極到汲極的空乏區寬度變得更寬，此結果將使得通道展開 $b$ 逐漸變小，必須藉由增加電場及電子速度來補償，讓整個通道中的電流維持定值。當汲極電壓 $V_D$ 增加超過 $V_{Dsat}$，電子會在靠近汲極的閘極末端達到飽和速度（圖 7a），而通道被限制到閘極下的最小截面 $b_1$，在這點的電場將會達到臨界值 $\mathscr{E}_c$，且 $I_D$ 開始飽和。然而，只要電場強度沒超過臨界值 $\mathscr{E}_c$，電子濃度 $n(x)$ 仍保持與摻雜濃度 $N_D$ 相同。圖 7b 顯示了當 $V_D > V_{Dsat}$ 時的情形。飽和電流值如下式所示

$$I_{Dsat} = Zqv_s n(x)b(x) \tag{36}$$

　　假如汲極電壓增加超過 $V_{Dsat}$，在汲極端的空乏區域會變得更大。圖中的 $x_1$ 點為電子會達到飽和速度，且通道展開大小為 $b_1$ 的位置，此點在汲極電壓持續增加時會往源極端移動。這裡有三個需要注意的位置：$x_1$、$x_2$ 及 $x_3$，其中 $x_1$ 和 $x_2$ 是通道展開大小為 $b_1$ 的位置，$x_1$ 和 $x_3$ 為電場 $\mathscr{E}=\mathscr{E}_c$ 的位置。也就是說，在 $x_1$ 到 $x_2$ 之間的區域，其通道展開小於 $b_1$，而在 $x_1$ 到 $x_3$ 之間的區域，載子的移動速度為 $v_s$。由於速度達到飽和，在 $x_1$ 到 $x_2$ 區間的電子濃度必須改變來補償通道展開的變化，如此才能保持固定的電流值。根據式 (36) 可知，電子聚積層（$n > N_D$）必須在通道展開小於 $b_1$ 的區域中形成。到 $x_2$ 點時，通道展開又回復為 $b_1$，負的空間電荷則會轉變為正的空間電荷（$n < N_D$）以維持電流固定。在 $x_2$ 到 $x_3$ 的區間，電子速度仍保持飽和，但通道展開會大於 $b_1$。同樣地再依照式 (36)，載子濃度須小於 $N_D$ 來保持飽和電流為定值。所以，當汲極電壓超過 $V_{Dsat}$，電偶層會在閘極後面、靠近汲極端的通道中形成。

**崩潰（Breakdown）**　　在汲極電壓超過 $V_{Dsat}$，若汲極電流假設仍與飽和電流相同，但汲極電壓持續地增加，將會發生崩潰，此時電流會隨著汲極偏壓突然上升，崩潰會發生在靠近汲極端的閘極邊緣，因為此處的電場是最高的。本質上來說，分析 FET 的崩潰條件比雙極性電晶體更複雜，這是由於 FET 是二維的，有別雙極性電晶體的一維狀態。崩潰的基本機制為衝擊離子化，因為衝擊離子化是一個與電場極為相關的函數，所以以最大電場通常被視為第一個判斷崩潰的準則。利用 $x$ 方向的簡單一維分析，並將閘極－汲極之間的結構視為一個逆偏的二極體，則汲極的崩潰電壓 $V_{DB}$ 會跟閘極接面的崩潰相似，並且與相對於閘極的汲極電壓呈線性關係

$$V_{DB} = V_B - V_G \tag{37}$$

其中 $V_B$ 為閘極二極體的崩潰電壓，亦即通道摻雜濃度的函數。圖 8a 顯示式 (37) 的一般崩潰行為，顯示在更高的 $V_G$，汲極的崩潰電壓也以相同的量

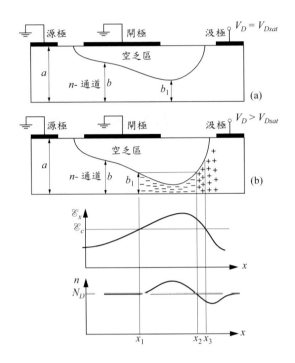

圖 7　　(a) 當元件操作在 $V_D = V_{Dsat}$ 且速度飽和時的橫斷面示意圖 (b) 當 $V_D > V_{Dsat}$ 時，
　　　　電偶層形成，圖中顯示在準電中性通道的電場與載子濃度的分布曲線。（參考
　　　　文獻 24）

增加，在一般矽材料的 JFET 中都有這樣的特性。但對於製作在 GaAs 上的
MESFET，其崩潰的機制更為複雜。如圖 8b 所示，通常這些元件的崩潰電
壓會更小，且和 $V_G$ 的關係不會再如同式 (37) 一般，而是呈相反的趨勢。這
些額外的效應將在之後繼續討論。

　　JFET 與 MESFET 其閘極和源極／汲極接觸（或是在接觸底下的高摻雜
區）中間會有間隔存在，不像在次微米 MOSFET 中，源極與汲極均為高摻
雜區，且在閘極的邊緣處與閘極有相互重疊的區域。在考慮到崩潰時，閘
極－汲極間的間隔距離 $L_{GD}$ 是一個關鍵因素（即是負交疊閘極結構（underlap
gate structure））。這個間隔的摻雜量跟通道是一樣的，若此閘極－汲極間
隔有一些表面缺陷存在時，將會消耗掉部分的通道摻雜，並且影響到電場分

布。在某些例子中，它們反而能改善崩潰電壓。由二維元件模擬的結果，如圖 9 所示，其電場的分布是表面電位的函數，而此表面電位是由缺陷所產生的。當沒有表面缺陷存在時（即 $\psi_s = 0$），電場的最高值在閘極的邊緣，並且發生崩潰。在這個特例中，當表面電位為 0.65 V 時，在閘極邊緣處的電場值有下降的情況，因此能夠提升崩潰電壓。利用一維的分析，在閘極邊緣處電場值可以表示為 [25]

$$\mathscr{E}(L) = \frac{qN_D}{\varepsilon_s} \sqrt{\frac{2\varepsilon_s}{qN_D}(\psi_{bi} + V_D - V_G) - \frac{N_{st}'}{N_D}L_{GD}^2} \tag{38}$$

其中 $N_{st}'$ 為表面缺陷密度，這個方程式暗示 $L_{GD}$ 大於一維的空乏層寬度，因此在 $N_{st}' = 0$ 的情況下，$\mathscr{E}(L)$ 與 $V_{DB}$ 跟 $L_{GD}$ 無關。而當表面電位增加到 1.0 V 時，在汲極接觸端的電場增加，這是因為曲線下的面積等於總施加的電壓，此值必須守恆。假若汲極接觸端的電場增加到一個關鍵值，則崩潰會在此處發生，因此再次降低了崩潰電壓。由於 GaAs 缺乏一般的保護層，例如，Si 是以二氧化矽作為保護層，所以在 GaAs 的 MESFET 中的崩潰情形比較難以控制，且與 Si 的 JFET 相比較會有不同的崩潰行為。

在 MESFET 中，其中一項降低崩潰電壓的因素，為與閘極接觸的蕭特基位障有關的穿越電流 [26]。在高電場作用下，穿越的電流源自與溫度相關的

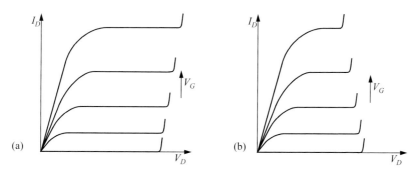

圖 8　汲極崩潰電壓的實驗結果 (a) 在 Si 材料的 JFET 中隨著 $V_G$ 而增加，但 (b) 在 GaAs 的 MESFET 中隨著 $V_G$ 而減小。

熱離子場發射（thermionic-field emission）機制，此閘極電流會引起累增倍乘現象，並且導致汲極崩潰電壓的降低。當通道的電流較大時，內部的節點會提升到更高溫的狀態，這將會提早觸發閘極電流所引起的累增崩潰，此情形正如圖 8b 中所示，在較高 $V_G$ 下有較低的崩潰電壓 $V_{DB}$。另一項造成降低崩潰電壓的因素是 GaAs 的 MESFET 元件擁有的較高移動率，比 Si 元件有著更高的電流與轉導。如同先前所討論的，較高的通道電流會在較低的電壓下引發累增現象，或是引起溫度上的效應，而使得崩潰提早觸發。

　　崩潰電壓能夠藉由擴大閘極與汲極之間的區域來加以改善。此外，為使這個功效達到最大值，應該盡可能讓電場分布均勻，像是引入橫向的摻雜梯度技術來達到此項要求，或使用降低表面電場（reduced surface field）[27]，也就是在底下置入一 p- 型層，如此在高的汲極偏壓下，n- 型層將會被完全空乏。

## 8.2.2 任意摻雜與加強模式

**任意摻雜分布（Arbitrary Doping Profile）**　　若是一通道區域內之摻雜為任意分布[28]，可由上冊第二章的式 (41) 得知空乏寬度內其淨位能變化與摻雜濃度的關係

$$\psi_{bi} - V_G = \frac{q}{\varepsilon_s} \int_0^{W_D} y N_D(y) dy \tag{39}$$

積分上限的最大值是發生在 $W_D = a$，此時所對應的電壓為先前所定義的夾止電位（pinch-off potential），其表示如下

$$\psi_P = \frac{q}{\varepsilon_s} \int_0^a y N_D(y) dy \tag{40}$$

接下來我們考慮電流－電壓特性與轉導。定義總電荷密度，其到 $y_1$ 位置的積分形式，表示如下

$$Q(y_1) \equiv q \int_0^{y_1} N_D(y) dy \tag{41}$$

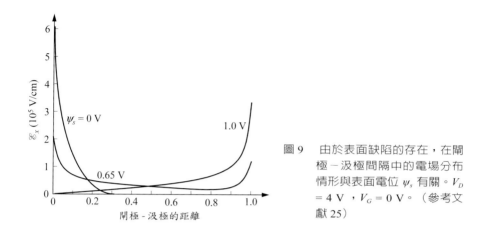

圖 9 由於表面缺陷的存在，在閘極－汲極間隔中的電場分布情形與表面電位 $\psi_s$ 有關。$V_D$ = 4 V，$V_G$ = 0 V。（參考文獻 25）

上式可用來簡化方程式。基於式 (7)，汲極電流可得

$$I_D = Zqv\int_{W_D}^{a} N_D(y)dy = Zv[Q(a) - Q(W_D)] \tag{42}$$

記住，在汲極偏壓下，$v$ 與 $W_D$ 都是隨著通道的位置 $x$ 而改變。方程式兩邊同時由 $x = 0$ 到 $L$ 作積分，可得

$$\int_0^L I_D dx = Z\int_0^L v[Q(a) - Q(W_D)]dx \Rightarrow I_D = \frac{Z}{L}\int_0^L v[Q(a) - Q(W_D)]dx \tag{43}$$

在線性區中，由於較小的電場或小的汲極偏壓作用下，其漂移速度總是在定值移動率的範圍裡。將 $v$ 以 $v = \mu\mathscr{E} = \mu d\Delta\psi_i/dx$ 取代可得到下式

$$I_{Dlin} = \frac{Z}{L}\int_0^L \mu\frac{d\Delta\psi_i}{dx}[Q(a) - Q(W_D)]dx = \frac{Z\mu}{L}\int_0^{V_D} [Q(a) - Q(W_D)]d\Delta\psi_i$$
$$\approx \frac{Z\mu}{L}[Q(a) - Q(W_{Ds})]V_D \tag{44}$$

對於飽和區，我們首先考慮由夾止（$W_D = a$）造成的飽和現象（不是速度飽和）。再次從 (43) 開始，並利用式 (19) 將 $W_D$ 轉換為變數，則汲極電流為

$$I_{Dsat} = \frac{Z\mu}{L} \int_{W_{Ds}}^{a} [Q(a)\text{-}Q(W_D)] \frac{d\Delta\psi_i}{dW_D} dW_D$$

$$= \frac{Zq\mu}{\varepsilon_s L} \int_{W_{Ds}}^{a} [Q(a)\text{-}Q(W_D)] W_D N_D dW_D \tag{45}$$

使用類似式 (19) 的關係式

$$\frac{dW_D}{dV_G} = \frac{-\varepsilon_s}{qW_D N_D} \tag{46}$$

並對式 (45) 微分可得轉導

$$g_m = \frac{dI_{Dsat}}{dV_G} = \frac{dI_{Dsat}}{dW_D} \times \frac{dW_D}{dV_G} = \frac{-Zq\mu}{\varepsilon_s L} [Q(a) - Q(W_{Ds})] W_D N_D \times \frac{dW_D}{dV_G}$$

$$= \frac{Z\mu}{L} [Q(a) - Q(W_{Ds})] \tag{47}$$

由上式可知 $g_m$ 等於從 $y = W_{Ds}$ 到 $a$ 的半導體矩形部分的電導。對短通道元件而言，電流飽和是由速度飽和所決定，汲極電流可簡單表示為

$$I_{Dsat} = Zqv_s \int_{W_{Ds}}^{a} N_D(y) dy = Zv_s [Q(a) - Q(W_{Ds})] \tag{48}$$

$$\Rightarrow \frac{dI_{Dsat}}{dW_{Ds}} = \frac{d}{dW_{Ds}} \{ Zv_s [Q(a) - Q(W_{Ds})] \} = -Zqv_s N_D(W_{Ds}) \tag{49}$$

因此轉導為

$$g_m = \frac{dI_{Dsat}}{dW_{Ds}} \times \frac{dW_{Ds}}{dV_G} = -Zqv_s N_D \times \frac{-\varepsilon_s}{qW_{Ds}N_D} = \frac{Zv_s\varepsilon_s}{W_{Ds}} \tag{50}$$

式 (50) 與式 (37) 完全相同。在實際應用上，我們會希望元件能夠有較好的線性趨勢（即 $g_m$ 為定值），其意謂著汲極飽和電流 $I_{Dsat}$ 會隨著閘極電壓 $V_G$ 作線性變化。藉由控制摻雜分布可達成線性的轉換特性；這些摻雜分布的空乏寬度 $W_D (V_G)$ 隨著閘極電壓變化非常小。各種摻雜分布的轉換特性顯示於圖 10，只需適當地將變化參數取至其極限時，也就是在 $x = a$ 為 $\delta$- 摻雜

（delta doping），則圖中兩種非均勻摻雜分布類型均可趨於線性關係。利用上述摻雜方式產生的結果與定值移動率情形迥然不同，其摻雜分布對轉換特性的影響很小。雖然式 (50) 暗示降低閘極電壓將造成 $g_m$ 的減小，然而 $g_m /C_{GS} = Zv_s$ 比值依然不受影響，且為定值，其中可由式 (50) 得到 $C_{GS}$ 為閘極－源極間的電容。實驗結果顯示，具有漸變式通道摻雜（graded channel doping）[29] 或階梯摻雜（step doping）[30] 的 FET 可改善其直線特性。

**加強模式元件（enhancement-Mode Devices）**　　一般來說，通常埋入式通道 FET 皆為常態開啟元件，事實上，除了起始電壓，常態開啟與常態關閉（normally-off）元件其基本電流－電壓特性是相似的。圖 11 比較這兩種模式的操作特性，可以看出主要的差異為起始電壓沿著 $V_G$ 軸上有一平移，常態開啟元件在 $V_G = 0$ 的條件下並無電流導通，直到 $V_G > V_T$ 時電流才開始

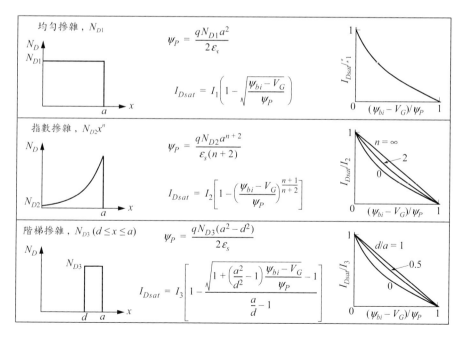

圖 10　預設在速度飽和模型下，各種摻雜分布的 $I_{Dsat}$ 表示式與轉換特性。（參考文獻 22）

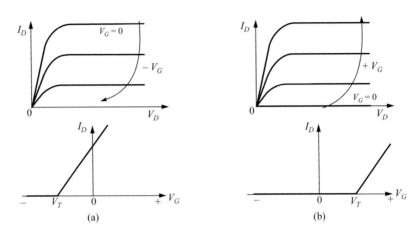

圖 11　(a) 常態開啓（空乏模式）FET (b) 常態關閉（加強模式）FET 不同元件的 *I-V* 特性曲線比較。

流動。對於高速低功率的應用，常態關閉元件（或加強模式）是非常有吸引力的，其在 $V_G = 0$ 時並不會產生傳導通道，也就是說，閘極接面的內建電位 $\psi_{bi}$ 足夠將通道區域完全空乏。數學上，常態關閉元件具有正的起始電壓 $V_T$，由式 (13) 可推知

$$\psi_{bi} > \psi_P > \frac{qN_Da^2}{2\varepsilon_s} \tag{51}$$

由於內建電位 $\psi_{bi}$ 有相當於能隙的限制，這會在通道的摻雜與通道寬度的設計上造成限制，進而影響元件所能提供的最大電流。對於一均勻摻雜的通道，在速度飽和限制下，其最大電流為

$$I_D < ZqN_Dav_s \tag{52}$$

若是所施加的閘極偏壓等於內建電位，則能獲得此項電流限制。然而由於過量的閘電流極產生，此偏壓條件在實際上並不能達到。

### 8.2.3 微波性能

**小信號等效電路（Small-Signal Equivalent Circuit）**　　對於場效電晶體，特別是 GaAs 的 MESFET 元件，在低雜訊的放大、高效率的功率產生，或是高速邏輯的應用上是非常有用的。以下先來討論 MESFET 或 JFET 的小訊號等效電路。對於操作在飽和區的共源極小訊號集總元件（lumped-element）之電路，如圖 12 所示。在構成 FET 的本質元件中，$C'_{GS} + C'_{GD}$ 為閘極－通道的總電容（$= C'_G$）；$R_{ch}$ 為通道電阻；$R_{DS}$ 為輸出電阻，其反應未飽和的汲極電流與汲極電壓。外質（寄生的）的元件則包含了源極與汲極的串連電阻 $R_S$ 與 $R_D$、閘極電阻 $R_G$、寄生的輸入電容 $C'_{par}$ 以及輸出（汲極－源極）電容 $C'_{DS}$。對於閘極到通道的接面，其漏電流可以表示為

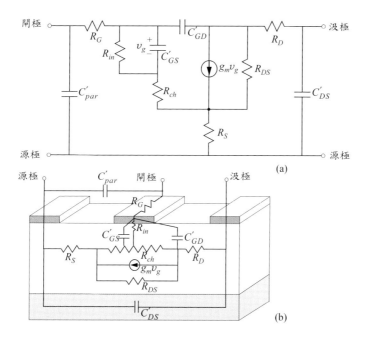

圖 12　(a) MESFET 與 JFET 的小訊號等效電路圖，其中 $v_g$ 代表小訊號的 $V_G$。圖中標明的電容符號是以法拉為單位的總電容，而不是單位面積的電容值 (b) 與電路元件相關的物理結構圖。

$$I_G = I_0 \left[ \exp\left(\frac{qV_G}{\eta kT}\right) - 1 \right] \tag{53}$$

其中 $\eta$ 為二極體的理想因子（ideality factor）（其值的範圍在 $1 < \eta < 2$），而 $I_0$ 為飽和電流，因此可知輸入電阻為

$$R_{in} \equiv \left(\frac{dI_G}{dV_G}\right)^{-1} = \frac{nkT}{q(I_0 + I_G)} \tag{54}$$

而當 $I_G$ 趨近於零時，室溫下的輸入電阻在 $I_0 = 10^{-10}$ A 時約等於 250 MΩ。當閘極在負偏壓情況下，其電阻值甚至會變得更高（負 $I_G$）。雖然不像理想的 MOSFET 一樣有個絕緣的閘極，但很明顯地，FET 仍然有一個非常高的輸入電阻。

　　由於源極與汲極的串連電阻無法藉由閘極電壓來進行調變，使得閘極與源極和汲極間的接觸會引入 $IR$ 壓降。這些 $IR$ 壓降將會減少元件的汲極電導與轉導，而內部有效電壓 $V_D$ 和 $V_G$ 將分別被（$V_D - I_D(R_S + R_D)$）以及（$V_G - I_D R_S$）所取代。在線性區，$R_S$ 與 $R_D$ 電阻以及通道電阻串聯，因此量測到的總汲極－源極電阻為 $(R_S+R_D+R_{ch})$。在飽和區中，汲極電阻 $R_D$ 會使得發生電流飽與所需的汲極電壓增加。當達到汲極電壓的條件 $V_D > V_{Dsat}$ 後，$V_D$ 的大小將不再影響汲極電流。同理，在飽和區中量測到的轉導只會受到源極電阻的影響，也就是說 $R_D$ 不會再進一步地影響轉導 $g_m$，所以量測到的外質轉導 $g_{mx}$ 等於

$$g_{mx} = \frac{g_m}{1+R_S g_m} \tag{55}$$

**截止頻率（cutoff frequency）**　　截止頻率 $f_T$ 與最大振盪頻率（maximum frequency of oscillation）$f_{max}$ 通常用來評估元件高速的能力。$f_T$ 定義為當小訊號輸入的閘極電流等於本質 FET 的汲極電流時，單位增益（unity gain）的頻率。$f_{max}$ 則為元件能提供功率增益（power gain）的最大頻率。在數位電路中，速度為主要考量，所以 $f_T$ 是一個較適合的品質指數（figure-of-merit），而 $f_{max}$ 則較適合於類比電路的應用。基於單位增益下，可利用在

5.4.1 節中所推導出的表示式

$$f_T = \frac{g_m}{2\pi C'_{in}} = \frac{g_m}{2\pi(C'_G + C'_{par})} \tag{56}$$

其中 $C'_{in}$ 為總輸入電容，$C'_G = C'_{GS} + C'_{GD}$。對於沒有寄生電容的理想情況 ($C'_{par} = 0$)，式子可改寫為

$$f_T = \frac{g_m}{2\pi C'_G} = \frac{v}{2\pi L} \tag{57}$$

此方程式在物理上的含意為 $f_T$ 與 $L/v$ 的比率有關，這是因為載子要從源極傳輸到汲極必須經過一段傳渡時間（transit time）。短通道元件中，漂移速度 $v$ 等於飽和速度 $v_s$，當閘極長度為 1 μm 時，此傳渡時間約為 10 ps ($10^{-11}$ s) 的數量級。實際上，由於寄生輸入電容 $C'_{par}$ 為 $C'_G$ 的一小部分，因此 $f_T$ 會稍微小於理論的最大值。式 (56) 為忽略寄生電容的近似式。將源極、汲極電阻與閘極－汲極電容考量進去，方程式可表示為

$$f_T = \frac{g_m}{2\pi\left[ C'_G\left(1 + \dfrac{R_D + R_S}{R_{DS}}\right) + C'_{GD}g_m(R_D + R_S) + C'_{par} \right]} \tag{58}$$

注意式中的 $g_m$ 是本質轉導的值，而不是式 (55) 中的外質轉導 $g_{mx}$。

　　FET 元件的速度限制與元件的幾何尺寸以及材料特性有關。在元件幾何尺寸方面，閘極長度 $L$ 為最重要的參數，減少 $L$ 值可以降低閘極總電容 $[C'_G \propto (Z \times L)]$，並且增加轉導（在到達速度飽和之前），因而能改善 $f_T$。對於載子傳輸，由於沿著通道的內部電場強度隨著位置而不同，因此在任何電場強度下的漂移速度都非常重要，其中包含在低電場下的載子移動率、高電場時的飽和速度，而在某些材料中，由於轉移電子效應（transferred-electron effect）的關係，會在中等強度的電場下出現峰值速度。對 Si 和 GaAs 而言，電子相較於電洞有較高的低電場移動率，因此只有 n- 通道的 FET 元件被使用在微波應用上。在低電場下 GaAs 的移動率大約比 Si 高五倍，因此預期 GaAs 具有較高的頻率 $f_T$ 值。在相同的閘極長度下，InP 具有

較高的峰值速度，可以預期地 InP 具有比 GaAs 更高的 $f_T$。無論如何，對這些材料而言，當閘極長度為 0.5 μm 或者更短時，其 $f_T$ 值將會超過 30 GHz。

**最大振盪頻率（Maximum Frequency of Oscillation）**　　$f_{max}$ 定義為元件的單向增益（unilateral gain）為 1 時的頻率。單向增益 $U$ 隨著頻率的平方值而減小，其表示式為

$$U \approx \left(\frac{f_{max}}{f}\right)^2 \tag{59}$$

而

$$f_{max} = \frac{f_T}{2\sqrt{r_1 + f_T \tau_3}} \tag{60}$$

$$r_1 \equiv \frac{R_G + R_{ch} + R_S}{R_{DS}} \quad \text{and} \quad R_{ch} = \frac{1}{g_m} \frac{(3\alpha^3 + 15\alpha^2 + 10\alpha + 2)(1-\alpha)}{10(1+\alpha)(1+2\alpha)^2} \tag{61}$$

其中 $r_1$ 為輸入與輸出電阻的比率，$R_{ch}$ 為通道電阻 [31]，$\alpha$ 是一個與 $V_{Dsat}$ 有關的汲極偏壓量

$$\alpha = 1 - \frac{V_D}{V_{Dsat}} \quad \text{for} \quad V_D \leq V_{Dsat} \tag{62}$$

因此，對飽和區而言，$\alpha = 0$，$R_{ch} = 1/5\, g_m$。$\tau_3 \equiv 2\pi R_G C'_{GD}$ 則為一時間常數，以小的 $r_1$ 而言，式 (60) 可簡化

$$f_{max} \approx \sqrt{\frac{f_T}{8\pi R_G C'_{GD}}} \tag{63}$$

當頻率增加時，單向增益將降低為 6 dB／倍頻（dB/octave），而當頻率為 $f_{max}$ 時，則達到單位功率增益。為使 $f_{max}$ 增加至最大，則本質 FET 的頻率 $f_T$ 與電阻比例 $R_{ch}/R_{DS}$ 必須調整至最佳化。此外，外質電阻 $R_G$、$R_S$ 與回饋電容 $C'_{GD}$ 也必須最小化。

**功率－頻率限制（Power-Frequency Limitation）**　　在功率元件的應用方面，高電壓與高電流兩者都是必需的，然而，此兩項需求在元件的設計上卻

是互相衝突，也須與元件速度妥協。所以，為了求得最好的效果，其中的取捨需要加以考量。為了得到高電流，通道的摻雜總劑量（$N_D \times a$）需要加以提高，但為了保持高崩潰電壓，$N_D$ 又不能太高且 $L$ 不能太短。要達到高 $f_T$，其必然的結果是 $L$ 須盡可能縮小，且必須增加 $N_D$。最後一項限制將在接下來的討論中出現。為了使閘極電極對通道的電流具有足夠的控制能力，則閘極長度必須稍大於通道深度 [32]，此即

$$\frac{L}{a} \geq \pi \tag{64}$$

為了縮短 $L$，通道深度 $a$ 必須同時減小，也就是說需要更高的摻雜來維持合理的電流值。有鑑於此，一些元件的微縮規則被提出來，包含了定值 $LN_D$ 微縮、定值 $L^{1/2}N_D$ 微縮 [18] 以及定值 $L^2N_D$ 微縮 [34]。就實際的 Si 與 GaAs 的 MESFET 元件而言，為了避免崩潰現象，最高的摻雜濃度約為 $5 \times 10^{17}$ cm$^{-3}$。若用簡單的速度飽和模型 $I_{Dsat} / Z = qN_D av_s$ 來估計，$v_s$ 為 $1 \times 10^7$ cm/s，要維持 3 A/cm 的電流，在此摻雜濃度下所限制的最小閘極長度約為 0.1 μm，而其所對應之 $f_T$ 最大值約為 100 GHz 的數量級。在高功率的環境操作下，元件的溫度會因而升高。溫度升高會使得移動率 [35] 和飽和速度減少，這是因為移動率隨著 $T^{-2}$ 變化，而速度隨著 $T^{-1}$ 變化，所以 FET 擁有一個負的溫度係數關係，使得元件在高功率操作下能處於熱穩定狀態。

圖 13 顯示在現今技術下 GaAs 的 FET 元件之功率－頻率特性。使用 MODFET 元件，可以在消費較低功率的情況下達到較高頻的範圍。當元件進一步微縮到次微米尺度時，藉由改善元件設計以及減少寄生現象，可以製作出更高頻的高功率 FET 元件。若使用的半導體材料有更大的能隙，例如 SiC 與 GaN 也能使功率－頻率曲線向上移動。MODFET 也稱為高電子移動率電晶體（high-electron-mobility transistor, HEMT），對於 GaN 元件，其曲線上升的幅度可超過 10 倍以上 [38]。

**雜訊行為（Noise Behavior）** 與本書上冊第五章討論的雙極性電晶體相比，JEFT 與 MESFET 是低雜訊元件，且此兩種元件僅有多數載子參與，這

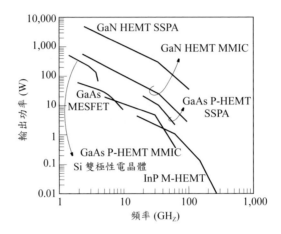

圖 13　最先進各種元件輸出功率對頻率圖。其中 SSPA 是固態功率放大器、MMIC 是毫米波積體電路、P-HEMT 是偽晶高電子移動率電晶體、M-HEMT 是變質高電子移動率電晶體，不同的 HEMT 可達較高的頻率範圍。（參考文獻 36 與 37）

些載子是透過整個塊材的通道傳輸，表面或是介面散射並無參與作用，所以屬低雜訊元件。然而在實際的元件中，外質電阻的存在是無法避免的，因此元件的雜訊行為主要是由寄生電阻所造成。

　　圖 14 顯示雜訊分析使用的等效電路，雜訊源 $i_{ng}$、$i_{nd}$、$e_{ng}$ 與 $e_{ns}$ 分別代表感應的閘極雜訊、感應的汲極雜訊、閘極電阻 $R_G$ 的熱雜訊（thermal noise），以及源極電阻 $R_s$ 的熱雜訊。而 $e_s$ 與 $Z_s$ 為訊號源的電壓與阻抗。圖中的虛線區域為對應的本質 FET 等效電路。雜訊指數（noise figure）的定義為總雜訊功率對源極阻抗單獨產生的雜訊功率比例，因此雜訊指數也會與元件外部的電路系統有關。在此介紹一個重要參數──「最小雜訊指數」（minimum noise figure），其為源極阻抗與負載阻抗對雜訊效能（noise performance）作最佳匹配時獲得的雜訊指數。對於實際的元件，最小雜訊指數可由其等效電路求得 [40]

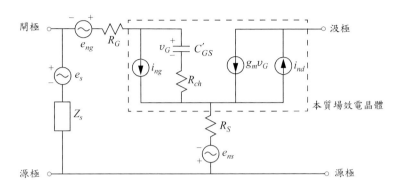

圖 14 FET 等效電路的雜訊分析。（參考文獻 39）

$$F_{\min} \approx 1 + 2\pi C_1 f C'_{GS} \sqrt{\frac{R_G + R_S}{g_m}} \qquad (65)$$

其中 $C1$ 爲常數，其值爲 2.5 s/F。爲了得到低雜訊效能，必須減小寄生的閘極電阻與源極電阻。在固定頻率下，雜訊會隨著閘極長度的縮短而減小 $[C'_G \alpha (L \times Z)]$。必須記住 $R_G$（見圖 12b）與 $g_m$ 是和元件的寬度 $Z$ 成正比，然而 $R_S$ 則是和 $Z$ 成反比，因此寬度縮小，雜訊也會隨著減小。

在同樣結構下，可發現漸變式通道 FET（graded-channel FET）（圖 10）比均勻摻雜的元件有較小的雜訊（降低 1 至 3 dB）[22]。此雜訊差異與 $g_m$ 有關。$g_m$ 的降低（並非是指 $g_m / C'_{GS}$ 使 $f_T$ 降低）使得漸變式通道 FET 會產生更佳的雜訊性能。在高功率與高溫開關的應用上，SiC 垂直通道的 JFET 具有潛力且可以替代 GaAs 的 JFET，因爲 SiC 具有寬的能隙[41-43]。由於閘極至源極接面偏壓值小且低於內建電位，所以可忽略元件閘極的漏電流，圖 15 爲垂直式 JFET 的架構圖，SiC 垂直式 JFET 元件[41] 的崩潰電壓非常高，爲 1200 V，其活化面積是 0.143 cm²。

## 8.2.4 元件結構

高性能的 MESFET 的結構圖如圖 16 所示。在 MESFET 結構中主要分爲兩種類型：離子佈植式平面（ion-implanted planar）結構與嵌入式通道

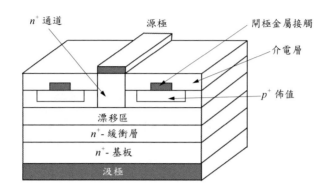

圖 15　常態開啟 SiC 垂直通道 JFET 的三維架構圖。

（recessed-channel）結構（或是嵌入式閘極（recessed-gate））。對於化合物半導體，例如 GaAs，所有元件均具有一半絕緣層（semiinsulating, SI）作為基材。在離子佈植式平面結構的製程中（圖 16a），主動區的形成主要是藉由離子佈植的方式過度補償 SI 基材上的深層能階雜質。藉由上述製程，主動區被垂直與水平的半絕緣層隔離出來，為了使源極與汲極的寄生電阻減至最小，其深 $n^+$- 佈植區需盡可能地靠近閘極，這可以用各種不同的自我對準製程來達到目的。在閘極優先的自我對準製程中，第一個方法是先形成閘極，再利用閘極進行自我對準形，並以離子佈植製作源極／汲極，由於離子佈植需要高溫退火來活化摻雜，所以閘極材料的選擇必須能承受高溫製程，例如 Ti-W 合金、$WSi_2$ 和 $TaSi_2$ 等。第二個方法則是歐姆優先，也就是在閘極形成之前先行完成源極／汲極的離子佈植與退火，這種製程能夠減輕先前對閘極材料的要求。

在嵌入式通道製程中（圖 16b），主動層是利用磊晶的方式在 SI 基材上成長。一開始會在基材上成長一層本質緩衝層，接著才開始成長主動通道層，緩衝層的功用是為了消除因 SI 基材而產生的缺陷，最後再將 $n^+$- 磊晶層成長於主動 $n$- 通道層上方，藉此來降低源極與汲極的接觸電阻。而在源極與汲極之間的區域，利用選擇性蝕刻方式移除 $n^+$- 層以形成閘極。有時此

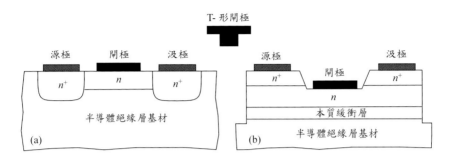

圖 16　基本的 MESFET 結構：(a) 離子佈植式平面結構 (b) 嵌入式通道（或稱嵌入式閘極）結構。插圖為 T- 形閘極（或是蕈狀閘極），能適用於這兩種結構。

蝕刻過程會利用量測源極與汲極間的電流值來加以監控，以更精確地控制最後的通道電流大小。使用嵌入式通道結構的優點之一為 $n$- 型通道層能更遠離表面，如此可將一些表面效應（像是暫態響應 [44] 與其他的可靠度問題）的影響減至最小。然而此結構的缺點之一，是需要一個額外的步驟來隔離源極與汲極，其步驟可能為平台蝕刻的製程或是一個絕緣的離子佈植，將半導體轉換成高阻值的材料。

　　為了在微波性能上有更好的表現，閘極可做成如圖 16 插圖所示的 T- 形閘極（T-gate）結構 [45] 或是蕈狀閘極 [46]。閘極底端的較小尺寸作為電性上的通道長度，使得 $f_T$ 與 $g_m$ 能夠最佳化，而頂端部分較寬的用意是為了減少閘極電阻來改善 $f_{max}$ 與雜訊指數。JFET 除了在閘極接觸下方用離子佈植形成額外的 $p$-$n$ 接面外，其餘在結構上與 MESFET 相似。JFET 更適合應用在功率元件，但很少使用在最先進的高頻科技上，部分是由於以 $p$-$n$ 接面製作的通道長度與金屬閘極相比，更難控制也更難微縮。關於 MESFET 與 JFET 的共同缺點為：高摻雜的源極與汲極區無法像 MOSFET 一樣與閘極重疊（參考第六章的圖 7）。假如源極與汲極能夠侵入閘極下方，在閘極與源極或汲極之間將會形成較短或較易洩漏的路徑，因此這兩種元件的源極與汲極的串聯電阻高於 MOSFET。

## 8.3 調變摻雜場效電晶體（MODFET）

　　調變摻雜場效電晶體（MODFET）也被稱作高電子移動率電晶體（high-electron-mobility transistor, HEMT）、二維電子氣體場效電晶體（two-dimensional electron-gas field-effect transistor, 2DEG FET）、選擇性摻雜異質接面電晶體（selectively doped heterojunction transistor, SDHT），也簡稱為異質接面場效電晶體（heterojunction field-effect transistor, HFET）。異質結構（heterostructure）是 MODFET 獨有的特徵，也就是對寬能隙的材料進行摻雜，使載子擴散到未摻雜的窄能隙層中，而通道就在此異質介面形成。這種調變摻雜的結果會使得載子位於未摻雜的異質介面的通道中，而與摻雜區域的空間分離，因此雜質散射效應消失，造成元件的高移動率。

　　1969 年江崎（Esaki）與朱（Tsu）首次考慮載子在超晶格層中平行傳輸的行為[47]。在 1970 年代，由於分子束磊晶（molecular beam epitaxy, MBE）與有機金屬化學氣相沉積（metal-organic chemical vapor deposition, MOCVD）技術的發展，使得異質結構、量子井與超晶格等得以實現與使用。1978 年丁格爾（Dingle）等人首先發表在 AlGaAs/GaAs 調變摻雜超晶格中有增強移動率的現象[48]。隨後在 1979 年，史托莫（Stormer）等人亦發現在單一的 AlGaAs/GaAs 異質接面上有類似的效應[49]，然而這些研究都是研究兩端點元件，並沒有可控制的閘極。直到 1980 年，三村（Mimura）等人才將此效應應用到場效電晶體上[50,51]，在同年稍後，德拉格布得夫（Delagebeaudeuf）等人也作出相同的應用[52]。自此之後，MODFET 變成一個主要的研究課題，並且發展出成熟的商業產品，如同 MESFET 般應用在高速電路上。加強模式 MODFETs 則應用在手機的功率放大器[53-59]上。

　　調變摻雜最主要的優點是具有較高的移動率。圖 17 證明了此現象，其比較塊材（與 MESFET 和 JFET 相關）與調變摻雜通道的移動率。由此可見，即使 MESFET 或 JFET 的通道被摻雜到一個相當高（$>10^{17}$ cm$^{-3}$）的程度，不論在任何溫度下，調變摻雜都有更高的移動率。另外有趣的是，調變摻雜通道的雜質濃度通常會小於 $10^{14}$ cm³（但並非故意），與低摻雜的塊材樣品相似。在塊材的移動率與溫度的關係中，可看到其移動率有一峰值，而在高溫與低溫的環境下，移動率皆會下降（參見 1.5.1 節）。因為聲子散射的關係，塊材的移動率隨著溫度升高而下降，在低溫時，塊材的移動率被雜質散射所限制。如同預期地，移動率和摻雜程度有關，同樣也會隨著溫度降低而下降。在調變摻雜通道中，當溫度大於約 80 K 時，其移動率與低摻雜的塊材樣品相差不遠；然而，在更低的溫度下，移動率卻會逐漸提高，這是因為在低溫下雜質散射效應是主導的因素，但調變摻雜通道卻不會受到此效應的影響。由於二維電子氣的屏蔽效應（screening effect），使得調變摻雜通道的傳導路徑被侷限在一個小於 10 nm 且具有高體積密度的橫截面中[54]。

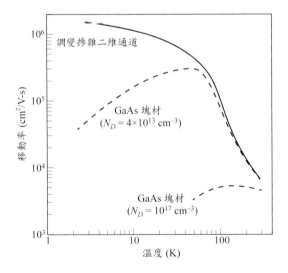

圖 17　調變摻雜二維通道與不同摻雜條件的 GaAs 塊材，在低電場下的電子移動率比較圖。（參考文獻 60）

## 8.3.1 基本元件結構

　　HMETs 元件中最常見的異質接面為 AlGaAs/GaAs、AlGaAs/InGaAs 以及 InAlAs/InGaAs 的異質介面。圖 18 顯示 AlGaAs/GaAs 系統的基本 HMET 結構，圖中顯示在閘極下方有一層摻雜的 AlGaAs 位障層，而 GaAs 的通道層並未摻雜。調變摻雜的原理為將載子從摻雜的位障層轉移並留在異質介面中，使其遠離摻雜區以避免雜質散射。典型的摻雜位障層厚度約為 30 nm，而位在靠近通道介面處的位障層內經常使用 $\delta$- 摻雜的電荷薄層來取代均勻的摻雜，在最頂層會使用 $n^+$- GaAs 層使源極與汲極有更好的歐姆接觸。這些接觸通常會用含有 Ge 的合金來製作，例如 AuGe。至於源極 / 汲極的深 $n^+$- 區域則是藉由離子佈植或是在形成合金的步驟中導入製作。如同 MESFET，金屬閘極有時候會被製成 T- 型閘極的形狀，藉此降低閘極電阻。大部分關於 HMETs 的研究都是 $n$- 通道元件，因為電子有較高的移動率。

　　電子由已摻雜 AlGaAs 的位障傳輸至未摻雜 GaAs 時，在異質介面處會形成三角形之量子井，稱二維電子氣體（2DEG），2DEG 可作為元件的通道區域，如圖 18。由施加在蕭特基閘極的電位可用來調變在 2DEG 中的薄層載子濃度。實際上，精確的定量能態可用薛丁格─蒲松方程式自組解計算出來，如同在 4.4 節中討論的矽 MOS 元件。考量最先一些次能帶，基於在異質接面三角形電位井區的數值分析近似，可以用來估算 2DEG 的薄片電荷密度（sheet charge density），如圖 19a，電子在 $j_{th}$ 次能帶的薄片電荷密度 $n_{sj}$ 可以表示為

$$n_{sj} = D\frac{kT}{q}\ln\left[1 + \exp\left(\frac{E_F - E_j}{kT}\right)\right] \tag{66}$$

其中態密度 $D = qm^*/\pi\hbar^2$，結合單一量化能階對二維系統是定值。$E_j$ 是 $j_{th}$ 次能帶的能量，假如忽略較高的次能帶，$n_s$ 可以進一步近似 [62-64]

$$n_s = D\frac{kT}{q}\ln\left(\left[1 + \exp\left(\frac{E_F - E_1}{kT}\right)\right]\left[1 + \exp\left(\frac{E_F - E_2}{kT}\right)\right]\right) \tag{67}$$

其中 $E_1$ 與 $E_2$ 為最先的兩個次能帶，以 eV 為單位，顯示 2DEG 與載子傳輸通過 AlGaAs/GaAs 介面有直接關係。對相同結構 $E_1 = \gamma_1 \times n_s^{2/3}$ 與 $E_2 = \gamma_2 \times n_s^{2/3}$、$\gamma_1 = 2.26 \times 10^{-12}$ 與 $\gamma_2 = 4 \times 10^{-12}$ eV-m$^{4/3}$。圖 19b 顯示 2DEG 薄片濃度 $n_s$ 對 AlGaAs 摻雜濃度的關係圖。

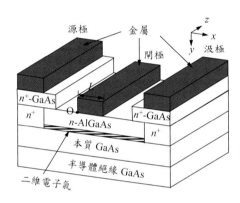

圖 18 典型的 AlGaAs/GaAs HMET 三維結構示意圖，標註 O 為原點在 $(x, y, z) = (0, 0, 0)$。

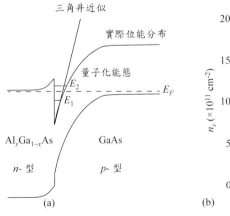
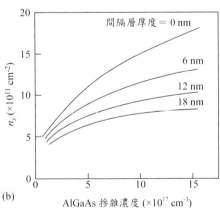

圖 19 (a) 在熱平衡條件下，Al$_x$Ga$_{1-x}$As/GaAs 異質接面系統的能帶圖 (b) $n_s$ 對 $n$- 型 AlGaAs 摻雜濃度的關係圖。對於 Al$_{0.3}$Ga$_{0.7}$As/GaAs 結構具有不同厚度未摻雜的 AlGaAs 間隔層，其中 $p$- 型 GaAs 的濃度固定為 $10^{14}$cm$^{-3}$。（參考文獻 62）

## 8.3.2 *I-V* 特性

基於調變摻雜的原理，位障層中的雜質完全離子化時，載子也完全空乏。參考圖 21 的能帶圖，空乏區內電位的變化可表示為（參考 2.2.3 節）

$$\psi_P = \frac{q}{\varepsilon_s} \int_0^{y_o} N_D(y) y \, dy \tag{68}$$

對於一般的摻雜分布，均勻摻雜的內建電位為

$$\psi_P = \frac{q N_D y_o^2}{2\varepsilon_s} \tag{69}$$

對於平面摻雜，位於與閘極距離 $y_1$ 的平面摻雜片電荷層為 $n_{sh}$，可表示為

$$\psi_P = \frac{q n_{sh} y_1}{\varepsilon_s} \tag{70}$$

相較於均勻摻雜的 AlGaAs 層，此摻雜方式的優點為減少缺陷，缺陷被認為是在低溫下引起電流異常衰退的原因，接近通道的鄰近摻雜亦可獲得較低的起始電壓。如同其他場效電晶體，起始電壓為非常重要的參數，起始電壓即為源極與汲極間的通道開始形成時所施加的閘極偏壓。參考圖 20b，由一階近似得知，它發生在 GaAs 表面的費米能階 $E_F$ 與其導電帶邊緣 $E_C$ 重疊時。相對應的偏壓條件如下

$$V_T \approx \phi_{Bn} - \psi_P - \frac{\Delta E_C}{q} \tag{71}$$

由此可看出藉由改變摻雜分布及位障高度 $\phi_{Bn}$，可改變 $V_T$ 使其為正值或負值。圖 20 中的例子具有正 $V_T$ 值，電晶體稱為加強模式（常態關閉）元件，反之則為空乏模式（常態開啟）元件。一旦已知起始電壓，其餘的 *I-V* 特性的推導就與 MOSFET 相似。此處直接跳過一些中間的步驟，直接引用最後的結果，讀者若有需要可參考第六章 MOSFET 了解更多詳細的推導過程。當閘極電壓大於起始電壓時，通道內由閘極感應產生的電荷層，其電容耦合關係如下

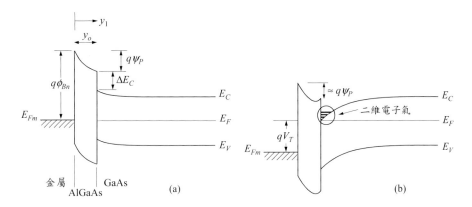

圖 20  (a) 平衡 (b) 開啓狀態下，加強模式 MODFET 的能帶圖。

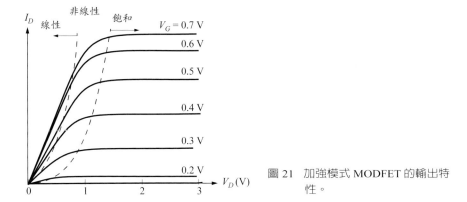

圖 21  加強模式 MODFET 的輸出特性。

$$Q_n = C_0(V_G - V_T) = \frac{\varepsilon_s}{y_0 + \Delta y}(V_G - V_T) \tag{72}$$

$\Delta y$ 為二維電子氣的通道厚度，估計約爲 8 nm。當施加汲極偏壓 $V_D$，通道內的電位將隨位置而變化。我們令電位相對於源極變化的函數爲 $\Delta \psi(x)$，則此相對電位沿通道方向從源極 0 變化至汲極 $V_D$。通道電荷與位置的關係可表示

$$Q_n(x) = C_0\left[V_G - V_T - \Delta \psi(x)\right] \tag{73}$$

在任何位置的通道電流為

$$I_D(x) = ZQ_n(x)v(x) \tag{74}$$

由於穿過通道的電流為定值，將上述方程由源極到汲極積分得到

$$I_D = \frac{Z}{L} \int_0^L Q_n(x)v(x)dx \tag{75}$$

如同其他的 FET，我們將對不同的假設的速度－電場關係來推導電流方程式。

**定值移動率（Constant-Mobility Model）**    在定值移動率下，漂移速度可以簡單表示為

$$v(x) = \mu_n \mathcal{E}(x) = \mu_n \frac{d\Delta\psi}{dx} \tag{76}$$

式 (76) 帶入式 (75) 並且適當改變變數，我們可得

$$I_D = \frac{Z\mu_n C_o}{L} \left[ (V_G - V_T)V_D - \frac{V_D^2}{2} \right] \tag{77}$$

加強模式 MODFET 的輸出特性顯示於圖 21。當 $V_D \ll (V_G - V_T)$ 時，操作處於線性區，則式 (77) 可以簡化為歐姆關係

$$I_{Dlin} = \frac{Z\mu_n C_o(V_G - V_T)V_D}{L} \tag{78}$$

在大 $V_D$ 時，位於汲極端的 $Q_n(L)$ 縮減為零 [ 式 (73)]，此意味元件處於夾止條件，而電流達到飽和不再隨著 $V_D$ 增加。飽和汲極偏壓為

$$V_{Dsat} = V_G - V_T \tag{79}$$

而飽和汲極電流

$$I_{Dsat} = \frac{Z\mu_n C_o}{2L}(V_G - V_T)^2 \tag{80}$$

由上式，可求出轉導如下

$$g_m \equiv \frac{dI_{D\text{sat}}}{dV_G} = \frac{Z\mu_n C_o(V_G - V_T)}{L} \tag{81}$$

**場依移動率模式（Field-Dependent Mobility Model）** 由於載子的漂移速度不再隨電場線性地增加，在最先進的元件達到夾止狀態之前，電流就已經隨著 $V_D$ 提早飽和。換句話說，在高電場下，移動率變得與電場相關，對 MODFET 這種具有高移動率的元件，此現象更加嚴重。圖 22 顯示電子的速率−電場關係，其中指出二段線性近似與臨界電場 $\mathscr{E}_c$ 的位置。研究報告指出，在 300 K 時，AlGaAs/GaAs 異質介面的低電場移動率一般約為 $10^4$ cm²/V-s，而在 77 K 時，約為 $2 \times 10^5$ cm²/V-s，在 4 K 時約為 $2 \times 10^6$ cm²/V-s。如之前所討論，低溫下 MODFET 元件的移動率相當顯著地增加，但 $v_s$ 的改善卻非常有限，範圍從 30 到 100%。高移動率也意謂著低 $\mathscr{E}_c$，使得元件要達到速度飽和需要的汲極偏壓減小。利用 MOSFET 的方程式，由於通道摻雜量很小，我們令 $M = 1$，則在第六章中的式 (43) 與式 (45) 變為

$$I_{D\text{sat}} = \frac{ZC_o\mu_n}{L}\left(V_G - V_T - \frac{V_{D\text{sat}}}{2}\right)V_{D\text{sat}} \tag{82}$$

與

$$V_{D\text{sat}} = L\mathscr{E}_c + (V_G - V_T) - \sqrt{(L\mathscr{E}_c)^2 + (V_G - V_T)^2} \tag{83}$$

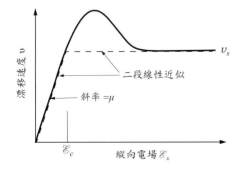

圖 22　通道電荷的 $v$-$E$ 關係圖。圖中顯示材料如 GaAs 的轉移電子效應（transfer-electron effect），也指出二段線性近似的位置。

漂移速度 $v$

二段線性近似

斜率 $= \mu$

$\mathscr{E}_c$　縱向電場 $\mathscr{E}_x$

$v_s$

**速度飽和（Velocity Saturation）**　　　對於短通道元件而言，其操作幾乎完全在速度飽和區，因此可以使用速度飽和模型的簡單方程式。在此關係下飽和電流變為

$$V_{Dsat} = ZQ_n v_s = ZC_0(V_G - V_T)v_s \tag{84}$$

同時可得到轉導為

$$g_m \equiv \frac{dI_{Dsat}}{dV_G} = ZC_o v_s \tag{85}$$

需注意的是在此極端情況下，$I_{Dsat}$ 與 $L$ 無關，而 $g_m$ 與 $L$ 以及 $V_G$ 無關。在大 $V_G$ 時，圖 21 中顯示 $g_m$ 開始減小。AlGaAs/GaAs 異質介面可限制最大的載子密度 $Q_n /q$ 約為 $1 \times 10^{12}$ cm$^{-2}$。當 $V_G$ 大於這個限制值時（$1 \times 10^{12} q /C_o \approx 0.8$ V），電荷會在 AlGaAs 層中感應，造成移動率大幅降低。

### 8.3.3 等效電路和微波性能

關於小訊號等效電路中的 $f_T$、$f_{max}$ 與雜訊等參數，可以比照先前的 MOSFET 或是本章前半部 MESFET/JFET 討論方式來分析。由於等效電路中有寄生源極電阻的存在，會使得外部的轉導降低為

$$g_{mx} = \frac{g_m}{1 + R_S g_m} \tag{86}$$

截止頻率 $f_T$ 與最大的振盪頻率 $f_{max}$ 分別為

$$f_T = \frac{g_m}{2\pi\left[C_G'\left(1 + \frac{R_D + R_S}{R_{DS}}\right) + C_{GD}'g_m(R_D + R_S) + C_{par}'\right]} \approx \frac{g_m}{2\pi(ZLC_o + C_{par}')} \tag{87}$$

$$f_{max} \approx \sqrt{\frac{f_T}{8\pi R_G C_{GD}'}} \tag{88}$$

最小的雜訊指數則為 [54]

$$F_{min} \approx 1 + 2\pi C_2 f C_{GS}' \sqrt{\frac{R_G + R_S}{g_m}} \tag{89}$$

其中 $C_2$ = 1.6 s/F，而與 GaAs 的 MESFET 元件 $C_2$ = 2.5 s/F 相比較，前者有更小的雜訊指數 [ 式 (65)]。注意 $C'_{GS}$ 正比於 $L$，因此元件的通道長度越短，雜訊效能越好。

因為 MODFET 比 MESFET 有較高的移動率，所以元件會有較快的速度，這些元件的飽和速度相差不遠，高的移動率能促使元件趨向完全速度飽和的性能極限，所以在相同的通道長度下，更高的移動率能得到較高的電流值和轉導，其應用在類比電路上的一些實例 [55-58、65-69] 有低雜訊的小訊號放大器、功率放大器、振盪器與混合器。在數位上的應用則有高速邏輯和 RAM 電路。和其他 FET 元件相比，MODFET 也有較好的雜訊效能，這個改善源自於它擁有較高的電流與轉導。

跟 MESFET 相比，由於額外的 AlGaAs 位障層，MODFET 能承受更高的閘極偏壓，也因為它在通道深度方面沒有限制，這會使得它具有更好的尺寸微縮能力 [$L/a \geq \pi$，式 (64)]。另一個優點為操作電壓較低，這是因為低的 $\mathscr{E}_c$ 值就能驅動元件達到速度飽和。HMETs 的缺點為在異質介面處的最大片電荷密度有一個極限存在，會使得最大的驅動電流受到限制。

先前提過 HMETs 與 HIGFET 的不同，在於位障層是否有摻雜物存在，現在討論將摻雜物引入位障層所帶來的優點。圖 23 比較了這兩個不同元件的能帶圖，比較時所設定的條件為：這兩個元件有相同的通道電荷或通道電流，而不管需要多少閘極電壓。注意，在此條件之下，圖中從元件通道到右邊區域的情況都是相同的，不同的地方在於位障層與左半部分，可以發現有摻雜的位障層具有兩個主要的功能，一是能降低起始電壓，二是由於位障層中的內建電位 $\psi_P$ 提升總位障，而更能侷限住載子。在過高的閘極電流產生之前，更高的位障能使元件操作在更高的閘極偏壓下。

## 8.3.4 先進元件結構

MODFET 技術的發展主要致力於通道材料上，藉由改善通道材料來進一步改善電子移動率。利用 $In_xGa_{1-x}As$ 取代 GaAs 製作的 MODFET 元件已

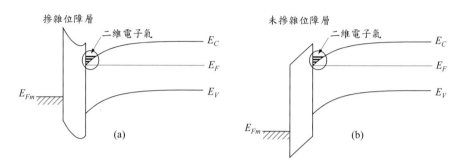

圖 23 　(a) 摻雜位障層（如 HMET）(b) 未摻雜位障層（如 HIGFET）在具有等量通道電荷條件下的比較。

在加速追趕，因為它有更小的有效質量。另一優點為有更小的能隙來產生更大的 $\Delta E_C$，它較高的衛星能帶使得轉移電子效應較小，導致移動率減小，這些優點與銦的含量有直接的關係，較高的銦含量表現出較好的元件性能。

將銦導入 GaAs 中會引起與 GaAs 基板間的晶格不匹配（lattice mismatch）（參考 1.7 節），然而若磊晶層厚度小於臨界厚度（critical thickness），使得磊晶層處於應變之下，要成長出良好品質的異質磊晶層仍屬可能。此技術產生偽晶的（pseudomorphic） InGaAs 通道層，而利用此技術所製作的元件稱之偽晶式調變摻雜場效電晶體（P-MODFET）（或稱偽晶式高電子移動率電晶體（P-HEMT））。圖 24 中列出傳統的 HEMT 與 P-HEMT 元件，使用 InGaAs 與 InP 兩種不同的基材所摻雜的銦含量範圍（%）。對於 GaAs 基材，P-HEMT 能摻雜的最大銦（In）含量為 35%，而在 InP 基材上，對於未產生應變的傳統 MODFET 之銦含量的起始值就高達 53%，而在 P- HEMTs 元件中的含銦量，甚至達到 80%。有鑑於此，使用 InP 為基材的 HEMT 元件總是具有較高的性能，但使用 InP 基材成本較高，在製程中也容易發生碎裂的情況，且晶片的尺寸也比較小，這些都會造成製作成本的增加。一般來說，在製程中 P-HEMTs 的應變變化較為敏感，因此製程中的熱積存（thermal budget）需盡可能地減小，以防止偽晶層的鬆弛，

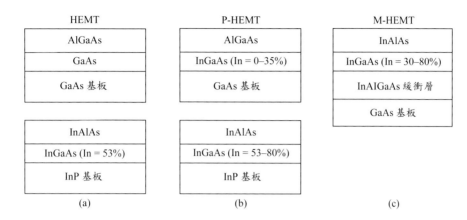

圖 24 不同的 HMET 結構 (a) 傳統未發生應變的 HMETs 製作在 GaAs 與 InP 基材上 (b)
P-HMETs (c) M-HMETs。圖中並指出各結構的銦含量。

或是差排（dislocation）的產生，這些會使得載子移動率減小。

除了上述的方式，最近還發展出一種新的結構，如圖 24c 所示，利用此方法也能獲得高銦含量的 GaAs 基材。此方法是將一層厚的緩衝層以漸變補償的摻雜方式成長於 GaAs 基材上，而這層厚緩衝層的作用是逐漸改變晶格常數（lattice constant），使其從 GaAs 基材變化到我們所要成長的 InGaAs 通道層，藉由此摻雜方式，所有的差排缺陷都會被限制在緩衝層，因此 InGaAs 通道層就不會有任何應變與差排缺陷的存在。這種技術可允許的銦含量高達 80%，應用此技術製作的 MODFET 稱為形變式（metamorphic）調變摻雜場效電晶體（M-MODFET 或 M-HEMT）。

以上我們討論了各種不同的元件結構，其各有不同的優點。圖 25a 顯示反轉型 MODFET（inverted MODFET）的結構，在這種結構中的閘極是直接成長在通道層之上，而非位障層，至於位障層則直接成長於基板上。在調變摻雜中，內建電位 $\psi_P$ 是由高 $E_g$ 層的厚度所決定 [ 式 (68)]，所以高 $E_g$ 層不希望太薄，而通道層卻沒有這個限制，因此可以比位障層還薄，這使得元件能有更大的閘極電容值，於是獲得更高的轉導與 $f_T$。MODFET 的另一個優點為因為不需藉由高 $E_g$ 層來作接觸，所以可以使源極與汲極的接觸電阻得到改善。如圖 25b 所示，量子井 HEMT（quantum-well HEMT）或稱為雙異質接面 HEMT（double-heterojunction HEMT）有兩個平行的異質介面，最大的片電荷層與電流也因此增加兩倍。此外，由於此通道層是被兩個位障層包圍形成一個三明治結構，也使得載子有更好的侷限性，多層量子井結構也是基於這個原則製作出來的。而對於超晶格 HEMT （superlattice HEMT）元件，其超晶格是用來作為位障層（圖 25c），在超晶格材料中，摻雜具有窄的 $E_g$ 層，未摻雜則 $E_g$ 層較寬，這個結構能消除在 AlGaAs 層中的缺陷，且同樣會在摻雜的 AlGaAs 層中形成平行的傳導路徑。

### 8.3.5 GaN- 基高電子移動率電晶體

還有一種 HEMTs 的材料系統是以 AlGaN/GaN 為基礎的異質接面，最近受到很多人的注意。GaN 具有有趣的電子傳輸性質，如高飽和漂移速度，

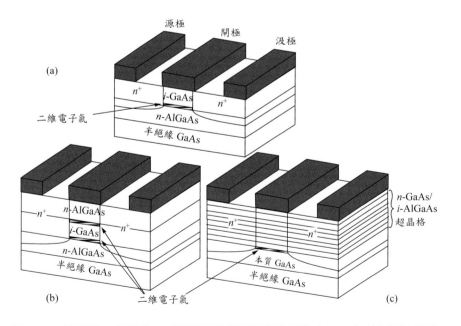

圖 25　(a) 反轉型 (b) 量子井 (c) 超晶格高電子移動率電晶體（HMET）的三維結構圖。

如圖 26，可應用於射頻（rf）與微波領域。GaN 具有大能隙（3.4 eV）、小游離化係數與高崩潰電壓[73]，因此在功率元件的應用上特別受到矚目。在 1994 年，GaN 基高電子移動率電晶體（GaN-based HEMT）首次由可汗（Khan）等人[74] 提出，他們展示了在 AlGaN/GaN 異質介面的二維電子氣體（2DEG）與其具有高的 2DEG 電子移動率。由於強的自發極化與壓電極化，導致在 AlGaN/GaN 介面會產生高感應載子密度，其會造成相對高的驅動電流能力。因 GaN 基材料的物理特質，如表 1 所列，GaN-HEMT 在高速與高功率元件[75] 之應用具有潛力。由於結合 GaN 寬能隙與異質結構，所以 AlGa/GaN HEMT 元件在各種高速操作下能達到高電壓、高電流與低導通電阻（on-resistance），且寬能隙特性有利於可靠的高壓與高溫技術。綜合上述，GaN 相關元件可應用於不同領域如工業、汽車、飛機等。如圖 27，GaN-HEMT 在某一電流範圍內具有小電壓降與低開關切換能量耗損，所以具有應用在光伏反相器（photovoltaic inverter）、不斷電系統（UPS）與馬達控制等優異特性。

表 1　Si、GaAs、SiC（4H）與 GaN 元件比較*

| | Si | GaAs | SiC（4H） | GaN |
|---|---|---|---|---|
| $\mu_n$ (cm$^2$/V-s) | 1,450 | 8,000 | 900 | 1,000 |
| $\mathcal{E}_c$ (MV/cm) | 0.30 | 0.40 | 2.20 | 3.30 |
| $v_s$ ($\times 10^7$ cm /s) | 1.00 | 0.70 | 2.00 | 1.50 |
| JFOM $= (\mathcal{E}_c v_s / \pi)^2$ | 1.00 | 0.87 | 215 | 272 |
| BFOM $= \varepsilon \mu \mathcal{E}_c^{\,3}$ | 1.00 | 14.2 | 208 | 802 |

* GaN 是纖鋅礦結構、$\mathcal{E}_c$ 是崩潰電場，JFOM 與 BFOM 分別是強生與巴利加優值，對高頻技術與高功率元件，以矽作正規化。然而。GaN 的移動率是使用二維電子氣體。（參考文獻 76-79）

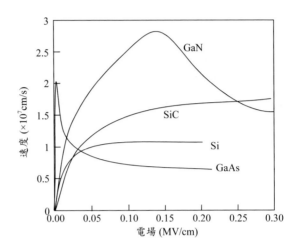

圖 26 以蒙地卡羅（Monte Carlo）方法計算在 300 K 時 GaN、SiC、Si 與 GaAs 的電子漂移速度，GaN 的速度峰值在 $3 \times 10^7$ cm/s 與飽和速度為 $1.5 \times 10^7$ cm/s，這兩個值均高於 Si 與 GaAs。（參考文獻 70-72）

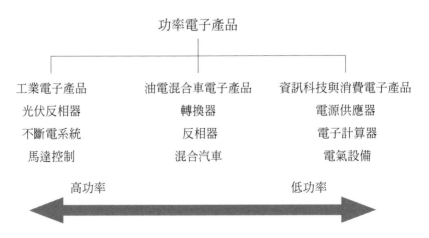

圖 27 GaN 相關元件由高至低功率應用分類圖。

　　反相器系統輸入直流電壓典型的範圍為 300-600 V，應用於各種油電混合車（hybrid electric vehicles, HEVs）的 GaN 基 HEMTs，在隨著單晶粒電流大於 100 A 條件下，其電壓阻斷力大於 600 V。此外，高功率密度的 GaN HEMT 可用在電源供應器、電子計算機，電氣設備等低功率產品的應用。如圖 28a，AlGaN/GaN 基 HEMT 寬能隙材料成長在窄能隙材料上的結構圖，異質結構的導電帶數值模擬結果如圖 28b[75]。GaN 材料為纖鋅礦結構，在兩個寬能隙材料形成的異質結構內，會產生強的極化效應，而造成壓電（piezoelectric）與自發（spontaneous）極化，產生大的內建電位與強電場，這些現象會累積超過 $10^{13}$ cm$^{-2}$ 的二維電子氣[80]（2DEG）。

**極化感應的二維電子氣（Polarization-induced 2DEG）** 　由於第 III 族材料與氮原子之間大的陰電性（electronegativity）差，纖鋅礦結構具有高離子性，存在鎵面（Ga-face）與氮面（N-face）兩個不同的極性，如圖 29a 與 29b。GaN 基半導體顯示強的自發極化（spontaneous polarization）[80]，其對應的方向相依於材料的成長方向。AlGaN 的自發極化可以依不同成分分率以公式計算[81]而得

$$P_{AlGaN,\ SP} = xP_{AlN,\ SP} + (1-x)P_{GaN,\ SP} + bx\ (1-x) \tag{90}$$

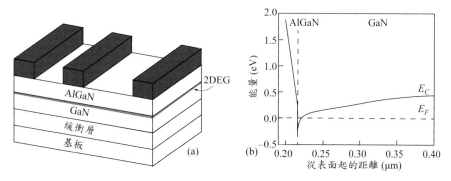

圖 28　(a) 三維結構圖 (b) 數值模擬導電帶能帶圖，對 AlGaN/GaN 高電子移動率電晶體。（參考文獻 75）

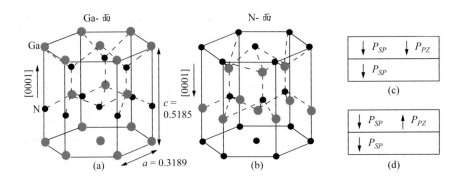

圖 29    (a) 鎵面（Ga-face）(b) 氮面（N-face）氮化鎵的基本晶胞，其中 $a$ 以及 $c$ 的單位是 nm。說明在 (c) 拉伸 (d) 壓縮應變層的極化方向。

其中的 $b$ 是非線性的係數，$x$ 是鋁在 AlGaN 層內的成分，$P_{AlN,SP}$ 以及 $P_{GaN,SP}$ 分別是 AlN 與 GaN 的自發極化。同樣地因爲纖鋅礦 III 族—氮化物半導體缺乏在 <0001> 方向的反轉對稱性（inversion symmetry），極化電場的方向會反轉，而晶體結構的晶格常數 $c_0$ 與 $a_0$ 將會改變用來調適應力，所以極化強度會改變，造成壓電性的極化，可得知爲 [82]

$$P_{PZ} = 2\frac{a - a_0}{a_0}\left[e_{13} - e_{33}\frac{C_{13}}{C_{33}}\right] \tag{91}$$

其中，$a$ 是應變層的晶格常數，$C_{13}$ 與 $C_{33}$ 是彈性常數（elastic constant），$e_{33}$ 與 $e_{13}$ 分別是壓電係數（piezoelectric coefficient）。全偏極化（total polarization）是壓電極化與自發極化的總和。尤其是纖鋅礦 III 族—氮化物的壓電係數 $e_{13}$ 是負，而 $e_{33}$、$C_{13}$ 與 $C_{33}$ 總是正的，因此，$e_{13} - e_{33} C_{13}/C_{33}$ 是負的 [80]。所以， III 族—氮化物的 $P_{PZ}$ 值，在拉伸應力（$a > a_0$）情況下是負的，在壓縮應力（$a < a_0$）情況下是正的。

當 III 族—氮化物自發極化是負的，可得結論爲：當薄膜層處於拉伸應力之下，其自發極化與壓電極化是相互平行的；當薄膜層處於壓縮應力之下，兩個極化是反向平行的，如圖 29c 與圖 29d 所示。全偏極化是壓電極化與自

發極化的總和。除了式 (67)，在異質接面的 $n_s$ 可以分析估算得到 [82]

$$n_s = \frac{\sigma(x)}{q} - \left(\frac{\varepsilon_{\mathrm{AlGaN}}}{q^2 d_{\mathrm{AlGaN}}}\right)[q\phi_B(x) - \Delta E_C + E_F(x)] \tag{92}$$

其中的 $\sigma(x)$ 是極化密度，$\varepsilon_{\mathrm{AlGaN}}$ 是 AlGaN 的介電常數（permittivity），$d_{\mathrm{AlGaN}}$ 是 AlGaN 的厚度，$\phi_B(x)$ 是位障高度，$\Delta E_C$ 是 $\mathrm{Al}_x\mathrm{Ga}_{1-x}\mathrm{N}$ 與 GaN 層之間導電帶偏差值，$E_F$ 是相對於 GaN 導電帶緣邊的費米能階。鎵極性的 AlGaN/ GaN 基 HEMTs 是最受歡迎且被廣泛探討的，它們於常態開啟模式（normally-on mode）操作並具有負的起始電壓 $V_T$ 值 [83]，如圖 30。這意味著即使在零的閘極偏電壓，元件傳導電流必須施加負的偏電壓關閉元件。起始電壓 $V_T$ 可以表示為 [84]

$$V_T = \phi_B - \Delta E_c - \frac{q n_s d_{\mathrm{AlGaN}}}{\varepsilon_0 \kappa_{\mathrm{AlGaN}}} \tag{93}$$

其中 $\kappa_{\mathrm{AlGaN}}$ 是 AlGaN 的介電常數。為了製作較實用與經濟上可承受的氮化鎵基高電子遷移率電晶體（GaN-based HEMTs），應該考慮具有常態關閉特性的元件 [85]。由式 (93) 可知，閘極材料的高功函數藉由減少鋁的莫耳分率來降低二維電子氣濃度，以及使用薄的 AlGaN 層，都是使元件具有正的起始電壓 $V_T$ 的有效方法。如圖 31，各種不同類型的技術如閘凹槽（gate recess）[86]、冠層（cap layer）的使用 [87]、薄化位障層的技術 [88] 與氟化物基電漿處理

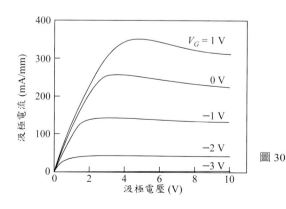

圖 30 常態開啟的 AlGaN/GaN 基高電子遷移率電晶體（HEMT）的直流特性。

方法[89] 等，已經被用來製作常態關閉高電子遷移率電晶體（HEMTs）。尤其是凹槽閘極是在不需要增加導通電阻值（on-resistance）$R_{on}$ 情況下，可以有效位移起始電壓 $V_T$ 值的技術。然而，在凹槽閘極的製作期間，如應用電漿蝕刻系統如反應性離子蝕刻（reactive ion etching, RIE）與感應耦合電漿反應性離子蝕刻，因為離子轟擊（ion bombardment）與紫外光子可能會導致電漿感應的損傷，而造成元件性能的劣化[90]。使用中性光束蝕刻系統中和負離子，以用於製作凹槽 GaN- HEMTs 的技術已經被發表，其可以提升氮化鎵基的高電子遷移率電晶體元件之電特性[91]。

　　顯而易見地，鎵極性高電子遷移率電晶體（Ga-polar HEMTs）受微弱的二維電子氣（2DEG）影響，因為緩衝漏電流、2DEG 遠離閘極而造成弱的閘

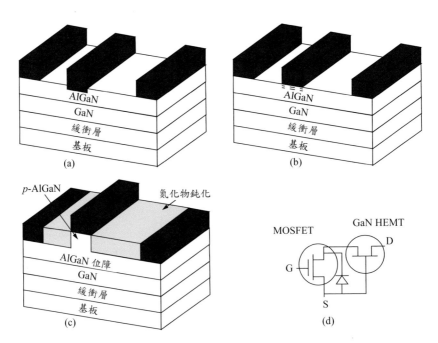

圖 31　常態關閉操作的高電子遷移率電晶體（HEMTs），各種不同技術的說明 (a) 凹槽閘 (b) 氟離子植入 (c) p- 型閘極 (d) 串聯電路（cascade circuit）組態。

極可控制性、III 族—氮化物位障的大能隙導致高歐姆接觸電阻。氮極性 GaN 基高電子遷移率電晶體（N-polar GaN-based HEMTs）已被發表可以改善前述的限制性。相較於鎵極性—HEMTs，氮極性—HEMTs 的二維電子氣處於位障的頂部，對於氮極性—GaN 基 HEMTs，使用金屬有機氣相磊晶（MOVPE）的技術，成長氮化鎵薄膜在大能隙的 AlGaN 層上，其對應的極性化方向如圖 29d 所示。相較於鎵極性—HEMTs，氮極性—HEMTs 因為自然背景位障而具有較強的二維電子氣之量子侷限，因在二維的電子氣與閘極之間距離短，而有較好的閘極控制性；在二維電子氣與歐姆金屬沒有大的能隙值，而有較低的歐姆接觸電阻[92, 93]。氮極性—GaN 基 HEMTs 顯示有高的轉導，可以改善輸出電阻與夾止的特性（pinch-off characteristics）。低動態導通電阻氮極性—GaN 基 HEMTs[94] 的崩潰電壓大約是 2000 V。此外，氮極性—高電子遷移率電晶體已經被證實是可用於毫米波範圍的高功率放大器[95]，以及第五代甚至是更高的行動通訊系統。

**AlGaN/GaN 高電子遷移率電晶體的崩潰（Breakdown of AlGaN/GaN HEMT）**　對於功率元件而言，高電壓的操作是一獨特的特徵。累增崩潰是一個決定性因子，其限制半導體的最大化操作電壓，且對內部電場的分布是敏感的。因此，功率元件必須設計成在元件內部具有最小化的局部電場，元件的最大操作電壓決定於漂移區域的比導通電阻（specific on-resistance）$R_{on}$ 與半導體材料的崩潰臨界電場 $\mathscr{E}_C$。導通電阻 $R_{on}$ 可以表示為[96]

$$R_{on} = \frac{2V_B^2}{\mu\varepsilon_s\mathscr{E}_c^3} \tag{94}$$

其中，$V_B$ 是崩潰電壓，$\mu$ 是載子移動率，$\varepsilon_s$ 是介電常數。III 族—氮化物半導體具有高的臨界電場[97]，例如，臨界電場 $\mathscr{E}_C$ = 3.3 MV/cm 與 Si 和 GaAs 相比較，GaN 基的元件可以提供較低的導通電阻 $R_{on}$ 與較大的崩潰電壓 $V_B$。

　　圖 32 顯示，與 Si 和 SiC 元件比較，即使在較高的崩潰電壓情況下，GaN 基元件具有較低的導通電阻 $R_{on}$，高汲極偏電壓會造成 HEMTs 的倍增

崩潰發生在閘極緣邊的汲極側，要達到一個具有高崩潰電壓元件的設計必須
抑制接近汲極末端的電場。氮化鎵基元件藉由調整閘極－汲極間距與緩衝層
厚度[97]，顯示崩潰電壓 $V_B$ 大於 1.5 kV。在崩潰破壞 2DEG 與增加導通電阻
期間，電子產生會造成元件的故障[99]。GaN 基－HEMTs 也受到由蕭特基閘
極工程（schottky gate engineering）影響而導致大的閘極漏電流，可以視為
是初期崩潰的開始。降低電場的大小可以達成高崩潰電壓，所以有幾種提升
崩潰電壓的技術被發表，電場平板（field plate, FP）便是其中一種增強崩潰
電壓的有效方法。

在圖 33a 與圖 33b，閘極電場平板的結構有助於感應鄰接在邊緣電場的
額外峰值，因此將減少在閘極邊緣電場的最大值[100]。圖 33c 顯示有／無閘極
電場平板的模擬元件，有閘極電場平板的模擬元件具有較低電場峰值，而抑
制元件電場峰值可增加其可靠度。具有不同的垂直與水平距離的多重閘極電
場平板，將可以更進一步地增加崩潰電壓[101]，但由於在電場平板與 AlGaN
層之間的寄生電容，會劣化高頻元件的特性[81]，因此發展出最小化電容技術
的浮動閘極與源極電場平板，除了電場平板（FP）技術之外，還可以減少
閘極漏電流的金屬－絕緣體－半導體高電子遷移率電晶體[102]，以及在緩衝

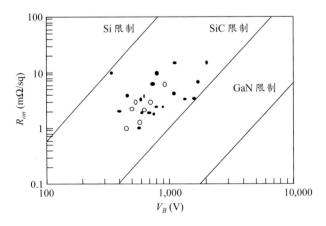

圖 32　Si、SiC 與 GaN 元件，以及導通電阻 $R_{on}$ 對崩潰電壓 $V_B$ 的關係圖。空心符號
　　　是二極體，實心符號是 HEMTs。（參考文獻 98）

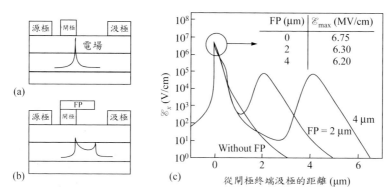

圖 33　(a) 無 (b) 有電場平板（FP）HEMT 電場分布的關係圖 (c) 模擬縱向電場，元件在 AlGaN 表面接近閘極處分別具有 FP = 0、2、4 μm。（參考文獻 100）

層摻雜碳與鐵可以最小化緩衝層漏電流，用來增加氮化鎵基高電子遷移率電晶體的崩潰電壓 [103, 104] 等技術。

**垂直的結構（Vertical Structures）**　對於氮化鎵基橫向的半導體元件而言，源極、汲極與閘極製作在相同的平面上，其傳導電流是橫向流動。然而，橫向的元件由於長的閘極－汲極的距離，而造成具有低的導通電阻 $R_{on}$，不適合維持崩潰電壓 $V_B$ 大於 1.2 kV。具有高崩潰電壓 $V_B$ 與低導通電阻 $R_{on}$，面積－有效垂直結構的 HEMT 元件 [105, 106] 被提出，其中的電極分別製作在晶圓的兩個對邊（參閱圖 34a）。對於垂直的元件而言，虛擬的汲極位在於閘極的下方，以防止電荷聚集在閘極的邊緣。高電場發生在遠離表面的地方，可以抑制表面電荷相關的崩潰，以及減輕由表面狀態所感應的直流－射頻分散 [105]。雖然，HEMT 元件具有高功率與高頻應用的潛力，但是它們的電特性會被高的閘極漏電流所限制。為了抑制閘極漏電流，如圖 34b 所示，對具有不同閘極介電質的如氧化鋁、氧化矽與氧化鉿等金屬－氧化物－半導體高電子遷移率電晶體（Metal-Oxide-Semiconductor HEMT, MOSHEMTs）[107-111]，具有很大的吸引力。AlGaN/GaN HEMT 與 MOSHEMT 的傳輸特性顯示於圖 35a，圖中顯示 MOSHEMTs 比 HEMTs 具有較高的汲極電流，MOSHEMTs 量測所得的閘極漏電流明顯的減少，如圖 35b。

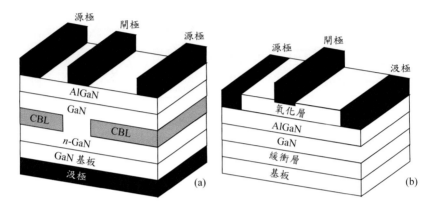

圖 34　(a) 垂直元件 (b) MOSHEMT 元件 AlGaN/GaN 的三維示意圖。

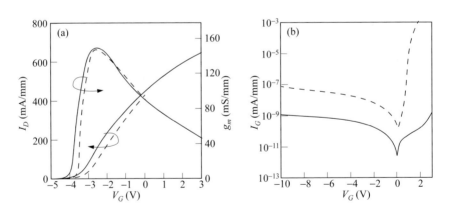

圖 35　(a) 傳輸特性 (b) 閘極漏電流的量測值。AlGaN/GaN HEMT（虛線）與
　　　 MOSHEMT（實線）。（參考文獻 109）

　　由於氮化鎵基 HEMTs 具有令人深刻的高的崩潰電壓，對於高功率應用 [112-115] 是有用的。氮化鎵放大器（GaN amplifier）設計需要精確的 HEMTs 的大訊號模型以便於模擬崩潰、順向傳導與頻率分散 [112-114]。大訊號模型的精確度決定於偏電壓相依的小訊號模型之精確度 [115-117]。圖 36 顯示 GaN－HEMTs 的小訊號模型 [116, 117]，這個模型一般可應用於大閘極週邊元件，它證明元件所有預期的寄生元件（parasitic element）以及反應元件在超過寬偏壓與頻率範圍的物理學，因此，這模型適用於微縮的大訊號模型。在圖 36，$C_{pgi}$、$C_{pdi}$ 與 $C_{gdi}$ 是介於閘極、源極與汲極的電極間、交叉電容；$C_{pga}$、$C_{pda}$ 與 $C_{gda}$ 是寄生元件基於襯墊連接、量測儀器、探針與探針頭至元件接觸的變化。對於 0.5 μm 的 GaN-HEMT 而言，實驗上 [116] 量測所得的電容值變化從 1.0 fF 至 25 fF。

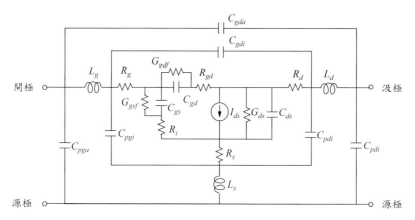

圖 36　AlGaN/GaN 高電子遷移率電晶體的小訊號等效電路。（參考文獻 116, 117）

# 參考文獻

1. W. Shockley, "A Unipolar Field-Effect Transistor," *Proc. IRE*, **40**, 1365 (1952).

2. G. C. Dacey and I. M. Ross, "Unipolar Field-Effect Transistor," *Proc. IRE*, **41**, 970 (1953).

3. G. C. Dacey and I. M. Ross, "The Field-Effect Transistor," *Bell Syst. Tech. J.*, **34**, 1149 (1955).

4. C. A. Mead, "Schottky Barrier Gate Field-Effect Transistor," *Proc. IEEE*, **54**, 307 (1966).

5. W. W. Hooper and W. I. Lehrer, "An Epitaxial GaAs Field-Effect Transistor," *Proc. IEEE*, **55**, 1237 (1967).

6. N. Malbert, N. Labat, N. Ismail, A. Touboul, J. L. Muraro, F. Brasseau, and D. Langrez, "Safe Operating Area of GaAs MESFET for Nonlinear Applications," *IEEE Trans. Dev. Mater. Rel.*, **6**, 221 (2006).

7. F. J. Klüpfel, F. L. Schein, M. Lorenz, H. Frenzel, H. von Wenckstern, and M. Grundmann, "Comparison of ZnO-Based JFET, MESFET, and MISFET," *IEEE Trans. Electron Dev.*, **60**, 1828 (2013).

8. P. Mehr, S. Moallemi, X. Zhang, W. Lepkowski, J. Kitchen, and T. J. Thornton, "CMOS Compatible MESFETs for High Power RF Integrated Circuits," *IEEE Trans. Semicond. Manuf.*, **32**, 14 (2019).

9. T. E. Dungan, P. G. Neudeck, M. R. Melloch, and J. A. Cooper, "One-Transistor GaAs MESFET- and JFET-Accessed Dynamic RAM Cells for High-Speed Medium Density Applications," *IEEE Trans. Electron Dev.*, **37**, 1599 (1990).

10. V. Radeka, P. Rehak, S. Rescia, E. Gatti, A. Longoni, M. Sampietro, G. Bertuccio, P. Holl, L. Struder, and J. Kemmer, "Implanted Silicon JFET on Completely Depleted High-Resistivity Devices," *IEEE Electron Dev. Lett.*, **10**, 91 (1989).

11. A. Novack, R. Shi, M. Streshinsky, J. Tao, K. Tan, A. E. J. Lim, G. Q. Lo, T. B. Jones, and M. Hochberg, "Monolithically Integrated MESFET Devices on a High-Speed Silicon Photonics Platform," *J. Lightwave Technol.*, **32**, 4345 (2014).

12. C. Xie, V. Pusino, A. Khalid, M. J. Steer, M. Sorel, I. G. Thayne, and D. R. S. Cumming, "Monolithic Integration of an Active InSb-Based Mid-Infrared Photopixel With a GaAs MESFET," *IEEE Trans. Electron Dev.*, **62**, 4069 (2015).

13. D. A. Fleischer, S. Shekar, S. Dai, R. M. Field, J. Lary, J. K. Rosenstein, and K. L. Shepard "CMOS-Integrated Low-Noise Junction Field-Effect Transistors for Bioelectronic Applications ,"*IEEE Electron Dev. Lett.*, **39**, 931 (2018).

14. M. Kaneko and T. Kimoto, "High-Temperature Operation of n- and p-Channel JFETs Fabricated by Ion Implantation Into a High-Purity Semi-Insulating SiC Substrate," *IEEE Electron Dev. Lett.*, **39**, 723 (2018).

15. P. H. Holloway and G. E. McGuire, Eds., *Handbook of Compound Semiconductors. Growth, Processing, Characterization, and Devices*, William Andrew, New York, 1996.

16. J. Chang, A. K. Kapoor, L. F. Register, and S. K. Banerjee, "Analytical Model of Short-Channel Double-Gate JFETs," *IEEE Trans. Electron Dev.*, **57**, 1846 (2010).

17. O. Benner, A. Lysov, C. Gutsche, G. Keller, C. Schmidt, W. Prost, and F. J. Tegude, "Junction Field-Effect Transistor Based on GaAs Core-Shell Nanowires," *International Conference on Indium Phosphide and Related Materials*, 2013.

18. F. Jazaeri, N. Makris, A. Saeidi, M. Bucher, and J. M. Sallese, "Charge-Based Model for Junction FETs," *IEEE Trans. Electron Dev.*, **65**, 2694 (2018).

19. N. Makris, F. Jazaeri, J. M. Sallese, R. K. Sharma, and M. Bucher, "Charge-Based Modeling of Long-Channel Symmetric Double-Gate Junction FETs—Part I: Drain Current and Transconductances," *IEEE Trans. Electron Dev.*, **65**, 2744 (2018).

20. N. Makris, F. Jazaeri, J. M. Sallese, R. K. Sharma, and M. Bucher, "Charge-Based Modeling of Long-Channel Symmetric Double-Gate Junction FETs—Part II: Total Charges and Transcapacitances," *IEEE Trans. Electron Dev.*, **65**, 2751 (2018).

21. K. Lehovec and R. Zuleez, "Voltage–Current Characteristics of GaAs JFETs in the Hot Electron Range," *Solid-State Electron.*, **13**, 1415 (1970).

22. R. E. Williams and D. W. Shaw, "Graded Channel FET's Improved Linearity and Noise Figure," *IEEE Trans. Electron Dev.*, **ED-25**, 600 (1978).

23. J. Ruch, "Electron Dynamics in Short Channel Field Effect Transistors," *IEEE Trans. Electron Dev.*, **ED-19**, 652 (1972).

24. K. Lehovec and R. Miller, "Field Distribution in Junction Field Effect Transistors at Large Drain Voltages," *IEEE Trans. Electron Dev.*, **ED-22**, 273 (1975).

25. H. Mizuta, K. Yamaguchi, and S. Takahashi, "Surface Potential Effect on Gate-Drain Avalanche Breakdown in GaAs MESFET's," *IEEE Trans. Electron Dev.*, **ED-34**, 2027 (1987).

26. R. J. Trew and U. K. Mishra, "Gate Breakdown in MESFET's and HEMT's," *IEEE Electron Dev. Lett.*, **EDL-12**, 524 (1991).

27. A. W. Ludikhuize, "A Review of RESURF Technology," *Proc. 12th Int. Symp. Power Semiconductor Devices & ICs*, p.11, 2000.

28. R. R. Bockemuehl, "Analysis of Field-Effect Transistors with Arbitrary Charge Distribution," *IEEE Trans. Electron Dev.*, **ED-10**, 31 (1963).

29. R. E. Williams and D. W. Shaw, "GaAs FETs with Graded Channel Doping Profiles," *Electron. Lett.*, **13**, 408 (1977).

30. R. A. Pucel, "Profile Design for Distortion Reduction in Microwave Field-Effect Transistors," *Electron. Lett.*, **14**, 204 (1978).

31. W. Liu, *Fundamentals of III-V Devices: HBTs, MESFETs, and HFETs/HEMTs*, Wiley, New York, 1999.

32. T. J. Maloney and J. Frey, "Frequency Limits of GaAs and InP Field-Effect Transistors at 300 K and 77 K with Typical Active Layer Doping," *IEEE Trans. Electron Dev.*, **ED-23**, 519 (1976).

33. K. Yokoyama, M. Tomizawa, and A. Yoshii, "Scaled Performance for Submicron GaAs MESFET's," *IEEE Electron Dev. Lett.*, **EDL-6**, 536 (1985).

34. M. F. Abusaid and J. R. Hauser, "Calculations of High-Speed Performance for Submicrometer Ion-Implanted GaAs MESFET Devices," *IEEE Trans. Electron Dev.*, **ED-33**,913 (1986).

35. L. J. Sevin, *Field Effect Transistors*, McGraw-Hill, New York, 1965.

36. R. J. Trew, "SiC and GaN Transistors—Is There One Winner for Microwave Power Applications?"*Proc. IEEE*, **90**, 1032 (2002).

37. J. J. Komiak, "GaN HEMT," *IEEE Microwave Mag.*, **16**, 97, 2015.

38. J. Shealy, J. Smart, M. Poulton, R. Sadler, D. Grider, S. Gibb, B. Hosse, B. Sousa, D. Halchin, V. Steel, et al., "Gallium Nitride (GaN) HEMT's: Progress and Potential for Commercial Applications," *IEEE GaAs Integrated Circuits Symposiu*, p. 243, 2002.

39. R. A. Pucel, H. A. Haus, and H. Statz, "Signal and Noise Properties of GaAs Microwave Field-Effect Transistors," in L. Martin, Ed., *Advances in Electronics and Electron Physics*, Vol. **38**, Academic, New York, p. 195, 1975.

40. H. Fukui, "Optimal Noise Figure of Microwave GaAs MESFETs," *IEEE Trans. Electron Dev.*, **ED-26**, 1032 (1979).

41. V. Veliadis, M. McCoy, E. Stewart, T. McNutt, S. Van Campen, P. Potyraj, and C. Scozzie. "Exploring the Design Space of Rugged Seven Lithographic Level Silicon Carbide Vertical JFETs for the Development of 1200-V, 50-A Devices," *Proc. Int. Semicond. Dev. Res. Symp.*, 2007.

42. K. Lawson, G. Alvarez, S. B. Bayne, V. Veliadis, H. C. Ha, D. Urciuoli, N. El-Hinnawy, P. Borodulin, and C. Scozzie, "Hard-Switch Stressing of Vertical-Channel Implanted-Gate SiC JFETs," *IEEE Electron Dev. Lett.*, **33**, 86 (2012).

43. T. Ishikawa, Y. Tanaka, T. Yatsuo, and K. Yano, "SiC Power Devices for HEV/EV and a Novel SiC Vertical JFET," *Tech. Dig. IEEE IEDM*, p.24, 2014.

44. S. C. Binari, P. B. Klein, and T. E. Kazior, "Trapping Effects in GaN and SiC Microwave FETs," *Proc. IEEE*, **90**, 1048 (2002).

45. G. M. Metze, J. F. Bass, T. T. Lee, D. Porter, H. E. Carlson, and P. E. Laux, "A Dielectric-Defined Process for the Formation of T-Gate Field-Effect Transistors," *IEEE Microwave Wireless Compon. Lett.*, **1**, 198 (1991).

46. P. C. Chao and W. H. Ku, "0.2 Micro Length Mushroom Gate Fabrication Using a New Single-Level Photoresist Technique," *Tech. Dig. IEEE IEDM*, p.415, 1982.

47. L. Esaki and R. Tsu, "Superlattice and Negative Conductivity in Semiconductors", *IBM Res. Note*, RC-2418, March 1969.

48. R. Dingle, H. L. Stormer, A. C. Gossard, and W. Wiegmann, "Electron Mobilities in Modulation-Doped Semiconductor Heterojunction Superlattices," *Appl. Phys. Lett.*, **33**, 665 (1978).

49. H. L. Stormer, R. Dingle, A. C. Gossard, W. Wiegmann, and M. D. Sturge, "Two-Dimensional Electron Gas at a Semiconductor–Semiconductor Interface," *Solid State Commun.*, **29**, 705 (1979).

50. T. Mimura, S. Hiyamizu, T. Fujii, and K. Nanbu, "A New Field-Effect Transistor with Selectively Doped GaA $s/n$-Al$_x$ Ga$_{1-x}$ As Heterojunctions," *Jpn. J. Appl. Phys.*, **19**, L225 (1980).

51. T. Mimura, "The Early History of the High Electron Mobility Transistor (HEMT)," *IEEE Trans. Microwave Theory Tech.*, **50**, 780 (2002).

52. D. Delagebeaudeuf, P. Delescluse, P. Etienne, M. Laviron, J. Chaplart, and N. T. Linh, "Two-Dimensional Electron Gas M.E.S.F.E.T. Structure," *Electron. Lett.*, **16**, 667 (1980).

53. H. Daembkes, Ed., *Modulation-Doped Field-Effect Transistors: Principle, Design and Technology*, IEEE Press, New Jersey, 1991.

54. H. Morkoc, H. Unlu, and G. Ji, *Principles and Technology of MODFETs: Principles, Design and Technology*, Vols. **1** and **2**, Wiley, New York, 1991.

55. C. Y. Chang and F. Kai, *GaAs High-Speed Devices: Physics, Technology, and Circuit Applications*, Wiley, New York, 1994.

56. T. Mimura, "The Early History of the High Electron Mobility Transistor (HEMT)," *IEEE Trans. Microw. Theory Tech.*, **50**, 780, 2002.

57. M. Golio and D. M. Kingsriter, Eds, *RF and Microwave Semiconductor Devices Handbook*, CRC Press, Florida, 2002.

58. P. Roblin and H. Rohdin, *High-Speed Heterostructure Devices: From Device Concepts to Circuit Modeling*, Cambridge University Press, Cambridge, 2006.

59. D. Nirmal and J. Ajayan, Eds., *Handbook for III-V High Electron Mobility Transistor Technologies*, CRC Press, Florida, 2019.

60. P. H. Ladbrooke, "GaAs MESFETs and High Mobility Transistors (HEMT)," in H. Thomas, D. V. Morgan, B. Thomas, J. E. Aubrey, and G. B. Morgan, Eds., *Gallium Arsenide for Devices and Integrated Circuits*, Peregrinus, London, 1986.

61. T. Ando, "Electronic Properties of Two-Dimensional System," *Rev. Mod. Phys.*, **54**, 437 (1982).

62. D. Delagebeaudeuf and N. T. Linh "Metal-(n) AIGaAs-GaAs Two-Dimensional Electron Gas FET," *IEEE Trans. Electron Dev.*, **ED-29**, 955 (1982).

63. F. Manouchehri, P. Valizadeh, and M. Z. Kabir, "Determination of Subband Energies and 2DEG Characteristics of Al$_x$ Ga$_{1-x}$ N/GaN Heterojunctions Using Variational Method," *J. Vac. Sci. Technol. A*, **32**, 021104 (2014).

64. K. Jena, R. Swain, and T. R. Lenka, "Impact of Barrier Thickness on Gate Capacitance—Modeling and Comparative Analysis of GaN based MOSHEMTs," *J. Semicond.*, **36**, 034003 (2015).

65. Z. Alferov, "Heterostructures for Optoelectronics: History and Modern Trends," *Proc. IEEE*, **101**, 2176 (2013).

66. A. Villanueva, J. A. del Alamo, T. Hisaka, and T. Ishida, "Drain Corrosion in RF Power GaAs PHEMTs," *Tech. Dig. IEEE IEDM*, p.393, 2007.

67. H. Y. Chang, Y. C. Liu, S. H. Weng, C. H. Lin, Y. L. Yeh, and Y. C. Wang, "Design and Analysis of a DC–43.5-GHz Fully Integrated Distributed Amplifier Using GaAs HEMT–HBT Cascode Gain Stage," *IEEE Trans. Microwave Theory Tech.*, **59**, 443 (2011).

68. D. M. Lin, C. K. Lin, F. H. Huang, J. S. Wu, W. K. Wang, Y. Y. Tsai, Y. J. Chan, and Y. C. Wang, "Dual-Gate E/E- and E/D-Mode AlGaAs/InGaAs PHEMTs for Microwave Circuit Applications," *IEEE Trans. Electron Dev.*, **54**, 1818 (2007).

69. A. Alizadeh and A. Medi, "Distributed Class-J Power Amplifiers," *IEEE Trans. Microwave Theory Tech.*, **65**, 513 (2017).

70. S. C. Binari and H. C. Dietrich, "III-V Nitride Electronic Devices," in S. J. Pearton, Ed., *GaN and Related Materials*, Gordon and Breach, New York, 1997.

71. S. C. Jain, M. Willander, J. Narayan, and R. V. Overstraeten, "III–Nitrides: Growth, Characterization,and Properties," *J. Appl. Phys.*, **87**, 965 (2000).

72. S. J. Pearton, F. Ren, A. P. Zhang, and K. P. Lee, "Fabrication and Performance of GaN Electronic Devices," *Mater. Sci. Eng.*, **R30**, 55 (2000).

73. U. K. Mishra, P. Parikh, and Y. F. Wu, "AlGaN/GaN HEMTs—An Overview of Device Operation and Applications," *Proc. IEEE*, **90**, 1022 (2002).

74. M. A. Khan, J. N. Kuznia, J. M. Van Hove, N. Pan, and J. Carter, "Observation of a Two Dimensional Electron Gas in Low Pressure Metalorganic Chemical Vapor Deposited GaN/Al$_x$Ga$_{1-x}$ N Heterojunction," *Appl. Phys. Lett.*, **60**, 3027 (1992).

75. N. M. Shrestha, Y. Li, T. Suemitsu, and S. Samukawa, "Electrical Characteristic of AlGaN/GaN High-Electron-Mobility Transistor with Recess Gate Structure," *IEEE Trans. Electron Devices,* **66**, 1694 (2019).

76. B. J. Baliga, "Power Semiconductor Device Figure of Merit for High-Frequency Applications,"*IEEE Electron Dev. Lett.*, **10**, 455 (1989).

77. M. N. Yoder, "Wide Bandgap Semiconductor Materials and Devices," *IEEE Trans. Electron Dev.*, **43**, 1633 (1996).

78. H. Okumura, "Present Status and Future Prospect of Widegap Semiconductor High-Power Devices," *Jpn. J. Appl. Phys.*, **45**, 7565 (2006).

79. D. Han and B. Sarlioglu, "Deadtime Effect on GaN-Based Synchronous Boost Converter and Analytical Model for Optimal Deadtime Selection," *IEEE Trans. Power Electron.*, **31**, 601 (2016).

80. F. Bernardini, V. Fiorentini, and D. Vanderbilt, "Spontaneous Polarization and Piezoelectric Constants of III–V Nitrides," *Phy. Rev. B*, **56**, R10024 (1997).

81. H. Yu and T. Duan, *Gallium Nitride Power Devices*, Pan Stanford Pub, Singapore, 2017.

82. O. Ambacher, B. Foutz, J. Smart, J. R. Shealy, N. G. Weimann, K. Chu, M. Murphy, A. J. Sierakowski, W. J. Schaff, and L. F. Eastman, "Two Dimensional Electron Gases Induced by Spontaneous and Piezoelectric Polarization in Undoped and Doped AlGaN/GaN Heterostructures,"*J. Appl. Phys*., **87**, 334 (2000).

83. N. M. Shrestha, Y. Li, and E. Y. Chang, "Simulation Study on Electrical Characteristic of AlGaN/GaN High Electron Mobility Transistors with AlN Spacer Layer," *Jpn. J. Appl. Phys*., **53**, 04EF08 (2014).

84. M. Meneghini, G. Meneghesso, and E. Zanoni, *Power GaN Devices: Materials, Applications and Reliability*, Springer, Switzerland, 2017.

85. N. M. Shrestha, Y. Li, and E. Y. Chang, "Step Buffer Layer of $Al_{0.25}Ga_{0.75}N/Al_{0.08}Ga_{0.92}N$ on P-InAlN Gate Normally-Off High Electron Mobility Transistors," *Semicond. Sci. Technol*., **31**, 075006 (2016).

86. W. Saito, Y. Takada, M. Kuraguchi, K. Tusuda, and I. Omura, "Recessed-Gate Structure Approach toward Normally Off High-Voltage AlGaN/GaN HEMT for Power Electronics Applications," *IEEE Trans. Electron Dev*., **ED-53**, 356 (2006).

87. T. Mizutani, H. Yamada, S. Kishimoto, and F. Nakamura, "Normally Off AlGaN/GaN High Electron Mobility Transistors with p-InGaN Cap Layer," *J. Appl. Phys*., **113**, 034502 (2013).

88. M. Higashiwaki, T. Mimura, and T. Matsui, "Enhancement-Mode AlN/GaN HFETs Using Cat-CVD SiN," *IEEE Trans. Electron Dev*., **ED-54**, 1566 (2007).

89. Y. Cai, Y. Zhou, K. M. Lau, and K. J. Chen, "Control of Threshold Voltage of AlGaN/ GaN HEMTs by Fluoride-Based Plasma Treatment: From Depletion Mode to Enhancement Mode," *IEEE Trans. Electron Dev*., **ED-53**, 2207 (2006).

90. Z. Q. Fang, D. C. Look, X. L. Wang, J. Han, F. A. Khan, and I. Adesida, "Plasma-Etching Enhanced Deep Centers in n-GaN Grown by Metalorganic Chemical-Vapor Deposition," *Appl. Phys. Lett*., **82**, 1562 (2003).

91. S. Samukawa, "Ultimate Top-Down Etching Processes for Future Nanoscale Devices," *Jpn. J. Appl. Phys*., **45**, 2395 (2006).

92. K. Prasertsuk, T. Tanikawa, T. Kimura, S. Kuboya, T. Suemitsu, and T. Matsuoka, "NPolar GaN/AlGaN/GaN Metal-Insulator-Semiconductor High-Electron-Mobility Transistor Formed on Sapphire Substrate with Minimal Step Bunching," *Appl. Phys. Express*, **11**, 015503 (2018).

93. A. Rakoski, S. Diez, H. Li, S. Keller, E. Ahmadi, and Ç. Kurdak, "Electron Transport in NPolar GaN-Based Heterostructures," *Appl. Phys. Lett*., **114**, 162102 (2019).

94. O. S. Koksaldi, J. Haller, H. Li, B. Romanczyk, M. Guidry, S. Wienecke, S. Keller, and U. K. Mishra, "N-Polar GaN HEMTs Exhibiting Record Breakdown Voltage over 2000 V and Low Dynamic on-Resistance," *IEEE Electron Device Lett.*, **39**, 1014 (2018).

95. S. Wienecke, B. Romanczyk, M. Guidry, H. Li, E. Ahmadi, K. Hestroffer, X. Zheng, S. Keller, and U. K. Mishra, "N-Polar GaN Cap MISHEMT with Record Power Density Exceeding 6.5 W/mm at 94 GHz," *IEEE Electron Device Lett.*, **38**, 359 (2017).

96. W. Saito, I. Omura, T. Ogura, and H. Ohashi, "Theoretical Limit Estimation of Lateral Wide Band-Gap Semiconductor Power-Switching Device," *Solid-State Electron.*, **48**, 1555 (2004).

97. G. Meneghesso, M. Meneghini, and E. Zanoni, "Breakdown Mechanisms in AlGaN/GaN HEMTs: An Overview," *Jpn. J. Appl. Phys.*, **53**, 100211 (2014).

98. T. Paskova, D. A. Hanser, and K. R. Evans, "GaN Substrates for III-Nitride Devices," *Proc. IEEE*, **98**, 1324 (2010).

99. J. Joh and J. A. del Alamo, "Critical Voltage for Electrical Degradation of GaN High-Electron Mobility Transistors," *IEEE Trans. Electron Dev.*, **ED-29**, 287 (2008).

100. H. Huang, Y. C. Liang, G. S. Samudra, T. F. Chang, and C. F. Huang, "Effects of Gate Field Plates on the Surface State Related Current Collapse in AlGaN/GaN HEMTs," *IEEE Trans. Power Electron.*, **29**, 2164 (2014).

101. A. Chini, U. K. Mishra, P. Parikh, and Y. Wu, "Fabrication of Single or Multiple Gate Field Plates," U.S. Patent, 7812369 B2 (2010).

102. S. Yagi, M. Shimizu, M. Inada, Y. Yamamoto, G. Piao, Y. Yano, and H. Okumura, "High Breakdown Voltage AlGaN/GaN MIS-HEMT with SiN and TiO2 Gate Insulator," *Solid-State Electron.*, **50**, 280 (2005).

103. S. Tanabe, N. Watanabe, M. Uchida, and H. Matsuzaki, "Effects of Surface Morphology and C Concentration in C-doped GaN Buffer on Breakdown Voltage of AlGaN/GaN HEMTs on Free-Standing GaN Substrate," *Phys. Status Solidi A*, **213**, 1236 (2016).

104. Y. C. Choi, M. Pophristic, H. Y. Cha, B. Peres, M. G. Spencer, and L. F. Eastman, "The Effect of an Fe-doped GaN Buffer on OFF-State Breakdown Characteristics in AlGaN/GaN HEMTs on Si Substrate," *IEEE Trans. Electron Dev.*, **ED-53**, 2926 (2006).

105. I. B. Yaacov, Y. K. Seck, U. K. Mishra, and S. P. DenBaars, "AlGaN/GaN Current Aperture Vertical Electron Transistors with Regrown Channels," *Jpn. J. Appl. Phys.*, **95**, 2073 (2004).

106. N. M. Shrestha, Y. Y Wong, Y. Li, and E. Y. Chang, "A Novel AlGaN/GaN Multiple Aperture Vertical High Electron Mobility Transistor with Silicon Oxide Current Blocking Layer," *Vacuum*, **118**, 59 (2015).

107. T. R. Lenka and A. K. Panda, "Role of Nanoscale AlN and InN for the Microwave Characteristics of AlGaN/ (Al, In) N/GaN - Based HEMT," *Semiconductors*, **45**, 1211 (2011).

108. L. Pang, Y. Lian, D. S. Kim, J. H. Lee, and K. Kim, "AlGaN/GaN MOSHEMT with High-Quality Gate–SiO$_2$ Achieved by Room-Temperature Radio Frequency Magnetron Sputtering," *IEEE Trans. Electron Dev.*, **59**, 2650 (2012).

109. D. Meng, S. Lin, C. P. Wen, M. Wang, J. Wang, Y. Hao, Y. Zhang, K. M. Lau, and W. Wu, "Low Leakage Current and High-Cutoff Frequency AlGaN/GaN MOSHEMT Using Submicrometer-Footprint Thermal Oxidized TiO$_2$/NiO as Gate Dielectric," *IEEE Electron Dev. Lett.*, **34**, 738 (2013).

110. Z Touati, Z. Hamaizia, and Z. Messai, "DC and RF Characteristics of AlGaN/GaN HEMT and MOS-HEMT" *Proc. IEEE Int. Conf. Electrical Eng.*, 2015.

111. S. P. Nayak, P. Dutta, and S. K. Mohapatra, "Performance Enhancement in Al$_{0.3}$Ga$_{0.7}$N/ GaN HEMT Based Inverter Using MOSHEMT," Proc. *IEEE Int. Conf. Elec., Mater. Eng. Nano-Tech.*, 2017.

112. U. Radhakrishna, P. Choi, S. Goswami, L. S. Peh, T. Palacios, and D. Antoniadis, "MIT Virtual Source GaNFET–RF Compact Model for GaN HEMTs: From Device Physics to RF Frontend Circuit Design and Validation," *Tech. Dig. IEEE IEDM*, p.295, 2014.

113. U. Radhakrishna, S. Lim, P. Choi, T. Palacios, and D. Antoniadis, "GaNFET Compact Model for Linking Device Physics, High Voltage Circuit Design and Technology Optimization,"*Tech. Dig. IEEE IEDM*, p.233, 2015.

114. U. Radhakrishna, P. Choi, J. Grajal, L. S. Peh, T. Palacios, and D. Antoniadis, "Study of RF-Circuit Linearity Performance of GaN HEMT Technology Using the MVSG Compact Device Model," *Tech. Dig. IEEE IEDM*, p.75, 2016.

115. D. Nirmal, L. Arivazhagan, A. S. Augustine Fletcher, J. Ajayan, and P. Prajoon, "Current Collapse Modeling in AlGaN/GaN HEMT Using Small Signal Equivalent Circuit for High Power Application," *Superlattic. Microstruct.*, **113**, 810 (2017).

116. A. Jarndal and G. Kompa, "A New Small-Signal Modeling Approach Applied to GaN Devices," I*EEE Trans. Microwave Theory Tech.*, **53**, 3440 (2005).

117. A. Jarndal, B. Bunz, and G. Kompa, "Accurate Large-Signal Modeling of AlGaN–GaN HEMT Including Trapping and Self-Heating Induced Dispersion," *Proc. Int. Symp. on Power Semicond. Dev. & IC's*, 2006.

# 習題

1. 對於一個 JEFT 元件依冪次定律摻雜 $N = N_{D2} x^n$，其中 $N_{D2}$ 與 $n$ 爲常數，試找出在 $n \to \infty$ 的情況下，其 $I_D$ 對 $V_G$ 與 $g_m$ 的關係。假設爲速度飽和模型。

2. 一個 $n$- 通道的 GaAs MESFET 元件，製作在半絕緣的基板上。具有 $N_D$ $=10^{17}\text{cm}^{-3}$ 均勻摻雜的通道，且 $\phi_{Bn} = 0.9$ V，$a = 0.2$ μm，$L = 1$ μm 與 $Z = 10$ μm。

   (a) 此爲加強模式或是空乏模式的元件？

   (b) 試求出起始電壓值爲？

   (c) 試求在 $V_G = 0$ 時的飽和電流？（對定值移動率爲 5,000 cm$^2$/V-s 的情況）

3. 請導出式 (17)。將式 (13) 中的 $\psi_{bi}$ 代入式 (15) 中。

4. 請設計一個 GaAs 的 MESFET 元件，其最大轉導爲 200 mS/mm，且在零閘極－源極偏壓下，汲極飽和電流 $I_{Dsat}$ 爲 200 mA/mm。假設 $I_{Dsat} = \beta(V_G - V_T)^2$，$\beta \equiv Z\mu\varepsilon_s /2aL$，$\mu = 5000$ cm$^2$/V-s、$L = 1$ μm 與 $\psi_{bi} = 0.6$ V。

5. 試證明 (a) 對於 MESFET 元件，在線性區操作下所量測的汲極端電導爲 $g_{D0} / [1 + (R_S + R_D) g_{D0}]$；(b) 在飽和區操作時，所量測的轉導爲 $g_m / 1 + (R_S g_m)$，其中 $R_S$ 與 $R_D$ 分別爲源極與汲極的電阻。

6. 一個 InP 的 MESFET 元件，$N_D = 2\times10^{17}$ cm$^{-3}$，$L = 1.5$ μm，$L/a = 5$，以及 $Z = 75$ μm，假設 $v_s = 6\times10^6$ cm/s，$\psi_{bi} = 0.7$ V，試利用飽和速度模型，計算在 $V_G = -1$ V 以及 $V_D = 0.2$ V 時的截止頻率（此時靠近汲極端的通道恰好夾止）。

7. 對於一個超大型積體電路，其每個 MESFET 閘極所允許的最大功率為 0.5 mW。假設時脈頻率為 5 GHz 而節點電容為 32 fF，試計算 $V_{DD}$ 之上限值（以伏特為單位）。

8. 一個 InP 的 MESFET 元件，其 $N_D = 10^{17}$ cm$^{-3}$，$L = 1.5$ μm，$a = 0.3$ μm，$Z = 75$ μm，假設 $v_s = 6 \times 10^6$ cm/s，$\psi_{bi} = 0.7$ V，施加閘極電壓等於 $-1$ V，以及 $\varepsilon_s = 12.4\varepsilon_o$，請由飽和速度模型，找出截止頻率。

9. 一個 Al$_{0.3}$Ga$_{0.7}$As/GaAs 異質接面系統在熱平衡條件下，其中 $p$- 型 GaAs 的摻雜濃度固定為 $10^{14}$ cm$^{-3}$，假設系統未摻雜 AlGaAs 間隔層的厚度為零。$n$- 型 AlGaAs 的摻雜濃度為 $10 \times 10^{17}$ cm$^{-3}$。請計算此系統的基態與第一激發態的能量。

10. 一個 AlGaAs/GaAs 異質接面，其二維電子氣濃度在 $V_G = 0$ 時，為 $1.25 \times 10^{12}$ cm$^{-2}$，試計算其未摻雜隔離層的厚度 $d_s$。（假設 $n$- AlGaAs 中，最初 50 nm 的摻雜為 $1 \times 10^{18}$ cm$^{-3}$，而剩餘的厚度 $d_s$ 皆未摻雜。蕭特基位障高度為 0.89 V，$\Delta EC /q = 0.23$ V，AlGaAs 相對介電常數為 12.3。）

11. (a) 試求出 AlGaAs-GaAs FET 在傳統與 $\delta$- 摻雜兩種情況下的起始電壓值。

(b) 試求出 AlGaAs 兩個單層的厚度變動所造成的起始電壓變化。

（假設 AlGaAs 一個單層厚度 $\approx 3$，蕭特基位障高度為 0.9 V，而導電帶不連續值為 0.3 eV；傳統 HEFT 為 $10^{18}$ cm$^{-3}$ 的均勻摻雜，厚度 40 nm；$\delta$- 摻雜位於距金屬半導體介面 40 nm 處，片電荷密度為 $1.5 \times 10^{12}$ cm$^{-2}$；假設 AlGaAs 介電係數為 $10^{-12}$ F/cm。）

12. 在一個 AlGaAs/GaAs 的 HEMT 元件中，其 $n$- 型 Al$_{0.3}$Ga$_{0.7}$As 層厚度為 50 nm，摻雜量為 $10^{18}$ cm$^{-3}$。假設未摻雜間隔層為 2 nm，位障高度為 0.85 eV，且導電帶不連續值為 0.22 eV。此三元化合物的介電常數為 12.2。試計算在 $V_G = 0$ 時，源極的二維電子氣濃度。

13. 考慮一個 AlGaAs/GaAs 的 HEMT，其 AlGaAs 層為 50 nm，且未摻雜的 AlGaAs 間隔層厚度為 10 nm。假設其起始電壓為 $-1.3$ V，$N_D = 5 \times 10^{17}$ cm$^{-3}$，$\Delta E_C = 0.25$ eV，通道寬度為 8 nm，而介電常數為 12.3，試計算其蕭特基位障高度與在 $V_G = 0$ 時的二維電子氣濃度。

14. 凱斯品質因數（Keyes' figure of merits）提供對積體電路中電晶體的切換行為的熱限制，定義為 $\kappa(v_s/\varepsilon)^{1/2}$，其中 $\kappa$ 是熱傳導係數，$\varepsilon$ 是介電常數（permitivity）。對 Si、GaAs 與 GaN，其 $\kappa$ 值分別為 1.5、0.5 與 1.3 W/cm-K。請用凱斯品質因數比較 Si、GaAs 與 GaN 等高功率元件的效能。

15. 一個具有總體移動率為 400 cm$^2$/V-s 的 GaN，假設 $R_{on} = 2.8$ m$\Omega$/cm$^2$，臨界電場是 3 MV/cm，請計算 GaN 的崩潰電壓。

16. 如下圖所示的 MOSHEMT，請繪出沿著金屬／氧化物／AlGaN／GaN 結構相對應的導電帶能帶分布圖，並標示出元件在熱平衡與強反轉條件下的費米能階。

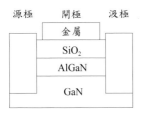

# 第九章
## 穿隧元件
## Tunnel Devices

## 9.1 簡介

　　本章我們將探討利用量子力學穿隧效應理論基礎操作的元件。在古典理論中，載子能量小於某一位障高度，將被此位障所限制或完全的停止。在量子力學中，考慮載子具有的波動性質，波動性不會突然地於位障的邊界終止，因此，不僅載子可能會存在於位障內，若位障的厚度薄到一個程度，載子亦能夠穿過位障，這是導入穿隧機率與穿隧電流的觀念。基本的穿隧現象已經在第 1.5.7 節藉由引入穿隧機率的概念討論過，這些概念也應用在 4.4.1 節金氧半元件的閘極漏電流，以及 6.7.2 節的穿隧場效電晶體。以此現象為基礎的穿隧過程與元件具有一些有趣的性質。

　　首先，穿隧現象是一種多數載子的效應，載子穿過位障的穿隧時間並不被傳統的傳渡時間（$\tau - W/\upsilon$，$W$ 為能障寬度，$\upsilon$ 為載子速度）觀念所支配，而是正比於單位時間內的量子躍遷機率 $\exp[-2\langle k(0)W\rangle]$，其中 $\langle k(0)\rangle$ 是載子在穿隧過程歷經的動量平均值，相當於一個能量等於費米能量，但不具有橫向動量的入射載子動量 [1]。量子躍遷機率的倒數即為穿隧時間，正比於 $\exp[-2\langle k(0)W\rangle]$。由於穿隧時間非常短，使得穿隧元件可以使用於毫米波段範圍。其次，因為穿隧機率與穿隧發生的來源端和接收端兩端可容許的能態有關，所以穿隧電流不僅與偏壓有關，負微分電阻（negative differential resistance, NDR）亦會造成穿隧電流的產生。一個穿隧元件已知的缺點可能是電流密度較低，但事實上穿隧元件仍有極高的電流密度，例如以 SiGe 爲材料所製作的帶間穿隧二極體（interband tunnel diode）[2] 的電流密度即可以超過 $2.18 \times 10^5$ A/cm$^2$，而其峰值－谷值電流比（peak-to-valley current ratio, PVCR）可達 1.47，以 InP 爲材料所製作的共振穿隧二極體（resonant-tunneling diodes, RTD）[3] 的電流密度爲 $2.2 \times 10^4$ A/cm$^2$，而 PVCR 可高達 46。比較矽、砷化鎵與 III-V 族各種材料製作的穿隧二極體元件性能，可以參考文獻 [4-7]。因此，整合穿隧二極體與電晶體電路的研究持續在發展，特別是利用更有效的電路拓撲學來降低操作功率。[8-10]

本章主要聚焦探討兩種穿隧元件：穿隧二極體與共振穿隧二極體。當穿隧二極體被發明出來時，似乎有著極大的潛力，然而時間卻証明其在市場上的應用是有限的，主因是生產與再現性困難，特別是與積體電路整合時，需要陡峭與高摻雜分布，這對於固態物理基礎是重大的衝擊，但也因此提升對半導體元件穿隧效應的認知。近年來，共振穿隧二極體開啓了另一類型的穿隧方式，其可以整合於許多的元件之中，作爲一個基本的構件（building block）。

## 9.2 穿隧二極體

1958 年江崎（Esaki）發現了穿隧二極體，因此也被稱爲江崎二極體（Esaki diode）[11]。在江崎博士的論文中，他研究高度摻雜的鍺（Ge）p-n 接面，並應用在需要狹窄且具有高度摻雜基極的高速雙極性電晶體中 [12-13]。他發現在順向偏壓操作時，呈現不規則 I-V 特性，即：負微分電阻區（ $-dI/dV$ ）出現於順向偏壓操作的某一部分範圍內。江崎以量子穿隧觀念解釋此一不規則現象，並且在穿隧理論與實驗結果之間得到合理的一致性。在此之後，不同半導體材料的穿隧二極體陸續被其他研究人員所發現，如 1960 年代 Si、GaAs、InSb 與 III-V 族。[5,14-20]

　　穿隧二極體是由 *p-n* 型與 *n-* 型區皆爲簡併（degenerate）半導體（即非常高且陡峭分布的摻雜濃度）所組成的一簡單 *p-n* 接面。圖 1a 爲熱平衡時穿隧二極體能帶示意圖，由於高度摻雜，費米能階落於允許能帶之內。簡併量 $V'_p$ 與 $V'_n$ 通常爲數個 $kT/q$，此外，空乏層寬度等於或少於 10 nm，相較於傳統 *p-n* 接面的空乏層寬度要狹窄許多。在此，我們採用 $V'_n$ 與 $V'_p$（$= -V'_n$ 與 $-V'_p$）爲正值，以符合其他章節的表示法。圖 1b 爲典型穿隧二極體的靜態 *I-V* 特性，在逆向偏壓下（*p-* 型相對 *n-* 型爲負偏壓），電流爲單調性的增加。在順向偏壓下，電流先增加到峰值電壓 $V_p$ 的最大值（稱爲峰值電流或 $I_p$），然後減少到谷值電壓 $V_n$ 下的谷值電流 $I_V$。當電壓遠大於 $V_V$，電流對電壓呈指數上升。此靜態特性是由能帶到能帶的穿隧電流、超量電流與擴散電流等三種電流組成（圖 1b）。

　　首先，以定性的方式討論在絕對零度時的穿隧過程。圖 2 爲能帶結構，圖中顯示當施加偏壓時，*p-* 型區與 *n-* 型區的能帶互相對齊[21]。相對應的電流值在 *I-V* 曲線上以黑點表示。要注意的是，費米能階在半導體的允許帶內，

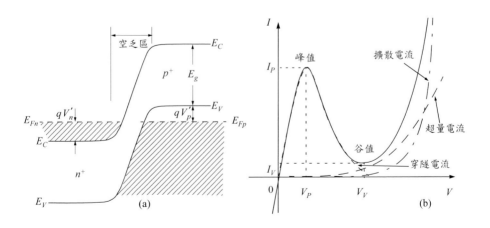

圖 1　(a) 熱平衡時的穿隧二極體能帶示意圖，$V'_p$ 與 $V'_n$ 個別為 *p-* 型與 *n-* 型區的簡併 (b) 典型穿隧二極體的靜態 *I-V* 特性。

並且在熱平衡狀態時，接面兩旁的費米能階相等（圖3）。在費米能階以上，接面兩邊無任何被填滿的能態（電子），而在費米能階以下，接面兩邊則無任何空的能態（電洞），因此未施加偏壓時，淨穿隧電流為零。

當施加電壓時，電子可能會由導電帶穿隧至價電帶，反之亦然。穿隧行為發生的必要條件為：(1) 電子發生穿隧的起源區域存在著被電子佔據的能態；(2) 電子穿隧到達的目的地存在有未被佔據的相同能階之能態；(3) 穿隧能障高度要低且位障寬度夠小，才能有一有限的穿隧機率；(4) 穿隧過程中動量必須守恆。如圖 2b，當施加順向偏壓時，於 $n$- 型區存在著被填滿能態而 $p$- 型區有未佔據能態的相同能量階層，因此電子可以由 $n$- 型區穿隧至 $p$- 型區，且能量守恆。當順向偏壓再增加，這個相同能量的能帶減少（圖 2c）。若施加的順向偏壓使得兩邊的能帶沒有交集（或沒有重疊），即 $n$-型區導電帶的邊緣剛好在 $p$- 型區價電帶頂端的對面，則在已填滿能態的另一側將無可利用的能態來進行穿隧，使穿隧電流不再流動。若持續地再增加

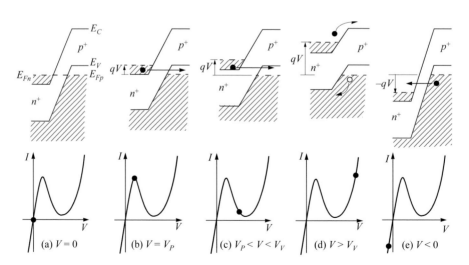

圖 2　穿隧二極體的簡化能帶結構 (a) 在零偏壓且熱平衡狀態下 (b) 在順向偏壓為 $V$ 的情況下，可得到峰值電流 (c) 順向偏壓接近谷值電流 (d) 在此順向偏壓下，電流為擴散電流且無穿隧電流 (e) 穿隧電流隨著逆向偏壓的增加而增加。

電壓，常見的擴散電流與超量電流將開始主導電流的成分（圖 2d）。如此一來，當順向電壓從零增加時，穿隧電流將由零增加到最大值 $I_P$，然後當順向偏壓為 $V+(V'_n+V'_p)$ 時，穿隧電流將減少到零。其中 $V$ 為所施加的順向電壓，$V'_n$ 為 $n$- 型區的簡併量，$V'_p$ $[V'_p=(E_V-E_{FP})/q]$ 為在 $p$- 型區的簡併量，如圖 1 所示。當電流到達峰值後，降低的電流造成了負微分電阻。對於簡併半導體而言，費米能階是位於導電帶或價電帶內，並可依下列方程式表示（也參閱 1.4.1 節式 (23a) 以及 (23b)）[22]

$$qV'_n \equiv E_F - E_C \approx kT\left[\ln\left(\frac{n}{N_c}\right) + 2^{-3/2}\left(\frac{n}{N_c}\right)\right] \tag{1a}$$

$$qV'_p \equiv E_V - E_F \approx kT\left[\ln\left(\frac{p}{N_v}\right) + 2^{-3/2}\left(\frac{p}{N_v}\right)\right] \tag{1b}$$

其中 $N_C(E)$ 與 $N_V(E)$ 分別是位於導電帶與價電帶的能態密度。圖 2e 為在施加逆向偏壓時，由價電帶到導電帶的電子穿隧。在這個方向，穿隧電流隨著偏壓無限制地增加，且無負微分電阻。穿隧的過程可以是直接的亦可以是間接的，這些過程顯示於圖 3，其中將 $E$-$k$ 關係疊加在傳統的穿隧接面轉折點。圖 3a 為直接穿隧，電子可以由導電帶最小值的鄰近區域穿隧到價電帶最大值的附近，同時，在 $k$- 空間中的動量並未改變。對於直接穿隧現象的發生，必須滿足電子在導電帶能量最小值處與在價電帶能量最大值處的動量是相同的。此條件存在於具有直接能隙的半導體，如 GaAs 與 GaSb。此條件亦可存在於非直接能隙半導體中，如 Si 與 Ge，但所施加電壓必須夠大，使電子可由能量較高的直接導電帶最小值處（Γ 點）發生穿隧，而非發生在能量較低的衛星能帶之最小值處 [23]。

非直接穿隧發生於非直接能隙半導體中，即 $E$-$k$ 關係中（圖 3b），導電帶能量最小值與價電帶能量最大值處的動量不相同。為了達到動量守恆，導電帶最小值與價電帶最大值的動量差必須要由散射性媒介來補充，如聲子或雜質。對於以聲子輔助的穿隧，能量與動量皆須守恆。亦即，電子起始能量與聲子能量的總和要等於電子穿隧後的電子能量，且起始電子動量與聲子

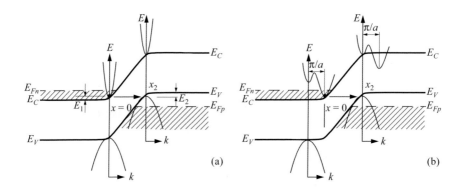

圖 3　直接與非直接的穿隧過程，將 *E-k* 關係疊加在傳統的穿隧接面位置（$x = 0$ 與 $x_2$）
　　　(a) 當 $k_{min} = k_{max}$ 時的直接穿隧過程 (b) 當 $k_{min} \neq k_{max}$ 時的非直接穿隧過程。

動量（$\hbar k_p$）的總和要等於電子穿隧後的電子動量，通常非直接穿隧的機率
遠小於直接穿隧的機率，且涉及數個聲子的非直接穿隧機率遠小於單一聲子
的非直接穿隧機率。

## 9.2.1 穿隧機率與穿隧電流

　　本節我們將聚焦在穿隧電流的組成。當半導體內施加的電場夠高，在
1 M V/cm 的數量級時，能帶間量子穿隧存在一有限機率，亦即電子由導電
帶直接躍遷至價電帶，反之亦然。電子穿隧通過禁止能帶的過程在形式上與
粒子穿隧過程的位障相同。由圖 3 指出，穿隧位障為圖 4 所示的三角形，可
藉由 *E-k* 關係的通用方程式開始

$$k(x) = \sqrt{\frac{2m^*}{\hbar^2}(PE - E_C)} \tag{2}$$

其中 *PE* 為位能。考慮穿隧時，入射電子與能隙底部具有相同的位能，因此
根號內的值為負值，且 *k* 為虛數。此外，導電帶邊緣 $E_C$ 可以電場 $\mathscr{E}$ 來表示。
因此，三角形能障內的波向量可表示為

$$k(x) = \sqrt{\frac{2m^*}{\hbar^2}(-q\mathscr{E}x)} \tag{3}$$

由 1.5.7 節中式 (106) 得到穿隧機率是

$$T_t \approx \exp\left[-2\int_0^{x_2}|k(x)|dx\right] \approx \exp\left[-2\int_0^{x_2}\sqrt{\frac{2m^*}{\hbar^2}(q\mathscr{E}x)}dx\right] \tag{4}$$

對於一個具有均勻電場 $\mathscr{E}$，$x_2 = E_g/\mathscr{E}q$ 的三角形能障而言，可得

$$T_t \approx \exp\left(-\frac{4\sqrt{2m^*}E_g^{3/2}}{3qh\mathscr{E}}\right) \tag{5}$$

由此可知，要達到較大的穿隧機率，有效質量與能隙要小，電場要大。接下來開始計算穿隧電流，並使用導電帶與價電帶中的能態密度呈現一次近似表示。我們也可以假設是在直接能隙中動量守恆的直接穿隧。熱平衡時，從導電帶到價電帶空能態的穿隧電流 $I_{C\to V}$ 與由價電帶到導電帶空能態的穿隧電流 $I_{V\to C}$ 必須平衡。$I_{C\to V}$ 與 $I_{V\to C}$ 可以下列公式表示

$$I_{C\to V} = C_1\int F_C(E)N_c(E)T_t[1-F_V(E)]N_v(E)dE \tag{6a}$$

$$I_{V\to C} = C_1\int F_V(E)N_v(E)T_t[1-F_C(E)]N_c(E)dE \tag{6b}$$

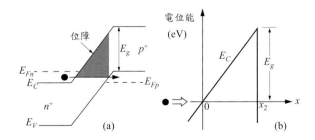

圖 4　(a) 穿隧二極體的穿隧過程 (b) 利用三角形位障來分析穿隧過程。

$C_1$ 爲常數，兩個方向的穿隧機率 $T_t$ 假設相同，$F_c(E)$ 與 $F_V(E)$ 爲費米—狄拉克分布函數。當接面處於順向偏壓時，淨穿隧電流 $I_t$ 爲

$$I_t = I_{C \to V} - I_{V \to C} = C_1 \int_{E_{Cn}}^{E_{Vp}} [F_C(E) - F_V(E)] T_t N_c(E) N_v(E) dE \tag{7}$$

須注意的是，積分的範圍是從 $n$- 型區（$E_{Cn}$）的 $E_C$ 到 $p$- 型區（$E_{VP}$）的 $E_V$。由式 (8) 嚴謹的運算，將得到以下結果 [24]

$$J_t = \frac{q^2 \mathscr{E}}{36\pi\hbar^2} \sqrt{\frac{2m^*}{E_g}} D \exp\left(-\frac{4\sqrt{2m^*}E_g^{3/2}}{3q\hbar\mathscr{E}}\right) \tag{8}$$

其中

$$D \equiv \int [F_C(E) - F_V(E)] \left[1 - \exp\left(-\frac{2E_S}{\bar{E}}\right)\right] dE \tag{9}$$

平均電場爲

$$\mathscr{E} = \sqrt{\frac{q(\psi_{bi} - V)N_A N_D}{2\varepsilon_s(N_A + N_D)}} \tag{10}$$

其中 $\psi_{bi}$ 爲內建電位，式 (9) 中，$E_s$ 代表 $E_1$ 與 $E_2$ 兩者中比較小的一個值（圖 3a），而 $\bar{E}$ 爲

$$\bar{E} \equiv \frac{\sqrt{2}q\hbar\mathscr{E}}{\pi\sqrt{m^* E_g}} \tag{11}$$

對於 Ge 穿隧二極體，式 (8) 中適當的有效質量爲 [25]

$$m^* = 2\left(\frac{1}{m_e^*} + \frac{1}{m_{lh}^*}\right)^{-1} \tag{12}$$

針對由輕電洞能帶穿隧到 <000> 導電帶來說，$m_{lh}^*$ 爲輕電洞的有效質量（＝ $0.044\ m_0$），$m_e^*$ 爲 <000> 導電帶上的有效質量（＝ $0.036\ m_0$）。而對 <100> 方向到 <111> 最小值的穿隧而言，有效質量爲

$$m^* = 2\left[\left(\frac{1}{3m_l^*} + \frac{2}{3m_t^*}\right) + \frac{1}{m_{lh}^*}\right]^{-1} \tag{13}$$

$m_l^* = 1.6\ m_0$ 與 $m_t^* = 0.082\ m_0$ 分別為 <111> 最小值的縱向（longitudinal）與橫向（transverse）方向的有效質量。然而式 (9) 中指數項在這兩種情形中只相差了 5%。式 (9) 中積分值 $D$ 是一個的重疊積分值，將決定 $I$-$V$ 特性曲線的形狀。它具有能量的單位，同時與溫度及簡併值 $V'_n$ 和 $V'_p$ 有關。在 $T = 0$ K 時，$F_c$ 與 $F_V$ 同時為步階函數（step function）。圖 5 表示當 $V'_n > V'_p$ 時，積分值 $D$ 對應順向電壓的關係。積分值 $D$ 在谷值電壓（valley voltage）時為零，且發生在

$$V'_V = V'_n + V'_P \tag{14}$$

式 (8) 中的前因子可以得知穿隧電流的概念量。圖 6 為根據式 (8)，針對幾種鍺穿隧二極體計算與實驗所得到的電流峰值，其結果顯示兩者的數據相當吻合。要得到整個穿隧電流的 $I$-$V$ 特性是相當不容易的，因為式 (8) 的分析解是很複雜的，然而，穿隧電流可用下列的經驗式得到相當好的擬合，經驗式如下

$$I_t = \frac{I_P V}{V_P} \exp\left(1 - \frac{V}{V_P}\right) \tag{15}$$

$I_p$ 是峰值電流。峰值電壓是個關鍵性的參數，只要峰值電流知道，可由不同的方法得到峰值電壓。在此方法中，我們求出在 $n$- 型的導電帶中電子分布輪廓，以及在 $p$- 型價帶上的電洞分布圖形。在施加偏壓下，當兩個載子的分布峰值在相同的能量下對應相等，則此時的施加電壓峰值即為對應此穿隧電流的峰值電壓值。圖 7 表示此一概念。

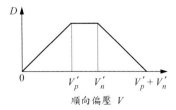

圖 5　當 $V'_n > V'_p$，積分值 $D$ 對應順向電壓的關係圖。（參考文獻 24）

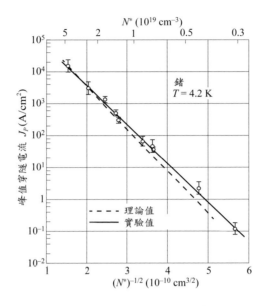

圖 6　Ge 穿隧二極體的峰值穿隧電流與有效摻雜濃度 $N^* \equiv N_A N_D / ( N_A + N_D )$ 關係圖。虛線由式 (8) 所計算出來。（參考文獻 26 與 27）

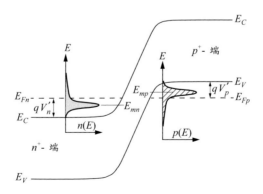

圖 7　*n*- 型與 *p*- 型簡併半導體電子與電洞密度分布圖，其中 $E_{mn}$ 與 $E_{mp}$ 為其峰值能量。

載子的分布函數可藉由載子的佔據機率與能態密度的乘積來獲得。針對電子與電洞載子的分布函數如下

$$n(E) = F_C(E)N_C(E) \tag{16a}$$

$$p(E) = [1 - F_V(E)]N_v \tag{16b}$$

對於 $n$- 型簡併半導體，電子的關係式可表示如下

$$n(E) = \frac{8\pi(m^*)^{3/2}\sqrt{2(E - E_C)}}{h^3\{1 + \exp[(E - E_F)/kT]\}} \tag{17}$$

載子峰值濃度所具有的能量可由式 (17) 對 $E$ 進行微分而得。雖然此關係式無法精確地解出答案，但可作相當程度地近似，最大電子密度的能量發生在 [26]

$$E_{mn} = E_{Fn} - \frac{qV_n'}{3} \tag{18a}$$

對 $p$- 型半導體也可用類似方法與結果得到

$$E_{mp} = E_{Fp} + \frac{qV_p'}{3} \tag{18b}$$

峰值電壓就是使兩個峰值能量對應於相同能階上所需要的偏壓，為

$$V_P = (E_{mp} - E_{mn})/q = \frac{V_n' + V_p'}{3} \tag{19}$$

圖 8 指出鍺（Ge）穿隧二極體中峰值電壓的位置隨著簡併 $V_n'$ 與 $V_p'$ 變化的函數。值得注意的是，當摻雜增加，峰值電壓會往較高的值偏移，$V_p$ 的實驗值與式 (19) 相當符合。直到目前為止，我們尚未考慮動量守恆，這會有兩種影響，兩者都會減少穿隧機率與穿隧電流。第一種影響為間接能隙材料的非直接穿隧，動量的改變必須由某些散射效應來補償，例如聲子散射與雜質散射。對於聲子輔助的非直接穿隧，除了在式 (5) 中，以 $E_g + E_p$ 代替 $E_g$，其中 $E_p$ 為聲子能量，穿隧機率以式 (5) 的倍數減少 [24,28]。穿隧電流的表示式類似於式 (8) 的形式，但是其值更低。因此提醒讀者要記得對於非直接穿隧，此章內的方程式必須要修正。

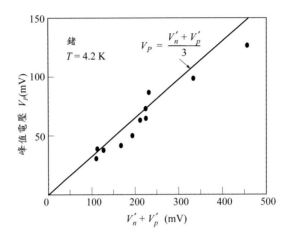

圖 8　鍺穿隧二極體中峰值電壓的位置隨著 $V'_n$ 與 $V'_p$ 變化的函數。（參考文獻 26 與 27）

　　第二種關於動量的效應是與穿隧方向有關的向量方向。之前討論中，所有的動能假設為在穿隧方向，而實際上，我們必須將總能量分成 $E_x$ 與 $E_\perp$ 方向，$E_\perp$ 為垂直於穿隧方向（或橫向動量）而與動量有關的能量，$E_x$ 為在穿隧方向上與動量相關的能量

$$E = E_x + E_\perp = \frac{\hbar^2 k_x^2}{2m_x^*} + \frac{\hbar^2 k_\perp^2}{2m_\perp^*} \tag{20}$$

下標 $x$ 與 $\perp$ 標出平行或垂直穿隧方向的分量，若只考慮分量 $E_x$ 在穿隧過程的貢獻，穿隧機率將減少了 $E_\perp$ 的量，其值為

$$T_t \approx \exp\left(-\frac{4\sqrt{2m^*}E_g^{3/2}}{3qh\mathcal{E}}\right)\exp\left(-\frac{E_\perp \pi\sqrt{2m^*E_g}}{qh\mathcal{E}}\right) \tag{21}$$

換句話說，垂直能量會以第二個橫向動量指數項為因子，進一步降低傳輸值。

## 9.2.2 電流－電壓特性

如圖 1b 所示，對於一個理想穿隧二極體，當 $V \geq (= V'_n + V'_p)$ 時，穿隧電流會減少至零，在較大偏壓時，只有因少數載子順向注入，會產生正常二極體電流，然而，在此偏壓下的實際電流已遠超過正常二極體電流，因此稱為超量電流，主要是由於載子透過禁止能隙中的能態進行穿隧。在圖 9 包含一些可能的穿隧路徑 [16]，第一種可能的路徑是電子由 C 掉到 B 的空能態位置，再穿隧至 D（路徑 CBD）；第二種是電子由導電帶的 C 開始，穿隧到適當的局部能階 A，而後再掉到價電帶的 D（路徑 CAD)；第三種路徑如 CABD，電子以一種在 A 到 B 間稱為雜質帶傳導的過程釋出額外的能量；第四種路徑則為 C 到 D 的階梯狀（staircase）路徑，此包含區間一連串的穿隧躍遷，以及一連串電子以垂直方向由上一個能態躍遷至另一能態而失去能量，在中間能態密度足夠高時，此過程是有可能發生的。第一個路徑 CBD 可視為基本機制，其他機制只是較複雜的修正。

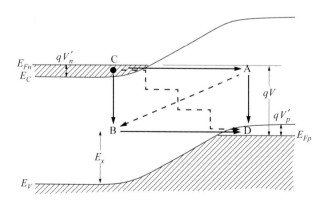

圖 9　藉由禁止能隙中的能態進行穿隧的超量電流，其穿隧機制的能帶示意圖。（參考文獻 16）

假設順向偏壓爲 $V$，考慮電子由 B 穿隧到 D。穿隧過程的能量 $E_x$ 可寫爲

$$E_x \approx E_g + q(V'_n + V'_p) - qV \approx q(\psi_{bi} - V) \tag{22}$$

式中 $\psi_{bi}$ 爲內建電位。由式 (15) 電子在能態 B 的穿隧機率 $T_t$ 爲

$$T_t \approx \exp\left(-\frac{4\sqrt{2m_x^*}E_x^{3/2}}{3qh\mathcal{E}}\right) \tag{23}$$

上式除了 $E_g$ 被 $E_x$ 取代之外，也應使用相對質量 $m_x^*$。此外，若假設在 B 處電子佔據能態的單位體積密度爲 $D_x$，則過量電流密度可寫成

$$J_x \approx C_2 D_x T_t \tag{24}$$

$C_2$ 是常數。假設 $T_t$ 指數項的參數對過量電流變化的影響遠比因子 $D_x$ 還重要，將式 (22) (23) (10) 代入式 (24) 中，可得到過量電流的表示式爲 [16]

$$J_x \approx C_2 D_x \exp\{-C_3[E_g + q(V'_n + V'_p) - qV]\} \tag{25}$$

$C_3$ 是另一個常數。根據式 (25)，過量電流將隨著能隙能階（bandgap levels）的體密度（$D_x$）增加而增加，也隨著施加電壓 $V$ 的增加而呈指數式增加（假設 $qV \ll E_g$）。式 (25) 也可重寫成 [29]

$$J_x = J_V \exp[C_4(V - V_V)] \tag{26}$$

$J_v$ 是谷值電壓爲 $V_v$ 時的谷值電流值，$C_4$ 爲指數項的前置因子。對於一般常見的穿隧二極體，$\ln(J_x)$ 對 $V$ 作圖的實驗結果呈現出與式 (26) 一致性的線性關係。注意此種穿隧類型沒有負微分電阻效應。穿逐二極體中的擴散電流與 p-n 接面中的少數載子注入電流相類似

$$J_d = J_0\left[\exp\left(\frac{qV}{kT}\right) - 1\right] \tag{27}$$

$J_0$ 爲第二章式 (63) 中已知的飽和電流密度。完整的靜態 I-V 特性爲三個電流成分的總和

$$J = J_t + J_x + J_d = \frac{J_P V}{V_P} \exp\left(1 - \frac{V}{V_P}\right) + J_V \exp[C_4(V - V_V)] + J_0 \exp\left(\frac{qV}{kT}\right) \text{ (28)}$$

值得注意的是，在 $V < V_V$、$V \approx V_V$ 與 $V > V_V$ 時，穿隧電流、超量電流與擴散電流分別是最主要貢獻總電流的成分。圖 10 是在室溫下，以不同半導體材料製作穿隧二極體 $I$-$V$ 特性的比較圖。$I_p / I_V$ 電流比值（PVCR）：Si 是 2：1[30]、$Si_{0.52}Ge_{0.48}$ 為 7.56：1[31]、Ge 為 8：1[4]、GaSb 為 12：1[32]，GaAs 為 56：1[5]。電流比的最大極限值與下列因素有關：(1) 與摻雜、有效穿隧質量及能隙有關的峰值電流；(2) 與禁止帶中能態的分布與濃度有關的谷值電流，因此可以利用增加 $n$- 區與 $p$- 區的摻雜濃度、增加濃度分布的陡峭度與最小化缺陷密度等方式來提高特定半導體的電流比。

接著來討論由溫度、電子轟擊與壓力所導致的 $I$-$V$ 特性。峰值電流隨溫度的變化可解釋為式 (8) 中積分 $D$ 與 $E_g$ 的改變。在高濃度時，溫度對 $D$ 的影響小，而穿隧機率的改變主要是由負的 $dE_g/dT$ 值所主導。因此，峰值電流會隨著溫度而增加，在更低摻雜穿隧二極體中，$D$ 隨溫度減少的效應成為

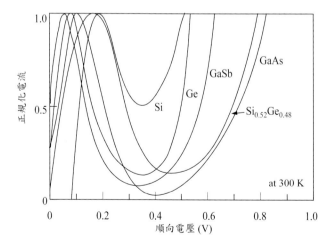

圖 10　在 300 K 的溫度下，Si、Ge、$Si_{0.52}Ge_{0.48}$、GaSb 與 GaAs 正規化的 $I$-$V$ 特性。

主要因素，且溫度係數為負值。對 Ge 穿隧二極體，在 −50 到 100 ℃ 溫度
範圍內，峰值電流的改變約為 ±10% [33]。由於能帶會隨著溫度而減小，谷電
流通常隨著溫度增加而增加。

電子轟擊帶來的主要影響是，能隙中能階體密度增加而導致過量電流
增加 [34]，所增加的過量電流可透過退火的製程逐漸消除，類似結果亦可由其
他種射線輻射中觀察到，如 γ 射線。當 Ge 與 Si 穿隧二極體元件受到物理
應力作用時，也會增加過量電流 [35]，這是一種可逆的改變。這個效應源自於
空乏區中因應力所引發的深層缺陷能態。然而，對於 GaSb 來說，$I_P$ 與 $I_V$ 隨
著流體靜壓力 [36]（hydrostatic pressure）增加而減小，可解釋為隨著壓力增
加導致能隙增加，以及 $V'_n$ 與 $V'_p$ 的簡併數降低。

### 9.2.3 任意摻雜分布

早期大多數的穿隧二極體製作是採用下列技術之一：(1) 球狀合金（Ball
alloy）：含有高固態溶解度的反向摻雜質之小金屬合金顆粒，與高摻雜半
導體基底的表面進行接合，製程環境為在惰性氣體或氫氣中，精準地控制溫
度─時間循環，例如在 $P^+$-Ge 基材表面，以 As 摻雜入錫（Sn）球中，形成
具有 $n^+$ 型的 As 摻雜 Sn 球。(2) 脈衝接合（Pulse bond）：在半導體基材與
含有反向雜質的金屬合金間利用脈衝形成接面時，接觸與接面將同時被製作
完成。(3) 平面製程（Planar process）：[37] 平面穿隧二極體的製作是使用平
面技術，包含溶液成長、擴散與控制合金；元件製作技術是以低溫磊晶成長
為基礎，使用分子束磊晶（MBE）與有機金屬化學氣相沉積（MOCVD）方
法製作高效能穿隧二極體。值得注意的是，以低壓化學氣相沉積與有機金屬
化學氣相沉積成長磊晶層可以進一步提高峰值谷值電流比值（peak-to-valley
current ratio, PVCR）[38-41]。

圖 11a 為四個基本元素組成的基礎等效電路，包括：串聯電感 $L_S$、串
聯電阻 $R_S$、二極體電容 $C_j$ 與負二極體電阻 -R。串聯電阻 $R_S$ 包含晶片內部
連線與外部導線電阻、歐姆接觸電阻與晶圓基材的延展電阻，其中延展電阻

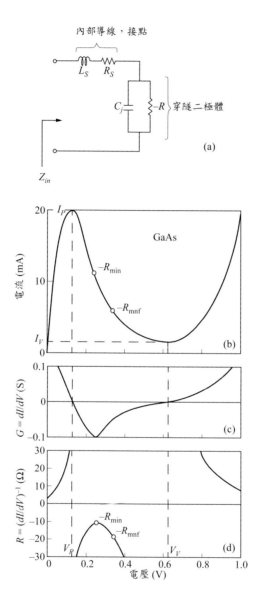

圖 11　(a) 穿隧二極體的等效電路圖 (b) 在 300 K 時，GaAs 穿隧二極體的本質電流—電壓特性關係圖 (c) 微分電導 $G = dI/dV$ 對於偏極的關係圖，其中在峰值與谷值電流時，$G = 0$ (d) 微分電阻 $(dI/dV)^{-1}$ 對偏壓的關係圖，其中 $R_{min}$ 為最小負電阻，$R_{mnf}$ 為最小雜訊時的電阻。

可由 $\rho/2d$ 表示，其中 $\rho$ 為半導體的電阻率，$d$ 為二極體區域的半徑。串聯電感 $L_S$ 主要來自內部連線、電路接合與外部導線，我們可以瞭解這些寄生單元對穿隧二極體的性能限制。

　　為了考慮本質二極體電容與負電阻，我們參考圖 11b 直流 $I$-$V$ 特性圖形。圖 11c 顯示出電導（$dI/dV$）對於偏壓的關係圖。在峰值與谷值電壓時，電導為零，通常在谷電壓值量測可得到二極體電容 $C_j$。微分電阻（$dI/dV$）$^{-1}$ 繪於圖 11d，在反曲點處，負電阻的絕對值也就是此區域的最小負電阻值，可標註為 $R_{\min}$，並可近似為

$$R_{\min} \approx \frac{2V_P}{I_P} \tag{29}$$

圖 11a 等效電路的總輸入阻抗 $Z_{in}$ 為

$$Z_{in} = \left[ R_S + \frac{-R}{1 + (\omega R C_j)^2} \right] + j \left[ \omega L_S + \frac{-\omega C_j R^2}{1 + (\omega R C_j)^2} \right] \tag{30}$$

在不同的頻率下，阻抗的電阻式（實部）與電抗式（虛部）將會是零。我們將這些頻率分別以電阻式截止頻率 $f_r$ 與電抗式截止頻率 $f_x$ 表示

$$f_r = \frac{1}{2\pi R C_j} \sqrt{\frac{R}{R_S} - 1} \tag{31}$$

$$f_x = \frac{1}{2\pi} \sqrt{\frac{1}{L_S C_j} - \frac{1}{(R C_j)^2}} \tag{32}$$

因為 $R$ 與偏壓有關，截止頻率也與偏壓有關。電阻式與電抗式截止頻率在 $R_{\min}$ 的偏壓時為

$$f_{r0} \equiv \frac{1}{2 R_{\min} C_j} \sqrt{\frac{R_{\min}}{R_S} - 1} \geq f_r \tag{33}$$

$$f_{x0} \equiv \frac{1}{2\pi} \sqrt{\frac{1}{L_S C_j} - \frac{1}{(R_{\min} C_j)^2}} \leq f_x \tag{34}$$

在此偏壓下，$R$ 值為最小值（$R_{\min}$），$f_{r0}$ 為二極體不再有負電阻效應時的最

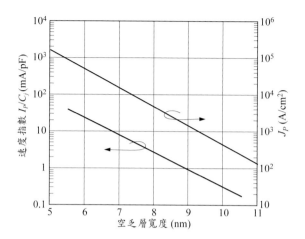

圖 12    在 300 K 時，Ge 穿隧二極體速度指數與峰值電流對於空乏層寬度的關係圖。

大電阻式截止頻率，$f_{x0}$ 為二極體電抗為零時的最小電抗式截止頻率（或自我共振頻率），假如 $f_{r0} > f_{x0}$，則二極體有振盪現象。在大多數應用領域，二極體在負電阻的範圍操作時，最希望達到 $f_{x0} > f_{r0}$，且 $f_{r0} \gg f_0$，$f_0$ 為操作頻率，式 (34) 與式 (35) 指出要達到 $f_{x0} > f_{r0}$ 的條件，必須有低的串聯電感 $L_S$。

穿隧二極體的切換速度可以由對接面電容進行充電的電流與平均 $RC$ 的乘積來決定。因為負電阻 $R$ 與峰值電流成反比，因此對於快速切換需要大的穿隧電流。穿隧二極體的最大優點即在於速度指數，其被定義為峰值電流與電容（於谷電壓操作時）的比值，$I_p / C_j$。圖 12 為在 300 K 時，Ge 穿隧二極體速度指數與峰值電流對於空乏層寬度的關係圖，可以發現要有狹窄的空乏寬度或大的有效摻雜，才可得到大的速度指數。另一與等效電路有關的重要等式為雜訊指數

$$NF = 1 + \frac{q}{2kT}|RI|_{\min} \tag{35}$$

$|RI|_{\min}$ 為在 $I\text{-}V$ 特性中最小的負電阻—電流乘積值。圖 11b 指出相對應的 $R$ 值（記作 $R_{\mathrm{mnf}}$），$q\,|RI|_{\min}/2kT$ 的乘積稱為雜訊常數，是材料的常數。室

溫下，Ge 的雜訊常數值爲 1.2，GaAs 爲 2.4，GaSb 爲 0.9，Ge 穿隧二極體在 10 GHz 下的雜訊指數約爲 5-6 dB。

　　除了微波與數位應用外，穿隧二極體在研究基礎物理參數時，是一個很有用的元件，這種二極體可以用在穿隧能譜學，是一種利用已知能量分布的穿隧電子作爲能譜探針的技術，藉此取代在光能譜學中使用的已知頻率光子；穿隧能譜學已被用來研究固體中電子能態與觀察模式的激發，例如，由低溫 Si 穿隧二極體 I-V 特性的形狀，確認光子輔助的穿隧過程[42]，類似情形也可以在 III-V 半導體接面中觀察到，例如在 4.2 K 時，GaP、InAs 與 InSb 的電導 dI/dV 對偏壓的變化圖中發現[43,44]。

# 9.3 相關穿隧元件

## 9.3.1 背向二極體

　　當穿隧二極體 p- 區或 n- 區的摻雜濃度接近簡併或不完全簡併，在逆向小偏壓的電流，會大於順向的電流，此元件稱爲背向二極體（backward diode），如圖 13 所示。熱平衡時，在背向二極體中的費米能階非常接近於能帶邊緣，當施加小逆向偏壓（p- 區相對 n- 區爲負值）時，除了在兩邊皆無簡併外，能帶會變成類似圖 2e 的情況。在逆向偏壓下，電子可以由價電帶穿隧至導電帶，而造成穿隧電流，由式 (8) 可以得到

$$J \approx C_5 \exp\left(\frac{|V|}{C_6}\right) \tag{36}$$

其中 $C_5 > 0$ 與 $C_6 > 0$，且隨施加電壓 $V$ 緩慢的變化。背向二極體可應用於整流與微波的偵測及混成[45-47]。類似於穿隧二極體，因無少數載子儲存[48]，背向二極體具有好的頻率響應。此外，I-V 特性對溫度與輻射效應並不靈敏，背向二極體具有非常低的 1/f 雜訊[49]。對於高速開關的非線性應用，元件曲率係數（curvature coefficient）[50]

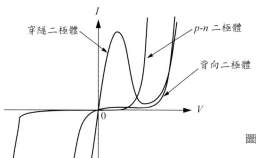

圖 13 (a) 有負電阻的穿隧二極體
(b) 無負電阻的背向二極體。

$$\gamma \equiv \frac{d^2 I/dV^2}{dI/dV} \tag{37}$$

$\gamma$ 值是將操作導納（operating admittance level）的非線性程度進行正規化的一種量測值。對於常見的順向偏壓 $p$-$n$ 接面或蕭特基位障，$\gamma$ 值僅為 $q/nkT$。因此 $\gamma$ 與 $T$ 成反比，在室溫下，理想 $p$-$n$ 接面（$n = 1$）的 $\gamma$ 約為 $40V^{-1}$，與偏壓無關。然而對於逆向偏壓 $p$-$n$ 接面，在低電壓時 $\gamma$ 非常小，但在接近崩潰電壓時，會隨著增累倍乘因子而呈現線性的增加[51]。雖然在理論上逆向崩潰特性可以得到大於 $40\ V^{-1}$ 的 $\gamma$ 值，但因為雜質的統計分布與空間電荷電阻效應，將得到比預期較低的 $\gamma$ 值。

背向二極體的 $\gamma$ 可由式 (15) 得到，且為[52]

$$\gamma(V=0) \;=\; \frac{4}{V_n' + V_p'} + \frac{2}{\hbar}\sqrt{\frac{2\varepsilon_s m^*(N_A + N_D)}{N_A N_D}} \tag{38}$$

$m^*$ 為載子的平均有效質量

$$m^* \approx \frac{m_e^* m_h^*}{m_e^* + m_h^*} \tag{39}$$

由此可以很清楚地知道，曲率係數 $\gamma$ 與接面兩邊的雜質濃度以及有效質量有關，與蕭特基位障相反，$\gamma$ 值對於溫度改變的變化相當不靈敏，因式 (38) 中的參數對溫度變化的改變很慢。圖 14 為 Ge 背向二極體的 $\gamma$ 理論值與實驗值

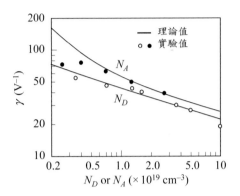

圖 14　在 300 K 與 $V = 0$ 的情況下，Ge 背向二極體的曲率係數對摻雜濃度 $N_A$（固定 $N_D$
為 $2 \times 10^{19}\,cm^{-3}$）或 $N_D$（固定 $N_A$ 為 $10^{19}\,cm^{-3}$）的關係圖。理論曲率係數是由式
(38) 計算所得。（參考文獻 52）

的比較，實線是由式 (38) 並使用 $m_e^* = 0.22m_0$、$m_h^* = 0.39m_0$ 所計算出。在考
慮的摻雜範圍內，具有很好的一致性，$\gamma$ 值可超過 40 $V^{-1}$。

## 9.3.2 金屬─絕緣層─半導體穿隧元件

　　MIS 結構為傳統的 MIS 電容（已於第四章討論過），對於金屬─絕緣
層─半導體（metal-insulator-semiconductor, MIS）結構，$I$-$V$ 特性主要與絕
緣層厚度有關，如果絕緣層足夠厚（Si-SiO$_2$ 系統要大於 7 nm），即可忽略
穿越過絕緣層的載子傳輸，換句話說，若絕緣層很薄（小於 1 nm），載子
在金屬與半導體間傳輸的阻礙就很小，此行為與蕭特基位障二極體相似，在
這兩個氧化層厚度之間，也存在著不同的穿隧機制，我們將特別詳細討論福
勒─諾德漢穿隧（圖 15a）、直接穿隧（圖 15b）、極薄氧化層的 MIS 穿隧
二極體（圖 15c），與最後討論在簡併基板上的 MIS 穿隧二極體所導致的負
電阻效應。

**福勒─諾德漢穿隧（Fowler-Norheim tunneling, F-N tunneling）**　　F-N 穿
隧的特性如下：(1) 位障為三角形；(2) 只穿過部分的絕緣層，如圖 15a 所示，
在較高的電場下，會造成較狹窄的位障。在穿隧通過三角形位障後，其餘的

絕緣體並不會阻礙電流流動，因此藉由改變電場，整個絕緣層只會間接地影響電流，F-N 電流有類似式 (8) 的形式，可寫成 [53]

$$J = \frac{q^2 \mathscr{E}^2}{16\pi^2 \hbar \phi_{ox}} \exp\left[\frac{-4\sqrt{2m^*}(q\phi_{ox})^{3/2}}{3\hbar q\mathscr{E}}\right] = C_4 \mathscr{E}^2 \exp\left(\frac{-C_5}{\mathscr{E}}\right) \tag{40}$$

對於熱氧化層，$C_4 = 9.63 \times 10^{-1}$ A/V$^2$ 且 $C_5 = 2.77 \times 10^8$ V/cm，此式 (40) 與式 (8) 的共同性是三角形位障。但在 F-N 穿隧中，以 WKB 理論近似時，絕緣層的能帶結構，包括有效質量，反而是必須要使用的。值得注意的是，只有電場出現在公式中，而絕緣層的厚度並沒有出現。圖 16 說明 F-N 穿隧與直接穿隧間的躍遷，直接穿隧發生在較薄氧化層與較低電場下，在 F-N 穿隧與直接穿隧間躍遷的氧化層厚度可以近似為 $d = \phi_{ox}/\mathscr{E}$，對於電子穿隧，$\phi_{ox}$ = 3.1 V，而對於中等穿隧電流所需的電場 $\mathscr{E}$ 約為 6 MV/cm，由此可得到氧化層厚度約為 5 nm。

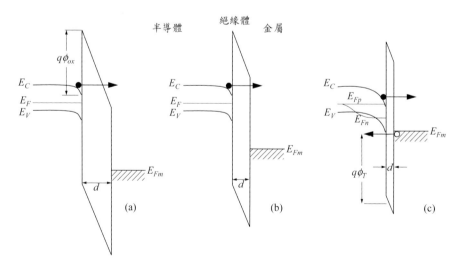

圖 15　與氧化層厚度相關的穿隧機制 (a) 在較厚的氧化層（＞ 5 nm），F-N 穿隧通過三角形位障區且只發生在絕緣層的部分區域 (b) 直接穿隧整個絕緣層 (c)MIS 穿隧二極體（d＜30 Å）在不平衡的狀態下（$E_{Fn}$ 不等於 $E_{Fp}$），兩種載子均發生穿隧。

**直接穿隧（Direct tunneling）**　　直接穿隧發生在氧化層厚度 < 5 nm 的情形下，且因如此薄的氧化層，故不可以忽略量子效應；在量子力學中，反轉層的最高載子濃度是在離半導體－絕緣體介面的有限距離內，因此有效絕緣層厚度是增加的。此外，反轉層為量子井且載子是在導電帶邊緣的量化能階上，對於這些量子效應，以簡單直流的表示式並不是很精確。圖 16b 所示為模擬結果，可看出直接穿隧電流對於氧化層厚度的改變非常靈敏。另一個要考量的因素是在 MOSFET 的實際元件中，氧化層上的上電極是高度摻雜多晶矽層，而非金屬，此種接觸在氧化層介面有一個小的空乏層，會使有效絕緣體厚度增加。

**金屬－絕緣層－半導體穿隧二極體（metal-insulator-semiconductor tunnel diode）**　　MIS 穿隧電流為類似於式 (7) 的表示法，由 WKB 近似與假設能量及橫向動量守恆，沿著兩個導電區域間的 $x$ 方向，穿過禁止區域的穿隧電流密度可寫成 [44]

$$J = \frac{q}{4\pi^2 \hbar} \iint T_t [F_1(E) - F_2(E)] dk_\perp^2 dE \tag{41}$$

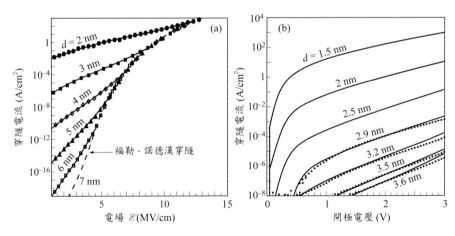

圖 16　(a) 對不同氧化層厚度，穿隧電流對電場的關係圖。直接穿隧發生在較薄氧化層與較低電場下，F-N 穿隧發生在較厚的氧化層（參考文獻 54）(b) 考量量子效應下的直接穿隧電流關係圖。（參考文獻 55）

$F_1$ 與 $F_2$ 爲兩個傳導區域的費米分布函數，$T_t$ 爲穿隧機率，對於所考慮的 MIS 二極體，半導體中的電子在 $k$- 空間的等能量表面，通常被視爲小於在金屬中的 $k$- 空間等能量表面。因此，從半導體穿隧到金屬的電子，總是被假設成是可能的。若更進一步假設固態的能帶爲拋物線，並具有等向性電子質量 $m^*$，則式 (41) 可簡化成

$$J = \frac{m^* q}{2\pi^2 \hbar^3} \iint T_t dE_\perp dE \tag{42}$$

$E_\perp$ 與 $E$ 爲半導體中電子的橫向動能與總動能。$E_\perp$ 的積分極限爲 0 與 $E$，而 $E$ 的積分極限爲兩個費米能階，有效位障高度 $q\phi_T$ 與寬度 $d$ 的方形位障（圖 15c）的穿隧機率可由式 (4) 得到 [57]

$$T_t \approx \exp\left(-\frac{2d\sqrt{2qm^*\phi_T}}{\hbar}\right) \approx \exp(-\alpha_T d\sqrt{\phi_T}) \tag{43}$$

若絕緣體內的有效質量等於自由電子質量，則 $\alpha_T (=2\sqrt{2qm^*}/\hbar$ 接近於 1，$\phi_T$ 單位爲 V，$d$ 單位爲 Å。將式 (43) 代入式 (42) 並對整個能量範圍積分，可以估算穿隧電流，並得到 [57,58]

$$J = A^* T^2 \exp(-\alpha_T d\sqrt{q\phi_T}) \exp\left(\frac{-q\phi_B}{kT}\right)\left[\exp\left(\frac{qV}{\eta kT}\right) - 1\right] \tag{44}$$

$A^* = 4\pi m_1^* q k^2/h^3$ 爲有效李查遜常數，$\phi_B$ 爲蕭特基位障高度，與式 (44) 與蕭特基位障的標準熱游離發射方程式相等，除了額外加入的穿隧機率 exp $(-\alpha_T d\sqrt{q\phi_T})$ 項，在此值爲 1.01 eV$^{-1/2}$Å$^{-1}$ 的常數項 $[2(2m^*/\hbar^2)]^{1/2}$ 被忽略，因此由式 (44) 可知對於 $\phi_T$ 在 1 V 的數量級與 d > 50 Å 之下，穿隧機率大約是 exp(−50) = $10^{-22}$，而電流的確是小到可以忽略，當 $d$ 與 / 或 $\phi_T$ 減少，電流快速地增加到熱游離發射電流程度，圖 17 爲四個不同氧化層厚度的 Au-SiO$_2$-Si 穿隧二極體順向 $I$-$V$ 特性，對於 d ≈ 10 Å，電流遵守理想因子 $\eta$ 接近 1 的標準蕭特基二極體行爲。當氧化層厚度增加時，電流快速地減少，理想因子開始偏離 1，$\eta$ 已在第 3.3.6 節式 (109) 表示過。

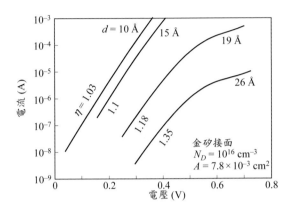

圖 17　不同氧化層厚度的 MIS 穿隧二極體其電流與電壓的關係圖。（參考文獻 58）


　　MIS 穿隧二極體中最重要的參數之一為金屬—絕緣層位障高度，對於 *I-V* 特性具有極大的影響 [59-60]。圖 18 為在熱平衡時，在 *p*- 型基板上有兩個金屬到絕緣層位障高度的 MIS 能帶示意圖，對於低位障情形（Al-SiO$_2$ 系統，$\phi_{mi} = 3.2$ V）在平衡時，*p*- 型矽的表面反轉，而在高位障情形下（Au-SiO$_2$ 系統，$\phi_{mi} = 4.2$ V），表面為電洞累積，有兩個主要穿隧電流成分存在：載子由導電帶到金屬所產生的 $J_{ct}$，與由價電帶到金屬所產生的 $J_{vt}$，兩種電流皆用類似於式 (41) 的形式表示。

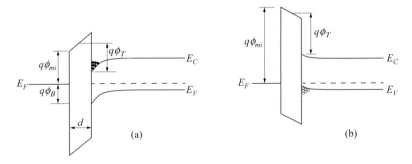

圖 18　在熱平衡時，在 (a) 較低的金屬絕緣層位障 (b) 較高金屬絕緣層位障的情況下，*p*- 型基板上，MIS 穿隧二極體的能帶關係圖。（參考文獻 59）

圖 19 為兩個二極體的理論 *I-V* 曲線，對於低位障情形即圖 19a，在小順向與逆向偏壓下，由於電子的數量很多，主導電流為少數載子（電子）電流 $J_{ct}$。在順向偏壓（半導體側為正電壓）增加時，電流也呈現單一性增加趨勢，在特定的偏壓下，當氧化層厚度減小時，電流快速地增加，此因電流被穿隧機率所限制住，由式 (43) 可知穿隧機率與氧化層厚度呈指數變化，在逆向偏壓，當 $d < 30$ Å 時，電流實際上與氧化層厚度無關，因為電流被經由半導體產生的少數載子（電子）提供率所限制，這是類似 *p-n* 接面逆向偏壓時的飽和電流情形。圖 19a 為 $d = 23.5$ Å 的實驗結果，要注意 *I-V* 特性類似於 *p-n* 接面的整流性質。

對於高位障情形，如圖 19b 所示，在順向偏壓下，主要電流為多數載子（電洞）由價電帶到金屬的穿隧電流，當氧化層厚度減小時，電流呈指數性增加。在逆向偏壓下，電流不再如圖 19a 所示與氧化層厚度無關，反而當氧化層厚度減小時，電流會快速地增加。因為對多數載子的傳輸來說，電流主要受限於兩個方向的穿隧機率，而不是載子供給的速率，因此對於高位障情形，穿隧電流較高，特別是在逆向偏壓時。

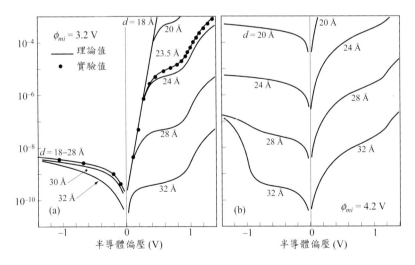

圖 19 (a) 小位障 (b) 高位障 MIS 穿隧二極體的電流電壓關係圖。其中，$T = 300$ K，$N_A = 7 \times 10^{15}$ cm$^{-3}$。（參考文獻 59）

**簡併半導體上的 MIS 穿隧二極體**（**MIS tunnel Diode on Degenerate Semiconductor**）　在簡併摻雜半導體上的 MIS 穿隧二極體可以觀察到負電阻。圖 20 為 $p^{++}$- 型與 $n^{++}$- 型半導體基板，並包含介面缺陷的 MIS 穿隧二極體的不同能帶圖。首先考慮 $p^{++}$- 型半導體施加正偏壓在金屬上（圖 20b）會使電子從價電帶穿隧至金屬，在這種偏壓極性時產生的穿隧電流（圖 20b）會隨著費米能階間能量範圍的增加而單調遞增，但不會造成負電阻，穿隧電流也會更進一步隨著有效絕緣層位障高度 $\phi_T$ 的減小而增加。

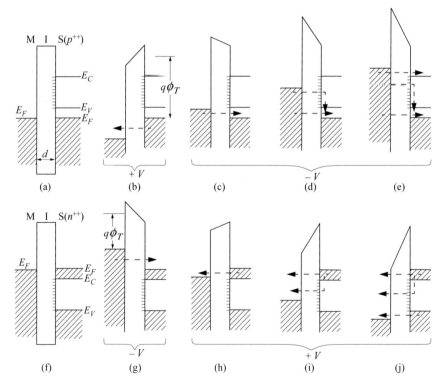

圖 20　MIS 穿隧二極體在簡併基板上的能帶關係圖，上下圖分別為 $p^{++}$- 型與 $n^{++}$- 型的基板，$V$ 為施加在金屬上的正電壓，基於簡化的考量，在熱平衡狀態之下，可忽略出現於半導體端的能帶彎曲與影像力，以及橫跨於氧化層的電位降。（參考文獻 61）

　　施加小負電壓在金屬上（圖 20c）會造成電子從金屬穿隧到未被佔據的價電帶。根據圖 20d，對於電子由金屬穿隧到價電帶中未被佔據的能態，逆向電壓的增加，意味有效位障高度 $\phi_T$ 的增加，導致電流隨偏壓增加而降低，亦即為負電阻。另一個電流成分來自於金屬中有較高能量的電子，同時穿隧到空介面缺陷與價電帶內的電洞瞬間復合。由於有效絕緣層位障隨著偏壓減小，此電流成分總是為正微分電阻現象，最後增加偏壓，會造成從金屬進入導電帶三階次快速成長的穿隧電流成分（圖 20e）。接著考慮 $n^{++}$- 型半導體，如圖 20f 所示，對於 $n^{++}$- 型的有效絕緣層位障預期為比 $p^{++}$- 型樣品要小，因此，對於已知的偏壓通常會有一個較大穿隧電流，而對於在金屬上施加負偏壓，電子會從金屬穿隧到導電帶上的空能態，造成大且快速增加的電流（圖 20g），金屬上小的正電壓，會使由導電帶穿隧到金屬的電子變多（圖 20h）。達爾克（Dahlke）與施（Sze）已提出 [61, 62] 在金氧半（MOS）系統中，金屬閘極與介面能態之間的電荷傳輸。若介面缺陷被導電帶內的電子以復合方式填滿（圖 20i），再增加偏壓會因電子由介面缺陷穿隧到金屬，造成第二電流的出現，此電流會隨偏壓增加而增加，因有效絕緣位障的減少，對於一個較大電壓（圖 20j）來說，可能造成由價電帶到金屬的額外穿隧，但因為相對高的氧化位障，故對於總 $I$-$V$ 特性的影響相對較小。因此，相較於 $p^{++}$- 型結構，半導體的能帶結構在 $n^{++}$- 型穿隧特性的影響較小，在此要注意 $n^{++}$- 基材不像 $p^{++}$- 基材有負電阻的情形。

　　我們可在 Al-Al2O3-SnTe 的 MIS 穿隧二極體上獲得 $p^{++}$- 型半導體的負電阻 [63]。SnTe 是摻雜濃度為 $8 \times 10^{20}$ cm$^{-3}$ 的高摻雜 $p$- 型材料，Al$_2$O$_3$ 約為 5 nm 厚。圖 21 為在三個不同溫度下量測的 $I$-$V$ 特性，負電阻發生在 0.6 到 0.8 V 間，這些結果與根據式 (42) 的理論預測 [44] 有好的一致性。

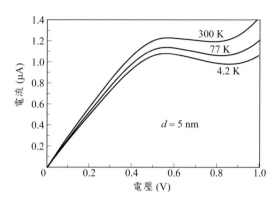

圖 21　負電阻的 MIS 穿隧二極體（Al-Al$_2$O$_3$-SnTe）*I-V* 特性圖。（參考文獻 63）

### 9.3.3 MIS 切換二極體

　　MIS 切換（MIS switch, MISS）二極體具有四層結構（如圖 22a），基本上是由 MIS 穿隧二極體串連一個 *p-n* 接面所構成，這個二極體具有由電流所控制的負電阻效應（圖 22b），類似肖克萊二極體（Schockley diode）（第十一章）[64]。當施加負偏壓在上金屬接觸時（或正 $V_{AK}$，*p*$^+$- 區假設為接地），其 *I-V* 特性顯示出高阻抗或是關閉狀態。在一個足夠高的電壓下，例如：切換電壓 $V_s$，元件會突然切換到具有低電壓高電流的開啓狀態，切換的發生常是由表面空乏區延伸到 *p*$^+$-*n* 接面（即：貫穿），或是由表面 *n*- 層[65]中的累增所引發。起初，元件是以 SiO$_2$ 爲穿隧絕緣層並製作在矽晶圓上，其後在其他絕緣體（例如 Si$_3$N$_4$）與厚多晶矽上也可獲得與這種元件類似的行爲。

　　圖 22b 的 *I-V* 特性，可以由圖 23 的能帶圖作定性上的解釋，具有陽極到陰極的負電壓（$-V_{AK}$），則 MIS 穿隧二極體爲順向偏壓，*p-n* 接面爲逆向偏壓。電流被 *p-n* 接面中的空乏區（$W_D$）的產生過程限制

$$J_g = \frac{qn_iW_D}{2\tau} \approx \frac{n_i}{\tau}\sqrt{\frac{q\varepsilon_s(|V_{AK}| + \psi_{bi})}{2N_D}} \tag{45}$$

$\tau$ 爲少數載子生命期，$\psi_{bi}$ 爲 *p-n* 接面的內建電位。在這種偏壓操作的條件下，無切換現象的發生。

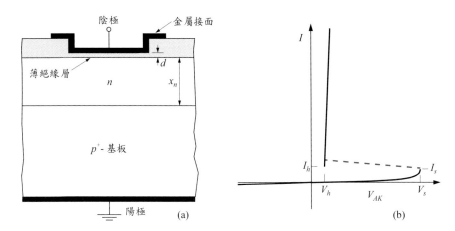

圖 22　(a) 具有四層結構的 MIS 切換二極體 (b) 電流電壓關係圖顯示了電流控制的 S 型負電阻。

　　在正 $V_{AK}$ 操作下，MIS 穿隧二極體爲逆向偏壓，$p$-$n$ 接面爲順向偏壓（圖 23c）。在低電流的關閉狀態，除了 $\psi_{bi}$ 由平衡時位障高度 $\phi_B$ 取代，在相同表示式下，電流主要由表面空乏區的產生過程所支配。由熱產生的電子接近 $p$-$n$ 接面，並在順向偏壓下的 $p$-$n$ 接面空乏區內與電洞復合，低程度的電流通過接面意味著通過 $p$-$n$ 接面的電流主要由復合所支配，而非擴散電流。從金屬穿隧到半導體的電子是 MIS 穿隧二極體的逆向電流，在關閉狀態下此電流是小的，但此電流在開啓狀態下將會變大且成爲主要的電流。

　　MISS 切換的標準是決定於趨向絕緣層穿隧的電洞供給量，當電洞電流受限於半導體時（產生過程），電洞電流是小的。在此情況下，半導體表面爲深空乏，表面的電洞反轉層並未形成，假如有其他供給電洞的額外來源，穿隧電流就不足以讓電洞完全流掉，因此會變成受限於穿隧效應，形成電洞反轉層。表面電位下降（表面能帶彎曲）會增加橫跨絕緣體的電壓 $V_i$，以及增加兩個方面的 $J_{nt}$，首先，位障高度 $\phi_B$ 減小，其次，$\phi_T$ 也減小。後者相當於較高的電場橫跨絕緣層，大電流通過 $p$-$n$ 接面，在 $p$-$n$ 接面的電流機制由復合變成擴散。因爲 $N_A \gg N_D$，電子電流 $J_n$ 可注入一較大的電洞電流，其

差值為 $\approx 1/(1-\gamma)$ $\gamma$ 為 $p\text{-}n$ 接面注入效率（電洞電流對總電流的比值）。穿隧通過絕緣體的總電洞電流變成

$$J_{pt} = J_n\left(\frac{1}{1-\gamma}\right) \tag{46}$$

MIS 穿隧二極體與 $p\text{-}n$ 接面成對產生再生回饋，並造成負微分電阻。再生回饋可視為兩個電流增益的結果：一為在 MIS 穿隧二極體中由電洞電流產生的電子電流增益[66]，另一為 $p^+\text{-}n$ 接面由電子電流產生的電洞電流增益。在 MIS 穿隧二極體中，為了得到電流增益，準確的絕緣層厚度是很重要的，$SiO_2$ 必須在 2-4 nm 範圍之內，比 2 nm 還薄的氧化層是無法將電洞限制在表面以維持反轉層並減少 $\phi_B$，而電流總是被半導體所限制。比 5 nm 厚的氧化層則無法造成深空乏，電流總是被穿隧限制。實際上，因產生過程引發的電流不足以觸發切換現象，當中兩個最常見的額外來源是貫穿與累增過程。在圖 23e 的貫穿情形下，MIS 二極體的空乏區會與 $p\text{-}n$ 接面的空乏區合併在一起，減少電洞的能位障注入大的電洞電流。在此貫穿模式下的切換電壓為

$$V_s \approx \frac{qN_D(x_n - W_{D2})^2}{2\varepsilon_s} \tag{47}$$

其中 $W_{D2}$ 為 $p\text{-}n$ 接面空乏區寬度。在貫穿之前，若靠近表面的電場夠高，則會發生累增倍乘的現象，也會引起往表面方向的大電洞電流（圖 23d），此模式下的切換電壓類似於 $p\text{-}n$ 接面的累增崩潰電壓。在 $n\text{-}$ 層中高摻雜濃度的結構中，累增模式的切換是主導因素，此高摻雜濃度通常高於 $10^{17}$ cm$^{-3}$。

圖 23f 的能帶圖為 MISS 切換到高電流後的開啟狀態。在切換之後，貫穿或累增不再持續下去，表面的導電帶邊緣在 $E_{Vm}$ 之下，$J_{nt}$ 控制開啟電流。這個保持電壓（holding voltage）可以近似為

$$V_h \approx V_i + V_j \tag{48}$$

$V_i$ 為跨過絕緣層的電壓，近似為等於平衡時原來位障高度 $\phi_B$（$\approx$ 0.5-0.9 V）。若保持電壓約為 1.5 V，則在 $p\text{-}n$ 接面的順向偏壓大約在 0.7 V。除了前述的

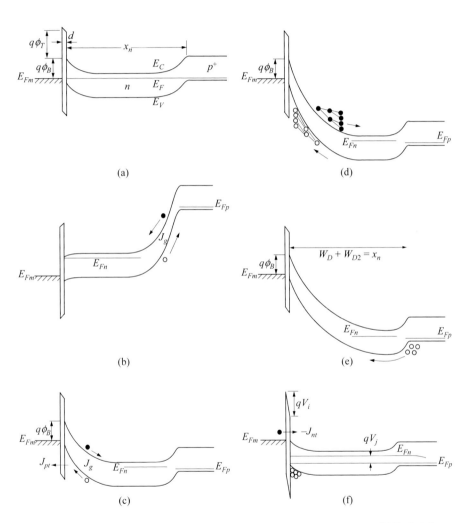

圖 23　MISS 在不同偏壓下的能帶圖 (a) 平衡 (b) 負 $V_{AK}$ (c) 正 $V_{AK}$ (d) 累增倍乘發生 (e) 貫穿發生 (f) 高電流開啓狀態下。

貫穿與累增，其他兩個可能的電洞電流來源，一為第三端接觸，另一為光學產生，三端點的 MISS 有時稱為 MIS 閘流體（thyristor），是少數或多數載子的注入器，其相同功能是增加流向絕緣體的電洞電流。當少數載子注入體直接注入電洞，主要載子注入體控制 $n$- 層的電位，電洞電流直接由 $p$- 基板注入。在任一結構中，隨著正閘極電流流向元件，會產生較低的切換電壓。另一方面，當 MISS 受到光源的照射，因光照而產生 $J_p$，切換電壓減小。對於固定的 $V_{AK}$，光可以導致開啟狀態，元件會變成光觸發切換。

　　如前面所提，氧化層厚度是切換特性的一個關鍵參數。如圖 24 所示，對於厚的氧化層（厚度 d ≥ 5 nm）來說，穿隧阻礙太大，無法符合切換需求，而對於很薄的氧化層（d < 1.5 nm），$p^+$-$n$ 接面在深空乏形成之前已完全打開，因此元件變為 $p$-$n$ 接面特性，在中間氧化層厚度（1.5 nm < $d$ < 4 nm）時才能觀察得到切換行為。

　　MISS 切換二極體吸引人的特徵包括高切換速度（1 ns 或更短），與切換電壓 $V_s$ 對於光或電流注入的高靈敏度。MISS 可以應用在數位邏輯，移位暫存器的 SRAM、微波產生器以及光觸發切換。應用於 DRAM 上，為了減少位元成本，記憶單元的面積微縮以減少最小的特性尺寸 F 與記憶單元的面積因子 $F^2$（亦就是以 $F^2$ 正規化單元的面積），由於 MISS 單元抑制電容交叉點式的結構，因此在新興的記憶體單元中（請看第六章與第七章），是具有潛力性的選項之一 [67]。MISS 的限制在於需有相當高的保持電壓，以及形成均勻且薄的穿隧絕緣層是有難度的。

### 9.3.4 MIM 穿隧二極體

**金屬－絕緣層－金屬（metal-insulator-metal, MIM）**　　穿隧二極體是一種電子從第一個金屬層穿隧進入絕緣層，並由第二個金屬層汲取電子的薄膜元件。藉由一個超薄的介電層可以有效地控制量子力學穿隧，而展示對於高性能 MIM 二極體的物理性挑戰。元件具有非線性的 $I$-$V$ 特性，但無負電阻現象。非線性 $I$-$V$ 本質有時可用於微波偵測中的調音裝置（mixer）。圖 25a

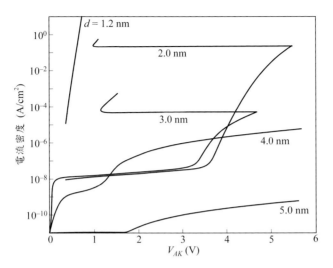

圖 24　對不同氧化層厚度的 MIS 切換二極體，計算所得的電流電壓關係圖。元件的常
　　　 數為 $x_n = 10\ \mu m$，$N_D = 10^{14}\ cm^{-3}$，與 $\tau = 3.5 \times 10^{-5}\ s$。（參考文獻 65）

與 25b 說明具有類似金屬電極的基本 MIM 二極體能帶圖，因為外加電壓的
壓降全部落於絕緣層上，穿過絕緣層的穿隧電流可依式 (41) 表示為

$$J = \frac{4\pi q m^*}{h^3} \iint T_t [F(E) - F(E + qV)] dE_\perp dE \tag{49}$$

在 0 K 時，式 (49) 可簡化成 [68]

$$J = J_0 [\bar{\phi} \exp(-C\sqrt{\bar{\phi}}) - (\bar{\phi} + V) \exp(-C\sqrt{\bar{\phi} + V})] \tag{50}$$

其中

$$J_0 \equiv \frac{q^2}{2\pi h d^{*2}} \quad , \quad C \equiv \frac{4\pi d^* \sqrt{2m^* q}}{h} \tag{51}$$

$\bar{\phi}$ 為費米能階以上的平均位障高度，$d^*$ 為縮減有效位障寬度，式 (50) 可解釋
為 $J_0 \bar{\phi} \exp(-C\sqrt{\bar{\phi}})$ 由金屬電極 1 流至金屬電極 2 的電流密度，而另一個為 $J_0 (\bar{\phi}$
$+ V) \exp(-C\sqrt{\bar{\phi} + V})$ 由金屬電極 2 流至金屬電極 1 的電流密度。

　　將式 (50) 代入理想對稱 MIM 結構中，如圖 25a。理想所指的是可以忽略金屬電極中的溫度效應、影像力效應與場貫穿效應，對於 $0 \leq V \leq \phi_0$，$d^* = d$ 與 $\overline{\phi} = \phi_0 - V/2$ 的情形，電流密度為

$$J = J_0\left[\left(\phi_0 - \frac{V}{2}\right)\exp\left(-C\sqrt{\phi_0 - \frac{V}{2}}\right) - \left(\phi_0 + \frac{V}{2}\right)\exp\left(-C\sqrt{\phi_0 + \frac{V}{2}}\right)\right] \qquad (52)$$

對於大電壓，$V > \phi_0$，可以得到 $d^* = d\phi_0 - V$ 與 $\overline{\phi} = \phi_0/2$，則電流密度為

$$J = \frac{q^2 \mathscr{E}^2}{4\pi h \phi_0}\left\{\exp\left(\frac{-\mathscr{E}_0}{\mathscr{E}}\right) - \left(1 + \frac{2V}{\phi_0}\right)\exp\left[\frac{-\mathscr{E}_0\sqrt{1 + (2V/\phi_0)}}{\mathscr{E}}\right]\right\} \qquad (53)$$

其中

$$\mathscr{E}_0 \equiv \frac{8\pi}{3h}\sqrt{2m^* q}\,\phi_0^{3/2}$$

且 $\mathscr{E}_0 = V/d$ 為絕緣體中的電場。對於如 $V \gg \phi_0$ 的較高電壓，式 (53) 中的第二項可以被忽略，式 (53) 可以簡化為式 (40)。

　　對一具不同位障高度 $\phi_1$ 與 $\phi_2$ 的理想對稱 MIM 結構（圖 25c），在 $0 < V < \phi_1$ 的低電壓範圍內，$d^* = d$ 與 $\overline{\phi} = (\phi_1 + \phi_2 - V)/2$ 的量與極性無關，因此 J-V 特性與極性無關，在較高電壓 $V > \phi_1$ 時，平均位障高度 $\overline{\phi}$ 與有效穿隧距離 $d^*$ 與極性有關。因此，對不同極性的電流也是不相同的。對於具有非

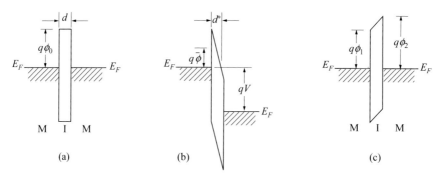

圖 25　MIM 結構的能帶圖 (a) 在熱平衡下對稱的 MIM 結構 (b) 在 $V > \phi_0$ 偏壓下 (c) 非對稱的 MIM。

對稱性非晶質金屬電極的 MIM 二極體，如圖 26a。圖 26b 顯示一高整流比的 MIM 二極體量測所得的 *I-V* 特性 [69]。非晶質 ZrCuAlNi 金屬薄膜作為電極 1(M1)，與不同絕緣層耦合的 Al 金屬作為電極 2(M2)，在非對稱性的操作下，將產生均勻的電場。考量非對稱性是在電場 $\mathcal{E}$ 為 4.0 MV/cm 時，正對負的極性電流比值（ratio of positive-to-negative polarity current）。具有 $ZrO_2$ 絕緣層量測元件的非對稱性 *I-V* 特性是非常重要的，比較 Al（4.0 eV）與 ZrCuAlNi（4.8 eV）之間功函數的差異。對於具有磷酸鋁（aluminum phosphate, AlPO）+ $ZrO_2$ 絕緣層元件而言，非對稱性是微不足道的。

　　MIM 穿隧二極體已經被用來研究具有寬能隙半導體的禁止能帶中能量－動量的關係 [70,71]。MIM 穿隧結構是使用單晶材料製作而成，例如 GaSe（$E_g$ = 2.0 eV，$d$ < 10 nm），夾於兩個金屬電極之間，由一組 *J-V* 曲線，與式 (41) 與式 (49) 可得到能量－動量 (*E-k*) 關係。一旦知道 *E-k* 關係，無須調變的參數，即可計算出所有其他厚度的穿隧電流。此外，MIM 穿隧二極體也已經被用於改善雙向選擇器，並應用在具有超薄 $Ta_2O_3$ 原子層沉積的電阻式切換記憶體。

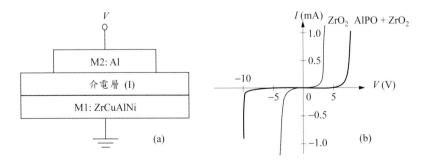

圖 26　(a) MIM 二極體架構圖 (b) MIM 二極體的 *I-V* 特性圖，I = $ZrO_2$ 或磷酸鋁（aluminum phosphate, AlPO）+ $ZrO_2$，其中 AlPO + $ZrO_2$ 二極體是沉積 10 nm AlPO 在 ZrCuAlNi 電極的表面上。（參考文獻 69）

### 9.3.5 熱電子電晶體

　　過去幾年內，為了發明或發現具有比雙極性電晶體或是 MOSFET 效能還要好的新式固態元件，作了許多嘗試。熱電子電晶體（hot electron transistor, HET）為眾多嘗試中最令人感到有趣的。在 HET 中，基極內由射極注入的載子具有高位能或動能，且熱載子有較高速度，因此 HET 被期待有較高的本質速率、較高的電流，以及較高轉導。本節將討論以穿隧射極－基極接面為基礎的 HET，這些元件有時被稱為穿隧熱電子轉移放大器（tunnel hot electron transfer amplifier, THETA）。

　　第一個 THETA 於 1960 年由米德（Mead）所發表，使用的是金屬－氧化物－金屬－氧化物－金屬（metal-oxide-metal-oxide-metal, MOMOM）結構，有時稱作金屬－絕緣層－金屬－絕緣層－金屬（metal-insulator-metal-insulator- metal , MIMIM）結構（圖 27a）[73,74]，此結構中的射極與集極位障皆由氧化層所形成，金屬基極必須要薄，且通常介於 10 到 30 nm 之間，此種結構的電流增益可利用金屬－半導體接面取代 MOM 集極接面而得到大幅度的改善（圖 27b）[75]，以形成金屬－氧化層－金屬－半導體（MOMS）或金屬－絕緣層－金屬－半導體（MIMS）結構。然而這種 MIMS 結構比雙極性電晶體具有較低的最大振盪頻率，主要是如第五章中討論的因為較長的射極充電時間（由較大射極電容造成）與較小的共基極電流增益（由基極區域熱電子散射造成）。但仍有其他的變化是在集極中使用 p-n 接面（圖 27c）[76]，在這種 MO p-n（或 MI p-n）結構中，相對於金屬來說，因為基極材料是半導體，所以會有較小的基極散射。

　　因上述結構都使用相同射極接面穿隧機制，所以皆面臨低電流增益與位障厚度控制不佳的問題。在 1981 年，希伊布路姆（Heiblum）提出以寬能隙半導體作為穿隧位障，與使用簡併摻雜的窄能隙半導體當作射極、基極與集極[61]，因此 THETA 重新引起了人們注意。在 1970 年代，MBE 與 MOCVD 等磊晶技術的適時且快速發展，自 1984 年起，異質接面的 THETA[78-81] 被發表。

　　在異質接面結構中（圖 27d），AlGaAs/GaAs 系統最為常見，但其他 材 料 如 InGaAs/InAlAs、InGaAs/InP、InAs/AlGaAsSb，以 及 InGaAs/InAlGaAs 早已被發表。射極、基極與集極的窄能隙材料通常為高摻雜，而寬能隙層則為無摻雜，可穿隧射極的位障厚度在 7-50 nm 的範圍內，集極的位障層較厚，範圍從 100 到 250 nm，基極寬度為 10 到 100 nm，薄的基極可以改善傳輸比，但較難製作出不會與集極產生短路的接觸點，集極－基極接面通常為漸變式的摻雜濃度，以減少量子力學上的反射。

　　對於上述的工作原理，是針對異質接面的 THETA，因為它受到大家高度的興趣。在正常的操作環境，射極相對基極為負偏壓（針對上述顯示的摻雜類型），而集極為正偏壓（圖 27d），因異質接面所產生的偏壓小，通常在 0.2-0.4 eV 間，所以 THETA 必須要在低溫下操作，以減少整個位障的熱離子發射電流，電子由射極注入到 $n^+$- 基極，使 THETA 成為多數載子的元件，射極－基極電流為藉由直接穿隧或 F-N 穿隧通過位障的穿隧電流，在基極所注入的電子有最大動能（大於 $E_C$）值，$E = q\,(V_{BE} - V_n)$，對於簡併半導體而言，$V_n$ 為負值。當電子橫越過基極，能量會由一些散射方式散失，在基極－集極接面，能量超過位障 $q\phi_B$ 的載子會產出集極電流，而其他則會產生令人討厭的基極電流。基極傳輸因子 $\alpha_T$ 可進一步表示成 $\alpha_B \alpha_{BC} \alpha_C$，由於在基極層發生散射，$\alpha_B$ 可得知

$$\alpha_B = \exp\left(-\frac{W}{\lambda_m}\right) \tag{54}$$

$W$ 與 $\lambda_m$ 為基極寬度與平均自由徑，$\lambda_m$ 值與電子能量有關，其變化值已被發現約在 70 到 280 nm 之間。當能量太高時，$\lambda_m$ 會開始降低，在 MOM 射極的情形下，因氧化層位障較高，需要大的 $V_{BE}$ 來注入特定電流數值，而較高 $V_{BE}$ 會增加電子能量，並減少 $\lambda_m$，此即為 MOM 位障氧化層厚度要小（1.5 nm）的因素 [77]。若要改善 $\alpha_B$ 的值，基極厚度要最小化，但這會造成超量基極電阻，已經有文獻提出使用誘發基極 [82] 或調變基極的摻雜，可達到薄化基

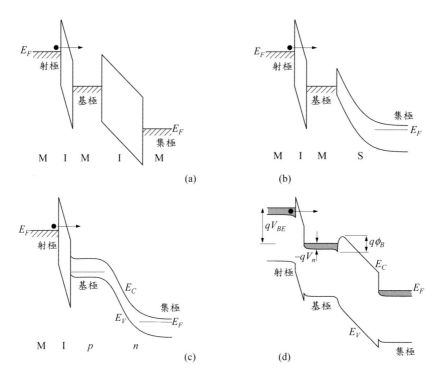

圖 27  在不同順向偏壓下，不同的穿隧熱電子電晶體的能帶圖。(a)MIMM (b)MIMS (c)
MI *p-n* (d) 異質接面的 THETA。

極（≈ 10 nm）且可導電的目的。$\alpha_{BC}$ 是由於基極—集極能帶不連續所造成的
量子力學反射。對於陡峭接面[83]

$$\alpha_{BC} \approx 1 - \left[ \frac{1 - \sqrt{1 - (q\phi_B/E)}}{1 + \sqrt{1 - (q\phi_B/E)}} \right]^2 \tag{55}$$

集極位障的組成漸變可以改善反射散失（reflection loss），$\alpha_C$ 為因寬能隙
材料中的散射所造成的集極效率，與 5.2.2 節中式 (33) 相類似。為了達到高
共射極電流增益 $\beta$ 值，$\alpha_T$ 要接近 1，因為 $\beta \approx \alpha_T / (1-\alpha_T)$， 高達 35-40 的 $\beta$
值已被報導出來[84,85]。THETA 的輸出特性如圖 28。由於具備通過基極的彈
導傳輸與不需要少數載子儲存的特性，THETA 具有高速操作的潛力。一個

InAs 的 THETA 量測得到 $f_T = 75$ GHz[86]。在室溫下， 以具有 12 nm 基極的 GaN THETA 元件數值模擬得到 $f_T = 120$ GHz[87]，然而，在低溫下操作的要求，可能會限制它的應用性。

　　THETA 已經被使用成為研究熱電子性質的研究工具，一個特定的功能是在基極中量測穿隧熱電子能量光譜的光譜儀，在此操作下，集極相對於基極為正偏壓，以改變有效集極位障（圖 29a），當集極電流遞增量對有效集極位障高度作圖，可得到熱電子的能量光譜。由圖 29b 可知，對每一個 $V_{BE}$，在分布範圍中的峰值能量（相對於 $V_{CB}$）會隨著 $V_{BE}$ 值而增加。

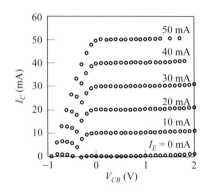

圖 28　共基極的異質接面 THETA 的輸
　　　　出特性曲線。（參考文獻 85）

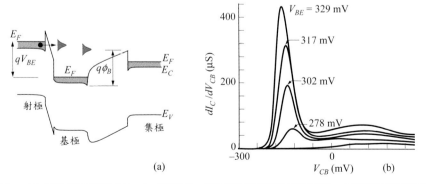

(a)

(b)

圖 29　(a) 用於光譜儀的 THETA 能帶圖。集極電壓相對於基極為負，且改變了有效的
　　　　集極位障高度 (b) 熱電子的能量光譜。（參考文獻 88）

## 9.4 共振穿隧二極體

在 1960 年代後期與 1970 年代早期,由朱(Tsu)與江崎(Esaki)在超晶格方面發表其先驅研究,在 1973 年預測共振穿隧二極體(resonate-tunneling diode, RTD)(有時稱作雙位障二極體)的負微分電阻(negative differential resistance, NDR)特性[89]。1974 年,由鄭(Chang)等人首先展示出此二極體的結構與特性[90]。隨著 1980 年代早期許多研究學者發表許多改善特性的技術,也由於 MBE 與 MOCVD 技術的成熟發展,使得此方面的研究迅速增加。在 1985 年,此結構的室溫 NDR 也被發現[91-92]。

共振穿隧二極體需要利用導電帶或價電帶在能帶邊緣處的不連續性,以形成量子井,因此異質結構是必要的(如圖 30a),其具有二個位障與不同的半導體材料所形成的量子井(如圖 30b), $I$-$V$ 特性曲線中有一峰值與谷值(如圖 30c),當施加電壓 $V$ 於元件時(如圖 30d),在量子井中電子的共振能階接近射極的導電帶緣處,GaAs/AlGaAs 是最廣泛使用的材料組合,其次為 GaInAs/AlInAs。結構中間的量子井寬度約為 5 nm,位障層範圍則由 1.5 到 5 nm,因位障層不需具有對稱性,所以其厚度可以不同。量子井

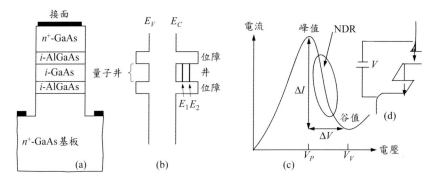

圖 30　(a) 具有 GaAs/AlGaAs 異質結構共振穿隧二極體的結構圖 (b) 能帶圖中顯示量子井與量子化能階的形成 (c) 具有負微分電阻範圍共振穿隧二極體,其 $I$-$V$ 特性曲線 (d) 在施加不同電壓下,元件的穿隧方向。

與位障層皆是未摻雜，但被夾在高摻雜、窄能隙且通常與量子井材料相同的材料之間。圖 30a 並未畫出鄰近位障層且未摻雜的間隔薄層（約 1.5 nm GaAs），此層的目的是為確保摻雜原子不會擴散到位障層中。當 $V > V_P$ 時，I-V 曲線呈現負微分電阻（NDR）區域，被用於實現振盪器（oscillator）的製作。

　　量子力學指出，寬度為 $W$ 的量子井中，導電帶（或價電帶）會分裂成分離的次能帶，每個次能帶的底部可以用下式表示

$$E_n - E_{Cw} = \frac{h^2 n^2}{8m^* W^2}, \qquad n = 1, 2, 3, ... \tag{56}$$

其中 $E_{Cw}$ 為量子井中的 $E_C$，此等式假設無限的位障高度，且僅具定性的討論用途。實際上，當量子化的能階在 $E_C$ 之上 $\approx 0.1$ eV，則位障 $\Delta E_C$ 約為 0.2 至 0.5 eV。在施加偏壓下，載子可以藉由量子井中的能態，由一電極穿隧到另外一個電極。當穿隧行為是經由量化能態通過雙位障時，共振穿隧為一獨特現象[93]。如前面所述，當穿隧通過單一位障時，穿隧機率為入射粒子能量的單調遞增函數，在共振穿隧中，薛丁格方程式的波函數必須同時解三個區域——射極、量子井與集極，因為量子井內能階量化，當入射粒子符合量化能階之一時，穿隧機率達到最大值，如圖 31 所示，在此種同調穿隧中，若入射能量並不符合任一個量化的能階，穿隧可能是量子井與射極間穿隧機率 $T_E$，以及量子井與集極間穿隧機率 $Tc$ 的乘積

$$\mathrm{T}(E) = T_E\, Tc \tag{57}$$

然而，當入射能量符合量化能階之一時，量子井內的波方程式會是類似法布理—伯羅（Fabry-Perot）共振的形式，躍遷機率變成[94]

$$T(E = E_n) = \frac{4 T_E T_C}{(T_E + T_C)^2} \tag{58}$$

對於一個對稱結構來說，$T_E = T_c$，且 $T = 1$。若偏離此共振行為，由圖 31 所得到的形狀與式 (57) 所得到的值，會以數個數量級的量減少，而共振穿隧

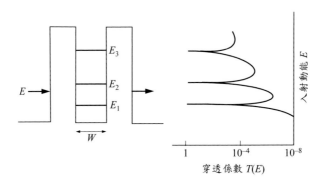

圖 31    具能量 $E$ 的電子，以共調穿隧方式通過雙層位障的穿透係數，其穿透係數的峰值發生在當 $E$ 與 $E_j$ 對齊時，$j = 1, 2, \cdots\cdots$。（參考文獻 93）

電流為

$$J = \frac{q}{2\pi\hbar}\int N(E)T(E)dE \tag{59}$$

從射極貢獻至穿隧的電子數量（每單位面積）為[93]

$$N(E) = \frac{kTm^*}{\pi\hbar^2}\ln\left[1 + \exp\left(\frac{E_F - E}{kT}\right)\right] \tag{60}$$

在共振穿隧二極體中，入射電子可透過外加偏壓以獲得能量，相對於量子井與集極，此偏壓將可提升射極的能量。一般而言，藉由積分圖 31 所有陡峭的共振穿隧電流峰值，將可預測所得到的穿隧電子入射能量分布是一陡峭電流峰值與非常高的峰值對谷值比。然而，在真實情況下，即使低溫，也很難觀察到這個現象，原因有二，一是正比於 $\Delta E = \hbar / \tau$（$\tau$ 是電子未穿隧出在次能帶 $E_j$ 上的生命期，$\Delta E$ 是能量 $E_j$ 的延展範圍）[93]，共振穿隧峰值的能量範圍很窄；二是當中還存在著一些非理想的效應，如：雜質散射、非彈性聲子散射、聲子輔助散射與熱載子效應，這些效應將大幅增加谷值電流，進而影響峰值與谷值的比例。序列穿隧的模型證明比同調穿隧更適合解釋實驗數據[95]。在序列穿隧情況下，可視從射極穿隧到量子井、從量子井穿隧到集極為兩個不相關的事件,以此簡單解釋實驗數據,並用於後續分析。

　　共振穿隧二極體的 *I-V* 特性如圖 32 所示。除了負電阻效應外,還有一點值得注意的是電流峰值與谷值是可重複的,此特徵在傳統的 $p^+$-$n^+$ 穿隧二極體中是不存在的。在偏壓下,對應 *I-V* 曲線不同區域的能帶圖如圖 33 所示。峰值電流所對應到的偏壓條件,其射極的 $E_C$ 能階與每一個量子化能階是對齊的。接下來,我們將解釋負電阻的起源。

　　在序列穿隧模型中,電流流動的機制主要是由載子從射極穿隧到量子井的這段穿隧來決定,與載子穿隧出量子井而到達集極的情況較無相關。此情形的發生需要在射極與量子井中具有相同能階並可供躍遷的空能態(即:滿足能量守恆),以及可提供具有相同側向動量的電子(即:滿足動量守恆)。由於量子井中,平行(於穿隧方向)動量 $k_x$ 被量化,導致量化能階 $E_j$(即 $h^2 k_x^2/2m^* = h^2 n^2/8m^* W^2$)上升,在每個次能帶的載子能量僅為側向動量 $k_\perp$ 的函數,且為

$$E_w = E_j + \frac{h^2 k_\perp^2}{2m^*} \tag{61}$$

從式 (61) 中,值得注意的是載子能量只有在次能帶底部才量子化,高於 $E_j$

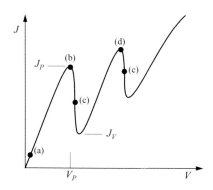

圖 32　在低且有限的溫度下,共振穿隧二極體的電流電壓特性曲線。曲線具有多個電流峰值與谷值,(a)-(e) 的各點所對應的為圖 33 中的能帶圖。

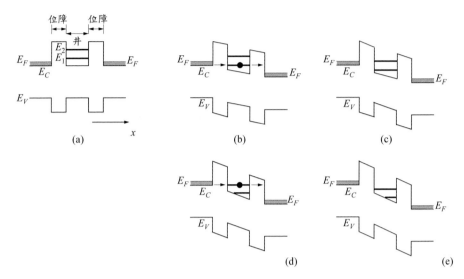

圖 33　不同偏壓下，共振穿隧二極體的能帶圖。(a) 近似零偏壓 (b) 共振穿隧通過 $E_1$ (c) 在 $E_1$ 小於 $E_C$ 的情況下，第一個 NDR 區 (d) 共振穿隧通過 $E_2$ (e) 在 $E_2$ 於 $E_C$ 的情況下，第二個 NDR 區。其 $I$-$V$ 曲線如圖 32。

的能量則為連續。換句話說，射極電極的自由電子能量可表示為

$$E = E_C + \frac{\hbar^2 k^2}{2m^*} = E_C + \frac{\hbar^2 k_x^2}{2m^*} + \frac{\hbar^2 k_\perp^2}{2m^*} \tag{62}$$

因此射極中具有式 (62) 給定能量的電子可以穿隧到式 (61) 的能階，此觀念於圖 34 中說明。首先考慮在圖 32 $I$-$V$ 曲線中的區域 a，電流隨偏壓增加。圖 34a 說明若 $E_1$ 在 $E_F$ 之上，將有一個極小電子穿隧的可能性。當偏壓增加時，$E_1$ 被拉到 $E_F$ 以下，且朝向著射極 $E_C$ 移動，穿隧電流開始隨著偏壓增加而增加。圖 32 的區域 c 內電流隨偏壓減少的情形是不重要的。側向動量守恆的滿足需要使式 (61) 與式 (62) 的最後一項相等，亦即，欲使能量守恆，則需要滿足

$$E_C + \frac{\hbar^2 k_x^2}{2m^*} = E_j \tag{63}$$

這個能量方程式暗示只要射極 $E_C$ 在 $E_j$ 之上，就有可能發生共振穿隧。由圖 34b，可知道這並非用來解釋動量的情形。從圖中發現在量子井的 $k_\perp$ 會變大，對射極而言，由於 $k^2 = k_x^2 + k_\perp^2$，即使 $k_x = 0$，$k$ 的最小值爲 $k_\perp$，在低溫的情況下，電子是在有限動量的費米球（Fermi sphere）內。對於在費米球外的 $k_\perp$，無法造成電子穿隧，所以圖 34b 的穿隧事件是被禁止的。

　　由以上討論，對於最大穿隧電流而言，$E_j$ 必須在射極的 $E_F$ 與 $E_C$ 之間，但在低溫時，如圖 33b 與 d 所示的外加偏壓條件，$E_j$ 會與 $E_C$ 能階對齊。隨著偏壓的升高，射極 $E_C$ 高於 $E_j$，且穿隧電流大大地降低，並造成 NDR。在對稱接面的峰值電壓大約發生於電壓爲

$$V_P \approx \frac{2(E_j - E_C)}{q} \tag{64}$$

這是因爲有一半的偏壓落於位障間。在實際元件中，$V_P$ 是大於式 (64) 得到的值（其中 $E_C$ 爲射極的值，與量子井不同），電場可能穿越到射極與集極區域，造成一些電壓降。其次，在每個未摻雜的間隙層間也存在著電壓降。另一個效應是由偏壓下量子井內有限電荷聚集所造成的，此電荷薄層會造成橫跨於兩個位障的電場不均等，需要一個額外電壓以調整射極與量子井間的

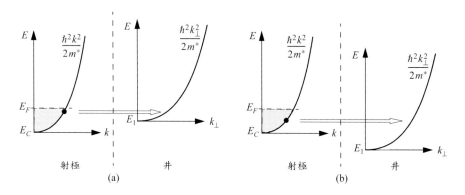

圖 34　電子由射極穿隧進入量子井，注意圖中不同的 $k$、$k_\perp$ 橫坐標。(a)$E_1$ 高於 $E_C$ 且低於 $E_F$，共振穿隧開始發生 (b)$E_1$ 小於 $E_C$，共振穿隧機率顯著下降。

相對能量。由式 (59) 修正的電流為

$$J = \frac{qN(V)T_E(V)\Delta E}{2\pi\hbar} \approx \frac{qN(V)T_E(V)}{2\pi\tau} \tag{65}$$

其可藉由使用有效質量較小的材料來達到最大化,從這方面來看,使用 GaInAs/AlInAs 材料比 GaAs/AlGaAs 具有更多的優點。一個大約在 $10^5$ A/cm$^2$ 中間值範圍的最大峰值電流密度已被觀察到,由於它是穿隧電流,所以幾乎與溫度無關。而谷電流值不等於零,主要是來自與溫度極為相關的熱游離發射(愈低溫 $J_V$ 愈小)越過位障所產生的。另一個小但可想像到的貢獻來自電子穿隧到較高的量化能態,即使能量高於 $E_F$ 的穿隧電子數目極小,但仍有一以熱分布的尾端範圍(不為零)的電子數目存在,特別是在各個量化能態愈接近時,此現象更為明顯。

舉例說明,圖 32 表示的特性對於每個電壓極性有兩個 NDR 的區域。實際上,由於第二個電流峰值是大的熱游離發射電流背景中的小訊號,因此不容易被觀察到。然而,圖解中清楚顯現出其優於受限僅有一個 NDR 區域的穿隧二極體特性,相對於傳統需要較多組成元件的設計,此多電流峰值的特性特別重要,因為其單一元件就能展現許多複雜功能。

因為穿隧在本質上是一種不受限於躍遷時間的快速現象,故共振穿隧二極體可被視為最快速的元件 [96]。除此之外,穿隧二極體也沒有少數載子儲存的問題,其被視為在室溫下可以產生 THz 訊號振盪器元件的最佳選擇,且最大操作振盪頻率可超過 1-THz。如圖 35a,使用 GaInAs/AlAs 共振穿隧二極體的 THz 振盪器應用的進展,已被發表應用於高頻振盪器,其中的能帶分布圖如圖 35b[97] 所示,由於共振穿隧二極體內電子傳渡時間減小,以及在天線內傳導損失的減少,在室溫下,基本的振盪可以高達 1.92 THz。圖 35c 顯示為具有不同量子井厚度,以及射極高度的共振穿隧二極體之電流密度—電壓($J$-$V$)特性。

共振穿隧二極體用於振盪主要是採用負微分電阻的區域,共振穿隧二極

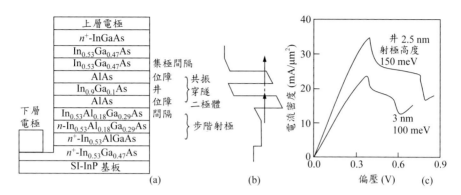

圖 35　(a) 層狀結構 (b) 電位能分布 (c) 對於具有不同量子井厚度與射極高度的共振穿隧
二極體電流密度對電壓特性，量子井間隔為 6 nm。（參考文獻 97）

體整合平面槽孔天線（planar slot antenna）顯示於圖 36a[98]。應用平面槽孔
會產生電磁場的駐波（standing wave）效應，其可以作為共振器，並當作以
輻射輸出功率的天線。振盪元件的等效電路如圖 36b，其中除了共振穿隧二
極體的電容外，其他的寄生元件（parasitic element）均被忽略。若負微分
電阻的絕對電阻值小於槽式天線的輻射損失，則會發生振盪，亦就是 $R_d \leq R$。
分流 LC 電路（shunt LC circuit）的振盪頻率可得知為 $f = 1/2\sqrt{LC}$。 另一方
面，要利用穿隧現象來提供高電流是比較困難的，且振盪器輸出功率亦被限
制住，共振穿隧二極體已被使用在高速脈衝源電路與觸發電路[99]。多電流峰
值的獨特特性可作為有效率的功能性元件，這些應用實例包括多值邏輯與記
憶體[100]。共振穿隧二極體亦可作為其他三端點元件的構成區塊，如共振穿
隧雙極性電晶體與共振穿隧熱電子電晶體[101]，以及應用於研究熱電子分光
儀的結構上[102]。

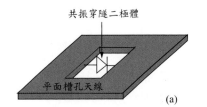
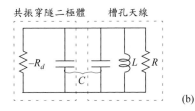

圖 36　(a) 具有平面槽式天線的共振穿隧二極體振盪器 (b) 等效電路圖。（參考文獻 98）

## 參考文獻

1. K. K. Thornber, T. C. McGill, and C. A. Mead, "The Tunneling Time of an Electron," *J. Appl. Phys.*, **38**, 2384 (1967).

2. S. Y. Chung, R. Yu, N. Jin, S. Y. Park, P. R. Berger, and P. E. Thompson, "Si/SiGe ResonantInterband Tunnel Diode With fr0 20.2 GHz and Peak Current Density 218 kA/cm2 for K-Band Mixed-Signal Applications," *IEEE Electron Dev. Lett.*, **27**, 364 (2006).

3. Y. K. Su, C. H. Wu, J. R. Chang, K. M. Wu, H. C. Wang, W. B. Chen, S. J. You, and S. J. Chang, "Well Width Dependence for Novel AlInAsSb/InGaAs Double-Barrier Resonant Tunneling Diode," *Solid-State Electron.*, **46**, 1109 (2002).

4. A. Seabaugh and R. Lake, "Tunnel Diodes," in G. L. Trigg, Ed., *Encyclopedia of Applied Physics*, **Vol. 22**, Wiley, New York, 2003.

5. S. L. Rommel, D. Pawlik, P. Thomas, M. Barth, K. Johnson, S. K. Kurinec, A. Seabaugh, Z. Cheng, J. Z. Li, J. S. Park, et al., "Record PVCR GaAs-Based Tunnel Diodes Fabricated on Si Substrates Using Aspect Ratio Trapping," *Tech. Dig. IEEE IEDM*, 2008.

6. M. Oehme, M. Šarlija, D. Hähnel, M. Kaschel, J. Werner, E. Kasper, and J. Schulze, "Very High Room-Temperature Peak-to-Valley Current Ratio in Si Esaki Tunneling Diodes,"*IEEE Trans. Electron Dev.*, **57**, 2857 (2010).

7. Q. Li, Y. Han, X. Lu, and K. M. Lau, "GaAs-InGaAs-GaAs Fin-Array Tunnel Diodes on (001) Si Substrates With Room-Temperature Peak-to-Valley Current Ratio of 5.4," *IEEE Trans. Electron Dev. Lett.*, **37**, 24 (2016).

8. Q. Liu and A. Seabaugh, "Design Approach Using Tunnel Diodes for Lowering Power in Differential Amplifiers," *IEEE Trans. Circuits Syst. –II: Express Briefs*, **52**, 572 (2005).

9.　J. Lee, J. Lee, and K. Yang, "A Low-Power 40-Gb/s 1:2 Demultiplexer IC Based on a Resonant Tunneling Diode," *IEEE Trans. Nanotechnol.*, **11**, 431 (2012).

10.　S. Khaledian, F. Farzami, D. Erricolo, and B. Smida, "A Full-Duplex Bidirectional Amplifier with Low DC Power Consumption Using Tunnel Diodes," *IEEE Microwave Wireless Compon. Lett.*, **27**, 1125 (2017).

11.　L. Esaki, "New Phenomenon in Narrow Germanium p-n Junctions," *Phys. Rev.*, **109**, 603 (1958).

12.　L. Esaki, "Long Journey into Tunneling," *Proc. IEEE*, **62**, 825 (1974).

13.　L. Esaki, "Discovery of the Tunnel Diode," *IEEE Trans. Electron Dev.*, **ED-23**, 644 (1976).

14.　N. Holonyak and I. A. Lesk, "Gallium Arsenide Tunnel Diodes," *Proc. IRE*, **48**, 1405 (1960).

15.　R. L. Batdorf, G. C. Dacey, R. L. Wallace, and D. J. Walsh, "Esaki Diode in InSb," *J. Appl. Phys.*, **31**, 613 (1960).

16.　A. G. Chynoweth, W. L. Feldmann, and R. A. Logan, "Excess Tunnel Current in Silicon Esaki Junctions," *Phys. Rev.*, **121**, 684 (1961).

17.　C. A. Burrus, "Indium Phosphide Esaki Diodes," *Solid-State Electron.*, **5**, 357 (1962).

18.　T. A. Richard, E. I. Chen, A. R. Sugg, G. E. Höfler, and N. Holonyak, "High Current Density Carbon-Doped Strained-Layer GaAs($p$+)–InGaAs($n$+)– GaAs($n$+) $p$–$n$ Tunnel Diodes," *Appl. Phys. Lett.*, **63**, 3613 (1993).

19　P. Thomas, M. Filmer, A. Gaur, D. J. Pawlik, B. Romanczyk, E. Marini, S. L. Rommel, K. Majumdar, W. Y. Loh, M. H. Wong, et al., "Performance Evaluation of In0.53Ga0.47As Esaki Tunnel Diodes on Silicon and InP Substrates," *IEEE Trans. Electron Dev.*, **62**, 2450 (2015).

20.　L. Esaki, "What Did I Explore in Half a Century of Research?: What Discovery, What Invention, Where, When?" *Jpn. J. Appl. Phys.*, **54**, 040101 (2015).

21.　R. N. Hall, "Tunnel Diodes," *IRE Trans. Electron Devices*, **ED-7**, 1 (1960).

22.　W. B. Joyce and R. W. Dixon, "Analytic Approximations for the Fermi Energy of an Ideal Fermi Gas," *Appl. Phys. Lett.*, **31**, 354 (1977).

23.　J. V. Morgan and E. O. Kane, "Observation of Direct Tunneling in Germanium," *Phys. Rev. Lett.*, **3**, 466 (1959).

24.　E. O. Kane, "Theory of Tunneling," J. Appl. Phys., 32, 83 (1961); "Tunneling in InSb," *J. Phys. Chem. Solids*, **12**, 181 (1960).

25.　P. N. Butcher, K. F. Hulme, and J. R. Morgan, "Dependence of Peak Current Density on Acceptor Concentration in Germanium Tunnel Diodes," *Solid-State Electron.*, **5**, 358 (1962).

26. T. A. Demassa and D. P. Knott, "The Prediction of Tunnel Diode Voltage-Current Characteristics,"*Solid-State Electron.*, **13**, 131 (1970).

27. D. Meyerhofer, G. A. Brown, and H. S. Sommers, Jr., "Degenerate Germanium I, Tunnel, Excess, and Thermal Current in Tunnel Diodes," *Phys. Rev.*, **126**, 1329 (1962).

28. L. V. Keldysh, "Behavior of Non-Metallic Crystals in Strong Electric Fields," Sov. *J. Exp. Theor. Phys.*, **6**, 763 (1958).

29. D. K. Roy, "On the Prediction of Tunnel Diode *I–V* Characteristics," *Solid-State Electron.*, **14**, 520 (1971).

30. J. Wang, D. Wheeler, Y. Yan, J. Zhao, S. Howard, and A. Seabaugh, "Silicon Tunnel Diodes Formed by Proximity Rapid Thermal Diffusion," *IEEE Trans. Electron Lett.*, **24**, 93 (2003).

31. R. Duschl, O. G. Schmidt, and K. Eberl, "Epitaxially Grown Si/SiGe Interband Tunneling Diodes with High Room Temperature Peak-to-Valley Ratio," *Appl. Phys. Lett.*, **76**, 879 (2000).

32. 32. W. N. Carr, "Reversible Degradation Effects in GaSb Tunnel Diodes," *Solid-State Electron.*, **5**, 261 (1962).

33. R. M. Minton and R. Glicksman, "Theoretical and Experimental Analysis of Germanium Tunnel Diode Characteristics," *Solid-State Electron.*, **7**, 491 (1964).

34. R. A. Logan, W. M. Augustyniak, and J. F. Gilber, "Electron Bombardment Damage in Silicon Esaki Diodes," *J. Appl. Phys.*, **32**, 1201 (1961).

35. W. Bernard, W. Rindner, and H. Roth, "Anisotropic Stress Effect on the Excess Current in Tunnel Diodes," *J. Appl. Phys.*, **35**, 1860 (1964).

36. V. V. Galavanov and A. Z. Panakhov, "Influence of Hydrostatic Pressure on the Tunnel Current in GaSb Diodes," *Sov. Phys. Semicond.*, **6**, 1924 (1973).

37. R. E. Davis and G. Gibbons, "Design Principles and Construction of Planar Ge Esaki Diodes," *Solid-State Electron.*, **10**, 461 (1967).

38. S. L. Rommel, D. Pawlik, P. Thomas, M. Barth, K. Johnson, S. K. Kurinec, A. Seabaugh,Z. Cheng, J. Z. Li, J. S. Park, et al., "Record PVCR GaAs-Based Tunnel Diodes Fabricated on Si Substrates Using Aspect Ratio Trapping," *Tech. Dig. IEEE IEDM*, 2008.

39. K. Majumdar, P. Thomas, W. Y. Loh, P. Y. Hung, K. Matthews, D. Pawlik, B. Romanczyk, M. Filmer, A. Gaur, R. Droopad, et al., "Mapping Defect Density in MBE Grown In0.53Ga0.47As Epitaxial Layers on Si Substrate Using Esaki Diode Valley Characteristics,"*IEEE Trans. Electron Dev.*, **61**, 2049 (2014).

40. P. Thomas, M. Filmer, A. Gaur, D. J. Pawlik, B. Romanczyk, E. Marini, and S. L. Rommel, K. Majumdar, W. Y. Loh, M. H. Wong, et al., "Performance Evaluation of In0.53Ga0.47As Esaki Tunnel Diodes on Silicon and InP Substrates," *IEEE Trans. Electron Dev.*, **62**, 2450 (2015).

41. Q. Li, Y. Han, X. Lu, and K. M. Lau, "GaAs–InGaAs–GaAs Fin-Array Tunnel Diodes on (001) Si Substrates with Room-Temperature Peak-to-Valley Current Ratio of 5.4," *IEEE Electron Dev. Lett.*, **37**, 24 (2016).

42. L. Esaki and Y. Miyahara, "A New Device Using the Tunneling Process in Narrow p-n Junctions," *Solid-State Electron.*, **1**, 13 (1960).

43. R. N. Hall, J. H. Racette, and H. Ehrenreich, "Direct Observation of Polarons and Phonons During Tunneling in Group 3-5 Semiconductor Junctions," *Phys. Rev. Lett.*, **4**, 456 (1960).

44. A. G. Chynoweth, R. A. Logan, and D. E. Thomas, "Phonon-Assisted Tunneling in Silicon and Germanium Esaki Junctions," *Phys. Rev.*, **125**, 877 (1962).

45. J. B. Hopkins, "Microwave Backward Diodes in InAs," *Solid-State Electron.*, **13**, 697 (1970).

46. J. D. Hwang, Y. K. Fang, K. H. Chen, and D. N. Yaung, "A Novel β-SiC/Si Heterojunction Backward Diode," *IEEE Electron Dev. Lett.*, **16**, 193 (1995).

47. J. N. Schulman, D. H. Chow, and D. M. Jang, "InGaAs Zero Bias Backward Diodes for Millimeter Wave Direct Detection," *IEEE Electron Dev. Lett.*, **22**, 200 (2001).

48. A. B. Bhattacharyya and S. L. Sarnot, "Switching Time Analysis of Backward Diodes,"*Proc. IEEE*, **58**, 513 (1970).

49. S. T. Eng, "Low-Noise Properties of Microwave Backward Diodes," *IRE Trans. Microwave Theory Tech.*, **MTT-8**, 419 (1961).

50. H. C. Torrey and C. A. Whitmer, *Crystal Rectifiers*, McGraw-Hill, New York, 1948. Ch. 8.

51. S. M. Sze and R. M. Ryder, "The Nonlinearity of the Reverse Current-Voltage Characteristics of a *p-n* Junction near Avalanche Breakdown," *Bell Syst. Tech. J.*, **46**, 1135 (1967).

52. J. Karlovsky, "The Curvature Coefficient of Germanium Tunnel and Backward Diodes,"*Solid-State Electron.*, **10**, 1109 (1967).

53. M. Lenzlinger and E. H. Snow, "Fowler–Nordheim Tunneling into Thermally Grown $SiO_2$," *J. Appl. Phys.*, **40**, 278 (1969).

54. W. K. Shih, E. X. Wang, S. Jallepalli, F. Leon, C. M. Maziar, and A. F. Tasch, "Modeling Gate Leakage Current in nMOS Structures due to Tunneling Through an Ultra-Thin Oxide," *Solid-State Electron.*, **42**, 997 (1998).

55. S. H. Lo, D. A Buchanan, Y. Taur, and W. Wang, "Quantum-Mechanical Modeling of Electron Tunneling Current from the Inversion Layer of Ultra-Thin-Oxide nMOSFET's," *IEEE Electron Dev. Lett.*, **EDL-18**, 209 (1997).

56. L. L. Chang, P. J. Stiles, and L. Esaki, "Electron Tunneling between a Metal and a Semiconductor: Characteristics of $Al–Al_2O_3–SnTe$ and $–GeTe$ Junctions," *J. Appl. Phys.*, **38**, 4440 (1967).

57. V. Kumar and W. E. Dahlke, "Characteristics of Cr–SiO$_2$–$n$Si Tunnel Diodes," *Solid-State Electron.*, **20**, 143 (1977).

58. H. C. Card and E. H. Rhoderick, "Studies of Tunnel MOS Diodes I. Interface Effects in Silicon Schottky Diodes," *J. Phys. D: Appl. Phys.*, **4**, 1589 (1971).

59. M. A. Green, F. D. King, and J. Shewchun, "Minority Carrier MIS Tunnel Diodes and Their Application to Electron and Photovoltaic Energy Conversion: I. Theory," *Solid-State Electron.*, **17**, 551 (1974). "II. Experiment," *Solid-State Electron.*, **17**, 563 (1974).

60. V. A. K. Temple, M. A. Green, and J. Shewchun, "Equilibrium-to- Nonequilibrium Transition in MOS Tunnel Diodes," *J. Appl. Phys.*, **45**, 4934 (1974).

61. W. E. Dahlke and S. M. Sze, "Tunneling in Metal–Oxide–Silicon Structures," *Solid-State Electron.*, **10**, 865 (1967).

62. T. T. Pham, A. Maréchal, P. Muret, D. Eon, E. Gheeraert, N. Rouger, and J. Pernot, "Comprehensive Electrical Analysis of Metal/Al2O3/O-Terminated Diamond Capacitance," *J. Appl. Phys.*, **123**, 161523 (2018).

63. L. Esaki and P. J. Stiles, "New Type of Negative Resistance in Barrier Tunneling," *Phys. Rev. Lett.*, **16**, 1108 (1966).

64. T. Yamamota and M. Morimoto, "Thin-MIS-Structure Si Negative Resistance Diode,"*Appl. Phys. Lett.*, **20**, 269 (1972).

65. S. E. D. Habib and J. G. Simmons, "Theory of Switching in $p$–$n$ Insulator (Tunnel)-Metal Devices," *Solid-State Electron.*, **22**, 181 (1979).

66. M. A. Green and J. Shewchun, "Current Multiplication in Metal–Insulator– Semiconductor (MIS) Tunnel Diodes," *Solid-State Electron.*, **17**, 349 (1974).

67. S. Hanzawa, T. Sakata, T. Sekiguchi, and H. Matsuoka, "A Robust Array Architecture for a Capacitorless MISS Tunnel-Diode Memory," *Dig. Symp. VLSI Tech.*, p.150, 2002.

68. J. G. Simmons, "Generalized Formula for the Electric Tunnel Effect between Similar Electrodes Separated by a Thin Insulating Film," *J. Appl. Phys.*, **34**, 1793 (1963).

69. 69. E. W. Cowell III, N. Alimardani, C. C. Knutson, J. F. Conley, D. A. Keszler, B. J. Gibbons, and J. F. Wager, "Advancing MIM Electronics: Amorphous Metal Electrodes," *Adv. Mater.*, **23**, 74 (2011).

70. S. Kurtin, T. C. McGill, and C. A. Mead, "Tunneling Currents and E–k Relation," *Phys. Rev. Lett.*, **25**, 756 (1970).

71. S. Kurtin, T. C. McGill, and C. A. Mead, "Direct Interelectrode Tunneling in GaSe," *Phys. Rev.*, **B3**, 3368 (1971).

72. B. Govoreanu, C. Adelmann, A. Redolfi, L. Zhang, S. Clima, and M. Jurczak, "High-Performance Metal–Insulator–Metal Tunnel Diode Selectors," *IEEE Electron Dev. Lett.*, **35**, 63 (2014).

73. C. A. Mead, "Tunnel-Emission Amplifiers," *Proc. IRE*, **48**, 359 (1960).

74. C. A. Mead, "Operation of Tunnel-Emission Devices," *J. Appl. Phys.*, **32**, 646 (1961).

75. J. P. Spratt, R. F. Schwartz, and W. M. Kane, "Hot Electrons in Metal Films: Injection and Collection," *Phys. Rev. Lett.*, **6**, 341 (1961).

76. H. Kisaki, "Tunnel Transistor," *Proc. IEEE*, **61**, 1053 (1973).

77. M. Heiblum, "Tunneling Hot Electron Transfer Amplifiers (THETA): Amplifiers Operating up to the Infrared," *Solid-State Electron.*, **24**, 343 (1981).

78. N. Yokoyama, K. Imamura, T. Ohshima, H. Nishi, S. Muto, K. Kondo, and S. Hiyamizu,"Tunneling Hot Electron Transistor Using GaAs/AlGaAs Heterojunctions," *Jpn. J. Appl. Phys.*, **23**, L311 (1984).

79. N. Yokoyama, K. Imamura, T. Ohshima, H. Nishi, S. Muto, K. Kondo, and S. Hiyamizu,"Characteristics of Double Heterojunction GaAs/AlGaAs Hot Electron Transistors," *Tech. Dig. IEEE IEDM*, **532** (1984).

80. M. Heiblum and M. V. Fischetti, "Ballistic Electron Transport in Hot Electron Transistors,"in F. Capasso, Ed., *Physics of Quantum Electron Devices*, Springer, New York, 1990.

81. Z. Yang, D. N. Nath, Y. Zhang, J. B. Khurgin, and S. Rajan, "Common Emitter Current and Voltage Gain in III–Nitride Tunneling Hot Electron Transistors," *IEEE Electron Dev. Lett.*, **36**, 436 (2015).

82. S. Luryi, "Induced Base Transistor," *Physica*, **134B**, 466 (1985).

83. S. Luryi, "Hot-Electron Injection and Resonant-Tunneling Heterojunction Devices," in F. Capasso and G. Margaritondo, Eds., *Heterojunction Band Discontinuities: Physics and Device Applications*, Elsevier Science, New York, 1987.

84. K. Seo, M. Heiblum, C. M. Knoedler, J. E. Oh, J. Pamulapati, and P. Bhattacharya, "High-Gain Pseudomorphic InGaAs Base Ballistic Hot-Electron Device," *IEEE Electron Dev. Lett.*, **EDL-10**, 73 (1989).

85. S. Dasgupta, N. A. Raman, J. S. Speck, and U. K. Mishra, "Experimental Demonstration of III–Nitride Hot-Electron Transistor with GaN Base," *IEEE Electron Dev. Lett.*, **32**, 1212 (2011).

86. H. Nguyen van, J. C. Moreno, A. N. Baranov, R. Teissier, and M. Zaknoune, "Submicrometer Process and RF Operation of InAs Quantum Hot-Electron Transistors," *IEEE Electron Dev. Lett.*, **33**, 797 (2012).

87. R. Soligo, S. Chowdhury, G. Gupta, U. Mishra, and M. Saraniti, "The Role of the Base Stack on the AC Performance of GaN Hot Electron Transistor," *IEEE Electron Dev. Lett.*, **36**, 669 (2015).

88. M. Heiblum, M. I. Nathan, D. C. Thomas, and C. M. Knoedler, "Direct Observation of Ballistic Transport in GaAs," *Phys. Rev. Lett.*, **55**, 2200 (1985).

89. R. Tsu and L. Esaki, "Tunneling in a Finite Superlattice," *Appl. Phys. Lett.*, **22**, 562 (1973).

90. L. L. Chang, L. Esaki, and R. Tsu, "Resonant Tunneling in Semiconductor Double Barriers,"*Appl. Phys. Lett.*, **24**, 593 (1974).

91. T. J. Shewchuk, P. C. Chapin, and P. D. Coleman, "Resonant Tunneling Oscillations in a GaAs–Al$_x$Ga$_{1-x}$As Heterostructure at Room Temperature," *Appl. Phys. Lett.*, **46**, 508 (1985).

92. M. Tsuchiya, H. Sakaki, and J. Yoshino, "Room Temperature Observation of Differential Negative Resistance in an AlAs/GaAs/AlAs Resonant Tunneling Diode," *Jpn. J. Appl. Phys.*, **24**, L466 (1985).

93. S. Luryi and A. Zaslavsky, "Quantum-Effect and Hot-Electron Devices," in S. M. Sze, Ed, *Modern Semiconductor Device Physics*, Wiley, New York, 1998.

94. B. Ricco and M. Y. Azbel, "Physics of Resonant Tunneling: The One-Dimensional Double-Barrier Case," *Phys. Rev. B*, **29**, 1970 (1984).

95. S. Luryi, "Frequency Limit of Double-Barrier Resonant-Tunneling Oscillators," *Appl. Phys. Lett.*, **47**, 490 (1985).

96. H. Mizuta and T. Tanoue, *The Physics and Applications of Resonant Tunneling Diodes*, Cambridge University Press, New York, 1995.

97. M. Asada and S. Suzuki, "Resonant-Tunneling-Diode Terahertz Oscillators and Applications,"*Tech. Dig. IEEE IEDM*, p.715, 2016.

98. M. Asada and S. Suzuki, "Resonant Tunneling Diodes for Terahertz Sources," in H. J. Song and T. Nagatsuma, Eds., *Handbook of Terahertz Technologies: Devices and Applications*, CRC Press, Florida, 2015.

99. E. Ozbay, D. M. Bloom, and S. K. Diamond, "Looking for High Frequency Applications of Resonant Tunneling Diodes: Triggering," in L. L. Chang, E. E. Mendez, and C. Tejedor, Eds., *Resonant Tunneling in Semiconductors*, Plenum Press, New York, 1991.

100. A. C. Seabaugh, Y. C. Kao, and H. T. Yuan, "Nine-State Resonant Tunneling Diode Memory," *IEEE Electron Dev. Lett.*, **EDL-13**, 479 (1992).

101. K. K. Ng, *Complete Guide to Semiconductor Devices*, 2nd Ed., Wiley/IEEE Press, New York, 2002.

102. F. Capasso, S. Sen, A. Y. Cho, and A. L. Hutchinson, "Resonant Tunneling Spectroscopy of Hot Minority Electrons Injected in Gallium Arsenide Quantum Wells," *Appl. Phys. Lett.*, **50**, 930 (1987).

# 習題

1. 試求一穿隧通過一個具位障高 $E_0$，寬度為 $d$。一維矩形位障的電子穿隧係數，如果 $\beta d \gg 1$，其中 $\beta \equiv \sqrt{2m^*(E_0 - E)/\hbar^2}$，則此穿隧係數之極限值是多少？注意：穿隧係數定義如 $(C/A)^2$，其中 $A$ 和 $C$ 分別為入射及反射波函數的振幅。

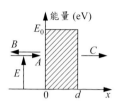

2. 一特殊設計的 GaSb 穿隧二極體，其 I-V 特性可由式 (28) 表示，其中 $J_p$ = $10^3$ A/cm$^2$，$V_p = 0.1$ V，$J_0 = 10^{-5}$ A/cm$^2$ 及 $J_V = 0$，該穿隧二極體截面積為 $10^{-5}$ cm$^2$，試求最大負微分電阻與對應的電壓。

3. 有一 GaSb 穿隧二極體其導線電感為 0.1 nH、串聯電阻為 4 Ω、接面電容為 77 $f_F$ 與負微分電阻為 –20 Ω，試求在輸入特性阻抗的實部為 0 時的頻率。

4. 試求圖 13 所示 GaAs 穿隧二極體的速度指數，其中該元件面積為 $10^{-7}$ cm$^2$，二極體摻雜量兩端為 $10^{20}$ cm$^{-3}$，兩端的簡併為 30 mV。（提示：使用陡峭接面近似）

5. 由於在成長平面上形成階地（terrace），分子束磊晶的表面在一或兩層單原子層內一般是陡峭的（GaInAs 一層單原子層約 2.8 Å），其中，以一層厚的 AlInAs 位障完全地將 15 nm GaInAs 量子井束縛住，試計算基態和第一激發態的能帶寬。（提示：假設在兩單原子層厚度變動與無限深量子井的情況下，電子有效質量為 0.0427 $m_0$）

6. 推導出一對稱雙位障（double-barrier）共振穿隧二極體元件的穿透係數（transmission coefficient）。假設橫跨於雙位能障結構之內的有效質量是常數。圖中所示點 A 至 H 是鄰近於位能階層（potential steps）與設定為解的邊界條件。

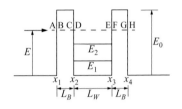

7. 對於一對稱雙位障結構，其 $L_B = 2$ nm，$L_W = 2$ nm，$E_0 = 3.1$ eV，及 $m^* = 0.42$ $m_0$ 試求其最低的四個共振能階。

8. 利用解有限深位能井的情況，針對於一對稱量子井，其位井寬度為 $L$，位障高度為 $E_0$，粒子質量為 $m^*$，求解其束縛能階 $E_n < E_0$，以及其波函數 $\Psi_n(z)$。一位能井其 $L = 10$ nm、$E_0 = 300$ meV，如 $m^* = 0.067\ m_0$。其中 $m_0$ 是自由電子質量，試

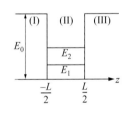

求其能階數目。這些參數大致對應於被 $Al_{0.35}Ga_{0.65}As$ 異質結構位障所侷限的電子在 GaAs 量子井的情況。

9. 試估計能穿隧出一典型對稱的雙位障之最低兩個能階的能帶寬 $\Delta E_1$ 與 $\Delta E_2$ （圖見第 6 題），其中位井寬 $L = 10$ nm，位障厚度 $L_B = 7$ nm，位障高 $E_0 = 300$ meV，且 $m^* = 0.067\ m_0$，並考慮符合半古典粒子的電子，其有如式 (58) 所示的反彈於所侷限雙重位能障，而具有從位能井逃脫的穿隧機率，試求其生命期。

10. 藉由整合恆定二維能態密度與費米─狄克分布函數的乘積，推導出式 (60) 從射極穿隧每單位面積可用的電子數量。

11. 一對稱的 GaAs/AlAsR 電阻溫度感測器（RTD），其位障寬為 1.5 nm 且位井寬為 3.39 nm。當電阻溫度感測器嵌入一異質接面電晶體（HBT）的基極端，其射極通量中心集中於該電阻溫度感測器的第一激發能階，如果最初之 $f_T$ 為 100 GHz，試求其嵌入電阻溫度感測器的 HBT 截止頻率（提示：穿過 RTD 的傳渡時間為 $d/v_G + 2\hbar/\Gamma$，其中的 $d$ 為共振穿隧二極體結構的寬度、$v_G$ 為電子的群速度（$10^7$ cm/s）、$\Gamma$ 為共振寬度（20 meV）。

# 第十章
# 衝擊離子化累增渡時二極體、電子轉移與實空間轉移元件
# IMPATT Diodes, TED, and RST Devices

## 10.1 簡介

　　衝擊離子化累增渡時（impact-ionization avalanche transit-time, IMPATT）二極體為同時具有衝擊離子化與傳渡時間特性的半導體結構，在微波頻率操作時會產生負電阻。1958 年，瑞德（Read）提出一種二極體結構，包含一個作為注入機制的累增區域，其位於相對高電阻區的末端，為產生的電荷載子提供為傳渡時間的漂移空間[1]。1965 年強斯頓（Johnston）等學者首先提出觀察 IMPATT 振盪器的實驗結果，他們在安裝於微波腔內的 p-n 接面矽二極體上，施加逆偏壓至累增崩潰[2]，同年，李（Lee）等學者提出瑞德二極體為基礎的振盪器[3]。以下我們將介紹兩種不同的負微分電阻（negative differential resistance, NDR）機制：電子轉移效應（transferred-electron effect）與實空間轉移（real-space transfer, RST），這兩種機制的共同點是載子在高電場的情況下會轉換到不同的空間，造成較低的移動率與漂移速度，因此在高偏壓下反而會使電流降低，定義為負微分電阻；而這兩種機制的相異點是它們發生在完全不同的空間：電子轉移效應發生在能量－動量（E-k）關係的 k- 空間，而實空間轉移發生在兩種不同的半導體材料的異質介面上。也就是前者發生在半導體材料的本體上，後者發生在兩種材料的異質接面。電子轉移效應可以由轉移電子元件（transferred-electron device,

TED）所造成，此元件為一個兩端點的二極體。而實空間轉移（RST）可以由兩端點的二極體或是三端點的電晶體所造成。

## 10.2 衝擊離子化累增渡時二極體（IMPATT DIODES）

　　IMPATT 二極體是目前微波頻率中最有用的固態源之一，在目前所有能產生厘米波頻率範圍（由 30 GHz 到 300 GHz）的固態元件中，IMPATT 二極體能產生最高的連續波（continuous-wave, cw）功率輸出。IMPATT 二極體在雷達與警報系統中產生 GHz 輻射源扮演著一個關鍵性的角色[4]，但是 IMPATT 電路在應用上仍有兩項值得注意的部分：(1) 具有高雜訊且對操作條件敏感；(2) 存在頗大的電抗值，且其電抗值會隨振盪振幅強烈變化，因此在電路設計上需要特別注意，以避免發生元件的不協調甚至燒毀[5]。IMPATT 是由一個高電場 $\mathscr{E}$ 的累增區域與一個漂移區域所組成。IMPATT 二極體族群的基本成員如圖 1 所示，有瑞德二極體、單邊 $p$-$n$ 陡峭接面、$p$-$i$-$n$ 二極體（也稱為三澤（Misawa）二極體）、雙邊（雙漂移（double-drift, DD））二極體、高－低（hi-lo），以及低－高－低（lo-hi-lo）二極體（改良的瑞德二極體）。

### 10.2.1 電性

　　圖 1a 首先顯示一個理想的瑞德二極體（$p^+$-$n$-$i$-$n^+$ 或是它的雙 $n^+$-$p$-$i$-$p^+$）在崩潰條件下的摻雜濃度分布、電場分布，以及游離程度的積分值。位於中間區域的 $n$- 和 $i$- 皆被完全空乏。以陰影面積表示。當電子的游離化速率大於電洞的（亦就是 $\alpha_n > \alpha_p$），可以寫為

$$\langle \alpha \rangle \equiv \alpha_n \exp\left(-\int_x^{W_D} (\alpha_n - \alpha_p) dx'\right) \tag{1}$$

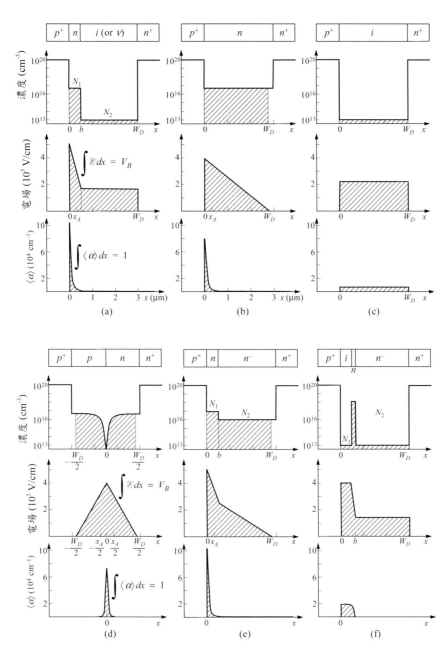

圖 1　(a) 瑞德二極體 (b) 單邊陡峭接面二極體 (c) *p-i-n* 二極體 (d) 雙漂移二極體 (e) 高－低結構 (f) 低－高－低結構的摻雜濃度分布、電場分布與游離化被積函數。

其中 $W_D$ 為空乏層寬度。如同第二章討論的累增崩潰條件，可寫為

$$\int_0^{W_D} \langle \alpha \rangle dx = 1 \tag{2}$$

由於 $\alpha$ 與電場 $\mathscr{E}$ 高度相關，我們必須注意到累增區明顯被區域化，即絕大多數的倍增過程均發生在 $0 \le x \le x_A$，接近最高電場處的狹窄區間，其中 $x_A$ 被定義為累增區寬度。橫跨累增區域 $x_A$ 的壓降被定義為 $V_A$。$x_A$、$V_A$ 對於 IMPATT 二極體最佳電流密度與最大效率的影響是非常重要的。在累增區的外圍區域 ($x_A \le x \le W_D$) 稱為漂移區。

　　瑞德二極體的摻雜濃度分布有兩種極端情況。當 $N_2$ 區的寬度變成 0 時，稱為一單邊陡峭 $p^+n$ 接面。圖 1b 描述單邊陡峭 $p$-$n$ 接面的結構圖，此時累增區在非常靠近接面之處。而當 $N_1$ 區的寬度為 0 時，則為一 $p$-$i$-$n$ 二極體（圖 1c），此 $p$-$i$-$n$ 二極體在低電流操作情況下，均勻電場橫跨整個本質區，而此累增區即為整個本質區的寬度。圖 1d 描述一雙邊陡峭 $p$-$n$ 接面結構，此時累增區是位於空乏層的中心位置。被積分函數 $\langle \alpha \rangle$ 對最大電場的位置呈現些微非對稱的現象，主要是由於 Si 的 $\alpha_n$ 與 $\alpha_p$ 值差異很大。若是 GaP 則 $\alpha_n \approx \alpha_p$，則 $\langle \alpha \rangle$ 可以簡化為 $\langle \alpha \rangle = \alpha_n = \alpha_p$，且在 $x = 0$ 處，累增區是對稱的。圖 1e 顯示高－低結構改良型瑞德二極體，其 $N_2$ 摻雜遠大於之前的瑞德二極體[6]。圖 1f 顯示另一低－高－低結構改良型瑞德二極體，其有一堆載子位於 $x = b$ 處。由於在 $x = 0$ 到 $x = b$ 之間存在近似均勻的高電場區，此最大電場值遠低於高－低二極體結構。

**崩潰電壓（Breakdown Voltage）**　　在上冊第二章中，我們討論過單邊陡峭接面的崩潰電壓，本節我們將評估其它二極體的崩潰電壓。在圖 1a、c、f 的結構，最大空乏區的長度終止於輕微摻雜區的寬度，且在接近 $n^+$- 端處存在一個不連續的電場。在其他的結構中，大多將摻雜與空乏區邊緣的電場為零的地方來定義空乏寬度的邊緣。對單邊（圖 1b）與雙邊（圖 1d）對稱陡峭接面而言，崩潰電壓分別為

$$V_B = \frac{1}{2}\mathscr{E}_m W_D = \begin{cases} \dfrac{1}{2}\dfrac{\varepsilon_s \mathscr{E}_m^2}{qN} & \text{(1-sided)} \\[3mm] \dfrac{\varepsilon_s \mathscr{E}_m^2}{qN} & \text{(2-sided)} \end{cases} \qquad (3)$$

其中 $\mathscr{E}_m$ 為發生於 $x = 0$ 處的最大電場。Si 與〈100〉晶向 GaAs 在單與雙邊（對稱）陡峭接面，在崩潰下，最大電場 $|\mathscr{E}_m|$ 對摻雜濃度，如圖 2 所示。當在崩潰下施加逆向電壓為（$V_B - \psi_{bi}$），其中 $\psi_{bi}$ 為內建電位，若為對稱陡峭接面則為 $2\,(kT/q)\ln(N/n_i)$。在實際的 IMPATT 二極體中，$\psi_{bi}$ 通常可忽略不計。對瑞德二極體而言，崩潰電壓為

$$V_B = \mathscr{E}_m W_D - \frac{qN_1 b}{\varepsilon_s}\left(W_D - \frac{b}{2}\right) \qquad (4)$$

空乏寬度 $W_D$ 會受 $n^-$ 層厚度的限制。對於高－低二極體，其崩潰電壓與空乏寬度為

$$V_B = \frac{\mathscr{E}_m}{2}(W_D + b) - \frac{qN_1 W_D b}{2\varepsilon_s} = \frac{\mathscr{E}_m b}{2} + \frac{qN_2 W_D(W_D - b)}{2\varepsilon_s} \qquad (5)$$

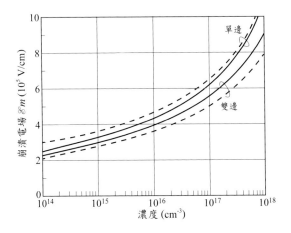

圖 2　在崩潰情況下，Si 與 GaAs 的單邊和雙邊陡峭接面的 $|\mathscr{E}_m|$ 對摻雜濃度圖。（參考文獻 7,8）

$$W_D = \frac{\varepsilon_s \mathscr{E}_m}{q N_2} - b\left(\frac{N_1}{N_2} - 1\right) \tag{6}$$

　　若在累增寬度 $x_A$ 小於 $b$ 情形下 [9]，對一已知 $N_1$ 的瑞德二極體或高－低二極體，在崩潰情況下的最大電場幾乎與（誤差在 1% 內）一具有相同 $N_1$ 的單邊陡接面之最大電場相同。對於一個具有狹窄的、完全空乏電荷堆的低－高－低二極體，其崩潰電壓可寫爲

$$V_B = \mathscr{E}_m b + \left(\mathscr{E}_m - \frac{qQ}{\varepsilon_s}\right)(W_D - b) \tag{7}$$

其中 $Q$ 爲單位面積的雜質密度。由於在 $0 \leq x \leq b$ 的最大電場幾乎爲常數，所以在崩潰時，$\langle \alpha \rangle = 1/b$。由電場相依游離係數計算可得最大電場 $\mathscr{E}_m$。

**累增與漂移區（Avalanche and Drift Regions）**　　一個理想 $p$-$i$-$n$ 二極體的累增區爲全部的本質層寬度，然而，瑞德二極體與 $p$-$n$ 接面的載子倍增區，被限制在靠近冶金接面的狹窄區間內。當 $x$ 遠離冶金接面時，式 (2) $\langle \alpha \rangle$ 值急速減少，所以一累增區寬度 $x_A$ 的合理定義爲：當積分所得的 $\langle \alpha \rangle$ 貢獻值大於 95% 時，其所通過的距離。

$$\int_0^{x_A} \langle \alpha \rangle \, dx = 0.95 \quad \text{or} \quad \int_{-x_A/2}^{x_A/2} \langle \alpha \rangle \, dx = 0.95 \tag{8}$$

　　圖 3 顯示 Si 與 GaAs 二極體的累增寬度對摻雜濃度圖 [11]。對於給定的摻雜濃度，由於游離率的不同（$\alpha_n > \alpha_p$），Si 的 $n^+$-$p$ 接面比 $p^+$-$n$ 接面有著更狹窄的累增寬度。對一瑞德二極體或一高－低二極體，其累增區會與具有相同 $N_1$ 的單邊陡峭接面累增區相同，然而對於一低－高－低二極體，其累增區寬度則是等於冶金接面至電荷堆 $x_A = b$ 之間的距離。

　　在漂移區最重要的參數爲載子的漂移速度，爲了獲得可預測的載子跨越漂移區所需的傳渡時間，電場必須夠大才能夠使產生的載子達到飽和速率 $v_s$ 以進行穿越。就 Si 而言，此電場必須高於 $10^4$ V/cm。就 GaAs 而言，因本身具有較高載子移動率，所以其電場可以較小（約 $10^3$ V/cm）。對 $p$-$i$-$n$ 二

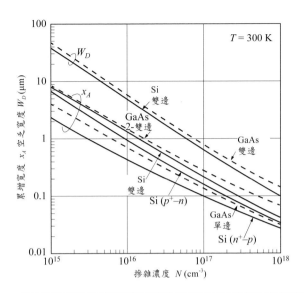

圖3　Si 與 GaAs 接面的累增區寬度與對稱雙邊接面空乏區寬度對摻雜濃度圖。（參考文獻 8）

極體，此項要求是自動滿足的，因爲在崩潰情形下，電場 $\mathscr{E}$ 橫跨整個本質區寬度，且幾乎爲常數，並遠大於飽和速度下對電場的要求。對瑞德二極體在漂移區的最小電場 $\mathscr{E}_{\min}$ 可表示爲

$$\mathscr{E}_{\min} = \mathscr{E}_m - \frac{q[N_1 b + N_2(W_D - b)]}{\varepsilon_s} \tag{9}$$

很明顯的，瑞德二極體的電場 $\mathscr{E}_{\min}$ 值可經由設計達到足夠大的值。而在陡峭接面，由於在空乏區邊緣的電場爲零，部分區域維持 $\mathscr{E} < \mathscr{E}_{\min}$，但此低電場區僅在全部空乏區中佔很小的比例。例如，對一個基板摻雜濃度爲 $10^{16}$ cm$^{-3}$ 的 Si $p^+$-$n$ 接面而言，在崩潰情況下，最大電場爲 $4 \times 10^5$ V/cm。在低電場區（低於 $10^4$ V/cm），對整個空乏層而言，所佔的比例爲 $10^4/4 \times 10^5 = 2.5\%$。對相同摻雜濃度的 GaAs 接面而言，其低電場區所佔的比值低於 0.2%，因此，可忽略這些低電場區對於跨越空乏層的總載子傳渡時間的影響。

**溫度與空間電荷效應（Temperature and Space-Charge Effect）**　　前面討論的崩潰電壓與最大電場都是在室溫的等溫環境、沒有來自高階注入的空間電荷效應，以及沒有振盪的條件下所求得。在操作條件下，IMPATT 二極體所施加的偏壓是處於累增崩潰狀態下，且電流密度通常很高，這將導致接面溫度明顯地上升與較大的空間電荷效應。

　　電子與電洞的游離率會隨著溫度上升而減低[10]，所以，對一給定摻雜濃度分布的 IMPATT 二極體而言，其崩潰電壓將隨溫度上升而增加。當直流功率（逆向電壓與逆向電流的乘積）上升時，接面溫度與崩潰電壓會同時增加，最後因接面溫度上升會嚴重限制元件的操作，致使二極體會毀壞而無法操作，這是由於局部區域過高溫度造成的永久毀損。為了防止溫度上升，必須使用散熱片（heat sink），例如整合或鑽石散熱片。

　　空間電荷效應是由多出的空間電荷導致空乏區電場的改變，此效應造成陡峭接面的正直流微分電阻，以及 *p-i-n* 二極體中的負直流微分電阻[11]。首先考慮圖 4a 所示的單邊 $p^+$-$n$-$n^+$ 陡峭接面，當外加偏壓等於崩潰電壓 $V_B$ 時，在 $x = 0$ 處，電場 $\mathscr{E}(x)$ 有一最大絕對值 $\mathscr{E}_m$，我們假設電子以飽和速度 $v_s$ 穿越橫跨的空乏區，空間電荷限制電流可得 $I = Aq\Delta n v_s$，其中 $\Delta n$ 為高階注入載子密度，而 $A$ 為面積，由於空間電荷造成的電場分布變化 $\Delta\mathscr{E}(x)$ 可得到

$$\Delta\mathscr{E}(x) \approx \frac{Ix}{A\varepsilon_s v_s} \tag{10}$$

我們假設所有的載子都是在累增寬度 $x_A$ 內產生，在漂移區（$W_D - x_A$）內載子所引起的電壓變化，可由 $\Delta\mathscr{E}(x)$ 在漂移區的積分求得

$$\Delta V_B \approx \int_0^{W_D - x_A} \frac{Ix}{A\varepsilon_s v_s} dx \approx I\frac{(W_D - x_A)^2}{2A\varepsilon_s v_s} \tag{11}$$

所以，所有的外加偏壓會隨此量而增加，以維持相同的電流。空間電荷電阻[12]可由式 (11) 得到

$$R_{SC} \equiv \frac{\Delta V_B}{I} \approx \frac{(W_D - x_A)^2}{2A\varepsilon_s v_s} \tag{12}$$

如圖 4a 所示的樣本，其空間電荷電阻約為 20 Ω。對 *p-i-n* 或 *p-v-n* 二極體而言，此情形與 $p^+$-*n* 接面不同，當外加逆向偏壓大到足夠可以導致累增崩潰發生時，逆向電流是很小的，此時可忽略空間電荷效應，而橫跨空乏區的電場必須是均勻分布的。當電流增加時，在靠近 $p^+$-*v* 的邊界將有更多的電子產生，另外在靠近 *v*-$n^+$ 的邊界則將有更多的電洞產生（如圖 4b，藉由衝擊離子化效應，電場會有雙峰值）。這些電荷將造成 *v*- 區域的中心電場減低，使得總端點電壓降低。如圖 4b，對 *p-v-n* 二極體而言，此電場減低會造成負微分直流電阻。

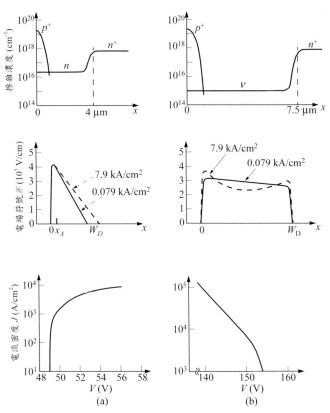

圖 4　(a) $p^+$-*n*-$n^+$ 與 (b) $p^+$-*v*-$n^+$ 二極體的摻雜濃度分布、電場，以及電流－電壓特性曲線。面積為 $10^{-4}$ cm$^2$。（參考文獻 11）

**注入相位延遲與傳渡時間效應（Injection Phase Delay and Transit-Time Effect）**　首先考慮理想元件的注入相位延遲與傳渡時間效應[13]，其結構如圖 5a 所示，其中我們將 $x$ 由起點移動至累增區（電荷注入平面）的右邊，端點電壓與累增產生速率如圖 5b，電壓在累增崩潰 $V_B$ 邊緣有一平均值，在正向循環中，累增倍乘效應開始。然而如圖所示，載子產生速率與電壓或電場並不一致，這是因為產生速率不僅是電場的函數，也與載子存在數量有關。在 $\mathscr{E} > \mathscr{E}_m$ 之後，產生速率持續成長直到電場低於臨界值，此相位落後值約為 $\pi$，也稱為注入相位延遲（Injection Phase Delay）。

　　假設在 $x = 0$ 處，注入一已知其相對於端點電壓相位角延遲為 $\phi$ 的累增電荷脈衝，如圖 5a 所示，且假設橫跨在二極體上的外加直流電壓可使得載子以飽和速度 $v_s$ 通過漂移區，$0 \le x \le W_D$。交流傳導電流密度 $\tilde{J}_C$ 與位置 $x$ 有關

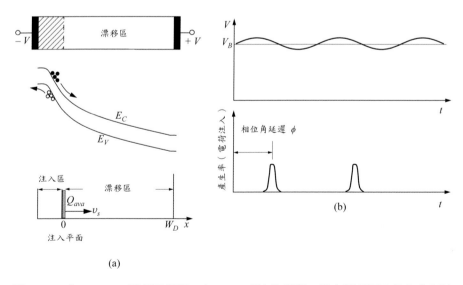

(a)

圖 5　(a) 為 IMPATT 理想二極體，在 $x = 0$ 處注入載子，且在漂移區中皆為飽和速度 (b) 角頻率為 $\omega$ 的端點電壓與累增產生速率對時間的關係圖。累增延遲電壓相位 $\phi \approx \pi$。

$$\tilde{J}_c(x) = \tilde{J}\exp\left[-j\left(\phi + \frac{\omega x}{v_s}\right)\right] \tag{13}$$

在漂移區內，總交流電流為

$$\tilde{J}(x) = \tilde{J}_c(x) + \tilde{J}_d(x) = \tilde{J}\exp\left[-j\left(\phi + \frac{\omega x}{v_s}\right)\right] + j\omega\varepsilon_s\tilde{\mathscr{E}}(x) \tag{14}$$

其中 $\tilde{\mathscr{E}}(x)$ 為交流電場。由式 (13)、(14)，我們得到

$$\tilde{\mathscr{E}}(x) = \frac{\tilde{J}(x)}{j\omega\varepsilon_s}\left\{1 - \exp\left[-j\left(\phi + \frac{\omega x}{v_s}\right)\right]\right\} \tag{15}$$

對式 (15) 積分可得交流阻抗

$$Z \equiv \frac{1}{\tilde{J}}\int_0^{W_D}\tilde{\mathscr{E}}(x)dx = \frac{1}{j\omega C_D}\left\{1 - \frac{\exp(-j\phi)[1 - \exp(-j\theta)]}{j\theta}\right\} \tag{16}$$

其中 $C_D = \varepsilon_s/W_D$ 為每單位面積的空乏電容，而 $\theta = \omega W_D/v_s$ 為傳渡角度。藉由解出式 (16) 的實部與虛部，可得

$$R_{ac} = \frac{\cos\phi - \cos(\phi + \theta)}{\omega C_D\theta} \tag{17}$$

$$X = -\frac{1}{\omega C_D} + \frac{\sin(\phi + \theta) - \sin\phi}{\omega C_D\theta} \tag{18}$$

接著我們考慮在式 (17) 中注入相位 $\phi$ 對交流電阻 $R_{ac}$ 的影響。當 $\phi$ 等於零（無相位延遲），電阻 $R_{ac} \propto (1 - \cos\theta)/\theta \geq 0$，如圖 6a 所示，這就是無負電阻。所以，若是只有傳渡時間效應，並無法造成負電阻。然而對於 $\phi \neq 0$，在某些傳渡角度時會有負電阻產生。例如，在 $\phi = \pi/2$ 時，在 $\theta = 3\pi/2$ 有最大負電阻，如圖 6b。在 $\phi = \pi$ 時，$\theta = \pi$ 有同樣情況發生，如圖 6c。這是根據 IMPATT 操作的原理，由衝擊崩潰造成的注入電流引入約為 $\pi$ 的相位延遲，且在漂移區的傳渡時間有一額外 $\pi$ 的延遲。

先前的分析證實了注入延遲的重要性。求解出主動傳渡時間元件的問題，已經被簡化成可用來求解傳導電流注入漂移區的延遲。由圖 6 我們發現

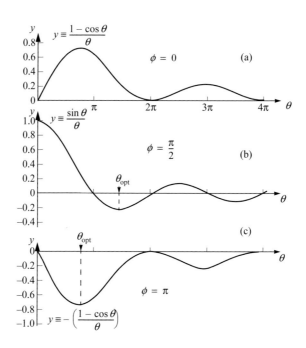

圖 6 (a)$\phi = 0$ (b)$\phi = \pi / 2$ (c)$\phi = \pi$，三種不同注入相位延遲的交流電阻對傳渡角度關係圖。

注入相位與最佳傳渡角度之總和 $\phi + \theta_{opt}$，約為 $2\pi$。當 $\phi$ 從零開始增加時，負電阻也隨之變大。

**小訊號分析（Small- signal Analysis）**　圖 7a 為瑞德二極體的模型，我們假設 $\alpha_n = \alpha_p = \alpha$，且電子與電洞的飽和速度是一樣的，由 10.2.1 節的討論可將二極體分為三個區域：(1) 累增區：假設此區很薄，薄到空間電荷與訊號延遲可忽略不計；(2) 漂移區：此區內沒有載子產生，所有從累增區進入的載子皆以飽和速度通過；(3) 被動區：此區包含了不受歡迎的寄生電阻。

由於交流電場持續跨過此兩個主動區的邊界，故造成其彼此間有交互影響的作用。我們將以「0」表示直流量，並以「~」表示小訊號交流量，對同時具有直流與交流的部分，則不使用「0」與「~」。首先，我們定義 $\tilde{J}_A$ 為累增電流密度，其為累增區的交流傳導（質點）電流，另外 $\tilde{J}$ 為總交流電流密度，由於假設具有極薄的累增區，可預測 $\tilde{J}_A$ 進入漂移區時沒有延遲。由式 (13)，在漂移區，交流傳導電流 $\tilde{J}_C(x)$ 以其漂移速度的未衰減波（僅存在相位變化）通過漂移區

$$\tilde{J}_c(x) = \tilde{J}_A \exp\left(\frac{-j\omega x}{v_s}\right) \equiv \gamma \tilde{J} \exp\left(\frac{-j\omega x}{v_s}\right) \tag{19}$$

其中 $\gamma = \tilde{J}_A / \tilde{J}$ 是累增電流對總電流分率比相關的複數函數。類似式 (13) 總交流電流 $\tilde{J}$ 為常數，和 $x$ 位置無關。令 $\phi = 0$，式 (15) 可重寫為

$$\tilde{\mathscr{E}}(x) = \frac{\tilde{J}}{j\omega\varepsilon_s}\left[1 - \gamma \exp\left(-\frac{j\omega x}{v_s}\right)\right] \tag{20}$$

在漂移區內對 $\tilde{\mathscr{E}}(x)$ 積分可得到以 $\tilde{J}$ 表示的電壓降。我們以此分析可推導出係數 $\gamma$。

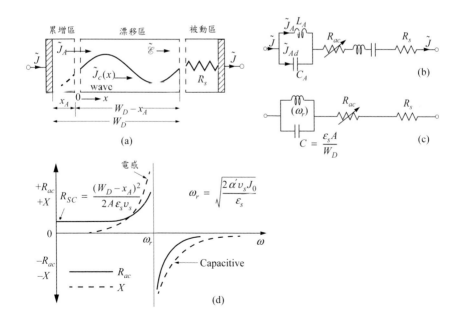

圖 7　(a) 具有累增區、漂移區與被動區的瑞德二極體模型 (b) 等效電路 (c) 小傳渡角度 $\theta_d$ 的等效電路 (d) 阻抗的實虛部對角頻率 $\omega$ 的關係圖。（參考文獻 14）

$$J_0 = J_s \left( 1 - \int_0^{W_D} \langle \alpha \rangle \, dx \right)^{-1} \tag{21}$$

在崩潰時，$J_0$ 趨近於無限大，因為式 (21) 中的積分等於 1。在直流情況下，積分不會大於 1。對於一快速變化電場，這是不需要的。針對電流為時間函數的微分方程式，將在此作推導。在情況 (1) 電子與電洞有相同游離率及相同飽和電流，與 (2) 漂移電流項遠大於擴散電流項，一維的電子—電洞連續方程式可表示如下

$$\frac{\partial n}{\partial t} = \frac{1}{q}\frac{\partial J_n}{\partial x} + \alpha v_s (n + p) \tag{22a}$$

$$\frac{\partial p}{\partial t} = -\frac{1}{q}\frac{\partial J_p}{\partial x} + \alpha v_s (n + p) \tag{22b}$$

$J = J_n + J_p = qv_s (n + p)$ 式總電流密度，在式 (22a) 與 (22b) 的右邊第二項是對應到以累增倍乘電子電洞對的產生率。此產生率遠大熱產生率，所以後者可忽略不計。將式 (22a) 與 (22b) 相加，並從 $x = 0$ 積分至 $x_A$ 可得

$$\tau_A \frac{dJ}{dt} = -(J_p - J_n)\Big|_0^{x_A} + 2J\int_0^{x_A} \alpha \, dx \tag{23}$$

其中 $\tau_A = x_A / v_s$ 為橫跨放大區的傳渡時間。邊界條件為在 $x = 0$ 之電子電流包括全部的逆向飽和電流 $J_{ns}$，所以在 $x = 0$ 之處，邊界條件為 $J_p - J_n = -2J_n + J$ $= -2J_{ns} + J$。在 $x = x_A$ 處，電洞電流是由在空間電荷區產生的逆向飽和電流 $J_{ps}$，所以 $J_p - J_n = 2J_p - J = 2J_{ps} - J$。由式 (23)，可得

$$\frac{dJ}{dt} = \frac{2J}{\tau_A}\left(\int_0^{x_A} \alpha \, dx - 1\right) + \frac{2J_s}{\tau_A} \tag{24}$$

在直流情況下，$J$ 為直流電流 $J_0$，所以式 (24) 可簡化為式 (21)，現在以 $\bar{\alpha}$ 替換 $\alpha$ 以簡化式 (24)，其中 $\bar{\alpha}$ 是於整個累增區將 $\alpha$ 積分所得到的平均值。忽略 $J_s$ 項，可得

$$\frac{dJ}{dt} = \frac{2J}{\tau_A}(\bar{\alpha}x_A - 1) \tag{25}$$

對 $J$ 與 $\mathscr{E}$ 的小訊號假設,忽略掉高次方項乘積,可推導出累增傳導電流的交流項

$$\tilde{J}_A = \frac{2\alpha' x_A J_0 \tilde{\mathscr{E}}_A}{j\omega\tau_A} \quad , \quad \tilde{J}_{Ad} = j\omega\varepsilon_s \tilde{\mathscr{E}}_A \tag{26}$$

其中的 $\alpha' \equiv \partial\alpha/\partial\mathscr{E}$ 且 $\tilde{\mathscr{E}}_A$ 是交流累增電場,它們是在累增區總電流的兩個分項。對於已知電場,累增電流 $\tilde{J}_A$ 為電抗值,如電感隨 $\omega$ 成反比,其他項 $J_{AD}$ 同樣為電抗,如同電容一般,直接與 $\omega$ 成正比,所以累增區的表現就如同 $LC$ 並聯電路,此有效電路如圖 7b 所示,其中電感與電容可表示如下

$$L_A = \frac{\tau_A}{2J_0\alpha' A} \quad , \quad C_A = \frac{\varepsilon_s A}{x_A} \tag{27}$$

其中,$A$ 為二極體面積,組合的共振頻率為

$$\omega_r = 2\pi f_r = \sqrt{\frac{2\alpha' v_s J_0}{\varepsilon_s}} \tag{28}$$

所以,在一個薄累增區的表現就如同一個具有共振頻率的反共振電路,其共振頻率正比於直流電流密度 $J_0$ 的平方根。累增區的阻抗具有下列的簡單模式

$$Z_A = \frac{x_A}{j\omega\varepsilon_s A}\left[\frac{1}{1-(\omega_r^2/\omega^2)}\right] = \frac{1}{j\omega C_A}\left[\frac{1}{1-(\omega_r^2/\omega^2)}\right] \tag{29}$$

因子 $\gamma$ 可表示為

$$\gamma \equiv \frac{\tilde{J}_A}{\tilde{J}} = \frac{1}{1-(\omega^2/\omega_r^2)} \tag{30}$$

結合式 (30) 與式 (20),並對整個漂移區長度 ($W_D - x_A$) 積分,可得出橫跨在此區的交流電壓

$$\tilde{V}_d = \frac{(W_D - x_A)\tilde{J}}{j\omega\varepsilon_s}\left\{1 - \frac{1}{1-(\omega^2/\omega_r^2)}\left[\frac{1-\exp(-j\theta_d)}{j\theta_d}\right]\right\} \tag{31}$$

其中 $\theta_d$ 為漂移空間的傳渡角度

$$\theta_d \equiv \frac{\omega(W_D - x_A)}{v_s} \equiv \omega\tau_d \quad , \quad \tau_d = \frac{(W_D - x_A)}{v_s} \tag{32}$$

我們亦定義 $C_D \equiv A\varepsilon_S / (W_D - x_A)$ 為漂移區的電容。由式 (31)，我們可得到漂移區的阻抗為

$$Z_d \equiv \frac{\tilde{V}_d}{A\tilde{J}} = \frac{1}{\omega C_D}\left[\frac{1}{1-(\omega^2/\omega_r^2)}\left(\frac{1-\cos\theta_d}{\theta_d}\right)\right] + \frac{j}{\omega C_D}\left[\frac{1}{1-(\omega^2/\omega_r^2)}\left(\frac{\sin\theta_d}{\theta_d}\right) - 1\right] \tag{33}$$
$$= R_{ac} + jX$$

其中 $R_{ac}$ 與 $X$ 分別為電阻與電抗。在低頻與 $\phi = 0$ 時，可將式 (33) 簡化為式 (17) 與 (18)。對於所有高於 $\omega_r$ 的頻率，除了在 $\theta_d = 2\pi \times$ 整數的零點以外，實數的部分（電阻）皆為負值。對於低於 $\omega_r$ 的頻率，電阻為正，並且在頻率為零時，趨近一有限值

$$R_{ac}(\omega \to 0) = \frac{\tau_d}{2C_D} = \frac{(W_D - x_A)^2}{2A\varepsilon_s v_s} \tag{34}$$

低頻小訊號電阻是在有限厚度漂移區內的空間電荷所推出的結果，上述表示與先前推導的式 (12) 相同。整體阻抗為累增區、漂移區與被動區的被動電阻 $R_s$ 的總和

$$Z = \frac{(W_D - x_A)^2}{2A\varepsilon_s v_s}\left[\frac{1}{1-(\omega^2/\omega_r^2)}\right]\left(\frac{1-\cos\theta_d}{\theta_d^2/2}\right)$$
$$+ \frac{j}{\omega C_D}\left\{\left(\frac{\sin\theta_d}{\theta_d} - 1\right) - \frac{(\sin\theta_d/\theta_d) + [x_A/(W_D - x_A)]}{1-(\omega_r^2/\omega^2)}\right\} + R_S \tag{35}$$

實部為動態電阻，且當 $\omega$ 大於 $\omega_r$ 時，此動態電阻的符號由正變為負。式 (35) 在轉換為小的傳渡角度時，可直接簡化。在 $\theta_d < \pi/4$ 時，式 (35) 簡化為

$$Z = \frac{(W_D - x_A)^2}{2Av_s\varepsilon_s[1-(\omega^2/\omega_r^2)]} + \frac{j}{\omega C_D}\left[\frac{1}{(\omega_r^2/\omega^2) - 1}\right] + R_S \tag{36}$$

其中 $C_D \equiv \varepsilon_s A/W_D$ 為總空乏電容。阻抗實部與虛部的有效電路與頻率相關部分，分別如圖 7c 和 d 所示。式 (36) 第一項是主動電阻，在 $\omega > \omega_r$ 時為負。第二項是電抗性，與並聯共振電路相關，其中包含二極體電容與分流電感器（inductor）。在 $\omega < \omega_r$ 時，電抗為電感性，而在 $\omega > \omega_r$ 時，則為電容性。換言之，在電抗部分改變符號的頻率下，電阻變為負值。

## 10.2.2 功率、效能與雜訊

在大訊號操作下，瑞德二極體的 $p^+$-$n$ 接面會存在一個高電場累增區，如圖 1a，電子電洞對在此區域產生，而定電場漂移區則存在低摻雜的 $v$- 區域。產生的電洞快速進入 $p^+$- 區，產生的電子則是注入漂移區，進而產生外部功率。如前述討論，注入電荷的交流變化會落後交流電壓約為 $\pi$，如圖 8 所示的注入延遲 $\phi$。隨後，注入載子進入漂移區，以飽和速度通過，造成傳渡時間延遲。由圖中比較交流電壓與外部電流，清楚顯示二極體在其端點具有一負電阻。

對大訊號操作，端點電流主要是由累增倍乘所產生的電荷與電荷的移動造成的結果。當電荷密度 $Q_{ava}$ 的電子包（electron packet）以飽和速度橫跨至 $n^+$- 區 （陽極）時，會誘發產生外部電流。端點傳導電流可經由計算在陽極或陰極被分隔開的誘發電荷而獲得。例如在陽極的電荷密度 $Q_A$ 會隨著位置 $Q_{ava}$ 而改變，且其峰值傳導電流為

$$Q_A(t) = \frac{Q_{ava}x}{W_D} = \frac{Q_{ava}v_s t}{W_D} \Rightarrow J_c = \frac{dQ_A}{dt} = \frac{Q_{ava}v_s}{W_D} \tag{37}$$

針對最大功率效能，在電壓大於平均值之前，此電流在靠近電壓循環的終點處會降低。由於電流脈衝的持續時間與電荷包（charge packet）的傳渡時間有關，且此時間等於循環的半週期，所以操作頻率可最佳化為

$$f = \frac{v_s}{2W_D} \tag{38}$$

對實際的振盪器來說，其偏壓電路如圖 9 所示，且其電流源偏壓系統比電壓源更為普遍。外部共振器電路有一符合式 (38) 所示的共振頻率。利用直流

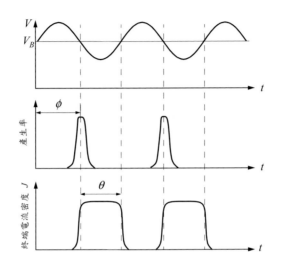

圖8　IMPATT 二極體的大訊號操作，其中包含端點電壓，累增產生速率以及端點電流。
$\phi =$ 注入延遲。$\theta =$ 穿巡時間延遲。

偏壓電路來產生橫跨 IMPATT 二極體的端點交流電壓，這是振盪器的基本
功用，藉由一直流偏壓正向回饋的關係，任何內部產生的雜訊將被放大，直
到具有前述所提到的電流值與頻率的穩定交流波形被建立為止。

　　圖 8 顯示正交流電流和負交流電壓重疊時，有一約為 $\pi$ 的相位轉移，
這是動態負電阻的起源，或是被元件吸收的負功率。值得注意的是，對端
點電流波形來說，電流脈衝的起始是由注入延遲所控制，其終點由傳渡延遲
來決定。傳渡時間元件的功率產生能力不會受到電容或電感交流特性所引發
的相位差所混淆，在這些被動元件中，介於端點電壓與電流之間的相位差為
$\pi/2$，對半週期而言，被元件吸收的功率為負值，但在另一半週期則為正。
這會互相抵銷，使其淨功率為零。

**功率－頻率限制—電性（Power-Frequency Limitation-Electronic）**　　在
微波電路中，由於半導體材料本身的限制與可達到阻抗程度的極限，使得單
一二極體在某一特定頻率操作時，最大輸出功率會受到限制。半導體材料的

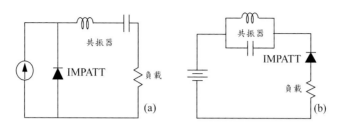

圖 9　具有 (a) 電流源 (b) 電壓源的 IMPATT 二極體振盪器基本電路。

限制爲 (1) 臨界電場 $\mathscr{E}_m$，累增崩潰發生時的電場與 (2) 飽和速度 $v_s$ 在半導體內可獲得的最大速度。橫跨在整個半導體樣本上施加的最大電壓受到崩潰電壓所限制，在均勻累增區的最大電壓可表示爲 $V_m = \mathscr{E}_m W_D$。在半導體樣本上可得到的最大電流也同樣受累增崩潰限制，在漂移區的累增電荷將會導致電場變化，由 $\mathscr{E}_m \varepsilon_s$（高斯定律）所得的最大累增電荷 $Q_{ava}$，最大電流密度爲

$$J_m = \frac{\mathscr{E}_m \varepsilon_s v_s}{W_D} \tag{39}$$

所以 $V_m$ 與 $J_m$ 乘積功率密度的上限爲 $P_m = V_m J_m = \mathscr{E}_m^2 \varepsilon_s v_s$，由式 (38) 可得

$$P_m f^2 \approx \frac{\mathscr{E}_m^2 v_s^2}{4\pi X_c} \tag{40}$$

其中 $X_c$ 爲電抗 $(2\pi f C_D)^{-1}$。在實際的高速振盪器電路，由於與最小外部電路阻抗的交互作用以及忽略累增區，我們可以發現 $X_c$ 是固定的，所以式 (40) 預測 IMPATT 二極體的最大功率可以設計成隨著 $1/f^2$ 遞減。對於 Si 與 GaAs 而言，此電性限制在高於厘米波頻率以上（ > 30 GHz），當操作在 150 到 200°C 的實際接面上，在 Si 中的 $\mathscr{E}_m$ 大約比在 GaAs 中的小 10 %。此外，在 Si 中的 $v_s$ 也幾乎比在 GaAs 中大了兩倍。所以在電性限制範圍（亦即是超過厘米波頻率），在相同的頻率操作下，我們可預期到 Si IMPATT 二極體的輸出功率是 GaAs 的三倍大[15]。在次厘米波段區，因爲具有寬廣的負電阻帶，以及在產生負電阻時，傳渡時間效應並不像在瑞德二極體中[4]那麼重

要，因此具有均勻電場的三澤二極體元件較受喜愛。在可忽略熱效應的脈衝情況下（即：短脈衝），對於所有頻率而言，峰值功率能力將由電性限制（即：$P \propto 1/f^2$）來決定。

**效率極限（Limitation of Efficiency）**　　對一個 IMPATT 二極體有效率的操作，當載子通過漂移區時，在不降低電場仍能有飽和速度的情況下，必須在累增區產生足夠大的脈衝電荷 $Q_{ava}$。通過漂移區的 $Q_{ava}$ 引起一振幅為 $mV_D$ 的交流電壓，其中 $m$ 為調變因子（$m \le 1$），而 $V_D$ 為橫跨漂移區的平均電壓。在最佳化頻率（$\approx v_s / 2W_D$）時，$Q_{ava}$ 的移動也導致一交流電荷電流，且比橫跨二極體的交流電壓多了 $\phi_m$ 的相位延遲，若平均粒子電流（particle current）為 $J_0$，則粒子電流變化為 0 到 $2J_0$。對於同時具有如前所述大小與相位的粒子電流方形波與漂移電壓正弦波，其微波功率產生效率 $\eta$ 為 [16,17]

$$\eta \equiv \frac{\text{ac power output}}{\text{dc power input}} = \frac{(2J_0/\pi)(mV_D)}{J_0(V_A + V_D)}|\cos\phi| = \left(\frac{2m}{\pi}\right)\frac{|\cos\phi|}{1 + (V_A/V_D)} \quad (41)$$

其中 $V_A$ 與 $V_D$ 分別為橫跨在累增區與漂移區的壓降，其總和即為總施加直流電壓。角度 $\phi$ 為粒子電流的注入相位延遲。在理想情況下，$\phi$ 值為 $\pi$，$|\cos\phi| = 1$。對雙漂移二極體而言，以 $2V_D$ 取代 $V_D$。由於累增區電壓和粒子電流的關係呈電感性作用（inductively reactive），所以累增區貢獻的交流功率可忽略不計。位移電流相對於二極體電壓則為電容性電抗（capacitively reactive），因此將不會對平均交流功率有所貢獻。

式 (41) 清楚地表示功率的改善必須增加交流電壓的調變因子 $m$，調整相位延遲角度至最佳化 $\pi$，並且降低 $V_A / V_D$ 比值。然而，$V_A$ 必須足夠大，才能快速地啟發累增過程；當 $V_A / V_D$ 低於某特定的最佳化值時，效率會下降至零 [16,17]。

如果漂移載子在極低電場下有飽和速度，$m$ 可以接近 1 且不會對結果有任何損害。在 n- 型的 GaAs，在電場接近 $10^3$ V/cm 時，速度可有效地達到飽和，但仍遠小於在 n- 型 Si 電場的 $2 \times 10^4$ V/cm。所以，在 n- 型 GaAs 中，極大的交流電壓變化是可預期的：在 *n*- 型 GaAs 內，這些大電壓變化會有較高的工作效率[18]。爲評估 $V_A/V_D$ 最佳化數值，我們首先求得

$$V_D = \langle \mathscr{E}_D \rangle (W_D - x_A) = \frac{\langle \mathscr{E}_D \rangle v_s}{2f} \tag{42}$$

其中 $<\mathscr{E}_D>$ 爲漂移區的平均電場。對 100% 的電流調變，$J_0 = J_{dc} = J_{ac}$，以及有最大電荷 $Q_{ava} = m\varepsilon_s < \mathscr{E}_D >$ 決定電流密度

$$J_0 = Q_{ava}f = m\varepsilon_s < \mathscr{E}_D > f \tag{43}$$

對於與電場相關的游離係數 $\alpha \propto \mathscr{E} \zeta$，$\zeta$ 爲常數，$\alpha'$ 值可由下得出

$$\alpha' \equiv \frac{d\alpha}{d\mathscr{E}} = \frac{\zeta \alpha}{\mathscr{E}} \approx \frac{\zeta (W_D - x_A) \alpha}{V_D} \tag{44}$$

假設由式 (38) 得到的傳渡時間頻率，比由式 (28) 得到的共振頻率約大 20%，將式 (42) 合併到式 (44) 即可得[17]

$$\left. \frac{V_A}{V_D} \right|_{\text{opt}} \approx 4m \left( \frac{1.2}{2\pi} \right)^2 \zeta \alpha x_A \tag{45}$$

對相對小的頻率 10 GHz 而言，GaAs 在 $m=1$ 時，$V_A/V_D$ 最佳化數值爲 0.65，而 Si 則是在 $m = 1/2$ 時有最佳化數值 1.1。圖 10 爲效率對 $V_A/V_D$ 的作圖，用上述所討論的最佳化數值可求得最大效率，所預期的最大效率對單漂移（single drift, SD）Si 二極體約爲 15%，對雙漂移（double drift, DD）Si 二極體約爲 21%，而對單漂移 GaAs 二極體約爲 38%。這些估計與實驗的結果吻合。在更高的頻率下，$V_A/V_D$ 的最佳化比例將傾向增加，並導致最大效率的衰減。*n*- 型 GaAs 單漂移二極體的實驗結果也和前述討論結果一致[19]。在實際的 IMPATT 二極體上受到其他因數影響（例如，空間電荷效應、逆向飽和電流、串聯電阻、集膚效應（skin effect），飽和游離率、穿隧效應、本質累增響應時間、少數載子儲存以及熱效應）也會使效率衰退。

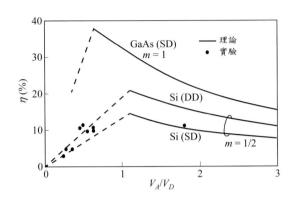

圖 10　Si 與 GaAs 二極體的效率對 $V_A / V_D$ 圖。SD，DD = 單漂移，雙漂移。虛線是利用峰值到 0 的外插法計算所得。（參考文獻 17）

圖 11 所示爲空間電荷效應[20]，所產生的電子將會抑制電場（圖 11a），電場的衰減將導致累增作用提早停滯，並減低累增所提供的 180° 相位延遲；當電子向右漂移時（圖 11b），空間電荷也可能造成向左的載子脈衝電場，使其低於飽和速度所要求的電場，此下降的結果將改變端點電流波形，並降低在傳渡時間頻率下產生的功率。由於一高逆向飽和電流將導致累增建立的太快，使得累增相位延遲減少以致效率減低[21]。而從一個較差歐姆接觸區來的少量載子注入，也會增加逆向飽和電流，造成效率減小。靠近漂移區終點的位置，電場是較小的。載子以飽和速度爲初始速度，並逐漸遞減地穿越移動率區域[22]。尚未掃過的地方將提供一串聯電阻，而降低了端點負電阻。然而請注意，在 n- 型 GaAs 中的電場將會更小，因爲 GaAs 具有更高的低電場移動率。

當一 IMPATT 二極體的操作頻率增加至厘米波區時，電流將被限制在基板表面的集膚厚度 δ 內流動。圖 12 所示爲集膚效應[23]，所以基板的有效電阻會增加，引起一個橫跨在二極體半徑範圍內的電壓降（圖 12b），此電壓降將在二極體內導致一非均勻的擁擠電流分布，以及高的等效串聯電阻，這兩者都將造成效率的降低。然而，先進製程技術可有效消除集膚效應，然

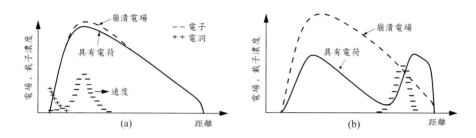

圖 11　瑞德二極體的瞬間電場與電荷分布 (a) 累增作用剛完成，電荷（符號）開始移動
跨過二極體 (b) 載子（符號）傳輸幾乎完成。注意空間電荷的強效應會抑制電場。
（參考文獻 20）

集膚效應僅在一些以上下顛倒方式固定的元件中扮演無關緊要的角色。

　　在極高頻率操作之下，空乏寬度必須相當窄，且式 (38) 為了滿足式 (2) 的積分要求，衝擊離子化的電場值將變高。在如此高的電場下，有兩個主要的效應，第一個效應為在高電場下的游離速度變化緩慢，使注入電流脈衝變寬 [24] 且改變端點電流波形，以至於效率變差。第二個效應為可能由穿隧電流主導。此電流與電場同相位，所以不存在 180° 累增相位延遲。

　　在次厘米波時，另一限制效率的因素是有限延遲，此延遲會使得游離速率落後於電場。對 Si 來說，本質累增反應時間 $\tau_i$ 低於 $10^{-13}$ 秒。由於此時間遠小於次厘米波區域中的傳渡時間，預估 Si IMPATT 二極體的有效操作將高於 300 GHz 甚至更高的頻率。然而對 GaAs 而言，發現其 $\tau_i$ 大過 Si 的 $\tau_i$ 一個數量級以上 [25]，而如此長的 $\tau_i$ 會限制 GaAs IMPATT 的操作頻率低於 100 GHz。

　　在 $p^+$-$n$（或 $n^+$-$p$）二極體主動區中產生的電子（或電洞）背向擴散至中性 $p^+$-（或 $n^+$-）區時，可能會造成少數載子儲存效應，並使得效率降低。此少數載子將被儲存在中性區內，而在週期稍後時間，剩餘的載子將傳渡且背向擴散進入主動區，導致累增提早發生，進而破壞電流－電壓相位關係。

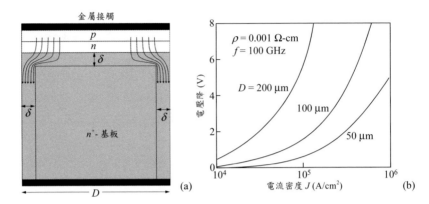

圖 12　各種摻雜分布的 $ID_{sat}$ 表示式與轉換特性。假設是速度飽和模型。（參考文獻 22）

**功率－頻率的限制－熱效應（Power-Frequency Limitation-Thermal）**　在低頻情況下，IMPATT 二極體連續波（cw）效率主要由熱所限制，熱可能來自半導體晶片散逸（dissipation）的功率。IMPATT 二極體傳統的固定方式是將其正面（即以上下顛倒的固定接合方式）與導熱良好的基板接著，如此一來熱源將靠近散熱片。如果二極體上表面接觸有多層金屬層，總熱電阻串聯合併為 [26]

$$R_T = \sum \frac{d_s}{A\kappa_s} + \sum \frac{1}{\pi\kappa_h R_h}\left[1 + \frac{z_h}{R_h} - \sqrt{1 + \left(\frac{z_h}{R_h}\right)^2}\right] \tag{46}$$

其中 $d_s$ 與 $\kappa_s$ 分別為二極體表面薄膜厚度與金屬熱導率，而 $Z_h$、$\kappa_h$ 與 $R_h$ 分別為散熱片的薄膜厚度、熱導率與接觸半徑（靠近元件）。對一單層－半－無限散熱片，$Z_h / R_h$ 趨近於無窮大，而第二項縮減為 $1/\pi\kappa_h R_h$。銅與鑽石為兩種最普及的散熱片材料，而鑽石的熱導率（$1\times10^3 - 2\times10^3$ W/m-K）為銅（400 W/m-K）的三倍大，因此會依功能與價格而有所取捨。

在二極體中被消耗掉的功率 $P$ 必定和傳輸至散熱片的熱功率相等，所以 $P$ 等於 $\Delta T/R_T$，其中 $\Delta T$ 為在接面與散熱片間的溫差。如果電抗 $X_C = 2\pi fC_D$ 為固定常數（$f \propto 1/C_D$），且在熱阻的主要貢獻來自於半導體（假設 $d_s \approx W_D$，$R_T = W_D/A\kappa_s$），對一給定的溫度增加 $\Delta T$ 下，我們可得

$$P \times f = \left(\frac{\Delta T}{R_T}\right) \times f \approx \frac{\Delta T}{W_D/A\kappa_s} \times \left(\frac{W_D}{A\varepsilon_s}\right) = \frac{\kappa_s \Delta T}{\varepsilon_s} = \text{constant} \qquad (47)$$

由式 (47)，連續波功率輸出將隨 $1/f$ 遞減。所以，在連續波條件下，在低頻時，有熱限制（$P \propto 1/f$），而在高頻時，有電性限制（$P \propto 1/f^2$）。對特定的半導體而言，發生功率急速下降時，角頻率的大小決定於允許溫度上升的最大值、可達到的最小電路阻抗與 $\mathscr{E}_m \times v_s$ 等。燒毀（burnout）不僅可能是因為二極體過熱而發生，也可能是因為在二極體內載子電流分布不均勻，而集中於高電流強度的導電絲內所造成。這些我們不希望發生的現象，常會發生在二極體具有直流負電導時，這是因為在局部區域的極大電流密度，而造成一個極低的崩潰電壓。由於這項因素，p-i-n 二極體容易發生燒毀現象。在漂移區的移動載子空間電荷，有傾向防止低頻負電阻的產生，因而有助於防止導電絲燒毀，在低電流情況時，具有正直流電阻的二極體，可能會發展成負直流電阻，並且在高電流時被燒毀。

**雜訊行為（Noise Behavior）**　IMPATT 二極體內的雜訊主要源自於累增區內電子電洞對產生率的統計特性。由於在放大微波訊號時，雜訊設定在較低極限，因此對 IMPATT 二極體的雜訊理論分析很重要。

　　IMPATT 二極體可嵌入與傳輸線結合的共振腔內，以作為放大的用途[27]。藉由一個循環器可將此傳輸線結合，並分成輸入與輸出，如圖 13a 所示。圖 13b 為小訊號分析的等效電路。為評估雜訊的性能（noise performance）導入雜訊指數（noise figure, NF）與雜訊量測（measure, M）。雜訊指數 $NF$ 定義為

$$NF = 1 + \frac{\text{output noise power from amplifier}}{(\text{power gain}) \times (kT_0 B_1)} = 1 + \frac{\langle I_n^2 \rangle R_L}{G_P k T_0 B_1} \qquad (48)$$

其中 $G_P$ 為放大功率增益，$R_L$ 為負載電阻，$T_0$ 為室溫（290 K），$B_1$ 為雜訊頻寬，以及 $\langle I_n^2 \rangle$ 為由二極體引起，並在圖 13b 迴路誘發的雜訊電流均方值。雜訊量測 $M$ 定義為

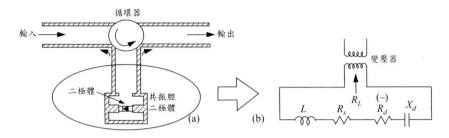

圖 13 (a) 嵌在共振腔體器內的 IMPATT 二極體 (b) 等效電路。（參考文獻 27）

$$M \equiv \frac{\langle I_n^2 \rangle}{4kT_0 G B_1} = \frac{1}{4kT_0} \frac{\langle V_n^2 \rangle}{-Z_{\text{real}} B_1} \tag{49}$$

其中 $G$ 為負電導，$-Z_{real}$ 為二極體阻抗實部以及雜訊電壓均方值 $\langle V_n^2 \rangle$。若元件具有不是零的寄生串聯電阻（亦就是 $R_s \neq 0$），$-R_s$ 應該被加入在分母的 $-Z_{real}$ 項中。在此須注意雜訊指數、雜訊量測，是與雜訊電流均方值（或雜訊電壓均方值）有關，當頻率大於共振頻率 $f_r$ 時，在二極體中的雜訊會減少，但仍為負電阻。在此情形下，評估二極體作為放大器的效能是雜訊量測值，其最小值（最小雜訊量測）最受關注。高增益放大器的雜訊指數為 [27]

$$NF = 1 + \frac{qV_A/kT_0}{4\zeta\tau_A^2(\omega^2 - \omega_r^2)} \tag{50}$$

其中 $\tau_A$ 與 $V_A$ 分別是橫跨於累增區的時間與壓降，而 $\omega_r$ 為式 (28) 所給定的共振頻率。上式是在累增區狹窄及電子與電洞的游離係數相等的簡化假設下所得。$\zeta = 6$ (Si) 與 $V_A = 3$ V，在 $f = 10$ GHz（$\omega = \omega_r$）的雜訊指數可預測為 11,000 或 40.5 dB。就實際游離係數（Si的 $\alpha_n \neq \alpha_p$）以及一任意摻雜分布而言，均方雜訊電壓在低頻的表示式為 [28]

$$\langle V_n^2 \rangle = \frac{2qB_1}{J_0 A}\left[\frac{1 + (W_D/x_A)}{\alpha'}\right]^2 \propto \frac{1}{J_0} \tag{51}$$

其中 $\alpha' = \partial\alpha/\partial\mathscr{E}$。圖 14 顯示 $A = 10^{-4}$ cm$^2$，$W_D = 5$ μm，$x_A = 1$ μm 的 Si IMPATT

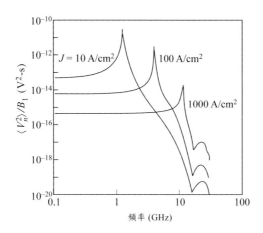

圖 14　Si IMPATT 二極體的均方雜訊電壓頻寬與頻率圖。（參考文獻 28）

二極體的 $\langle V_n^2 \rangle / B_1$ 對頻率的關係圖。在低頻下，要注意式 (51)，雜訊頻率 $\langle V_n^2 \rangle$ 與直流電流成反比。接近共振頻率時（隨 $\sqrt{J_0}$ 變動），$\langle V_n^2 \rangle$ 達到極大值，之後大約是隨頻率四次方衰減，所以可藉由在高於共振頻率的操作與保持低電流的條件下來減少雜訊。這些條件與我們所偏好的高功率及高效能條件會有衝突，所以對在特定的實際應用上必須有所取捨。

圖 15a 顯示 GaAs IMPATT 二極體中雜訊量測 $M$ 的典型理論與實驗結果。在傳渡時間頻率為 6 GHz 時，此雜訊量測約為 32 dB。然而，在傳渡時間頻率為 12 GHz 下，可獲得 22 dB 的最小雜訊量測。GaAs 的雜訊量測值顯著低於 Si IMPATT 二極體。

圖 16 顯示不同的 IMPATT、TUNNETT 以及 GUNN 元件，其雜訊量測 $M$ 相對於頻率的關係圖 [34]。與 Si IMPATT 二極體相比較，碳化矽（SiC）元件輸出功率約高出 350 倍 [32, 33]。高能隙的 GaN 也提供了相似的優點，以及可在高溫下操作。依據結構，藉由在注入接面加入一個異質接面，預期 GaN 將可減低漏電流、改善射頻效能與降低雜訊 [31, 32]。對於操作頻率在 Ka 能帶，不同的 IMPATT 元件之間計算所得的小訊號雜訊量測 $M$ 顯示於圖

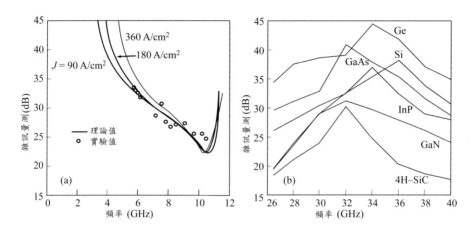

圖 15　GaAs IMPATT 二極體之雜訊量測。傳渡時間頻率為 6 GHz（參考文獻 29）(b)
以不同材料作為摻雜元素的 IMPATT 二極體，雜訊量測 $M$ 的比較圖，使用小訊
號的模型通過 26.5 至 40 GHz 的 Ka 能帶頻率。（參考文獻 30）

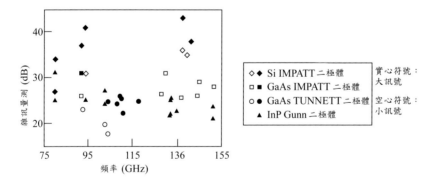

圖 16　在毫米波頻率為 75 至 155 GHz，不同的雙端子元件間，其頻率調變雜訊量測 $M$
對頻率的比較圖。（參考文獻 34）

15b。如圖 16 所示，GaAs 低雜訊表現的主要原因是在給定電場下，電子與電洞的游離率在實質上相等，但在 Si 中則相當不同。由累增倍乘積分，我們可以證明，若 $\alpha_n = \alpha_p$，為求得大的倍乘因子 $M$，游離平均距離 $1/\langle\alpha\rangle$ 約等於 $x_A$，但若是 $\alpha_n \gg \alpha_p$，則約為 $x_A/\ln(M)$。因此，對一已知 $x_A$，在 Si 必將發生更多的游離事件，導致較高的雜訊。

　　圖 17 為 Si 與 GaAs 6 GHz IMPATT 二極體輸出功率與雜訊量測間的關係 [35]。功率大小是以 1 mW 為參考功率，即功率可表示為 10 log $(P \times 10^3)$ dBm，其中 $P$ 以瓦特為單位。二極體是以單調同軸共振電路來作評估，此共振器中的負載電阻會隨著所使用的可相互交換阻抗變壓器而遞增。在最大功率輸出時，雜訊量測相對較差，稍微降低功率輸出可獲得一低雜訊量測。在一已知功率大小下 (1 W 或 30 dBm)，GaAs IMPATT 二極體比 Si IMPATT 二極體低約 10 dB。

## 10.2.3 元件的效能

　　由小訊號理論可得不同元件參數對操作頻率函數的近似關係式。忽略微小的累增區 $x_A$，式 (35) 中的電阻可改寫為

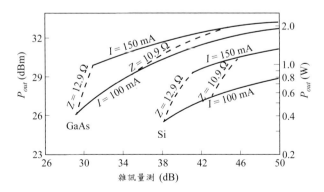

圖 17　相位鎖定振盪器的功率輸出對雜訊量測的關係圖。鎖定功率固定在常數 4 dBm。圖中顯示固定負載阻抗 $Z$ 與固定二極體電流 $I$ 的曲線。（參考文獻 35）

$$-R \approx \frac{W_D^2}{2A\varepsilon_s \upsilon_s}\left[\frac{1}{(\omega^2/\omega_r^2)-1}\right]\left(\frac{1-\cos\theta_d}{\theta_d^2/2}\right) \tag{52}$$

其中 $\theta_d$ 為傳渡角度等於 $\omega W_D/\upsilon_s$。對固定 $\omega/\omega_r$，若假設 $-R$ 不變，則 $W_D{}^2/A$ 與 $\theta_d$ 必須為常數。由式 (38) 顯示空乏寬度 $W_D$ 與操作頻率成反比，元件面積 $A$ 正比於 $W_D{}^2$。因此，元件面積 $A$ 正比於 $\omega^{-2}$。此外，由式 (2) 可得游離率 $\alpha$ 與 $\alpha'$ 反比於空乏區寬度 $W_D$。將 $\alpha' \propto 1/W_D$ 關係式與式 (28) 結合，可得

$$J_0 \propto \frac{\omega_r^2}{\alpha'} \propto \frac{\omega^2}{1/W_D} \propto \omega \tag{53}$$

這些頻率微縮關係節錄於表 1，利用這些關係於外插效能與新頻率設計的導引上將非常有用。我們在上節已經對功率輸出極限做過討論。在低頻下，我們預期低頻下的效能和頻率間只有微弱的相關性。然而，在厘米波區域，操作電流密度很高（$\propto f$）且面積很小（$\propto f^{-2}$），所以元件操作溫度將會非常高，此高溫將導致逆向飽和電流的增加，以及效率的衰減。此外，集膚效應、穿隧以及其他伴隨著高頻與高電場而來的相關效應也會降低效率。所以當頻率增加時，預期會減低效率。圖 18a 顯示起始電流密度（在給定頻率下，產生振盪的最小電流密度）與頻率的關係，起始電流密度大約隨頻率的二次方而增加（$\propto f^{2.2}$），這與一般共振頻率的行為相符合。為了顯示傳渡時間效應的重要，圖 18b 顯示 Si 與 GaAs IMPATT 二極體的最佳空乏層寬度對頻率的關係。有趣的是，$W_D \propto 1/f$，然而，在 $f>100$ GHz 下，$W_D < 0.5\mu m$。此極窄的寬度顯示出要製造高頻改良的瑞德二極體或雙漂移二極體是非常困難的。

　　由雙漂移二極體可獲得最高 $P \times f^2$ 的乘積。圖 19 比較在 50 GHz 下雙漂移與單漂移二極體的效能，此由離子佈植製作的雙漂移 50 GHz Si IMPATT 二極體，顯示在最大效能為 14% 時，有超過 1 W 的輸出連續波功率。此結果可以和相似的單漂移二極體相較，單漂移二極體的效能只有 10%，輸出功率約為 0.5 W。雙漂移二極體的效能較好，是因為其電洞與電子都是由累增所產生，並可在操作時抵抗橫跨漂移區的射頻（radio frequency, RF）電場。單漂移二極體只有一種載子可用，所以需要外加較大的端點電壓。

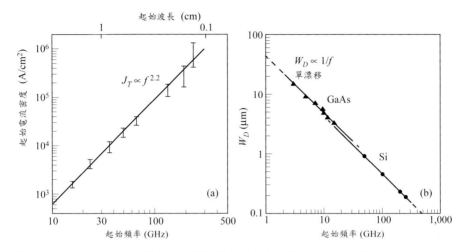

圖 18　(a) 起始電流密度與起始頻率的關係（參考文獻 36）(b) Si 與 GaAs IMPATT 二
極體空乏寬度與頻率的關係。（參考文獻 37, 38）

表 1　IMPATT 二極體的近似元件參數與頻率

| 元件參數 | 頻率相依性 |
|---|---|
| 接面面積 $A$ | $f^{-2}$ |
| 基本－電流密度 $J_0$ | $f$ |
| 空乏層寬度 $W_D$ | $f^{-1}$ |
| 崩潰電壓 $V_B$ | $f^{-1}$ |
| 輸出功率 $P_{out}$：熱限制 | $f^{-1}$ |
| 　　　　　　　　電限制 | $f^{-2}$ |
| 效率 $\eta$ | 常數 |

圖 20 顯示最新式的 IMPATT 二極體與位障注入渡時（Barrier-Injection transit-time, BARITT）二極體（將在 10.2.4 節作討論）的效能。在低頻下，功率輸出爲熱效應限制且隨 $f^{-1}$ 變化；在高頻下（> 50 GHz），功率爲電性

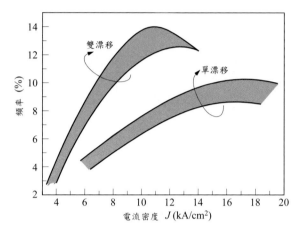

圖 19 50 GHz 下，單漂移與雙漂移 Si IMPATT 二極體效率對電流密度關係圖。效率範圍取每一形態的四個二極體。（參考文獻 39）

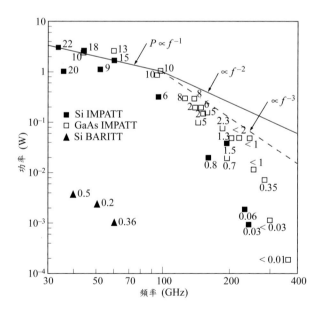

圖 20 IMPATT 與 BARITT 二極體的功率對頻率的關係。每個實驗點顯示的數字是效率的百分比。（參考文獻 40）

限制且隨 $f^{-2}$ 變化。GaAs IMPATT 二極體一般在低頻（< 60 GHz）有較佳的功率效能。IMPATT 二極體是最強大的固態微波產生源之一，相較於其它固態元件，IMPATT 二極體可以在厘米波頻率下產生較高的連續波輸出。在脈衝操作下，功率甚至可以比圖 20 所示來得更好。

## 10.2.4 位障注入渡時二極體與穿隧注入渡時二極體

　　另一種傳渡時間元件為位障注入渡時（Barrier-Injection transit-time, BARITT）二極體，其微波振盪的機制是熱離子注入以及少數載子擴散橫跨順向偏壓的位障。因為沒有累增延遲時間，預估 BARITT 二極體的操作效率與功率會比 IMPATT 二極體低，另一方面，與橫跨位障的載子注入有關的雜訊會比在 IMPATT 二極體中的累增雜訊低。低雜訊特質與元件的穩定度使 BARITT 二極體適合於低功率元件的應用上，例如，局部振盪器。BARITT 的操作是由科爾曼（Coleman）與施（Sze）於 1971 年以一金屬－半導體－金屬透穿二極體的結構首次提出 [41]。此 BARITT 二極體基本上是一組背對背二極體（圖 21），被偏壓進入透穿（reach-through）條件。這兩個二極體可以是 *p-n* 接面或是金屬－半導體接觸，又或是兩者合併。我們首先考慮在一個對稱金屬－半導體－金屬（MSM）結構下 [42] 均勻摻雜的 *n-* 型半導體電流傳輸（圖 21b）。在偏壓情況下，空乏層寬度為

$$W_{D1} = \sqrt{\frac{2\varepsilon_s}{qN_D}(\psi_{bi} - V_1)} \quad , \quad W_{D2} = \sqrt{\frac{2\varepsilon_s}{qN_D}(\psi_{bi} + V_2)} \tag{54}$$

其中 $W_{D1}$ 與 $W_{D2}$ 為 *n-* 型順向與逆向偏壓位障下的空乏層寬度；$V_1$ 與 $V_2$ 為橫跨在相對應接面所施加偏壓的分壓，$N_D$ 為游離摻質濃度、$\psi_{bi}$ 為內建電位。在這些條件下，電流是（具 $\psi_{bn}$ 的蕭特基二極體）逆向飽和電流、產生－復合電流，以及表面漏電流的總和。

　　當電壓增加時，逆向偏壓空乏區最後將貫穿到順向偏壓空乏區（圖 21c）。此對應電壓稱為透穿電壓 $V_{RT}$，此電壓可由 $W_{D1} + W_{D2} = W$（$W$ 為 *n-* 區域的長度）的條件下得到

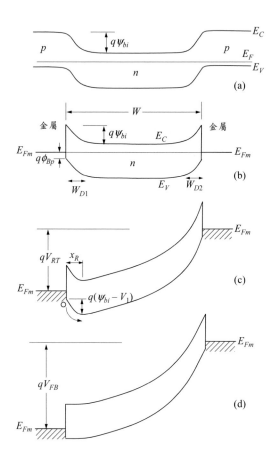

圖21　BARITT 二極體的能帶圖，其具有 (a) *p-n* 接面 (b) 熱平衡下的金屬－半導體接觸。
MSM 結構在 (c) 貫穿 (d) 平帶狀態。

$$V_{RT} = \frac{qN_D W^2}{2\varepsilon_s} - W\sqrt{\frac{2qN_D}{\varepsilon_s}(\psi_{bi} - V_1)} \approx \frac{qN_D W^2}{2\varepsilon_s} - W\sqrt{\frac{2qN_D \psi_{bi}}{\varepsilon_s}} \tag{55}$$

如果電壓再繼續增加，在正偏壓接觸點（左端）的能帶會變平。當 $\psi_{bi}$
$= V_1$ 時，在 $x = 0$ 處的電場為零，此狀態為平帶狀態（圖 21d），對應電壓
$V_{FB} \equiv qN_D W^2/2\varepsilon_s$ 是平帶電壓，對於已知長度與具有高摻雜準位，此外加偏

壓在達到 $V_{FB}$ 之前是受累增崩潰電壓所限制。

在微波振盪下，BARITT 二極體的直流偏壓通常是介於 $V_{RT}$ 與 $V_{FB}$ 之間。對於在此範圍內（$V_{RT} < V < V_{FB}$）的外加電壓，其與順向偏壓位障高度的關係為

$$\psi_{bi} - V_1 = \frac{(V_{FB} - V)^2}{4V_{FB}} \tag{56}$$

透穿位置 $x_R$ 如圖 21c 所示為

$$\frac{x_R}{W} = \frac{V_{FB} - V}{2V_{FB}} \tag{57}$$

在透穿之後，熱游離發射的電洞電流跨越過電洞位障 $\phi_{BP}$ 成為主導的電流

$$J_p = A_p^* T^2 \exp\left[-\frac{q(\phi_{Bp} + \psi_{bi})}{kT}\right]\left[\exp\left(\frac{qV_1}{kT}\right) - 1\right] \tag{58}$$

其中 $A_p^*$ 為電洞的有效李查遜常數（參考本書上冊第三章）。由式 (56) 我們可由 $V \geq V_{RT}$ 得到

$$J_p = A_p^* T^2 \exp\left(-\frac{q\phi_{Bp}}{kT}\right)\exp\left[-\frac{q(V_{FB} - V)^2}{4kTV_{FB}}\right] \tag{59}$$

所以超過透穿後，電流會隨施加電壓呈指數增加。在電流準位高到足夠使注入載子密度達到背景摻質離子化密度時，移動載子會影響在漂移區的電場分布，此即為空間電荷效應。假如所有的移動電洞以飽和速度 $v_s$ 通過 $n$- 區，且 $J > qv_s N_D$，則波松公式變為

$$\frac{d\mathscr{E}}{dx} = \frac{\rho}{\varepsilon_s} = \frac{q}{\varepsilon_s}\left(N_D + \frac{J}{qv_s}\right) \approx \frac{J}{\varepsilon_s v_s} \tag{60}$$

式 (60) 兩次積分，邊界條件在 $x = 0$ 處，$\mathscr{E}(0) = 0$，$V = 0$，可得 [43]

$$J = \left(\frac{2\varepsilon_s v_s}{W^2}\right)V = qv_s N_D\left(\frac{V}{V_{FB}}\right) \tag{61}$$

透穿 $p^+$-$n$-$p^+$ 結構的電流傳輸機制與 MSM 結構相似，唯一不同之處為式 (58) 與式 (59) 中，當被注入的載子橫跨過順向偏壓 $p^+$-$n$ 接面時 [43]，因子項 $\exp(-q\phi_{BP}/kT)$ 予以不計，即

$$J = A^*T^2\exp\left[-\frac{q(V_{FB} - V)^2}{4kTV_{FB}}\right] \tag{62}$$

對一 PtSi-Si 位障而言，電洞位障高度 $q\phi_{BP} = 0.2$ eV。因此在 300 K 時，對在高於透穿條件的電壓下，$p^+$-$n$-$p^+$ 元件的電流將大於 MSM 元件約 3,000 倍。在室溫下，$A^*T^2$ 值約為 $10^7$ A/cm$^2$。所以，在正常操作時，起始空間電荷效應會發生在平帶狀態前。圖 22 所示為一具有背景摻雜 $5 \times 10^{14}$ cm$^{-3}$，且厚度為 8.5 μm 的 Si $p^+$-$n$-$p^+$ 標準的 $I$-$V$ 特性曲線，平帶電壓為 29 V，而透穿電壓約為 21 V。我們注意到電流先是呈指數增加，然後轉變成與電壓呈線性關係。此實驗結果與式 (61) 和 (62) 的理論計算一致。

為了使 BARITT 能高效率的操作，電流必須隨電壓快速增加。由於空間電荷效應造成的線性 $I$-$V$ 關係將使元件性能劣化。實際上，最佳化的電流

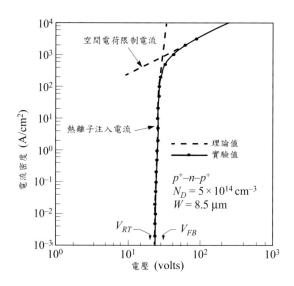

圖 22　Si $p^+$-$n$-$p^+$ 透穿二極體的電流—電壓特性。（參考文獻 43）

密度通常低於 $J = qv_s N_D$。我們將展示 BARITT 二極體有一小訊號負電阻，所以二極體可以有自我起始振盪。考慮一個 $p^+$-$n$-$p^+$ 結構，當其施加一個超過透穿電壓的偏壓時，電場分布如圖 23a 所示。 點對應至電洞注入的最大電場，由式 (57) 給定。點 a 將低電場區與飽和速度區分隔開，即在 $\mathscr{E} > \mathscr{E}_s$，$v = v_s$，如圖 23b 所示。在低階注入狀態

$$a \approx \frac{\varepsilon_s \mathscr{E}_s}{q N_D} + x_R \tag{63}$$

在漂移區（$x_R < x < W$）的傳渡時間可得 [45]

$$\tau_d = \int_{x_R}^{a} \frac{dx}{\mu_n \mathscr{E}(x)} + \int_{a}^{W} \frac{dx}{v_s} = \int_{x_R}^{a} \frac{dx}{\mu_n q N_D x/\varepsilon_s} + \frac{W-a}{v_s} \approx \frac{3.75\,\varepsilon_s}{q \mu_n N_D} + \frac{W-a}{v_s} \tag{64}$$

　　為了推導小訊號阻抗，我們將遵循類似 10.2.1 節的方法並於其中導入一時變量（time-varying quantity）作爲與時間無關項（直流部分）和一小交流訊號項的總和 $J(t) = J_0 + J \exp(j\omega t)$ 與 $V(t) = V_0 + W\tilde{\mathscr{E}} \exp(j\omega t)$。將上述代

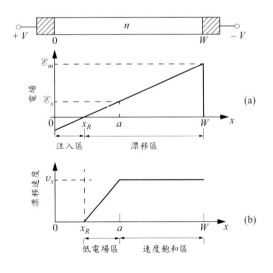

圖 23　(a) 電場分布 (b) BARITT 二極體漂移區中的載子漂移速度。（參考文獻 44）

入式 (62) 可得線性交流注入電洞電流密度 $\tilde{J} = \sigma\tilde{\mathscr{E}}$，其中 $\sigma$ 為每單位面積的注入電導，且為

$$\sigma = J_0 \frac{\varepsilon_s(V_{FB} - V_0)}{N_D WkT} \tag{65}$$

$J_0$ 為電流密度，如式 (62) 所示，其中以 $V_0$ 取代 $V$。此注入電導隨外加電壓增加達到最大值，之後當 $V_0$ 趨近 $V_{FB}$ 時，迅速衰減。對應最大 $\sigma$ 的施加電壓可由公式 (62) 與式 (65) 推導得

$$V_0(\text{for max } \sigma) = V_{FB} - \sqrt{\frac{2kTV_{FB}}{q}} \tag{66}$$

由於交流電場在橫跨注入區與漂移區的邊界是連續的，此兩區將互相影響。我們定義 $\tilde{J}$ 為總交流電流密度，而 $\tilde{J}_1$ 為注入電流密度，假設注入區足夠薄使得 $\tilde{J}_1$ 不會延遲進入漂移區，在漂移區的交流傳導電流密度如下

$$\tilde{J}_c(x) = \tilde{J}_1 \exp[-j\omega\tau(x)] \equiv \gamma\tilde{J}\exp[-j\omega\tau(x)] \tag{67}$$

其為傳播朝向 $x = W$ 的無衰減波，且具有傳渡相位延遲 $\omega\tau(x)$。$\gamma \equiv \tilde{J}_1/\tilde{J}$ 為交流注入電流對全部交流電流複數部分的比值。在漂移區中給定位置，總交流電流 $\tilde{J}$ 等於傳導電流 $\tilde{J}_c$ 與位移電流 $\tilde{J}_d$ 之總和，$\tilde{J} = \tilde{J}_c(x) + \tilde{J}_d(x)$ 且其為常數，與 $x$ 無關。位移電流與交流電場 $\tilde{\mathscr{E}}(x)$ 的關聯為 $\tilde{J}_d(x) = j\omega\varepsilon_s\tilde{\mathscr{E}}(x)$，合併式 (65) 與 (67) 可得在漂移區中的交流電場表示式

$$\tilde{\mathscr{E}}(x) = \frac{\tilde{J}}{j\omega\varepsilon_s}\{1 - \gamma\exp[-j\omega\tau(x)]\} \tag{68}$$

對 $\tilde{\mathscr{E}}(x)$ 作積分，以交流電流密度 $\tilde{J}$ 表示，可得橫跨漂移區的交流電壓。其係數可表示為

$$\gamma = \frac{\tilde{J}_1}{\tilde{J}_1 + \tilde{J}_d} = \frac{\sigma}{\sigma + j\omega\varepsilon_s} \tag{69}$$

將 $\gamma$ 代入式 (68)，並利用在 $x = x_R$ 時，$\tau = 0$，與 $x = W$ 時，$\tau = \tau_d$ 的邊界條件，對漂移長度 $(W - x_R)$ 積分可得橫跨漂移區的交流電壓方程式

$$V_d = \frac{\tilde{J}(W - x_R)}{j\omega\varepsilon_s}\left[1 - \left(\frac{\sigma}{\sigma + j\omega\varepsilon_s}\right)\frac{1 - \exp(j\theta_d)}{j\theta_1}\right] \tag{70}$$

其中傳渡角度

$$\theta_d = \omega\left(\frac{W - a}{v_s} + \frac{3.75\,\varepsilon_s}{q\mu_n N_D}\right) = \omega\tau_d \tag{71}$$

與 $\theta_1 \equiv \omega(W - x_R)/v_s$ 為常數，我們也可以定義 $C_D = \varepsilon_s/(W - x_d)$ 為漂移區的電容。由式 (70) 我們可得此結構的小訊號阻抗

$$Z \equiv \frac{\tilde{V}_d}{\tilde{J}} = R_d - jX_d \tag{72}$$

其中 $R_d$ 與 $X_d$ 分別為小訊號電阻與電抗

$$R_d = \frac{1}{\omega C_D}\left(\frac{\sigma}{\sigma^2 + \omega^2\varepsilon_s^2}\right)\left[\frac{\sigma(1 - \cos\theta_d) + \omega\varepsilon_s\sin\theta_d}{\theta_1}\right] \tag{73}$$

$$X_d = \frac{1}{\omega C_D} - \frac{1}{\omega C_D}\left(\frac{\sigma}{\sigma^2 + \omega^2\varepsilon_s^2}\right)\left[\frac{\sigma\sin\theta_d - \omega\varepsilon_s(1 - \cos\theta_d)}{\theta_1}\right] \tag{74}$$

注意，假如傳渡角度的值在 $\pi$ 到 $2\pi$ 間，且 $|(1 - \cos\theta_d)/\sin\theta_d|$ 小於 $\omega\varepsilon_s/\sigma$ 時，這個實部（電阻）將為負。由這些結果可知 (1)BARITT 二極體有小訊號負電阻，所以會有自我起始振盪能力；(2) 跨越順向偏壓 $p^+$-$n$ 接面或金屬－半導體位障的注入可以作為提供載子的來源；(3) 漂移區的傳渡時間對 BARITT 二極體的頻率特性而言是很重要的項目。

　　BARITT 二極體已經被證明為一個具有低雜訊的元件，且基本上只有兩個雜訊來源，一個雜訊來源為注入載子的散粒雜訊（注入雜訊），而另一雜訊來源為漂移區載子的隨機速度波動（擴散雜訊）。類似在 10.2.2 節中討論基本的大訊號 BARITT 操作 [46]，顯示最佳化的頻率值為

$$f = \frac{3}{4\tau_d} = \frac{3}{4}\left(\frac{3.75\,\varepsilon_s}{q\mu_n N_D} + \frac{W - a}{v_s}\right)^{-1} \approx \frac{3v_s}{4W} \tag{75}$$

一個多層 $n^+$-$i$-$p$-$v$-$n^+$ BARITT 二極體已經製造出來 [47]，其為 $p^+$-$i$-$n$-$\pi$-$p^+$ 的互補結構，$n^+$-$i$-$p$ 區域提供一阻礙電場以增加注入延遲時間。最新式的 BARITT 二極體效能如圖 20 所示。雖然其接近 50 GHz 時的輸出功率，比 IMPATT 二極體約小了兩個數量級，其雜訊量測亦是如此，藉由注入延遲過程的最佳化，期待 BARITT 二極體可以在適當的功率及效能下，發揮其所有潛能來當作一個低雜訊微波的來源 [48]。

### 穿隧注入渡時二極體（Tunnel-Injection transit-time, TUNNETT Diode）

離子化的電場要求也會變高。在此高電場時，會有兩個主要的效應，首先是在高電場下，游離率將緩慢地變化，緩和注入電流脈衝，並且改變端點電流波形，使得效能降低 [24]。第二個效應是可能變為由穿隧電流主導。由於此穿隧電流是與電場同相位，所以 180° 累增相位延遲並不會被提供。此穿隧機制被視為穿隧注入渡時（tunnel-Injection transit-time, TUNNETT）操作模式 [1,49]。此 TUNNETT 二極體預期將具有比 IMPATT 二極體更低的雜訊，但其功率輸出與效能也比 IMPATT 二極體低很多 [50,51]。

在 TUNNETT 二極體，穿隧注入電流發生於高電場 $\mathscr{E} \approx 1$ MV/cm 的情況下，其結構僅存在一個接面，所以與 BARITT 二極體不同。此注入接面的鄰近區域有一較高的摻雜（圖 24），一靠近注入器的典型 $n^+$- 層（對一 $n$-型漂移區）具有約 $10^{19}$ cm$^{-3}$ 的摻雜濃度與厚度 $\approx 10$ nm。在 $p$-$n$ 接面注入器的情況，穿隧可發生於能帶對能帶間，而在蕭特基位障情況可穿過能障。TUNNETT 二極體的高頻率能力，理論上可以在高達 1 THz 下操作。高於 650 GHz 的連續波產生已經被發表 [52]，可以在低電壓 2 V 下操作，但其穿隧電流較低。

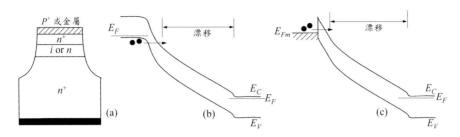

圖 24　(a)TUNNETT 二極體的能帶圖 (b) 在 *p-n* 接面注入器中能帶對能帶穿隧的能帶圖 (c) 在蕭特基位障注入器中穿隧能障的能帶圖。

# 10.3　電子轉移元件

**電子轉移元件（Transferred-Electron Devices, TED）**　　也稱甘恩（Gunn）二極體，是許多重要微波元件中的一種，目前也廣泛作為局部的振盪器與功率放大器，其微波頻率的範圍從 1 到 480 GHz[54]。而 TED 已經是成熟且重要的固態微波源，應用於雷達、入侵警報與微波測試設備。

在 1963 年時，甘恩發現當施加超過某個臨界起始值的直流電場在一個具任意晶向的短 *n*- 型 GaAs 或 InP 上[55]，會產生反覆的微波電流脈衝輸出，Ge 與 AlGaAs 也被提出討論[56,57]。振盪頻率約等於載子通過樣品長度的傳渡時間的倒數。隨後，克勒默（Kroemer）[59] 指出其觀察到的微波振盪特性與負微分移動率理論相符合。這個負微分移動率的機制是一種電場引發的效應，其將導電帶的電子由低能量高移動率的能谷傳到高能量低移動率的能谷。實驗顯示，臨界電場下降與能谷最低值之間的分離能量減小有關係，由此證實甘恩振盪器要由電子轉移效應來負責[60]。值得注意的是，對 GaN 甘恩二極體[61,62] 應用在作為兆赫輻射源（Terahertz radiation sources）[63] 的熱行為包括自我加熱，由於比 GaAs 元件具有較強的起始電場（約 10 倍），會有一系列問題。電子轉移效應也被稱為芮瓦希效應（Ridley-Watkins-Hilsum effect）或甘恩效應。在參考文獻 34、64-66 中有更多電子轉移效應的討論。

### 10.3.1 電子轉移效應

　　電子轉移效應為導電電子由高移動率的能谷傳到低移動率、高能量的衛星能谷。要瞭解這個效應如何導致負微分電阻，就要探討砷化鎵和磷化銦這兩種最重要 TED 元件 [67,68] 的半導體能量－動量圖（圖 25）。由圖可知，砷化鎵與磷化銦的能帶結構非常類似，其導電帶包含許多的次能帶，導電帶的底部位於 $k = 0$（Γ 點）的位置，第一個較高的次能帶位置是沿著 <111>（$L$）軸的方向，下一個較高的次能帶出現在沿著 <100>（$X$）軸的方向，所以這兩種半導體的次能帶順序為 Γ－$L$－$X$。一直到了 1976 年 [67] 阿斯普尼斯（Aspnes）進行同步輻射、蕭特基位障、電子反射實驗，一般認為砷化鎵的第一個次能帶是在室溫下發生，且分離能量約為 0.36 eV 的 $X$ 軸上，這些量測結果建立了砷化鎵次能帶的正確順序為 Γ－$L$－$X$，這些都跟磷化銦相同（圖 25 右圖）。

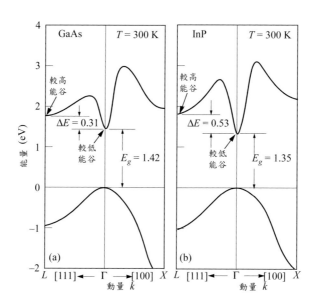

圖 25　　(a) 砷化鎵 (b) 磷化銦的能帶圖，較低的導電能谷是在 $k = 0$ (Γ)；較高的能谷是沿著 <111> ($L$) 軸的方向。（參考文獻 67, 68）

　　我們將利用單一溫度（single-temperature）的模型來推導近似的速度—電場關係式，即在較低能谷（$\Gamma$）與較高能谷（$L$）的電子被指定具有相同的電子溫度 $T_e$ [69]。這兩谷之間的分離能量在砷化鎵約為 0.31 eV，在磷化銦約為 0.53 eV。在較低能谷的有效質量與移動率分別以 $m_1^*$ 與 $\mu_1$ 表示；在較高能谷也分別以 $m_2^*$ 與 $\mu_2$ 表示，而在較低能谷與較高能谷的電子濃度分別定義為 $n_1$ 與 $n_2$，所有的濃度和為 $n = n_1 + n_2$，因此在半導體中的穩定態電流密度可以寫成 $J = q(\mu_1 n_1 + \mu_2 n_2)\mathscr{E} = qnv$，這裡的平均漂移速度 $v$ 為

$$v = \left(\frac{\mu_1 n_1 + \mu_2 n_2}{n_1 + n_2}\right)\mathscr{E} \approx \frac{\mu_1 \mathscr{E}}{1 + (n_2/n_1)} \tag{76}$$

由於 $\mu_1 \gg \mu_2$，在能量相差 $\Delta E$ 的較高能谷與較低能谷的濃度比為

$$\frac{n_2}{n_1} = R \, \exp\left(-\frac{\Delta E}{kT_e}\right) \tag{77}$$

其中 $R$ 是能態密度比，可以表示為

$$R = \frac{\text{available states in all upper valleys}}{\text{available states in lower valley}} = \frac{M_2}{M_1}\left(\frac{m_2^*}{m_1^*}\right)^{3/2} \tag{78}$$

$M_1$ 與 $M_2$ 分別表示較低與較高能谷的數目。對於砷化鎵而言，$M_1 = 1$，而在 $L$ 方向有八個較高能谷，但是他們發生在靠近第一布里淵區邊緣，所以 $M_2 = 4$。就砷化鎵來說，其有效質量 $m_1^* = 0.063\,m_0$ 與 $m_2^* = 0.55\,m_0$，因此可以得到砷化鎵的 $R$ 為 103。因為電場加速電子，並且導致其動能上升，所以電子溫度 $T_e$ 比晶格溫度 $T_L$ 還要高，電子溫度經由能量鬆弛時間 $\tau_e$ 可得

$$qv\mathscr{E} = \frac{3k(T_e - T_L)}{2\,\tau_e} \tag{79}$$

其中 $\tau_e$ 的數量級假設為 $10^{-12}$ 秒。將式 (76) 的 $v$ 與式 (77) 的 $n_2/n_1$ 代入式 (79) 可以得到

$$T_e = T_L + \frac{2q\,\tau_e\mu_1}{3k}\mathscr{E}^2\left[1 + R\,\exp\left(-\frac{\Delta E}{kT_e}\right)\right]^{-1} \tag{80}$$

給定一個溫度 $T$，我們可以計算 $T_e$ 與電場的關係式。根據式 (76) 與式 (77)，則速度與電場的關係式，可以寫成

$$v = \mu_1 \mathscr{E} \left[ 1 + R \exp\left( -\frac{\Delta E}{kT_e} \right) \right]^{-1} \tag{81}$$

根據式 (80) 與式 (81) 所得到砷化鎵在三種不同晶格溫度的速度—電場 ($v$-$\mathscr{E}$) 曲線，如圖 26 所示。其中也包含較高能谷的濃度比例 $P$ ($= n_2 / n$) 是電場的函數。從圖 26 的速度—電場（$v$-$\mathscr{E}$）曲線可知，元件的電流—電壓特性曲線具有完全相同的趨勢，由圖中可知負微分電阻區域是存在的，然而，相較於穿隧二極體與時空間轉移（RST）二極體的機制，TED 的 NDR 是源自於漂移速度與電場的相關性，這是其與眾不同之處。而這個與電場相依的速度會導致一個令人感到有趣的內部不穩定現象並形成電荷區域，即是甘恩觀察到電流脈衝。關於電荷區域，我們會在下一個章節探討，在此先介紹負微分移動率 $\mu_d$ 的觀念，其定義為 $\mu_d \equiv dv / d\mathscr{E}$，這不同於傳統場效電晶體的低電場移動率（$\mu_d \equiv v / \mathscr{E}$）。這已在第六章中討論過。

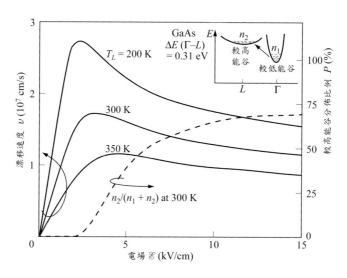

圖 26　根據具有單一電子溫度的雙能谷模型，計算出在三種不同的晶格溫度時，砷化鎵的速度—電場特性曲線。

　　在實際操作時的 TED，較高能谷有較低的移動率，在能谷中的載子受到大電場作用時，將會被驅動到速度飽和的狀態。從式 (76) 可知，平均速度可以修改為

$$v = \frac{n_1\mu_1\mathscr{E} + n_2 v_s}{n_1 + n_2} = \mu_1\mathscr{E} - P(\mu_1\mathscr{E} - v_s) \tag{82}$$

微分移動率可以寫

$$\mu_d = \frac{dv}{d\mathscr{E}} = \mu_1(1 - P) + (v_s - \mu_1\mathscr{E})\frac{dP}{d\mathscr{E}} \tag{83}$$

根據上述討論顯示以下幾點：(1) 有一個定義明確的起始電場（$E_t$）會使負微分電阻（或負微分移動率）開始發生；(2) 隨著晶格溫度上升，起始電場會增加；(3) 在晶格溫度太高或能量變化（$\Delta E$）太小時，負的移動率會消失。所以，要使電子轉移機制引發本體 NDR（bulk NDR），必須符合某些要求：(1) 對 $\mathscr{E} = 0$，晶格溫度必須足夠低或沒有偏壓電場時，大部分的電子須處在導電帶的最低點，或者 $kT_L < \Delta E$；(2) 在較低的導電帶最小值處，電子必須具備高的移動率，小的有效質量與低的能態密度；在較高的衛星能谷時，電子必須具備低的移動率，大的有效質量與高的能態密度；(3) 兩能谷之間的能量分離必須小於半導體的能隙，以使電子在轉移到較高能谷之前，不會發生累增崩潰。在滿足這些條件的半導體中，其中以 $n$- 型的砷化鎵與 $n$- 型磷化銦最常被研究與應用。

　　然而，在許多如鍺的其他半導體中，我們也觀察到電子轉移效應現象，二元、三元與四元化合物列於表 2[34,56,57,70,71]。砷化銦（InAs）與銻化銦（InSb）利用流體靜力學來降低能量差異 $\Delta E$，如此可觀察到電子轉移效應，這能量差（$\Delta E$）在平常壓力時是大於能隙的。由於低的起始電場與高速度，GaInSb 三元化合物在低功率與高速方面的應用很有潛力，假如半導體具有較大的能谷能量差異（例如 $Al_{0.25}In_{0.75}As$，$\Delta E = 1.12\ eV$ 與 $Ga_{0.6}In_{0.4}As$，其 $\Delta E = 0.72\ eV$），則負微分電阻將受到中央 Γ 能谷所支配[72]。蒙地卡羅（Monte Carlo）的運算顯示出即使沒有較高能谷存在於這些半導體中，仍可有負微

分電阻的出現，且僅需以極化光學散射作用在一非拋物線中央能谷中，就可以產生峰值速度與負電阻效應。

表 2　在 300 K 時，半導體材料相關的轉移電子效應

| 能谷分離量 | | | | | |
|---|---|---|---|---|---|
| 半導體 | $E_g$ (eV) | 範圍 | $\Delta E_g$ (eV) | $\mathscr{E}_T$ (kV/cm) | $v_p$ ($10^7$ cm/s) |
| GaAs | 1.42 | $\Gamma$-$L$ | 0.31 | 3.2 | 2.2 |
| InP | 1.35 | $\Gamma$-$L$ | 0.53 | 10.5 | 2.5 |
| Ge[a] | 0.74 | $L$-$\Gamma$ | 0.18 | 2.3 | 1.4 |
| CdTe | 1.50 | $\Gamma$-$L$ | 0.51 | 11.0 | 1.5 |
| InAs[b] | 0.36 | $\Gamma$-$L$ | 1.28 | 1.6 | 3.6 |
| InSb[c] | 0.28 | $\Gamma$-$L$ | 0.41 | 0.6 | 5.0 |
| ZnSe | 2.60 | $\Gamma$-$L$ | — | 38.0 | 1.5 |
| $Ga_{0.5}In_{0.5}Sb$ | 0.36 | $\Gamma$-$L$ | 0.36 | 0.6 | 2.5 |
| $Ga_{0.3}In_{0.7}Sb$ | 0.24 | $\Gamma$-$L$ | — | 0.6 | 2.9 |
| $InAs_{0.2}P_{0.8}$ | 1.10 | $\Gamma$-$L$ | 0.95 | 5.7 | 2.7 |
| $Ga_{0.13}In_{0.87}As_{0.37}P_{0.63}$ | 1.05 | — | | 5.5-8.6 | 1.2 |

(a) 在 77 K，(100)- 或 (110) 晶向，(b) 在 14 kBar 壓力下，(c) 在 77 K、8 kBar 壓力下

圖 27a 顯示砷化鎵與磷化銦在室溫下量測到速度—電場特性。定義砷化鎵與磷化銦的 NDR 發生的起始場 $\mathscr{E}_T$ 大約是 3.2 kV/cm 與 10.5 kV/cm。高純度的砷化鎵其峰值速度約 $2.2 \times 10^7$ cm/s，而高純度的磷化銦約為 $2.5 \times 10^7$ cm/s。砷化鎵最大的負微分移動率約 -2400 cm$^2$/V-s，而磷化銦約為 -2000 cm$^2$/V-s。圖 27b 顯示砷化鎵的相對起始場 $\mathscr{E}_T(T)/\mathscr{E}_T$ (300 K) 與相對峰值速度 $v_p(T)/v_p$ (300 K)，以及晶格溫度的關係。簡單模型（圖 26）在定性上與實驗結果是相符合的。

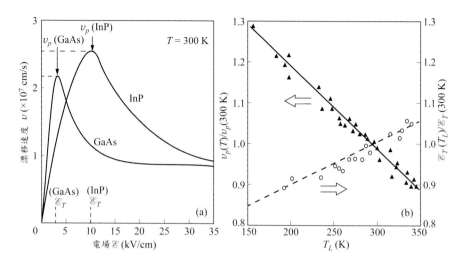

圖 27 (a) 量測所得的砷化鎵與磷化銦的速度—電場特性（參考文獻 68, 73）(b) 量測所得的砷化鎵峰值速度與起始電場對溫度的關係。（參考文獻 74）

**區域形成（Domain Formation）**　　不像其它物理實例引起負微分電阻，若是半導體展現出本體負微分移動率，就顯示了其本質不穩定狀態，因為在半導體中，任何一點發生隨機的載子密度變動，都會瞬間產生對時間呈指數關係成長的空間電荷。圖 28 定性地顯示了區域形成與甘恩振盪器的概念，由超量電子（負電荷）與空乏電子（正電荷）組成的電偶極，會在 TED 內開始產生不穩定狀態，如圖 28b 所示。電偶極的產生有許多原因，例如摻雜不均勻、材料的缺陷或隨機的雜訊干擾，對在那個位置的電子，電偶極會建立一個較高的電場。根據圖 28a，相對於電偶極外的其他區域，這個高電場會使電子的速度變慢。由於在電偶極後面的尾部電子會高速到達，導致增大超量電子的範圍。同理，空乏電子（正電荷）區域也會因電偶極前的電子以較高速度離開而變大。

　　當電偶極變大時，在那個位置的電場也會增加，但僅以犧牲電偶極外的其他區域的電場作為代價。在電偶極內的電場總是高於 $\mathscr{E}_0$，而且載子速度隨著電場下降，在區域外的電場會比 $\mathscr{E}_0$ 小，隨著電場降低，載子的速度會先經歷峰值，然後下降。當電偶極外的電場降低到某一值時，區域內外電子的速度則會相同（圖 28c）。在此點，電偶極會停止變大，也就來到成熟的區域（domain），且通常仍在陰極附近，然後此區域會由陰極附近傳渡到陽極。圖 28d 顯示了端點－電流波形。在 $t_2$ 時，區域形成。在 $t_1$，當另一區域形成之前，區域就會到達陽極，任何地方的電場都躍至 $\mathscr{E}_0$。在區域形成的期間（$t_1$-$t_2$），區域外的電場會經歷過峰值速度發生時的 $\mathscr{E}_T$，這會造成電流

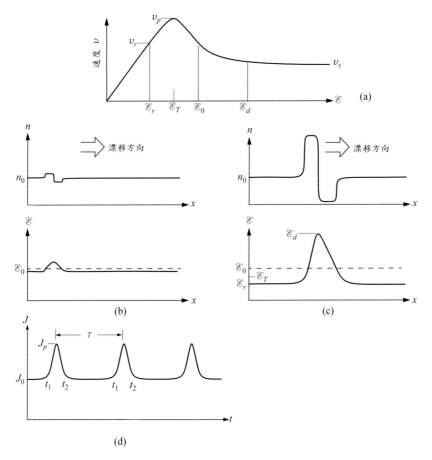

圖 28 區域形成的說明 (a) $v$-$\mathscr{E}$ 關係與一些臨界點 (b) 一個小的電偶極成長 (c) 一個成熟的區域 (d) 在 $t_1$ 與 $t_2$ 之間的端點－電流（甘恩）振盪器，成熟的區域消失在陽極，另一個則在陰極附近形成。

峰值。電流脈衝寬度是根據陽極區域消失與新的區域形成之間的間隔，週期 T 是依據區域從陰極到陽極的傳渡時間。接著來看區域形成。根據一維的連續方程式 [1]

$$\frac{\partial n}{\partial t} + \frac{1}{q}\frac{\partial J}{\partial x} = 0 \tag{84}$$

假如均勻平衡濃度為 $n_0$ 的多數載子發生一個小局部變動，且局部產生的空間電荷密度是（$n - n_0$），則波松方程式與電流密度方程式是

$$\frac{d\mathscr{E}}{dx} = \frac{q(n - n_0)}{\varepsilon_s} \quad , \quad J(x) = \frac{\mathscr{E}}{\rho} - qD\frac{dn}{dx} \tag{85}$$

將式 $dJ/dx$ 代入波松方程式，得到

$$\frac{1}{q}\frac{dJ}{dx} = \frac{n - n_0}{\rho\varepsilon_s} - D\frac{d^2n}{dx^2} \Rightarrow \frac{\partial n}{\partial t} + \frac{n - n_0}{\rho\varepsilon_s} - D\frac{\partial^2 n}{\partial x^2} = 0 \tag{86}$$

其中 $\rho$ 是電阻係數與 $D$ 為擴散常數。式 (86) 可藉由變數分離法解之。式 (86) 各分項的解為

$$n - n_0 = (n - n_0)\big|_{x=0} \exp\left(\frac{-x}{L_D}\right) \quad , \quad L_D \equiv \sqrt{\frac{kT\varepsilon_s}{q^2 n_0}} \tag{87}$$

式 (87) 決定了微小且不平衡電荷衰減的距離。對於暫態響應，式 (86) 的解為

$$n - n_0 = (n - n_0)\big|_{t=0} \exp\left(\frac{-t}{\tau_R}\right) \quad , \quad \tau_R \equiv \rho\varepsilon_s = \frac{\varepsilon_s}{q\mu_d n} \approx \frac{\varepsilon_s}{q\mu_d n_0} \tag{88}$$

若微分移動率 $\mu_d$ 是正值時，則上式所顯示的是空間電荷衰減成中性時的時間常數。式 (87) 中，$L_D$ 為狄拜長度，$\tau_R$ 為介電鬆弛時間，然而，如果半導體顯示為負的微分移動率，則任何的電荷不平衡將會隨著時間常數 $|\tau_R|$ 增加，而不會造成衰減。

---

[1] 為了避免過多的負號在運算式中出現，本章中我們將電子視為正電荷來表示，本章的所有運算也會因此而修正。

　　一個強的空間電荷不穩定狀態的形成，是決定於半導體內電荷是否足夠，以及元件是否夠長到可以讓電子在傳渡時間內能建立足夠的空間電荷，這些要求條件是建立各種模式操作的標準。在式 (88) 中，我們展示了一個有負微分移動率的元件，空間電荷將與時間常數 $|\tau_R| = \varepsilon/qn_0|\mu_d|$ 呈現指數形式的增加。假如全部空間電荷層的傳渡時間關係是維持不變，則成長最大的因素將會是 exp $(L / v_d |\tau_R|)$，其中 $v_d$ 為空間電荷層的平均漂移速度。空間電荷大量增加時，這個增加因子必須大於 1，就是 $(L / v_d |\tau_R|) > 1$ 或是

$$n_0L > \frac{\varepsilon_s v_d}{q|\mu_d|} \tag{89}$$

對於 $n$- 型砷化鎵與磷化銦，在 TED 元件中，其 $n_0 L$ 的乘積若小於 $10^{12}$ cm$^{-2}$，將顯示穩定的電場分布，而沒有電流的振盪狀態。因此，（載子濃度）×（元件長度）的乘積，以及 $n_0 L = 10^{12}$ cm$^{-2}$，是用來區分各種不同操作模式的重要邊界條件。我們可以意識到電偶極層將會變得穩定，並以特定速度傳送且不會隨時間來改變形狀與大小。圖 28a 顯示我們假設電子漂移速度隨著穩態速度－電場的特性，由方程式決定電子系統的行為

$$\frac{d\mathscr{E}}{dx} = \frac{q(n-n_0)}{\varepsilon_s} \quad , \quad J = qnv(\mathscr{E}) - q\frac{\partial D(\mathscr{E})n}{\partial x} + \varepsilon_s\frac{\partial \mathscr{E}}{\partial t} \tag{90}$$

總電流密度方程式的第三項是對應位移電流的部分。這個解表示高電場區域以區域速度 $v_d$ 傳播而不會改變形狀。在區域外，載子濃度與電場均保持定值，分別為 $n=n_0$ 和 $\mathscr{E}=\mathscr{E}_r$。對於這種型式的解，$\mathscr{E}$ 與 $n$ 兩者都必須為單一變數的函數，$x' \equiv x-v_d t$。注意 $n$ 是電場的雙變數函數。這個區域包含了一個 $n > n_0$ 聚積層，以及一個 $n < n_0$ 的空乏層。在兩種電場下，其中一種為區域外 $\mathscr{E}=\mathscr{E}_r$，另一種則為區域電場峰值 $\mathscr{E}=\mathscr{E}_d$，載子濃度 $n=n_0$。假設外部電場值 $\mathscr{E}_r$ 是已知的（$\mathscr{E}_r$ 將會很容易被決定）。在外部區域的電流只會由導電電流來組成（稍後會得到）。其中

$$\frac{\partial \mathscr{E}}{\partial x} = \frac{\partial \mathscr{E}}{\partial x'} \quad , \quad \frac{\partial \mathscr{E}}{\partial t} = -v_d\frac{\partial \mathscr{E}}{\partial x'} \tag{91}$$

其中 $v_d$ 為區域速度，也就是在區域內載子速度的平均值。將式 (90) 改寫為

$$\frac{d\mathscr{E}}{dx'} = \frac{q}{\varepsilon_s}(n - n_0) \tag{92}$$

以及

$$\frac{d[D(\mathscr{E})n]}{dx'} = n[v(\mathscr{E}) - v_d] - n_0(v_r - v_d) \tag{93}$$

我們將式 (93) 除以 (92)，可以消去變數 x'，得到電場函數的微分方程式 $[D(\mathscr{E})n]$

$$\frac{q}{\varepsilon_s}\frac{d[D(\mathscr{E})n]}{d\mathscr{E}} = \frac{n[v(\mathscr{E}) - v_d] - n_0(v_r - v_d)}{n - n_0} \tag{94}$$

通常式 (94) 只能利用數值方法才能求解 [75,76]。然而，假設擴散項與電場無關 $D(\mathscr{E}) = D$，就可以將問題大幅地簡化。藉著這種近似法，式 (94) 的解為

$$\frac{n}{n_0} - \ln\left(\frac{n}{n_0}\right) - 1 = \frac{\varepsilon_s}{qn_0D}\int_{\mathscr{E}_r}^{\mathscr{E}}\left\{[v(\mathscr{E}') - v_d] - \frac{n_0}{n}(v_r - v_d)\right\}d\mathscr{E}' \tag{95}$$

當 $\mathscr{E} = \mathscr{E}_r$ 或 $\mathscr{E}_d$，則 $n = n_0$（圖 28c），式 (95) 的左邊項會消失；當 $\mathscr{E} = \mathscr{E}_d$，方程式右邊的積分式會消失。然而從 $\mathscr{E}$ 積分到 $\mathscr{E}_d$，當 $n < n_0$，可以表示積分空乏區，或當 $n > n_0$，可以表示積分聚積區。因為積分式的第一項與 $n$ 無關，在兩種情形下積分的第二項是不同的，為了使積分空乏區與聚積區消失則必須要使 $v_r = v_d$。所以當 $\mathscr{E} = \mathscr{E}_d$，式 (95) 可以化簡為

$$\int_{\mathscr{E}_r}^{\mathscr{E}_d}[v(\mathscr{E}') - v_r]d\mathscr{E}' = 0 \tag{96}$$

若要滿足這個方程式，在圖 29 中的兩個陰影區域面積都要相等。利用等面積法則 [75]，假設外部電場 $\mathscr{E}_r$ 已知，則可以決定峰值區域電場 $\mathscr{E}_d$。在圖 29 虛線部分為利用等面積法則來得到 $\mathscr{E}_{dom}$ 對 $v_r$ 的曲線關係。它是電壓（或是電場 $\mathscr{E}_0$）的函數，開始發生在起始電場 $\mathscr{E}_T$ 時的速度—電場特性峰值。因為

外部電場值 ($\mathscr{E}_r$) 導致低電場的速度 $v_r$ ($\mathscr{E}_r$) 小於飽和速度 $v_s$ 時，則無法滿足
等面積法則，也不能再維持穩定的區域傳送。

假如式 (94) 的擴散因子 $D(\mathscr{E})$ 是依電場而變，這些數值解顯示對於一個
已知外部電場值 $\mathscr{E}_r$，最多會有一個區域超量速度的值，對於這個解的存在，
可以定義成 ($v_d - v_r$)。換句話說，就是對於任何一個 $\mathscr{E}_r$ 的值只有一個穩定的
電偶極區域存在。接著我們考慮一些高電場區域的特性，當區域不再與其他
電極接觸時，元件端點電流將藉由外部電場 $\mathscr{E}_r$ 來決定，其為 $J_0 = qn_0 \, (\mathscr{E}_r)v$，
因此，對於給定一個載子濃度 $n_0$，則外部電場就能決定 $J$ 值，方便以外部電
場 $\mathscr{E}_r$ 來定義在高電場區域中的超量電壓，可以寫為

$$V_{ex} = \int_{-\infty}^{\infty} [\mathscr{E}(x) - \mathscr{E}_r]dx \tag{97}$$

圖 30 所示為對於不同的載子濃度與外部電場下式 (97) 的解，這些曲線可以
用來估算在特定的元件長度為 $L$，摻雜濃度為 $n_0$ 與偏壓為 $V$ 時，二極體的
外部電場 $\mathscr{E}_r$，注意，其是在 $V_{ex} = V{-}L\mathscr{E}_r$ 需與式 (97) 同時成立的狀況下。圖
30a 顯示，在此方程式中，直線為元件線，虛線為在 $L = 25\ \mu m$ 與 $V = 10\ V$ 的
特定值，假如 $V/L > \mathscr{E}_T$ 起始電場，元件線的截距與式 (97) 的解可以得到唯
一的 $\mathscr{E}_r$ 與特定的電流 。元件線的斜率可以 $L$ 固定，然而，定義 $\mathscr{E}_r$ 的截距
可藉著調整偏壓 $V$ 來作改變。圖 30b 顯示區域寬度與區域超量電壓的關係

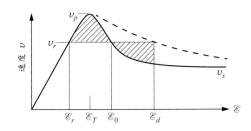

圖 29　速度對電場關係圖，顯示區域形成的等面積法則。虛線為當偏壓變化時，針對
　　　　不同的區域形成的 $v_r$ 對 $\mathscr{E}_d$ 的關係。

圖 76，其中可以注意到給定一個 $V_{ex}$，摻雜濃度越高則區域越窄。在零擴散的限制下，當在式 (28) 中 $\mathscr{E}$ 介於 $\mathscr{E}_r$ 與 $\mathscr{E}_d$ 之間時，區域為一個三角形，當 $D \to 0$ 時，方程式右邊將趨於無限大，因此式子左邊也要趨於無限大。其意味著 $n \to 0$ 是在空乏區，以及 $n \to \infty$ 是在累增區。電場 $\mathscr{E}$ 從 $\mathscr{E}_d$ 到 $\mathscr{E}_r$ 將會呈線性的變化，區域的寬度 $d = \varepsilon_s (\mathscr{E}_d - \mathscr{E}_r) / q n_0$，區域超量電壓為

$$V_{ex} = \frac{(\mathscr{E}_d - \mathscr{E}_r)d}{2} = \frac{\varepsilon_s(\mathscr{E}_d - \mathscr{E}_r)^2}{2qn_0} \tag{98}$$

實驗得知，砷化鎵與磷化銦的 TED 元件僅可得到三角型區域。

當高電場區域到達陽極時，在外部電路的電流會增加，且在電偶極內電場會重新自我分布，並重新結合成一個新的區域。接著電流振盪器的頻率是依據區域跨過樣品的速度 $v_d$ 來決定；假如 $v_d$ 增加，則頻率增加，反之亦然。如此可以很容易來決定 $v_d$ 與偏壓的相關性。

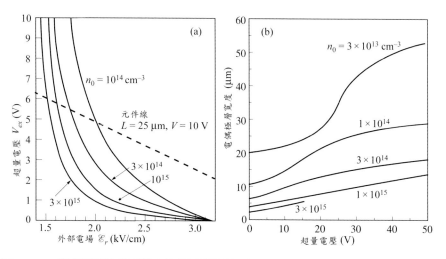

圖 30　(a) 對於不同的載子濃度的超量電壓對電場關係圖。虛線是元件線 (b) 對於不同摻雜濃度，區域寬度對區域超量電壓圖。（參考文獻 76）

　　當電偶極到達陽極時，電場會遍布整個樣品，並達到一個比起始場更大的值，且在陰極產生一個新的區域。圖 31 顯示模擬一個長度為 100 μm 且摻雜濃度為 $5 \times 10^{14}$ cm$^{-3}$ ($n_0 L = 5 \times 10^{12}$ cm$^{-2}$) 的砷化鎵元件的區域與時間相依的行為。連續的垂直波 $\mathscr{E}(x,t)$ 的間隔時間為 16 $\tau_R$，其中 $\tau_R$ 是由式 (88) 得到（此元件的 $\tau_R$ 為 1.5 ps）。在這裡可以看到在任何時間裡，只有一個區域可以存在。端點電流的波形顯示在圖 28d 中。在 $t_1$ 時，區域到達陽極。電流脈衝達到峰值 $J_p = qn_0 v_p$，藉由區域傳渡時間（$L/v_d$）可以得到電流脈衝的週期。甘恩是第一個發現這種電流振盪的轉電子移效應。

## 10.3.2 元件特性與操作

**特性與操作模式（Characteristic and Mode of Operation）**　　自從甘恩在 1963 年第一次發現在 GaAs 與 InP 的 TED 元件有微波震盪的現象後，已研究出各種不同的操作模式。一個 TED 元件依據 *I-V* 特性可知其具有負微分電阻的特性，因此可以利用與其它 NDR 元件一樣的操作方式來操作，也能使用區域甘恩電流振盪的額外特性，其頻率與區域傳渡時間有相關性。有五項主要因素影響或決定操作模式：(1) 元件的摻雜濃度與摻雜的均勻性；(2) 主動區的長度；(3) 陰極接觸的特性；(4) 操作電壓以及 (5) 電路連接的形式。後面將會再說明不同的操作模式。

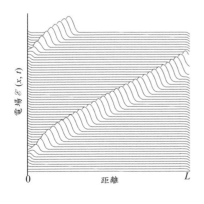

圖 31　區域形成與傳渡的時間相依性的數值模擬。樣品長度為 100 μm 與摻雜濃度為 $5 \times 10^{14}$ cm$^{-3}$。每個連續時間間隔為 12 ps。（參考文獻 77）

　　在沒有建立內部空間電荷（區域）與整個元件具有均勻電場的理想情形下，可藉由量測速度—電場的特性來得到 TED 的電流—電壓關係。在這種操作的模式下，TED 被用來當作一個正常的 NDR 元件，因為操作與區域無關，所以操作頻率不會被區域傳渡時間所限制。我們考慮一個最簡單的方波電壓，如圖 32。定義兩個常態化的參數：$\alpha \equiv I_v / I_T$ 與 $\beta \equiv V_0 / V_T$。從波形的種類假設，平均直流電流 $I_0 = (1+\alpha) I_T / 2$，元件提供的直流功率為 $P_0 = V_0 I_0 = \beta (1+\alpha) V_T I_T / 2$，以及負載所獲得所有的功率為

$$P_{rf} = \left(\frac{V_M - V_T}{2}\right)\left(\frac{I_T - I_V}{2}\right)\left(\frac{8}{\pi^2}\right) = \frac{(\beta-1)(1-\alpha)V_T I_T}{2}\left(\frac{8}{\pi^2}\right) \tag{99}$$

所以，直流到射頻 RF 的轉換效率為

$$\eta = \frac{(1-\alpha)(\beta-1)}{(1+\alpha)\beta}\left(\frac{8}{\pi^2}\right) \tag{100}$$

由式 (100) 可知要讓效率達到最大值，必須讓偏壓越高越好（$\beta \rightarrow \infty$），電流峰值到谷值比 $1/\alpha$ 越大越好。最大的效率產生理想值對砷化鎵（$1/\alpha = 2.2$）

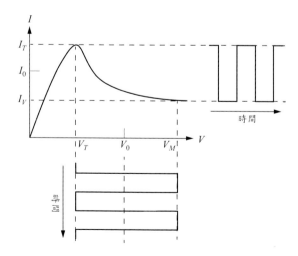

圖 32　均勻電場模式下的理想方波形。$V_0$ 與 $I_0$ 是 ac 訊號成分的中間值。（參考文獻 78）

爲 30%，對 InP（$1/\alpha = 3.5$）爲 45%。當頻率低於能量鬆弛時間與能谷間散射時間的倒數偏低時，效率與操作頻率是無關的。實驗上，上述這樣高的效率是絕對無法達成的，且操作頻率通常與傳渡時間頻率（$f = v_d/L$）有關。理由爲：(1) 偏壓被累增崩潰所限制；(2) 空間電荷層的形成，造成不均勻的電場產生，以及 (3) 在共振電路中很難達到理想電流與電壓波形。

　　當 $n_0 L$ 乘積大於 $10^{12}\ cm^{-2}$ 時，在材料中空間電荷微擾會隨著空間與時間呈指數性的增加，形成完整的電偶極層並傳送至陽極。因爲在陰極接觸附近有最大摻雜變動與空間電荷微擾存在，所以電偶極通常都在陰極接觸附近形成。在陽極完全發展的電偶極層，會週期性的形成與消失，因而可以在實驗上觀察到甘恩振盪行爲。當一個具有超臨界 $n_0 L$ 乘積的 TED 與共振電路並聯連接時，例如，高 $Q$ 的微波腔可以得到傳渡時間偶極層模式（transit-time dipole-layer mode）。在這個模式下，高電場的區域會在陰極形成，並且通過整個樣品長度到達陽極。在每一時間，區域被陽極吸收時，在外部電路的電流就會增加，所以，樣品區域的寬度會遠小於樣品寬度時，電流波形就會傾向尖形而非正弦波形。爲了得到更接近於正弦的波形，只有將樣品的長度縮小（在這種模式下可以增加頻率）或增加區域寬度。圖 30 顯示區域寬度是隨著摻雜濃度 $n_0$ 減少而增加。通常要得到更接近於正弦波形，$n_0 L$ 乘積必須越小越好，一直到超過臨界值爲止。圖 33 顯示在一個 RF 周期下，35 μm 樣品的連續電場分布與電流波形[79]，這個元件的波形非常接近正弦波形。理論研究上顯示，傳渡時間模式的效率在 $n_0 L$ 乘積爲 1 至數倍的 $10^{12}\ cm^{-2}$ 時爲最大，當區域填滿到樣品長度的一半時，電流波形幾乎就是正弦波形。在這個模式下，最大的直流到射頻（dc-to-RF）轉換效率爲 10%。假如電流波形接近方波，則效率將會被改善，此波形可藉由在陽極端電偶極消失的瞬間，調整電壓使其低於起始值來產生，則新的電偶極會延遲到電壓比起始值高的時候才會形成。然而，對於這種延遲的區域模式，轉折的過程是極爲複雜的。

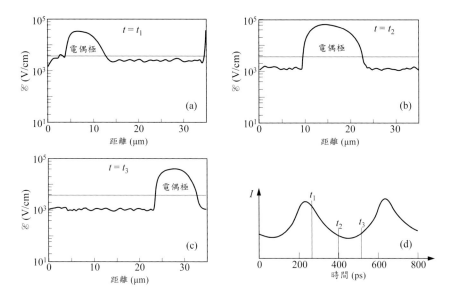

圖 33　針對效率所設計的傳渡時間電偶極層模式。值得注意的是，具有較大的區域寬度與接近正弦的電流波形。砷化鎵樣品 $n_0L = 2.1 \times 10^{12}\,\text{cm}^{-2}$ 與 $fL = 0.9 \times 10^7\,\text{cm/s}$。（參考文獻 79）

　　值得注意的是，假若高電場電偶極層在它到達陽極前被瞬間淬冷（quenched），則在一個共振電路中的 TED 將可在高於傳渡時間頻率的頻率下操作。在傳渡時間電偶極層模式下操作時，跨在元件上的電壓大部分會低於高電場電偶極層；當降低共振電路的偏壓時，電偶極層的寬度也會跟著降低（圖 30）。隨著偏壓減小，電偶極層也會跟著下降，一直到其聚積層與空乏層達到互相中和為止。此時的偏壓稱為 $V_s$，當橫跨在元件的偏壓小於 $V_s$ 時，會發生電偶極層的瞬間淬冷破壞。當偏壓折回到比起始值高時，會產生一個新的電偶極層，並且重複這個過程，因此振盪是發生在共振電路的頻率，而不是傳渡時間的頻率。

　　圖 34 顯示淬冷偶極層模式（quenched dipole-layer model）的例子[77]。這個元件與圖 31 的元件一樣，具有相同的長度與摻雜濃度。如圖 31 所示，在距離陰極約 $L/3$ 處，電偶極層被瞬間淬冷破壞，且操作頻率高達傳渡時間

電偶極層模式的三倍。瞬間淬冷破壞的速度可以決定這種模式的頻率上限，也就是由兩個時間常數決定，第一個為正的介電鬆弛緩時間，第二為 $RC$ 時間常數；$R$ 是正的電阻在二極體中未被電偶極佔據的區域，$C$ 為所有的串聯的電偶極電容。在 $n$- 型的 GaAs 與 InP [80,81]，第一個條件得到最低的臨界 $n_0/f$ 比值，大約是 $10^4$ s-cm$^{-3}$，第二時間常數是與電偶極數目與樣品長度有關。理論上，淬冷偶極層振盪器的效率可以達到 13%[82]。在淬冷偶極層模式操作下，可以發現理論 [79] 與實驗上 [83] 對於樣品在電路的共振頻率是傳渡時間頻率的好幾倍（$fL > 2 \times 10^7$ cm/s），操作頻率是介電鬆弛頻率的數量級（式 (101) $n_0/f = \varepsilon_s/q|\mu_d|$），因此經常形成多重的高電場電偶極層，這是因為一個電偶極沒有足夠的時間重新調整並吸收其他電偶極的電壓。

聚積層模式（accumulation-layer model）與偶極層主要的不同是在輕摻雜或短樣品（$n_0 L < 10^{12}$ cm$^{-2}$），這顯示只有電子的聚積層而沒有正電荷的空乏層。電場的分布輪廓變成一個圍繞電荷包的階梯函數，其相對於峰值顯示如圖 28c。在圖 35 中，當一個均勻的電場施加在元件上，聚積層的動態可以用簡化的形式說明。在時間 $t_1$，從陰極射入聚積層（超量電子），所以電場分布分為兩個部分，如圖中的時間 $t_2$。聚積層兩邊的速度會隨著方向改變，如圖 35a 所示，因為端點電壓假設為常數，在圖 35c 中的每條電場曲線下面積應該要相同。當聚積層朝著陽極方向傳輸，只有速度在聚積層兩邊下降時才保持這個等式，如速度－電場的曲線在時間 $t_3$、$t_4$、$t_5$ 時所指出的值。

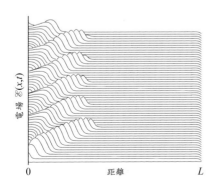

圖 34    淬冷偶極層模式下，TED 的數值模擬。（參考文獻 77）

最後聚積層在時間 $t_6$ 時到達陽極，並且消失。電場在陰極附近會超過起始值，並注入另一個聚積層，一直重覆此作用。圖35d中顯示平滑的電流波形。在這個特例中，聚積的電荷會連續成長遍布至整個元件長度。

具有次臨界 $n_0L$ 乘積（$n_0L < 10^{12}\,cm^{-2}$）的 TED，在電子傳渡時間頻率與諧波頻率附近會有負電阻的現象，可以被操作成一穩定的放大器[85]。當它連接到一個具有負載電阻約 $10\,R_0$ 的並聯共振電路時，其中 $R_0$ 為 TED 低電場電阻，時間聚積層模式下會有振盪的現象。圖36 顯示在一個射頻循環下[30]，三種不同時間的電場與距離之關係，同時顯示端點電流波形。此電壓總是大於起始值（$V > V_T = \mathscr{E}_T L$），這些波形與理想狀況有很大的差異，且效率只有 5%。假如 TED 連接串聯電阻與電感，則會得到效率約 10% 的較佳波形。在此例中，當空間電荷漂移到陽極時即會停止成長。

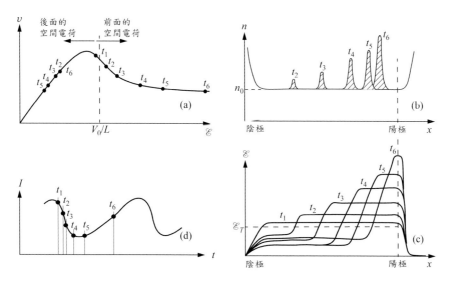

圖 35　在非時變端點電壓下，聚積層傳渡模式。（參考文獻 84）

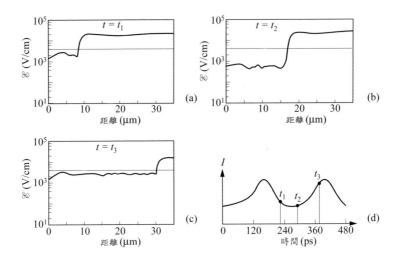

圖 36　(a)-(c) 在聚積層模式中，射頻循環下三種時間間隔所對應的電場與距離關係 (d) 砷化鎵 TED 在共振電路的端點電流波形，$n_0 = 2 \times 10^{14}$ cm$^{-3}$，$fL = 1.4 \times 10^7$ cm/s 以及 $n_0 / f = 5 \times 10^4$ s-cm$^{-3}$。（參考文獻 79）

　　在限制空間電荷聚積（limited-space-charge accumulation, LSA）模式操作下 [80]，橫跨在元件上的電場從低於起始值開始上升，並且很快速地回復，以致於沒有足夠的時間可以形成與空間電荷分布有關的高電場電偶極層。在陰極附近只有最初的聚積層形成，元件其餘部分保持均勻，可以提供夠小的摻雜變動，以避免電偶極層形成。在這種情況下，元件內大部分為均勻的電場，並且以電路控制的頻率來產生有效的功率。在越高的頻率下，空間電荷層傳送的距離越短，導致大部分被偏壓的元件處在負移動率範圍。操作模式的條件源於兩種需求：空間電荷不應該有足夠的時間成長至（大到）可觀的大小，以及聚積層必須在一射頻循環週期內完全淬冷。所以式 (93) 負的 $\tau_R$ 應該要比射頻週期還大，而正的 $\tau_R$ 較小。這些要求導致了下列的條件 [81]。

$$\frac{\varepsilon_s}{qn_0\mu_{d+}} \ll \frac{1}{f} \ll \frac{\varepsilon_s}{qn_0|\mu_{d-}|} \tag{101}$$

其中 $\mu_{d+}$ 為低電場正的微分移動率,以及 $\mu_{d-}$ 為在起始電場之上的平均負微分移動率。對於 GaAs 與 InP 兩種極限的比例為

$$10^4 < \frac{n_0}{f} < 10^5 \text{ s-cm}^{-3} \tag{102}$$

這裡可注意到的是,假如存在摻雜的變動,在某一個 $n_0/f$ 比例的範圍中,也會發生淬冷多種偶極層模式。因為過長的(非傳渡時間模式)元件可以應用在散熱困難的元件上,因此 LSA 元件非常適合產生高峰值功率的短脈衝。然而 LSA 元件操作頻率最大值比傳渡時間元件小很多,這種較低的頻率是由於電子在低能谷時能量鬆弛緩慢,導致淬冷時間增長。理論性的實驗顯示出對週期性的操作,需要最少的時間以保持在低於起始電壓下。能量—相依能量鬆弛時間(對 GaAs 為 0.4 - 0.6 ps,對 InP 為 0.2 - 0.3 ps)導致 GaAs 與 InP 有效的轉換時間常數分別是 1.5 ps 與 0.74 ps。對於 GaAs 與 InP 的 TED 元件,由有效的轉換時間常數估計而得到基本的頻率極限值,分別是 100 與 200 GHz。然而,對於使用 GaAs 與 InP 的毫米波 TED[34] 的自由振盪振盪器,其振盪頻率約為 80 與 480 GHz 已經被發表出來。

**元件的性能(Devices performances)** 請特別留意,TED 元件需要具有最少深層施體能階與最少缺陷的極高純度、高均勻度的材料,尤其在操作時會發生空間電荷的淬冷。第一個 TED 是從具有合金歐姆接觸的塊材 GaAs 與 InP 所製作而成,現今 TED 的製作幾乎是使用非常先進的磊晶技術,例如分子束磊晶技術,在 $n^+$- 基板上成長磊晶層。標準的施體濃度範圍從 $10^{14}$ 到 $10^{16}$ cm$^{-3}$,標準的元件長度範圍從數微米到數百微米。TED 晶片鑲嵌在微波封裝內。這些封裝與散熱的部分與 IMPATT 二極體相似。

為了改善元件特性,注入限制的陰極接觸[86] 已被用來取代 $n^+$ 歐姆接觸。藉著使用注入限制接觸,對應到陰極電流的起始電場可以調整成一個等於 NDR 的起始電場 $\mathscr{E}_T$ 的近似值。所以,電場是均勻的。對於歐姆接觸,由於較低能谷電子有限的加熱時間,在離陰極附近一段距離內會形成聚積層與電偶極層,這個死區(dead zone)可能會大到 1 μm,限制了元件的最小長度,

進而限制了最大的操作頻率。在注入限制的接觸，熱電子將會從陰極注入使其減少死區的長度。因為傳渡時間可以被最小化，一個分流平行板結構電容的元件顯示出與頻率無關的負電導。假如一個電感與一個足夠大的電導連接到這個元件，可以預期在共振頻率下以均勻電場模式振盪。在 10.2.3 節會推導理論的效率。

　　目前已有兩種注入限制接觸被研究出來，一個是具有低位障高度的蕭特基位障，另一個為雙區域的陰極結構。圖 37 將這些接觸與歐姆接觸作比較。對於歐姆接觸（圖 37a）在陰極附近總是有一個低電場區域，電場是非均勻橫跨元件長度。對於逆向偏壓下的蕭特基位障，可以得到一個合理的均勻電場（圖 37b）[87]。在第三章，逆向電流為

$$J_R = A^{**}T^2\exp\left(\frac{-q\,\phi_B}{kT}\right) \tag{103}$$

其中 $A^{**}$ 為有效李查遜常數，以及 $\phi_B$ 是位障高度。對於電流密度範圍為 $10^2$ 到 $10^4$ A/cm$^2$，對應的位障高度大約為 0.15 到 0.3 eV。在 III-V 半導體中，要實現低位障高度的蕭特基位障並不容易，它的溫度範圍受到相當限制，如式 (103) 顯示，注入電流是隨著溫度成指數地變化。兩區域的陰極接觸包含高電場區域以及 $n^+$- 區域（圖 37c）[88]，這種結構與低－高－低 IMPATT 二極體相似（見 10.2 節）。在高電場的區域電子加熱注入具有均勻電場的主動區，這種結構已經成功運用在寬廣的溫度範圍。

　　能量從電場轉移到電子，以及電子在較低與較高能谷間的散射都需要花費一定的時間，這些有限的時間會使得散射與能量鬆弛頻率有一個頻率的上限值。圖 38 顯示一些電子特性對於時間的響應，包括較低與較高能谷的速度，在較高能谷的總比例，與當電場突然從 6 kV/cm 降到 5 kV/cm 的平均速度。請注意，較高能谷的速度 $v_2$ 幾乎是隨著電場瞬間變化。然而較低能谷的速度 $v_1$ 具有較緩慢的時間響應約 2 ps，這個響應暗示在較低能谷有較弱的熱電子散射。此外，$n_2$ 緩慢的衰退對應於較高能谷到較低能谷的緩慢散射。平均速度 $v$ 的響應，有部分是來自 $v_1$ 的回復，另一部分為能谷間的傳

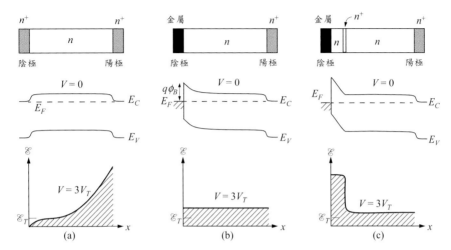

圖 37 三種陰極接觸圖 (a) 歐姆接觸 (b) 蕭特基位障接觸 (c) 雙區域的蕭特基位障接觸。

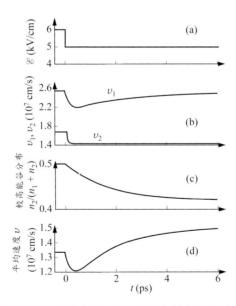

圖 38 在電場從 6 到 5 kV/cm 階梯式變化時，電子在較高能谷（$v_2$, $n_2$）以及較低能谷（$v_1$, $n_1$）的響應。（參考文獻 89）

送。因為有限的響應時間，TED 元件的頻率上值約為 500 GHz。在傳渡時間的條件下，操作頻率與元件長度成倒數，即 $f = v / L$。功率—頻率關係為

$$P_{rf} = \frac{V_{rf}^2}{R_L} = \frac{\mathscr{E}_{rf}^2 L^2}{R_L} = \frac{\mathscr{E}_{rf}^2 v^2}{R_L f^2} \propto \frac{1}{f^2} \tag{104}$$

其中 $V_{rf}$ 與 $\mathscr{E}_{rf}$ 分別表示為 RF 電壓與對應的電場，$R_L$ 為阻抗，所以輸出功率預期會隨著 $1/f^2$ 下降。圖 39 為 cw GaAs 與 InP TED 微波功率與頻率的關係圖。在數據點附近的數字為轉換頻率。由式 (104) 得知，功率通常隨著 $1/f^2$ 改變。顯而易見的是 InP 具有良好的特性，特別是在更高頻率時。通常 cw 功率比 IMPATT 二極體還小，而在一特定頻率對 TED 所供應的電壓將小於 IMPATT 二極體（以約 2 ~ 5 因子），且 TED 有較佳的雜訊特性。

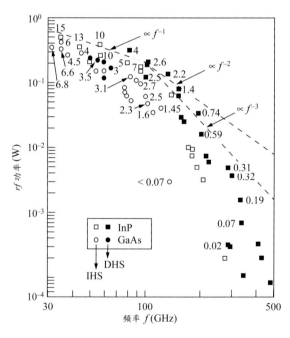

圖 39　cw 操作的 GaAs 與 InP TED 在整合以及鑽石散熱片上微波輸出功率與頻率的關係。在數據點附近的數字代表直流到射頻以百分比表示的轉換效率。（參考文獻 34）

TED 有兩種形式的雜訊：振幅偏差（AM 雜訊）與頻率偏差（FM 雜訊），兩者都是電子熱速度的擾動造成的。因為速度—電場的關係為非線性，使得振幅相對地穩定，所以 AM 雜訊通常比較小。FM 雜訊平均頻率偏差為

$$f_{\text{rms}} = \frac{f_0}{Q_{ex}}\sqrt{\frac{kT_{eq}(f_m)B}{P_0}} \tag{105}$$

其中 $f_0$ 為載子頻率，$Q_{ex}$ 為外部品質因子，$P_0$ 為輸出功率，以及 $B$ 為量測的帶寬。調制頻率依據等效雜訊溫度 $T_{eq}$ 為

$$T_{eq}(f_m) = \frac{qD}{k|\mu_{d-}|} \tag{106}$$

其中平均負微分移動率 $\mu_{d-}$ 是隨著電壓波動變化。因為 InP 的 $D/|\mu_{d-}|$ 比 GaAs 還小，所以 InP 有較低的雜訊。

　　到目前為止，我們探討了轉移電子效應，以及在微波振盪器與放大器的運用。TED 也可以運用在高速邏輯與類比操作方面。接下來，將探討 TED 非均勻橫截面積或／以及非均勻的摻雜濃度，與三端點 TED。假如我們假設非常薄的高電場區域與考慮鄰近均勻區域的現象，則一維的高電場區域可以用來分析非均勻狀態的振盪器。當 $n_0 L \gg 10^{12}$ cm$^{-2}$，且橫截面積的變化與摻雜為漸變的，則以上假設可以成立。使用之前章節所提到的理論，可知有一區域過量電壓 $V_{ex}$ 存在，高於此電壓則外部電場 $\mathscr{E}_r$ 會隨著時間保持常數。如圖 5a 所示，區域外平均速度的值對應於 $\mathscr{E}_r$ 為 $v_r$。如此飽和區域將以一定的速度 $v_r$ 進入振盪器。電流的密度會跟成熟的區域有關，已知 $J_0 = qn_0 (\mathscr{E}_r) v$，對於 TED 其非均勻的摻雜濃度 $N(x)$ 與截面積 $A(x)$，可通式化

$$I(t) = qN(x)A(x)v(\mathscr{E}_r) \tag{107}$$

其中 $x$ 為從陰極量測的距離與 $x = v_r t$。假如在時間 $t=0$，一個高電場的區域從陰極產生，接著在時間 $t$ 時，利用之前的假設可知區域位在 $x(t) = v_r t$。

　　圖 40 顯示非均勻形狀的樣品其本體效應振盪器的波形 [91]。實驗所得電流波形的確與樣品的形狀相似，當區域到達陽極，波形位置遠離已知的電流尖峰（current spike）。以字母 A、B、B' 與 C 來代表區域在這些位置時，所對應到時間軸中的瞬間時間。端點電流波形的現象依據式 (107) 可以解釋的更清楚。因為元件的電流在任何位置都要定值，當區域進入一個低摻雜或是更小橫截面的範圍時，為了保持相同的速度，區域的電場會變得更大。一個較高區域電場（或是過量電壓 $V_{ex}$）可意謂此區域外的電場（$\mathscr{E}_r$）是很低的，因為區域外的電場決定電流，所以端點電流更低。

　　至此我們只探討兩端點的元件，一個 TED 的電流波形可以藉著沿元件長度增加一個或更多的電極來控制。圖 41a 顯示電極在點 B 的元件結構，圖 41b 為預期的電流波形，這個波形可以解釋為（與之前的飽和區域理論一樣）：當區域於時間 $t = 0$ 離開陰極，陰極電流 $I_c(t)$ 會等於飽和區域電流（$Aqn_0v_r$），直到區域到達電極 B。此時，陰極電流會變成飽和區域電流與流過電阻 $I_g$ 電流的總和。電流 $I_g$ 等於區域中樣本 B 與 C 之間維持的電壓除以電阻值。陰極電流維持在 $I_c(t) = Aqn_0v_r + I_g$，直到區域在陽極被吸收為止，此時電流尖峰的時間很短。

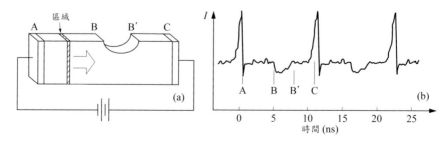

圖 40　(a) 非均勻橫截面的 TED (b) 其電流波形。在 (b) 中標明的為特定時間下其對應的區域位置。（參考文獻 91）

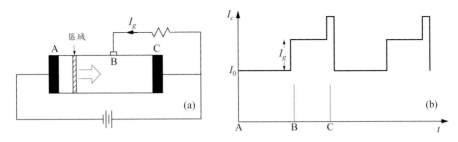

圖 41　(a)TED 控制的電流步級產生器電路 (b) 其陰極電流波形。在 (b) 時間軸的字母代表區域的位置。（參考文獻 91）

# 10.4 實空間轉移元件

## 10.4.1 實空間轉移二極體

　　在 1972 年格里布尼可夫（Gribnikov）[92] 以及在 1979 年漢斯（Hess）[93] 發明了負微分電阻的實空間轉移（real-space-transfer, RST）二極體。在 1981 年基弗（Keever）[94] 為第一個從 RST 二極體中得到負微分電阻的實驗證據，這個實空間轉移效應二極體是由兩種不同移動率的異質結構所組成。此外，對於一個 $n$- 型通道的元件，擁有較低移動率的材料也必須要有較高的導電帶邊緣 $E_c$。某些例子如 GaAs/AlGaAs [95]、InGaP/InGaAs/AlGaAs[96] 與 GaAs/InGaAs [97] 是異質結構。

　　實空間轉移效應 [98] 與轉移電子效應很相似，而且有時候很難在實驗上分辨出它們。轉移電子效應可由一層具有均勻特性的材料所產生，當載子被高電場激發到能量－動量空間中的衛星能帶，移動率會下降，且電流降低，造成了 NDR。在實空間轉移效應中，載子是在兩種材料之間轉移（真實空間）而不是兩種能帶（在動量空間）之間轉移。在低電場時，電子（在一個 $n$- 通道元件）被限制在具有低的 $E_c$ 與高移動率材料中（砷化鎵）。圖 42 為在高電場下的能帶圖，載子在砷化鎵通道需要從電場中得到能量來克服導電帶的不連續，到達相鄰較低移動率的材料中（AlGaAs），這種載子轉移可以認為是一種以電子溫度取代晶格溫度的熱離子發射，所以較高的電場造成較低的電流，這就是 NDR 的定義。圖 43 為實驗得到的 $I$-$V$ 特性，這裡顯示的實空間轉移其臨界電場在 2 與 3 kV/cm 之間，而在砷化鎵的轉移電子效應標準為 3.5 kV/cm，其中要注意的是這些臨界電場是由兩種不同型態的通道得到的（異質介面對本體），且無法單獨分離這些效應。另一種實空間轉移效應的特性是其具有更佳的控制因子，例如導電帶不連續、移動率比例與薄膜厚度，使得元件的特性可以改變並且達到最佳化。RST 效應產生的 $I$-$V$ 特性與轉移電子效應非常相似。為了能達到一個有效率的 RST 二極體，藉由適當的選擇具有最佳化能帶邊緣不連續的異質接面，並伴隨一個高的衛星能谷來避免轉移電子效應（或缺乏衛星能谷）是我們想要的目標。

　　RST 二極體的模型非常複雜，沒有可明確推導出的簡單公式來精確描述 $I$-$V$ 特性。定性上，以下的描述可瞭解負微分電阻的來源：假設所有單位面積的載子密度 $N_s$ 分散在厚度為 $L_1$ ($n_{s1}$) 的 GaAs 通道層與 AlGaAs 層 $L_2$ ($n_{s2}$)，所以 $n_{s1} + n_{s2} = N_s$。這也暗示，載子從較低能量的 GaAs 通道傳送到高能

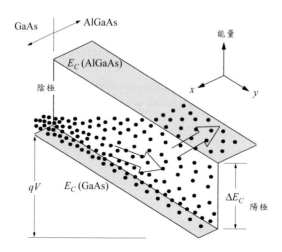

圖 42　在偏壓下，RST 二極體導電帶邊緣 $E_C$ 的能帶圖。在主 GaAs 通道中的電子從電場得到能量來克服位障注入 AlGaAs 層。

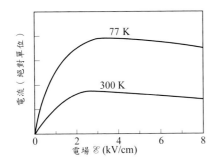

圖 43　以 GaAs/AlGaAs 異質結構為基礎的 RST 二極體電流－電壓（或－電場）關係。（參考文獻 94）

量的 AlGaAs 時，除了要克服位障 $\Delta E_C$ 之外，載子是可以在兩層之間輕易的移動，兩層的載子密度與熱載子的能量有關，可以藉著量測電子溫度 $T_e$ 與位障 $\Delta E_C$ 的關係來得到其比例關係

$$\frac{n_{s2}}{n_{s1}} = \left(\frac{m_2^*}{m_1^*}\right)^{3/2} \exp\left(\frac{-\Delta E_C}{kT_e}\right) \tag{108}$$

電子溫度與電場的關係為

$$\frac{3k(T_e - T_L)}{2\tau_e} = q\mu_1 \mathscr{E}^2 \tag{109}$$

其中 $\tau_e$ 為能量弛緩時間與 $T_0$ 為晶格（室溫）溫度。被激發到 AlGaAs 層的電子比例定義為 $F(\mathscr{E}) \equiv n_{s2} / N_s$，其為外加電場的函數。它在低電場下是從零開始，趨近到高電場時的 $L_2 / (L_1 + L_2)$ 比例。所有的漂移電流為 $J = q\, n_{s1}\mu_1 \mathscr{E} + q\, n_{s2}\mu_2 \mathscr{E} = q\mathscr{E} n_s\, [\mu_1 - (\mu_1 - \mu_2)F]$，微分電阻為

$$\frac{dJ}{d\mathscr{E}} = qN_s\left[\mu_1 - (\mu_1 - \mu_2)F - \mathscr{E}(\mu_1 - \mu_2)\frac{dF}{d\mathscr{E}}\right] \tag{110}$$

藉著適當地選擇 $\mu_1$、$\mu_2$、$F$ 以及 $dF/d\mathscr{E}$，可證明微分電阻是負的。在 GaAs/AlGaAs 調制摻雜系統中，室溫時 $\mu_1$ 約為 8000 cm²/V-s 與 $\mu_2$ 遠小於 500 cm²/V-s。實驗資料顯示 PVCR 值並不是非常高，其最大值約為 1.5。電腦模擬顯示 PVCR 值大於 2，是有可能的。RST 二極體其中一項優點就是高操作速度，響應時間受限於載子橫跨兩材料異質介面的移動，並且相較於以橫跨

陰極與陽極的傳渡時間，為主導機制的傳統二極體，RST 二極體的響應時間比較快。

### 10.4.2 實空間轉移電晶體

實空間轉移電晶體（real-space-transfer transistor）是一個三端點型式的 RST 二極體。在一個 RST 電晶體中，第三個端點會接觸高導電帶的材料，以獲得熱載子的發射，同時也控制橫向電場，使載子轉移更有效率。在 1983 年，卡斯塔利斯基（Kastalsky）與盧利義（Luryi）[99] 提出以 RST 電晶體作為負微分場效電晶體（Negative-resistance field-effect transistor, NERFET）。圖 44 為一個 RST 電晶體的標準結構，同時顯示載子的動向與垂直於異質介面方向的能帶。熱載子跨越過能量障礙後被第三端點收集，並提供電流給另一個端點，基於這個理由，第三端點就稱為集極，所以不像 RST 二極體，在位障層中的移動率是沒有關聯的。因為所有的載子密度下降，因此造成通道電流下降。這電流的下降是因為密度調制，而不是像 RST 二極體中發生的移動率調制，在源極的電流與 FET，如 MOSFET 與 MODFET 的通道電流相似。集極與閘極類似，能夠調變通道載子的密度與電流，具有額外功能能將越過位障的發射熱載子空乏掉。由此可知，從集極電流增加可得到通道電流下降。汲極電流與集極電流的總和，以及一個絕緣

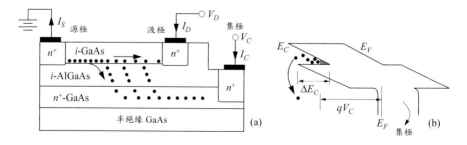

圖 44　(a) 實空間轉移電晶體的結構圖 (b) 垂直於通道的能帶圖。

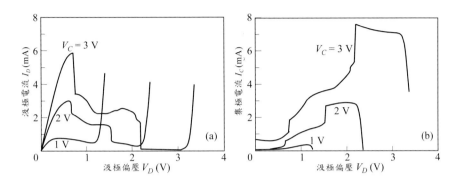

圖45 實空間轉移電晶體端點電流 (a) 汲極電流 (b) 集極電流與汲極偏壓。（參考文獻 100）

閘場效電晶體（insulated-gate FET）的所有通道電流相同。

圖 45 顯示 RST 電晶體的 I-V 特性。在低 $V_D$ 時，源極—汲極間的電流為一標準的 FET 電流。集極電流很低，它的端點控制通道電流使其成為一絕緣閘極。在高的 $V_D$，載子開始得到越來越多能量，而且開始溢出越過集極位障。集極流為熱電子電流，且會隨著縱向電場或 $V_D$ 增加，這電流通常發生在電場不均勻的飽和區，在集極附近會有較高的峰值出現。克希荷夫電流定律需要 $I_S = I_D + I_C$，當 $I_C$ 上升時，汲極電流會下降，得到負微分電阻（NDR）$dV_D / dI_D$，這個元件因為它的特性被集極端點控制，故為可變 NDR 元件。在室溫時，發現汲極電流有超過 340,000 的最大 PVCR 值 [101]。我們定性地分析集極電流，以得到一些對 RST 電晶體操作上的了解。$I_D$ 變化與集極電流的關係為

$$\frac{dI_D}{Wdx} = -J_C \tag{111}$$

其中 $W$ 為通道寬度。集極電流是由於熱電子的熱離子發射，一個簡單的分析為在平均電子溫度 $T_e$ 下，熱載子有馬克斯威爾分布，這溫度比室溫或晶格溫度 $T_0$ 還高。這個熱離子發射電流為

$$J_C(x) = qvn(x)\exp\left(-\frac{\Delta E_C}{kT_e}\right) \quad , \quad v = \sqrt{\frac{kT_e}{2\pi m^*}} \tag{112}$$

圖 22b 顯示因為導電帶不連續所以 $\Delta E_C$ 為位障高度。電子溫度直接與在汲極附近高的局部電場有關，實驗上它與汲極偏壓的平方成正比 [102]，因為汲極電流是漂移電流

$$I_D(x) = Edn(x)qvs \tag{113}$$

其中 $d$ 為通道厚度。假設一個均勻的電場，從源極到汲極呈現指數遞減來解式 (111)、(112) 與 (113)，可得到電子濃度 $n(x)$，將式 (112) 對整個通道長度 $L$ 積分，可得所有的集極電流。從熱離子發射理論經過嚴密的証明，可以得到以下相似的結果 [103]

$$I_C = A^{**}T_o^2 W\int_0^L\left\{\exp\left[\frac{V_C - V(x)}{kT_e(x)}\right]\exp\left[\frac{-\Delta E_C}{kT_e(x)}\right] - \exp\left[\frac{-\Delta E_C}{kT_o}\right]\right\}dx \tag{114}$$

其中 $A^{**}$ 為有效李查遜常數與 $V(x)$ 為通道位能。在元件上 $V_C$ 的增加有以下幾點效應：(1) 通道載子增加；(2) 為了有效收集熱載子，在 AlGaAs 內的電場上升，以及 (3) 因為在通道中更多均勻電場的再分布，使得 $T_e$ 下降。這些效應對熱電子電流很重要，有時候會有相反的影響。圖 45 顯示根據不同的 $V_D$ 值有三種不同的區域，在低的 $V_D$ 時，載子無法從縱向的電場獲得足夠的能量來克服位障，通道是由集極控制，其特性與 FET 的線性區很相似，最有趣的區域為中間值的 $V_D$，對應於 FET 的飽和區。然而，只有在高的 $V_C$ 值下，才能觀察到 NDR。在低的 $V_C$ 下，AlGaAs 層中沒有足夠高的橫向電場來有效收集載子。空間電荷效應的加入將進一步地減少橫向電場，空間電荷效應在位障層薄膜中建立的電壓為

$$\Delta V = \frac{J_C l^2}{2\varepsilon_s v_s} \tag{115}$$

其中 $l$ 為 AlGaAs 厚度。經過快速的估計，$\Delta V$ 可高達 2 V [104]。另外在這區域有一個有趣的現象：正的與負的轉導（$dI_D / dV_D$）同時存在。正的轉導是

因爲通道載子增加，同時 $T_e$ 與 $I_C$ 隨著 $V_C$ 下降；負的轉導爲橫向電場，$I_C$ 隨著 $V_C$ 上升。最後，第三區域爲高 $V_D$，其中漏電流開始於汲極與集極之間。

RST 電晶體的本質速度受限於兩個時間常數，即：建立 $T_e$ 的能量鬆弛時間，與接近汲極附近高電場區域內的飛行時間，後者爲穿過非常短的距離的傳渡時間，不像 FET 所有的距離皆爲從源極到汲極。這兩種時間常數大約爲 1 ps，因此，RST 電晶體可以作爲具有終極速度的快速元件，針對適當微縮的元件其速度約 100 GHz，已經有展示截止頻率比 70 GHz 還高的結果 [105]。有人提出利用集極電流當作主要的輸出電流，像電荷注入電晶體（charge-injection transistor, CHINT）以及利用汲極當作輸入 [106]。在結構上正規的 RST 電晶體與 CHINT 並沒有什麼不同，因爲 $I_C$ 受限於位障，相較於 FET，它的操作是更接近於電位效應電晶體（像雙極性電晶體），因爲這個原因，源極與汲極端點可分別類比於雙極性電晶體的射極與基極端點，藉由 $V_D$ 所創出來的電子溫度，$T_e$ 可以決定電晶體電流 $I_C$。CHINT 的操作可以與藉由電流熱阻式加熱陰極燈絲的眞空二極體相比 [105]。轉導爲

$$g_m = \frac{dI_C}{dV_D} \tag{116}$$

可以是相當高，在此可以得到 $g_m$ 最大值約爲 1.1 S/mm。在 CHINT 操作下，NDR 並不重要，一個三端點 RST 元件有下列幾項優點：(1) 可變的 NDR 控制；(2) 高的 PVCR 值；(3) 高速的操作（因爲射出的載子被排掉了，並沒有回到主要的通道）；(4) 高的轉導 $g_m$ 以及 (5) 作爲功能型元件的潛力（能執行功能的單一元件）。

## 參考文獻

1. W. T. Read, "A Proposed High-Frequency Negative Resistance Diode," *Bell Syst. Tech. J.*, **37**, 401 (1958).

2. R. L. Johnston, B. C. DeLoach, and B. G. Cohen, "A Silicon Diode Oscillator," *Bell Syst. Tech. J.*, **44**, 369 (1965).

3. C. A. Lee, R. L. Batdorf, W. Wiegman, and G. Kaminsky, "The Read Diode and Avalanche, Transit-Time, Negative-Resistance Oscillator," *Appl. Phys. Lett.*, **6**, 89 (1965).

4. F. F. Sizov, "Brief History of THz and IR Technologies," *SPQEO*, **22**, 67 (2019).

5. C. A. Brackett, "The Elimination of Tuning Induced Burnout and Bias Circuit Oscillation in IMPATT Oscillators," *Bell Syst. Tech. J.*, **52**, 271 (1973).

6. G. Salmer, H. Pribetich, A. Farrayre, and B. Kramer, "Theoretical and Experimental Study of GaAs IMPATT Oscillator Efficiency," *J. Appl. Phys.*, **44**, 314 (1973).

7. S. M. Sze and G. Gibbons, "Avalanche Breakdown Voltages of Abrupt and Linearly Graded p–n Junctions in Ge, Si, GaAs, and GaP," *Appl. Phys. Lett.*, **8**, 111 (1966).

8. W. E. Schroeder and G. I Haddad, "Avalanche Region Width in Various Structures of IMPATT Diodes," *Proc. IEEE*, **59**, 1245 (1971).

9. G. Gibbons and S. M. Sze, "Avalanche Breakdown in Read and *p–i–n* Diodes," *Solid-State Electron.*, **11**, 225 (1968).

10. C. R. Crowell and S. M. Sze, "Temperature Dependence of Avalanche Multiplication in Semiconductors," *Appl. Phys. Lett.*, **9**, 242 (1966).

11. H. C. Bowers, "Space-Charge-Limited Negative Resistance in Avalanche Diodes," *IEEE Trans. Electron Dev.*, **ED-15**, 343 (1968).

12. S. M. Sze and W. Shockley, "Unit-Cube Expression for Space-Charge Resistance," *Bell Syst. Tech. J.*, **46**, 837 (1967).

13. P. Weissglas, "Avalanche and Barrier Injection Devices," in M. J. Howes and D. V. Morgan, Eds., *Microwave Devices–Device Circuit Interactions*, Chapter 3, Wiley, New York, 1976.

14. M. Gilden and M. F. Hines, "Electronic Tuning Effects in the Read Microwave Avalanche Diode," *IEEE Trans. Electron Dev.*, **ED-13**, 169 (1966).

15. D. L. Scharfetter, "Power-Impedance-Frequency Limitation of IMPATT Oscillators Calculated from a Scaling Approximation," *IEEE Trans. Electron Dev.*, **ED-18**, 536 (1971).

16. D. L. Scharfetter and H. K. Gummel, "Large-Signal Analysis of a Silicon Read Diode Oscillator," *IEEE Trans. Electron Dev.*, **ED-16**, 64, (1969).

17. T. E. Seidel, W. C. Niehaus, and D. E. Iglesias, "Double-Drift Silicon IMPATTs at X Band," *IEEE Trans. Electron Dev.*, **ED-21**, 523 (1974).

18. P. A. Blakey, B. Culshaw, and R. A. Giblin, "Comprehensive Models for the Analysis of High Efficiency GaAs IMPATTs," *IEEE Trans. Electron Dev.*, **ED-25**, 674 (1978).

19. K. Nishitani, H. Sawano, O. Ishihara, T. Ishii, and S. Mitsui, "Optimum Design for High-Power and High Efficiency GaAs Hi–Lo IMPATT Diodes," *IEEE Trans. Electron Dev.*, **ED-26**, 210 (1979).

20. W. J. Evans, "Avalanche Diode Oscillators," in W. D. Hershberger, Ed., *Solid State and Quantum Electronics*, Wiley, New York, 1971.

21. T. Misawa, "Saturation Current and Large Signal Operation of a Read Diode," *Solid-State Electron.*, **13**, 1363 (1970).

22. Y. Aono and Y. Okuto, "Effect of Undepleted High Resistivity Region on Microwave Efficiency of GaAs IMPATT Diodes," *Proc. IEEE*, **63**, 724 (1975).

23. B. C. DeLoach, "Thin Skin IMPATTs," *IEEE Trans. Microwave Theory Tech.*, **MTT-18**, 72 (1970).

24. T. Misawa, "High Frequency Fall-Off of IMPATT Diode Efficiency," *Solid-State Electron.*, **15**, 457 (1972).

25. J. J. Berenz, J. Kinoshita, T. L. Hierl, and C. A. Lee, "Orientation Dependence of *n*-type GaAs Intrinsic Avalanche Response Time," *Electron. Lett.*, **15**, 150 (1979).

26. L. H. Holway and M. G. Adlerstein, "Approximate Formulas for the Thermal Resistance of IMPATT Diodes Compared with Computer Calculations," *IEEE Trans. Electron Dev.*, **ED-24**, 156 (1977).

27. M. F. Hines, "Noise Theory for Read Type Avalanche Diode," *IEEE Trans. Electron Dev.*, **ED-13**, 158 (1966).

28. H. K. Gummel and J. L. Blue, "A Small-Signal Theory of Avalanche Noise on IMPATT Diodes," *IEEE Trans. Electron Dev.*, **ED-14**, 569 (1967).

29. J. L. Blue, "Preliminary Theoretical Results on Low Noise GaAs IMPATT Diodes," *IEEE Device Res. Conf.*, 1970.

30. G. C. Ghivela, J. Sengupta, and M. Mitra, "Ka Band Noise Comparison for Si, Ge, GaAs, InP, WzGaN, 4H-SiC-Based IMPATT Diode," *Int. J. Electron. Lett.*, **7**, 107 (2019).

31. A. K. Panda, D. Pavlidis, and E. Alekseev, "DC and High-Frequency Characteristics of GaN-Based IMPATTs," *IEEE Trans. Electron Dev.*, **ED-48**, 820 (2001).

32. A. K. Panda, R. K. Parida, N. C. Agrawala, and G. N. Dash, "Comparative Study on the High-Bandgap Material (GaN and SiC)-Based Impact Avalanche Transit Time Device," *IET Microwaves Antennas Propag.*, **2**, 789 (2008).

33. J. Sengupta, G. C. Ghivela, A. Gajbhiye, and M. Mitra, "Measurement of Noise and Efficiency of 4H-SiC IMPATT Diode at Ka-Band," *Int. J. Electron. Lett.*, **4**, 134 (2016).

34. H. Eisele, "Gunn or Transferred - Electron Devices," in J. G. Webster, Ed., *Wiley Encyclopedia of Electrical and Electronics Engineering*, Wiley, New Jersey, 2014.

35. J. C. Irvin, D. J. Coleman, W. A. Johnson, I. Tatsuguchi, D. R. Decker, and C. N. Dunn, "Fabrication and Noise Performance of High-Power GaAs IMPATTs," *Proc. IEEE*, **59**, 1212 (1971).

36. L. S. Bowman and C. A. Burrus, "Pulse-Driven Silicon *p–n* Junction Avalanche Oscillators for the 0.9 to 20 mm Band," *IEEE Trans. Electron Dev.*, **ED-14**, 411 (1967).

37. M. Ino, T. Ishibashi, and M. Ohmori, "Submillimeter Wave Si *p⁺pn⁺* IMPATT Diodes," *Jpn. J. Appl. Phys.*, **16**, Suppl. **16-1**, 89 (1977).

38. J. Pribetich, M. Chive, E. Constant, and A. Farrayre, "Design and Performance of Maximum-Efficiency Single and Double-Drift-Region GaAs IMPATT Diodes in the 3–18 GHz Frequency Range," *J. Appl. Phys.*, **49**, 5584 (1978).

39. T. E. Seidel, R. E. Davis, and D. E. Iglesias, "Double-Drift-Region Ion-Implanted Millimeter- Wave IMPATT Diodes," *Proc. IEEE*, **59**, 1222 (1971).

40. H. Eisele and R. Kamoua, "Submillimeter-Wave InP Gunn Devices," *IEEE Trans. Microwave Theory Tech.*, **52**, 2371 (2004).

41. D. J. Coleman and S. M. Sze, "The BARITT Diode—A New Low Noise Microwave Oscillator," *IEEE Device Res. Conf.*, 1971; "A Low-Noise Metal-Semiconductor-Metal (MSM) Microwave Oscillator," *Bell Syst. Tech. J.*, **50**, 1695 (1971).

42. S. M. Sze, D. J. Coleman, and A. Loya, "Current Transport in Metal-Semiconductor-Metal (MSM) Structures," *Solid-State Electron.*, **14**, 1209 (1971).

43. J. L. Chu, G. Persky, and S. M. Sze, "Thermionic Injection and Space-Charge-Limited Current in Reach-Through *p⁺np⁺* Structures," *J. Appl. Phys.*, **43**, 3510 (1972).

44. J. L. Chu and S. M. Sze, "Microwave Oscillation in *pnp* Reach-Through BARITT Diodes," *Solid-State Electron.*, **16**, 85 (1973).

45. H. Nguyen-Ba and G. I. Haddad, "Effects of Doping Profile on the Performance of BARITT Devices," *IEEE Trans. Electron Dev.*, **ED-24**, 1154 (1977).

46. S. P. Kwok and G. I. Haddad, "Power Limitation in BARITT Devices," *Solid-State Electron.*, **19**, 795 (1976).

47. O. Eknoyan, S. M. Sze, and E. S. Yang, "Microwave BARITT Diode with Retarding Field—An Investigation," *Solid-State Electron.*, **20**, 285 (1977).

48. A. V. Kornaukhov, A. A. Ezhevskii, M. O. Marychev, D. O. Filatov, and V. G. Shengurov, "On the Nature of Electroluminescence at 1.5 μm in the Breakdown Mode of Reverse-Biased Er-Doped Silicon *p-n*-Junction Structures Grown by Sublimation Molecular Beam Epitaxy," *Semiconductors*, **45**, 85 (2011).

49. J. Nishizawa, "The GaAs TUNNETT Diodes," in K. J. Button, Ed., *Infrared and Millimeter Waves*, Vol. 5, p. 215, Academic Press, New York, 1982.

50. S. Balasekaran, K. Endo, T. Tanabe, and Y. Oyama, "Patch Antenna Coupled 0.2 THz TUNNETT Oscillators," *Solid-State Electron.*, **54**, 1578 (2010).

51. T. Ohno, A. Yasuda, T. Tanabe, and Y. Oyama, "Compound Semiconductor Oscillation Device Fabricated by Stoichiometry Controlled-Epitaxial Growth and Its Application to Terahertz and Infrared Imaging and Spectroscopy," in S. K. Kurinec and S. Walia, Eds., *Energy Efficient Computing & Electronics: Devices to Systems*, 1st Ed., Chapter 10, CRC Press, New York, 2019.

52. J. Nishizawa, P. Plotka, H. Makabe, and T. Kurabayashi, "GaAs TUNNETT Diodes Oscillating at 430–655 GHz in CW Fundamental Mode," *IEEE Microwave Wireless Compon. Lett.*, **15**, 597 (2005).

53. H. Eisele, "State of the Art and Future of Electronic Sources at Terahertz Frequencies," *Electron. Lett.*, **46**, s8 (2010).

54. H. Eisele, "480 GHz Oscillator with an InP Gunn Device," *Electron. Lett.*, **46**, 422 (2010).

55. J. B. Gunn, "Microwave Oscillation of Current in III–V Semiconductors," *Solid State Commun.*, **1**, 88 (1963).

56. D. M. Chang and J. G. Ruch, "Measurement of the Velocity Field Characteristic of Electrons in Germanium," *Appl. Phys. Lett.*, **12**, 111 (1968).

57. M. K. Husain, X. V. Li, and C. H. de Groot, "Observation of Negative Differential Conductance in a Reverse-Biased Ni/Ge Schottky Diode," *IEEE Electron Dev. Lett.*, **30**, 966 (2009).

58. A. Forster, M. Lepsa, D. Freundt, J. Stock, and S. Montanari, "Hot Electron Injector Gunn Diode for Advanced Driver Assistance Systems," *Appl. Phys. A*, **87**, 545 (2007).

59. H. Kroemer, "Theory of the Gunn Effect," *Proc. IEEE*, **52**, 1736 (1964).

60. A. R. Hutson, A. Jayaraman, A. G. Chynoweth, A. S. Coriell, and W. L. Feldmann, "Mechanism of the Gunn Effect from a Pressure Experiment," *Phys. Rev. Lett.*, **14**, 639 (1965).

61. X. Tang, M. Rousseau, C. Dalle, and J. C. de Jaeger, "Physical Analysis of Thermal Effects on the Optimization of GaN Gunn Diodes," *Appl. Phys. Lett.*, **95**, 142102 (2009).

62. J. Glover, A. Khalid, D. Cumming, G. M. Dunn, M. Kuball, M. M. Bajo, and C. H. Oxley, "Thermal Profiles within the Channel of Planar Gunn Diodes Using Micro-Particle Sensors," *IEEE Electron Dev. Lett.*, **38**, 1325 (2017).

63. E. A. Barry, V. N. Sokolov, K. W. Kim, and R. J. Trew, "Large-Signal Analysis of Terahertz Generation in Submicrometer GaN Diodes," *IEEE Sens. J.*, **10**, 765 (2010).

64. S. Yngvesson, *Microwave Semiconductor Devices*, Chapter 2, Springer, New York, 1991.

65. J. F. Luy, *Microwave Semiconductor Devices: Theory, Technology, and Performance*, Chapter 2, Expert-Verlag, Renningen, 2006.

66. S. K. Roy and M. Mitra, *Microwave Semiconductor Devices*, Chapter 6, PHI Learning Private Limited, New Delhi, 2017.

67. D. E. Aspnes, "GaAs Lower Conduction Band Minimum: Ordering and Properties," *Phys. Rev.*, **14**, 5331 (1976).

68. H. D. Rees and K. W. Gray, "Indium Phosphide: A Semiconductor for Microwave Devices," *Solid State Electron Devices*, **1**, 1 (1976).

69. D. E. McCumber and A. G. Chynoweth, "Theory of Negative Conductance Application and Gunn Instabilities in 'Two-Valley' Semiconductors," *IEEE Trans. Electron Dev.*, **ED-13**, 4 (1966).

70. K. Sakai, T. Ikoma, and Y. Adachi, "Velocity-Field Characteristics of GaxInl–xSb Calculated by the Monte Carlo Method," *Electron. Lett.*, **10**, 402 (1974).

71. R. E. Hayes and R. M. Raymond, "Observation of the Transferred-Electron Effect in GaInAsP," *Appl. Phys. Lett.*, **31**, 300 (1977).

72. J. R. Hauser, T. H. Glisson, and M. A. Littlejohn, "Negative Resistance and Peak Velocity in the Central (000) Valley of III–V Semiconductors," *Solid-State Electron.*, **22**, 487 (1979).

73. J. G. Ruch and G. S. Kino, "Measurement of the Velocity-Field Characteristics of Gallium Arsenide," *Appl. Phys. Lett.*, **10**, 40 (1967).

74. I. Mojzes, B. Podor, and I. Balogh, "On the Temperature Dependence of Peak Electron Velocity and Threshold Field Measured on GaAs Gunn Diodes," *Phys. Status Solidi (a)*, **39**, K123 (1977).

75. P. N. Butcher, "Theory of Stable Domain Propagation in the Gunn Effect," *Phys. Lett.*, **19**, 546 (1965).

76. J. A. Copeland, "Electrostatic Domains in Two-Valley Semiconductors," *IEEE Trans. Electron Dev.*, **ED-13**, 187 (1966).

77. M. Shaw, H. L. Grubin, and P. R. Solomon, *The Gunn-Hilsum Effect*, Academic Press, New York, 1979.

78. G. S. Kino and I. Kuru, "High-Efficiency Operation of a Gunn Oscillator in the Domain Mode," *IEEE Trans. Electron Dev.*, **ED-16**, 735 (1969).

79. H. W. Thim, "Computer Study of Bulk GaAs Devices with Random One-Dimensional Doping Fluctuations," *J. Appl. Phys.*, **39**, 3897 (1968).

80. J. A. Copeland, "A New Mode of Operation for Bulk Negative Resistance Oscillators," *Proc. IEEE*, **54**, 1479 (1966).

81. J. A. Copeland, "LSA Oscillator Diode Theory," *J. Appl. Phys.*, **38**, 3096 (1967).

82. M. R. Barber, "High Power Quenched Gunn Oscillators," *Proc. IEEE*, **56**, 752 (1968).

83. H. W. Thim and M. R. Barber, "Observation of Multiple High-Field Domains in n-GaAs," *Proc. IEEE*, **56**, 110 (1968).

84. G. S. Hobson, *The Gunn Effect*, Clarendon, Oxford, 1974.

85. H. W. Thim and W. Haydl, "Microwave Amplifier Circuit Consideration," in M. J. Howes and D. V. Morgan, Eds., *Microwave Devices*, Wiley, Chapter 6, New York, 1976.

86. H. Kroemer, "The Gunn Effect under Imperfect Cathode Boundary Condition," *IEEE Trans. Electron Dev.*, **ED-15**, 819 (1968).

87. D. J. Colliver, L. D. Irving, J. E. Pattison, and H. D. Rees, "High-Efficiency InP Transferred- Electron Oscillators," *Electron. Lett.*, **10**, 221 (1974).

88. K. W. Gray, J. E. Pattison, J. E. Rees, B. A. Prew, R. C. Clarke, and L. D. Irving, "InP Microwave Oscillator with 2-Zone Cathodes," *Electron. Lett.*, **11**, 402 (1975).

89. H. D. Rees, "Time Response of the High-Field Electron Distribution Function in GaAs," *IBM J. Res. Dev.*, **13**, 537 (1969).

90. A. Ataman and W. Harth, "Intrinsic FM Noise of Gunn Oscillators," *IEEE Trans. Electron Dev.*, **ED-20**, 12 (1973).

91. M. Shoji, "Functional Bulk Semiconductor Oscillators," *IEEE Trans. Electron Dev.*, **ED-14**, 535 (1967).

92. Z. S. Gribnikov, "Negative Differential Conductivity in a Multilayer Heterostructure," *Soviet Phys.–Semicond.*, **6**, 1204 (1973). Translated from *Fizika i Teknika Poluprovodnikov*, 6, 1380 (1972).

93. K. Hess, H. Morkoc, H. Shichijo, and B. G. Streetman, "Negative Differential Resistance Through Real-Space Electron Transfer," *Appl. Phys. Lett.*, **35**, 469 (1979).

94. M. Keever, H. Shichijo, K. Hess, S. Banerjee, L. Witkowski, H. Morkoc, and B. G. Streetman, "Measurements of Hot-Electron Conduction and Real-Space Transfer in GaAs-Al$_x$Ga$_{1-x}$As Heterojunction Layers," *Appl. Phys. Lett.*, **38**, 36 (1981).

95. A. Kastalsky, S. Luryi, A. C. Gossard, and R. Hendel, "A Field-Effect Transistor with a Negative Differential Resistance," *IEEE Electron Dev. Lett.*, **EDL-5**, 57 (1984).

96. Y. W. Chen, W. C. Hsu, H. M. Shieh, Y. J. Chen, Y. S. Lin, Y. J. Li, and T. B. Wang, "High Breakdown Characteristic-Doped InGaP/InGaAs/AlGaAs Tunneling Real-Space Transfer HEMT," *IEEE Trans. Electron Dev.*, **49**, 221 (2002).

97. X. Yu, L. H. Mao, W. L. Guo, S. L. Zhang, S. Xie, and Y. Chen, "Monostable–Bistable Transition Logic Element Formed by Tunneling Real-Space Transfer Transistors With Negative Differential Resistance," *IEEE Electron Dev. Lett*, **31**, 1224 (2010).

98. Z. S. Gribnikov, K. Hess, and G. A. Kosinovsky, "Nonlocal and Nonlinear Transport in Semiconductors: Real-Space Transfer Effects," *J. Appl. Phys.*, **77**, 1337 (1995).

99. A. Kastalsky and S. Luryi, "Novel Real-Space Hot-Electron Transfer Devices," *IEEE Electron Dev. Lett.*, **EDL-4**, 334 (1983).

100. P. M. Mensz, S. Luryi, A. Y. Cho, D. L. Sivco, and F. Ren, "Real-Space Transfer in Three-Terminal InGaAs/InAlAs/InGaAs Heterostructure Devices," *Appl. Phys. Lett.*, **56**, 2563 (1990).

101. C. L. Wu, W. C. Hsu, H. M. Shieh, and M. S. Tsai, "A Novel δ-Doped GaAs/InGaAs Real-Space Transfer Transistor with High Peak-to-Valley Ratio and High Current Driving Capability," *IEEE Electron Dev. Lett.*, **EDL-16**, 112 (1995).

102. S. Luryi, "Hot-Electron transistors," in S. M. Sze, Ed., *High-Speed Semiconductor Devices*, Wiley, New York, 1990.

103. E. J. Martinez, M. S. Shur, and F. L. Schuermeyer, "Gate Current Model for the Hot-Electron Regime of Operation in Heterostructure Field Effect Transistors," *IEEE Trans. Electron Dev.*, **ED-45**, 2108 (1998).

104. S. Luryi and A. Kastalsky, "Hot Electron Injection Devices," *Superlattices Microstruct.*, 1, 389 (1985).

105. G. L. Belenky, P. A. Garbinski, P. R. Smith, S. Luryi, A. Y. Cho, R. A. Hamm, and D. L. Sivco, "Microwave Performance of Top-Collector Charge Injection Transistors on InP Substrates," *Semicond. Sci. Technol.*, **9**, 1215 (1994).

106. S. Luryi, A. Kastalsky, A. C. Gossard, and R. H. Hendel, "Charge Injection Transistor Based on Real-Space Hot-Electron Transfer," *IEEE Trans. Electron Dev.*, **ED-31**, 832 (1984).

# 習題

1. 對各種不同的電子元件、電路以及系統的應用，傳渡時間元件（transit time device）已被應用於產生微波功率，請說明爲什麼它們可以將直流 (dc) 訊號轉換成交流 (ac) 訊號。

2. 試求操作在 1.0 A 時，矽基 $p^+$-$i$- $n^+$-$i$- $n^+$ IMPATT 二極體的直流逆向偏電壓值。第一層與第二層 $i$ 區域的厚度分別爲 1.5 與 4.5 μm，在 $n^+\delta$- 區域的摻雜量爲 $10^{18}$ cm$^{-3}$，寬度爲 14 nm，元件的面積爲 $5 \times 10^{-4}$ cm$^2$，忽略溫度效應。

3. 藉由取代以下小訊號表示式（small-signal expression）：$\bar{a} \approx \alpha_o + \alpha' \mathscr{E}_A \exp(j\omega t)$、$\bar{a} x_A = 1 + x_A \alpha' \mathscr{E}_A \exp(j\omega t)$、$J = Jo + \tilde{J}_A exp(j\omega t)$ 以及 $\mathscr{E} = \mathscr{E}_o + \mathscr{E}_A exp(j\omega t)$，其中的 $\alpha' \equiv \partial\alpha / \partial\mathscr{E}$ 以及 $\bar{a} = \alpha' \tilde{\mathscr{E}}_A$ 在式 (25) 中，同時忽略較高階次項目的乘積，針對累增傳導電流的交流分量，請推導出式 (26)。

4. 傳渡時間二極體的理想電壓電流波形如圖所示，其 $\delta$ 為注入脈衝寬度，$\phi$ 是脈衝中心的相位延遲，且 $\theta$ 為漂移區域角度，該直流電流為，其中 $I_{ind}$ 為感應電流值，試求出 (a) 以 $I_{dc}$ 及 $\theta$ 表示的 $I_{max}$。(b) 效率（$\eta \equiv P_{ac}/P_{dc}$）(c) 若 $V_{ac}/V_{dc} = 0.5$，$\phi = 3\pi/2$，$\delta = 0$，及 $\theta = \pi/2$，試求其效率。

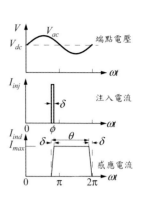

5. 如上題的 IMPATT，試問
   (a) 當元件處於累增崩潰情況下，在其漂移區域內的電場是否足夠高到可以維持電子的飽和速度？
   (b) 試求元件的最大輸出功率，假設該二極體的電容值為 0.05 pF，且 $P \times f^2 = $ 常數。

6. 一個 Si IMPATT 元件操作於 140 GHz，其直流偏壓為 15 V 且平均偏壓電流為 150 mA。(a) 如果功率轉換效率為 25%，其二極體的熱阻值為 40°C/W，試求接面溫度將高於室溫多少？(b) 如其崩潰電壓隨溫度的變化率為 40 mV/°C，試求該二極體於室溫下的崩潰電壓 $V_B$ 為何？（假設空間電荷阻值為 10 Ω，且不受溫度的影響）

7. 考慮一具有 0.4 μm 寬的累增區域，以及總空乏區寬度為 3 μm 的砷化鎵雙漂移低－高－低 IMPATT。其 $n^+$- 或 $p^+$- 區摻雜量為 $1.5 \times 10^{12}$ cm$^{-2}$。假設在左圖中，A、B 及 C 區域的摻雜量極低，試求該元件的崩潰電壓 $V_B$。

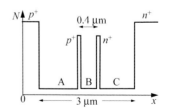

8. 一傳渡時間二極體，其注入相延遲為 $3\pi/2$，其傳渡角為 $\pi/4$，且 $V_{ac}/V_{dc}$ 為 0.5，試求其直流對直流功率的轉換效率。

9. 一對稱 PtSi-Si-PtSi (MSM) 結構，其 $N_D = 4 \times 10^{14}$ cm$^{-3}$，$W = 12$ μm，以及面積為 $5 \times 10^{-4}$ cm$^2$。試求 (a) 在零偏壓下的電容值 (b) 在透穿（reach-throught）電壓時的電容值。

10. 對於 GaAs 半導體 (a) 請求出導電帶的較高能谷 $N_{CU}$ 的有效能態密度。較高能谷有效質量為 1.2 $m_0$ (b) 在較高與較低能量谷之間的電子濃度比為 $(N_{CU}/N_{CL}) \exp(-\Delta E / kT_e)$，其中 $N_{CL}$ 為較低能量谷的有效能態密度，能量差 $\Delta E$ 為 0.31 eV，$T_e$ 為有效電子溫度。請求出在 $T_e = 300$ K 時的電子濃度比。(c) 當電子從電場得到動能時，則 $T_e$ 增加，請求 $T_e = 1500$ K 時的電子濃度比。

11. 對於一轉移電子元件（TED），若 $dP/d\mathscr{E} > (1 - P)/(\mathscr{E} - v_s/\mu_1)$，證明如 $\mu_d = \mu_1(1 - P) + (v_s - \mu_1\mathscr{E})\ dP/d\mathscr{E}$ 所示的微分移動率（differential mobility）是負值。

12. 一個 InP 結構的元件，具有 0.5 μm 的長度與 $10^{-4}$ cm$^2$ 的截面積，當操作於傳渡時間模式下 (a) 請求出在傳渡時間模式下，所需之最小電子濃度 $n_0$ (b) 請求出電流脈衝之間的時間 (c) 若施加偏壓為起始電壓一半的情況下，請計算元件的功率損耗。

13. 對於一 InP 電子轉移元件，操作在傳渡時間偶極層模式下，其元件長度為 20 μm，及其摻雜為 $n_0 = 10^{15}$ cm$^{-3}$。若當此電偶極在沒有與電極相接觸時的電流密度為 3.2，假設為三角形區域，請求出區域的過量電壓 $V_{ex}$。

14. 在一電子轉移元件中，若一區域在傳渡過程中突然被破壞，在比傳渡時間還要短的時間內，會讓過量區域電壓從 $V_{ex}$ 變為 0，在此期間之內，將經過此元件的全部電流的變化對時間進行積分，則可得到存在此區域中的電荷量測 $Q_0$。針對一個三角型的電場分布，請求出此電量 $Q_0$ 與此區域過量電壓 $V_{ex}$ 的關係，也就是電場在超過聚積層厚度 $x_A$ 的範圍內，從

$\mathcal{E}_r$ 線性地增加至 $\mathcal{E}_{dom}$，以及在超過空乏層厚度的距離內從 $\mathcal{E}_{dom}$ 線性地減少至 $\mathcal{E}_r$（假設在各層中的電量為均勻分布）

15. 一個 RST 元件，其集極電流可以表示為 $I_C = A\exp(-\phi/kT_e)$，其中 $A$ 為一常數，$\phi$ 為位障高度，以及 $T_e$ 為電子溫度。假設 $(T_e - T_L)/T_L = BV_{SD}^m$，其中 $T_L$ 為晶格溫度，$B$ 與 $m$ 為常數，以及 $V_{SD}$ 為外加於源極與集極間的電壓：(a)請證明 $f \equiv [V_{SD} \times d(\ln J_c)/d(\ln V_{SD})]^{-1} = kT_e[T_e/(T_e - T_L)]/m\phi$ (b)請證明當 $T_e \gg V_{SD}$，則 $f$ 對 $V_{SD}^m$ 作圖為一直線。

16. 考慮一具有厚度為 0.1 μm 本質層（$i$- Al GaAs）的實空間轉移（RST）電晶體 （如圖 44）。若能量鬆弛時間為 1 ps，以及載子穿過 $i$- 區域的傳渡速度為 $10^7$ cm/s，請求出此元件的截止頻率。

# 第十一章
## 閘流體與功率元件
## Thyristors and Power Devices

## 11.1 簡介

　　功率半導體元件（power semiconductor devices）廣泛地用於工業上，並常見於我們日常生活中，從電腦、消費性電子至通訊，以及運輸工具等[1-4]。功率半導體元件可以概分為兩種功能：一是當作開關器（switch），用來控制傳送到負載端的功率，在這種情況下，只有兩極端狀態是重要的，若在導通狀態應該是短路，截止狀態則是開路；二是作為功率放大器來放大交流訊號，其對於雙極性電晶體的電流增益或 MOSFETs 的轉導是很重要的。而對於功率元件的應用，需要具備能承受高電壓與高電流的兩種功能。閘流體（thyristor）是作為開關器的一個很好的例子，因其具有 S- 型的負微分電阻，由於突返作用（snap-back action）與它的關連性是非線性效應，故閘流體不能被使用在功率放大上。另外，一個擁有平滑的電流－電壓特性的功率電晶體也能當作一個開關器使用。本章先討論閘流體作為主要切換的元件，而同時具有開關器與放大器兩種功能的元件──絕緣閘極雙極性電晶體（IGBT）[5]與靜態電感元件，則將於本章最後討論。不同於前面的章節，本章只會談到涵蓋功率元件的工作原理，以 MOSFET、JFET、MESFET、MODFET、雙極性電晶體等為基礎的功率元件，被普遍地使用來作功率應用。然而，它們的元件工作原理並不需要額外的處理，這些元件之間的主要差異在於結構、尺寸、散熱與材料。

　　半導體功率元件重要的材料性質如表 1 所列 [6]。一個高能隙的材料通常有較低離子化係數，可以具有低的衝擊離子化與高的崩潰電壓。對速度的考量因素是移動率與飽和速度，高的導熱率可以加強熱傳導與增加功率等級。表中顯示的材料中，SiC 與 GaN 是最好的結合 [7]，唯一的缺點是目前材料的穩定性或再現性的技術尚未成熟，成本也很高。

表 1　應用在功率元件上的半導體材料比較表

| 性質 | 矽 (Si) | 砷化鎵 (GaAs) | 碳化矽 (SiC-4H) | 氮化鎵 (GaN) |
|---|---|---|---|---|
| 能隙（eV） | 1.12 | 1.42 | 3.0 | 3.4 |
| 介電常數 | 11.9 | 12.9 | 10.1 | 10.4 |
| 崩潰電壓（MV/cm） | 0.3 | 0.4 | 2.2 | 3.3 |
| 飽和速度（cm/s） | $1 \times 10^7$ | $0.7 \times 10^7$ | $2 \times 10^7$ | $1.5 \times 10^7$ |
| 峰值速度（cm/s） | $1 \times 10^7$ | $2 \times 10^7$ | $2 \times 10^7$ | $\approx 3 \times 10^7$ |
| 電子移動率（cm²/V-s） | 1,450 | 8,000 | 800 | 1,000* |
| 熱傳導性（W/cm-°C） | 1.5 | 0.46 | 4.9 | 1.7 |

* 調變摻雜的通道

## 11.2 閘流體基本特性

　　閘流體（thyristor）適用於一般能展現雙穩態特性的半導體元件家族中，並且具有高阻抗低電流的截止狀態（off-state）與低阻抗高電流的導通狀態（on-state）之間的切換特性。閘流體的操作與雙極性電晶體具有密切關係，其中兩者的載子傳輸過程均含有電子與電洞。閘流體一詞源自於真空氣體閘流管，主要是兩者的電性在許多方面都頗為相似。

　　1952 年，愛伯斯（Ebers）提出一種雙電晶體來解釋基本的閘流體多層結構 *p-n-p-n* 元件的特性 [8]。摩爾（Moll）等學者在 1956 年發表有關這類元件的詳細工作原理，並且首次製造雙接點的 *p-n-p-n* 元件 [9]，這項工作成果可以作爲往後學者致力閘流體研究的基礎。隨後在 1958 年，學者研究使用一個三端點閘流體在開關控制上 [11,12]。由於閘流體具有低功率消耗的穩定開啓與關閉狀態，故可以應用在家電用品的切換控制與高壓傳輸線的功率轉換。截至目前爲止，閘流體適用的電流範圍自數 mA 到超過 5000 A，且同時電壓高達 10 kV 以上。有關閘流體的詳細操作與製造技術可以參考文獻 2,12-15。

　　閘流體的基本結構如圖 1a 所示，具有三個 *p-n* 接面 J1、J2 與 J3 串聯的四層 *p-n-p-n* 元件。此元件的典型摻雜分布如圖 1b，注意其 *n1*- 層（*n*- 基極）遠寬於其他區域，並且在高崩潰電壓下，具有最低的摻雜濃度。連接於 *p*- 層外圍與 *n*- 層外圍的接觸電極分別稱爲陽極（Anode）與陰極（Cathode），此閘極電極也被稱作基極，被連到內部 *p*- 層（*p*- 基極），這個三端點元件一般被稱爲矽控制整流器（silicon-controlled rectifier, SCR）或閘流體。若沒有閘極電極，元件可以當作兩端點 *p-n-p-n* 切換或蕭克萊二極體來操作。

　　具有許多複雜操作區域的閘流體基本電流 電壓特性曲線，如圖 2。在 0-1 區域，元件處於正向阻斷（forward blocking）區域或具有非常高阻抗的

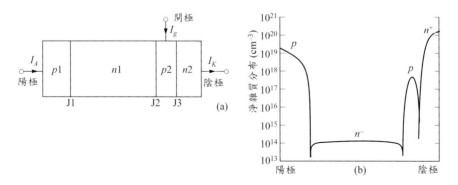

圖 1　(a) 閘流體的示意構圖。其中有 J1、J2 與 J3 三個串聯的 *p-n* 接面 (b) 從陽極到陰極的摻雜分布。

截止狀態。當 $dV_{AK}/dI_A = 0$ 時，出現正向轉折（forward breakover，或稱切換）現象，在此我們定義正向轉折電壓 $V_{BF}$ 與切換電流 $I_S$（也稱作導通電流）。區域 1-2 為負電阻區域，以及區域 2-3 為正向傳導模式或開啓狀態。在點 2 再度出現 $dV_{AK}/dI_A = 0$，我們定義 $I_h$ 爲保持電流與 $V_h$ 爲保持電壓。區域 0-4 爲逆向阻斷狀態，以及區域 4-5 爲逆向崩潰區域。注意切換電壓 $V_{BF}$ 會被閘極電流 $I_g$ 所控制。對於一個兩端點的蕭克萊二極體，其基本特性就類似於一個開路閘流體（亦即是 $I_g = 0$）的電流—電壓特性曲線，因此操作於正向區域的閘流體是個雙穩態（bistable）元件，可以由截止狀態切換到導通狀態，反之亦然。在本節裡，如圖 2 所示，我們探討閘流體的基本特性，包括：逆向阻斷、正向阻斷與正向傳導等模式。

## 11.2.1 逆向阻隔

累增崩潰與空乏層貫穿會限制逆向崩潰電壓與正向轉折電壓。在逆向阻斷模式（reverse blocking mode）中，施加的陽極電壓相對於陰極爲負電位，

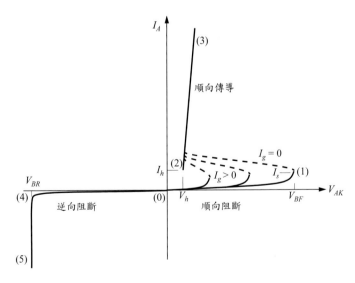

圖 2　閘流體的電流—電壓特性曲線。切換電壓 $V_{BF}$ 會被 $I_g$ 控制而減少。

故 J1 與 J3 接面為逆向偏壓，而 J2 為正向偏壓。如圖 1b 的摻雜分布，絕大部分的外加逆向電壓將降在 J1 接面與 $n1$- 區域（如圖 3a）。依據 $n1$- 層的厚度 $W_{n1}$，若崩潰時空乏層的寬度小於 $W_{n1}$，則將是由於累增倍乘所引起的崩潰現象，或者在 J1 接面完全短路至 J2，而使整個寬度 $W_{n1}$ 被空乏層涵蓋，將是由貫穿作用引起的崩潰現象。

就以具有高摻雜 $p1$- 區域的單邊陡峭 $p^+$-$n$ 接面而言，室溫下的累增崩潰電壓由第二章式 (100) 可以寫為 [13,16]，$V_B \approx 6.0 \times 10^{13} (N_{n1})^{-0.75}$，其中 $N_{n1}$ 為 $n1$- 層的摻雜濃度（cm$^{-3}$）。單邊陡峭接面的貫穿電壓可以寫為

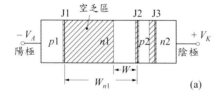

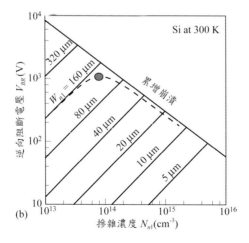

圖 3　閘流體的逆向阻斷電容。(a) 逆偏壓操作下，空乏區的寬度 (b) 逆向阻斷偏壓被累增崩潰（頂端）與貫穿限制（平行線）所侷限。$W_{n1}$、$N_{n1}$ 表示寬度與 $n1$- 層的摻雜濃度。虛線為標示 $W_{n1} = 160$ μm 的樣本。

$$V_{PT} = \frac{qN_{n1}W_{n1}^2}{2\varepsilon_s} \tag{1}$$

圖 3b 表示矽閘流體逆向阻斷功能的基本極限 [17]。在圖 3b 中的圓圈 $W_{n1} = 160$ μm，$V_B < 1$ kV，$N_{n1} = 8 \times 10^{13}$ cm$^{-3}$，低摻雜濃度時，崩潰電壓值受到貫穿作用的限制，而高摻雜濃度時將受限於累增倍乘機制。

　　由於 $p$-$n$-$p$ 雙極性電晶體的電流增益，一個簡單 $p$-$n$ 接面的實際逆向阻斷電壓受到累增崩潰電壓的限制，這類似於第五章雙極性電晶體的崩潰分析，對應於共射極結構的逆向崩潰條件為 $M = 1/\alpha_1$ [ 見第五章的式 (46)]，其中 $M$ 是累增倍乘因子、$\alpha_1$ 是共基極 $p$-$n$-$p$ 電晶體的電流增益，同時崩潰電壓可以寫為 $V_{BR} = V_B (1 - \alpha_1)^{1/n}$，其中 $V_B$ 為 J1 接面的累增崩潰電壓，$n$ 為常數（對矽材料 $p^+$-$n$ 二極體，$n \approx 6$）。由於 $(1 - \alpha_1)^{1/n}$ 小於 1，故閘流體的逆向電壓 $V_{BR}$ 將小於 $V_B$。此外，我們可以進一步評估 $\alpha_1$ 對 $V_{BR}$ 的影響。由於 $p2$- 區域（射極）是重摻雜濃度，所以實際情況下的注入效率 $\gamma$ 值近似於 1。因此電流增益簡化成傳輸因子 $\alpha_T$

$$\alpha_1 = \gamma\alpha_T \approx \alpha_T \approx \mathrm{sech}\left(\frac{W}{L_{n1}}\right) \tag{2}$$

其中 $L_{n1}$ 是在 $n1$- 區域的電洞擴散長度，以及 $W$ 是中性 $n1$- 區。

$$W \approx W_{n1}\left(1 - \sqrt{\frac{V_{AK}}{V_{PT}}}\right) \tag{3}$$

對於一個給定的 $W_{n1}$ 與 $L_{n1}$，隨著逆向偏壓的增加將減小 $W/W_{n1}$ 的比值。因此，當逆向偏壓接近貫穿崩潰極限時，基極傳輸因子變得非常重要。圖 3 顯示當 $W_{n1} = 160$ μm 與 $L_{n1} = 150$ μm 時，逆向阻斷電壓變化的例子（如虛線部分）。若 $n1$- 區域為低濃度摻雜時，得知 $V_{BR}$ 趨近於 $V_{PT}$。當摻雜濃度提高後，由於 $W/L_{n1}$ 為一有限的值，因此 $V_{BR}$ 經常略低於 $V_B$。

**中子遷變摻雜（Neutron-Transmutation Doping）**　　高功率、高電壓的閘流體需要大的使用面積，而整個晶圓（其直徑 100 mm 或者更大）經常只製作一個單一元件，這種尺寸對於起始材料的均勻性有著更嚴格的要求。為了得到小偏差的電阻係數與摻雜質的均勻分布，故需使用中子遷變摻雜技術[15,18]。一般而言，懸浮區熔製程成長的矽晶圓具有比一般要求還要好的平均電阻係數，隨後利用熱中子照射於矽晶圓上，此過程將產生較重的矽同位素，不過並不穩定。這些矽同位素會變成一個原子序更高的新元素 —— 在此情況下是磷（P），對於矽而言是 $n$- 型的摻雜物。中子遷變摻雜過程的反應式如下

$$Si_{14}^{30} + neutron \rightarrow \underset{2.62\,h}{Si_{14}^{31}} \rightarrow P_{15}^{31} + \beta\,ray \tag{4}$$

第二個反應會發射出 $\beta$ 粒子，且其半衰期為 2.62 小時。由於中子穿入矽的範圍大（≈ 100 cm），故此摻雜在矽晶片中會非常均勻。圖 4 是利用散布電阻測量法（spreading resistance measurement）來比較使用傳統摻雜與中子遷變摻雜矽橫向電阻分布情形。對傳統摻雜與中子遷變摻雜矽電阻變化分別為 15% 與 1%。

**傾角結構（Beveled Structure）**　由於圓柱與球形的接面崩潰電壓比較低，為增大閘流體的崩潰電壓，通常使用擴散或佈植的方法形成平面接面（參見 2.4.3 節）；即使為平面接面，仍然會有過早崩潰的現象發生在接面端的邊緣。利用適當的傾斜角結構，可以使表面電場相較於本體電場顯著地降低，確保

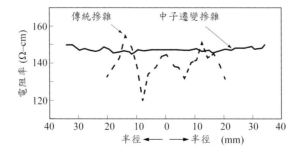

圖 4　高電阻矽晶圓以傳統摻雜與中子遷變摻雜均勻性的比較。（參考文獻 19）

本體內的崩潰現象能夠均勻地發生。由高摻雜濃度端往低摻雜濃度端減小接面截面積時的傾斜角，稱正傾斜角（如圖 5a），而負傾斜角與正傾斜角雖為同一方向但截面接面會逐漸增加（如圖 5b），兩種具有傾斜角度的閘流體，如圖 5c 與 d 所示，圖 5c 為接面 J2 與 J3 為負傾斜角，與 J1 為正傾斜角，圖 5d 的三個接面均為正的傾斜角 [20]。

就正傾斜角的接面而言，一階近似的表面電場，以 sinθ 的因子減小。圖 6a 顯示在 600 V 的逆向偏壓下，$p^+$-$n$ 接面以 1.8 節中的二維波松方程式計算所得的電場值，表面的峰值電場經常小於本體內部的電場，當減小傾斜角，則表面峰值電場也降低。在降低傾斜角後，峰值電場的位置則往低摻雜區域移動。由於正傾斜角接面的崩潰電壓主要是由內部接面所主導，邊緣效應不會引發提早崩潰（premature breakdown）的現象。值得注意的是，碳化矽閘流體具有受歡迎的寬能隙以及高熱傳導率，同樣地，對具有不同正傾斜角元件沿著傾斜面的模擬表面電場 $\mathscr{E}$ 如圖 6b 所示。與圖 6a 的矽閘流體相比較，由小角度可以觀察到低的表面電場 $\mathscr{E}$。

對於負傾斜角接面而言，它的趨勢是比較複雜且非單一性的。負傾斜角的峰值電場計算結果如圖 7 所示，圖中顯示大部分的角度在斜角邊緣的峰值電場較高於內部的接面電場，然而假使負傾斜角度夠小，則峰值電場會再度

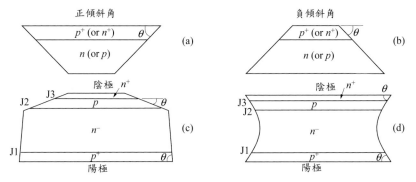

圖 5　具有 (a) 正傾斜角 (b) 負傾斜角的 $p$-$n$ 接面；具有 (c) 兩個負傾斜角（J2、J3）與一個正傾斜角（J1）(d) 具有三個正傾斜角的閘流體。

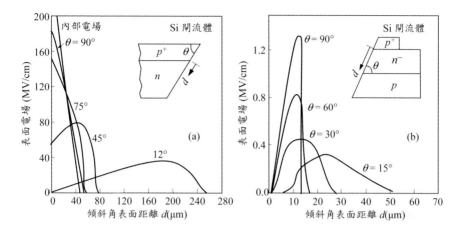

圖 6　(a) 正傾斜元件的表面電場隨著傾斜角度變化的關係圖 (b)SiC 閘流體。（參考文獻 21, 22）

下降。為了讓表面電場夠小於內部電場，負傾斜角度必須小於約 20°。綜合以上，為了避免邊緣效應導致的崩潰現象，傾斜角不是正就是負，且要小於約 20°。關於結構，圖 5c 顯示此種元件一般常見的設計，其中 J2 與 J3 有很小的負傾斜角度；圖 5d 是較理想的結構，因為所有的三個接面都是正傾斜角。然而，這種元件較難製造，因此較不普遍。

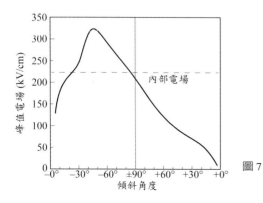

圖 7　正負傾斜元件的峰值電場隨傾斜表面的變化關係。（參考文獻 16）

### 11.2.2 正向阻斷

在正向阻斷（forward blocking）作用下，陽極電壓 $V_A$ 對陰極電壓 $V_K$ 而言是正的，同時只有中央接面 J2 是逆向偏壓，由於 J1 與 J3 接面爲正向偏壓，故絕大部分的電壓都落在 J2（$V_{AK} \approx V_2$）。爲瞭解正向阻斷特性，我們使用雙電晶體的類比法[8]。此閘流體可視爲一個 *p-n-p* 電晶體與一個 *n-p-n* 電晶體，其中一個電晶體的集極連接到另一個電晶體的基極，反之亦同，如圖 8 所示，中間接面 J2 作爲從 J1 來的電洞與從 J3 來的電子集極。*p-n-p* 電晶體的射極、集極與基極電流（$I_E$、$I_C$ 與 $I_B$）與直流的共基電流增益 $\alpha$，滿足：$I_C = \alpha I_E + I_{CO}$，與 $I_E = I_C + I_B$，其中 $I_{CO}$ 表示集極—基極逆向飽和電流，對於 *n-p-n* 電晶體而言，除了電流方向相反外，亦可以得到相同的關係式。由圖 8b 可知，*n-p-n* 電晶體的集極電流提供 *p-n-p* 電晶體的基極驅動，同樣地，*p-n-p* 電晶體的集極電流沿著閘極電流 $I_g$ 提供 *n-p-n* 電晶體的基極驅動，因此在整個迴路增益（Loop gain）超過一小時，便會造成電流再生的現象。

*p-n-p* 電晶體的基極電流爲 $I_{B1} = (1 - \alpha_1) I_A - I_{CO1}$，此電流是由 *n-p-n* 電晶體的集極所供應，具有直流共基極電流增益 $\alpha_2$，*n-p-n* 電晶體的集極電流爲 $I_{C2} = \alpha_2 I_K + I_{CO2}$，根據 $I_{B1}$ 與 $I_{C2}$，且 $I_K = I_A + I_g$，可得

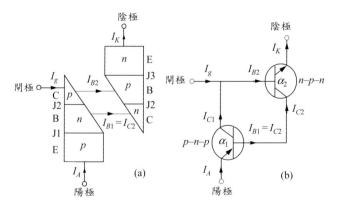

圖 8　(a) 三個接頭閘流體的雙電晶體近似法，可以二分為 *p-n-p* 與 *n-p-n* 型的雙極性電晶體（但是有互相連接的) (b) 使用雙極性電晶體符號的電路表示法。

$$I_A = \frac{\alpha_2 I_g + I_{CO1} + I_{CO2}}{1 - (\alpha_1 + \alpha_2)} \tag{5}$$

其中 $(\alpha_1 + \alpha_2) < 1$。$\alpha_1$ 與 $\alpha_2$ 兩者通常均是電流 $I_A$ 的遞增函數。式 (5) 表示元件操作在轉折電壓（breakover voltage）之前的靜態特性，超過這個電壓則元件可以視為 *p-i-n* 的二極體。式 (5) 分子項中的所有電流分量值均很小，因此除非 $(\alpha_1 + \alpha_2)$ 趨近於 1，否則 $I_A$ 也是很小的，故在式中的分母項趨近於零時，將發生正向轉折或切換作用。

**正向轉折電壓（Forward Breakover Voltage）**　　在式 (5) 的第一項中，得到與 $V_{AK}$ 無關的恆定電流，假使繼續增加 $V_{AK}$，則不只 $\alpha_1$ 與 $\alpha_2$ 會增加並朝向 $(\alpha_1 + \alpha_2) = 1$ 的條件，高電場也會開始引發載子倍乘作用。增益與倍增作用的交互影響將決定切換條件與轉折電壓 $V_{BF}$。為得到 $V_{BF}$，應該考慮一般的閘流體，如圖 9，該圖並標示電壓與電流的參考方向。我們仍然假設元件的中間接面 J2 維持著逆向偏壓，同時假設跨越此接面的電壓降 $V_2$ 夠大，使得通過空乏層的載子仍會造成累增倍乘作用，其中將電子的倍乘作用因子表示為 $M_n$，而電洞為 $M_p$，兩者同時隨著 $V_2$ 改變。由於倍乘作用，進入空乏區在 $x_1$ 處的穩定電洞電流為 $I_p(x_1)$，在 $x = x_2$，變為 $M_p I_p(x_1)$，可以得到類似的結果，對於進入空乏區在 $x_2$ 的電子電流為 $I_n(x_2)$。跨越 J2 接面的全部電流可以寫為 $I = M_p I_p(x_1) + M_n I_n(x_2)$，因為 $I_p(x_1)$ 實際上為 *p-n-p* 電晶體的集極電流，$I_p(x_1)$ 可以表示為 $I_C = I_E + I_{CO}$ 與 $I_p(x_1) = \alpha_1(I_A) I_A + I_{co1}$，依此可以求出主要電子電流 $I_n(x_2)$ 為 $I_n(x_2) = \alpha_2(I_k) I_k + I_{co2}$。取代 $I_p(x_1)$ 與 $I_n(x_2)$，可以得到總電流

$$I = M_p [\alpha_1(I_A) I_A + I_{co1}] + M_n [\alpha_2(I_k) I_k + I_{co2}] \tag{6}$$

假設 $M_p = M_n = M(V_2)$，則式 (6) 可以簡化成

$$I = M(V_2)[\alpha_1(I_A) I_A + \alpha_2(I_k) I_k + I_0] \tag{7}$$

其中，$I_0 = I_{co1} + I_{co2}$。對於 $I_g = 0$，則 $I = I_A = I_K$，式 (7) 可以簡化成

$$I = M(V_2)[\alpha_1(I)I + \alpha_2(I)I + I_0] \tag{8}$$

$$\Rightarrow M(V_2) + 1/\alpha_1 + \alpha_2 \tag{9}$$

當 $I \gg I_0$，$M$ 與接面崩潰電壓 $V_B$ 的相關經驗可以表示為

$$M(V_2) = \frac{1}{1 - (V_2/V_B)^n} \tag{10}$$

其中，$n$ 是一個常數（參見 5.2.3 節）。利用式 (9) 與 (10) 可得正向轉折電壓 $V_{AK}$，且 $V_{AK} \approx V_2$

$$V_{BF} = V_B(1 - \alpha_1 - \alpha_2)^{1/n} \tag{11}$$

其中 $(\alpha_1 + \alpha_2)$ 值 <1。相較於逆向崩潰電壓 $V_{BR} = V_B(1 - \alpha_1)^{1/n}$，$V_{BF}$ 總是小於 $V_{BR}$。就小的 $(\alpha_1 + \alpha_2)$ 值而言，如圖 3，$V_{BF}$ 與逆向崩潰電壓完全相同。當 $(\alpha_1 + \alpha_2)$ 接近於 1 時，轉折電壓實質上小於 $V_{BR}$。值得注意的是，矽閘流體顯示無法接受在 125°C 的高漏電流，然而，對於碳化矽閘流體在 150°C 顯著地小於量測值（參見圖 10）。這些結果證實碳化矽閘流體相較於矽閘流體的

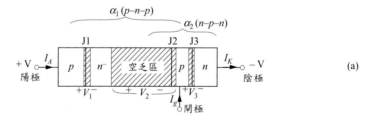

圖 9　在高順偏電壓操作下的閘流體。(a) 累增倍乘發生在接面 J2 的空乏區中，且此區域為逆偏狀態下。在 (b) 與 (c) 中，來自不同主要載子的電子─電洞電流。

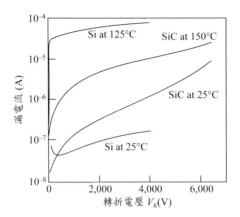

圖 10　矽與碳化矽閘流體的阻斷特性，漏電流對轉折電壓比較圖。對於 5.25 × 5.25 mm² 矽，以及碳化矽閘流體轉折電壓分別為 4 kV 與 6.5 kV。（參考文獻 23）

高溫操作能力，碳化矽與矽閘流體 [2,3] 的轉折電壓分別為 6.5 與 4.0 kV。

**陰極短路（Cathode Short）**　在現代蕭基二極體與閘流體設計時，常使用陰極短路以改善元件的效能 [12,13]。具有陰極短路閘流體的結構圖形，如圖 11a，其中的陰極是被短路到 $p2$- 區域；雙電晶體的等效電路如圖 11b 所示，其中整個陰極電流 $I_K$ 值是射極電流 $I_{E2}$ 與旁路電流 $I_{st}$ 的總和，此分流電阻（shunt resistance）源自於 $p$- 區域的接觸電阻與 $p$- 區域自身的本體電阻，並且與幾何結構有關。分流的功能會衰減 $n$-$p$-$n$ 電晶體的電流增益，以致要用一個有效較低的 $\alpha_2'$ 來代替式 (11) 中的 $\alpha_2$，並得到較大的轉折電壓。具有分流的有效電流增益，能夠顯示其從原始值的劣化，可以表示為

$$\alpha_2' = \frac{I_{C2} - I_{CO2}}{I_K} = \frac{I_{C2} - I_{CO2}}{I_{E2} + I_{st}} = \frac{\alpha_2}{1 + (I_{st}/I_{E2})} \tag{12}$$

因為在基極－射極偏壓（閘極偏壓）下 $I_{E2}$ 的非線性相依關係，$\alpha_2'$ 可從一個很小的值變化到原始 $\alpha_2$。在 $\alpha_2' = 0$ 的極端情況下，可以控制正向轉折電壓，使得與逆向阻斷電壓一樣大小，$V_{BR} = V_B (1 - \alpha_1)^{1/n}$。當閘流體需要導通時，閘極偏壓將會增加 $\alpha_2'$ 的值，使其朝向 $(\alpha_1 + \alpha_2')' = 1$ 的條件。

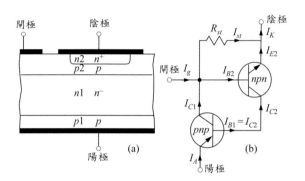

圖 11　　(a) 陰極短路的閘流體，其中 $n2$- 區域的陰極與 $p2$- 區域的閘極被短路 (b) 雙電晶體類比等效電路圖，分流電流 $I_{st}$ 將流過短路的陰極。

## 11.2.3 導通機制

**$(\alpha_1 + \alpha_2)$ 的準則（$\alpha_1 + \alpha_2$ Criterion）**　式 (5) 中所提到的正向阻斷電流，當接點電壓 $V_{AK}$ 增加時，流過 $p$-$n$-$p$ 與 $n$-$p$-$n$ 雙電晶體的全部電流也會增加，這個較高的電流將會引發 $\alpha_1$ 與 $\alpha_2$ 上升（參見圖 8），較高的電流增益甚至將引發更高的電流產生。因爲這些過程的再生性質，元件最後會切換到導通狀態（on-state），參見式 (5)，對於在 $(\alpha_1 + \alpha_2)$ =1 的條件下，陽極電流將變成無限大。換言之，會發生一個非穩態的切換效應。因 $n$-$p$-$n$ 電晶體的基極電流 $I_g$ 的注入也會導致 $\alpha_2$ 的增加，這可以用來解釋切換電壓的降低是 $I_g$ 的函數，如圖 2 所示。在一個極端的條件下，對於固定偏壓 $V_{AK}$ 的條件下，閘極可以用來控制閘流體的導通與截止。

**$(\tilde{\alpha}_1 + \tilde{\alpha}_2)$ 的準則（$\tilde{\alpha}_1 + \tilde{\alpha}_2$ Criterion）**　電流增益 $\alpha$ 是電流的相依變數，與小訊號值 $\tilde{\alpha}$ 有關。當小訊號 $\tilde{\alpha}$ 的總和達到 1 時，會開始發生切換特性，而這情況常常發生在直流值之前 [24]。假設閘極電流 $I_g$ 會隨著微量 $\Delta I_g$ 增加，造成的狀態變化會擾亂 $I_A$ 與 $I_K$，但其變化的差值必須剛好等於 $\Delta I_g$，$\Delta I_A - \Delta I_K = \Delta I_g$ 小訊號 $\tilde{\alpha}$ 可以定義成

$$\tilde{\alpha}_1 \equiv \frac{dI_{C1}}{dI_A} = \lim_{\Delta I_A \to 0} \frac{\Delta I_{C1}}{\Delta I_A} \text{ and } \tilde{\alpha}_2 \equiv \frac{dI_{C2}}{dI_K} = \lim_{\Delta I_K \to 0} \frac{\Delta I_{C2}}{\Delta I_K} \tag{13}$$

在接面 J2 收集的電洞電流爲 $\tilde{\alpha}_1 \Delta I_A$，以及電子電流爲 $\tilde{\alpha}_2 \Delta I_K$。跨越 J2 電流的改變量等於 $\Delta I_A$，可得 $\Delta I_A = \tilde{\alpha}_1 \Delta I_A + \tilde{\alpha}_2 \Delta I_K$。由 $\Delta I_K = \Delta I_g + \Delta I_A$ 可得

$$\frac{\Delta I_A}{\Delta I_g} = \frac{\tilde{\alpha}_2}{1 - (\tilde{\alpha}_1 + \tilde{\alpha}_2)} \tag{14}$$

由式 (14) 可知，當 $(\tilde{\alpha}_1 + \tilde{\alpha}_2) = 1$ 時，$I_g$ 的微量增加將造成 $I_A$ 無限量增大，進而導致元件不穩定。雖然在此分析中使用閘極電流，然而針對溫度或電壓微量的增加，也會得到相同的效應。以下我們推導小訊號 $\tilde{\alpha}$，顯示出它可以大於直流 $\alpha$。在這個部分，將發生 $(\tilde{\alpha}_1 + \tilde{\alpha}_2) = 1$ 的準則。在 5.2.2 節討論的電晶體直流共基極電流增益爲 $\alpha = \alpha_T \gamma$，其中的 $\alpha_T$ 是傳輸因子（transport factor），其定義爲達到集極接面的注入電流對射極注入電流的比值，而 $\gamma$ 爲注入效率，其定義爲注入的少數載子電流對全部射極電流的比值。由集極電流 $I_C$ 對射極電流 $I_E$ 微分，可得小訊號 $\tilde{\alpha}$

$$\tilde{\alpha} \equiv \frac{dI_C}{dI_E} = \alpha + I_E \frac{d\alpha}{dI_E} \tag{15}$$

將 $\alpha = \alpha_T \gamma$ 代入式 (26) 中可得

$$\tilde{\alpha} = \gamma \left( \alpha_T + I_E \frac{d\alpha_T}{dI_E} \right) + \alpha_T I_E \frac{d\gamma}{dI_E} \tag{16}$$

關於 $\alpha_T$ 與 $\gamma$ 的近似值爲（參見第五章）

$$\alpha_T = \frac{1}{\cosh(W/L_p)} \approx 1 - \frac{W^2}{2L_p^2} \quad \text{and} \quad \gamma \approx \frac{1}{1 + (N_B W / N_E W_E)} \tag{17}$$

其中 $W$ 爲中性基極寬度，$L_P$ 是少數載子在基極中的擴散長度，$N_B$ 與 $N_E$ 分別是基極與射極的摻雜濃度，$W_E$ 是射極長度。爲了在大的 $V_{BF}$ 得到小的 $\alpha$ 值，必須使用大的 $W/L_P$ 與 $N_B/N_E$，而爲了研究直流 $\alpha$ 與小信號 $\tilde{\alpha}$ 對電流的相關性，必須使用更詳細的理論計算，也就是同時考慮擴散與漂移電流項。檢視閘流體的 *p-n-p* 電晶體的部分，在基極的電洞電流可由下式計算

$$I_p(x) = qA_s\left(p_n\mu_p\mathscr{E} - D_p\frac{dp_n}{dx}\right) \tag{18}$$

其中，$A_s$ 是接面的面積。對於時間相依的連續方程式，可得

$$\frac{\partial p_n}{\partial t} = D_p\frac{\partial^2 p_n}{\partial x^2} - \frac{p_n - p_{no}}{\tau_p} - \mu_p\mathscr{E}\frac{\partial p_n}{\partial x} \tag{19}$$

其中 $p_n(x = \text{J}1) = p_{no}\exp(\beta V_1)$，$\beta \equiv q/kT$，與 $p_n(x = \text{J}2) = 0$。其解為 [25]

$$\begin{aligned}p_n(x) = p_{no}\{&\exp(\beta V_1)\exp[(C_1 + C_2)x]\\&-[\exp(\beta V_1)\exp(C_2 W) + \exp(-C_1 W)]\exp(C_1 x)\operatorname{csch}(C_2 W)\sinh(C_2 x)\}\end{aligned} \tag{20}$$

其中

$$C_1 \equiv \frac{\mu_p\mathscr{E}}{2D_p} \quad , \quad C_2 \equiv \sqrt{\left(\frac{\mu_p\mathscr{E}}{2D_p}\right)^2 + D_p\tau_p} \tag{21}$$

由式 (18)-(20)，我們得到傳輸因子

$$\alpha_T \equiv \frac{I_p(x = \text{J}2)}{I_p(x = \text{J}1)} = \frac{C_2\exp(C_1 W)}{C_1\sinh(C_2 W) + C_2\cosh(C_2 W)} \tag{22}$$

注入效率可以為

$$\gamma \equiv \frac{I_{pE}}{I_{pE} + I_{nE} + I_r} \approx \frac{I_{pE}}{I_{pE} + I_r} = \frac{I_{po}\exp(\beta V_1)}{I_{po}\exp(\beta V_1) + I_R\exp(\beta V_1/m)} \tag{23}$$

其中的 $I_{pE}$ 與 $I_{nE}$ 分別是自射極注入的電洞與電子電流，$I_r$ 表示為空間電荷的復合電流為 $I_R\exp(\beta V_1/m)$，其中的 $I_R$ 與 $m$ 是常數（一般而言為 $1 < m < 2$），以及

$$I_{p0} = qD_P A_S P_{n0}[C_1 + C_2\coth(C_2 W)] \tag{24}$$

對圖 1b 的摻雜分布，$p_{po}(p1) \gg n_{no}(n1)$，在式 (23) 中，電流 $I_{nE}$ 可以被忽略。

現在我們可根據式 (22) 與 (23) 來計算 $\alpha$ 隨著射極電流的關係，此外能結合式 (16)、(22) 與 (23) 來得到小訊號 $\tilde{\alpha}$。這項結果示於圖 12，其中摻雜

分布與圖 1b 相類似，並且列出一些典型的矽參數值[25]。請注意圖中所示的電流範圍，小信號 $\tilde{\alpha}$ 總是大於直流的 $\alpha$。在決定增益對電流的變化時，基極寬度對擴散長度的比值 $W/L_P$ 爲元件的重要參數。在 $W/L_P$ 值很小時，傳輸因子係與電流無關，而增益隨著電流的變化僅與注入效率有關，這項條件適用於元件窄的基極寬度部分（如 n-p-n 部分）。在較大的 $W/L_P$ 值時，輸出因子與注入效率會同時隨著電流變化（如 p-n-p 部分）。因此，理論上經由選擇適當的擴散長度與掺雜濃度分布，增益可延伸到期望的範圍。

**dV/dt 觸發作用（Triggering）** 在暫態情況，正向阻斷閘流體在操作電壓足夠低於轉折電壓情況下，仍能交換到順向導通（on-state）狀態。這個不受歡迎的的效應，會使閘流體在暫態下非經意的導通，此稱之爲 dV/dt 觸發作用（V 是指端點電壓 $V_{AK}$）。這項 dV/dt 效應是由於快速改變陽極－陰極電壓，因而產生跨於接面 J2 的位移電流（displacement current），可以寫成 $C_2 dV_{AK}/dt$，其中 $C_2$ 是 J2 的空乏電容。這種位移電流扮演的角色與閘極電流相似，它增加小訊號電流增益而造成 $(\tilde{\alpha}_1 + \tilde{\alpha}_2)$ 趨近於 1，然後發生切換。在功率閘流體方面，dV/dt 速率必須夠高，以避免不確實的觸發作用。

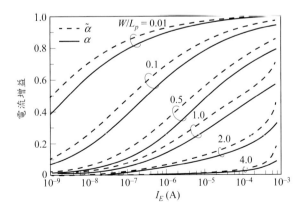

圖 12 在不同的基極寬度與擴散長度比例 $W/L_P$ 時，小信號 $\tilde{\alpha}$ 與直流 $\alpha$ 隨著射極電流的變化。其中 $A_S = 0.16 \ mm^2$，$L_P = 25.5 \ \mu m$。（參考文獻 25）

以下說明 *dV/dt* 觸發作用的起源：因正向阻斷狀態，$V_{AK}$ 大部分都會跨在接面 J2 處，假使改變 $V_{AK}$ 也會引起 J2 空乏寬度的改變。爲了回應這個變化，主要載子會流通在 J2 的兩邊，導致形成位移電流，這意謂著在 *n*1- 區域中的電子與在 *p*2- 區域中的電洞將分別影響射極接面 J1 與 J3。這些電流將會增加小訊號電流增益 $\tilde{\alpha}_1$ 與 $\tilde{\alpha}_2$。

爲了改善 *dV/dt* 速率，方法之一爲施加逆向偏壓在閘極－陰極接點上，使得位移電流將自 *p*2- 區域被引至閘極，並且不會影響 *n-p-n* 電晶體的電流增益。在 *n*1- 與 *p*2- 區域的載子生命期也可以由任何的電流等級下 α 值的減少而衰減，但是這方法將劣化順向傳導模型。

一個改善 *dV/dt* 速率的有效方法是利用陰極短路的方式 [26]，如圖 11 所示。在 J3 接面的位移電流（電洞）將流到短路處，所以 *n-p-n* 電晶體的增益 $\alpha_2$ 並不會受到位移電流的影響，陰極短路可顯著地改善 *dV/dt* 的能力。在沒有陰極短路的閘流體，基本上可獲得 20 V/μS 的變化率，然而對陰極短路的元件，*dV/dt* 可增加 10 至 100 倍或更大。

## 11.2.4 正向傳導

在正向阻斷截止狀態（*off*）與正向傳導導通（*on*）狀態之間的切換如圖 13 所示。在平衡狀態下，每一個接面均具有一內建電位的空乏區域，此電位是由摻雜濃度分布所決定的。當一正電壓施加在陽極上，接面 J2 變爲逆向偏壓，而在接面 J1 與 J3 變爲順向偏壓，且 $V_{AK}=V_1+V_2+V_3$。在切換作用後，流過元件的電流必須受到外部負載電阻的限制，否則在外加電壓足夠高後，元件將會被破壞。在導通狀態下，J2 仍爲順向偏壓，如圖 13c 所示，電壓降 $V_{AK}$ 爲 $(V_1-|V_2|+V_3)$，它近似於跨越順向偏壓 *p-n* 接面的電壓降，加上飽和雙極性電晶體電壓降的總和。相較之下，如果陽極與陰極之間的極性是相反關係，也就是接面 J1 與 J3 是逆偏，而 J2 是順偏，那麼由於只有中間接面視爲射極，因此沒有切換作用，也不會發生再生作用，所以在反向 $V_{AK}$ 的性質下是沒有切換作用的。當閘流體處於導通狀態時，三個接面均

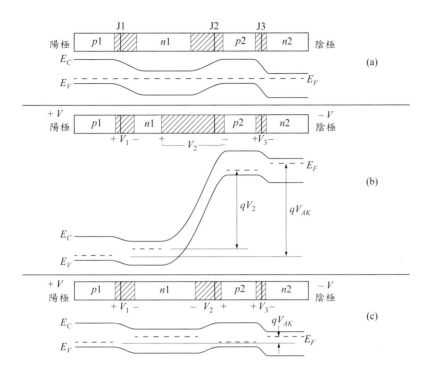

圖 13　正向區域的能帶圖形 (a) 平衡狀態 (b) 正向截止，大部分的電壓跨在中間接面 J2 上 (c) 順向導通，其中三個接面均為順向偏壓。注意 $V_2$ 的崩潰與極性反轉。

為順向偏壓，電洞與電子將分別從 $p1$- 區域與 $n2$- 區域注入，這些載子大量湧入 $n1$- 與 $p2$- 區域，此兩個區域相對為輕度摻雜。因此，此元件行為類似於一個 $p^+$-$i$-$n^+$（$p1$-$i$-$n2$）二極體。對於具有 $i$ 區域寬度為 $W_i$（$W_i$ 現在是 $n1$- 與 $p2$- 區域的總和）的 $p^+$-$i$-$n^+$ 二極體而言，順向電流密度是根據 $i$- 區域內的電洞與電子合速率計算求得，因此電流密度為

$$J = q \int_0^{W_i} R\,dx \qquad (25)$$

其中 $R$ 是復合速率，可以表示為 [27]

$$R = A_r(n^2p + p^2n) + \frac{np - n_i^2}{\tau_{po}(n + n_i) + \tau_{no}(p + n_i)} \tag{26}$$

式 (26) 中的第一項是由歐傑過程形成，矽的歐傑係數為 $1\sim2 \times 10^{-31}\text{cm}^6/\text{s}$；第二項是由於蕭克萊－瑞德－霍爾能隙中間的復合陷阱（Shockley-Read-Hall midgap recombination traps）所造成的，以及 $\tau_{po}$ 與 $\tau_{no}$ 分別為電洞與電子的生命期。在高階注入，$n = p \gg n_i$，式 (26) 可以簡化成

$$R = n\left(2A_r n^2 + \frac{1}{\tau_{po} + \tau_{no}}\right) \tag{27}$$

假設在整個 $W_i$ 區域的載子濃度是常數，則由式 (25) 與 (27) 的電流密度為

$$J = \frac{qnW_i}{\tau_{\text{eff}}} \tag{28}$$

其中有效生命期為

$$\tau_{\text{eff}} = \frac{n}{R} = \left(2A_r n^2 + \frac{1}{\tau_{po} + \tau_{no}}\right)^{-1} \tag{29}$$

接著研究電壓相關的電流－電壓特性。為了獲得一些物理解析，我們首先注意的是跨在 $W_i$ 區域的內部壓降 $V_i$。將這個問題視為漂移過程來處理，可得

$$J = q\left(\mu_n + \mu_p\right) n\,\bar{\mathscr{E}} \tag{30}$$

其中，$\bar{\mathscr{E}}$ 為平均電場。因 $V_i = W_i\bar{\mathscr{E}}$，由式 (28) 與 (30) 可得內部壓降為

$$V_i = \frac{W_i^2}{(\mu_n + \mu_p)\,\tau_{\text{eff}}} \tag{31}$$

由式 (31)，$V_i \propto 1/\tau_{\textit{eff}}$，所以需要較長的 $\tau_{\textit{eff}}$。圖 14a 顯示 $\tau_{\textit{eff}}$ 的計算值是注入載子濃度的函數，對雙極性生命期不同值 $\tau_a = (\tau_{po} + \tau_{no})$。在低載子濃度下，有效的生命期等於雙極性生命期。然而，當載子濃度高於 $10^{17}\,\text{cm}^{-3}$ 時，由於歐傑作用而使有效的生命期隨著 $n^{-2}$ 迅速下降，而在高載子濃度時，由於可

移動性載子間強的相互作用，開始產生載子與載子散射的額外效應。這個效應可以透過一個雙極性擴散係數來解釋

$$D_a = \frac{n+p}{n/D_p + p/D_n} \tag{32}$$

式 (31) 可以重寫成

$$V_i = \frac{2kTbW_i^2}{q(1+b)^2 D_a \tau_{\text{eff}}} \tag{33}$$

其中 $b$ 為 $\mu_n/\mu_p = D_n/D_p$ 的比值。在低的 $n$ 與 $p$ 濃度下

$$D_a = \frac{2D_n D_p}{D_n + D_p} \tag{34}$$

並且與載子的濃度無關。載子與載子散射效應包括在 $D_a$ 內，且與超量載子濃度相依，如圖 14b 所示。全部的端點電壓降應該也包含末端區域與它們的注入效率，涵蓋所有的這些效應，端點的電流—電壓關係可得 [13]

$$J = \frac{4qn_i D_a F_L}{W_i} \exp\left(\frac{qV_{AK}}{2kT}\right) \tag{35}$$

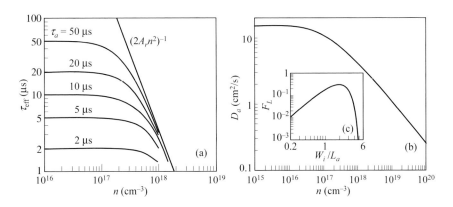

圖 14　(a) 在高注入的條件下，有效生命期對 $n$ 的關係圖。$\tau_{\text{eff}}$ 為雙極性生命期與 $A_r = 1.45 \times 10^{-31}$ cm$^6$/s 為歐傑係數 (b) 雙極性的擴散係數為注入載子濃度的函數 (c) $F_L$ 為 $W_i/L_a$ 的函數。（參考文獻 13）

在指數項中有一個因子 2 是再復合過程的特性 。$F_L$ 為 $W_i / L_a$ 的函數，雙極性擴散長度 $L_a = (D_a\tau_a)^{1/2}$，其相關性如圖 14c 所示。由一個簡單的復合 / 產生過程可快速得到一個相似的方程式，並提供一些物理的觀點。由 2.3.2 節，在空乏區的復合電流可得

$$J_{re} = \frac{qW_in_i}{2\tau}\exp\left(\frac{qV}{2kT}\right) \tag{36}$$

假設 $W_i$ 比得上雙極性擴散長度，$W_i \approx \sqrt{D_a\tau}$。將 $\tau$ 代入式 (36) 中，可得

$$J_{re} \approx \frac{qn_iD_a}{2W_i}\exp\left(\frac{qV}{2kT}\right) \tag{37}$$

圖 15 表示在散熱溫度為 400 K 下，2.5 kV 閘流體經數值計算所得的 *I-V* 曲線[27]，每條曲線的標示，說明不被列入考慮的物理機制，例如「不計載子—載子」表示在計算時不考慮載子—載子散射作用。其中 1 kA / cm$^2$ 是對應於最大波動操作，而 100 A / cm$^2$ 則為最大穩態操作。由圖可知，載子—載子散射與歐傑復合現象是上述兩種操作層次中的重要限制機制，能隙窄化效應在實際上仍沒有產生顯著的影響，直到電流密度大於 1 kA / cm$^2$。在電流密度低於 100 A / cm$^2$，中間能隙陷阱復合作用便成為侷限因子，且此作用在波動範圍時也是同樣重要。當電流密度大於 500 A / cm$^2$ 時，接面溫度效應顯得十分重要。底部曲線為一般情況，應併入到上面敘述的所有作用內。圖中同時標示出實驗結果，它與一般情況極為吻合。

***dI/dt* 的極限（*dI/dt* limitation）**   在閘流體的導通過程，起初只有在閘極接觸附近陰極區內小面積開始導通[13,15]。這個高傳導區域可以提供導通鄰近區域所需的順向電流，直到導通過程擴散到整個陰極的截面積。傳導過程的擴展作用受到限制，並可根據擴展速度 $v_{sp}$ 來特性化，假如在導通過程中陽極電流增加的速度太快，會因閘極的快速注入導通，在陰極邊緣處造成一個大的電流密度。高電流密度將導致產生熱點與永久性的傷害，功率會隨著總電流的增加速率而變化，所以需在功率與有效陰極面積之間作出取捨。因

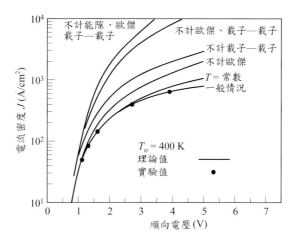

圖 15 解釋各種物理作用相關重要性的理論曲線，包括 2.5 kV 閘流體電流—電壓曲線上的熱流作用。熱傳導率等於 50 W/cm²-K。符號是測量數據。（參考文獻27）

此，藉由擴展速度（$v_{sp}$）擴張有效陰極面積，熱點的局部溫度可以表示為

$$\Delta T = \frac{\text{power}}{\text{effective cathode area}} \propto \frac{dI_A/dt}{v_{sp}^k} \tag{38}$$

常數 $k$ 與閘極以及陰極的幾何圖形相關。對於線性陰極長條狀結構，$k \approx 1$，環狀、同心圓閘極與陰極結構，則 $k \approx 2$。$v_{sp} \leq 10^4$ cm/s。式 (38) 顯示一個已知的元件，上升溫度與 $dI_A/dt$ 成正比，因此可允許的 $dI_A/dt$ 是一個重要的速率，並且可以發現 $\Delta T$ 會隨著觸發閘極電流 $I_g$ 而增加，並隨著總寬度 $W_i$ 而減少，後者在 $W_i$ 的限制下，會使得崩潰電壓與 $dI_A/dt$ 速率（rating）之間必須進行一些妥協。對於一個元件而言，我們可以藉由一個高觸發的閘極電流來過度驅動元件，使這個問題減到最小；另一個明顯的電路方法，是在陽極 / 陰極的端點上串聯電感，以限制快速暫態行為饋入的元件中。下面將討論一些具有較好 $dI/dt$ 能力的元件設計。

許多指叉狀（Interdigitated，閘極與陰極之間）的設計相繼發展，使得任何區域的陰極面積都不會大於從閘極起算的特定最大容許距離。一種簡單

的結構是由長與薄的閘極，以及條狀陰極所組成；一個較複雜的設計稱為迴旋圖案（Involute pattern），由螺旋狀的閘極與條狀陰極所組成，且閘極與陰極之間具有固定的寬度與間隔[28]。另一種方法是採用放大閘極（如圖 16）來增加起始的導通面積[29]。當一微量觸發電流加到中央閘極後，由於它微小的橫向尺寸，將使具有一導向寄生（pilot parasitic）SCR 功能的放大閘極結構迅速導通此閘流體，這種導向電流遠大於最初的觸發電流，同時提供主要元件一個強的驅動電流。如先前指出，驅動電流愈大，則主要閘流體的最初導通面積也愈大。此設計有效地利用一個小的寄生 SCR 去放大閘極電流，並改善 $dI/dt$ 速率。

### 11.2.5 *I-V* 靜態特性

　　在討論不同偏壓區域的每一個操作模式後，我們來驗證完整的電流—電壓特性。首先，從一個簡單的兩端點蕭克萊二極體開始，根據一般的方程式，我們發展一套分析 *I-V* 特性的方法[30]。由蕭克萊二極體的 $I_g = 0$ 與 $I_A = I_K = I$ 得知，式 (7) 與式 (10) 可寫成

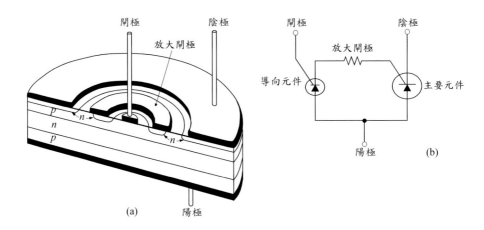

圖 16　(a) 改良 $dI/dt$ 的 SCR 放大閘極結構 (b) 等效電路圖。（參考文獻 29）

$$\frac{1}{M(V_2)} = \alpha_1(I) + \alpha_2(I) + \frac{I_0}{I} = 1 - \left(\frac{V_2}{V_B}\right)^n \qquad (39)$$

我們假設 $I_o$ 是一已知的常數，以及 $\alpha_1$ 與 $\alpha_2$ 為類似於圖 12 所示已知的電流函數，所以對已知電流 $I$，式 (39) 得到一個對應的 $V_2 / V_B$ 值。定性的結果如圖 17a 所示。由圖中所知，$I_s$ 可以計算出切換點（$I_s$ , $V_{BF}$）發生在式 (39) 的最低點的位置（或 $V_2 / V_B$ 最大值處），在切換之後，保持點（holding point）可以定義是在 $dV / dI = 0$ 處的最低電壓與最高電流點。如前所述，三個所有的接面都在順向偏壓下，而這類分析使我們無法求出保持點，這是因為式 (39) 不適用於一個順向偏壓的 J2 上。然而，我們仍然可以估算保持電壓 $V_h$ 如下。

當元件導通時，接點電壓 $V_{AK}$ 是三個順向偏壓 $p$-$n$ 接面的總合，在這些代數和之中，J2 接面電壓為負的，如圖 13c 所示。二者擇一，端點電壓是一個順向接面加上操作於飽和區的雙極性電晶體 $V_{CE}$ 值，這些值分別近似於 0.7 與 0.2 V，並使保持電壓 $V_h$ 約為 0.9 V，超過這個工作點之後，元件將在正向導通狀態（參閱 11.2.4 節）。對於一個三端點閘極的閘流體，式 (39) 可以變成

$$\frac{1}{M(V_2)} = \alpha_1(I_A) + \alpha_2(I_A + I_g) + \frac{\alpha_2(I_A + I_g)}{I_A}I_g + \frac{I_0}{I_A} = 1 - \left(\frac{V_2}{V_B}\right)^n \qquad (40)$$

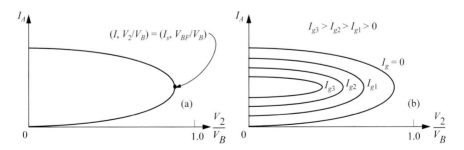

圖 17　電流—電壓（$I$-$V$）曲線的關係圖 (a) 兩端點的蕭克萊二極體 (b) 三端點的閘流體。$V_2 / V_B$ 的值是當電流為已知時由式 (39) 解出的。

在得到式 (40) 的過程中，電流 $I_K$ 被 $I_A + I_g$ 取代，以及包含 $\alpha_2 (I_A + I_g) I_g / I_A$。對於每一個 $I_g$ 的值，$\alpha_2 (I_A + I_g)$ 是首先要重新計算的數值，隨先前的步驟，產生一組 *I-V* 曲線，如圖 17b。注意，當 $I_g$ 增加時，切換電壓將減少，這會引起閘流體一般的閘極導通能力。對於以一系列不同的 $I_g$，閘極觸發閘流體的 *I-V* 特性，如圖 2 所示。在正向阻斷狀態，除了座標的改變，此曲線類似於圖 17b 所示。

## 11.2.6 導通與截止時間

**導通時間** （**Turn-On Time**）　　有許多的方法可用於觸發閘流體截止（關閉）狀態切換至導通狀態 [2,15]，當閘流體由截止狀態切換為導通時，電流必須被提升到足夠高的準位，以滿足 $(\alpha_1 + \alpha_2) = 1$ [ 或者是 $(\bar{\alpha}_1 + \bar{\alpha}_2) = 1$] 的條件。有許多方法可觸發閘流體由截止狀態切換為導通狀態，而電壓觸發是唯一用來切換二端點蕭克萊二極體的方法，可藉由以下兩種做法來完成電壓觸發：一是緩慢地增加順向電壓，直到達到轉折電壓（Breakover voltage）為止；二是施以急速變化的陽極電壓，稱為 $dV/dt$ 觸發，如 11.2.3 節所討論。

　　閘極電流觸發是切換三端點閘流體最重要的方法，當施加閘極電流時，流過閘流體的陽極電流無法迅速反應，陽極電流會顯現出兩個傳渡時間（transition time）的特性，如圖 18a 所示。第一構成要素為延遲時間 $t_d$，可以聯想為兩個雙極性電晶體的本質速度，這個延遲為在基極的傳渡時間總合 $t_d = t_1 + t_2$，其中 $t_1 = W_{n1}^2 / 2D_p$ 以及 $t_2 = W_{p2}^2 / 2D_n$，$W_{n1}$ 與 $W_{p1}$ 分別是 *n*1- 與 *p*2- 區域的寬度，$D_p$ 與 $D_n$ 分別是電洞與電子的擴散係數。

　　第二構成要素是上升時間（rise time）$t_r$，與 *p-n-p* 及 *n-p-n* 雙極性電晶體聚集在基極區域的儲存電荷 $Q_1$ 與 $Q_2$ 有關，一旦導通時，雙極性電晶體的集極電流 $I_{C1}$ 與 $I_{C2}$ 分別為 $I_{C1} \approx Q_1 / t_1$ 與 $I_{C2} \approx Q_2 / t_2$。由於閘流體具有再生的特性，故導通時間近似在 *n*1- 與 *p*2- 區域擴散時間的幾何平均值，或 $t_\gamma = \sqrt{t_1 t_2}$，這個結果可以由圖 8b 利用電荷控制法（charge-control approach）導出，在理想條件之下，$dQ_1 / dt = I_{B1} = I_{C2}$ 與 $dQ_2 / dt = I_{B2} = I_g + I_{C1}$，可以求得以下式子

$$\frac{d^2Q_1}{dt^2} - \frac{Q_1}{t_1 t_2} = \frac{I_g}{t_2} \qquad (41)$$

式 (41) 中 $Q_1$ 解的形式正比於 $\exp(-t/t_r)$，其中時間常數 $t_r$ 已知為 $\sqrt{t_1 t_2}$。為了縮短整個導通時間，必須使用 $n1$- 與 $p2$- 層寬度窄的元件。然而，這項條件與高的崩潰電壓要求的條件相反，這就是高功率、高電壓閘流體通常具有較長導通時間的原因。

**截止時間（Turn-off time）**　　當閘流體處於導通狀態時，三個接面都施加順向偏壓，結果是在元件內存在超量的少數載子與多數載子，並且隨著順向電流增加。為了切換回到阻斷狀態，這些超量的載子必須利用電場移除或經由復合作用而衰減 [31,32]。一個典型的截止電流波形，如圖 18b 所示，其中端點電壓 $V_{AK}$ 是突然改變為相反的極性，雖然圖 18b 中電流波形是複雜的，必須精確分析，即可以得到一個截止時間的簡易估算如下所示 [12]，主要的延遲時間被認為是 $n1$- 層中復合時間所造成的基極—電荷復合作用，可得

$$\frac{dQ_1}{dt} + \frac{Q_1}{\tau_p} = 0 \qquad (42)$$

因為流過元件結構的電洞電流正比於基極電荷，式 (42) 的解為

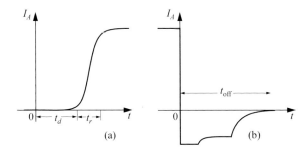

圖 18　(a) 當觸發電流 $I_g$（$t = 0$）施於閘流體時，元件的導通特性 (b)$V_{AK}$ 電壓突然改變時的截止特性。

$$Q_1(t) = Q_1(0)\exp\left(\frac{-t}{\tau_p}\right) = \tau_p\alpha_1 I_F\exp\left(\frac{-t}{\tau_p}\right) \tag{43}$$

在此可得，初始基極電荷 $Q_1(0)$ 與順向傳導電流 $I_F$ 成正比，陽極電流預期會依據下式而衰減

$$I_A = I_F\exp\left(-\frac{t}{\tau_p}\right) \tag{44}$$

其中 $\tau_p$ 是在 $n1$- 基極中少數載子的生命期，為了允許元件切換到正向阻斷狀態，$I_A$ 必須減少至低於保持電流 $I_h$，所以截止時間為

$$t_{\text{off}} = \tau_p\ln\left(\frac{I_F}{I_h}\right) \tag{45}$$

為得到短的截止時間，我們必須縮短 $n1$- 層的生命期 $\tau_p$，這種縮短作用可藉由導入復合中心來達成，例如在矽的擴散過程中使用金與鉑摻雜或使用電子與加瑪射線的照射 [15]。顯而易見地，對於功率元件而言，在高階注入情況下處於導通電流期間，以及在低階注入情況下處於截止電流期間，其復合中心的性質可以考量由高階注入的生命期 $\tau_H$ 與低階段注入的生命期 $\tau_L$ 的比值來作最佳化。圖 19a 所示為 $n$- 型 Si，其 $\tau_H / \tau_L$ 對電阻率的關係圖，圖中顯示藉由摻雜金與電子輻射，其生命期比的變化較小於摻雜鉑，意味著這些技術對寬範圍崩潰電壓生命期的控制，是具有吸引力的。圖 19b 所示，金在矽的能隙中間附近具有受體位階，以提供有效的產生─復合中心，但是會增加漏電流，結果是順向崩潰電壓隨著金的摻雜而降低。生命期的減小將造成導通狀態時，順向的壓降增加 [ 式 (33)]，所以為了在特殊應用中得到適當的最佳化，要在順向壓降與截止時間之間作一個取捨。

為了縮短截止時間，在一般電路實用上除了反轉 $V_{AK}$ 的極性，在截止狀態時，還會施加一逆向偏壓在閘極與陰極之間，這個方法稱為閘極輔助截止（gate-assisted turn-off）作用 [1, 33]（參閱 11.3.1 節）。這個改良效果是因為在重覆施加順向陽極電壓時，逆向閘極偏壓可分離流過陰極的絕大部分順向回復電流。

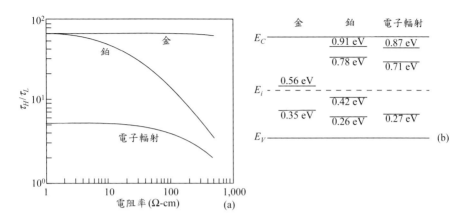

圖19　(a) $\tau_H/\tau_L$ 對電阻率關係圖(b)以不同的還原法在矽的復合中心產生深層能階。（參考文獻 15）

**最大操作頻率 $f_m$（Maximum operating frequency）**　　在低的切換速度下，閘流體通常比雙極性電晶體具有更高的切換效率，因此閘流體實質上獨占了工業用功率控制的領域，其中操作頻率通常爲 50 或 60 赫茲。操作頻率會被導通與截止時間所限制。然在實際應用上，截止時間比較長，是兩者之中主要的變因。此外，還有兩個其他效應會限制最大操作頻率[34]，第一個效應是 $dV/dt$ 暫態所引起的不正確觸發，經過逆向的回復週期，閘流體重覆施以順向電壓時的電壓變化率 $dV/dt$，會受到電容性位移電流的限制。這個位移電流可能會造成 *n-p-n* 雙極性電晶體 $\alpha_2$ 值的增加，在施加全順向電壓之前與施加任何信號於閘極之前，足夠讓閘流體導通，可藉由陰極短路而實質地降低這個效應。第二個效應是元件在切換時，電流變化率 $dI/dt$ 是影響閘流體導通與截止時間的主要因素，其中 $dI/dt$ 變化率主要由外部電路所控制，必須確保 $dI/dt$ 變化率不超量，以避免永久性破壞。考慮這些因素，全部的順向回復時間 $t_{fr}$，即爲元件沒導通時，可以再次施加高電壓所經過的時間，是前述三項的總合

$$f_m \approx \frac{1}{2t_{rf}} = \frac{1}{2\left(t_{\text{off}} + \dfrac{I_F}{dI/dt} + \dfrac{V_{BF}}{dV/dt}\right)} \tag{46}$$

一般而言，$t_{off}$ 隨著 $\tau_p$ 呈線性增加關係，如同式 (45)，所以小的 $\tau_p$ 值將可以改善頻率限制，也將降低正向阻斷電壓，通常會使功率速率變化與電容性頻率呈反比。為了改善 $f_m$ 值，$dV/dt$ 與 $dI/dt$ 變化率必須最佳化或增加元件結構的複雜性。

## 11.3 閘流體的種類

### 11.3.1 閘極截止閘流體

閘極截止閘流體（gate turn-off thyristor, GTO）被設計為一種在正向閘極電流時導通、負向閘極電流時截止的閘流體，此時陽極—陰極電壓 $V_{AK}$ 在順向模式下維持固定值。一個典型的閘流體可以藉由減少陽極電流使其低於保持電流或反轉 $V_{AK}$ 極性和陽極電流方向來作截止。閘極截止閘流體因為在截止狀態下有抗高電壓的能力，所以偏好應用在高速、高功率的元件 [35]，包括反向器、脈衝產生器、斬波器（chopper）以及直流切換電路。閘極截止閘流體在偏壓下的電路示意圖如圖 20a 所示，就截止過程的一維描述，我們可視閘極截止閘流體具有負閘極電流值 $I_g^-$。對應於圖 8b 並忽略所有的漏電流，維持 n-p-n 雙極性電晶體在導通狀態下所需要的基極驅動電流為 $(1-\alpha_2)I_K$，而實際的基極電流為 $(\alpha_1 I_A - I_g^-)$，因此，截止的條件是 $(1-\alpha_2)I_k > (\alpha_1 I_A - I_g^-)$。因為 $I_A = I_K + I_g^-$，所需的 $I_g^-$ 可以表示為

$$I_g^- > \left(\frac{\alpha_1 + \alpha_2 - 1}{\alpha_2}\right)I_A \tag{47}$$

對於最小的 $I_g^-$，我們定義 $I_A/I_g^-$ 比值為截止增益 $\beta_{off}$

$$\beta_{\text{off}} \equiv \frac{I_A}{I_g^-} = \frac{\alpha_2}{\alpha_1 + \alpha_2 - 1} \tag{48}$$

高的 $\beta_{off}$ 值意謂只需一個較小的 $I_g^-$ 值就能夠截止閘流體,使 $n$-$p$-$n$ 雙極性電晶體的 $\alpha_2$ 盡可能接近於 1,並使 $p$-$n$-$p$ 雙極性電晶體的 $\alpha_1$ 值變小,即可以達到高的 $\beta_{off}$ 值。

　　對實際的閘流體而言,截止是一個二維的過程,在施加負向閘極電流以前,兩個雙極性電晶體在導通狀態時均為重度飽和,因此,移除超量的儲存電荷是截止過程中一個重要的部分。移除儲存電荷會造成儲存時間延遲 $t_s$,隨後為下降時間 $t_f$(fall time)(如圖 20b),之後閘流體則處於截止狀態。只要在閘極上施加負偏壓,閘極電流會移除在 $p2$- 區的儲存電荷。若是在導通過程中,因為從 $p2$- 區的側向電流所引起的電壓降,移除電荷是一種電流擴張的相反作用,當由元件的中央朝向閘極接觸時,接面 J3 會成為更小的正偏壓(如圖 21)。在此情況下,所有的順向電流將被擠入,但仍然保持為順向偏壓的 J3 接面,順向電流不斷被擠入越來越小的區域,直到達到某一極限尺度。到此極限時,在 $p2$- 區域剩餘的超量電荷會被移去,並且結束儲存相位。儲存時間可以表示為 [36]

$$t_s = t_2(\beta_{\text{off}} - 1)\ln\left(\frac{SL_n/W_{p2}^2 + 2L_n^2/W_{p2}^2 - \beta_{\text{off}} + 1}{4L_n^2/W_{p2}^2 - \beta_{\text{off}} + 1}\right) \tag{49}$$

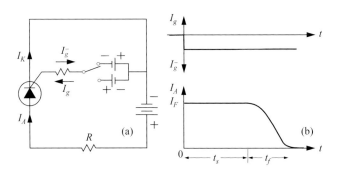

圖 20　閘極截止閘流體(GTO)(a) 偏壓電路圖 (b) 截止特性曲線。

其中 $t_2 = W_{p2}^2 / 2D_n$ 是通過 $n$-$p$-$n$ 雙極性電晶體 $p2$- 基極的傳渡時間，$L_n$ 為電子的擴散長度，$S$ 是陰極電極長度，$W_{p2}$ 是 $p2$- 區域的寬度。儲存時間隨著截止增益 $\beta_{off}$ 增大而加長，所以在儲存時間與截止增益之間具有一個折衷點。若要減短儲存時間，則需採用低的 $\beta_{off}$ 值（對應於大的閘極電流）。對 Si 閘極截止閘流體（GTO）元件模擬所得的 $t_s = 3.28\,\mu s$，其較 SiC（4H）元件長約 10 倍[37]。圖 20b 的下降時間，是對應於將空乏區擴展跨過 J2 到 $n1$- 區域與移除此區域內的電洞電荷所需要的時間。在 $n1$- 區域內，每單位面積的全部電荷為 $Q \approx qp^* W_D (V_{AK}) \approx J_F t_f$，其中 $p^*$ 是在 $n1$- 區域的平均電洞濃度，$W_D$ 為給定陽極－陰極電壓 $V_{AK}$ 的空乏區寬度，以及 $J_F$ 為順向傳導的陽極電流密度。下降時間可以進一步表示為

$$t_f \approx \frac{qp^* W_D(V_{AK})}{J_F} \approx \frac{p^*}{J_F}\sqrt{\frac{2q\varepsilon_s V_{AK}}{N_D}} \tag{50}$$

其中 $N_D$ 是 $n1$- 區域的摻雜濃度。對於一 Si 閘極截止閘流體而言，理論計算所得的 $t_s$ 是 $1.07\,\mu s$，其大約是 SiC（4H）元件的 4 倍大[37]，下降時間隨著陽極電流密度增加而減少，隨著 $\sqrt{V_{AK}}$ 增加。當擠入電漿的最後面積夠大足以阻擋超量的電流密度時，可得可靠性操作的 GTO，採用指叉式設計（interdigitated design）則可達到這項要求，例如漸伸（involute）式結構[2,28]。若使用放大型

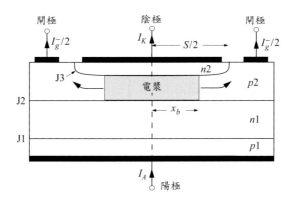

圖 21　閘極截止閘流體 $p$- 型基極內的電漿儲存作用。（參考文獻 2）

閘極亦可得到所需要的快速導通結果。對於高功率的應用，SiC（4H）GTO
優於 Si GTO，SiC（4H）的高熱導率以及寬能隙帶來高的短脈衝電流傳導能
力，在高溫下具極低的漏電流與比矽元件高 10 倍的崩潰電壓。進一步來看，
SiC（4H）閘極截止閘流體因為大量減少連接元件的數目，所以尺寸較小且
較便宜[38]。值得注意的是，因為導通時間小於截止時間約 20 倍[37]，切換時間
是導通時間與截止時間的總合，截止時間主導矽與碳化矽閘極截止閘流體元
件的速度性能。

　　對於高功率的應用而言，閘極截止閘流體（GTO）的一個衍生元件是
閘換向截止閘流體（gate-commutated turn-off thyristor, GCT），或稱為積
體閘換向閘流體（integrated gate commutated thyristor, IGCT），例如 (1)
對於離岸風場的轉換器以及 (2) 對於軌道運輸高功率元件的百萬瓦（MW）
電動機驅動元件[39]。GCT 是硬切換的 GTO，具有非常快且大的閘極電流脈
衝、一樣大的全額定電流（full-rated current），約 1.0 μs 的時間引導所有的
電流從陰極進入閘極，以確保可以快速的關閉。GCT 是一組合式的元件，
其包含一高功率的閘流體以及用於控制的額外電子元件。對於功率等級大
於 1 MW，GCT 可提供高性能的 GTO[2]。射極截止閘流體（emitter turn-off
thyristor, ETO）是 GTO 的另一種的衍生元件，結合一個最佳化的設計控制
電路，串疊連接在 MOSFETs 以及 GTO 的陰極之間[2]。ETO 強制陽極電流
$I_A$ 是從 GTO 流出而經過閘極，而不是陰極。與 GCT 相比較下，ETO 元件
具有可以節省驅動功率的能力、較高切換速度與較高可靠度的特性，以及比
GTO 更容易驅動的閘極[40, 41]。

　　此外，閘流體結構類似於光啟動閘流體（light-activated thyristor,
LASCR），亦可稱為光啟動開關器，是一個屬於兩端點（閘極接觸是非必
要的）四層正向阻斷閘流體，它的啟動可藉由施加超過其光強度臨界準位。
透過觸發能量的光纖傳輸，使得 LASCR 元件在功率與觸發電路之間具有完
美的電絕緣性。它的應用範圍包括光電控制，如街燈、定位偵測、卡片讀取
機以及光耦合觸發電路。此外，光觸發的閘流體是使用光纖的光學式觸發，

而且可以用在具有減少寄生電容值的高伏特應用 [15]。

## 11.3.2 二極體交流開關與三極體交流開關

　　二極體交流開關（diode ac switch, diac）與三極體交流開關（triode ac switch, triac）為雙向性閘流體 [42,43]。它們在正或負的端點電壓均有導通與截止的狀態，故可應用於交流電路。兩種型態的二極體交流開關結構為交流觸發式二極體與雙向 $p$-$n$-$p$-$n$ 二極體切換器，前者屬於簡單的三層元件且類似雙極性電晶體（如圖 22a），其中不同之處為兩個接面間的摻雜濃度頗為相同，且與中間基極區域沒有金屬接觸，因為相等的摻雜濃度導致具有對稱性與雙向性，如圖 22c 所示，若施加任何極性的電壓於二極交流開關，其中一接面為順向偏壓，另一接面為逆向偏壓，而其電流大小受到逆向偏壓接面的漏電流限制。若外加電壓足夠大時，崩潰現象會發生在 $V_{BCBO} (1-\alpha)^{1/n}$，其中 $V_{BCBO}$ 為 $p$-$n$ 接面的累增崩潰電壓，$\alpha$ 為共基極電流增益，與 $n$ 為常數，這表示與基極開路 $n$-$p$-$n$ 雙極性電晶體的崩潰電壓相同（參見 5.2.3 節），於崩潰後電流會繼續增加，$\alpha$ 亦隨之增加，造成端點電壓的降低，這種降低現象會產生負微分電阻。

　　雙向 $p$-$n$-$p$-$n$ 二極體切換器的特性，類似兩個傳統的蕭克萊二極體反向並聯以調諧兩種極性的電壓信號，如圖 22b。使用陰極短路原理，我們可將這種排列整合為單一雙連接點的二極交流開關，如圖中所示，而這種對稱性的結構，對任一外加電壓極性都具有相同的功能，如圖 22c 所示。此為元件的符號與對稱性的 $I$-$V$ 特性曲線，如同蕭克萊二極體，使用高於崩潰切換電壓或 $dV/dt$ 觸發信號，可將二極交流開關觸發為導通狀態。因為再生作用，雙向 $p$-$n$-$p$-$n$ 二極體切換器較交流觸發二極體有更大的負電阻與更小的順向壓降。

　　三極體交流開關是一個二極體交流開關與一個三端點閘極接觸去控制 M1 與 M2 兩者切換電壓的極性（如圖 23）。三極體交流開關結構比傳統的閘流體複雜，其中除了 $p1$-$n1$-$p2$-$n2$ 的基本四層外，尚有接面閘極的 $n3$- 區

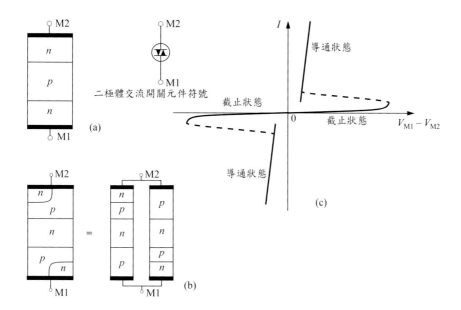

圖 22　二極交流開關的結構 (a) ac 觸發二極體（*n-p-n*）(b) *n-p-n-p-n* 結構為等效於兩個反向並聯的蕭克萊二極體 (c) 二極交流開關的電流—電壓特性與元件符號（如左上角插圖）。

域與連接到 M1 的 *n4-* 區域；請注意，經由個別的三個閘極，*p1* 被短路到 *n4*、*p2* 被短路到 *n2*，*n3* 被短路到 *p2*，這個三極體交流開關在光亮度控制、馬達轉速控制、溫度控制，以及其他交流電路的應用是非常有用的 [1,2]。

　　三極體交流開關的電流—電壓特性如圖 23b 所示。在各種偏壓情況下，元件動作情形表示於圖 24 中。當主要接端 M1 對應於 M2 為正電壓與施於閘極端（亦對應於 M2）者亦為正電壓，則此元件特性與傳統閘流體一樣，如圖 24a，其中接面 J4 為部分逆向偏壓（源自於 *IR* 的局部地下降）且不作用；閘極電流是透過閘極短路來供應的，因接面 J5 也是（部分地）逆向偏壓與不作用，則主要電流的通過是經由 *p1-n1-p2-n2* 的左邊區域。

　　在圖 24b 中，M1 對應於 M2 為正電壓，但是在閘極施加負電壓。此時在 *n3* 與 *p2* 之間的接面 J4 為順向偏壓（源自於 *IR* 的下降），同時電子由

$n3$ 注入 $p2$，因為增加 $n3$-$p2$-$n1$ 電晶體的增益，$p2$ 的橫向基極電流流到 $n3$ 閘極，故造成輔助閘流體 $p1$-$n1$-$p2$-$n3$ 的導通。輔助閘流體全部導通後，導致電流流出此一元件且到達 $n2$ 區域，這項電流將提供閘極所需的電流，並觸發左邊的 $p1$-$n1$-$p2$-$n2$ 閘流體進入傳導狀態。

當 M1 對應於 M2 為負偏壓，與 $V_G$ 為正偏壓，則在 M2 與短路閘極之間的接面 J3 變為順向偏壓（如圖 24c）。電子由 $n2$ 注入 $p2$ 並擴散到 $n1$，結果使得 J2 的順向電壓升高。經由再生作用，最後全部電流流過 M2 的短路部分。由於閘極接面 J4 為逆向偏壓且不作用。因此全部的元件電流經由 $p2$-$n1$-$p1$-$n4$ 閘流體的右邊通行。

圖 24d 表示 M1 對應於 M2 為負偏壓與 $V_G$ 亦為負電壓的情況，在此情況下，接面 J4 為順向偏壓，以及從 $n3$ 注入到 $n1$ 區域的電子引起觸發作用，這項動作降低 $n1$ 處的電位，造成電洞自 $p2$ 注入 $n1$ 區域。這些電洞提供 $p2$-$n1$-$p1$ 電晶體的基極驅動電流，最後導通 $p2$-$n1$-$p1$-$n4$ 閘流體右邊區域。因為 J3 為逆向偏壓，則主要電流是由 M2 的短路部分流到 $n4$ 區域。

三極體交流開關為一對稱的三極體切換器，它可以控制交流供應電源的負載。兩個閘流體整合在單一晶片上，任何時刻都僅僅使用其中一半的結構。因三極體交流開關面積使用率較差，其面積約等於兩個獨立連接的閘流體，這類元件最主要的優點為輸出特性完全匹配，以及單一封裝與不需要額外的外部連接線，但是它的輸入特性是非常不匹配的。目前三極體交流開關具有寬廣範圍的操作電壓（高達 1.6 KV）與電流（超過 300 A）[3]。

# 11.4 其他功率元件

## 11.4.1 絕緣閘極雙極性電晶體

絕緣閘極雙極性電晶體（insulated-gate bipolar transistor, IGBT）的命名來自其操作是根據一個絕緣閘極 FET（insulated- gate FET, IGFET）與一

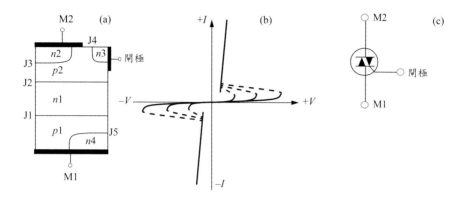

圖 23　(a) 具有五個 *p-n* 接面（J1-J5）與三個短路電極之六角結構的三極體交流開關截面圖 (b) 三極體交流開關的電流—電壓特性 (c) 元件符號。

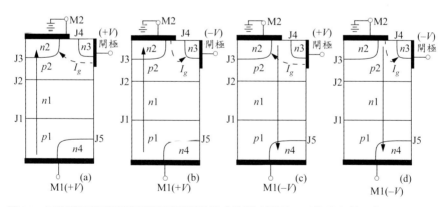

圖 24　三極體交流開關在四種不同觸發模式的電流情形。（參考文獻 42）

個雙極性電晶體兩者內部之間的交互作用，在其他書籍中也被稱作絕緣閘極電晶體（insulated-gate transistor, IGT）、絕緣閘極整流器（insulated-gate rectifier, IGR）以及導電率調變場效電晶體（conductivity-modulated field-effect transistor, COMFET）。 一個基本的絕緣閘極雙極性電晶體（IGBT）元件，使用一個 $n$- 型金氧半場效電晶體來驅動一個寬基極 $p$-$n$-$p$ 雙極性電晶體，是由山上（Yamagami）研究團隊所提出的，在 1979 年的巴利加（Baliga）將其實現[44, 45]。自從有了元件的概念，激發其對絕緣閘極雙極性電晶體在改善理論以及性能上的研究。

圖 25 是針對垂直功率的 MOSFET（參閱 6.5.6 節）、$p$- 型通道的 IGBT（本節討論），與在 $n^+$SiC（4H）基板上的 $p$-$n$-$p$-$n$ 閘流體（參閱 11.2 節）的二維橫截面比較圖，其中厚漂移層的角色是提供設計所需要的阻斷電壓（blocking voltage）的一種方式。值得注意的是，對 IGBT 與閘流體可以改善 $I$-$V$ 特性在導通狀態的性質，並且超越功率 MOSFET 的性質。然而，當元件切換關閉時，由於產生重大的拖尾電流（current tail），其切換行為會劣化。自 1980 末期，這些元件已經使用在商業上且普及至今[5, 46-50]。

IGBT 的結構如圖 26 所示，可以被視作為一個具陰極短路的 SCR 與一個 MOSFET（更具體地說，就像 DMOS 電晶體，參見 6.5.6 節）連接 $n^+$- 陰極至 $n^-$ 基極。此結構也可以被視為在汲極區域中具有外加 $p$-$n$ 接面的雙擴散金氧半（double-diffused metal-oxide-semiconductor, DMOS）電晶體。在垂直結構中（如圖 26a），$p^+$- 陽極是較低電阻率的基板材料，以及 $n^-$ 層的磊晶層厚度約為 50 μm，且摻雜濃度小於 $10^{14}$ cm$^{-3}$。在此結構中，元件間的隔絕是很困難的，而且元件會被分成如方塊狀的分離單元。在如圖 26b 所示的側向結構（LIGT，側向絕緣閘極電晶體），陽極被合併在表面，以及利用 $p$- 型材料將元件互相隔絕在基板上。與矽控整流器（SCR）相同，IGBT 是使用矽材料來製作，因為它有好的熱傳導性與高的崩潰電壓。

如圖 26，此樣本有一個 $n$- 通道 DMOS 電晶體，可稱為 $n$- 通道 IGBT。一個互補式的元件，$p$- 通道 IGBT 具備相反摻雜與操作在反向電壓的形式。

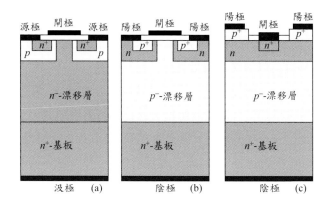

圖 25 (a) n-MOSFET (b) p- 型通道的 IGBT(c) p-n-p-n 閘流體的橫截面結構,每個元件設計的漂移磊晶層厚度為 175 μm 以用來阻斷 20 kV 的電壓。(參考文獻 46)

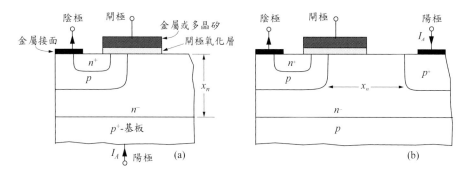

圖 26 (a) 垂直 (b) 側向結構的 n- 通道 IGBT。

陽極 / 陰極 / 閘極的專門術語是來自 SCR,但也會用汲極 / 源極 / 閘極與集極 / 射極 / 閘極。

元件的基板是 $n^-$ 層,其是 DMOS 電晶體的汲極,與 p-n-p 雙極性電晶體的基極一樣,它是輕摻雜且夠寬可以承受大的阻斷電壓。在導通狀態下,來自 $n^+$- 陰極超量的電子與來自 $p^+$- 陽極超量的電洞,通過 DMOS 電晶體表面通道注入在此區域,可提高導電率。導電率調變即是 COMFET(導電率調變 FET)的命名原因。

閘極爲零偏壓實，DMOS 電晶體的通道是不會形成的。結構等效於具有陰極短路（金屬接觸在陰極與 *p*- 基極）的轉折二極體（*p-n-p-n* 結構）。圖 27 顯示一 *n*- 通道 IGBT 的等效電路、元件符號，以及電流－電壓（*I-V*）特性，直到其中任一極崩潰前，陽極（或陰極）電流 $I_A$ 都是最小的（如圖 27d）。對於順向 $V_{AK}$，崩潰開始於 *n-p* 接面的累增崩潰，以及對於逆向 $V_{AK}$，$n^-$-$p^+$ 接面也有一樣的過程。當施加大於起始電壓的正閘極電壓 $V_G$ 時，會產生一個閘極感應的 *n*- 型通道來連接兩個 *n*- 型區域。依據 $V_{AK}$ 的值可以發現三個不同的操作模式，在一個小 $V_{AK}$ 約爲 0.7 V 時，等效電路是一個 DMOS 電晶體串聯一個 *p-i-n* 二極體（如圖 27a）。忽略橫跨過 DMOS 電晶體的壓降，在順向偏壓下，*p-i-n* 二極體藉由在 $n^-$ 區域的超量電子與電洞復合過程而產生電流傳導。爲了保持電中性，這些超量的電子與電洞的數目是相等的，分別由陽極與陰極所提供。類似於式 (35)，對在順向偏壓下的 *p-i-n* 二極體，在這模式下的電流方程式爲

$$I_A \approx \frac{4Aqn_iD_a}{x_n} \exp\left(\frac{qV_{AK}}{2kT}\right) \tag{51}$$

其中 *A* 是截面積，$x_n$ 是 $n^-$ 區域的長度。在指數項的因子 2 爲復合電流的特性項。電流隨著 $V_{AK}$ 指數上升顯示一偏移電壓（offset voltage），如圖 27d 線性軸示。由於可以忽略跨過 DMOS 電晶體的壓降，所以電流也與 $V_G$ 無關。第二區域開始於 $V_{AK} > 0.7$ V，在此的電性類似於 MOSFET。在 $V_{AK}$ 中間值的情況下，自陽極注入超量的電洞無法全部被復合過程所吸收，它們溢出至 *p*- 區域的中間，並且貢獻成 *p-n-p* 雙極性電流。等效電路如圖 27b 所指出。MOSFET 的電流 $I_{MOS}$ 變成雙極性電晶體的基極電流，以及陽極電流是射極電流，可以寫成

$$I_A = (1 + \beta_{pnp}) I_{MOS} \tag{52}$$

在式 (52) 顯示陽極電流複製了如同在 MOSFET 的一般特性，除了電流增益放大的功能。如圖 27d，因爲大尺寸的 $n^-$ 層基極主導，雙極性電流增益 $\beta_{pnp}$ 是很小的。由於 $\beta = \alpha(1-\alpha)$ 以及 $\alpha = \alpha_T = [\cosh(x_m/L_n)]^{-1}$，其中的 $\alpha_T$ 是

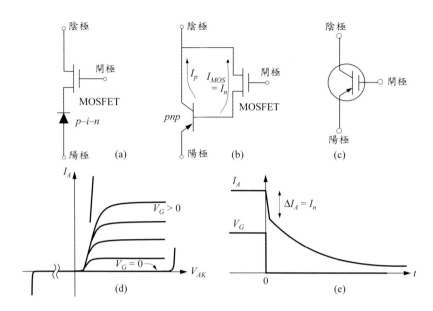

圖27　$n$- 通道 IGBT，對 $V_{AK}$ 電壓在 (a) 低於與 (b) 高於偏移電壓下操作的等效電路圖 (c) 元件符號 (d) 輸出特性曲線 (e) 截止狀態時的陽極—陰極電流波形。

基極傳輸因子與 $x_{nn}$ 是中性基極，$\beta_{pnp}$ 是 1 左右，其表示電子與電洞電流的大小是相當的。然而，式 (52) 指出 IGBT 的電流與轉導兩個特性都比同樣尺寸的功率 MOSFET 大約兩倍，這是 IGBT 的主要特色。

　　在第三個模式下，假如電流超過臨界值，其基本特性維持在低電阻狀態（類似於 SCR 的導通狀態），是因為 $p$-$n$-$p$-$n$ 結構的內部互相影響所致。儘管在低導通電阻的狀態下，一旦閉鎖發生，將導致閘極對元件失去截止控制的能力，所以我們並不樂見。在較低電流準位時，閘極控制截止狀態是很重要的，這也正是 IGBT 優於 SCR 的特點，藉由減少 $n$-$p$-$n$ 雙極性電晶體的電流增益，在 $n^+$- 與 $p$- 區域之間的陰極短路有助於抑止閉鎖。一個在靠近陰極具有較高 $p$- 區域摻雜濃度的特殊設計，也已經被驗證 [5, 45, 46]。

　　除了可能發生閉鎖效應，IGBT 的另一個缺點是因為電荷儲存在 $n^-$ 區域，所以會有緩慢的截止過程。在截止過程中的典型陽極電流波形如圖 27e 所示，$I_A$ 的衰減發生在兩個階段，首先有一個突然降低的 $\Delta I_A$，隨後發生緩慢的指數衰減，利用一階近似，可得知初始電流下降，是因為缺少由 DMOS 電晶體的提供電子電流 $I_n$。[51] 由於電流成分分為電子電流 $I_n = (1 - \alpha) I_A$ 以及電洞電流 $I_p = \alpha I_A$，故可以估計電流降 $(\Delta I_A) = I_n$。電流 $I_p$ 隨著電洞的特性少數載子生命期而呈指數地衰減，這個截止過程一般需要約 10-50 ms，而且限制 IGBT 要操作在 10 kHz 以下。利用電子輻射降低載子生命期的技術，可以加快截止速度，但此技術會耗損較高的順向壓降。

　　如圖 28a，具有重度摻雜 $p^+$ 基板的傳統 $n^-$ 漂移層，會導致非常強電洞從陽極注入，因此差的短路能力不適用於平行操作。所以，如圖 28b，一個新的 IGBT 結構被提出來，稱為非貫穿絕緣閘極雙極性電晶體（nonpunch-through IGBT 或 NPT IGBT）[52]，這種新設計的 NPT IGBT 可以達到由陽極的低載子注入與不需要生命期控制，因為具有較厚的 $n$- 漂移區域，所以在 IGBT 可觀察到較低的電場，其使得此元件具有潛力可以取代傳統的功率雙極性電晶體。此外如圖 28c 顯示為實作具有低劑量的陽極電場截止（field-stop, FS）層，以及如先前所提的薄漂移層結構，會導致載子生命期增加[45]，稱為場截止絕緣閘極雙極性電晶體（FS IGBT），由拉斯加（Laska）的研究團隊首先發表[53]。FS IGBT 元件是廣受歡迎的，其具有低載子注入以及無生命期控制，使用低成本的本體晶圓，是因為漂移層較薄所以有較少的超量載子，導致有較低的切換損耗。

　　IGBT 結合了 MOSFET 與雙極性電晶體的顯著特色。與一般的 MOSFET 相同，其具有高的輸入電阻與低的輸入電容，類似雙極性電晶體或 SCR，它有低的導通電阻（或低的順向壓降）與高電流性能。一個較重要的特色是受閘極控制的截止性能。在 SCR 中，閘極無法單獨截止元件，而需要改變 $V_{AK}$ 的極性來強迫切換，如此的通訊電路會增加額外的成本且缺乏應用的彈性，因此 IGBT 具有這個超過閘極截止閘流體的主要優點。

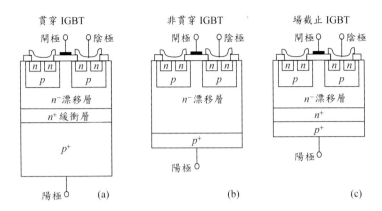

圖 28　(a) 貫穿 (b) 非貫穿 (c) 場截止的絕緣閘極雙極性電晶體結構圖。（參考文獻 45）

　　在切換的應用上，包含不斷電系統（uninterruptable power supplies, USP）、太陽能反向器與轉換器、馬達驅動系統、脈衝寬度調變（pulse-width-modulation, PWM）技術基礎的應用，以及切換模式電源供應（switch-mode power supplies, SMPS）等。與其他切換元件比較，MOSFET 與 IGBT 因為有優越的特性，較具有優勢。此外，與功率 MOSFET 相比較，對於在低頻率（小於 20 kHz）與高電壓（大於 1000 V）、輕負載或線性變化、低工作週期（duty cycle）、高操作溫度，以及大於 5 kW 輸出額定功率的應用上，IGBT 是較佳的選擇。功率 MOSFET 主要的特性是重負載、低電壓且小於 250 V、大的工作週期，以及高頻率（大於 200 kHz）應用。

　　圖 29 表示在相同熱環境下，比較 Si IGBT 與 SiC MOSFET 晶片。高切換損耗限制了 Si IGBT 的操作在數 kHz 的範圍；然而，SiC MOSFET 能夠操作在幾十 kHz 下，具有更低的損耗與較高的電壓阻斷能力。在圖 29 中表列出廣泛使用的 6.5 kV Si IGBT，以及 10 kV、15 kV SiC MOSFETs 元件的特性。單極性 SiC MOSFET 的切換損耗小於 6.5 kV Si IGBT 接近 30 倍[54]。

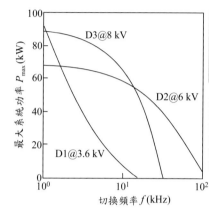

表列:

| | 最大 $T_j$ | 額定電流 | $V_{DS,on}$ | $E_{on}$ | $E_{off}$ |
|---|---|---|---|---|---|
| D1 | 125°C | 25 A | 5 V | 200 mJ | 130 mJ |
| D2 | 150°C | 10 A | 10 V | 6 mJ | 1 m |
| D3 | 150°C | 10 A | 16 V | 9 mJ | 2 m |

D1: 6.5-kV Si IGBT 晶粒尺寸為 $13.6 \times 13.6$ mm²
D2: 10-kV Si MOSFET 晶粒尺寸為 $8.1 \times 8.1$ mm²
D3: 15-kV Si MOSFET 晶粒尺寸為 $8.0 \times 8.0$ mm²
D1 的 $E_{on}$ 與 $E_{off}$ 在 3.6 KV 與 25 A
D2 的 $E_{on}$ 與 $E_{off}$ 在 6.0 KV 與 10 A
D3 的 $E_{on}$ 與 $E_{off}$ 在 8.0 KV 與 10 A

圖29　最大功率 $P_{max}$ 相對於頻率 $f$ 的比較圖，在相同的熱環境下，對於 6.5 kV Si IGBT 以及 1.5 kV SiC MOSFET 晶片。表列出導通（$E_{on}$）與截止（$E_{off}$）的能量損耗，其中的 $T_j$ 是接面溫度。（參考文獻 54）

　　圖 30 顯示對於 Si、SiC 與 GaN 功率元件，特定的導通電阻 $R_{on}$ 對崩潰電壓 $V_B$ 的關係圖。對於矽功率元件，理論的矽極限值 $R_{on} \propto V_B^{2.5}$，表示高額定電壓功率的 MOSFET 會有高的導通電阻 $R_{on}$，會造成高的傳導損耗。圖 30 顯示額定電壓上升至 10 kV，SiC MOSFET 切換損失大幅的減少，並且提供低的傳導損耗。然而，在低崩潰電壓 $V_B$ 情況下，SiC MOSFET 的導通電阻 $R_{on}$ 較高於理論的碳化矽極限值，因為反轉通道電阻會主導靜態損耗。在高 $V_B$ 情況下，量測得到的導通電阻 $R_{on}$，結果接近碳化矽的極限值，其意味著漂移層的摻雜與厚度會主導靜態損耗 [54-58]。

## 11.4.2 靜態感應電晶體

　　靜態感應電晶體（static-induction transistor, SIT）在 1972 年被西澤（Nishizawa）等人所採用 [59,60]，其特色為隨著汲極電壓的增加，元件會呈現非飽和的電流—電壓的基本特性，主要的原因來自汲極的靜電位感應造成載子的位障降低。自 1980 年中期，靜態感應電晶體開始在商業市場上生

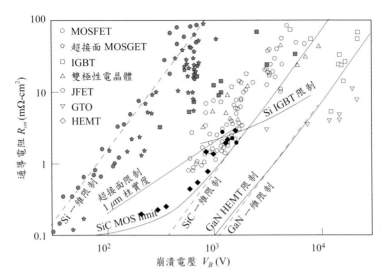

圖 30 　對於不同的 Si、SiC 與 GaN 元件 $R_{on}$ 對 $V_B$ 的關係圖，其中的灰色、白色與黑色的符號分別是 Si、SiC 與 GaN 元件。Si、SiC 與 GaN 一維限制的線表示功率元件的理論 $R_{on}$。（參考文獻 55, 56）

產，並當作功率放大器。這些元件的操作雖然稍有不同，但類似於 SIT 的結構，即使不完全相同，也可以在較早的文獻中被找到。在 1952 年，蕭克萊（Shockley）提出類比電晶體（analogy transistor），其電流是由空間電荷極限（SCL）電流所主導[61]，使用類比來命名是因為此元件的操作類似於真空三極管，SCL 電流的一般特性類似於靜態感應電流。在 $I_D$-$V_D$ 圖形中，顯現出類似三極體（非飽和）的行為，不同於典型 FET 所展現的五極真空管行為（飽和），已知 SCL 電流與汲極偏壓有一次冪方關係的相依性，且與靜態感應電流也存在一個指數相依性。這些差異性接下來會進一步詳細說明。

　　一些常見的靜態感應電晶體的結構如圖 31 所示。在 SIT 中，最關鍵參數是在閘極與通道摻雜濃度（$N_D$）之間的間隔 $2a$，由於多數 SIT 設計成常開型元件，我們可以選擇特定的摻雜濃度，使其不會與閘極端的空乏區合併，在零閘極偏壓下，仍可以存在一個狹窄且為中性的通道，結構中也顯示閘極

是由 *p-n* 接面形成的，但是 SIT 的操作一般包含金屬（蕭特基）閘極[62]，或 MIS（金屬—絕緣體—半導體）閘極。在金屬閘極的實例中，元件類似可滲透基極電晶體（permeable-base transistor），主要的不同在於元件的操作區域，而不是結構本身。多數的 SIT 研究是製作在矽基板上，對於較高速操作，可以選擇 GaAs 作為下一個材料，已有針對 SITs 利用埋藏式閘極的技術在 $dV_{DS}/d_t$ 與切換損耗之間較佳取捨的研究[63-65]，且已發表比 SiC、GaN SITs 具有較高的電子移動率與飽和速度的元件，其對於操作在較高的頻率具有較高的輸出功率[66, 67]與微顯示[68]的潛力。

　　靜態感應電晶體基本上是一個具有超短通道與多重閘極的 JFET 或是 MESFET。在結構上主要的不同在於 SIT 的閘極不會延伸靠近源極或是汲極。由於短通道（閘極）長度，即使電晶體在截止狀態下（靜電感應等效於貫穿效應）貫穿效應會伴隨高汲極偏壓發生。SIT 的輸出特性如圖 32 所示。在零閘極偏壓時，空乏區圍繞著閘極，以至於不會完全地夾止空隙，這條件可以對應於

$$\sqrt{\frac{2\varepsilon_s \psi_{bi}}{qN_D}} < \alpha \tag{53}$$

其中 $\psi_{bi}$ 是閘極 *p-n* 接面的內建電位

$$\psi_{bi} = \frac{kT}{q} \ln\left(\frac{N_A N_D}{n_i^2}\right) \tag{54}$$

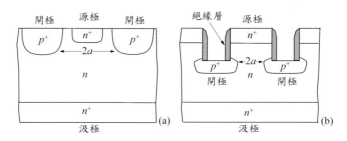

圖 31　(a) 平面式 (b) 埋藏式閘極結構的靜態感應電晶體。

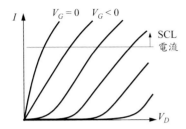

圖 32　SIT 的輸出特性曲線。在較高的電流準位下，是由空間電荷限制電流所主導。

對於一個空乏式的元件（常開型），在閘極之間具零閘極偏壓的中性區域會提供一個電流路徑。電流傳導是利用本質漂移與類似於埋藏式通道 FET。對於負閘極偏壓而言，空乏區會放寬並發生夾止，並且自源極端的電子會遇到位能障礙（如圖 33b 所示）。當閘極電壓 $V_G < V_T = \psi_{bi} - V_P$，前述的現象將變得更明顯，其中的夾止電壓 $V_P$ 可以表示為

$$V_P = \frac{qN_D a^2}{2\varepsilon_s} \tag{55}$$

一旦位障形成時，擴散作用會控制電流，對於可以提供載子的源極，其控制因子是位障高度 $\phi_B$，這位障高度會受閘極與汲極電壓的影響。如圖 34 所示，閘極電壓 $V_G < 0$ 會提升位障，汲極電壓 $V_D > 0$ 會降低位障。受端點電壓影響位障的效率可以用 $\eta$ 與 $\theta$ 表示，$\Delta\phi_B = -\eta\Delta V_G$ 與 $\Delta\phi_B = -\theta\Delta V_D$。靜電感應的概念是藉由汲極偏壓來造成位障的改變，$\eta$ 與 $\theta$ 與幾何結構有關，因此對於不同的結構有不同的數值，如圖 31 的元件[70] 其 $\eta$ 與 $\theta$ 為

$$\eta \approx \frac{W_s}{a + W_s} \quad \text{and} \quad \theta \approx \frac{W_s}{W_s + W_d} \tag{56}$$

其中 $W_s$ 與 $W_d$ 是本質閘極到源極與汲極的空乏區寬度，如圖 33b 所示。當通道夾止時，SIT 的電流可得

$$J = qN_D^+\left(\frac{D_n}{W_G}\right)\exp\left(\frac{-q\phi_B}{kT}\right) \tag{57}$$

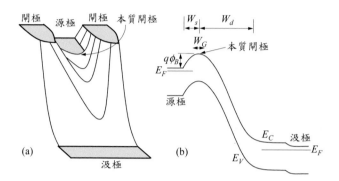

圖 33　(a)SIT 的能量分布（傳導帶的邊緣 $E_C$）（參考文獻 69）(b) 由源極到汲極且穿過位於閘極之間通道中央的能帶圖。

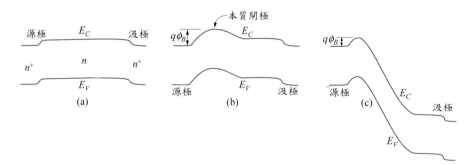

圖 34　在不同偏壓下，通道中央的能帶圖 (a) $V_G = V_D = 0$ (b) $V_G < 0$，$V_D = 0$，位障 $\phi_B$ 會隨負的 $V_G$ 增加 (c) $V_G < 0$，$V_D > 0$，位障 $\phi_B$ 會隨正的 $V_D$ 減少。

$N_D^+$ 是源極的摻雜濃度。$D_n / W_G$ 是載子擴散速度。當有效的位障厚度 $W_G$（如圖 33b）變小，載子會被熱速度所限制住，電流為[60]

$$J = qN_D^+\sqrt{\frac{kT}{2\pi m^*}} \exp\left(\frac{-q\phi_B}{kT}\right) \tag{58}$$

不論是在式 (57) 或式 (58) 中，在本質閘極的位障高度可得[71]

$$\phi_B = \frac{kT}{q}\ln\left(\frac{N_D^+}{N_D}\right) - \eta[V_G - (\psi_{bi} - V_P)] - \theta V_D \qquad \text{for } V_G < \psi_{bi} - V_P \tag{59}$$

在右邊的第一項是 $n^+$-$n$ 接面的內建電位，第二項與第三項分別是來自閘極與汲極偏壓的貢獻，最後一項則是隨汲極偏壓提升非飽和狀態的特性，此為靜電感應效應。通道的寬度如圖33a所示，只是在閘極之間間隙的一小部分。擴散電流會隨著 $\phi_B$ 呈指數變化，藉由元件模擬得到有效的通道寬度約為幾個狹拜長度。整體而言，電流可得

$$J = J_o \exp\left[\frac{q(\eta V_G + \theta V_D)}{kT}\right] \tag{60}$$

在高電流準位下，注入的電子濃度與摻雜濃度 $N_D$ 是相當的，因此注入載子可以調變電場的分布，以及電流是由 SCL 電流所控制（參見 1.5.8 節）。載子在不同區域有不同型態的電流－電壓特性，在移動區域

$$J = \frac{9\varepsilon_s \mu_n V_D^2}{8L^3} \tag{61}$$

在速度飽和區域

$$J = \frac{2\varepsilon_s v_s V_D}{L^2} \tag{62}$$

在彈道區域

$$J = \frac{4\varepsilon_s}{9L^2}\left(\frac{2q}{m^*}\right)^{1/2} V_D^{3/2} \tag{63}$$

其中 $L$ 是源極到汲極的距離。這些方程式可以假設忽略位障對於限制載子注入的效應。對於 SIT 元件，閘極偏壓所建立的位障可以控制 SCL 電流的開始。換句話說，當 $\phi_B$ 因 $V_D$ 而下降並趨近於零時，SCL 電流開始產生，因此，在式 (61) 到 (63) 的 $V_D$ 有一個起始值，並且應該被 $(V_D + \xi V_G)$ 所取代，其中的 $\xi$ 是常數，類似於本質的 $\eta$ 與 $\theta$ [72]。接下來，SCL 電流變成 $V_G$ 的函數。同樣地，比較式 (61) 到 (60)，可以較清楚看到類比電晶體與 SIT 之間本質上的差異。如西澤（Nishizawa）所討論的，在一個類比電晶體，SCL 電流無指數相關性 [60]。當 $I_D$ 與 $V_D$ 在對數－對數軸上作圖時，靜電感應電流會有

一個高於 2 的斜率，因此可與 SCL 電流作區別。

　　SIT 主要吸引人的地方，是能結合高電壓與高速度，低的摻雜可以提高的崩潰電壓約數百伏特，對於一個埋藏式閘極的結構 [67]，由於過度的寄生電容所造成，操作頻率限制約爲 2-5 MHz，使用具有無遮蔽式閘極結構，可以增加頻率到大於 2 GHz。SIT 的大部分應用是在功率領域 [2]，作爲音頻信號功率放大器，SIT 具有低的雜訊、低失真與低輸出電阻，它可以使用在微波設備的高功率振盪器，像是通訊傳播發射台與微波爐。

　　當閘極是順向偏壓，且進一步達到更低的導通電阻時 [73-74]，SIT 家族中有另一個操作模式是雙極性型的 SIT（BSIT），也稱爲空乏基極電晶體。在這元件設計上，其間隙 2a 是比較小的，且／或通道的摻雜是較低的，例如

$$\sqrt{\frac{2\varepsilon_s \psi_{bi}}{qN_D}} > a \tag{64}$$

這是對應於 $V_G = 0$ 時的夾止條件，且元件是在常關的狀態（加強式）。對於順向閘極偏壓，因內建電位減少，其位障也會降低；再者，$p^+$- 閘極在順向偏壓條件下，將注入電洞到通道中。在本質閘極的電洞會被收集在電位最小處，並且提升電位，加強源極提供電子。除了本質閘極是虛擬基極外，此操作模式類似於雙極性電晶體，$p^+$ 閘極間接地控制位能。在此觀點，電子的濃度遠高於背景的摻雜濃度，所以電流比傳統的 JFET 大。BSIT 的輸出特性如圖 35a 所示，電流會隨著 $V_D$ 而飽和，這與 SIT 不同（與五極管相似而非三極管）。

### 11.4.3 靜電感應閘流體（Static-Induction Thyristor）

　　靜電感應閘流體（Static-Induction Thyristor, SIThy）也可以稱作場控閘流體。綜觀大部分的操作區域，此元件類似同時期構思出來的靜電感應電晶體，靜電感應閘流體是西澤等人發表論文中的一部分 [60]，而休斯頓（Houston）等人提出較詳細的描述 [75]，兩者都在 1975 年發表。

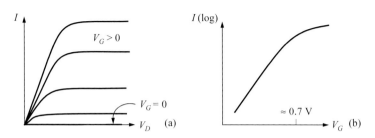

圖 35　BSIT 的 (a) 輸出 (b) 傳輸特性，電流會隨 $V_G$ 指數的提升直到閘極二極體的偏壓太強（> 0.7 V）。

　　靜電感應閘流體的基本結構，如圖 36 所示，是一個 *p-i-n* 二極體，其通道的一部分被近距離間隔的閘極（柵極）所包圍，它類似一個具有 $p^+$ 陽極取代 $n^+$ 汲極的 SIT，此結構可做成平面式閘極或埋藏式閘極。由於可直接將接觸金屬沉積在平面式閘極上，因此此平面式閘極的優點有較低閘極電阻，當一個大量的電流流過閘極時，在截止期間會導致一個較小的閘極除偏效應（gate debiasing effect），埋藏式閘極的優點是較有效率的使用陰極面積與電流閘極控制電流能力，導致有較高正向阻斷電壓增益（隨後會討論）。雙閘極 SIThy 相較於單閘極結構，顯示亦具有較高速與較低壓降的能力[76]。

　　在一個靜電感應閘流體，閘極控制電流有兩種不同的方法。使用結構如圖 36b 為例，在夾止之前（圖 37a），兩個閘極的空乏區還未接合，且閘極在陽極與陰極之間控制 *p-i-n* 二極體的有效截面積。對於一個大的負閘極電壓，在逆向偏壓下，接面與空乏區會加寬，導致最後互相接觸（如圖 37b）。在夾止條件下，會形成電子的位障來控制電流流動，可以用簡單的一維空乏理論來近似對應於夾止狀態下的閘極電壓

$$V_P = \psi_{bi} - \frac{qN_D a^2}{2\varepsilon_s} \tag{65}$$

這裡的 $\psi_{bi}$ 是閘極接面的內建電位。藉由調整閘極之間的間隙 $2a$，可以將設計元件作成常開或常關型，在常開型的 SIThy 元件，閘極零偏壓條件下不會發生夾止狀態，但仍有高電流流動的現象；在常關型的 SIThy 元件，$2a$ 是

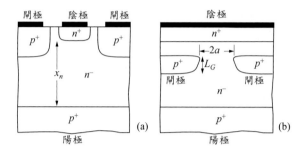

圖 36　(a) 平面式 (b) 埋入式閘極結構（柵極）的靜態電感閘流體。

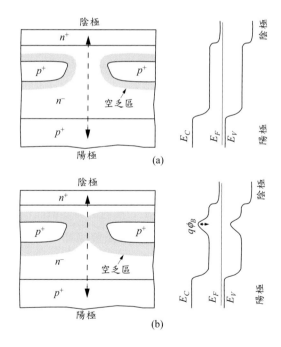

圖 37　在 0 $V_{AK}$ 下，(a) 夾止前 (b) 夾止後，通道空乏區寬度效應與能帶結構示意圖。能帶圖是如圖中沿著通道中央（虛線）切開。

很小的（或是在 $n$- 層的 $N_D$ 很低），使得夾止發生在閘極零偏壓時。為了導通元件，閘極必須是順向偏壓以減小空乏區，而打開通道。常關型的元件是不常見的，原因是在順向偏壓下會造成很大的閘極電流。

對於常開的 SIThy，其輸出特性如圖 38 所示。在夾止之前，$p$-$i$-$n$ 二極體的電流條件可以寫為（參見式 (35)）

$$I_A = \frac{4AqD_a n_i}{x_n} \exp\left(\frac{qV_{AK}}{2kT}\right) \tag{66}$$

其為在 $n$- 區域的過量電子與電洞的復合電流。$D_a$ 是雙極性擴散常數。在順向偏壓 $V_{AK}$ 下，電子自陰極注入與電洞自陽極注入，且它們的濃度是相等以保持電荷中性。過量電子與電洞增加 $n^-$ 層的導電率，這現象稱為導電率調變。請注意，雖然輸出特性相似於 SIT 圖形，但 $p^+$ 陽極能注入電洞並調變導電率，導致產生較低的順向壓降或是較低的導通電阻。

在較大的逆向閘極偏壓，可以達到夾止，並且形成電子的位障（如圖 37b 所示），位障會限制電子的供給，並成為全部電流的控制因子。沒有足夠的電子供給，電洞電流會降低成為擴散電流並變得不顯著。位障高度 $\phi_B$ 不只被閘極電壓控制，人的 $V_{AK}$ 也可以降低 $\phi_B$。$\phi_B$ 與 $V_{AK}$ 相依，稱作靜電感

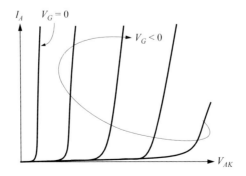

圖 38　一個常開型靜態感應閘流體的輸出特性曲線。對於一個常關型元件，類似的曲線可以在順向的閘極電壓中得到。

應，是靜態電感閘流體中主要的電流傳導機制。因爲在電流流動方向是薄位障，所以靜態電感電流基本上是貫穿電流，它是位障控制載子所提供的擴散電流，可以寫成

$$I_A \propto \exp\left(\frac{-q\phi_B}{kT}\right) = I_{o2}\exp\left[\frac{q(\eta V_G + \theta V_{AK})}{kT}\right] \tag{67}$$

$\eta$ 與 $\theta$ 指出 $V_G$ 與 $V_{AK}$ 對位障高度的控制。對於 SIThy 的一有用參數是正向阻斷電壓增益 $\mu$，其定義爲針對相同的陽極電流條件下，$V_{AK}$ 改變所引起 $V_G$ 的變化量。根據前述，它等於

$$\mu = -\frac{dV_{AK}}{dV_G}\bigg|_{I_A} = \frac{\eta}{\theta} \tag{68}$$

顯示由實驗得到 $\mu \approx 4\, LGWd\,/a^2$，其中 $W_d$ 是朝向陽極方向的閘極接面空乏區寬度（如圖 33b）[77]。SIThy 的其中一項優點是有較快的截止過程，因此較 SCR 有高速的操作。在截止期間，逆向閘極偏壓能快速排出過量少數載子（電洞）。過量電子爲在 $n^-$ 層的多數載子，能被漂移過程快速地掃除。電洞電流貢獻一個瞬間大閘極電流與一個小的閘極電阻，小的閘極電阻對於避免閘極除偏效應是重要的。一個減低截止時間替代的技術，是利用質子或電子輻射來減少少數載子生命期，大量使用此技術是因爲有較大的順向壓降。此外，也有研究提出使用光觸發或淬冷 SIThy 元件[78]。當一個 SIThy 關閉時，不管是常關型元件或是被閘極偏壓截止狀態，光產生的電洞被捕獲在位障處（如圖 37b）。對於電子，這些正電荷減少了位障高度，並且觸發導通。對於一個常開型的 SIThy，閘極是經由光偵測器連接到一個負電壓源，光可以驅動光電晶體，而負電壓源可提供閘極去截止 SIThy。

　　靜態感應閘流體提供一些特定的優點優於其他閘流體，如較快速的截止過程與可能達到的高操作頻率，因爲其導通過程像 SCR 一樣與再生回饋無關，其在高溫時有較穩定操作，並且能容忍較快速的 $dI/dt$ 與 $dV/dt$ 暫態。它有低順向壓降、高阻斷電壓增益（$\approx 700$），以及閘控截止能力（SCR 在

閉鎖以後，無法簡單地移去閘極電壓而截止）。

SIThy 主要應用在功率源轉換上，例如交流對直流轉換、直流對交流轉換，以及斷路器電路 [2]。另一個應用是脈衝產生器，像是感應加熱、螢光燈的發光，以及驅動式脈衝雷射等。

本章討論了矽功率半導體元件，已知功率元件的基本特性列於表 2。然而新類型的材料如 GaAs、SiC 與 GaN，對於次世代的功率半導體元件帶來巨大的前景。SiC 元件對於高電壓與高功率的應用是格外有意思的，因為與矽半導體比較，它們具有大能隙、高載子移動率，以及高的電與熱的傳導率。在前述電子產品的製造與性能最佳化中，雖然其發展來自實驗基礎，但功率元件的數值元件模擬與等效電路模型，也扮演著關鍵性的角色 [79-82]。特別是導通電阻、崩潰電壓、逆向回復的效應、介面能量狀態、溫度、能隙窄化、載子移動率、漏電流，以及超接面，應該適當地構思對於元件模擬在探討不同的功率元件上 [2, 83-86]。

表 2　不同的 Si 功率半導體列表（參考文獻 2, 3）

| | BJT[+] | SCR | Triac | GTO | MOS[++] | IGBT | SIT | SIThy | GCT | ETO |
|---|---|---|---|---|---|---|---|---|---|---|
| 提供使用年分 | 1953 | 1956 | 1958 | 1962 | 1976 | 1979 | 1985 | 1988 | 1996 | 1998 |
| 額定電壓 [#]（kV） | 1.2 | 7 | 1 | 1 | 0.5 | 1.2 | 1.2 | 1.5 | 6 | 6 |
| 額定電流（kA） | 0.8 | 3.5 | 0.1 | 3 | 0.05 | 0.4 | 0.3 | 0.3 | 4 | 5 |
| 額定頻率（kHz） | 10 | 0.5 | 0.5 | 2 | 1000 | 20 | 100 | 10 | 1 | 2 |
| 額定功率（MW） | 1 | 100 | 0.1 | 10 | 0.1 | 0.1 | 0.01 | 0.01 | 100 | 100 |
| 順向電壓（V） | 1.5-3 | 1.5-2.5 | 1.5-2 | 3-4 | 3-4 | 3-4 | 10-20 | 2-4 | 1.5-3 | 1-2.5 |

[+] 達靈頓對雙極性電晶體
[++] DMOSFET
[#] 功率半導體元件在此溫度的電壓達到這個數值，其可能會損壞元件本身的可靠度或功能性。

# 參考文獻

1. B. W. Williams, *Principles and Elements of Power Electronics: Devices, Drivers, Applications, and Passive Components*, B. W. Williams, Glasgow, 2006.

2. M. H. Rashid, Ed., *Power Electronics Handbook*, 4th Ed., Elsevier, Massachusetts, 2018.

3. G. L. Arsov and S. Mirčevski, "The Sixth Decade of the Thyristor," *Electronics*, **14**, 3 (2010).

4. B. J. Baliga, "Social Impact of Power Semiconductor Devices," *Tech. Dig. IEEE IEDM*, p.21, 2014.

5. B. J. Baliga, *The IGBT Device: Physics, Design and Applications of the Insulated Gate Bipolar Transistor*, Elsevier, Massachusetts, 2015.

6. T. Kimoto, "Material Science and Device Physics in SiC Technology for High-Voltage Power Devices," *Jpn. J. Appl. Phys.*, **54**, 040103 (2015).

7. B. J. Baliga, *Gallium Nitride and Silicon Carbide Power Devices*, World Scientific, New Jersey, 2016.

8. J. J. Ebers, "Four-Terminal *p–n–p–n* Transistors," *Proc. IRE*, **40**, 1361 (1952).

9. J. L. Moll, M. Tanenbaum, J. M. Goldey, and N. Holonyak, "*p–n–p–n* Transistor Switches," *Proc. IRE*, **44**, 1174 (1956).

10. I. M. Mackintosh, "The Electrical Characteristics of Silicon *p–n–p–n* Triodes," *Proc. IRE*, **46**, 1229 (1958).

11. R. W. Aldrich and N. Holonyak, "Multiterminal *p–n–p–n* Switches," *Proc. IRE*, **46**, 1236 (1958).

12. A. Blicher, *Thyristor Physics*, Springer, New York, 1976.

13. S. K. Ghandhi, *Semiconductor Power Devices*, Wiley, New York, 1977.

14. B. J. Baliga, *Advanced High Voltage Power Device Concepts*, Springer, New York, 2011.

15. B. J. Baliga, *Fundamentals of Power Semiconductor Devices*, 2nd Ed., Springer, Cham, 2019.

16. S. M. Sze and G. Gibbons, "Avalanche Breakdown Voltages of Abrupt and Linearly Graded *p-n* Junctions in Ge, Si, GaAs, and GaP," *Appl. Phys. Lett.*, **8**, 111 (1966).

17. A. Herlet, "The Maximum Blocking Capability of Silicon Thyristors," *Solid-State Electron.*, **8**, 655 (1965).

18. E. E. Haller, "Isotopically Engineered Semiconductors," *J. Appl. Phys.*, **77**, 2857 (1995).

19. E. W. Haas and M. S. Schnoller, "Phosphorus Doping of Silicon by Means of Neutron Irradiation," *IEEE Trans. Electron Dev.*, **ED-23**, 803 (1976).

20. J. Cornu, S. Schweitzer, and O. Kuhn, "Double Positive Beveling: A Better Edge Contour for High Voltage Devices," *IEEE Trans. Electron Dev.*, **ED-21**, 181 (1974).

21. R. L. Davies and F. E. Gentry, "Control of Electric Field at the Surface of *p-n* Junctions," *IEEE Trans. Electron Dev.*, **ED-11**, 313 (1964).

22. L. Liang, M. Pan, L. Zhang, and Y. Shu, "Positive-Bevel Edge Termination for SiC Reversely Switched Dynistor," *Microelectron. Eng.*, **161**, 52 (2016).

23. S. G. Sundaresan, E. Lieser, and R. Singh, "Integrated SiC Anode Switched Thyristor Modules for Smart-Grid Applications," *Mater. Sci. Forum*, **717–720**, 1159 (2011).

24. F. E. Gentry, "Turn-on Criterion for *p–n–p–n* Devices," *IEEE Trans. Electron Dev.*, *ED-11*, 74 (1964).

25. E. S. Yang and N. C. Voulgaris, "On the Variation of Small-Signal Alphas of a *p–n–p–n* Device with Current," *Solid-State Electron.*, **10**, 641 (1967).

26. A. Munoz-Yague and P. Leturcq, "Optimum Design of Thyristor Gate-Emitter Geometry," *IEEE Trans. Electron Dev.*, **ED-23**, 917 (1976).

27. M. S. Adler, "Accurate Calculation of the Forward Drop and Power Dissipation in Thyristors," *IEEE Trans. Electron Dev.*, **ED-25**, 16 (1978).

28. H. F. Storm and J. G. St. Clair, "An Involute Gate-Emitter Configuration for Thyristors," *IEEE Trans. Electron Dev.*, **ED-21**, 520 (1974).

29. F. E. Gentry and J. Moyson, "The Amplifying Gate Thyristor," Paper No. 19.1, *IEEE Meet. Prof. Group Electron Devices*, Washington, District of Columbia, 1968.

30. J. F. Gibbons, "Graphical Analysis of the *I–V* Characteristics of Generalized *p–n–p–n* Devices," *Proc. IEEE*, **55**, 1366 (1967).

31. E. S. Yang, "Turn-off Characteristics of *p–n–p–n* Devices," *Solid-State Electron.*, **10**, 927 (1967)

32. T. S. Sundresh, "Reverse Transient in *p–n–p–n* Triodes," *IEEE Trans. Electron Dev.*, **ED-14**, 400 (1967).

33. E. Schlegel, "Gate Assisted Turn-off Thyristors," *IEEE Trans. Electron Dev.*, **ED-23**, 888 (1976).

34. F. M. Roberts and E. L. G. Wilkinson, "The Relative Merits of Thyristors and Power Transistors for Fast Power-Switching Application," *Int. J. Electron.*, **33**, 319 (1972).

35. M. H. Rashid, *Power Electronics: Devices, Circuits, and Applications*, 4th Ed., Pearson, Essex, 2014.

36. E. D. Wolley, "Gate Turn-Off in *p–n–p–n* Devices," *IEEE Trans. Electron Dev.*, **ED-13**, 590 (1966).

37. M. Z. Sujod and H. Sakata, "Switching Simulation of Si-GTO, SiC-GTO and Power MOSFET," *Proc. Int. Power and Energy Conference*, p.488, 2006.

38. L. Cheng, A. Agarwal, M. O'Loughlin, C. Capell, A. Burk, J. Palmour, A. Ogunniyi, H. O'Brien, and C. Scozzie, "Advanced Silicon Carbide Gate Turn-Off Thyristor for Energy Conversion and Power Grid Applications," *Proc. IEEE Energy Conversion Congress and Exposition*, p.15, 2012.

39. N. Lophitis, M. Antoniou, F. Udrea, I. Nistor, M. T. Rahimo, M. Arnold, T. Wikstroem, and J. Vobecky, "Gate Commutated Thyristor with Voltage Independent Maximum Controllable Current," *IEEE Electron Dev.* **Lett., 34**, 954 (2013).

40. X. Song, A. Q. Huang, M. C. Lee, and C. Peng, "Theoretical and Experimental Study of 22 kV SiC Emitter Turn-OFF (ETO) Thyristor," *IEEE Trans. Power Electron.*, **32**, 6381 (2017).

41. W. Wei, Q. Ge, Y. Li, S. Zhang, and H. Liu, "Modeling and Testing for Emitter Turn-off Thyristor Devices," *Proc. Int. Conf. on Electrical Machines and Systems*, p.775, 2018.

42. F. E. Gentry, R. I. Scace, and J. K. Flowers, "Bidirectional Triode *p–n–p–n* Switches," *Proc. IEEE*, **53**, 355 (1965).

43. J. F. Essom, "Bidirectional Triode Thyristor Applied Voltage Rate Effect Following Conduction," *Proc. IEEE*, **55**, 1312 (1967).

44. B. J. Baliga, "Enhancement- and Depletion-Mode Vertical-Channel M.O.S. Gated Thyristors," *Electron. Lett.*, **15**, 645 (1979).

45. N. Iwamuro and T. Laska, "IGBT History, State-of-the-Art, and Future Prospects," *IEEE Trans. Electron Dev.*, **64**, 741 (2017).

46. J. A. Cooper, T. Tamaki, G. G. Walden, Y. Sui, S. R. Wang, and X. Wang, "Power MOSFETs, IGBTs, and Thyristors in SiC: Optimization, Experimental Results, and Theoretical Performance," *Tech. Dig IEEE IEDM*, p.149, 2009.

47. V. K. Khanna, *The Insulated Gate Bipolar Transistor (IGBT): Theory and Design*, Wiley/IEEE Press, New Jersey, 2003.

48. T. Hatakeyama, K. Fukuda, and H. Okumura, "Physical Models for SiC and Their Application to Device Simulations of SiC Insulated-Gate Bipolar Transistors," *IEEE Trans. Electron Dev.*, **60**, 613 (2013).

49. A. Kopta, M. Rahimo, C. Corvasce, M. Andenna, F. Dugal, F. Fischer, S. Hartmann, and A. Baschnage, "Next Generation IGBT and Package Technologies for High Voltage Applications," *IEEE Trans. Electron Dev.*, **64**, 753 (2017).

50. H. Wang, M. Su, and K. Sheng, "Theoretical Performance Limit of the IGBT," *IEEE Trans. Electron Dev.*, **64**, 4184 (2017).

51. B. J. Baliga, "Analysis of Insulated Gate Transistor Turn-Off Characteristics," *IEEE Electron Dev. Lett.*, **EDL-6**, 74 (1985).

52. G. Miller and J. Sack, "A New Concept for a Non Punch Through IGBT with MOSFET like Switching Characterist (ICs)," *Proc. IEEE PESC Recor.*, p.21, 1989.

53. T. Laska, M. Munzer, F. Pfirsch, C. Scaeffer, and T. Schmidt, "The Field Stop IGBT (FS IGBT). A New Power Device Concept with a Great Improvement Potential," *Proc. Int. Symp. Power Semicond. Dev. & ICs*, p.355, 2000.

54. J. W. Palmour, L. Cheng, V. Pala, E. V. Brunt, D. J. Lichtenwalner, G. Y. Wang, J. Richmond, M. O'Loughlin, S. Ryu, S. T. Allen, et al., "Silicon Carbide Power MOSFETs: Breakthrough Performance from 900 V up to 15 kV," *Proc. Int. Symp. Power Semicond. Dev. & IC's*, p.79, 2014.

55. A. Q. Huang, "Power Semiconductor Devices for Smart Grid and Renewable Energy Systems," *Proc. IEEE*, **105**, 2019 (2017).

56. A. Mihaila, L. Knoll, E. Bianda, M. Bellini, S. Wirths, G. Alfieri, L. Kranz, F. Canales, and M. Rahimo, "The Current Status and Future Prospects of SiC High Voltage Technology," *Tech. Dig. IEEE IEDM*, p.440, 2018.

57. J. W. Palmour, "Silicon Carbide Power Device Development for Industrial Markets," *Tech. Dig. IEEE IEDM*, p.1, 2014.

58. K. Vechalapu, S. Bhattacharya, E. Van Brunt, S. H. Ryu, D. Grider, and J. W. Palmour, "Comparative Evaluation of 15-kV SiC MOSFET and 15-kV SiC IGBT for Medium-Voltage Converter Under the Same dv/dt Conditions," *IEEE J. Emerg. Sel. Top. Power Electron.*, **5**, 469 (2017).

59. J. Nishizawa, "A Low Impedance Field Effect Transistor," *Tech. Dig. IEEE IEDM*, p.144, 1972.

60. J. Nishizawa, T. Terasaki, and J. Shibata, "Field-Effect Transistor Versus Analog Transistor (Static Induction Transistor)," *IEEE Trans. Electron Dev.*, **ED-22**, 185 (1975).

61. W. Shockley, "Transistor Electronics: Imperfections, Unipolar and Analog Transistors," *Proc. IRE*, **40**, 1289 (1952).

62. P. M. Campbell, W. Garwacki, A. R. Sears, P. Menditto, and B. J. Baliga, "Trapezoidal-Groove Schottky-Gate Vertical Channel GaAs FET (GaAs Static Induction Transistor)," *Tech. Dig. IEEE IEDM*, p.186, 1984.

63. Y. Tanaka, K. Yano, M. Okamoto, A. Takatsuka, K. Arai, and T. Yatsuo, "Buried Gate Static Induction Transistors in 4H-SiC (SiC-BGSITs) with Ultra Low On-Resistance," *Proc. Int. Symp. Power Semicond. Dev. and IC's*, p.93, 2007.

64. K. Yano, Y. Tanaka, T. Yatsuo, A. Takatsuka, and K. Arai, "Short-Circuit Capability of SiC Buried-Gate Static Induction Transistors: Basic Mechanism and Impacts of Channel Width on Short-Circuit Performance," *IEEE Trans. Electron Dev.*, **57**, 919 (2010).

65. K. Yano, Y. Tanaka, and M. Yamamoto, "Extremely Low ON-Resistance SiC Cascode Configuration Using Buried-Gate Static Induction Transistor," *IEEE Electron Dev. Lett.*, **39**, 1892 (2018).

66. G. E. Bunea, S. T. Dunham, and T. D. Moustakas, "Modeling of a GaN Based Static Induction Transistor," *MRS Internet J. Nitride Semicond. Res.*, **4S1**, G6.41 (1999).

67. W. Li, D. Ji, R. Tanaka, S. Mandal, M. Laudent, and S. Chowdhury, "Demonstration of GaN Static Induction Transistor (SIT) Using Self-Aligned Process," *IEEE J. Electron Devices Soc.*, **5**, 485 (2017).

68. M. Hartensveld, C. Liu, and J. Zhang, "Proposal and Realization of Vertical GaN Nanowire Static Induction Transistor," *IEEE Electron Dev. Lett.*, **40**, 259 (2019).

69. J. Nishizawa and K. Yamamoto, "High-Frequency High-Power Static Induction Transistor," *IEEE Trans. Electron Dev.*, **ED-25**, 314 (1978).

70. J. Nishizawa, "Junction Field-Effect Devices," *Proc. Brown Boveri Symp.*, p.241, 1982.

71. C. Bulucea and A. Rusu, "A First-Order Theory of the Static Induction Transistor," *Solid-State Electron.*, **30**, 1227 (1987).

72. O. Ozawa and K. Aoki, "A Multi-Channel FET with a New Diffusion Type Structure," *Suppl. Jpn. J. Appl. Phys.*, **15**, 171 (1976).

73. J. Nishizawa, T. Ohmi, and H. L. Chen, "Analysis of Static Characteristics of a Bipolar-Mode SIT (BSIT)," *IEEE Trans. Electron Dev.*, **ED-29**, 1233 (1982).

74. T. Tamama, M. Sakaue, and Y. Mizushima, "'Bipolar-Mode' Transistors on a Voltage-Controlled Scheme," *IEEE Trans. Electron Dev.*, **ED-28**, 777 (1981).

75. D. E. Houston, S. Krishna, D. Piccone, R. J. Finke, and Y. S. Sun, "Field Controlled Thyristor (FCT)–A New Electronic Component," *Tech. Dig. IEEE IEDM*, p.379, 1975.

76. J. Nishizawa, Y. Yukimoto, H. Kondou, M. Harada, and H. Pan, "A Double-Gate-Type Static-Induction Thyristor," *IEEE Trans. Electron Dev.*, **ED-34**, 1396 (1987).

77. J. Nishizawa, K. Muraoka, T. Tamamushi, and Y. Kawamura, "Low-Loss High-Speed Switching Devices, 2300-V 150-A Static Induction Thyristor," *IEEE Trans. Electron Dev.*, **ED-32**, 822 (1985).

78. J. Nishizawa, T. Tamamushi, and K. Nonaka, "Totally Light Controlled Static Induction Thyristor," *Physica*, **129B**, 346 (1985).

79. R. Kraus and H. J. Mattausch, "Status and Trends of Power Semiconductor Device Models for Circuit Simulation," *IEEE Trans. Power Electron.*, **13**, 452, 1998.

80. M. B. Patil, *Simulation of Power Electronic Circuits*, Alpha Science, Oxford, 2009.

81. H. Ohashi and I. Omura, "Role of Simulation Technology for the Progress in Power Devices and Their Applications," *IEEE Trans. Electron Dev.*, **60**, 528 (2013).

82. G. Sabui, P. J. Parbrook, M. Arredondo-Arechavala, and Z. J. Shen, "Modeling and Simulation of Bulk Gallium Nitride Power Semiconductor Devices," *AIP Adv.*, **6**, 055006 (2016).

83. E. Santi, J. L. Hudgins, and H. A. Mantooth, "Variable Model Levels for Power Semiconductor Devices," *Proc. Summer Computer Simulation Conference*, p.276, 2007.

84. M. Saadeh, H. A. Mantooth, J. C. Balda, J. L. Hudgins, E. Santi, S. H. Ryu, and A. Agarwal, "A Unified Silicon/Silicon Carbide IGBT Model," *Proc. IEEE Applied Power Electronics Conference and Exposition*, p.1728, 2012.

85. H. A. Mantooth, K. Peng, E. Santi, and J. L. Hudgins, "Modeling of Wide Bandgap Power Semiconductor Devices—Part I," *IEEE Trans Electron Dev.*, **62**, 423 (2015).

86. E. Santi, K. Peng, H. A. Mantooth, and J. L. Hudgins, "Modeling of Wide-Bandgap Power Semiconductor Devices—Part II," *IEEE Trans Electron Dev.*, **62**, 434 (2015).

# 習題

1. 對於如圖 1b 所示的摻雜分布，此閘流體具有 200 V 的逆向阻斷電壓，請求出 $n1$- 區域的寬度。

2. 一薄電容耦合閘流體（thin capacitively-couple thyristor, TCCT）是一個閘極控制的 $p$-$n$-$p$-$n$ 閘流體，因為在正向偏壓模式下，雙極性回饋動作與高的 $I_{on}$，所以具有非常陡峭開啟特性。對於 TCCT 而言，每一個區域都具有特定均勻的摻雜濃度分布，如下圖所示。試繪出此一元件在 (a) 平衡（$V_G = V_{AK} = 0$ V）(b) 開啟（$V_G = 2$ V 與 $V_{AK} = 2.5$ V）(c) 截止（$V_G = 0$ V 與 $V_{AK} = 2.5$ V）狀態下對應的能帶圖。

3. 假如我們使用 SiC 作為功率元件時，假設 $p1$-$n1$-$p2$ 雙極性電晶體的共基極電流增益非常小，對於圖 1b 所示的摻雜分布，請計算出最大的阻隔電壓，以及所需最短的 $n1$- 層厚度。

4. 如圖 4 所示，請比較一般具有中子蛻變的摻雜矽其摻雜的變化性（以平均值的百分比例表示）。

5. 若一個 $n1$-$p2$-$n2$ 電晶體的電流增益 $\alpha_2 = 0.4$，其與電流無關，且 $p1$-$n1$-$p2$ 電晶體的 $\alpha_1$ 可以表示成 $0.5\sqrt{L_p/W}\ \ln(J/J_0)$，其中 $L_p$ 為 25 μm，$W = 40$ μm，以及 $J_0$ 是 $5\times10^{-6}$ A/cm$^2$，請求出電流 $I_s$ 為 1 mA 下切換，閘流體的橫截面面積。

6. 假設在一閘流體 $J_2$ 的逆向接面電容值 $C_{12}$ 是 25 pF，其與截止電壓無關，用於開啟閘流體充電電流（charging current）的極限值為 24 mA，試估計 $dV/dt$ 的臨界值。

7. 在陰極短路的狀況下，在閘流體中 $n1$-$p2$-$n2$ 電晶體的電流增益 $\alpha_2$ 將衰減成 $\alpha_2'$，如式 (12) 所示，請推導此方程式。。

8. 在一個矽閘流體中，由於 $n1$ 摻雜非常低，所以其 $p1$-$n1$-$p2$ 區域與一個 $p^+$-$i$-$n^+$ 二極體相似，請計算 $i$- 區域中 (a) 電壓降 (b) 載子濃度 (c) 對於一順偏電流為 200 A/cm$^2$ 的等效電阻值。假設移動率比值 $b \equiv \mu_n/\mu_p$ 為 3，且與載子濃度無關，$n1$- 層的厚度為 50 μm，其等效生命期為 $10^{-6}$ s，此元件橫截面面積為 1 cm$^2$。

9. 如圖 1b 所示的矽閘流體，具有 50 μm 的 $W_{n1}$（$n1$ 層的厚度）與 10 μm 的 $W_{p2}$（$p2$- 層的厚度），$n1$- 區域的摻雜為 $10^{14}$ cm$^{-3}$，且假設 $p2$- 中的摻雜值是常數為 $10^{17}$ cm$^{-3}$，若其 $I_h = 0.1$ A，其順向傳導電流 $I_F$ 為 10 A，以及其 $n1$- 層的生命期為 $10^{-7}$ s，請求出開啟與截止的時間。

10. Si 閘流體如圖 1 所示，其 $n1$- 與 $p2$- 摻雜濃度分別為 $10^{14}$ cm$^{-3}$ 與 $10^{17}$ cm$^{-3}$，$n1$- 與 $n2$ 區域的厚度分別為 100 μm 與 10 μm，若此元件在 100 A 的陽極電流下操作，求出截止元件所需的最小負閘極電流。假設 $n1$- 區與 $p2$- 區中少數載子生命期分別為 0.15 μs 與 4 μs。

11. 對於一個對稱阻隔的 $n$- 通道矽絕緣閘極雙極性電晶體，其具有 500 V 的崩潰電壓，若漂移區的生命期為 1 μs，請求出漂移區的摻雜濃度與厚度（提示：選擇漂移區厚度等於最大操作電壓下的空乏區寬度加上擴散長度）。

12. 如圖 26a 所示，一個矽絕緣閘極雙極性電晶體其通道長度為 3 $\mu$m，通道寬度為 16 μm，$p$- 基底摻雜濃度為 $1 \times 10^{17}$ cm$^{-3}$，閘極氧化層厚度為 0.02 μm 且 $n1$- 區域厚度為 70 μm，而陽極面積為 16 μm × 16 μm，$n1$ 區的生命期為 1 μs，通道移動率為 500 cm$^2$/V-s，請計算在 200 A/cm$^2$ 電流密度下，此矽絕緣閘極雙極性電晶體的導通狀態電壓降，且 $(V_G - V_T)$ = 5 V。

# 第十二章
## 發光二極體與雷射
## LASER OPERATING CHARACTERISTICS

## 12.1 導論

　　光的基本粒子－光子（photon）在光電元件中扮演著主要角色。光電元件可分為三大類：(1) 將電能轉換為發射光的發光元件－發光二極體（light emitting diode, LED）與受激發射的光放大輻射（雷射）二極體（laser diode）；(2) 光信號偵測元件－光偵測器（photodetector）；(3) 轉換光輻射為電能元件－光伏（photovoltaic）元件或太陽能電池（solar cell）。本章先討論第一類，光偵測器與太陽能電池將在第十三章討論。

　　電激發光（electroluminescence）現象發現於 1907 年[1]，為元件處在偏壓操作時，電流流經元件所導致的發光現象。與熱輻射不同的是，電激發光在其光譜上具有較狹窄的波長範圍。以 LED 來說，其光譜線寬度通常介於 5~20 nm，而雷射二極體的光源十分接近理想單色光，其線寬約 0.1~1 Å。在所有半導體元件中，僅有 LED 與雷射二極體為發光元件，如本章所述的在我們日常生活中扮演越來越重要的角色，也推動著通訊與醫學等科學領域的發展[2-8]。

　　LED 與半導體雷射屬於螢光（luminescence）元件家族，螢光（luminescence）即為電子激發或復合在元件或材料中躍遷所產生的光輻射，其中並不包含由材料本身溫度所導致的任何輻射。圖 1 代表在電磁光譜中的可見光與近可見光，雖然有許多不同的方法來激發不同波長的輻射激發，但所有的輻射基本上都是類似的。人眼可見的範圍僅為 0.4 μm 至 0.7 μm，如圖 1 所示，主要的彩色分布從紫色到紅色；遠紅外線區域由 0.7 μm 至約 1000 μm，而紫外線區域包含 0.4 到 0.01 μm 的波長範圍。在第五部分，我們主要針對由近紫外線（$\lambda \approx 0.3\,\mu m$）到近紅外線（$\lambda \approx 1.5\,\mu m$）的波長範圍進行討論。

　　光線刺激人眼的效率主要是由相對人眼的敏感度所決定，或稱為流明效率 $V(\lambda)$，其為波長的函數。圖 1 顯示在 2 度視角下，由國際照明委員會（Commission Internaionle del'Eclarrage, CIE）所定義的相對於人眼的敏感度[9]：人眼的最大敏感度在波長為 0.555 μm 下定義為 1，也就是 $V(0.555\,\mu m) = 1.0$，在可見光譜的邊界 0.4 μm 至 0.7 μm，其值遞減至大約為零。也就是對於紅色與紫色，人眼的敏感度是低於綠色的，因此對人眼來說，紅色與紫色需要更高的強度，才能達成與綠色相似的亮度。

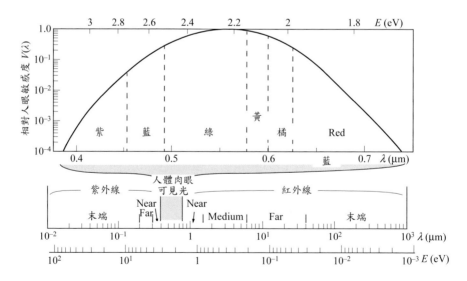

圖 1　可見光與近可見光電磁光譜。在上端圖是獨立放大可見光部分，並且分為兩種主要的色帶。

## 12.2 輻射躍遷

　　圖 2 為半導體中超量載子的基本復合躍遷過程，有以下幾種分類。第一種分類標示「間帶躍遷」（interband transition）：(a) 對應能量很接近能隙的本質放射；(b) 包含高能量載子或熱載子的較高能量發射，有時也與累增發射有關。第二種分類則是「包含化學性雜質或物理缺陷的躍遷」：(a) 由導電帶到受體狀態缺陷；(b) 施體狀態缺陷到價電帶；(c) 施體狀態到受體狀態缺陷（成對發射）；(d) 透過深層缺陷的能帶與能帶之間。第三種分類為「帶內躍遷」（intraband transition），其包含熱載子，有時也稱為減速發射或是歐傑過程（Auger process）。並非所有躍遷都能在相同的材料或相同條件下發生，也並非所有躍遷都是輻射性的。一個有效率的發光材料必須主要是輻射躍遷（radiative transition），而不是如歐傑非輻射復合（Auger nonradiative recombination），其能帶與能帶之間的復合能量被轉移成能帶內的熱電子或是電洞的激發[9]。相較之下，能帶到能帶之間的復合，如第一種分類中的 (a) 是最適當的輻射過程。

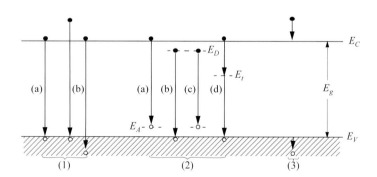

圖 2　半導體中的基本復合躍遷。$E_D$、$E_A$、$E_t$ 分別為施體狀態，受體狀態與深層缺陷。（參考文獻 10）

## 12.2.1 發射光譜（Emission Spectra）

　　光子與固體內的電子之間有三種主要交互作用過程（如圖 3 所示）：(a) 一個由價電帶激發到導電帶中空能階的電子將會吸收一個光子；(b) 一個導電帶中的電子自發地回到價電帶中的空能階時（復合），會發射一個光子。過程 (b) 為 (a) 的逆向過程，而 (c) 是一入射光子誘發另一個因復合而發射的光子，產生兩個同調性的光子。過程 (a) 為光偵測器或是太陽能電池的主要過程，過程 (b) 則是 LED 中的主要過程。而雷射的運作過程主要是過程 (c)。不管是光子吸收或是發射，對於直接能隙材料而言，價電帶與導電帶之間的光學躍遷過程是根據一般俗稱的 $k$- 選擇規則（$k$-selection rule）。由動量守恆可知，價電帶波函數的波向量 $k_1$ 與導電帶波函數的波向量 $k_2$ 相差必等於光子的波向量。由於電子的波向量遠大於光子的波向量，$k$- 選擇規則大致上可表示 $k_1 = k_2$，當起始與最終狀態具有相同的波向量時，轉換是可允許的。此種躍遷稱為直接或垂直躍遷（direct or vertical transition）（在 $E$-$k$ 空間中）。

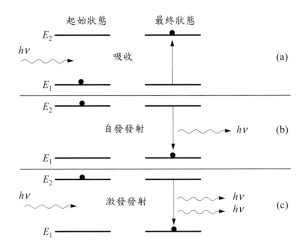

圖 3　兩電子能階之間的三種基本光交互作用過程。黑點代表電子狀態。左圖為起始狀態，右圖為發生交互作用後的最終狀態。

　　當導電帶出現最小值時的 $k$ 值，與價電帶所對應的 $k$ 值不相等時，便需要一個聲子的幫助來使晶體動量守恆，此躍遷被稱爲非直接的（或稱間接）。在非直接能隙材料中，發生輻射性轉換機率便小得多。爲了增強非直接能隙半導體的光發射，會引入一些特殊的雜質，如此波函數便會改變，而 $k$- 選擇規則也將不再成立。圖4a爲 $GaAs_{1-x}P_x$ 的能隙示意圖，其中 $x$ 爲莫耳分率，當 $0 < x < 0.45$ 時，能隙爲直接能隙，$E_g (0) = 1.424$ eV 與 $E_g (0.45) = 1.977$ eV，且當 $x > 0.45$，能隙爲非直接能隙。圖4b 顯示一些選定成分的合金半導體材料所對應的能量與動量關係圖。如圖所示，導電帶有兩個最小值，其中沿著 Γ- 軸爲直接能隙的最小值，而沿著 X- 軸爲非直接能隙的最小值。在直接能隙半導體導電帶最小值處的電子與價電帶頂端的電洞具有相同的動量，而與非直接能隙半導體導電帶最小值處的電子有不同的動量。對於直接能隙半導體如 GaAs 與 $GaAs_{1-x}P_x$ （$x \leq 0.45$）而言，其動量守恆，並且具有較高機率發生能帶間躍遷。光子能量大致上等於半導體能隙的能量，在直接能隙半導體中，輻射躍遷是主要機制。然而，$x > 0.45$ 的 $GaAs_{1-x}P_x$ 與 GaP 爲非直接能隙半導體，由於聲子（phonon）或其他散射媒介必須參與過程來

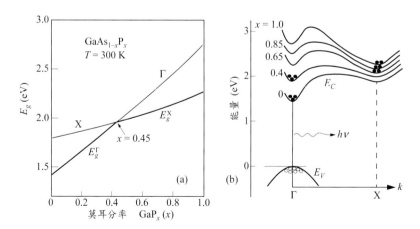

圖 4　　(a) 直接與非直接 $GaAs_{1-x}P_x$ 材料的能隙與成分的相關性（參考文獻 11）(b) $GaAs_{1-x}P_x$ 的能量—動量示意圖。（參考文獻 12）

遵守動量守恆，因此其發生能帶間躍遷的機率非常小，對於非直接能隙半導體而言，必須加入特殊形式的復合中心才能增強其輻射躍遷。

我們假設能帶與能帶之間的復合是對應能隙的大小。實際上，當溫度高於絕對零度時，由於熱能量使得電子與電洞會些微殘留在導電帶上方與價電帶下方的能帶邊緣，因此發射光子能量會稍微大於能隙能量。在此我們分析自發發射的光譜，在靠近能帶邊緣處，發射的光子能量由下列式子所決定

$$h\nu = \left(E_C + \frac{\hbar^2 k^2}{2m_e^*}\right) - \left(E_V - \frac{\hbar^2 k^2}{2m_h^*}\right) = E_g + \frac{\hbar^2 k^2}{2m_r^*} \tag{1}$$

上式稱爲連接色散關係（Joint dispersion relation），其中 $m_r^*$ 稱爲簡約化有效質量（reduced effective mass）$1/m_r^* = 1/m_e^* + 1/m_h^*$，經由簡化處理可得到以下連接的態位密度（Joint density of states）[3]

$$N_J(E) = \frac{(2m_r^*)^{3/2}}{2\pi^2 \hbar^3}\sqrt{E - E_g} \tag{2}$$

而載子分布爲波茲曼分布（Boltzmann distribution）

$$F(E) = \exp\left(-\frac{E}{kT}\right) \tag{3}$$

自發發射率 $I$（spontaneous emission）與式 (2)、(3) 的乘積成正比。

$$I(E=h\nu) \propto \sqrt{E - E_g}\exp\left(-\frac{E}{kT}\right) \tag{4}$$

如圖 5 所示。轉變成光譜波長寬度爲 [5]

$$\Delta\lambda \approx \frac{1.8kT\lambda^2}{hc} \tag{5}$$

其中 $c$ 爲光速。在可見光譜中間，發射光譜寬度約 10 nm。圖 6a 代表了在 77 與 300 K 下觀察到 GaAs 的 p-n 接面放射光譜。光子的峰值能量隨著溫度增加而遞減，主因乃是能隙會隨著溫度上升而變小。圖 6b 展示一個更爲詳細的光子峰值能量與半功率點是溫度的函數關係圖。如式 (4) 所預期的，半功率點寬度會些微地隨溫度而增加。

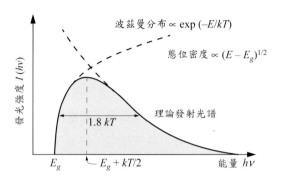

圖 5　自發發射的理論光譜，自發發射（Spontaneous emission）光譜的起始能量 $E_g$、峰值 $E_g + kT/2$ 與半功率寬度 1.8 $kT$。（參考文獻 3）

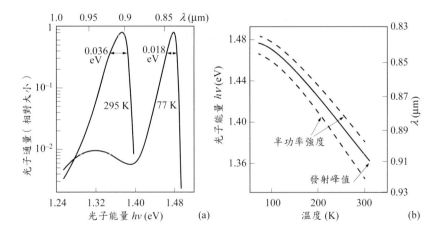

圖 6　(a)77 K 與 300 K 下的 GaAs 二極體發射光譜 (b) 發射峰值與半功率寬是溫度的函數關係。（參考文獻 13）

## 12.2.2 激發方法（Methods of Excitation）

螢光（luminescence）的形式可由輸入能量的來源來區別 [14]：(1) 包含光輻射的光致螢光（photoluminescence）；(2) 藉由電子束或陰極射線引起的陰極螢光；(3) 藉由其他快速粒子或高能輻射引起的輻射激發光，與 (4) 由電場或電流導致的電激發光（electroluminescence）。此處我們主要討論的是電激發光，特別是注入形式的電激發光，這是在可發生輻射躍遷（radiative transition）的半導體 *p-n* 接面處注入少數載子所產生的光輻射現象。電激發光可經由許多不同的方法來激發，其中包含了注入、本質激發、累增與穿隧過程，注入形式的電激發光顯然是最重要的激發方法 [15]。當 *p-n* 接面施加一順向偏壓，由於電能可以直接轉換成光子，注入的少數載子穿過接面就能夠引發輻射復合（radiative recombination），所以電能可以直接轉換成光。

對於本質激發（intrinsic excitation），一種半導體（如硫化鋅）的粉末被放置在介電質（塑膠或玻璃）中，並在其上加入一交流電場。在頻率約為音頻範圍之下，通常會發生電激發光，但一般來說效率很低（≤ 1%），其主要機制是由加速電子所造成的衝擊離子化或缺陷中心產生場發射（field emission）電子所致 [10, 16]。累增激發（avalanche excitation）是 *p-n* 接面或是金屬─半導體能障處於逆向偏壓而進入累增崩潰（avalanche breakdown）狀態，衝擊離子化（impact ionization）產生的電子電洞對，將會導致能帶間（累增發射）或能帶內（減速發射）躍遷的發射。而在順向或逆向偏壓下，接面的穿隧現象也會導致電激發光，例如當施加一夠大的逆向偏壓在金屬─半導體能障（於 *p-* 型退化基板）上，金屬端的電洞能夠穿隧進入半導體的價電帶，並且與從相反方向來的電子由價電帶穿隧至導電帶時，產生輻射復合 [17]。

# 12.3 發光二極體

發光二極體（Light-Emitting Diode, LED）一般稱爲 LED，爲一半導體的 *p-n* 接面結構，當施加適當的順向偏壓條件，便可產生如紫外光、可見光與紅外光譜範圍中的外部自發輻射。1907 年，朗德（Round）在 SiC 基板中發現電激發光，但只有一份簡短的筆記報告[1]。1924 年，羅賽夫（Lossev）發表更爲詳細的實驗結果[18]。當 1949 年 LED 的結構由原先的點接觸改爲 *p-n* 接面，除了碳化矽，其他的半導體材料如鍺與矽[19] 也陸續被研究，但因爲這些半導體材料爲非直接能隙，其效率便無法有效提升。1962 年發現直接能隙的砷化鎵具有更高的量子效率[20]，同年稍晚，這些研究便快速實現了半導體雷射，由此看來，利用直接能隙的半導體材料來達到有效率的電激發光十分重要。自 1964 年，藉由導入等電子雜質（Isoelectronic impurity）[21] 使得非直接能隙材料 GaAs、GaP 在商業用的 LED 應用上有了重大進展，近年主要的進展在於成功利用 InGaN 來產生藍光與紫外光波段，這是以前無法實現的成果[22]。此科技的進展不僅大幅地改善白光 LED 的實現與性能，也使得 LED 在世界被更爲普及地應用。

LED 的應用非常廣泛，可歸納爲三大領域：第一是用於顯示方面，也就是電子設備的平面顯示器，我們每天在家庭各種視聽設備、汽車、電腦螢幕、計算機、時鐘與手錶、戶外標誌與交通號誌，都有機會看到某些 LED 顯示器。圖 7(a) 展示一些基本的 LED 顯示架構，其組成爲七個部分可顯示 0~9 等數字。對於字母（A-Z）的顯示，通常用 5 × 7 的矩陣來表示，LED 陣列可由類似矽積體電路製程來整體製造，或可由封裝獨立的 LED 來組成大尺寸顯示。第二種類爲照明應用，LED 可取代傳統的白熾電燈泡，如使用在家用燈泡、手電筒、閱讀燈與汽車前頭燈等，其最大優點爲效率高，能大幅延長攜帶式產品的電池壽命。此外，LED 也具有較佳的可靠度與更長的壽命，此特點能夠大幅降低經常更換傳統燈泡的成本。對於交通號誌等戶外應用也非常重要。

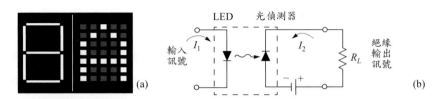

圖 7　(a) 數字型顯示（7 個部分）與字母型顯示（5 × 7 陣列）典型的架構 (b) 光隔離器
　　　提供了輸入與輸出端的電隔離。

第三種應用是作為光纖通訊的光源，適用於中短距離（< 10 km）內的
中低資料傳輸量（< 1 Gb/s）系統。由於在傳統光纖中，紅外線波段具有最
小的衰減，因此紅外線 LED 格外適合用於此傳輸系統。與半導體雷射相以，
使用 LED 作為光源具有許多優點及缺點，優點包括：可高溫操作、發射功
率與溫度相依性小，以及較小的元件結構與簡單的驅動電路；缺點則是亮度
較低、調變頻率低，且光譜線寬較寬。

同樣地，當一輸入訊號或控制訊號從輸出端去耦合時，可用 LED 來當
作光隔離器（opto-isolator）。圖 7(b) 為一光隔離器（opto-isolator），以
LED 作為光源並且耦合至光偵測器 [9]，當輸入訊號施加在 LED 時，會產生
光並由偵測器所偵測到，光會被轉換回電子訊號成為電流流經負載 $R_L$。這
些具有光速訊號傳遞的元件被光學性地耦合起來，並且由於輸入與輸出端之
間沒有回饋或干涉而形成電子絕緣。本質上，此圖示也代表當光線被導入經
過一長距離光纖的光纖通訊系統。

## 12.3.1 元件結構

LED 的基本結構為 p-n 接面，當元件在順向偏壓下，少數載子由接
面的兩邊被注入，在接面附近會有超過平衡值的過多載子（$pn > n_i^2$），
因此將會發生復合現象，如圖 8a 所示。然而，若設計上利用異質接面
（heterojunction），將可以有效提升效率。圖 8b 代表具有較高能隙的中間
材料，光會產生並被束縛於此層中，假如異質接面屬於類型 – I（參見 1.7

節），兩種超量載子被注入並被侷限於相同空間下，如圖所示可大幅提升超量載子的數量，其後將會說明隨著載子濃度的增加，會縮短輻射復合的生命期，而導致更有效率的輻射復合。在此結構中，中間層是未摻雜的，藉由兩側的相對層來達成載子侷限，這種較佳的雙重異質接面設計具有最高的效率。

此外，若中間主動層厚度被縮減至小於 10 nm，將會形成量子井（quantum-well）結構，在此情形下，二維的載子濃度變得相當重要且必須根據量子力學來計算。然而，有效的三維載子濃度（單位體積）可由二維的值除以量子層寬度而求得，此現象會推動載子密度往更高能階分布並得到更高的效率。由於薄的應變層（strained layer）能夠提供較高程度的晶格不匹配（lattice mismatch）（見 1.7 節），因此這是利用磊晶技術成長薄主動層的另一個優點。量子井結構的另一個特色是在理論上，量子化能階可延伸至輻射能量（或到較短的波長）超過能隙，但此特點很少被使用。

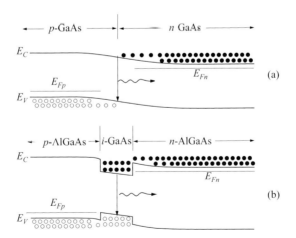

圖 8　(a) 當 *p-n* 接面處於順向偏壓下時，電子由 *n-* 型端注入並與來自 *p-* 型端的電洞復合 (b) 在雙重異質接面中，具有更高的載子密度與較佳的載子侷限。

## 12.3.2 材料選擇

圖 9 列出在 LED 應用上最重要的半導體材料組合，此光譜涵蓋了可見光並延伸進入紅外光區。在顯示器的應用方面，由於人眼只能感受到能量 $hv \geq 1.8$ eV（$\lambda \leq 0.7$ μm）的光源，相關半導體的能隙必須大於此值。一般來說，除了某些合金半導體如 GaAsP 系統 [3,23,24]，這些半導體全部是直接能隙材料。直接能隙半導體對於電激發光元件是很重要的，因為輻射復合為一階的躍遷過程（沒有聲子參與），且其量子效率（見 12.3.3 節）遠高於需要聲子參與過程的非直接能隙半導體。

**AlGaAs.**　$Al_xGa_{1-x}As$ 系統包含紅色到紅外光的廣波長範圍。砷化鎵類型是在 1960 年代最早用來作為高效率 LED 的材料。當鋁含量提高至 $x \approx 45\%$，能隙會變為非直接，所以其波長限制在約 0.65 μm，此材料的優點是對於製作雙重異質接面（DHJ）LED 具有卓越的異質接面成長能力，並與砷化鎵基板具有良好的晶格匹配。

**InAlGaP.**　此材料系統較 AlGaAs 具有更高的能量，並且包含了紅到綠的可見光波段，其直接能隙範圍限制此材料的波長大於 0.56 μm，與砷化鎵基板也有良好的晶格匹配。

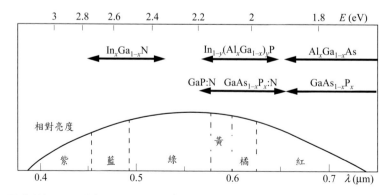

圖 9　可應用於 LED 的相關半導體材料，以及人眼的相對感光函數。

**InGaN.** InGaN 系統的波長光譜很廣，可包含綠、藍、紫等，重要的是由材料觀點來看，藍光與紫光很難單獨產生，對於延伸至其他更長波長的可見光譜，需要提高 In 的百分比來減少能隙，但是高的銦含量會增加晶格不匹配，造成更多不合適的差排。因此，對於可見光光譜的其他部分，此材料是不會被使用的。基板材料可為藍寶石（sapphire）、碳化矽或氮化鎵，但由於後兩者的成本很高，通常傾向使用藍寶石作為基板。以藍寶石與砷化鎵為基板的 LED 外部量子效率（external quantum efficiency, EQE）$\eta_{ex}$（見 12.3.3 節）與光輸出功率密度 $P_{out}$ 的演進如圖 10 所示，以藍寶石為基板的 LED 輸出功率超過 100 W/cm$^2$，但因複雜的元件設計很少操作至此等級。相較之下，以塊材氮化鎵為基板的 LED[25]，可達到 $P_{out} > 1$ kW/cm$^2$。此外，以氫化物氣相磊晶（Hydride Vapor-phase Epitaxy, HVPE）設備使用各種氨熱成長技術（ammonothermal growth techniques）來成長 GaN 基材的製程已被提出，可提供高品質、大面積、低成本的 GaN 基板用於固態照明元件。

**GaAsP.** GaAs$_{1-x}$P$_x$ 系統包含非常廣的光譜範圍，由紅外線至可見光中間光譜，其直接能隙躍遷發生在約 1.9 eV 處（磷含量約 45~50%），對於產生在非直接能隙區域的波長而言，其效率是非常低的，然而，可藉由結合特定雜

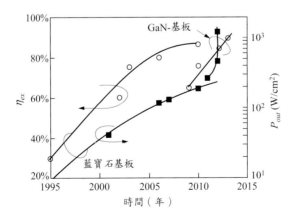

圖 10　晶片發光的外部量子效率 $\eta_{ex}$（圓圈）與輸出功率密度 $P_{out}$（方塊）的演進圖。（參考文獻 25）

質如氮，可導入一個有效的輻射復合中心 [27]，像是當摻入氮原子可以取代晶格中的某些磷原子。氮的外圍電子結構與磷十分相似（週期表中皆為五價元素），但這些原子的電子核結構差異非常大，這些差異會造成靠近導電帶的電子缺陷能階，這種引入復合中心的方法叫做等電子中心（isoelectronic center）。ZnO 為 GaP 另一種的等電子中心，這種等電子中心通常為電中性。在操作時，被注入的電子首先落入此中心內，然後帶負電的缺陷中心由價電帶中捕獲電洞形成了侷限激發。接下來電子電洞對的復合產生光子，其能量大約等於能隙減去此中心的束縛能，此系統與操作可以 $E-k$ 圖表示，如圖 11。由於等電子中心在空間中是高度被侷限的，所以此處並不違反動量守恆，並且由於測不準原理（uncertainty principle），在 $k$- 空間（動量）中反而具有十分廣的範圍。圖 12 為 $GaAs_{1-x}P_x$ 中有無加入等電子雜質氮元素時，其量子效率對摻雜成分圖 [27]。由於直接－非直接能隙躍遷是相鄰近的，組成分在 $0.4 < x < 0.5$ 時，沒有摻氮的量子效率會快速下降。當 $x > 0.5$ 時，摻有氮的量子效率是相當高的，但隨著 $x$ 增加，直接與非直接能隙之間動量的分離不斷增加，其效率會逐漸下降（圖 4b）。因為等電子中心的束縛會使得氮摻雜合金的發射波長峰值產生位移（圖 12b），GaAsP LED 可以在砷化鎵或磷化鎵基板上成長，與磷含量有關。磷化鎵基板的優點是具有較高的能隙，如此一來被基板重新吸收的光較少。具有等電子中心的 LEDs 也具有相似的優點，因為從這些中心發射的光會降低能量，並且可穿透基板。

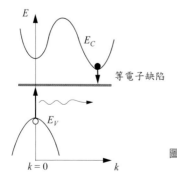

圖 11　在非直接能隙材料中透過等電子捕獲產生輻射復合的 $E-k$ 圖。

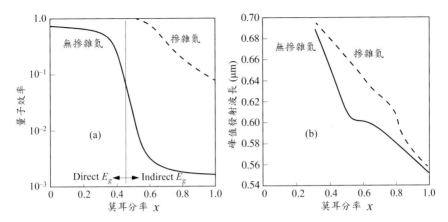

圖 12　(a) 有無摻氮元素的 $GaAs_{1-x}P_x$ 的量子效率對其成分組成關係圖 (b) 發射峰值波長與其成分組成的關係圖。（參考文獻 27）

**波長轉換器（Wavelength Converters）**　　一般調整 LED 顏色的技術是在 LED 上包覆一層波長轉換器，這轉換器會吸收 LED 發出的光，並且重新發射不同波長光。波長轉換器可為磷粉[28]、染料與其他半導體，通常會轉換成低能量（長波長）並且具有與原波長相比較寬的光譜，一般來說其效率相當高，這也就是為何廣泛地使用在白光 LED 中，轉換到較高能量並不常見。當砷化鎵 LED 發射的紅外線被摻入稀有元素離子，例如鐿（$Yb^{3+}$）與鉺（$Er^{3+}$）的磷粉吸收時，藍光 LED 可以由紅外—可見光的上轉換器（up-converter）轉換而得[29]。元件的運作是先吸收兩個紅外線區域的光子，接著發射一個在可見光範圍的光子。

## 12.3.3 效率的定義

**內部量子效率（Internal Quantum Efficiency）**　　對於一已知輸入功率，輻射復合過程會直接與非輻射過程競爭，每一個能帶—能帶躍遷與通過缺陷的躍遷都可以是輻射的或非輻射的。非輻射的能帶—能帶復合例子即為非直接能隙半導體。反過來說，經由缺陷的輻射復合例子為透過等電子能階進行復合，內部量子效率 $\eta_{in}$ 為轉換載子電流為光子的效率，如以下所定義

$$\eta_{in} = \frac{\text{number of photons emitted internally}}{\text{number of carriers passing junction}}. \tag{6}$$

它與能產生輻射復合的注入載子數與總復合率的比值有關,並可以生命期來表示

$$\eta_{in} = \frac{R_r}{R_r + R_{nr}} = \frac{\tau_{nr}}{\tau_{nr} + \tau_r} \tag{7}$$

此處 $R_r$ 與 $R_{nr}$ 爲輻射與非輻射復合率,$\tau_r$ 與 $\tau_{nr}$ 分別爲其相關輻射與非輻射生命期。對於低階注入而言,接面中 $p\text{-}$ 型端的輻射復合率爲 $R_r = R_{ec}\,np \approx R_{ec}\,\Delta n N_A$,其中 $R_{ec}$ 爲復合常數,$\Delta n$ 爲超量載子密度,其遠大於平衡時的少數載子密度 $\Delta n \gg n_{p0}$。直接與非直接能隙半導體材料的 $R_{ec}\,(E,T) \approx 10^{-10}$ 與 $10^{-15}\ \mathrm{cm}^3/\mathrm{s}$。對於低階注入而言,$\Delta n < p_{p0}$,輻射生命期 $\tau_r$ 與復合係數是有關的

$$\tau_r = \frac{\Delta n}{R_r} = \frac{1}{R_{ec}N_A} \tag{8}$$

然而對於高階注入,$\tau_r$ 會隨著 $\Delta n$ 遞減,因此在雙重異質結構(DHS)的 LED 中,載子侷限可以增加 $\Delta n$,並縮短 $\tau_r$,使得內部量子效率得以提升。非輻射性生命期通常可視爲由缺陷($N_t$ 密度)或復合中心主導

$$\tau_{nr} = \frac{1}{\sigma v_{th}N_t} \tag{9}$$

此處 $\sigma$ 爲捕獲截面。很明顯地,必須縮短輻射生命期 $\tau_r$,以得到高的內部量子效率。

**外部量子效率(External Quantum Effeciency)**　　LED 的應用最重要的是「光如何由元件向外發射」,就此必須考慮元件內部與外部的光學特性。量測光向外部發射效率的參數爲光學效率 $\eta_{op}$,有時也稱爲汲光效率(extraction efficiency),將此列爲重要因素,淨外部量子效率可定義爲

$$\eta_{ex} = \frac{\text{number of photons emitted externally}}{\text{number of carriers passing junction}} = \eta_{in}\eta_{op} \tag{10}$$

光學效率是元件內部與周圍的光學問題，完全與電子特性無關。在接下來的部分我們會著重在元件光學路徑與光學介面上。

**光學效率（Optical Efficiency）** 首先介紹基本的折射原理。當光穿過半導體與周圍環境的界面時，如圖 13 說明對應史乃耳定理（Snell's law）的最重要現象，其為光穿過介面前（$\theta_s$）與後（$\theta_0$）的方向，由 $\bar{n}_s \sin\theta_s = \bar{n}_o \sin\theta_0$ 控制，其中 $\bar{n}_s$ 與 $\bar{n}_o$ 分別為半導體與環境中的折射率。對於垂直入射而言，路徑方向不會被改變，除非受到折射率的弗芮耳損耗（Fresnel loss）。

$$R = \left(\frac{\bar{n}_s - \bar{n}_o}{\bar{n}_s + \bar{n}_o}\right)^2 \tag{11}$$

對於 $\theta_s > 0°$ 的光學路徑而言，因為 $\bar{n}_s$（對於一般半導體約 3-4）大於 $\bar{n}_o$，$\theta_0$ 始終大於 $\theta_s$。圖 13 顯示，當 $\theta_0$ 為 90° 且折射光平行於介面時，$\theta_s$ 的臨界角是 $\theta_c$，臨界角定義了光逸出圓錐角（light-escape cone），當光線位於其外時會全部反射回半導體中。將 $\theta_0 = 90°$ 帶入 $\bar{n}_s \sin\theta_s = \bar{n}_o \sin\theta_0$ 中，臨界角可得

$$\theta_c = \sin^{-1}\left(\frac{\bar{n}_o}{n_s}\right) \approx \frac{\bar{n}_o}{n_s} \tag{12}$$

對於砷化鎵與磷化鎵 $\bar{n}_s = 3.66$ 與 $3.45$，其臨界角約為 $16° - 17°$。

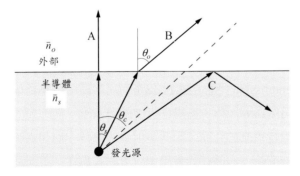

圖 13　半導體／外部介面上的光學路徑。A：垂直入射幾乎沒有影響；B：折射角 $\theta_0$ > $\theta_s$ 對應於史乃耳定理； C：在光逸出圓錐角之外的光線為全反射 $\theta_s > \theta_c$。

　　有三種損耗機制會減少發射光子的數量：(1)LED 內部材料的吸收；
(2) 菲涅耳損耗；(3) 臨界角損耗。由於基板對發射光來說是不透明的，對於
LED 於砷化鎵基板上的吸收損耗是很大的，約吸收了 85% 由接面射出的光
子。對 LED 在透明基板上例如具有等電子缺陷中心的磷化鎵，則向下發射
的光子能夠被基板反彈，僅約 25% 吸收，其效率可明顯提升。弗芮耳損耗
是由於光自內部反射回半導體內。而第三種損耗機制是由光子以臨界角 $\theta_c$
入射至介面的全反射所引起。為了計算由臨界角損失引起的光學效率，我們
先在此忽略吸收損耗與弗芮耳損耗，而光逸出圓錐角的固體角已知為 $2\pi\,(1-$
$\cos\theta_c)$，對於點光源來說，總固體角為 $4\pi$。光學效率可以近似為

$$\eta_{op} = \frac{\text{solid angle of light-escape cone}}{4\pi} = \frac{1}{2}(1 - \cos\theta_c)$$

$$= \frac{1}{2}\left[1 - \left(1 - \frac{\theta_c^2}{2!} + \cdots\right)\right] \approx \frac{1}{4}\theta_c^2 \approx \frac{1}{4}\frac{\bar{n}_o^2}{\bar{n}_s^2} \tag{13}$$

（將 $\cos\theta_c$ 級數展開）對於一般平面的半導體 LED，其光學效率大約只有
2%。儘管在半導體內的光線強度均勻，但經由介面折射後，射入環境的光
線與其角度有關，這是一個源自於史乃耳定律的有趣現象。當光線垂直介
面，會具有最大的光強度，並會隨著 $\theta_o$ 增加而遞減，將介面上方與下方的
光能量以符號表示其關係，可以發現一般平面 LED 結構的發射光強度與角
度關係如下

$$I_o(\theta_o) = \frac{P_s}{4\pi r^2}\frac{\bar{n}_o^2}{\bar{n}_s^2}\cos\theta_o \tag{14}$$

$P_s$ 為光源的功率，而 $r$ 為由光源至表面的距離。這樣的發射圖稱為朗伯發射
（Lambertian emmission）圖。圖 14 為平面、半球、拋物結構的發射圖。對
於平面結構，角度為 60° 時，正規化強度僅剩 50%。而理想的半球面結構，
由於所有的光線皆垂直於介面，因此發射強度保持一均勻高強度分布，且臨
界角損耗完全被消除。一個好的實用與折衷方式為在一平面結構上覆蓋一層
半球鍍膜，其折射率剛好介於半導體與外部環境之間。平面結構在 $0° \le \theta_o \le$
90°。全範圍的總發射光能量可由式 (14) 來計算，藉由比較發射光功率與介

面的功率來源可計算出光學效率，以此法得出的光學效率將會與式 (13) 具有相同的結果。

　　到目前為止，我們已經考慮了光由接面與頂部或底部表面射出的情形，這樣的元件稱為表面射極（surface emitter），而其餘的元件稱為邊緣射極（edge emitter），其光會平行接面射出（圖 15）。有兩種基本元件架構可耦合 LED 光輸入至玻璃光纖，圖 15a 為對於表面射極（surface emitter），接面的發射區域由二氧化矽絕緣區與 $p^+$- 擴散形成的最小電阻路徑所限制，為了使光吸收達到最小，發射光所經過的半導體層必須非常薄，約 10 至 15 μm。由於高能隙半導體（如 AlGaAs）包圍輻射復合區域（如砷化鎵）所形成的載子侷限，使用異質接面（如 GaAs/AlGaAs）可以提升效率。異質接面同時也是輻射發射的窗口，因為較高能隙侷限層並不會吸收由較低能隙發射區域的輻射，而邊緣射極（圖 15b）的主動區與雙重異質接面，會被兩層

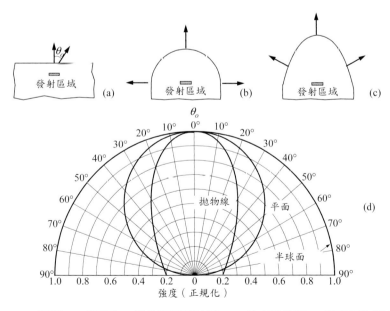

圖 14　(a) 平面 (b) 半球面 (c) 拋物面不同結構 LED 的光學效率 (d) 其正規化朗伯發射圖案。（參考文獻 3）

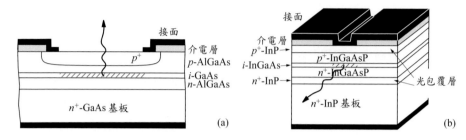

圖 15　由 (a) 表面射極 (b) 邊緣射極光發射方向的 LED 結構。

光學包覆層形成三明治的結構，其光輸出較爲平行，因此無法承受因臨界角所造成的全反射效應。此優點是可以改善與小接受角光纖的耦合效率。發射光的空間分布類似於異質結構雷射，將於 12.5.4 節討論。

**功率效率（Power Efficiency）**　功率效率 $\eta_p$ 可簡單定義爲輸出的光功率與輸入電功率的比值

$$
\begin{aligned}
\eta_P &= \frac{\text{optical power out}}{\text{electrical power in}} = \frac{\text{number of photons emitted externally} \times h\nu}{I \times V} \\
&= \frac{\text{number of photons emitted externally} \times h\nu}{\text{number of carriers passing junction} \times q \times V}
\end{aligned}
\tag{15}
$$

因爲偏壓幾乎等於能隙，光能量 $qV \approx h\nu$，所以功率效率類似於外部量子效率 $\eta_p \approx \eta_{ex}$。

**發光效率（Luminous Efficiency）**　比較 LED 的可視效應時，必須一併討論人眼的反應，我們可以藉由人眼敏感度的相關因子，以發光效率將功率效率正規化，如前面的圖 1 所示。例如，人眼的最高敏感度在 0.555 μm（綠色）。當波長接近可見光光譜中紅色或紫色的終點，敏感度會快速下降，因此人眼會接受的綠色功率比其他顏色較小，來達到相同的可見亮度。LED 應用在顯示與照明上，發光效率是更適合的表示參數。光輸出亮度可由發光通量（以流明（lumens）爲單位）得到

$$\text{luminous flux } = L_0 \int V(\lambda) P_{op}(\lambda) d\lambda \tag{16}$$

其中 $L_0$ 爲常數，其值爲 683 lm/W，$V(\lambda)$ 爲相對人眼敏感度（圖 1），且 $P_{op}(\lambda)$ 爲輻射輸出的功率頻譜。以 $\lambda = 555$ nm 所對應到的峰值對人眼敏感函數 $V(\lambda)$ 進行正規化。發光效率可以下式表示[15]

$$\eta_{lu} = \frac{\text{luminous flux}}{\text{electrical power in}} = \frac{683 \int V(\lambda) P_{op}(\lambda) d\lambda}{VI} \tag{17}$$

此發光效率最大值爲 683 lm/W。當 LED 科技隨時間進步，發光效率已經獲得驚人的進展，其演進過程統整在圖 16 中。在圖中我們可以看到，LED 的效率已超越其他如白熾燈與螢光燈等傳統光源技術，斜率代表了每三年兩個因子的改進，或相當於每十年上升十倍。不過，當發光效率逼近理論極限值

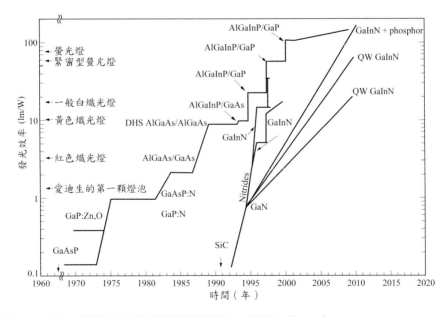

圖 16　發光二極體的發光效率隨時間演進圖。（參考文獻 3,23）

683 lm/W 時，這樣的改善速率是無法維持的，唯可確定的是，今日最先進的 LED 發光效率已經大於傳統光源。

## 12.3.4 白光 LED

對於一般的高亮度照明，白光 LED（White-light LED）為十分重要的應用 [30]，當功率效率與亮度已經提升至可直接與傳統光源匹配時（如白熾燈與螢光燈），此領域變得越來越重要，如家用電燈、裝飾燈、手電筒、戶外號誌與車用頭燈等。白光可由混合兩種或三種適合強度比例的顏色獲得。基本上，有兩種方式來達成白光，第一種為結合紅、綠、藍不同光色的 LED，但其成本較高，且窄帶寬多種顏色的混合無法產生良好的色彩表現，並不是普遍的方式。第二種使用具有色彩轉換器（color converter）覆蓋的單一 LED，則為最普遍的作法。色彩轉換器是一種可以吸收原來 LED 光並發出不同頻率光的材料，轉換器的材料可為磷粉、有機染料或其他半導體，其中磷粉為最常見的材料 [28]。與 LED 光相比，由磷粉輸出的光源通常具有十分寬的光譜，而且波長範圍也更長。這些色彩轉換器的效率非常高，將近 100%。

普遍作法是使用藍光 LED 加上黃色磷粉，在此方法中，LED 光被磷粉部分吸收，藍光 LED 與磷粉發出的黃色光混合產生白光。而其它版本是使用 UV LED，LED 的光完全地被磷粉所吸收，並且重新產生一個寬光譜的仿白光。

全球電力約有四分之一消耗在一般的照明上，其驅動對能量有效率照明的需求 [31]。在過去一個世紀中，白熾燈（incandescent）與螢光燈（fluorescent）的發明已經點亮世界，但是其能量效率小於 25%。感謝固態照明（即發光二極體（LED））的發展，在過去二十年間大大地提升照明技術的效率 [32]。然而，在 LED 主導一般照明之前，也就是自從發明第一個紅光 LED，這三十年間面臨很多挑戰，這是因為那時還無法得到具有高結晶以及高相品質（phase qualities）的大能隙材料 [33]。一直到發明藍光 LED，才帶來突破性發展。雖然第一個藍光 LED 是使用碳化矽基（SiC-based）的材料製成，具有非直接能隙本質的碳化矽會限制藍光 LED 的量子效率與亮度 [34]。然而，赤坂（Akasaki）研究團隊探討使用金屬有機氣相磊晶技術來合成高品質 GaN 與其三元化合物：InGaN 與 AlGaN 在 LED 的應用 [35-39]，終於在 1994 年製作出第一個高亮度的藍光 LED[40]，此元件在 20 mA 的順向電流條件下，具有外部量子效率 $\eta_{ex}$ = 2.7%。圖 17 說明藍光 LED 的結構，其中摻雜鋅的 InGaN 主動層被以三明治式夾在於 p- 與 n- 摻雜的 AlGaN 侷限層之間，以形成一量子井。

　　高亮度藍光 LED 的發明是發展高效率白光 LED 的關鍵點。一般來說，創造天然白光源最好的方式是混合來自三種不同半導體發射的紅、綠、藍色三原色。然而，綠色 InGaN 發射器，因高銦含量、晶格不相匹配性以及重大的缺陷密度，導致低的外部量子效率 $\eta_{ex}$，其限制相對應白光 LED 的照明效率，此議題被描述為「綠色間隙」（green gap）[41]。一個選擇與務實性的方法是探討以高亮度的藍光 LED 加上磷粉，例如黃色磷光粉 [42]，使其發射出可見光光譜的剩餘部分。白光 LED 具有高的照明效率，被定義為每單位輸入電功率的光通量（luminous flux），因此，經由此一解決方案實現，稱為磷光轉換 LEDs（phosphor-converted LEDs）[43]，其最高紀錄可達到 202 lm/W [44]，與量測自白熾燈以及螢光燈分別是 16 lm/W、70 lm/W，相較之下更有效率。

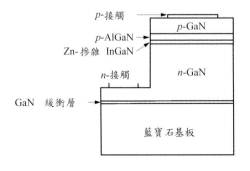

圖 17　第一個高亮度的藍光 LED 元件結構。（參考文獻 25,40）

　　全世界研究人員仍然爲超效率固態照明尋找解決方案，以提升可見光以及不可見光的量子效率[45-47]。例如，紫外光的量子效率已經得到重大的進展。在室溫下，使用閃鋅礦氮化鎵（zincblende GaN）塊材已經可以達到紀錄的 $\eta_{in}$ = 29%，由材料工程觀點是因爲它的無極性化本質（polarization-free nature），如圖 18a[48]；由結構的工程觀點，在室溫下，多重量子井 LED 特性爲高量子效率，因爲透過載子侷限會增強電子以及電洞波函數的重疊，如圖 18b[49]。而量子奈米盤（quantum-nanodisk）LEDs 可更進一步改善 $\eta_{in}$ 高於 100 倍，因爲應變部分被鬆弛與應變誘發壓電電場（strain-induced

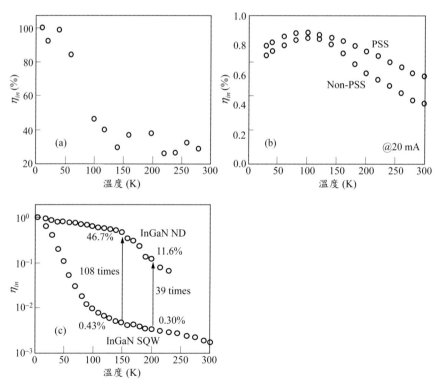

圖 18　　(a) 立方相 GaN LED (b) 多重量子井 InGaN/GaNLED，無 / 有圖案的藍寶石基板（PSS）(c) InGaN 單量子井（SQW）與量子奈米盤（ND）LED，內部量子效率對溫度的函數關係圖。（參考文獻 48-50）

piezoelectric field）被弱化，其減少能帶斜率與增加電子，以及電洞波函數的重疊，如圖 18c[50, 51]。

### 12.3.5 頻率響應

將 LED 設計於如光纖通訊系統的高速應用上，頻率響應（frequency response）為另一項重要參數，這項參數可以決定 LED 能夠開關的最大頻率與資料最大傳輸率。LED 的截止電壓 $f_T = 1/2\pi\tau$，$\tau$ 為整體生命期，定義如下

$$\frac{1}{\tau} = \frac{1}{\tau_r} + \frac{1}{\tau_{nr}} \tag{18}$$

如同先前的討論，內部量子效率與輻射及非輻射生命期（$\tau_r$ & $\tau_{nr}$）有關。式 (18) 中，當 $\tau_r \ll \tau_{nr}$ 時，$\tau$ 會趨近於 $\tau_r$。因此，如同式 (8) 所代表的，$\tau_r$ 隨著主動層摻雜量的增加而減少，且 $f_T$ 會變大。針對速度的考量，一般傾向在異質結構中間的主動區增加摻雜濃度[52]。

# 12.4 雷射物理

雷射（laser）是藉由受激發射輻射（邁射（maser））產生的微波放大之延伸。雷射與邁射兩者的基礎皆為受激發射現象，不同之處在於輸出頻率的範圍，這是愛因斯坦在 1910 年代提出的假設。雷射介質可以是氣體、液體、非晶相固體或是半導體。半導體雷射也被稱為注入式雷射、接面雷射或二極體雷射。邁射行為首先於 1954 年被 Townes、Basov、Prokhorov[54] 及其共同研究者[53] 使用氨氣實現。雷射行為則在 1960 年代[55] 首先在紅寶石上得到，並接著在 1962 年在氦氖氣體中實現。接下來半導體被聯想用來作為雷射材料[56]，經過 1961 年 Bernard 與 Duraffourg[57] 的理論計算以及 1962 年 Dumke[58] 展示了雷射行為的確可能發生在直接能隙中，並且為其訂立了四個重要準則。1962 年，幾乎是同時間有四篇半導體雷射論文發表：Hall 等人[59]、Nathan 等人[60] 與 Quist 等人[61] 使用砷化鎵，而 Holonyak 與 Bevacqua

則使用 GaAsP[33]。Kroemer[62]、Alferov 與 Kazarinov[63] 在 1963 年提出以異質接面來改善雷射特性 [64]。1970 年，Hayashi 利用雙重異質接面在室溫下達成 CW 操作。由邁射到異質接面雷射，雷射的歷史發展整理在參考文獻 2, 65 與 66 中。

雷射二極體與其他雷射（如紅寶石固態雷射、氦氖氣體雷射）類似，其發射輻射具有空間與時間上的同調性。雷射輻射爲高度單色性，能夠產生高度方向性的光束，然而，雷射二極體與其他雷射在某些重要方面仍然不同：

1. 在傳統雷射中，量子躍遷發生在分立的原子能階，然而在雷射二極體中，躍遷與材料能帶的性質有關。

2. 雷射二極體在尺寸上是非常緊密的，單一雷射長度大約爲 0.1 mm，近期製作在單晶（monolithic）晶圓形式的積體雷射更小。然而，由於主動區非常的窄（大約爲 1 μm 等級或更小），其雷射光束比傳統雷射更爲發散。

3. 雷射二極體的空間與光譜特性強烈地受到接面介質的特性所影響，例如能隙與折射率上的變異。

4. 雷射的運作可簡單地藉由在二極體導入順向電流來激發，與光激發是相反的行爲。經由調變電流，可輕易調變整體系統，這是非常有效率的。由於雷射二極體的光子生命期非常短，因此能夠達成高速的頻率調變。

早期發現許多半導體材料可產生同調輻射，並由近紫外線至可見光以及到遠紅外線光譜（波長 0.2 至 40μm）。由於窄光譜線寬上的波長可調性、高可靠度、低輸入功率與簡單結構，半導體雷射在科技與基礎研究具有相當的應用潛力，如分子光譜、原子光譜、高解析度氣體光譜與監控大氣污染。雷射二極體的應用層面非常廣泛，涵蓋了許多基礎領域研究、醫學手術到日常消費性電子。由於其體積小、高頻調變能力高，雷射二極體爲光纖通訊系統中最重要的光源。同時，近期技術已發展到降低成本，使其能廣泛應用在 CD 與 DVD 消費性市場。

## 12.4.1 受激發射與粒子數反轉

　　為了得到清楚的物理圖像，相對於半導體中能帶的觀點，接下來先從具有兩個個別能階的簡易原子系統開始討論。考慮兩個能階 $E_1$ 與 $E_2$，$E_1$ 為基態且 $E_2$ 為激發態（圖 3），這些能態分別具有電子濃度 $N_1$ 與 $N_2$，任何能態間的躍遷皆包含頻率 $v$ 的光子吸收或發射，$v$ 由 $hv = E_2 - E_1$ 所決定。如前所提，三種光學過程為吸收（absorption）、自發發射（spontaneous emission）、受激發射（stimulated emission），在一般溫度下，大部分原子皆處於基態。當能量為 $hv$ 的光子照射到系統上，此狀態會被干擾。在 $E_1$ 狀態下的原子吸收了能量，接著變成激發態 $E_2$，這就是吸收過程。吸收的特性由吸收係數 $\alpha$ 來決定，此為光偵測器與太陽能電池的主要過程。激發態原子是不穩定態，經過短時間後，若沒有任何外部的誘發，仍會產生回到基態的躍遷並且發射能量為 $hv$ 的光子，此過程稱為自發發射。自發發射的生命期（亦即是激發態的生命期）變化相當大，一般的範圍為 $10^{-9}$ 至 $10^{-3}$ 秒，根據不同的半導體參數（例如直接或非直接能隙復合中心密度）而變化。在自發發射中，發射光在空間與時間上為任意分布的（非同調），這是 LED 的主要機制。當具有能量 $hv$ 的光子照射激發態的原子時，會出現一個有趣且重要的現象，即原子瞬間會受激躍遷至基態，並發射出另一個光子，此光子與入射光子具有相同波長與相位，此過程稱為受激發射，為雷射現象的主要機制。注意兩項受激發射的有趣性質，一是輸入一個光子同時會輸出兩個光子，其為光學增益的基本概念；二是兩個光子為同相位，這使得雷射輸出為同調性的。

　　接下來，我們將分析受激發射的基本條件。對於光學過程的躍遷率公式是三個光過程為：$R_{ab} = B_{12} N_1 \phi$，$R_{sp} = A_{21} N_2$，$R_{st} = B_{21} N_2 \phi$，其中 $B_{12}$、$A_{21}$、$B_{21}$ 分別為吸收、自發發射與受激發射的愛因斯坦係數，請注意 $R_{ab}$ 與 $R_{st}$ 皆正比於光強度 $\phi$，$R_{sp}$ 與光強度不相關。在平衡時，殘留在這些能帶的電子濃度與其能量有關，並由波茲曼統計決定

$$\frac{N_2}{N_1} = \exp\left(\frac{-\Delta E}{kT}\right) = \exp\left(\frac{-h\nu}{kT}\right) \tag{19}$$

由黑體輻射中的光強度可得

$$\phi(\nu) = \frac{8\pi\bar{n}_r^3 h\nu^3}{c^3}\left[\frac{1}{\exp(h\nu/kT)-1}\right] \tag{20}$$

因為淨光學躍遷為零，我們令 $R_{ab} = R_{sp} + R_{st}$。可得

$$B_{12}N_1\phi = N_2(A_{21} + B_{21}\phi) \tag{21}$$

將式 (19) 與 (20) 帶入式 (21) 中，可得下列之一般關係式

$$\frac{8\pi\bar{n}_r^3 h\nu^3}{c^3[\exp(h\nu/kT)-1]} = \frac{A_{21}}{B_{12}\exp(h\nu/kT)-B_{21}} \tag{22}$$

而在所有的溫度下，式 (21) 皆成立，$B_{12} = B_{21}$，其遵守

$$\frac{A_{21}}{B_{21}} = \frac{8\pi\bar{n}_r^3 h\nu^3}{c^3} \tag{23}$$

在雷射行為中，受激發射對於非同調光是不重要且微弱的，甚至可忽略。淨光學輸出率是受激發射率減去吸收率 $R_{st} - R_{ab} = (N_2 - N_1)\,B_{21}\phi$，在此可發現淨光學增益只有當 $N_2 > N_1$ 時才為正值，此條件稱為粒子數反轉（population inversion）。在熱平衡下，根據式 (19)，基態的原子較激發態原子多，不會自然發生分布反轉的情況。創造粒子數反轉狀態需要一些外在的手段，像是提供另一光源（即光激升（optical pumping）），或是在雷射二極體中，經由施加正向偏壓在基本半導體雷射結構的 p-n 接面上來產生。

接著討論能階變成兩個分離的連續能帶半導體。為了符合分布反轉圖，我們先將價電帶中的電洞觀念放在一旁。在接近冶金接面的區域將會產生光，如圖 19 所示。在平衡狀態下，$T = 0$ K 時（圖 19a），導電帶能階上電子是空的，而價電帶能階會完全填滿電子。圖 19b 代表 0 K 時的粒子數反轉，在此不平衡條件下，可利用兩個準費米能階 $E_{Fn}$ 與 $E_{Fp}$ 來描述，導電帶被電

子填滿至 $E_{Fn}$ 而價電帶缺少電子降至 $E_{Fp}$。$E_1$ 與 $E_2$ 每個能階都變寬，形成一些窄能帶，即（$E_C \rightarrow E_{Fn}$）與（$E_{Fp} \rightarrow E_V$）。$N_1$ 與 $N_2$ 是在這些窄能帶中的整合電子密度，如例子所示，$N_2$ 為導電帶中的電子總數，但 $N_1$ 為 $E_{Fp} \rightarrow E_V$ 窄能帶中的電子數且其為零，在有限的溫度 $T > 0$ K，載子分布將擴大範圍，並且分布函數也將不再是階梯函數（圖 19c）。雖然整體的熱平衡並不存在，但在已知能帶中的電子互相之間將會是熱平衡狀態。而在導電帶與價電帶中，能態的佔據機率由費米—狄拉克分布（Fermi-Dirac distribution）函數所決定

$$F_C(E) = \frac{1}{1 + \exp[(E - E_{Fn})/kT]} \tag{24a}$$

$$F_V(E) = \frac{1}{1 + \exp[(E - E_{Fp})/kT]} \tag{24b}$$

考慮具有能量 $h\nu$ 的光子發射率，其來自導電帶中 $E$ 上方能態至價電帶中下方能態（$E - h\nu$）的躍遷。發射率正比於上方被佔據能態密度 $F_C N_C$ 與下方非佔據能態密度 $(1 - F_V) N_V$ 的乘積，$N_C$ 與 $N_V$ 分別為導電帶與價電帶中的能態密度。另一方面，吸收率正比於上方非佔據能態密度 $(1 - F_C) N_C$ 與下

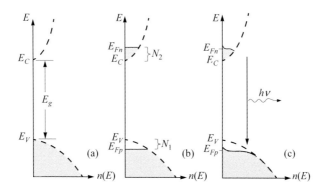

圖 19　(a) 平衡下，$T = 0$ K。具有分布反轉下 (b) $T = 0$ K(c) $T > 0$ K。半導體中電子濃度是能量函數，由能態密度與費米—狄拉克分布所決定。

方佔據能態密度 $F_V N_V$ 的乘積。對於吸收 $R_{ab}$、自發發射 $R_{sp}$ 與受激發射 $R_{st}$ 的躍遷率可由積分所有能量得到

$$R_{ab} = B_{12} \int (1 - F_C) F_V N_c N_v N_{ph} dE \tag{25}$$

$$R_{sp} = A_{21} \int F_C (1 - F_V) N_c N_v dE \tag{26}$$

$$R_{st} = B_{21} \int F_C (1 - F_V) N_c N_v N_{ph} dE \tag{27}$$

$N_{ph}$ 為適當能量的光子密度。對於考慮雷射這方面,自發發射再一次被忽略,且淨光學增益由下列式子

$$R_{st} - R_{ab} = B_{21} \int N_{ph} (F_C - F_V) N_c N_v dE \tag{28}$$

(使用早前推導的等式 $B_{12} = B_{21}$)。為了使式 (28) 大於零,$F_C > F_V$ 與 $E_{FN} > E_{FP}$ 為半導體中粒子數反轉的條件。於熱平衡下,$E_{FN} = E_{FP}$ 且 $pn = n_i^2$,因此一般用來表示粒子數反轉條件,可被簡化成 $pn > n_i^2$。此外,由式 (24a) 與 (24b) $\Delta E = h\nu$,與光子能量必須大於能隙的要求,$h\nu > E_g$。對於雷射的必要條件變為

$$E_g < h\nu < E_{FN} - E_{FP} \tag{29}$$

由圖 19c 可得此條件下的量化圖,在此並指出光子能量的範圍。式 (29) 也指出了 $p$-$n$ 接面摻雜濃度的重要涵義。對於典型的電流激升雷射二極體(current-pumped laser diode),$E_{FN} - E_{FP}$ 大約等於偏壓。既然偏壓被限制在接面的內建電位,$\psi_{Bn} + \psi_{Bp}$,下列的要求也必須隨著符合,$E < (\psi_{Bn} + \psi_{Bp}) q$,這代表接面至少要有一側需要高度摻雜到簡併的程度,使得其費米能階位於能帶之內(或塊材電位 $\psi_B$ 大於能隙的一半)。然而,對於異質接面雷射而言,發光區域的 $E_g$ 較小,對於摻雜的需求便較寬鬆。

## 12.4.2 光學共振器與光學增益

　　對於雷射另一個結構上的要求是在光輸出的方向上有一個光學共振器（optical resonator），主要用來限制光線並增大內部能量。在法布里－珀羅標準量具（Fabry-Perot etalon）的作法下，光學共振器有兩片完美的平行壁，並且垂直接面，這些壁面如鏡面般光滑，具有最佳折射率設計，其中一面法布里－珀羅鏡面能夠完全反射，所以光只能由一側射出。平行雷射輸出方向的鏡面為粗糙表面，使其高度吸收以抑制橫向的雷射。光學共振器有多重的共振頻率，其稱為縱向模式（longitudinal mode），每一個皆對應在邊界零節點的駐波。在此條件下，重複性反射光與靜止內部的共振腔為同調的，而且建設性干涉維持在同調狀態。此條件成立在當 $L$ 為半波長的倍數或

$$m \left( \frac{\lambda}{2\bar{n}_r} \right) = L \tag{30}$$

$m$ 為整數。這些模式分開可得

$$\Delta\lambda = \frac{d\lambda}{dm}\Delta m = \frac{\lambda^2}{2L\bar{n}_r}\Delta m \quad , \quad \Delta v = \frac{c}{2L\bar{n}_r}\Delta m \tag{31}$$

一般長度 $L$ 遠大於所需的波長，所以不需要精準的尺度。光學共振器中，源自受激發射的光學增益 $g$，會被因吸收 $\alpha$ 引起的光學損耗所補償。淨增益／損耗為距離函數，已知為 $\phi(z) \propto \exp[(g-\alpha)z]$。考慮一完整的反射路徑，兩鏡子的反射率為 $R_1$ 與 $R_2$（圖 18），並具有額外的損耗。由於給定系統下，$R_1$、$R_2$ 與 $\alpha$ 為定值，$g$ 為唯一可變的整體增益參數，為了使整體增益為正值，其標準給定為 $R_1 R_2 \exp[(g-\alpha)2L] > 1$，相當於雷射的臨界增益 $g_{th}$ 為

$$g_{th} = \alpha + \frac{1}{2L}\ln\left(\frac{1}{R_1 R_2}\right) \tag{32}$$

因為增益與激升電流直接相關，此標準為決定雷射臨界電流的基準，是一個重要的參數。

### 12.4.3 波導

　　在先前章節，光學共振器可用來捕獲光並增強其強度，其由鏡子組成並垂直光前進方向。在本章節我們討論平行光前進方向的光偏限，以避免橫向方向的漏光，如圖 20。波導（Waveguiding）提供的光偏限效應是由於靠近發光接面的非均勻折射率所致，在雙重異質接面雷射中，高折射率材料組成的主動層被低折射率的材料包圍，進而形成波導。圖 21 表示三層介電層的波導，其折射率分別爲 $\bar{n}_{r1}$、$\bar{n}_{r2}$ 與 $\bar{n}_{r3}$，若爲 $\bar{n}_{r2} > \bar{n}_{r1}$ 與 $\bar{n}_{r3}$，圖 21 中第一層與第二層的光角度爲 $\theta_{12}$，此角度大於式 (12) 所得的臨界角，而在第二層與第三層的接面也有相同的 $\theta_{23}$。因此，當主動區的折射率大於其包圍層的折射率時，$\bar{n}_{r2} > \bar{n}_{r1}$ 與 $\bar{n}_{r3}$，電磁輻射的前進方向將被導引至平行介面的方向。

　　對於均質結構雷射而言，中央波導層與鄰接層的折射率差異來自於不同機制：具有較高載子密度的材料具有較低折射率。此處主動層摻雜量較輕微，其被夾在重摻雜的 $n^+$- 型與 $p^+$- 型層之間，折射率的差異大約只有 0.1% ~1%，而雙重異質結構雷射，使其每一異質接面的折射率差異較大，約 10%，形成了良好結構的波導管。

　　爲了嚴格推導詳細的波導性質，橫向座標 $x$ 與 $y$ 分別對應垂直與平行接面平面的方向。考慮一對稱的三層介電層波導管，其 $\bar{n}_{r2} > \bar{n}_{r1} = \bar{n}_{r3}$（圖 21）。對於橫向偏極化的橫向電場（TE）沿傳播方向（$z$- 方向），$\mathscr{E}_z = 0$。波導被視爲在 $y$- 方向無限延伸，因此紐曼型邊界條件（Neumann type boundary condition）成立。馬克思威爾方程式爲

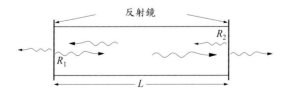

圖 20　法布里—珀羅光學共振腔示意圖。$R_1$ 與 $R_2$ 為兩面鏡子的反射係數。

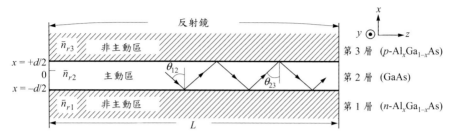

圖 21　三層介電層的波導示意圖與被導引的光軌跡。

$$\frac{\partial^2 \mathscr{E}_y}{\partial x^2} + \frac{\partial^2 \mathscr{E}_y}{\partial z^2} = \mu_0 \varepsilon \frac{\partial^2 \mathscr{E}_y}{\partial t^2} \tag{33}$$

其中 $\mu_0$ 為磁導率，而 $\varepsilon$ 介電常數，藉由對主動層 $-d/2 < x < d/2$ 的偶數 TE 波使用分離變數法，其解為

$$\mathscr{E}_y(x,z,t) = A_e \cos(\kappa x) \exp[j(\omega t - \beta z)] \tag{34}$$

與

$$\kappa^2 \equiv \bar{n}_{r2}^2 k_0^2 - \beta^2 \tag{35}$$

其中 $k_0 \equiv (\omega/\bar{n}_{r2})\sqrt{\mu_0 \varepsilon}$ 且 $\beta$ 為分離常數。$z$- 方向的磁場 $\mathscr{H}_z$ 為

$$\mathscr{H}_z(x, z, t) = \left(\frac{j}{\omega \mu_0}\right) \Big/ \left(\frac{\partial \mathscr{E}_y}{\partial x}\right) = \frac{-j\kappa}{\omega \mu_0} A_e \sin(\kappa x) \exp[j(\omega t - \beta z)] \tag{36}$$

為了產生波導效應，在主動層之外的場分布必須遞減。對於 $|x| > d/2$，橫向電場與縱向磁場的解為

$$\mathscr{E}_y(x, z, t) = A_e \cos\left(\frac{\kappa d}{2}\right) \exp\left[-\gamma\left(|x| - \frac{d}{2}\right)\right] \exp[j(\omega t - \beta z)] \tag{37}$$

與

$$\mathscr{H}_z(x, z, t) = \left(\frac{-x}{|x|}\right)\left(\frac{j\gamma}{\omega \mu_0}\right) A_e \cos\left(\frac{\kappa d}{2}\right) \exp\left[-\gamma\left(|x| - \frac{d}{2}\right)\right] \exp[j(\omega t - \beta z)] \tag{38}$$

其中

$$\gamma^2 \equiv \beta^2 - \bar{n}^2_{r1} k_0^{\,2} \tag{39}$$

由於 $\kappa$ 與 $\gamma$ 皆必須為正實數，式 (35) 與 (39) 表示波導模式的必要條件為 $\bar{n}_{r2}^2 k_0^{\,2} > \beta^2$ 與 $\beta^2 > \bar{n}_{r1}^2 k_0^{\,2}$ 或 $\bar{n}_{r2} > \bar{n}_{r1}$，此結果與式 (36) 相同。為了決定分離常數 $\beta$，我們使用介電層介面處的邊界條件，即磁場 $\mathcal{H}z$ 的切線分量在其上必須是連續的。由式 (36) 與 (38)，可得

$$\tan\left(\frac{\kappa d}{2}\right) = \frac{\gamma}{\kappa} = \sqrt{\frac{\beta^2 - \bar{n}_{r1}^2 k_0^2}{\bar{n}_{r2}^2 k_0^2 - \beta^2}} \tag{40}$$

式 (40) 的解與正切函數的幅角有關，其值為 $2\pi m$（$m$ 為整數）的倍數。當 $m = 0$，為最低階或基本模式。而當 $m = 1$ 時，則為第一階模式，以此類推。一旦此數字被指定，式 (40) 可由數值分析或圖解法解得。其經由式 (34)-(38) 中可得電場與磁場的結果。

我們定義一限制因子 $\Gamma$，其為主動層內的光強度與主動層內外光強度總和的比率。由於光強度由坡印亭向量（pynting vector）$\mathcal{E} \times \mathcal{H}$ 所決定，其正比於 $|\mathcal{E}_y|^2$，因此對於對稱結構三層介電層波導管中偶 TE 波的限制因子，可由式 (34) 與 (37) 得到

$$\begin{aligned}
\Gamma &= \int_0^{d/2} \cos^2(\kappa x)\,dx \left\{ \int_0^{d/2} \cos^2(\kappa x)\,dx + \int_{d/2}^{\infty} \cos^2\left(\frac{\kappa d}{2}\right) \exp\left[-2\gamma\left(x - \frac{d}{2}\right)\right]dx \right\}^{-1} \\
&= \left\{ 1 + \frac{\cos^2(\kappa d/2)}{\gamma\left[(d/2) + (1/\kappa)\sin(\kappa d/2)\cos(\kappa d/2)\right]} \right\}^{-1}
\end{aligned} \tag{41}$$

奇 TE 波與橫向磁波也可得到類似的表示式。由於限制因子代表主動層中前進波的能量比，因此其經常被使用。值得注意的是，異質結構雷射的 GaAs/$Al_xGa_{1-x}As$ 系統已被廣泛研究，其能隙大小是鋁含量的函數。此化合物為直接能隙材料，上升到 $x = 0.45$，鋁超過這個含量會變為非直接能隙半導體。對於異質結構雷射而言，在組成為 $0 < x < 0.35$ 時是最為重要的，其直接能隙

可表示 [11] 為 $E_g(x) = 1.424 + 1.247x$ ，其成分組成與折射率的關係式可表示為 $\bar{n}_r(x) = 0.091x^2 - 0.710x + 3.590$。舉例來說，當 $x = 0.3$ 時，$Al_{0.3}Ga_{0.7}As$ 的能隙為 1.798 eV，比砷化鎵大 0.374eV。而其折射率為 3.385，比砷化鎵小約 6%。

圖 22a 說明成分對三層介電質波導 $Al_xGa_{1-x}As/GaAs/Al_xGa_{1-x}As$ 中垂直接面平面光強度 $|\mathscr{E}_y|^2$ 的影響。由式 (34) 與 (40)，對於波長為 0.9 μm （1.38 eV）與基本模式（$m = 0$）計算可得其曲線。當成分變化時，將主動層厚度 $d$ 固定為 0.2 μm。$x$ 由 0.1 增加到 0.2 時，發生明顯的侷限增加。圖 22b 代表 $x = 0.3$ 時，侷限隨 $d$ 而變化。當主動層越薄時，越多的光散布入 $Al_{0.3}Ga_{0.7}As$ 中，主動層中的總強度也越小，侷限影響較小。對於較大的 $d$，其可允許較高階模式，圖 22c 顯示隨著模式階數增加，會有更多的光在主動區外，因此，為了增加光學侷限，較低的模式是較好的。

圖 23 為基本模式的侷限因子 $\Gamma$ 隨雜質成分與 $d$ 的變化示意圖，可發現 $d < \lambda/\bar{n}_{r2} (\approx 0.5\ \mu m)$ 時，即主動層厚度低於輻射波長時，$\Gamma$ 會快速降低。在此表示主動層內前進模式與 $\Gamma$ 的比例，此重要概念可了解主動層厚度對臨界電流密度的影響。

# 12.5 雷射操作特性

## 12.5.1 元件材料與結構

**雷射材料（laser materials）**　　具有雷射行為的半導體材料名單仍然在持續成長。至今，所有的雷射半導體皆為直接能隙。由於直接能隙中輻射復合為一階（即動量自動守恆）過程，躍遷機率高，因此此情形是可預期的。對於非直接能隙半導體，輻射躍遷為二階過程（包含光子或其他散射媒介來使動量與能量守恆），因此，其輻射躍遷便微弱許多。此外，在非直接能隙半導體中，由於注入載子造成的自由載子損耗會隨著激發過程而快速增大，超過增益過程所產生的自由載子損耗速率 [58]。

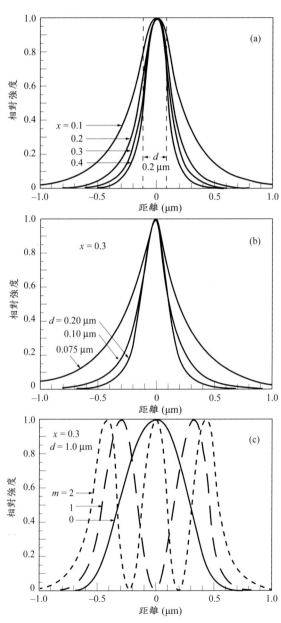

圖 22 (a) $d = 0.2$ μm，對不同 AlAs 莫耳分量 (b) $x = 0.3$，對不同的 $d$ (c) 固定成分及主動層厚度的基本一與二階模式。電場相對強度對雙重異質接面波導內位置的函數關係。（參考文獻 11）

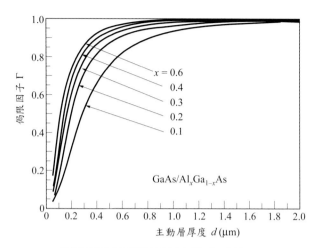

圖 23　GaAs/Al$_x$Ga$_{1-x}$As 對稱三層介電層波導基本模式，其侷限因子是主動層厚度與合金成分的函數關係圖。（參考文獻 11）

　　圖 24 表示不同半導體的雷射發射波長範圍，最大範圍涵蓋近紫外光到遠紅外光。某些材料的選擇是值得一提的，例如砷化鎵為第一個發出雷射的物質，且其相關的 Al$_x$Ga$_{1-x}$As 異質接面已被廣泛研究、發展並商業化。新等級的氮基材料（Al$_x$Ga$_{1-x}$N 與 Al$_x$In$_{1-x}$N）在過去十年間已有大幅進步，並且推展到較低波長極限到 0.2 μm。以 Al$_x$Ga$_{1-x}$As 與 In$_{1-x}$Ga$_x$As 的 III-V 族合金為基材製作的 DHS 雷射，在近紅外線區域有效。對於重要的光纖通訊系統應用，其理想波長約為 1.55 μm，可由 In$_x$Ga$_{1-x}$As$_y$P$_{1-y}$ 與 In$_x$（Al$_y$Ga$_{1-y}$）$_{1-x}$As 系統的異質結構來達成，且其晶格與磷化銦基板相匹配，而超過 30 μm 的長波長應用，需要將溫度調節至低於室溫下來操作，主要是能階會因溫度而變化。

　　IV-VI 合金基材雷射，如 Pb$_{1-x}$Sn$_x$Te 可在大於 10 μm 較長波長的條件下操作，而波長範圍是從能帶間躍遷跨過它們的能隙。對於一個材料系統而言，導電帶內的次能帶間躍遷，如量子級聯（quantum cascade）雷射（見12.6.3 節），波長可更大幅度的延伸。

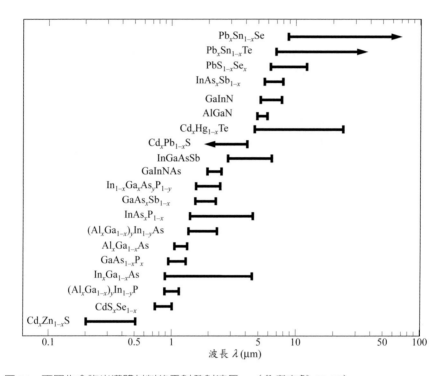

圖 24　不同化合物半導體材料的雷射發射波長。（參考文獻 67, 68）

　　既然異質接面雷射十分普遍，能隙－晶格常數關係是選擇適當的材料結合之關鍵。一些常見材料系統的相關性列在第一章的圖 34 中，兩種半導體間的晶格必須十分匹配，才能得到可忽略介面缺陷的異質接面。同時，兩種半導體材料之間具有大的能隙差以利達到載子侷限，折射率的差異則有助於波導效應。如圖所示，有些材料能隙大小橫跨直接能隙到無法激發雷射的非直接能隙。因此，必須避免此種組成。

　　光纖通訊是雷射的重要應用之一 [69]。圖 25a 為光纖實驗的衰減特性。如圖 25b 所示，標準光纖核心部分由摻雜 $TiO_2$ 或 $GeO_2$ 製成，可增加折射率來導光，並以矽玻璃包覆 [71]。圖 25a 中並顯示出特別重要的三個波長，$GaAs/Al_xGa_{1-x}As$ 異質接面雷射可以提供約 0.9 μm 波長的光源，而矽光二

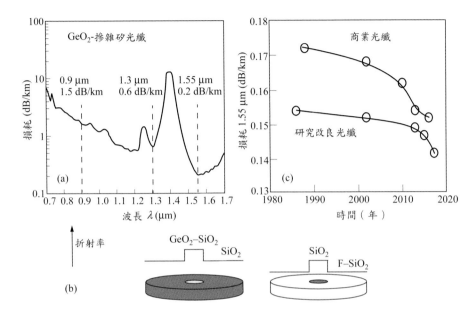

圖 25　(a) 石英光纖的低損耗特性。顯示三個值得注意的波長（參考文獻 70）(b) 標準
光纖（左）與純矽玻璃核心纖維（右）的截面示意圖（參考文獻 71）(c) 在 1.55
μm 條件下，革命性地改進光纖穿透損耗。（參考文獻 71, 72）

極體可以作為較便宜的光偵測器。光纖在 1.3 μm 波長時，具有低損耗（0.6
dB/km）與低色散特性，而在 1.55 μm 波長時，具有最小約 0.2 dB/km 的衰
減特性。使用純矽核心纖維可進一步降低穿透損耗，以純矽玻璃製作核心，
並以參雜氟的矽玻璃作包覆，可以降低折射率[71, 72]。對於這兩種波長，III-V
族四組成分的化合物雷射如 $In_x Ga_{1-x} As_y P_{1-y}$ / InP 為光源的候選者，而三元組
成或四元組成的化合物之光二極體與鍺累增光二極體，可作為光偵測器的候
選者[73]。因此，由於奈米製作技術的進步，使得大量具有顯著優異光電性質
的奈米材料被發表[74]。圖 25c 是創新紀錄－低損耗的矽基玻璃光學纖維，在
1.55 μm 波長下，使用不含鍺的矽核，降低由密度波動所造成的雷利散射損
耗（Rayleigh scattering loss）。

**元件結構（Device Structure）**　　　雷射的基本結構為 $p$-$n$ 接面，其周圍被光學設計的表面所包圍，如圖 26 所示。一對被劈裂或被拋光的平行面垂直於接面平面，二極體其餘兩側表面較為粗糙，以消除主要方向以外的雷射。這種結構稱為法布里－珀羅共振腔（Fabry-perot cavity），當一順向偏壓施加於雷射二極體時，起初在低電流時會產生自發發射，隨著偏壓增加逐漸達到發生受激發射的臨界電流，會由接面發射出單色與具有高度方向性的光束。

　　為了降低臨界電流，通常使用磊晶成長技術來製作異質接面雷射元件結構。圖 27 比較均質結構、單異質接面與雙重異質接面的順向偏壓能帶圖、折射率變化與光場分布，發現單一異質接面可有效率地將光侷限在異質接面處。然而，在雙重異質接面中，藉由雙重異質接面兩端的位障，載子被侷限在主動區域 $d$ 內，藉由陡峭的折射率變化，光場也被侷限在同樣的主動區域內，這種侷限會增強受激發射，並顯著地降低臨界電流。雙重異質接面（DHS）雷射是最普遍常見的結構，而其他架構的異質結構雷射也引起許多的研究興趣 [2,69]。當維持載子侷限在光產生之處，加寬波導區域的優點之一是比正常 DHS 雷射有較大功率的輸出。而在標準的 DHS 雷射中，波導層的光強度是非常高的，有時會導致反射面產生嚴重的損壞。圖 28a 顯示分離侷限異質結構（separate-confinement heterostructure, SCH）雷射具有四個異質接面，圖中並畫出垂直於接面的能帶圖、折射率與光強度。GaAs 與

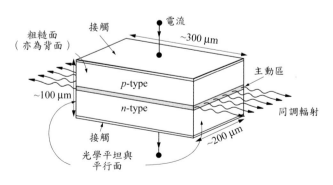

圖 26　具有法布里－珀羅共振腔形式的接面雷射基本結構。

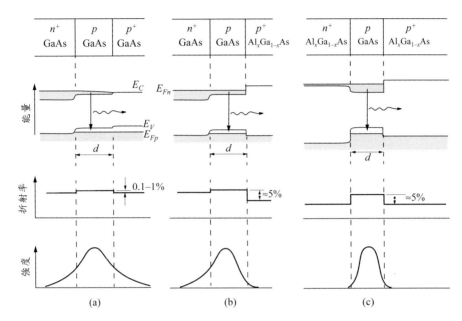

圖 27　　比較 (a) 均質結構 (b) 單異質結構與 (c) 雙重異質結構雷射。頂列為順向偏壓下的能帶圖。GaAs/Al$_x$Ga$_{1-x}$As 由於摻雜量少於 1%，所以 $n_r$ 變化約為 5%。底部顯示光侷限示意圖。（參考文獻 75）

Al$_{0.1}$Ga$_{0.9}$As 的能量差異，足以將載子侷限在 GaAs 層中，但折射率 $n_r$ 的差異不足以侷限住光，但外部的異質接面有較大的 $\bar{n}_r$ 差異，能夠有效地侷限住光，因此提供寬度 $W$ 的光波導，這樣的結構可得到很低的臨界電流。

　　大光學共振腔（Large Optical Cavity, LOC）異質結構雷射與一般 DHS 雷射類似，除了 $p$-$n$ 接面被夾在兩異質接面內（圖 28b），大部分接面電流來自於電子注入至 $p$- 層主動區域。$p$-GaAs/$p$-AlGaAs 異質接面同時提供載子與光學侷限，而 $n$-GaAs/$n$-AlGaAs 異質接面僅提供光侷限效應。至今所介紹的雷射結構都是廣區域雷射，其整個接面平面的區域都可發射輻射。實際上，大部分的異質結構雷射都作成長條狀，其光被限制成狹窄的光束大小，一般的長條寬度大約為 5 到 30 μm，條狀結構的優點包括：(1) 沿著接面平面為基本模式發射（於後面章節討論）；(2) 減少截面積，可降低操作電流；

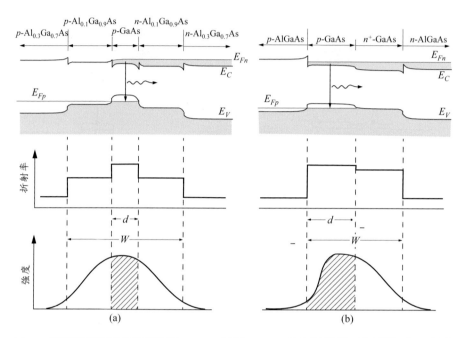

圖 28 兩種特別的異質結構雷射 (a)SCH 雷射 (b) LOC 雷射的能帶（在偏壓下）、折射率與光強度示意圖。光發射在 $d$ 區域內，而波導寬度為 $W$。

(3) 由於較小的接面電容，可改善反應時間；(4) 自表面處移除大部分的接面周邊（perimeter），改善其可靠度。

　　圖 29 為三種代表性的範例。限制電流流入狹窄長條的方法稱為增益波導（gain-guided），這些方法限制可發射光的主動區。而在產生發射光之後，為了限制其傳播，利用折射率變化的波導結構將有助於雷射光束維持在窄寬度，此稱為折射率波導型（index-guided）。圖 29 的三種結構都是增益波導型，第一種如圖 29a 所示，是藉由質子撞擊產生高阻值區，雷射區域被限制在中央沒有被轟擊的區域；圖 29b 為具有台面隔離（mesa isolation）的幾何形狀，利用蝕刻製程形成；圖 29c 則為介電隔離。圖 29c 結構的形成，可在台面蝕刻後，以磊晶技術再成長具有高能隙與低折射率材料，此結構亦為周圍被 AlGaAs 包圍的折射率波導。在光－電流特性上，此結構具有卓越的線

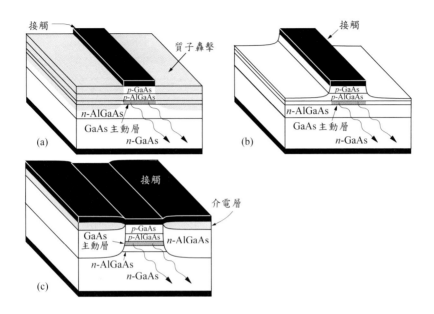

圖 29　(a) 質子隔離 (b) 台面隔離 (c) 介電隔離結構的增益波導型長條幾何形狀 DHS 雷射，結構 (c) 也稱為折射率波導。

性特性，且雷射會對稱地由兩面鏡子發射。

　　上述的所有雷射結構皆使用共振腔面，其由劈裂、拋光或蝕刻來得到能夠產生雷射的光學回饋與光學共振腔。光學回饋也可以藉由波導中週期性的折射率變化獲得，其一般可由兩層具有波狀界面表面的介電層達成。圖 30 提供兩個結構示意圖，由於 $\bar{n}_r$ 週期性變化能夠引起建設性干涉，利用這種波狀結構的雷射稱為分布回饋（distributed feedback, DFB）雷射（圖 30a），另一種為分布式布拉格反射鏡（distributed Brag reflector, DBR）雷射（圖 30b）[76]，此兩種雷射差別在於光柵的位置。在 DFB 雷射中，光柵是在 SCH 結構的共振腔內，反之，在 DBR 雷射中，光柵是在主動層外面。這兩種雷射，都是藉由布拉格繞射來達成反射的目的。

　　分布式布拉格反射鏡（DBR）是折射率交替變化的疊層所形成，其厚

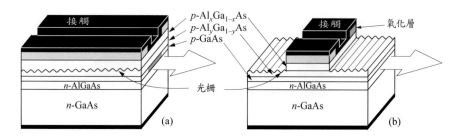

圖 30　(a) 分布回饋（DFB）雷射與 (b) 分布式布拉格反射鏡的結構示意圖。

度等於四分之一波長 $(\lambda/4\,\bar{n}_r)$。DBR 比一般切割或蝕刻後的表面具有更高的反射率，這些異質結構雷射也可作為積體光學的光源，其反射鏡無法使用切割或拋光來形成。此外，布拉格反射為波長的函數，容易調整以得到單模（single-mode）雷射。此結構的另一個優點為其操作與溫度較不敏感[77]。法布里—珀羅共振腔雷射的發射波長遵守能隙與溫度的相依性，而 DFB 與 DBR 雷射的折射率與溫度之間的相依性較低。

## 12.5.2 臨界電流

　　雷射二極體的電流電壓特性可由傳統的 *p-n* 接面求得（見本書上冊第二章），雖然雷射接面的兩側皆為重摻雜，但其濃度還不夠高，且躍遷區域不會比穿隧二極體陡峭，所以在順向偏壓下，不會產生負微分電阻（NDR）。對於受激發射，光學增益（optical gain）與高能階的電子濃度具有強烈的相依性。而在雷射二極體中，注入電子濃度正比於偏壓電流，因此光學增益與偏壓電流也有線性相依。圖 31 可幫助釐清其意義。當偏壓電流增加時，費米—狄瑞克分布函數 $F_c(E)$ 與 $F_V(E)$ 隨之改變，也就是 $E_{Fn}$ 增加，而 $E_{FP}$ 減少，所以（$E_{Fn} - E_{FP}$）會增加（圖 31a），光學增益增加，也會改變增益曲線外型，光學增益的峰值 $g$ 會稍往較高能量偏移（短波長）。光學增益與偏壓電流的關係式可用以下線性方程式描述

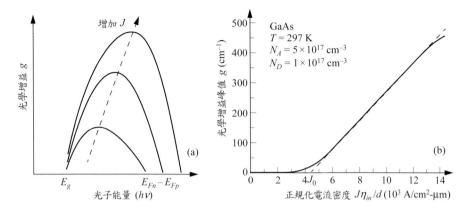

圖 31　光學增益與雷射偏壓電流的函數關係 (a) 不同偏壓電流下的光學增益與發射光
子能量圖。光子能量範圍反映出式 (29) (b) 光學增益峰值隨正規化電流的變化
圖。（參考文獻 78）

$$g = \frac{g_0}{J_0}\left(\frac{J\eta_{in}}{d} - J_0\right) \tag{42}$$

對於高於臨界值 $J_0$ 的正規化電流密度（$J\eta_{in}/d$）而言，光學增益隨偏壓電流
線性增加。圖 31b 為計算砷化鎵雷射增益的範例，其增益在較小值時為超線
性（superliner），於 $50 \le g \le 400$ cm$^{-1}$ 時，會隨著電流密度而線性增加。線
性虛線代表式 (42)，其 $g_0 / J_0 = 5 \times 10^{-2}$ cm–μm /A 與 $J_0 = 4.5 \times 10^3$ A/cm$^2$–
μm。在高偏壓電流時，增益會由投射值減少並趨向飽和，此增益飽和現象
是由高受激發射率所引起，大量的分布反轉很難維持，當載子的供給能夠補
充受激發射率，且在導電帶中降低的電子濃度達到平衡前，會導致較小的光
學增益。

　　接著討論偏壓電流變化時的光輸出，其一般特性如圖 32 所示。在低電
流時所有方向只有自發發射，並伴隨著相當寬的光譜。當電流增加，增益亦
增加，直到達成可發射雷射的臨界點。發射雷射的條件為增益夠大以使光波
能夠完全橫越共振腔，並等於內部損耗與外部發射的增益。之前已詳細的討

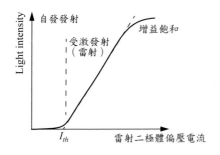

圖 32    光輸出對雷射偏壓電流的關係，
並且顯示臨界電流。

論過此條件，並由式 (32) 描述。結合式 (42) 與 (32)，能夠發射雷射的臨界
電流密度為 [79]

$$J_{th} = \frac{J_0 d}{\eta_{in}}\left(1 + \frac{g_{th}}{g_0}\right) = \frac{J_0 d}{\eta_{in}}\left\{1 + \frac{1}{g_0\Gamma}\left[\alpha + \frac{1}{2L}\ln\left(\frac{1}{R_1 R_2}\right)\right]\right\} \tag{43}$$

藉由將 $\Gamma g_{th}$ 取代 $g_{th}$，則式 (43) 亦可討論偏限因子。在此我們發現，為了降
低臨界電流密度，可以增加 $\eta_{in}$、$\Gamma$、$L$、$R_1$ 與 $R_2$，並降低 $d$ 與 $\alpha$。圖 33 為由
式 (43) 計算得到的 $J_{th}$ 與實驗結果的比較 [79]，$J_{th}$ 會隨著 $d$ 減少而降低，並到
達一最小值，然後再次增加。由於偏限因子 $\Gamma$ 較差，極薄主動層厚度的 $J_{th}$
增加。對於一固定 $d$，因為改善了光學偏限，$J_{th}$ 會隨著 Al 成分 $x$ 的增加而
降低。對於 $InP/Ga_x In_{1-x} As_y P_{1-y}/InP$，DHS 雷射也可以得到類似的結果 [80,81]。

異質結構雷射在室溫下具有低臨界電流密度，由於 (1) 包圍主動區的高
能隙半導體的能障提供了載子偏限；(2) 由主動區外部顯著降低的折射率提
供光學偏限，因此除了臨界電流較低外，與均質結構相比，異質結構雷射也
具有較小的溫度相依關係。圖 34 為起始電流與操作溫度關係圖，對於 DHS
雷射而言，臨界電流會隨著溫度呈指數增加，如

$$I_{th} \propto \exp\left(\frac{T}{T_0}\right) \tag{44}$$

而且 $T_0$ 為 110 至 160°C。由於 300 K 下，DHS 雷射的 $J_{th}$ 可低於 $10^3$ A/
cm$^2$，一般可連續於室溫下操作，此成就增加將雷射二極體應用於科技領域，

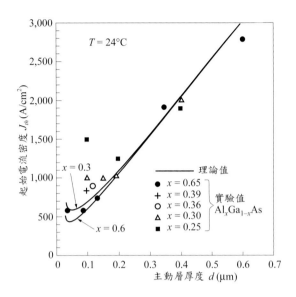

圖33　比較實驗與理論計算的 $J_{th}$ 與 $d$ 的函數關係。（參考文獻 79）

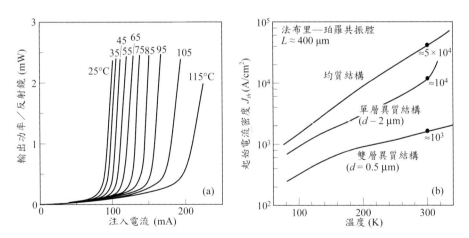

圖34　(a) 對於 GaAs/Al$_x$Ga$_{1-x}$As 條狀雙異質結構雷射的光輸出對二極體電流特性曲線，
　　　顯示 $J_{th}$ 與溫度的相依性（參考文獻 82）(b) 雙異質、單異質與均質結構的雷射
　　　$J_{th}$ 對溫度的特性曲線。（參考文獻 75）

特別是在光纖通訊系統。對均質結構來說（如 GaAs $p$-$n$ 接面），起始電流密度 $J_{th}$ 會隨溫度上升而快速地增加。室溫下，$J_{th}$ 的典型值（由脈衝量測而來）大約為 $5 \times 10^4\,\text{A/cm}^2$，如此大的電流密度會大幅增加在 300 K 下連續操作雷射的困難性。

### 12.5.3 光譜與效率

圖 35 顯示當偏壓電流從自發發射的低電流值增加到超過雷射起始值時，典型雷射二極體的輸出特性。小電流時，自發發射正比於二極體偏壓電流，並且具有寬廣的光譜分布，其位於半功率的光譜寬一般為 5 至 20 nm，類似於 LED 的發射特性。當偏壓電流接近起始值，而光學增益高到能夠放大時，會開始顯現強度峰值，波長的峰值對應到光學共振器中的駐波，且各峰值間的距離由式 (31) 決定。由於自發發射的本質光在此仍然為非同調，當偏壓到達起始電流時，雷射光譜會突然變得十分細窄（< 1Å），此時光為同調並更具有方向性，同時也會展現出多重模式的雷射，稱為縱向模式（longitudinal mode）。但隨著偏壓電流繼續增大，模式數目會減少，如同

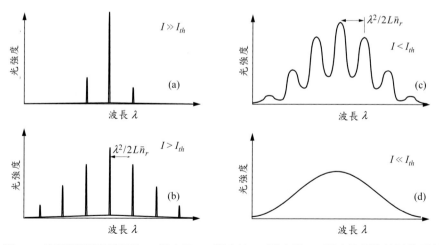

圖 35　在不同偏壓電流下 (a) 遠大於 (b) 略大於 (c) 略小於 (d) 遠小於起始值時的雷射二極體發射光譜。

圖 35(a)。由式 (31)，模式間距反比於共振腔長度 $L$，此優點是可以藉由減少 $L$ 來進行單模操作，這是雷射二極體優於其他雷射的原因之一。接著考慮雷射光輸出的功率與效率。當在起始值以上，內部受激發射產生的功率與偏壓電流為線性相依

$$P_{st} = \frac{(I - I_{th})h\nu\eta_{in}}{q} \tag{45}$$

參考式 (32)，光學共振腔內的單位長度損耗為 $\alpha$，而一次完整返回路徑的平均反射鏡損耗為 $(1/2L)\ln(1/R_1R_2)$。共振腔中的功率對輸出功率正比於這些因素，因此雷射輸出功率為

$$P_{out} = P_{st}\frac{(1/2L)\ln(1/R_1R_2)}{\alpha + (1/2L)\ln(1/R_1R_2)} = \frac{(I - I_{th})h\nu\eta_{in}}{q}\left[\frac{\ln(1/R_1R_2)}{2\alpha L + \ln(1/R_1R_2)}\right] \tag{46}$$

外部量子效率定義為每注入載子產生的光子發射率

$$\eta_{ex} = \frac{d(P_{out}/h\nu)}{d[(I - I_{th})/q]} = \eta_{in}\left[\frac{\ln(1/R_1R_2)}{2\alpha L + \ln(1/R_1R_2)}\right] \tag{47}$$

總功率效率可定義為

$$\eta_P = \frac{P_{out}}{VI} = \frac{(I - I_{th})h\nu\eta_{in}}{VIq}\left[\frac{\ln(1/R_1R_2)}{2\alpha L + \ln(1/R_1R_2)}\right] \tag{48}$$

一般來說，偏壓 $qV$ 會稍微高於能隙 $E_g$ 或光子能量 $h\nu$，所以 $\eta_{in}$、$\eta_{ex}$ 與 $\eta_p$ 非常的高，大約為數十個百分比的等級。

## 12.5.4 遠場圖案

遠場圖案（far-field pattern）為自由空間中發射輻射的強度分布。由於雷射二極體尺寸很小，繞射會引起輸出光束的發散。圖 36 顯示一個 DHS 雷射的遠場發射，垂直接面平面與沿著接面平面的半功率全角度分別為 $\theta_x = \theta_\perp$ 與 $\theta_y = \theta_\parallel$。對於第一階而言，角度定義為 $\lambda$/ 關鍵尺寸的比率，因此對 $d \times S = 1\ \mu m \times 10\ \mu m$ 的長條形狀來說，$\theta_\parallel$ 大約為 $10°$，而 $\theta_\perp$ 會較大，大約為

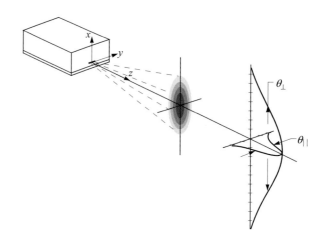

圖 36    一個長條狀 DHS 雷射的遠場發射示意圖。垂直接面平面與沿著接面平面的半
功率全角度分別為 $\theta_x = \theta_\perp$ 與 $\theta_y = \theta_\parallel$。（參考文獻 11）

30~60°。遠場圖案首先可由考慮自由空間中 $z > 0$ 的 TE 波來計算。波方程
式等於式 (33)，除了以自由空間的 $\varepsilon_0$ 來取代 $\varepsilon$，使用分離變數法以及在 $z =$
0 處必須連續的邊界條件，可得在角度 $\theta_x = 0$ 下的遠場強度

$$\frac{I(\theta_x)}{I(0)} = \cos^2\theta_x \left| \int_{-\infty}^{\infty} \mathscr{E}_y(x, 0) \exp(j\sin\theta_x k_0 x)dx \right|^2 \times \left| \int_{-\infty}^{\infty} \mathscr{E}_y(x, 0)dx \right|^{-2} \quad (49)$$

在對稱的三層波導結構（DHS 雷射）中，式 (34) 與 (37) 的電場表示式
可以被代換到式 (49) 中。當強度是最大值的 1/2 時，可得到全角度 $\theta_\perp$。遠
場圖案的半功率全角度（full angles at half power）的計算與量測結果如圖
37 所示。實心曲線為由式 (49) 所計算基本模式下光束的發散，虛線部分代
表可允許高階模式的主動層厚度範圍。實驗數據與計算結果十分吻合，對於
典型主動層厚度為 0.2 μm 的 GaAs/Al$_{0.3}$Ga$_{0.7}$As DHS 雷射而言，其全角度 $\theta_\perp$
約為 50°。沿著平行接面平面（$y$- 方向）的長條狀雷射電場，強度明顯地受
到介電係數的空間變化影響，如圖 38 所示的長條結構，其波方程式具有以
$\exp(j\omega t)$ 的正弦時間相依關係，如 [84, 85]

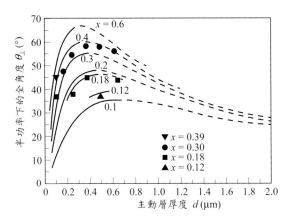

圖 37　針對不同組成分的 GaAs/Al$_x$Ga$_{1-x}$As DHS 雷射，在半功率的全角度對主動層厚度的計算與理論結果。（參考文獻 83）

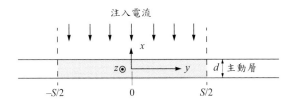

圖 38　對於一長條形狀雷射，其主動層厚度 $d$ 與寬度 $S$ 的座標系統。

$$\nabla^2 \mathscr{E}_y + k_0^2 \frac{\varepsilon}{\varepsilon_0} \mathscr{E}_y = 0 \tag{50}$$

此方程式中，$k_0$ 等於 $2\pi/\lambda$，而 $\varepsilon/\varepsilon_0$ 被視為二維函數，長條狀 DHS 雷射，可由下式模式化

$$\frac{\varepsilon(x, y)}{\varepsilon_0} = \begin{cases} \dfrac{\varepsilon(0) - a^2 y^2}{\varepsilon_0} & \text{指數—波導主動層} \\[2mm] \dfrac{\varepsilon_1}{\varepsilon_0} & \text{鄰近非主動層} \end{cases} \tag{51}$$

在式 (51) 中，在主動層內 $y = 0$ 處，$\varepsilon(0)$ 為複數介電係數 $\varepsilon_r\,(0) + j\varepsilon_i\,(0)$，而 $a = a_r + ja_i$ 為複數常數，包含由式 (50) 所得介電係數的近似解為

$$\mathscr{E}_x\,(x,y,z) = \mathscr{E}_y\,(x)\,\mathscr{E}_y\,(y)\exp\,(-j\beta_z\,z\,) \tag{52}$$

由於 $\varepsilon\,(x,y)$ 沿著接面平面的 $y$ 方向緩慢變化，因此 $\mathscr{E}_y\,(x)$ 沿著 $y$ 方向被侷限影響並不顯著，而且可以用先前推導的式 (34) 與 (37) 代表。由式 (50) 並使用分離變數法，我們可以得到

$$\frac{\partial^2 \mathscr{E}_y(x)}{\partial x^2} + \beta_x^2 \mathscr{E}_y(x) \;=\; 0 \tag{53}$$

$\mathscr{E}_y\,(y)$ 將式 (52) 與 (53) 代入式 (50) 中，乘上其共軛複數來消去 $\mathscr{E}_y\,(x)$，並對所有 $\mathscr{E}_y\,(x)$ 積分產生一 $\mathscr{E}_y\,(y)$ 的微分方程

$$\frac{\partial^2 \mathscr{E}_y(y)}{\partial y^2} + \left\{ k_0^2\left[\frac{\Gamma\varepsilon(0)}{\varepsilon_0} + (1-\Gamma)\frac{\varepsilon_1}{\varepsilon_0}\right] - \beta_x^2 - \beta_z^2 - \frac{\Gamma k_0^2 a^2 y^2}{\varepsilon_0} \right\}\mathscr{E}_y(y) \;=\; 0 \tag{54}$$

$\mathscr{E}_y\,(y)$ 電場分布為赫米－高斯函數（Hermite-Gaussian function），如

$$\mathscr{E}_y(y) \;=\; H_p\!\left( y\sqrt{\frac{\Gamma^{1/2}ak_0}{\varepsilon_0^{1/2}}} \right)\exp\!\left( -\frac{1}{2}\sqrt{\frac{\Gamma}{\varepsilon_0}}\,ak_0 y^2 \right) \tag{55}$$

其中 $H_P$ 為 $p$ 階的赫米多項式（Hermite polynomial）

$$H_p(\xi) \equiv (-1)^p \exp(\xi^2)\frac{\partial^p \exp(-\xi^2)}{\partial \xi^p} \tag{56}$$

其前三階的赫米多項式（Hermite polinomial）為 $H_0(\xi) = 1$、$H_1(\xi) = 2\xi$ 與 $H_2(\xi) = 4\xi^2 - 2$。因此，基本模式的強度為高斯分布，如

$$|\mathscr{E}_y(y)|^2 \;=\; \exp\!\left[ -\sqrt{\frac{\Gamma}{\varepsilon_0}}\,a_r k_0 y^2 \right] \tag{57}$$

其代表了 $a_r$ 會影響沿著接面平面的強度分布。圖 39a 與 b 為長條形狀雷射沿著接面平面的近場與遠場圖案。對於一長條寬度為 10 μm，其基本的高斯模式分布如圖 39b，當長條的寬度增加時，可觀察到沿著接面方向的高階模

式。這些模式為式 (55) 中赫米－高斯分布的特性，其結果顯示對於較大的長條寬度，雖然 $\theta_{\parallel}$ 減少，也會出現多重波瓣（multiple lobes），因此，對於較小的長條寬度，總光束的尺寸與發散將會更小。

### 12.5.5 開啟延遲與調變響應

雷射二極體的優點之一是可經由偏壓電流來開啟與關閉，對於光纖通訊的高速應用來說是特別重要的。當施加在雷射上的電流突然高於起始值，在受激發射開始前，一般會產生大約幾奈秒的延遲，延遲時間 $t_d$ 與少數載子的生命期有關。若用一小交流訊號來調變（modulation）偏壓電流時，

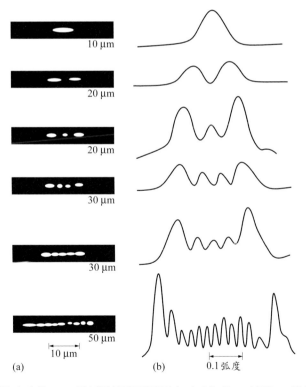

圖 39　不同長條寬度的 DHS 雷射沿著接面平面（$y$ 方向）的 (a) 近場 (b) 遠場圖案。（參考文獻 86）

光強度會遵守波形，但是僅在特定頻率限制下。這些都會限制頻率的響應（response）。為了推導出延遲時間，我們考慮電子在 $p$- 型半導體中的連續方程式（1.8 節），其在電流密度 $J$ 均勻通過主動層 $d$ 的條件下，並且注入電子濃度 $n$ 遠大於熱平衡值，連續方程式變為

$$\frac{dn}{dt} = \frac{J}{qd} - \frac{n}{\tau} - \frac{cgN_{ph}}{\bar{n}_r} \tag{58}$$

其中 $\tau$ 為載子生命期 [ 式 (18)]，且 $N_{ph}$ 為光子密度。上式右邊第一項為均勻注入率，第二項為自發復合率，而最後一項為受激發射復合率。對於電洞在 $n$- 型主動層中也可寫出類似的表示式。考慮開啟延遲時間，最後一項可忽略。在初始條件 $n(0) = 0$，此方程式的解為

$$n(t) = \frac{\tau J}{qd}\left[1 - \exp\left(\frac{-t}{\tau}\right)\right] \quad \text{or} \quad t = \tau \ln\left[\frac{J}{J - qn(t)d/\tau}\right] \tag{59}$$

當 $n(t)$ 到達受激發射的起始值時，電子濃度也有一個起始值 $n(t) = n_{th}$，對應起始電流 $J_{th} = qn_{th}a/\tau$，因為 $n(t) = n_{th}$ 時，$t = t_d$，所以開啟延遲時間為

$$t_d = \tau \ln\left(\frac{J}{J - J_{th}}\right) \tag{60}$$

若雷射被預先偏壓至 $J_0 < J_{th}$ 的電流程度，以 $n(0) = J_0\tau/qd$ 為初始條件解式 (58)，可得降低的延遲時間，如

$$t_d = \tau \ln\left(\frac{J - J_0}{J - J_{th}}\right) \tag{61}$$

圖 40 顯示對於主動層具有不同受體濃度 $N_A$，雷射延遲時間隨電流變化的量測結果，延遲時間 $t_d$ 與式 (60) 吻合，呈現對數變化，當 $N_A$ 變大時，載子生命期越短，延遲時間也會下降。接下來考慮當偏壓電流被交流訊號調變時的雷射輸出頻率響應。光子的連續方程式為

$$\frac{dN_{ph}}{dt} = \frac{cgN_{ph}}{\bar{n}_r} - \frac{N_{ph}}{\tau_{ph}} \tag{62}$$

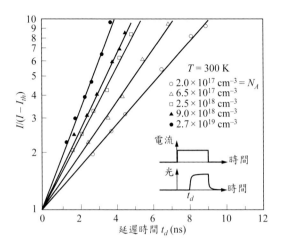

圖 40  雷射開啓延遲時間隨電流的變化關係，延遲時間 $t_d$ 如插圖所示。（參考文獻 87）

此處 $N_{ph}$ 爲內部光子密度，其正比於輸出光強度。自發發射在此方程式可忽略。光子生命期 $\tau_{ph}$ 爲

$$\tau_{ph} = \frac{\bar{n}_r}{c[\alpha + (1/2L)\ln(1/R_1 R_2)]} \qquad (63)$$

其並代表光子在兩鏡子上吸收或發射損耗前，共振腔內的平均生命期。式 (62) 的解爲 [88]

$$\frac{\Delta N_{ph}}{\Delta J} = \frac{\tau}{qd}\left[\left(1 - \frac{f^2}{f_r^2}\right)^2 + (2\pi f \tau_{ph})^2\right]^{-1/2} \qquad (64)$$

其中 $\Delta N_{ph}$ 與 $\Delta J$ 爲小訊號值，而響應頻率也稱鬆弛振盪頻率，可得

$$f_r = \frac{1}{2\pi}\sqrt{\frac{1}{\tau \tau_{ph}}\left(\frac{J_0}{J_{th}} - 1\right)} \qquad (65)$$

式 (64) 的簡單式代表雷射光的頻率響應。當低頻時，響應爲平坦的。在 $f_r$ 會有一峰值高於 $f_r$，響應以 $f^{-2}$ 快速下降，或頻率每增加十倍時，衰減約 40

dB。以較高的直流偏壓電流，可將 $f_r$ 或總響應推升至更高頻率的範圍。對於光纖通訊而言，光源必須在高頻下調變。DHS 雷射具有良好的調變特性，其可在 GHz 範圍調變 [69, 89]。圖 41 代表 GaAsP/InP DHS 雷射二極體其正規化的調變光輸出為調變頻率的函數，發射 1.3 μm 波長的雷射二極體，可直接利用疊加在直流偏壓電流的正弦電流調變，看出式 (64) 與 (65) 的形狀與趨勢。另一個效應為發生在高頻的頻率啁啾（frequency chirp），這是由於主動層的折射率因注入載子濃度而改變，因此折射率也會調變至某種程度，與 DC 偏壓的結果相比，將引發發射頻率產生偏移。

## 12.5.6 波長調諧

化合物半導體雷射其波長涵蓋範圍如圖 24 所示。藉由選擇合適材料與成分比例的化合物，雷射可以產生任何所需的波長，其範圍可由 0.2 μm 一直到超過 30 μm。半導體雷射的發射波長也可藉由變化二極體電流或熱沉（heat-sink）溫度施加磁場或壓力來加以改變 [2]。

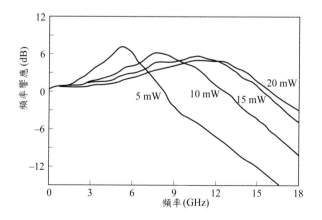

圖 41　在室溫下，InGaAsP 分布回饋雷射在不同功率下的正規化小訊號響應對調變頻率圖。（參考文獻 90）

由於注入載子濃度會改變共振腔的折射率，因此偏壓電流大小可改變發射波長，根據式 (29)，其亦會使光子能量的峰值產生位移，如圖 19c 所示，而主要溫度相依關係是來自能隙的改變。圖 42 為 PbTe/Pb$_{1-x}$Sn$_x$Te DHS 雷射的溫度調諧（tunning），藉由改變熱沉溫度由 10 至 120 K，發射波長可以在 16 µm 至 9 µm 之間改變。

施加流體靜壓力在雷射二極體上，也能產生寬廣的調諧範圍。壓力影響發射波長是由於其影響 (1) 能隙 (2) 共振腔長度 (3) 折射率。對於某些二元化合物（如 InSb，PbS 與 PbSe），其能隙線性地隨流體靜壓力而產生線性變化。當在 77 K 時，使用流體靜壓力約 14 kbars，PbSe 雷射可以調諧長範圍 [2] 由 7.5 µm 到 22 µm，二極體雷射也能夠經由磁場加以調諧。對於具有較大有效質量異向性的半導體而言，磁能階以及外加磁場會與對應的晶軸方向有關。導電帶與價電帶皆具有量子化能量的蘭道能階（Landau level）。當磁場增加，也會增加可進行躍遷的能量間距，因而引起發射波長減短。例如，7 K 下的 Pb$_{0.79}$Sn$_{0.21}$Te 雷射在 <100> 磁場其大小為 1 T 下，波長由 15 µm 減小至 14 µm。

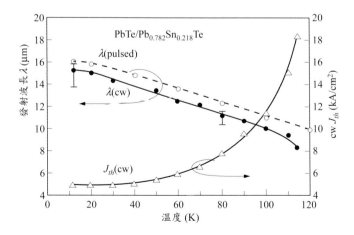

圖 42　發射波長與起始電流密度隨溫度的變化關係圖。（參考文獻 91）

## 12.5.7 雷射劣化

許多機制會導致注入型雷射的劣化（laser degradation），其中主要三種機制為災難性（catastrophic）裂化、暗線缺陷形成（dark-line defect formation）與漸近劣化（gradual degradation）[11]。對於災難性劣化來說，雷射反射鏡在高功率操作下，會形成經常性的劣化，並在反射鏡上產生凹處或溝槽。隨著鏡面上初始裂痕的出現會使此問題更為嚴重，可透過一些特殊的鍍膜如 $Al_2O_3$ 來加以改善。變更元件結構來減少表面復合與吸收，可因此增加劣化所限制的操作功率[92]。

暗線缺陷（dark-line defect）是一種由差排所構成的網狀結構，其可能產生於雷射操作中，並侵入光學共振腔內，在發生的幾小時內便會快速廣泛地成長，形成非輻射性復合中心而增加起始電流。這些缺陷產生過程與原始材料品質有關，為了降低暗線缺陷形成，應該使用具有低差排密度的磊晶層在基板上，且雷射必須小心地黏著散熱片，以使應力最小。

藉由消除即時的災難性損壞，以及由暗線缺陷所引起的快速裂化，DHS雷射即可有較長的操作生命期與相對較慢的劣化跡象[93]。GaAs/AlGaAs DHS雷射在 30°C cw 操作下可超過三年而不會產生劣化信號；在 22°C 熱沉溫度下，其利用外插法所推斷的生命期可超過 100 年。操作在長波長的 GaAs DHS 雷射，可以合理假設能達成如此長的生命期。GaInAsP/InP DHS 雷射也具有類似的結果[73]。長生命期將符合大尺度光纖通訊系統的需求，例如，將 InGaAsP/InP 雷射二極體用於幹線光纖通訊系統，預期其生命週期將大於25 年[94]。

# 12.6 特殊雷射

## 12.6.1 量子井、量子線與量子點雷射

**量子井雷射（quantum-well Laser）**　　當雙重異質結構（DHS）雷射的主動層厚度縮減至德布洛依波長（de Broglie wavelength）（$\lambda = h/p$）等級時，將會發生二維量子化現象，並且造成一系列由有限方形井的束縛態能產生的不連續能階，稱為量子井，已經在 1.7 節中討論過。以 3D 塊材取代的元件稱為量子井雷射[95-98]，具備一些量子井的基本特性，像是有低臨界電流、高量子效率、高輸出功率、低溫度相依、高速與較廣的調諧波長範圍等優點。

　　圖 43a 為 GaAs/Al$_x$Ga$_{1-x}$As 異質結構的量子井位能，其中井厚度 ≈ 10 nm，其電子的能量特徵值標示為 $E_1$、$E_2$，重電洞標示為 $E_{hh1}$、$E_{hh2}$、$E_{hh3}$，而輕電洞則標示為 $E_{lh1}$ 與 $E_{lh2}$。這些來自個別能帶邊緣的量子化能階與 $L_x^2$ 成反比。圖 43b 為其對應的能態密度示意圖，源自能帶邊緣的半拋物線（虛線）對應塊材半導體的能態密度，階梯狀的能態密度為量子井結構的特徵。能帶間復合躍遷（$\Delta n = 0$ 選擇規則）發生於導電帶中的束縛態（稱為 $E_1$）至價電帶中的束縛態（稱為 $E_{hh1}$）。躍遷能量為 $hv = E_g(\text{GaAs}) + E_1 + E_{hh1}$，此復合的進行會發生在隨著量子井厚度調變而變化的兩個特定能階間。

　　圖 43c 顯示量子井異質結構的另一重要特質，高能量的載子注入可產生光子並且散射成低能量，最後到達能態密度較少之處。塊材半導體中，能態密度的減少會限制光子的產生，特別是在能帶邊緣。而在量子井系統中，具有常數分布的能態密度區域內卻無此限制。縱向光－聲子能量 $h\omega_{LO}$ 會降低光子能量，此過程可以將一個電子傳輸至一個井低於侷限粒子能態，例如，低於 $E_1$（圖 43c）。若此能量大於 $E_1$ 本身，則可導致雷射操作在能量 $hv < E_g$，而不是如預期沒有聲子參與的一般情況 $hv > E_g$。

　　量子井雷射的許多優點都來自於其獨特的二維系統能態密度形狀[99]，除了主動層厚度很薄之外（式 43），起始電流的降低可解釋如下。圖 44 比較

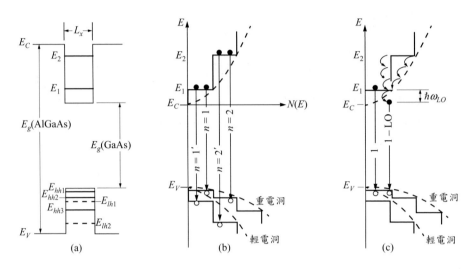

圖 43    (a) 量子井的位能與量子化能階 (b) 能態密度示意圖與可能的復合 (c) 量子井內
的光子輔助復合過程。（參考文獻 95）

量子井系統的能態密度與其電子濃度分布。在圖 44a 的三維系統中，因爲能態密度隨 $\sqrt{E}$ 變化，且在能帶邊緣趨近於零，其乘上費米－狄拉克分布函數可得電子濃度，由此可知電子分布在能階中爲廣泛的分散；而圖 44b 的量子井中（2-D），每個次能帶（subband）中的能帶密度都是常數，因此能帶邊緣 $E_1$ 的電子分布爲十分陡峭的，此條件使得分布反轉十分容易達成，也就降低了起始電流。

在高偏壓電流時，注入載子可塡滿超過一個次能帶，內在的發射光譜是十分寬的，然而雷射波長可藉由其他方式如光學共振腔來作選擇，因此在量子井雷射中，波長調諧可以涵蓋很寬的範圍 [96]，這可以藉著額外的調變量子井寬度來控制能階量子化的程度，類似圖 44c 與 d，一維與零維量子系統有不同能態密度與電子濃度。超薄主動層厚度的量子井雷射的缺點是光學侷限較差，可由多重量子井彼此互相堆疊獲得改善。多重量子井雷射具有較高的量子效率與輸出功率，而單或多重量子井可以結合成分離限制異質結構

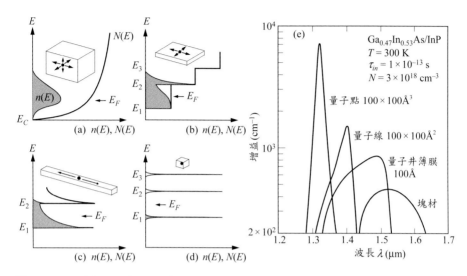

圖 44 (a) 三維 (b) 二維 (c) 一維 (d) 零維系統，導電帶中能態密度與電子濃度分布圖，陰影區域是電子濃度分布 (e) 計算不同維度下光學增益對波長的關係。（參考文獻 100）

（SCH）方式來改善光學限制。當多重量子井的間距被縮短至與井的厚度相同等級時，便形成了超晶格雷射，在主動超晶格區域中，導電帶與價電帶中開始出現迷你能帶，受激發射即是來自於這些迷你能帶之間的躍遷。

**量子線與量子點雷射（Quantum-Wire and Quantum-Dot Laser）**　在量子線與量子點雷射中，主動區被縮小至德布洛伊波長範圍，成為一維與零維結構 [98, 101, 102]。這些線與點被放置在 *p-n* 接面之中，如圖 45 所示。為了實現如此小的尺寸，小主動區大多利用特殊製程表面（蝕刻、劈裂、鄰位或 V- 溝槽）的磊晶重新成長來形成，或是利用俗稱的磊晶後自我排序 [103, 104]。這些雷射的優點，除了等級更高，類似於量子井雷射，其優點也來自於個別的能態密度。在圖 44e 的比較中，這些能態密度能引起光學增益光譜，這些光學增益包含了由一般三維（塊材）的主動層到量子點。我們可發現，對於量子線與量子點的增益峰值為逐漸增加的，而且其形狀也較陡，這些光增益特性

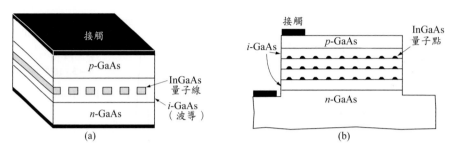

圖 45　(a) 量子線雷射 (b) 量子點雷射的簡化結構圖。

提供了之前提過的預期優點，如低起始電流等。圖 46 列出了不同結構所降低的起始電流，其中也依時間順序指出了它們的演進，值得注意的是，具有光子晶體奈米共振腔（photonic crystal nanocavity）半導體量子點奈米雷射，沒有起始值的雷射發光的最終能量效率奈米雷射已被報導 [108]。

## 12.6.2 垂直共振腔表面發射雷射

　　至此我們討論的雷射都是邊緣發射，也就是光輸出平行主動層，即在表面發射雷射中，光輸出垂直主動層（異質介面）與半導體表面。注意，此光學共振腔如今被定義爲平行異質介面的平面，如圖 47a 所示，因此稱爲垂直共振腔表面發射雷射（ Vertical-Cavity Surface-emitting Laser, VCSEL） [109,110]。VCSEL 首次發明於 1980 年代中期，其光學共振腔由兩組分散的布拉格反射鏡包覆主動區所構成，此 DBRs 具有超過 90% 的高反射率，如圖 47b。由於與邊緣發射雷射相比，其共振腔較小，每路徑的光學增益也較小。VCSEL 的主動層通常由多重量子井所組成，小共振腔具有低起始電流以及單模式操作（式 31）的優點，這是由於其模式間距相當寬所致。因爲與邊緣發射雷射比較，具有低製作成本，高可靠度，所以 VCSEL 可多樣化應用，例如光纖通道、乙太網路、系統內連結短程數據通訊、區域網路等。

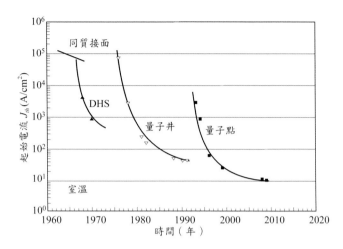

圖 46　對均質雷射、DHS 到量子井與量子點雷射的起始電流下降趨勢圖。（參考文獻
　　　　105-107）

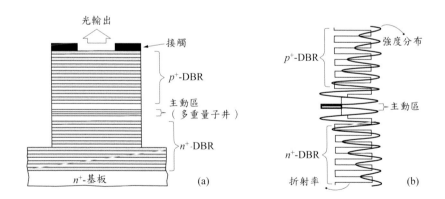

圖 47　(a) 垂直共振腔表面發射雷射（VCSEL）結構圖 (b) 光學共振腔與 DBRs 的折射
　　　　率與光學強度分布圖。（參考文獻 109）

## 12.6.3 量子級聯雷射

量子級聯雷射（quantum cascade laser）中，發射光子的電子躍遷發生在同一個導電帶，由量子井或超晶格（superlattice）所形成的量子化次能階之間（圖 48a）[68,109,112]，主要的差別在於其為次能帶間躍遷與傳統雷射的能帶間躍遷相反（圖 48b）。級聯效應（Cascade effect）在結構上已確立可以增強效率，其中每個電子會一連串的通過主動層，每次會產生一個光子。因為次能帶的躍遷遠小於能隙，量子級聯雷射適用於長波長雷射，通常可以達到超過 70 μm 的波長，並且不會發生非常窄能隙材料不穩定與難以發展的困難。此外，其波長可藉由量子井厚度來調諧而不會被能隙固定住。

其主動層由多重量子井或超晶格所構成，最常見的設計為兩或三層量子井。在主動區中，電子經由共振穿隧而注入到次能階 $E_3$ 中（參考 9.4 節），$E_3$ 與 $E_2$ 之間的躍遷放出雷射，$E_2$ 中的電子鬆弛到 $E_1$ 並接著透過共振穿隧，穿隧到接替的注入層迷你能帶中，而這些電子也可以直接由 $E_2$ 穿隧到注入層。共振穿隧的過程非常快速，因此 $E_2$ 的濃度始終低於 $E_3$，並維持分布反轉。迷你能帶的設計扮演著關鍵角色，而且其與量子井的非均勻性有關。注意，$E_3$ 並不與後續注入層的迷你能帶對齊，因此朝向注入層方向的穿隧會被阻擋，而維持 $E_3$ 的高濃度狀態。

注入層的設計十分關鍵。在偏壓下，為了達到有效率的共振穿隧，迷你能帶應該保持平坦，這必須藉由小心修改注入層超晶格的特殊摻雜劑量、厚度或位障，包含主動區與注入層的週期性排列會重複許多次（20-100），且由於同樣載子可產生許多光子，此種級聯方式可達成高量子效率與低起始電流，而傳統雷射不可能有此現象。而且，由於小躍遷能量，低溫操作是不可避免的，然而，CW 操作可以在 ≈ 150 K 達成，室溫下也可進行脈衝操作。

## 12.6.4 半導體光放大器

半導體光放大器（semiconductor optical amplifier, SOA）有時也稱為半導體雷射放大器，與半導體雷射十分相似，除了其光學共振腔反射鏡的反射

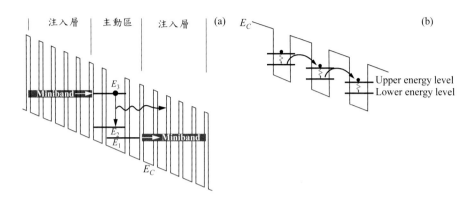

圖 48　(a) 量子瀑布型雷射於雷射條件下，導電帶邊緣 $E_C$ 的能帶示意圖 (b) 級聯效應的圖說。

率很低，亦具有很少的內部路徑 [113]。可以想像成操作在起始電流以下的雷射，因此額外的輸入光激升（optical pumping）是必要的，以開始受激發射過程，並導致大於輸入光訊號的光學增益。目前有兩種半導體光放大器：法布里－珀羅（Fabry-perot）或共振半導體光放大器與行進波 SOA，其差異是反射鏡的反射率。法布里－珀羅 SOA 具有介質反射鏡，反射率約 30%，其光譜為縱向模式與圖 35 的傳統雷射類似；行進波 SOA 的鏡面反射率相當低（< $10^{-4}$），而且假設其為單向光學路徑，因此沒有法布里－珀羅 SOA 的多重模式。法布里－珀羅 SOA 的優點為高增益，但會達到增益飽和，並且有時候會發射雷射，此兩者在行進波 SOA 中皆可被避免。

　　SOA 在光纖通訊系統十分有用，可以作為同軸光放大器或重複器，因其是十分簡單的元件，可用來代替需要光偵測器、電子放大器與雷射的系統，尤其是針對量子點半導體光放大器，穿透帶的寬度範圍在實現成本效益的需求有更進一步的探討。這些實驗估算結果，表示帶寬度強烈影響遠超過其他現存光學放大器。量子點不僅具有對波長選擇的自由度，同時也具有擴展帶寬的能力，因為注入載子濃度形成量子點，使最大電流密度的費米能階增加。量子點 SOA 相較於相同長度的塊材 SOA，其可降低載子恢復時間

（carrier recovery time），量子點 SOA 載子生命週期可達 0.5 至 2.5 ps。特別是具有僅需數 ps 的超快增益恢復（gain recovery）、寬帶增益、低雜訊圖、高飽和輸出功率與高四波混合效率等實用且顯著[114]的特性。然而，由於日益複雜的製作過程，量子點 SOA 無法大規模生產。

## 參考文獻

1. H. J. Round, " A Note on Carborundum ", *Electr. World*, **49**, 309 (1907).

2. V. Demtroder, *Laser Spectroscopy Basic Concepts and Instrumentation*, 3rd Ed., Springer, New York, 2003.

3. E. F. Schubert, *Light-Emitting Diodes*, 2nd Ed.., Cambridge University Press, New York, 2006.

4. M. Kittler, M. Reiche, X. Yu, T. Arguirov, O. F. Vyvenko, W. Seifert, T. Mchedlidze, G. Jin, and T. Wilhelm, " 1.5 µm Emission from a Silicon MOS-LED Based on a Dislocation Network ", *Tech. Dig. IEEE IEDM*, 2006.

5. S. O. Kasap, *Optoelectronics and Photonics: Principles and Practices*, 2nd Ed., Pearson, Essex. 2013.

6. C. J. M. Lasance and A. Poppe, Eds., *Thermal Management for LED Application*, Springer, New York, 2014.

7. C. Shen, C. Lee. T. K. Ng, S. Nakamura, J. S. Speck, S. P. DenBaars, A. Y. AIyamani, M. M. El-Desouki, and B. S. Ooi, " High Gain Semiconductor Optical Amplifier – Laser Diode at Visible Wavelength ", *Tech. Dig. IEEE IEDM*, p.592, 2016.

8. R. Koermer, I. A. Fischer, R. Soref, D. Schwarz, C. J. Clausen, L. Hanel, M.Ochme, and J. Schulze, " Tunnel-Modulated Ge LED/Laser Light Source and a Sub-Thermal Voltage Switching Detector For the Monolithic On-Chip Optical Transceiver ", *Tech. Dig. IEEE IEDM*, p.597, 2017.

9. A. A. Bergh and P. J. Dean, *Light-Emitting Diodes*, Clarendon Press, Oxford, 1976.

10. H. F. Ivey, " Electroluminescence and Semiconductor Lasers ", *IEEE J. Quantum Electron.*, **QE-2**, 713 (1966).

11. H. C. Casey and M. B. Panish, *Heterostructure Lasers*, Academic Press, New York, 1978.

12. M. G. Craford, " Recent Developments in LED Technology ", *IEEE Trans. Electron Dev.*, **ED-24**. 935 (1977).

13. W. N. Carr, " Characteristics of a GaAs Spontaneous Infrared Source with 40 Percent Efficiency ", *IEEE Trans. Electron Dev.*, **ED-12**, 531 (1965).

14. P. Goldberg, Ed., *Luminescence of Inorganic Solids*, Academic Press. New York, 1966.

15. C. H. Gooch, *Injection Electroluminescent Devices*, Wiley, New York, 1973.

16. S. Wang, *Solid-State Electronics*, McGraw-Hill, New York, 1966.

17. P. C. Eastman, R. R. Hacring, and P. A. Barnes, " Injection Electroluminescence in Metal-Semiconductor Tunnel Diodes ", *Solid-State Electron.*, **7**, 879 (1964).

18. O. V. Lossev, " Oscillating Crystals ", *Wireless World Radio Rev.*, **271**, 93 (1924).

19. J. R. Haynes and H. B. Briggs, " Radiation Produced in Germanium and Silicon by Electron-Hole Recombination ", *Bull. Am. Phys. Soc.*, **27**, 14 (1952).

20. R. J. Keyes and T. M. Quist, " Recombination Radiation Emitted by Gallium Arsenide ", *Proc. IRE*, **50**, 1822 (1962).

21. H. G. Grimmeiss and H. Schol, " Efficiency of Recombination Radiation in GaP ", *Phys. Lett.*, **8**, 233 (1964).

22. S. Nakamura, " JII-V Nitride-Based LEDs and Lasers: Current Status and Future Opportunities ", *Tech. Dig. IEEE IEDM*, p.9, 2000.

23. A. Kitai, *Principles of Solar Cells, LEDs and Diodes: the Role of the PN Junction*, John Wiley, West Sussex, 2011.

24. T. Q. Khan, P. Bodrogi, Q. T. Vinh, and H. Winkler, Eds., *LED Lighting: Technology and Perception*, Wiley, Weinheim, 2014.

25. S. Nakamura and M. R. Krames, " History of Gallium-Nitride-Based Light-Emitting Diodes for Illumination ", *Proc. IEEE*, **101**, 2211 (2013).

26. D. Ehrentraut, R. T. Pakalapati, D. S. Kamber, W. Jiang, D. W. Pocius, B. C. Downey, M. McLaurin, and Mark P. D'Evelyn, " High Quality, Low Cost Ammonothermal Bulk GaN Substrates ", bstrates ", *Jpn. J. Appl. Phys.*, **52**, 08JA01 (2013).

27. W. O. Groves, A. H. Herzog, and M. G. Craford, " The Effect of Nitrogen Doping on GaAsP Electroluminescent Diodes ", *Appl. Phys. Lett.*, **19**, 184 (1971).

28. L. S. Rohwer and A. M. Srivastava, " Development of Phosphors for LEDs ", *Electrochem. Soc. Interface*, **12**, 36 (2003).

29. J. E. Geusic. F. W. Ostermayer, H. M. Marcos, L. G. Van Uitert, and J. P. Van Der Ziel, " Efficiency of Red, Green and Blue Infrared-to-Visible Conversion Sources ", *J. Appl. Phys.*, **42**, 1958 (1971).

30. U. Kaufmann, M. Kunzer, K. Kohler, H. Obloh, W. Pletschen, P. Schlotter, J. Wager, A. Ellens, W. Rossner, and M. Kobusch, " Single Chip White LEDs ", *Phys. Stat. Sol. (a)*, **192**, 246 (2002).

31. J. Heber, " Nobel Prize 2014: Akasaki, Amano & Nakamura ", *Nat. Phys.*, **10**, 791 (2014).

32. J. Y. Tsao. M. H. Crawford, M. E. Coltrin, A. J. Fischer, D. D. Koleske, G. S. Subramania, G. T. Wang, J. J. Wierer, and R. F. Karlicek, " Toward Smart and Ultra-efficient Solid-State Lighting ", *Adv. Opt. Mater.*, **2**, 809 (2014).

33. N. Holonyaz and S. F. Bevacqua, " Coherent (Visible) Light Emission from Ga(As$_{1-x}$P$_x$) Junctions ", *Appl. Phys. Lett.*, **1**, 82 (1962).

34. M. Wijesundara and R. Azevedo, *Silicon Carbide Microsystems for Harsh Environment*, Springer. New York, 2011.

35. H. Amano, N. Sawaki, and I. Akasaki, "Metalorganic Vapor Phase Epitaxial Growth of a High Quality GaN Film Using an AIN Buffer Layer ", *Appl. Phys. Lett.*, **48**, 353 (1986).

36. H. Amano, I. Akasaki, T. Kozawa, K. Hiramatsu, N. Sawaki, K. Ikeda, and Y. Ishii, " Electron Beam Effects on Blue Luminescence of Zinc-Doped GaN ", *J. Lumin.*, **40-41**, 121 (1988).

37. S. Nakamura, T. Mukai, M. Senoh, and N. Iwasa, " Thermal Annealing Effects on P-Type Mg-Doped GaN Films ", *Jpn. J. Appl. Phys.*, **31**. L139 (1992).

38. S. Nakamura and T. Mukai, " High-Quality InGaN Films Grown on GaN Films ", *Jpn. J. Appl. Phys.*, **31**, L1457 (1992).

39. H. Murakami, T. Asahi, H. Amano, K. Hiramatsu, N. Sawaki, and I. Akasaki, " Growth of Si-Doped Al$_x$Ga$_{1-x}$N on (0001) Sapphire Substrate by Metalorganic Vapor Phase Epitaxy ", *J. Cryst. Growth*, **115**. 648 (1991).

40. S. Nakamura. T. Mukai, and M. Senoh, " Candela Class High Brightness InGaN/AlGaN Double Heterostructure Blue Light Emitting Diodes ", *Appl. Phys. Lett.*, **64**,1687 (1994).

41. M. Auf der Maur, A. Pecchia, G. Penazzi, W. Rodrigues, and A. Di Carlo, " Efficiency Drop in Green InGaN/GaN Light Emitting Diodes: The Role of Random Alloy Fluctuations ", *Phys. Rev. Lett.*, **116**, 27401 (2016).

42. K. Bando, K. Sakano, Y. Noguchi, and Y. Shimizu, " Development of High-Bright and Pure-White LED Lamps ", *J. Light Visual Environ.*, **22**, 2 (1998).

43. R. Mueller-Mach. G. Mueller, M. R. Krames, H. A. Hoppe, F. Stadler, W. Schnick, T. Juestel, and P. Schmidt, " Highly Efficient All Nitride Phosphor Converted White Light Emitting Diode ", *Phys. Stat. Sol. (a)*, **202**, 1727 (2005).

44. J. Cho, J. H. Park, J. K. Kim, and E. F. Schubert, " White Light-Emitting Diodes: History, Progress, and Future ", *Laser Photonics Rev.*, **11**, 1600147 (2017).

45. J. Y. Tsao, " Ultra-Efficient Solid-State Lighting: Likely Characteristics, Economic Benefits, Technological Approaches ", *AIP Conf. Proc.*, **1519**, 32 (2013).

46. P. Prajoon, D. Nirmal, M. A. Menokey, and J. C. Pravin, "Efficiency Enhancement of InGaN MQW LED Using Compositionally Step Graded In GaN Barrier on SiC Substrate", *J. Disp. Technol.*, **12**, 1117 (2016).

47. M. Kneissl, " A Brief Review of III-Nitride UV Emitter Technologies and Their Appplications ", in M. Kneissl and J. Rass, Eds., *III-Nitride Ultraviolet Emitters*, Springer, Switzerland, 2016.

48. R. Liu. R. Schaller. C. Q Chen. and C. Bayram, " High Internal Quantum Efficiency Ultraviolet Emission from Phase Transition Cubic GaN Integrated on Nanopatterned Si(100) ", *ACS Photonics*, **5**, 955 (2018).

49. C. H. Wang, C. C. Ke, C. H. Chiu, J. C. Li, H. C. Kuo, T. C. Lu, and S. C. Wang, " Study of the Internal Quantum Efficiency of InGaN/GaN UV LEDs on Patterned Sapphire Substrate Using the Electroluminescence Method ", *J. Cryst. Growth*, **315**, 242 (2011).

50. A. Hizo, T. Kiba, S. Chen, Y. Chen, T. Tanikawa, C. Thomas, C. Y. Lee, Y. C. Lai, T. Ozaki, J. Takayama, et al., " Optical Study of Sub-10 nm $In_{0.3}Ga_{0.7}N$ Quantum Nanodisks in GaN Nanopillars ", *ACS Photonics*, **4**, 1851 (2017).

51. H. W. Lin, Y. J. Lu, H. Y. Chen, H. M. Lee, and S. Gwo, " InGaN/GaN Nanorod Array White Light-Emitting Diode ", *Appl. Phys. Lett.*, **97**, 073101 (2010).

52. K. Ikeda, S. Horiuchi. T. Tanaka and W. Susaki, " Design Parameters of Frequency Response of GaAs-AIGaAs DH LED's for Optical Communications ", *IEEE Trans. Electron Dev.*, **ED-24**, 1001 (1977).

53. J. P. Gordon. H. J. Zeiger, and C. H. Townes, " Molecular Microwave Oscillator and New Hyperfine Structure in the Microwave Spectrum of NH3 ", *Phys. Rev.*, **95**, 282 (1954).

54. N. G. Basov and A. M. Prokhorov, " Application of Molecular Beams to the Radio Spectroscopic Study of the Rotation Spectra of Molecules ", *Zh. Eksp. Theo Fiz.*, **27**, 431 (1954).

55. T. H. Maiman, " Stimulated Optical Radiation in Ruby Masers ", *Nature (Lond.)*, **187**, 493 (1960).

56. N. G. Basov, B. M. Vul, and Y. M. Popov, " Quantum-Mechanical Semiconductor Generators and Amplifiers of Electromagnetic Oscillations ", *Sov. Phys. JEPT*, **10**, 416 (1960).

57. M. G. A. Bernard and G. Duraflourg, " Laser Conditions in Semiconductors ", *Phys. Status Solidi (b)*, **1**, 699 (1961).

58. W. P. Dumke, " Interband Transitions and Maser Action ", *Phys. Rev.*, **127**, 1559 (1962).

59. R. N. Hall, G. E. Fenner, J. D. Kingsley, T. J. Soltys, and R. O. Carlsom, " Coherent Light Emission from GaAs Junctions ", *Phys. Rev. Lett.*, **9**, 366 (1962).

60. M. I. Nathan, W. P. Dumke, G. Burns, F. H. Dill, and G. J. Lasher, " Stimulated Emission of Radiation from GaAs *p-n* Junction ", *Appl. Phys. Lett.*, **1**, 62 (1962).

61. T. M. Quist, R. H. Rediker, R. J. Keyes, W. E. Krag, B. Lax, A. L. McWhorter, and H. J. Zeigler, " Semiconductor Maser of GaAs ", *Appl. Phys. Lett.*, **1**, 91 (1962).

62. H. Kroemer, " A Proposed Class of Heterojunction Injection Lasers ", *Proc. IEEE*, **51**, 1782 (1963).

63. Z. I. Alferov and R. F. Kazarinov, U.S.S.R. Patent 181,737 Filed 1963. Granted 1965.

64. I. Hayashi, M. B. Panish, P. W. Foy, and S. Sumski, " Junction Lasers which Operate Continuously at Room Temperature ", *Appl. Phys. Lett.*, **17**, 109 (1970).

65. A. I. Schawlow, " Masers and Lasers ", *IEEE Trans. Electron Dev.*, **ED-23**, 773 (1976).

66. I. Hayashi, " Heterostructure Lasers ", *IEEE Trans. Electron Dev.*, **ED-31**, 1630 (1984).

67. B. E. A. Saleh and M. C. Teich, *Fundamentals of Photonics*, Wiley, New York, 1991.

68. J. Hecht, *Understanding Lasers: An Entry-Level Guide*, 4th Ed., Wiley, New Jersey, 2018.

69. G. P. Agrawal, *Fiber-Optic Communication Systems*, 4th Ed., Wiley, New Jersey, 2010.

70. T. Miya, Y. Terunuma, T. Hosaka, and T. Miyashita, " Ultimate Low-Loss Single Mode Fiber at 1.55 μm ", *Electron. Lett.*, **15**, 108 (1979).

71. T. Hasegawa. Y. Tamura, H. Sakuma, Y. Kawaguchi, Y. Yamamoto, and Y. Koyano, " The First 0.14-dB/km Ultra-Low Loss Optical Fiber ", *SEI Tech. Rev.*, **86**, 18 (2018).

72. Y. Tamura, " Ultra-Low Loss Ge-Free Silica Core Fiber for Submarine Transmission ", *Proc. SPIE*, **10561**, 105610P-1 (2018).

73. G. Foyt, " 1.0-1.6 μm Sources and Detectors for Fiber Optics Applications ", *IEEE Device Res. Conf.*, **MA-2**, 1979.

74. H. Chen, H. Liu, Z. Zhang, K. Hu, and X. Fang, " Nanostructured Photodetectors: From Ultraviolet to Terahertz ", *Adv. Mater.*, **28**, 403 (2016).

75. M. B. Panish, I. Hayashi, and S. Sumski, " Double-Heterostructure Injection Lasers with Room Temperature Threshold as Low as 2300 A/cm$^2$ ", *Appl. Phys. Lett.*, **16**, 326 (1970).

76. H. C. Casey, S. Somekh, and M. llegems, " Room-Temperature Operation of Low-Threshold Separate-Confinement Heterostructure Injection Laser with Distributed Feedback ", *Appl. Phys. Lett.*, **27**, 142 (1975).

77. K. Aiki, M. Nakamura, and J. Umeda, " Lasing Characteristics of Distributed-Feedback GaAs-GaAlAs Diode Lasers with Separate Optical and Carrier Confinement ", *IEEE J. Quantum Electron.*, **QE-12**, 597 (1976).

78. F. Stern, " Calculated Spectral Dependence of Gain in Excited GaAs ", *J. Appl. Phys.*, **47**, 5382 (1976).

79. H. C. Casey, " Room Temperature Threshold-Current Dependence of GaAs-Al$_x$Ga$_{1-x}$As Double Heterostructure Lasers on x and Active-Layer Thickness ", *J. Appl. Phys.*, **49**, 3684 (1978).

80. R. E. Nahory and M. A. Pollack, " Threshold Dependence on Active-Layer Thickness in InGaAsP/InP DH Lasers ", *Electron. Lett.*, **14**, 727 (1978).

81. M. Yana, H. Nishi, and M. Takusagawa, " Theoretical and Experimental Study of Threshold Characteristics in InGaAsP/InP DH Lasers ", *IEEE J. Quantum Electron.*, **QE-15**, 571 (1979).

82. W. T. Tsang. R. A. Logan, and J. P. Van der Ziel, " Low-Current-Threshold Stripe-Buried-Heterostructure Lasers with Self-Aligned Current Injection Stripes ", *Appl. Phts. Lett.*, **34**, 644 (1979).

83. H. C. Casey, M. B. Panish, and J. L. Merz, " Beam Divergence of the Emission from Double-Heterostructure Injection Lasers ", *App. Phys. Lett.*, **44**, 5470 (1973).

84. D. Marcuse, *Theory of Dielectric Optical Waveguides*, Academic Press. New York, 1974.

85. T. L. Paoli, " Waveguiding in a Stripe-Geometry Junction Laser ", *IEEE J. Quantum Electron.*, **QE-13**. 662 (1977).

86. H. Yonezu. I. Sakuma. K. Kobayashi, T. Kamejima, M. Ueno, and Y. Nannichi, " A GaAs-Al$_x$Ga$_{1-x}$ As Double Heterosttucture Planar Stripe Laser ", *Jpn. J. Appl. Phys.*, **12**, 1585 (1973).

87. C. J. Hwang and J. C. Dyment, " Dependence of Threshold and Electron Lifetime on Acceptor Concentration in GaAs-Ga$_{1-x}$Al$_x$As Lasers ", *J. Appl. Phys.*, **44**, 3240 (1973).

88. P. Bhattacharya, *Semiconductor Optoelectronic Devices*, 2nd Ed., Prentice Hall, New Jersey, 1997.

89. M. Bass, Ed., *Handbook of Optics: Volume V - Atmospheric Optics, Modulators, Fiber Optics, X-Ray and Neutron Optics*, 3rd Ed., McGraw-Hill Education, New York, 2010.

90. N. K. Dutta, S. J. Wang, A. B. Piccirilli, R. F. Karlicek, R. L. Brown, M. Washington, U. K. Chakrabarti, and A. Gnauck, " Wide-Bandwidth and High-Power InGaAsP Distributed Feedback Lasers ", *J. Appl. Phys.*, **66**, 4640 (1989).

91. J. N. Walpole. A. R. Calawa. T. C. Harman, and S. H. Groves, " Double-Heterostructure PbSnTe Lasers Grown by Molecular-Beam Epitaxy with CW Operation up to 114K ", *Appl. Phys. Lett.*, **28**, 552 (1976).

92. H. Yonezu. I. Sakuma, T. Kamojima, M. Ueno, K. Iwamoto, I. Hino, and I. Hayashi, " High Optical Power Density Emission from a Window Stripe AlGaAs DH Laser ", *Appl. Phys. Lett.*, **34**, 637 (1979).

93. R. L. Hartman, N. E. Schumaker, and R. W. Dixon, " Continuously Operate AlGaAs DH Lasers with 70°C Lifetimes as Long as Two Years ", *Appl. Phys. Lett.*, **31**, 756 (1977).

94. T. Numai, *Fundamentals of Semiconductor Lasers*, 2nd Ed., Springer, New York, 2015.

95. N. Holonyak, R. M. Kolbas. R. D. Dupuis, and P. D. Dapkus, " Quantum-Well Heterostructure Lasers ", *IEEE J. Quantum Electron.*, **QE-16**, 170 (1980).

96. S. L. Chuang, *Physics of Photonic Devices*, 2nd Ed., Chapter 10, Wiley, New Jersey, 2009.

97. J. Hecht, " A Short History of Laser Development ", *Appl. Opt.*, **49**, F99 (2010).

98. H. Deng, K. Li, M. Tang, J. Wu, M. Liao, Y. Lu, S. Pan, S. Chen, A. Seeds, and H. Liu, " III-V Quantum Dot Lasers Monolithically Grown on Silicon ", *Tech. Dig. Optical Fiber Commun. Conf.*, **W4E.1**. 2019.

99.  K. Nishi, K. Takemasa, M. Sugawara, and Y. Arakawa, " Development of Quantum Dot Lasers for Data-Com and Silicon Photonics Applications ", *IEEE J. Sel. Top. Quanum Electron.*, **23**, 1901007 (2017).

100. M. Asada. Y. Miyamoto, and Y. Suematsu, " Gain and the Threshold of Three-Dimensional Quantum-Box Lasers ", *IEEE J. Quantum Electron.*, **QE-22,** 1915 (1986).

101. P. Harrison and A. Valavanis, *Quantum Wells, Wires and Dots: Theoretical and Computational Physics of Semiconductor Nanostructures*, 4th Ed., Wiley, West Sussex, 2016.

102. J. C. Norman, D. Jung, Z. Zhang, Y. Wan, S. Liu, C. Shang, R. W. Herrick, W. W. Chow, A. C. Gossard, and J. E. Bowers, " A Review of High-Performance Quantum Dot Lasers on Silicon ", *IEEE J. Quantum Electron.*, **55**, 2000511 (2019).

103. J. M. Moison, F. Houzay, F. Barthe, L. Leprince, E. Andre, and O. Vatel, " Self-Organized Growth of Regular Nanometer-Scale InAs Dots on GaAs ", *Appl. Phys. Lett.*, **64**, 196 (1994).

104. Z. M. Wang, *Self-Assembled Quantum Dots*, Springer. New York, 2008.

105. N. N. Ledentsov, M. Grundmann, F. Heinrichsdorff, D. Bimberg, V. M. Ustinov, A. E. Zhukov, M. V. Maximov, Z. I. Alferov, and J. A. Lott, " Quantum Dot Heterostructure Lasers ", *IEEE J. Sel. Top. Quantum Electron.*, **6**, 439 (2000).

106. D. G. Deppe, S. Freisem, G. Ozgur, K. Shavritranuruk, and H. Chen, " Very Low Threshold Current Density Continuous-Wave Quantum Dot Laser Diode ", *IEEE Int. Semicond. Laser Conf.*, p.33, 2008.

107. D. G. Deppe, K. Shavritranuruk, G. Ozgur, H. Chen, and S. Freisem, " Quantum Dot Laser Diode with Low Threshold and Low Internal Loss ", *Electron. Lett.*, **45**, 54 (2009).

108. Y. Ota. M. Kakuda, K. Watanabe, S. Iwamoto, and Y. Arakawa, " Thresholdless Quantum Dot Nanolaser ", *Opt. Express*, **25**, 19981 (2017).

109. A. Baranov and E. Tournie, Eds., *Semiconductor Lasers: Fundamentals and Applications*, Woodhead Publishing, Oxford, 2013.

110. M. T. Crowley, V. Kovanis, and L. F. Lester, " Breakthroughs in Semiconductor Lasers ", *IEEE Photonics J.*, **4**, 565, 2012.

111. R. Michalzik, *VCSELs: Fundamentals, Technology and Applications of Vertical-Cavity Surface-Emitting Lasers*, Springer, Berlin, 2013.

112. I. Jumperiz, *Nonlinear Photonics in Mid-infrared Quantum Cascade Lasers*, Springer. Cham, 2017.

113. N. A. Olsson, " Semiconductor Optical Amplifiers ", *Proc. IEEE*, **80**, 375 (1992).

114. T. Akiyama, M. Sugawara, and Y. Arakawa, " Quantum-Dot Semiconductor Optical Amplifiers ", *Proc. IEEE*, **95**, 1757 (2007).

115. V. Agarwal and M. Agrawal, " Characterization and Optimization of Semiconductor Optical Amplifier for UItra High Speed Applications: A Review ", *Proc. Conf. Signal Processing Commun. Eng. Systems*, p.215, 2018..

# 習題

1. 自發發射的光譜（spectrum）如式 (4) 所示，求出 (a) 此光譜峰值所對應的光子能量 (b) 此光譜的波寬度（即在一半功率時的全寬度）。

2. 請以波長來表示出自發發射光譜寬度。若中心的波長是在可見光譜的中間（0.555μm），則在室溫下的光譜寬度為何？

3. 已知在半導體中，其能隙值的溫度相依性可以由 $E_g = E_{go} - \alpha T^2 / (\beta + \text{T})$ 所模式化，此一模式是 1967 年由瓦什尼（Y. P. Varshni）所提出來的。應用此一表示式，我們可以評估一個 LED 的發射峰與光譜線寬相依於溫度的關係。對於 InAs LED，$E_{g0}$ = 0.42 eV、$\alpha$ = 3.16 × 10⁻⁴ eV/K 以及 $\beta$ = 93 K；當 LED 由 27℃ 冷卻至 – 40℃ 時，試計算出 InAs LED 發射出來的波長峰值位移是多少？

4. 第一個 LED 的光輸出功率為 20 mW 以及發射在 650 nm 波長，第二個 LED 的光輸出功率為 10 mW 以及發射在 500 nm 波長。(a) 試驗證這兩個 LED 的顏色 (b) 藉由表示式 光束通量 = 683 $V$ ($\lambda$) $P_{op}$ ($\lambda$) 來試計算每一個 LED 所發射出來的光束通量（luminous flux）(c) 若你被要求設計這兩個 LED 發射光的亮度需要相同，試估計出它們光輸出功率的比值。

5.　假設輻射生命期 $\tau_r = 10^9/N$ 秒，其中 $N$ 是以 $cm^{-3}$ 為單位的半導體摻雜濃度，以及非輻射生命期 $\tau_{nr}$ 為 $10^{-7}s$，請求出一具有摻雜濃度為 $10^{19} cm^{-3}$ 的 LED 截止頻率。

6.　一 GaAs 的樣品被一波長為 0.6 μm 的光所照射，此光的入射功率為 15 mW，若三分之一的入射光功率被反射，且另外三分之一從此樣品的另一端離開，則此樣品的厚度為何？並求出每秒損耗於晶格上的熱能。

7.　一具有 300 μm 的共振腔且操作在波長為 1.3 μm 的 InGaAsP 法布里—珀羅雷射，InGaAsP 的折射係數為 3.39，(a) 鏡子損耗為何？請以 $cm^{-1}$ 表示 (b) 假若其中之一的雷射腔面被鍍上反射膜並產生 90% 的反射率，請預期起始電流會降低多少？（以百分比表示），假設 $\alpha = 10$ $cm^{-1}$。

8.　(a) 對一操作在波長為 1.3 μm 的 InGaAsP 雷射，假設群折射係數為 3.4；請以奈米為單位，計算對於一共振腔為 300 μm 的模式間隔（mode spacing）。(b) 請以 GHz 表示出由上所獲得的模式間隔。

9.　侷限因子 $\Gamma$ 可以被近似成 $\Gamma = 1 - \exp(C\Delta\bar{n}d)$，其中 $C$ 為一常數，$\Delta\bar{n}$ 為折射率的差值，$d$ 為主動層的厚度。若 $C = 8 \times 10^5$ $cm^{-1}$, $d = 1$ μm，GaAs 折射率為 3.6，且在主動至非主動邊界（active-to-nonactive boundary）的臨界角為 78°（在 GaAs 與 AlGaAs 雙重異質接面之間），請求出侷限因子。

10.　如果一端鏡面的反射率為 0.99，共振腔寬度為 5 μm，單位長度的耗損 $\alpha = 100$ $cm^{-1}$，且增益因子為 0.1 $cm^{-3}A^{-1}$ [ 增益因子 $\equiv (J_0 d / \eta_{in} g_0 L)^{-1}$]，請計算在題目 9 中的起始電流。

11.　如果折射率與波長無關，請求出在縱向方向、被允許的模式間之分離（$\Delta\lambda$）。對於操作在 $\lambda = 0.89$ μm，且具有 $\bar{n}_r = 3.58$，$L = 300$ μm，$d\bar{n}_r/d\lambda = 2.5$ μm$^{-1}$ 的 GaAs 雷射二極體，其 $\Delta\lambda$ 為何？

12. 與溫度相關的起始電流可表示為 $I_{th} = I_0 \exp(T/T_0)$，而溫度係數為 $\xi \equiv (I/I_{th})\, dI_{th}\, /dT$ )。在高溫操作的情況，具有低溫度係數 $\xi$ 是很重要的。請求出圖 32a 所示的雷射的溫度係數 $\xi$ ？如果 $T_0 = 50℃$，則此雷射在高溫操作下時，將會更好還是更壞？

# 第十三章
## 光偵測器與太陽能電池
## Photodetectors and Solar Cells

## 13.1 簡介

　　光偵測器是一種藉由電子過程來偵測光訊號的半導體元件。當同調與非同調光源波長延伸至遠紅外光區域與紫外光區域時，偵測器必須具有高速反應與高敏感度的特性。一般的光偵測器操作包含三個基本步驟：(1) 入射光產生載子的過程；(2) 載子傳輸且／或由電流增益機制造成的倍增現象，以及 (3) 萃取載子作為端點電流以提供輸出訊號。光偵測器對操作於近紅外光區域（0.8 μm 到 1.6 μm）[1]的光纖通訊系統是非常重要的，它能解調光學訊號（也就是說，偵測器能把光的變化轉換為電的變化），在放大與光訊號的各種應用上，偵測器必須滿足嚴格的要求，例如對其操作的波長需具備高靈敏度、高響應速率、最低的雜訊、小巧體積、低偏壓電流，以及操作時的可靠性。

　　當光線的能量被熱偵測器的黑色表面所吸收時，偵測器藉由感測溫度的增加來偵測光線。光偵測器有許多不同的種類，其中可以分為熱偵測與光子偵測兩大類，此類元件比較適合遠紅外光波段的偵測。從技術上來說，這類元件比較像熱感測器，詳細內容將在下個章節作更多的延伸討論。光子偵測器的原理主要是量子光電效應：光子激發產生電子－電洞對，並且成為光電流。而本章節聚焦在半導體元件中佔多數光偵測器的半導體光偵測器。為了瞭解每種光偵測器的特性，我們將討論光偵測器的性能指標，因為光電效應

來自於光子能量 $hv$，因此波長將對應到元件操作時的能量躍遷 $\Delta E$，其中顯著且重要的關係式如下

$$\lambda = \frac{hc}{\Delta E} = \frac{1.24}{\Delta E(\text{eV})} \tag{1}$$

$\lambda$ 為波長，單位 $\mu m$，$c$ 為光速，$\Delta E$ 為能量躍遷的大小。由於當光子能量 $hv$ > $\Delta E$ 時也會產生激發的過程，所以式 (1) 通常是最小偵測波長的極限，在大多數的情況下，躍遷能量 $\Delta E$ 是半導體的能隙，但其值會因光偵測器類型而有差異，在金屬－半導體光偵測器中，躍遷能量可為位障的高度，或在外質光導體中，其值為雜質能階與能帶邊緣的能量差。針對所需要偵測的波段，我們可以選擇最佳的光偵測器類型與半導體的材料[1-4]。

　　藉由吸收係數的大小來決定半導體內的光線吸收程度，它不只能決定此光是否能被吸收來產生光激發過程，也可以指出光線在何處被吸收。高吸收係數表示當光線進入半導體時容易在表面被吸收，而低數值代表吸收比較低，以致於光線能穿透深入半導體的深處。在半導體的末端，長波長光線能在沒有產生光激發過程而穿透出去，因此也決定光偵測器的量子效率。圖 1 指出不同光偵測器材料的本質吸收係數[5]。對於鍺、矽、三五族化合物半導體，當溫度增加時，曲線往長波段移動，然而對四六族化合物（如 PbSe），由於溫度增加使半導體的能隙增加，因此曲線往反方向移動。

　　光偵測器的響應速度很重要，尤其在光纖通信系統上更重要。當光線以很快速度開啟與關閉（ > 40 Gb/s），光偵測器的響應必須夠快，才能跟上數位數據傳送率。為了達到此目的，在較高的暗電流代價下，短暫的載子生命期能夠獲得元件的高速響應。此外，應該縮小空乏區，才可以縮短傳渡時間（transit time），同時要保持低電容，也就是指元件需要較大的空乏寬度。因此，在整體最佳化中需要考量其折衷值。

　　光電流強度必須為最大值以滿足靈敏度的需求。最基本的度量值為量子效率，定義為每光子能產生的載子數量，或是

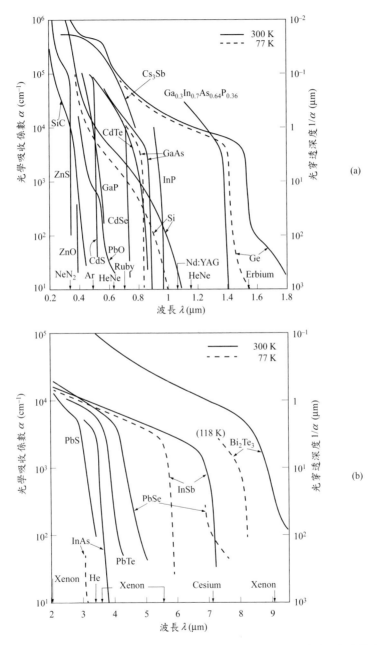

圖 1 各種不同光偵側器材料的光吸收係數 (a) 可見光附近 (b) 紅外光。圖中指出一些雷射發射的波長。（參考文獻 5）

$$\eta = \frac{I_{ph}}{q\Phi} = \frac{I_{ph}}{q}\left(\frac{h\nu}{P_{opt}}\right) \tag{2}$$

此處 $I_{ph}$ 是光電流（photocurrent），$\Phi = P_{opt}/h\nu$ 是光子通量（photon flux），$P_{opt}$ 是光功率（optical power）。通常計算量子效率 $\eta$ 是在一定的波長範圍內，理想的量子效率數值爲 1，但效率低於 1 的原因是由於復合現象、不完全吸收與反射造成的損失，另外一個相似的度量值爲響應 $\mathcal{R}$，使用光功率當作參考值，單位爲 A/W

$$\mathcal{R} = \frac{I_{ph}}{P_{opt}} = \frac{\eta q}{h\nu} = \frac{\eta\lambda(\mu m)}{1.24} \tag{3}$$

爲了改善訊號，一些光偵測器有內在增益機制，如表 1 所示爲比較一般光偵測器的增益值，數值最高能達到 $10^6$ 的增益。然而，高的增益會導致偵測器的雜訊提高。除了強訊號之外，弱訊號的雜訊也是很重要的，因爲最終其將決定最小偵測訊號強度，這就是爲什麼我們常常提到訊雜比（signal-to-noise-ratio, SNR）的原因。有許多因素會造成雜訊的產生，暗電流是當光偵測器操作在偏壓下，但沒有暴露在光源時的漏電流，其元件操作的限制之一是溫度，因此熱能必須低於光子能量（$kT < h\nu$）。其中一個雜訊的來源是背景輻射，例如假設無冷卻，在室溫下的測量環境中所產生的黑體輻射。內部元件雜訊包含熱雜訊（詹森雜訊），也就是在任一電阻元件內出現的隨機載子熱攪動（thermal agitation），發射式的雜訊是因爲不連續光電效應的單一事件，此與統計學的波動（fluctuation）有關，此現象在低光強度時影響更大。第三是由於閃爍雜訊（flicker noise），如我們所知道的 $1/f$ 雜訊，這是由於表面缺陷造成的隨機效應，以及在低頻率產生的 $1/f$ 特性，產生一復合雜訊來自於產生與復合事件的波動。雜訊是來自光學與熱兩個過程。所有的雜訊可以當作獨立事件，相對應的品質指數是雜訊等效功率（noise equivalent power, NEP），相當於在 1 Hz 頻帶寬中產生訊號雜訊比爲 1 時，所需要的入射均方根之光功率，是最小可偵測光功率。偵測率（detectivity）$D^*$ 定義爲 [6]

$$D^* = \frac{\sqrt{AB}}{\text{NEP}} \qquad \text{cm-Hz}^{1/2}/\text{W} \qquad\qquad (4)$$

A 表示面積，B 表示頻帶寬。這也是 1-W 的光功率入射至偵測器面積為 1cm$^2$ 的訊號雜訊比（SNR），並且在整個 1 Hz 頻寬範圍內偵測的雜訊。由於元件的訊號與面積平方根成正比，所以此參數已經對面積作正規化，其與偵測器的靈敏度、頻譜響應（spectral response, SR）及雜訊有關。它是波長、頻率調變、頻帶寬的函數，也可以表示為 $D^*(\lambda, f, B)$。雜訊等效功率與偵測率（$D^*$）在實際應用上不等於靈敏度，因為其他雜訊來源如前置放大器雜訊會主導，特別是在高速系統 [6]。不過太陽能電池是從太陽光產生功率，與偵測器偵測微弱光的應用不同，所以，兩者之間的第一個不同點在於光的強度，第二個不同點是太陽能電池為一個功率產生器，其不需要外部的偏壓電源，而光偵測器通常需要外部的偏壓電源，以及由電流的變化作為訊號。

表 1　一般光偵測器在增益與響應時間的典型數值

| 光偵測器 | | 增益 | 響應時間 |
|---|---|---|---|
| 光導體 | | $1\sim10^6$ | $10^{-8}\sim10^{-3}$ |
| 光二極體 | $p$-$n$ 接面 | 1 | $10^{-11}$ |
| | $p$-$i$-$n$ 接面 | 1 | $10^{-10}\sim10^{-8}$ |
| | 金屬半導體二極體 | 1 | $10^{-11}$ |
| 電荷耦合元件 | | 1 | $10^{-11}\sim10^{-4}$ |
| 累增光二極體 | | $10^2\sim10^4$ | $10^{-10}$ |
| 光電晶體 | | $\approx10^2$ | $10^{-6}$ |

\# 受到電荷傳輸的限制，其優點是針對高靈敏度的電荷耦合元件（CCD）具有較長的積分時間。

## 13.2 光導體

　　光導體（photo conductor）是一個簡單的平板半導體，以塊材或是薄膜形式在兩端連結歐姆接觸（如圖 2）。當入射光照射到光半導體表面時，藉由能帶至能帶的躍遷（本質）或是禁帶能隙（forbidden gap）能階間的躍遷（外質）產生載子，並且增加半導體的導電性。本質與外質的載子光激發過程如圖 3 所示。

　　對於本質光導體的導電率 $\sigma = q\,(\mu_n n + \mu_p p)$，在照光之下導電率的增加，主要是因為載子數量的增加。截止波長如式 (1) 所定義，其中 $\Delta E$ 在這例中

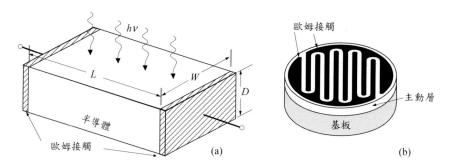

圖 2　(a) 塊狀半導體與兩端為歐姆接觸的光導體 (b) 具有許多小間隙指叉狀接觸的基本圖案。

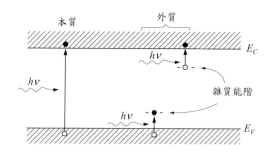

圖 3　能帶到能帶的本質光激發過程，與雜質能階與能帶間的外質光激發過程。

爲半導體的能隙 $E_g$。對於短波長，入射輻射被半導體所吸收，並且產生電子—電洞對，對於外質光導體，光激發過程發生在能帶邊緣與能隙中的雜質能階之間。一般光偵測器的特性與光導體的效能，可以藉由量子效率及增益、響應時間與靈敏度（偵測率）等三個參數量測得。如圖 2 所示，首先考慮照光下的光導體操作原理，假設穩定的光子通量均勻照射在面積爲 $A = WL$ 的光導體表面，每單位時間內抵達表面的總光子數目爲 $P_{opt} / hv$，其中 $P_{opt}$ 表示入射光的功率與 $hv$ 爲光子能量。在穩態時，載子產生率 $G_e$ 必須等於載子復合率，如果元件厚度 $D$ 比光的穿透深度（$1/\alpha$）來的大，將導致所有光功率都被吸收，因此每單位體積內，全部的穩態產生與復合率爲

$$G_e = \frac{n}{\tau} = \frac{\eta(P_{opt}/hv)}{WLD} \tag{5}$$

其中 $\tau$ 是載子生命期，$\eta$ 是量子效率（即爲每個光子能產生的載子數目）以及 $n$ 爲過量載子密度。因爲過量載子濃度比光導體背景摻雜濃度相對高出很多，故穩態時，載子濃度變爲 $n = G_e\tau$。載子生命期與無光源狀態特性有關，且隨著時間衰退，其速率爲 $n(t) = n(0)\exp(-t/\tau)$，針對本質光導體而言，兩端電極間流動的光電流爲

$$I_p = \sigma \mathscr{E} WD = (\mu_n + \mu_p)nq\mathscr{E}WD \tag{6}$$

其中，$\mathscr{E}$ 爲光導體內所施加的電場，以及 $n = p$ 的條件。將式 (5) 的 $n$ 值帶入式 (6)，其方程式爲

$$I_p = q\left(\eta\frac{P_{opt}}{hv}\right)\frac{(\mu_n + \mu_p)\,\tau\mathscr{E}}{L} \tag{7}$$

假設我們定義主要光電流爲

$$I_{ph} \equiv q\left(\eta\frac{P_{opt}}{hv}\right) \tag{8}$$

從式 (7) 可以得到光電流增益 $G_a$ 爲

$$G_a = \frac{I_p}{I_{ph}} = \frac{(\mu_n + \mu_p)\,\tau\mathscr{E}}{L} = \tau\left(\frac{1}{t_{rn}} + \frac{1}{t_{rp}}\right) \tag{9}$$

其中 $t_{rn}$ $(= L/\mu_n\mathscr{E})$ 與 $t_{rp}$ $(= L/\mu_p\mathscr{E})$ 為電子與電洞跨過電極的傳渡時間。增益值、載子生命期與傳渡時間的比值有關，且其在光導體內為一關鍵參數。為了獲得高增益，要提高載子的生命週期，而且電極間距要短、載子移動率要快。一般的增益值 1000 可以輕易達成，而高達 $10^6$ 的增益亦可達到（如表 1）。另一方面，光導體的響應時間也由生命期所決定，因此增益與速度之間具有權衡關係。一般而言，光導體比光二極體擁有較快的響應時間。崩潰時的最大電場值限制高增益值，而另外的效應是由於少數載子的掃出（Sweep-out）[7]。在適當的電場下，主要載子（電子）擁有較高的載子移動率，且傳渡時間短於載子生命期，且少數載子（電洞）具有較慢的載子移動率與大於載子生命期的傳渡時間。在這樣的條件下，電子快速地被掃出偵測器。但是為了維持電中性，電洞需要更多來自其他電極的電子。經由這項動作，電子在生命期將會通過偵測器多次迴圈，這動作相當於增益。在非常高的電場下，電洞也以短於生命週期的傳渡時間移動，在這個條件下，產生率無法跟上這個快速漂移過程，且 $n(t) = n(0)\exp(-t/\tau)$ 的穩態條件也不再成立，導致產生空間電荷效應。而在如此高的電場下，增益會劣化並再次趨近於 1。接下來，我們考慮一個強度—調變的光訊號

$$P(\omega) = P_{opt}[1 + m\exp(j\omega t)] \tag{10}$$

其中 $P_{opt}$ 為平均光訊號功率，$m$ 為調變指數，$\omega$ 為調變頻率。平均電流 $I_p$ 起因於式 (7) 的光訊號。針對調變光訊號，均方根光功率為 $mP_{opt}/\sqrt{2}$，均方根訊號電流可以表示成 [4]

$$i_p \approx \left(\frac{q\,\eta m P_{opt} G_a}{\sqrt{2}\,hv}\right)\frac{1}{\sqrt{1 + \omega^2\tau^2}} \tag{11}$$

在低頻率時，式 (11) 簡化成式 (7)。在高頻率時，響應正比於 $1/f$。圖 4 為光導體的射頻等效電路，電導 $G$ 所造成的熱雜訊如 $\langle i^2 G \rangle = 4kTGB$ 所示，其

中 $B$ 是頻帶寬。產生一復合雜訊（散粒雜訊）可得 [9]

$$\langle i_{GR}^2 \rangle = \frac{4qI_pBG_a}{1 + \omega^2 \tau^2} \tag{12}$$

其中 $I_p$ 是穩態時由光所引起的輸出電流。訊號雜訊比例可以由式 (11) 與 (12) 得到

$$\frac{S}{N}\bigg|_{\text{power}} = \frac{i_p^2}{\langle i_{GR}^2 \rangle + \langle i_G^2 \rangle} = \frac{\eta m^2 (P_{opt}/h\nu)}{8B} \left[ 1 + \frac{kT}{qG_a}(1 + \omega^2 \tau^2)\frac{G}{I_p} \right]^{-1} \tag{13}$$

我們可以從式 (13) 藉由設定 $S/N = 1$ 與 $B = 1$ 來獲得 NEP（即：$mP_{opt}/\sqrt{2}$）。在紅外光偵測器中，最常使用的品質指數為由式 (4) 所定義的偵測率 $D^*$。

　　光導體因簡單的結構、低成本以及堅固耐用的特性而受到注目。外質光導體不需使用極窄能隙的材料，便可以擴展對長波長的限制，且它們普遍地使用於紅外光線光偵測。針對於中紅外線至遠紅外線，以及更長的波長而言，光導體必須冷卻在低溫環境（例如 77 K 與 4.2 K）。低溫能減少造成熱游離並使能階空乏的熱效應，以及增加增益與偵測效益。當波長接近 0.5 μm 左右，CdS 的光導體擁有高靈敏度，然而當波長在 10 μm，HgCdTe 光導體是較適當的 [10, 11]。而當波長範圍從 100 μm 到 400 μm 之間，GaAs 的外質光導體有較高的偵測率 [2, 3, 12]，是此範圍的最佳選擇。此光導體擁有高的動態偵測範圍，並具有相當高準位（即強的光強度）偵測的表現，然而對於微波頻率的低準位偵測，光二極體將提供相當快速與高訊雜比，因此光導體受限於在高頻率光調解器的使用，例如在光混器，但是它們已經被廣泛應用在紅外線偵測器，特別是波長大於數 μm 以上 [13, 14]。對於可見光與近紅外線波長的光線光偵測器，光纖整合在線基半導體的光偵測器 [15] 已有相關文獻討論。

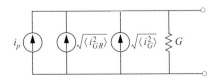

圖 4　光導體的射頻等效電路圖，電導 $G$ 來自於暗電流、平均訊號電流以及背景電流的貢獻。（參考文獻 8）

# 13.3 光二極體

## 13.3.1 簡介

　　光二極體（photo diode）具有高電場的空乏區域，此電場用以分離光產生的電子－電洞對。對在高速操作下，必須保持極窄的空乏區寬度以減少傳渡時間。另一方面，為了增加量子效率（即每單位入射光子所能產生的電子電洞對數目），空乏層寬度必須足以吸收大部分的入射光，因此在響應速度與量子效率之間有一折衷關係。在可見光與近紅外光波段，光二極體通常施加適度的逆向偏壓，以減少載子傳渡時間與降低二極體的電容，然而，此逆向偏壓不能大到足以造成累增崩潰或是崩潰，此種偏壓條件可與累增光二極體（avalanche photodiodes, APDs）形成對比。累增光二極體其內部電流增益是在累增崩潰下衝擊游離化的結果。所有的光二極體（不包括累增光二極體）有最大增益值為 1（請見表 1），光二極體家族包含 $p\text{-}i\text{-}n$ 光二極體、$p\text{-}n$ 光二極體、異質接面光二極體與金屬－半導體（蕭特基位障）光二極體。接著簡短討論光二極體的一般特性，包括其量子效率、響應速度與雜訊。

**量子效率（quantum efficiency）**　　量子效率是指每單位入射光子所能產生電子電洞對數目 [ 式 (2)]，對應的品質指數為響應性，它是光電流與入射光功率的比值 [ 式 (3)]，因此，對一已知的量子效率，響應性會隨著波長而線性增加。對於理想的光二極體（$\eta = 1$），$\mathscr{R} = (\lambda / 1.24)(\text{A/W})$，式中 $\lambda$ 單位為 μm。因為吸收係數 $\alpha$ 是波長的強相關函數，對一給定的半導體，因為大部分的光二極體皆為能帶到能帶的激發過程（除了造成跨越金屬－半導體光二極體位障的光激發），產生大量光電流的對應波長範圍是有限的。半導體能隙大小會決定長波長的截止波長 $\lambda_C$，如式 (1)，例如鍺約為 1.7 μm 與矽約為 1.1 μm。當 $\lambda > \lambda_C$，其 $\alpha$ 值太小而無法產生大量電流。當 $\lambda < \lambda_C$，會發生光響應在短波長截止，主要是因為短波長的 $\alpha$ 值太大（$> 10^5 \text{ cm}^{-1}$），所以輻射在非常接近表面的附近被吸收，並在此處可能發生復合，因此光載子在被 $p\text{-}n$ 接面收集前，便先行復合。在近紅外光區，具有抗反射塗層的矽光二極體，在 $\lambda = 0.8\ \mu m$ 至 $0.9\ \mu m$ 的量子效率可達到 100%。在 1.0 至 1.6 μm 區域，鍺光二極體、三五族三元光二極體（如 InGaAs）以及三五族四元二極體（InGaAsP）已被證實具有高量子效率。對較長波長而言，光二極體會被冷卻在低溫狀態（如 77 K）下以達到高效率的操作 [14]。

**響應速度（Respond Speed）**　響應速度受到三個因素組合的限制：(1) 空乏區的漂移時間；(2) 載子擴散；(3) 空乏電容，在空乏區外產生的載子會向接面擴散，因此導致不可忽略的時間延遲。為了減少擴散效應，接面必須在非常靠近表面的地方形成，當空乏區足夠寬（$1/\alpha$ 的等級）時，大部分的光線將會被吸收；在充足的逆向偏壓下，載子將以飽和速度進行漂移。但是，空乏區不能太寬，否則傳渡時間效應會限制頻率響應，當然也不能太薄，否則過大的電容會導致較大的 $R_L C$ 時間常數（$R_L$ 為負載電阻）。最好的折衷是選擇在傳渡時間在半個調變週期等級時的空乏層厚度。例如，在調變頻率為 10 GHz 條件下，矽的飽和速度為 $10^7$cm/sec，其最佳的空乏層厚度約為 5 μm。

**雜訊（Noise）**　為了研究光二極體的雜訊，我們將考慮一般的光偵測過程，如圖 5a 所示。當光訊號與背景輻射都被光二極體吸收時，產生電子—電洞對，這些電子—電洞隨後會被電場分離，並且漂移至接面的相反兩側。在此過程中，光電流受到外部負載的引導，因為雜訊與頻率相關，為了決定此光電過程所產生的電流，我們將考慮如式 (10) 所示的強度—調變光訊號（intensity- modulated optical signal），因為光訊號而產生的平均光電流 $I_p$，如式 (8) 所示。對於調變光訊號，均方根訊號功率是 $mP_{opt} / \sqrt{2}$，而且將式 (11) 的增益值設定為 1 時，可得到均方根訊號電流

$$i_p = \frac{q\eta m P_{opt}}{\sqrt{2}h\nu} \tag{14}$$

我們以 $I_B$ 來代表由背景輻射造成的電流，以 $I_D$ 是空乏區內因為熱產生的電子電洞對所形成的暗電流。由於所有電流的隨機產生，會貢獻到散粒雜訊（shot noise），已知為 $\langle i_s^2 \rangle = 2q\ (I_P + I_B + I_D)\ B$，熱雜訊定義為

$$\langle i_T^2 \rangle = \frac{4kTB}{R_{eq}} \tag{15}$$

其中，$R_{eq}$ 是等效電阻，由下式可得

$$\frac{1}{R_{eq}} = \frac{1}{R_j} + \frac{1}{R_L} + \frac{1}{R_i} \tag{16}$$

光二極體的等效電路圖如圖 5b 所示，所有的電阻都會貢獻額外的熱雜訊到系統，對於一個具有平均功率 $P_{opt}$，100% 調變訊號 $m = 1$，其 SNR 值為

$$\left.\frac{S}{N}\right|_{\text{power}} = \frac{i_p^2}{\langle i_s^2 \rangle + \langle i_T^2 \rangle} = \frac{(1/2)(q\eta P_{opt}/h\nu)^2}{2q(I_P + I_B + I_D)B + 4kTB/R_{eq}} \tag{17}$$

設定 $I_p = 0$，給定 SNR 值時，所需的最小光功率為

$$\left.P_{opt}\right|_{\min} = \frac{2h\nu}{\eta} \sqrt{\frac{(S/N)I_{eq}B}{q}} \tag{18}$$

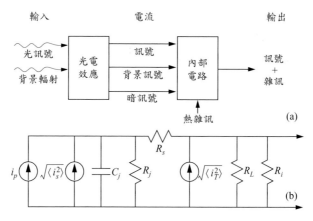

圖 5　光二極體的雜訊分析 (a) 光偵測過程 (b) 等效電路圖，$C_j$ 是接面電容，$R_j$ 與 $R_s$ 是接面電阻與串聯電阻。$R_L$ 與 $R_i$ 是外部負載電阻以及是放大器的輸入電阻。（參考文獻 16, 17）

其中 $I_{eq} = I_B + I_D + 2kT/qR_{eq}$，當在 $S/N = 1$，$B = 1$ Hz 條件下，雜訊等效功率（NEP）＝最小光功率 $P_{opt}|_{min}$ 的均方根值

$$\text{NEP} = \text{rms optical power } P_{opt}|_{min} = \left(\frac{h\nu}{\eta}\right)\sqrt{\frac{2I_{eq}}{q}} \tag{19}$$

為了增加光二極體的靈敏度，$\eta$ 與 $R_{eq}$ 應該同時增加，而 $I_B$ 與 $I_D$ 也應該同時減少。NEP 會隨著 $R_{eq}$ 而減少直到達飽和值，此飽和值的大小會受到暗電流或是背景電流的散粒雜訊所限制。

## 13.3.2 *p-i-n* 與 *p-n* 光二極體

　　*p-i-n* 光二極體（參考在 2.6.7 節中 *p-i-n* 二極體）是屬於 *p-n* 接面光二極體中的一個特例，因為可以調整空乏區寬度（本質層）以達成最佳的量子效率與頻率響應，故也是最常使用的光偵測器之一。圖 6 指出 *p-i-n* 二極體的結構圖，以及在逆偏壓下的能帶結構與光吸收特性。在半導體內的光吸收會產生電子－電洞對，在空乏區內產生或在其擴散長度內形成的電子－電洞對，最終會被電場分離，當載子漂移通過空乏區時，會在外部電路產生電流流動。

**量子效率（Quantum Efficiency）**　　在穩定狀態下，流經逆向偏壓所造成的空乏層之總光電流密度為 [18] $J_{tot} = J_{dr} + J_{diff}$，其中 $J_{dr}$ 是由於載子在空乏區內產生而造成的漂移電流，$J_{diff}$ 是由於載子在空乏區外的塊材半導體產生後，並且擴散到逆向偏壓所形成的接面之擴散電流。假設熱產生的電流可以忽略不計，且表面 *p*- 層的厚度遠小於 $1/\alpha$ 值，我們可先推導出全部的電流。參照圖 6c，電子電洞產生率為 $G_e(x) = \Phi_0\alpha\exp(-\alpha x)$，其中的 $\Phi_0 = P_{opt}(1-R)/Ah\nu$，是每單位面積的入射光子通量，$R$ 為反射係數，$A$ 為元件面積，因此漂移電流 $J_{dr}$ 可以表示為

$$J_{dr} = -q\int_0^{W_D} G_e(x)dx = q\Phi_0[1 - \exp(-\alpha W_D)] \tag{20}$$

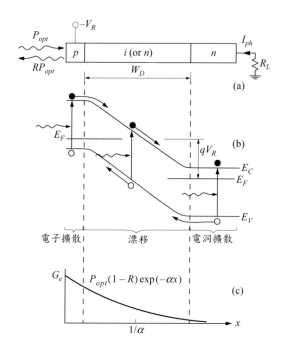

圖6　光二極體的操作 (a) 標準 *p-i-n* 二極體的截面圖 (b) 逆偏壓下的能帶結構 (c) 載子產生特性。（參考文獻 5）

其中 $W_D$ 是空乏層寬度。在空乏區內，假設量子效率為 100%，當 $x > W_D$，在塊材半導體內的少數載子密度（電洞）可從 1.8 節的一維擴散方程式推導而得

$$D_p \frac{\partial^2 p_n}{\partial x^2} - \frac{p_n - p_{no}}{\tau_p} + G_e(x) = 0 \tag{21}$$

其中 $D_p$ 是電洞的擴散係數，$\tau_p$ 是過量載子的生命期，$P_{no}$ 為熱平衡狀態下的電洞密度。在邊界條件為 $x = \infty$，$P_n = P_{no}$，以及在 $x = W_D$，$P_n = 0$，式 (21) 的解可得

$$p_n = p_{no} - [p_{no} + C_1 \exp(-\alpha W_D)] \exp\left(\frac{W_D - x}{L_p}\right) + C_1 \exp(-\alpha x) \tag{22}$$

其中 $Lp = \sqrt{D_p \tau_p}$ 且 $C_1 \equiv (\Phi_0 / D_p)\,(\alpha L_p{}^2)\,/\,(1 - \alpha^2 L_p{}^2)$，擴散電流密度 $J_{diff}$ 可得

$$J_{diff} = -qD_p \frac{\partial p_n}{\partial x}\bigg|_{x=W_D} = q\Phi_0 \frac{\alpha L_p}{1 + \alpha L_p}\exp(-\alpha W_D) + \frac{qp_{no}D_p}{L_p} \tag{23}$$

全部的電流是空乏區內的漂移電流 $J_{dr}$，與空乏區以外的擴散電流 $J_{diff}$ 是總和，可得

$$J_{tot} = q\Phi_0\left[1 - \frac{\exp(-\alpha W_D)}{1 + \alpha L_p}\right] + \frac{qp_{no}D_p}{L_p} \tag{24}$$

在一般的操作條件下，包含 $P_{no}$ 的暗電流值非常小，所以總光電流正比於光通量。量子效率可以由式 (2) 與式 (32) 得到

$$\eta = \frac{AJ_{tot}/q}{P_{opt}/h\nu} = (1-R)\left[1 - \frac{\exp(-\alpha W_D)}{1 + \alpha L_p}\right] \tag{25}$$

在定性上，因為反射 $R$ 與光在空乏區外被吸收，量子效率會從 1 開始往下降。對於高量子效率，其需要 $\alpha W_D \gg 1$，以及低的反射係數。然而，在 $W_D \gg 1/\alpha$ 時，需考慮傳渡時間的延遲。下節會討論傳渡時間效應。

**頻率響應（Frequency Response）**　由於載子需要足夠的時間通過空乏層，當入射光強度瞬間被調變後，光通量與光電流之間將出現相位差。為了得到此效應的定量結果，最簡單的方式如圖 7a 所示，其中假設所有的光都在表面被吸收，而且外加電壓夠高，可以將本質區空乏且載子可達到飽和速度 $v_s$。已知光通量密度為 $\Phi_1 \exp(j\omega t)$（光子 / s-cm$^2$），假設 $\eta = 100\%$，傳導電流密度 $J_{cond}$ 為時間與距離的函數，可得

$$J_{cond}(x) = q\Phi_1 \exp\left[j\omega\left(t - \frac{x}{v_s}\right)\right] \tag{26}$$

因為 $\nabla \cdot J_{tot} = 0$，我們可以將終端全部電流寫為

$$J_{tot} = \frac{1}{W_D}\int_0^{W_D}\left(J_{cond} + \varepsilon_s \frac{\partial \mathscr{E}}{\partial t}\right)dx \tag{27}$$

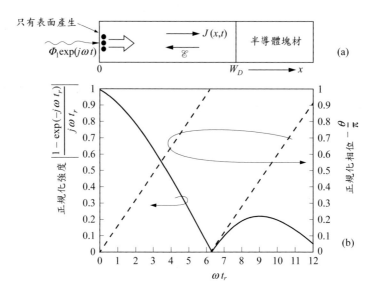

圖 7　(a) 傳渡時間效應的說明 (b) 光響應圖，正規化光響應強度與相位對正規化入射光通量調變頻率的關係圖，其中 $\theta = \omega t_r / 2$。（參考文獻 18）

式中括號內的第二項是位移電流，現在可得

$$J_{tot} = \left[ \frac{j\omega\varepsilon_s V}{W_D} + q\Phi_1 \frac{1 - \exp(-j\omega t_r)}{j\omega t_r} \right] \exp(j\omega t) \tag{28}$$

其中 $V$ 為外加電壓與內建電位的總和，且 $t_r = W_D / v_s$ 為載子通過空乏區的傳渡時間。由式 (28) 短路電流密度（$V \approx 0$），可得

$$J_{sc} = \frac{q\Phi_1 [1 - \exp(j\omega t_r)]}{j\omega t_r} \exp(j\omega t) \tag{29}$$

圖 7b 表示高頻下的傳渡時間效應，其中正規化電流的振幅與相位角，與正規化調變頻率呈現函數關係。值得注意的是，當 $\omega t_r$ 大於 1 時，交流光電流（ac photocurrent）的強度會隨著頻率增加而快速遞減。當 $\omega t_r = 2.4$，振幅降低 $\sqrt{2}$ 倍，以及伴隨著 $0.4\,\pi$ 的相位移，因此光偵測器的響應時間會受到

載子通過空乏層的傳渡時間限制。在高頻響應與高量子效率之間的合理折衷方式，是選擇厚度在 $1/\alpha$ 與 $2/\alpha$ 之間的吸收層，可使大部分的光在空乏區內被吸收。

對於 *p-i-n* 光二極體，*i* 層的厚度假設等於 $1/\alpha$。載子傳渡時間是載子漂移通過 *i* 層所需要的時間。從式 (29) 可得知 3-dB 頻率可以表示為（$\omega t_r = 2.4$）

$$f_{3dB} = \frac{2.4}{2\pi t_r} \approx \frac{0.4 v_s}{W_D} \approx 0.4 \alpha v_s \tag{30}$$

圖 8 所示為矽 *p-i-n* 光二極體的 $\eta / (1-R)$ 為 3-dB 頻率，以及由式 (30) 計算與圖 1 所得空乏區寬度的函數。曲線顯示在不同的波長下，調整空乏區寬度、響應速率（3-dB 頻率與 $1/W_D$ 成正比）與量子效率的折衷值。高速光二極體元件結構如圖 9 所示，圖 9a 表示 *p-i-n* 光二極體，通常具有抗反射層以增加量子效率，本質層厚度可根據光信號波長與調變頻率來進行最佳化（或是低濃度的 *n*- 型，也稱 *v*- 區域；或是低濃度的 *p*- 型，亦稱 $\pi$- 區域）。相關的元件有 *p-n* 光二極體，其中 *n*- 型具有高摻雜濃度，使得此層並非完全空乏（如圖 9b）。當波長接近長波長截止點時，吸收深度將變得相當長（$\alpha = 10$ $cm^{-1}$，$1/\alpha = 1,000$ μm）。有一種可在量子效率與響應速度之間選擇的折衷方式是利用將光由側邊入射，並平行接面，以此方式可降低本質層厚度、縮短傳渡時間而提高速度，卻可以降低量子效率。光也可以斜角度照射並且造成元件內部的多次反射，顯著增加有效的吸收厚度，同時保持較小的載子傳渡距離 [19,20]。其他三種元件是金屬 半導體光二極體，這將在下節討論。

對於 *p-n* 光二極體，當空乏層夠窄時，某部分光線會在空乏區外被吸收，這些現象會導致一些缺點。首先，量子效率會遞減。在空乏區外超過一個擴散距離的長度，被吸收的光線完全不會貢獻成為光電流，而在一個擴散距離內的效率也會減少。第二，擴散過程是一種很緩慢的過程，對於載子在距離 *x* 內擴散的所需時間可得

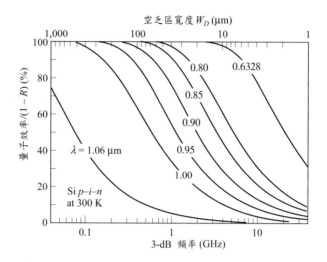

圖 8　矽 *p-i-n* 光二極體在不同波長下，量子效率對空乏區寬度與傳渡時間限制 3-dB 頻率的變化圖。飽和速率為 $10^7$cm/s。

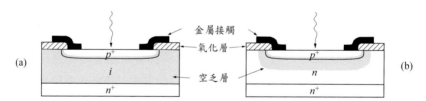

圖 9　高速光二極體元件結構 (a) *p-i-n* 光二極體 (b) *p-n* 光二極體。（參考文獻 5）

$$t = \frac{4x^2}{\pi^2 D_p} \tag{31}$$

這遠小於漂移過程時間。*p-n* 光二極體一般來說比 *p-i-n* 光二極體擁有較低的響應速率，最後，中性區將導致串聯電阻，此效應如同之前所討論的為雜訊的來源。

### 13.3.3 異質接面光二極體

　　光二極體可以利用兩種不同能隙的半導體異質接面來形成（參見 2.7 節）。異質接面光二極體（Heterojunction Photodiode）的優點之一是量子效率並不完全與從表面的接面距離有關，這是因為大能隙的材料可視為透明，並且可以用來作為光功率傳輸的窗口。此外，由於異質接面可以提供獨特的材料結合，所以在已知的光訊號波長下，可以得到最佳量子效率與反應速率，還可以降低暗電流。為了得到具低漏電流的異質接面，兩個不同半導體的晶格常數必須非常匹配。一些異質接面光二極體的例子如圖 10 所示，使用 InP 基板，其晶格常數與 InGaAs（$E_g \approx 0.73$ eV）以及與 InAlAs 匹配，這種結構在長波長（1- 6 μm）有好的性能，此元件預期比 Ge 光二極體有較優異的性能，主要因為其為直接能隙材料，在本質吸收邊緣具有較大吸收係數，所以元件只需薄的空乏區寬度便可以用於高響應速度的元件上。SiGe 異質接面二極體是另一種內部光發射型偵測器，主要是針對 5 至 14 μm 長波長紅外線的操作設計，其操作溫度範圍可依截止波長從 40 K 變化至 300 K。使用表面張力局部鍵結 Ge 在 Si 上，可製作 Ge/Si 異質接面光二極體，以用在 25 Gb/s 高速光學互聯網上 [21]，另外一個系統是 AlGaAs 在 GaAs 基板上。這些異質接面對於在 0.65 到 0.85 μm 波長 [13] 範圍下操作的元件是非常重要

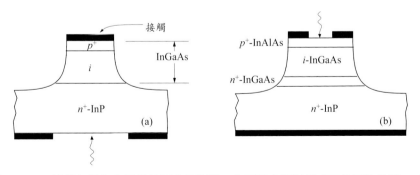

圖 10　Inp 基板上製作的異質接面光二極體，在不同光照射模式下的元件結構 (a) 基板端照射 (b) 頂端照射。

的。此外，InP/Si 異質接面具有 II- 型態不連續對齊能帶，可應用於高效率
矽基異質接面光二極體 [22]。

## 13.3.4 金屬－半導體光二極體

金屬－半導體二極體可以作爲高頻率的光偵測器 [23]。我們在第三章已經
討論在金屬－半導體二極體內的能帶圖與電流傳輸，金屬－半導體光二極體
（圖 11a）可以在兩種模式下操作，取決於光子的能量：

1. 當 $hv > E_g$ 時，如圖 11b 所示，輻射在半導體內產生電子－電洞對，光二
   極體的特性與 $p$-$i$-$n$ 光二極體很類似。量子效率可以由與式 (25) 相同的表
   示式來得到。

2. 對於低能量的光子（長波長），$q\phi_B < hv < E_g$，如圖 11c，金屬內的光激發
   電子可以克服位障並且被半導體所收集，這個過程稱爲內部發光（internal
   photoemmision），已經廣泛地被用來偵測蕭特基位障與研究熱電子在金
   屬薄膜內的傳輸（transport）[25]。

在第一個過程，當 $hv > E_g$ 且具有崩潰的高逆向偏壓，二極體可以當作累增
光二極體來操作。這將在下一節累增光二極體中納入討論。對於內部發光，
光子在金屬內被吸收且載子被激發到較高的能量，這些熱載子具有在任意方
向的動量，那些動量有大於位障的過量能量，使得動量趨向半導體，並貢獻
爲光電流。

內部發光過程與能量有關，且量子效率可以表示爲

$$\eta = C_F \frac{(hv - q\phi_B)^2}{hv} \tag{32}$$

其中 $C_F$ 是福勒發射係數（Fowler emission coefficient）。這個現象通常用
來測量位障高度，當蕭特基位障二極體以可變波長的的光掃描，圖 11d 顯示
量子效率的起始值爲 $q\phi_B$，且會隨著光子能量變化而增加。當光子能量到達
能隙的大小時，量子效率將躍升到很高的數值。實際應用上，內部發光量子

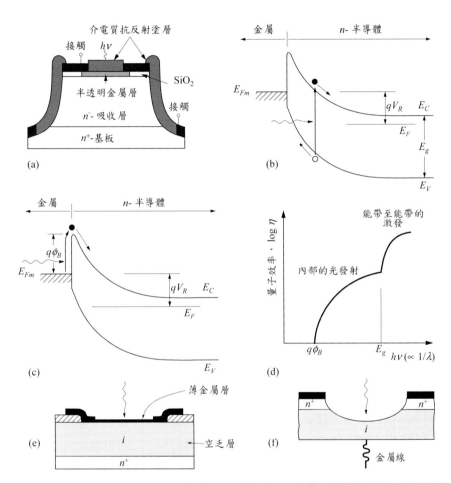

圖 11　　(a) 金屬－半導體光二極體（參考文獻 24）(b) 能帶－能帶的電子電洞對激發（$hv > E_g$）(c) 金屬－半導體（$E_g > hv > q\phi_B$）激發電子內部的光發射效應 (d) 量子效率對波長顯示出兩種過程 (e) 金屬 -i-n 與 (f) 點接觸光二極體的結構。（參考文獻 5）

效率 $\eta \leq 1\%$。當二極體發光（illuminated）通過金屬接觸，爲了避免大量的反射現象與吸收損失，金屬薄膜必須要夠薄，厚度約 10 nm，且必須使用抗反射鍍膜 [26, 27]，藉由使用低摻雜的本質層，如圖 11e 所示爲類似 *p-i-n* 二極體結構的金屬—本質 *–n* 型光二極體（metal-*i*-*n* photodiode），這種結構的優點主要是能帶到能帶的激發。有一種特別的金屬—半導體二極體是點接觸的光二極體，如圖 11f 所示 [28]，其有效容積（active volume）非常小，且擴散時間與電容兩項數值也很小，因此這結構比較適合極高調變頻率。

對於內部光激發偵測器，有足夠效率引導入射光線通過基板。當位障高度永遠小於能隙寬度，即 $q\phi_B < hv < E_g$ 的光在半導體內不會被吸收，而且光強度在金屬—半導體界面並不會有所損耗。在這個例子中，爲了簡單控制厚度與降低串聯電阻，因此金屬薄膜可以較厚。對於矽元件，製程中使用金屬矽化物取代金屬薄膜爲一種可行的方式，當金屬與矽反應形成金屬矽化物，會產生許多可再生的介面以致於新的介面不會出現。爲了達到上述目的，一般使用的金屬矽化物爲 PtSi、$Pd_2Si$ 與 IrSi。蕭特基位障二極體的另外一個優點是不需要摻雜擴散或是佈植退火所需要的高溫製程，金屬—半導體二極體通常適用在可見光與紫外光區，在這些區段，在一般半導體材料內的吸收係數 $\alpha$ 非常高，可達 $10^5$ $cm^{-1}$ 數量級或是更高，其中相對應的吸收長度 $1/\alpha$ = 0.1 μm 或更低，這有可能選擇適當的金屬與抗反射層材料，以使大量的入射光在半導體表面附近被吸收。蕭特基二極體的暗電流是由主要載子的熱離子激發造成的，而不是來自於限制 *p-n* 二極體速度的少數載子擴散電流。已有文獻發表指出，可製作出能在 100 GHz 下操作、上升時間約 1 ps 的快速蕭特基位障二極體 [24]。蕭特基位障二極體的優點是在不需使用小能隙半導體的情況下，具有快速與長波長偵測的能力。

# 13.4 累增光二極體

累增光二極體（Avalance Photodiode, APDs）是操作在發生累增倍乘效應的高逆偏壓狀態 [29]。自 1970 年代起，累增光二極體即應用在光通訊、影像與單光子偵測，以及在軍事上 [30]。由於累增倍乘提高內部電流增益，累增光二極體的電流增益－帶寬的乘積可以高於 500 GHz，因此元件可以在微波頻率下響應光調變 [30]。累增光二極體的量子效率與響應速率之準則與非累增光二極體相似，然而高增益伴隨而來的是產生雜訊，因此我們必須同時考慮雜訊特性與累增增益。

## 13.4.1 累增增益

我們在第二章中討論過累增增益（avalanche gain），其通常稱為倍乘因子（multiplication factor），電子的低頻率累增增益為

$$M = \left\{ 1 - \int_0^{W_D} \alpha_n \exp\left[ -\int_x^{W_D} (\alpha_n - \alpha_p) dx' \right] dx \right\}^{-1} \tag{33}$$

其中 $W_D$ 是空乏層寬度，$\alpha_n$ 與 $\alpha_p$ 分別為電子與電洞的游離率。對於與位置無關的游離係數，例如在 p-i-n 二極體中，在 $x = 0$，電子注入高電場區的倍乘因子可進一步表示為

$$M = \frac{(1 - \alpha_p/\alpha_n) \exp[\alpha_n W_D (1 - \alpha_p/\alpha_n)]}{1 - (\alpha_p/\alpha_n) \exp[\alpha_n W_D (1 - \alpha_p/\alpha_n)]} \tag{34}$$

對 $\alpha = \alpha_n = \alpha_p$，倍乘因子可以進一步簡化為

$$M = \frac{1}{1 - \alpha W_D} \tag{35}$$

在 $\alpha W_D = 1$ 的情況下，其會對應到崩潰電壓。對實際的元件而言，在高光強度下，達到最大的直流倍乘會受限於串聯電阻與空間電荷效應，這些影響因

子可結合成一個等效串聯電阻 $R_s$，對於光產生載子的倍乘可以憑觀察現象模式化[31]

$$M_{ph} = \frac{I - I_{MD}}{I_P - I_D} = \left[1 - \left(\frac{V_R - IR_s}{V_B}\right)^n\right]^{-1} \tag{36}$$

其中 $I$ 是全部的倍乘電流，$I_p$ 是主要的（未倍乘的）光電流，且 $I_D$ 與 $I_{MD}$ 分別是主要與倍乘的暗電流。$V_R$ 是逆向偏壓，$V_B$ 是崩潰電壓，指數 $n$ 是常數，其與半導體材料、摻雜分布與輻射波長有關。對於高光強度 $I_P \gg I_D$ 以及 $IR_s \ll V_B$，光倍乘的最大值 $M_{ph}|_{max}$ 可以得到

$$M_{ph}\big|_{max} \approx \frac{I}{I_P} = \left[1 - \left(\frac{V_R - IR_s}{V_B}\right)^n\right]^{-1}\bigg|_{V_R \to V_B} \approx \frac{V_B}{nIR_s} = \sqrt{\frac{V_B}{nI_P R_s}} \tag{37}$$

當光電流小於暗電流時，$M_{ph}|_{max}$ 受限於暗電流，並且可以類似式 (37) 來表示，只需以 $I_D$ 取代 $I_P$。因此，暗電流越小越好，這是非常重要的，所以 $M_{ph}|_{max}$ 與最小偵測功率將不會受到暗電流所限制。

　　當主要載子電子橫跨過高電場區域時，再生累增過程會導致大量的載子在此區出現。較高的累增增益（或是倍乘），則需要較長的時間來建立累增過程，並且當光被移除後，累增過程會存留得更久，這即是增益帶寬乘積（$M \times B$）的特性。圖 12 顯示累增區為均勻電場的理想 p-i-n 累增光二極體所計算所得的頻帶寬，以具有不同游離係數比為參數的低頻率增益（$M$）作為函數，以 $2\pi\tau_{av}$ 正規化的 3-dB 帶寬變化圖。虛線代表 $M = \alpha_n / \alpha_p$。在 $M > \alpha_n / \alpha_p$ 的曲線下，曲線幾乎呈直線，這表示增益—帶寬乘積是常數。在此區間，增益的頻率相關性如下所示

$$M_f(\omega) = \frac{M}{\sqrt{1 + [\omega M N(\alpha_p / \alpha_n)\tau_{av}]^2}} \tag{38}$$

其中 $N(\alpha_p / \alpha_n)$ 是 $\alpha_p / \alpha_n$ 比值的函數。當 $N(1) = 1/3$ 與 $N(10^{-3}) = 2$，平均傳渡時間 $\tau_{av} = (t_{rn} + t_{rp}) / 2$，其中 $t_{rn} = W_D / \upsilon_{sn}$ 是電子傳渡時間，$\upsilon_{sn}$ 為電子飽和

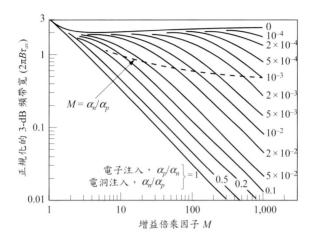

圖 12　在電子注入下針對不同的 $\alpha_p / \alpha_n$ 數值（或針對電洞的 $\alpha_n / \alpha_p$），以低頻倍乘因子 $M$ 為函數的累增光二極體理論 3-dB 帶寬圖（$2\pi\tau_{av}$ 的倍數）。（參考文獻 32）

速度。同樣的表示式也可以在電洞的傳渡時間 $t_{rp}$ 得到。由式 (38) 可知，帶寬 $B$ 可以由分母的第二項設定為 1 得到，增益－帶寬乘積為

$$M \times B = \frac{1}{2\pi N(\alpha_p / \alpha_n)\, \tau_{av}} \tag{39}$$

在相等的游離係數與較高增益的特別情況下，可發現增益－帶寬乘積 $M \times B = 3/2\ \pi\tau_{av}$。為了得更大的增益帶寬乘積，$\upsilon_{sn}$ 與 $\upsilon_{sp}$ 應該越大越好，並且 $\alpha_p / \alpha_n$ 與 $W_D$ 越小越好。高於此虛線表示 $M < \alpha_n / \alpha_p$，帶寬主要是由載子的傳渡時間來決定，本質上與增益無關。

## 13.4.2 累增倍乘雜訊

累增的過程在本質上是一種統計的結果，因為在空乏區已知的距離內產生的每一個電子－電洞，都是獨立且不會經歷完全相同的倍乘，因為累增增益的變動，使得增益平方的平均值 $\langle M^2 \rangle$ 大於平均的平方值 $\langle M \rangle^2$。多餘的雜訊可由雜訊因子來將其特性化

$$F(M) \equiv \frac{\langle M^2 \rangle}{\langle M \rangle^2} = \frac{\langle M^2 \rangle}{M^2} \tag{40}$$

雜訊因子 $F(M)$ 是與理想無雜訊倍乘比較，量測其增加的散粒雜訊，與游離係數 $\alpha_p \, / \, \alpha_n$ 的比值以及低頻放大因子 $M$ 強烈相關。運算子 $\langle \, \rangle$ 表示統計平均。除了無雜訊的增加過程外，我們證明雜訊因子 $F(M) \geq 1$，並隨著倍乘而單調地遞增。對於每一入射光載子而言，當 $\alpha_n = \alpha_p$，在倍乘區域平均只存在主要與次要的電子與電洞三種載子。以一個很大百分比的變化，造成波動（flunctuation）會改變載子數目，並造成更大的雜訊因子。另一方面，如果其中一個游離係數趨近於零（例如 $\alpha_p \rightarrow 0$），對於每個入射光載子在倍乘區域內，有 $M$ 數量級的載子存在，一個載子的變動對於擾動相對並不重要，因此，若 $\alpha_n$ 與 $\alpha_p$ 之間的差異非常大時，雜訊因子被預期是很小的。若只有電子注入時，雜訊因子可以表示為 [33]

$$F = M\left[1 - (1-k)\left(\frac{M-1}{M}\right)^2\right] = kM + \left(2 - \frac{1}{M}\right)(1-k) \tag{41}$$

其中 $k \equiv \alpha_p \, / \, \alpha_n$，並且假設其跨過累增區域均為常數。若電洞單獨注入時，假設以 $k' \equiv \alpha_n \, / \, \alpha_p$ 來取代 $k$，可適用前述方程式，若 $\alpha_p = \alpha_n$（也就是 $k = 1$），從式 (41) 可求得 $F = M$；若 $\alpha_p \rightarrow 0$（也就是 $k = 0$），$M \rightarrow \infty$，即可得到 $F = 2$。針對不同游離係數比，雜訊因子對倍乘因子的關係，如圖 13 所示。在電子或電洞注入時利用一個較小的 $k$ 或 $k'$ 值，可以將過量的雜訊最小化。

　　圖 14 顯示，在 600 kHZ 下，具有 0.1 μA 主要注入電流的矽累增光二極體之量測結果。在圖中，空心圓表示電洞主要光電流的雜訊，其是由短波長輻射所造成（參見插圖）；實心圓為電子主要光電流的雜訊。因為矽材料內的 $\alpha_n$ 遠大於 $\alpha_p$，因此電子注入的雜訊因子顯著低於電洞注入的雜訊因子。結果如圖 13 所示，可以應用在 p-i-n 累增光二極體與 lo-hi-lo 結構的光二極體，後者在累增區域具有均勻的電場。一般的累增光二極體具有非均勻電場，游離係數必須透過以 $k_{\text{eff}}$ 取代式 (41) 中的 $k$ 方式進行加權，類似以 $k'_{\text{eff}}$ 取代 $k'$ [35]

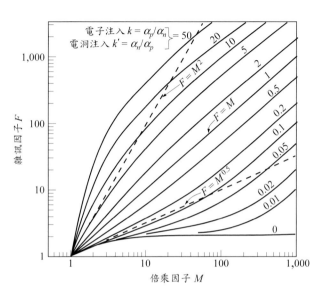

圖 13　針對在不同游離係數比，理論雜訊因子對倍乘因子的關係圖。（參考文獻 33）

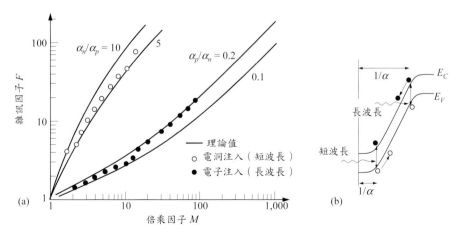

圖 14　(a) 具有 0.1 μA 兩個波長主要電流的矽累增光二極體之雜訊因子實驗結果 (b) 具有電子或電洞主要電流與入射光波長具有相關性。（參考文獻 34）

$$k_{\text{eff}} = \int_0^{W_D} \frac{\alpha_p(x)}{\alpha_n(x)} M^2(x)dx \text{ and } k_{\text{eff}}' = k_{\text{eff}}\left[\int_0^{W_D} \frac{\alpha_p(x)}{\alpha_n(x)} M(x)dx\right]^{-2} \tag{42}$$

當入射光被接面的兩側吸收後，將使得電子電洞皆注入至累增區並且產生額外的雜訊。例如，當 $k_{\text{eff}} = 0.005$ 且 $M = 10$ 時，只有純電子注入時雜訊因子的值為 2，在 10% 電子注入時雜訊因子增加到 20。[36] 因此，有各種不同的方法被提出發表，其應用在累增光二極體中以達成低雜訊與寬帶寬。首先，載子的離子游離係數相差越大越好，其次累增過程必須由具有較高游離率的載子來發起。此外，也已採用適當設計的異質接面之衝擊離子化製程[30]。尤其是對最好的倍乘區域使用 Si、$Hg_{0.7}Cd_{0.3}Te$ 或 InAs 等材料都可達成最高的性能[29, 30, 37, 38]，其中 $k \rightarrow 0$，因為 $k \ll 1$ 時，雜訊因子值小。在紫外光波段，線性模式操作下，SiC(4H) 累增光二極體比 Si 累增光二極體有較佳的性能[39, 40]。在增益大於 $10^3$ 的情況下，$Hg_{0.7}Cd_{0.3}Te$ 累增光二極體[40, 41] 的超量雜訊因子接近 1。對其他組成成分，基於雜訊問題的考量，游離率必須維持在最小值以作為主要光產生電流，其優點是避免在高電場累增區域內的光吸收，對其他材料可藉由低雜訊的最佳化設計來達到提高性能。

### 13.4.3 訊號雜訊比

累增光二極體的光偵測過程與等效電路圖如圖 15a 所示，電流增益機制將放大訊號電流、背景電流與暗電流。除了額外的倍乘因子外，倍乘光電流訊號的均方根值與式 (14) 相同

$$i_p = \frac{q\eta m P_{opt} M}{\sqrt{2} h \nu} \tag{43}$$

在圖 15b 中，等效電路圖內的其他元件與 p-i-n 光二極體相同。在倍乘作用後的均方散粒雜訊電流為

$$\langle i_s^2 \rangle = 2q(I_P+I_B+I_D)\langle M^2 \rangle B = 2q(I_P+I_B+I_D)M^2 F(M)B \tag{44}$$

熱雜訊也與 *p-i-n* 光二極體相同，如式 (15) 所示。對於平均功率為 $P_{opt}$ 的 100% 調變後之訊號，累增光二極體的訊號雜訊功率比（SNR）可以表示為

$$\frac{S}{N} = \frac{(1/2)(q\eta P_{opt}/h\nu)^2}{2q(I_P + I_B + I_D)F(M)B + 4kTB/(R_{eq}M^2)} \tag{45}$$

由式 (45) 可知，累增增益可以藉由降低分母的最後一項重要性而增加訊號雜訊比。SNR 值會隨著 $M$ 增加，直到 $F(M)$ 也變大，因此，在已知的光功率下會有一個最佳的 $M$ 值，來產生最大的 S/N 比。當分母的第一項近似於第二項時，可以獲得最佳的倍乘。當 $d(S/N)/dM = 0$ 時，可以獲得最佳的倍乘 $M_{opt}$，將這個 $M_{opt}$ 代入式 (45)，在大訊號光電流條件下，我們能得到一個最大的訊號雜訊比 [42]，$SNR \propto \eta/\sqrt{k}$，因此，要獲得最大的 S/N 值，必須要增大 $\eta/\sqrt{k}$。我們可以由式 (45) 求解得到最小光功率，以滿足累增增益發生時的某個特定 S/N 值。此功率與式 (18) 有相同的形式，除了需將 $I_{eq}$ 表示為

$$I_{eq} \equiv (I_B + I_D)F(M) + \frac{2kT}{qR_{eq}M^2} \tag{46}$$

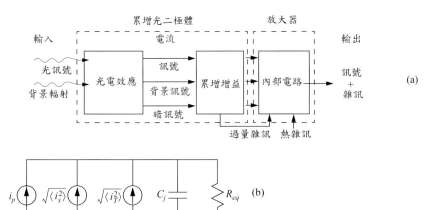

圖 15　(a) 累增光二極體的光偵測流程 (b) 等效電路圖。（參考文獻 16）

雜訊等效功率 NEP 與式 (19) 相同。透過降低 $I_{eq}$，可藉由累增增益 $M$ 來提高式 (46) 中的 NEP 數值，由於累增增益可以顯著地降低 NEP，因此累增光二極體更優於單一增益光二極體。

## 13.4.4 元件性能

　　累增光二極體的操作需在整個二極體的空間範圍內，產生均勻的累增倍乘效應[43]。微電漿體（microplasmas）是整個二極體區域中存在一崩潰電壓小於整個接面崩潰電壓的小區域，必須加以消除。可使用低差排材料與設計主動區域小於入射光束所需要的面積，一般直徑約為數個 μm 到 100 μm，以降低在主動區域內發生微電漿體的機率。由於接面曲率效應或是高電場濃度效應，會造成沿著接面邊緣的額外漏電流，故可使用防護環（guard ring）或是表面斜角結構來消除[44]。

　　圖 16 為一些基本的累增光二極體元件結構，與一般光二極體的主要不同在於其接面邊緣添加防護環，來控制在高偏壓下的漏電流，此防護環的分布必須有足夠大的曲率半徑來降低摻雜梯度，以致於能讓防護環在中心的 $p^+$-$n$ 接面（或是 $p$-$i$-$n$ 接面）發生崩潰前不會崩潰。金屬—半導體的累增光二極體也必須使用防護環，來消除存在接觸點周遭的高電場密度（圖 16b）。製作台面（Mesa）或是斜角結構可以有較低跨越接面的表面電場，且元件內部有均勻的累增崩潰現象發生（沒有顯示出來）。由於化合物半導體技術沒有較佳的平坦化製程，因此這種現象會更普遍發生於化合物半導體元件之中。為了偵測靠近本質吸收邊緣的波長，可以使用側邊照光的 APD 來同時改善量子效率與訊號雜訊比。累增光二極體可利用各種不同的材料來製作，例如鍺、矽、三五族化合物與其合金材料[30]，決定選擇某種特定半導體材料的關鍵因素包括在特定光波長的量子效率、反應速率與雜訊。我們接著來看一些代表性的元件性能。

　　由於在波長範圍 1 至 1.6 μm 之間，鍺光二極體有較高的量子效率，因此用途較為廣泛，同時因為鍺的電子與電洞游離係數相近，因此雜訊因子接

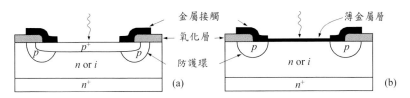

圖 16　累增光二極體的基本元件結構 (a)p-n 或是 p-i-n 結構 (b) 金屬半導體結構。注意在接面邊緣有防護環。

近 $F = M$，如式 (41)，以及均方散粒雜訊會隨著 $M^3$ 變化，如式 (44)。[5] 對於中等程度增益 $M < 30$ 的情況，訊號功率隨著 $M^2$ 增加，與雜訊功率會隨著 $M^3$ 增加。此行為特性與理論預測相吻合。在 $M = 10$ 時，可以得到較高的 SNR 值（$\approx$ 40 dB），也就是來自二極體所貢獻的雜訊約略等於接收器的雜訊。在較高的 $M$ 值時，SNR 值遞減的原因是由於累增雜訊比倍乘訊號增加的更快速。

　　在 0.6 至 1 μm 的波長範圍內，矽累增光二極體特別有用，對有抗反射塗層的元件，其量子效率 $\eta \approx 100\%$。值得注意的是，在矽材料內，$k(\mathcal{E})$ 是強電場函數，電場在 $3 \leq \mathcal{E} \leq 6$（$\times 10^5$ V/cm）強度時，其值為 $0.1 \leq k(\mathcal{E}) \leq 0.5$。因此，為了降低雜訊，累增崩潰時的電場強度必須越低越好，而且游離倍乘效應應該由電子啟發。

　　理想化的摻雜分布如圖 17a 所示，其中元件有兩種不同電場強度的區域。寬且低電場的區域作為光吸收區域，狹窄且高電場的區域作為累增倍乘區域。由於電場從 $n^+$- 層完全延伸至 $p^+$- 層的所有空間（完全空乏）[45]，所以此種結構稱為透穿型結構（reach-through structure）。$p^+$-$\pi$-$p$-$\pi$-$n^+$ 結構的摻雜分布如圖 17a 所示，這種摻雜分布比較類似於低—高—低的 IMPATT 二極體（詳見第十章）。在吸收光線的低電場漂移區域，載子可以飽和速度（當電場強度大於 $10^4$ V/cm，其飽和速度為 $10^7$ cm/s）穿越此區。在高電場累增區域，最大電場強度可以藉由調整厚度 $b$ 來調諧其最大電場值 $\mathcal{E}_m$。崩潰條件可以表示為

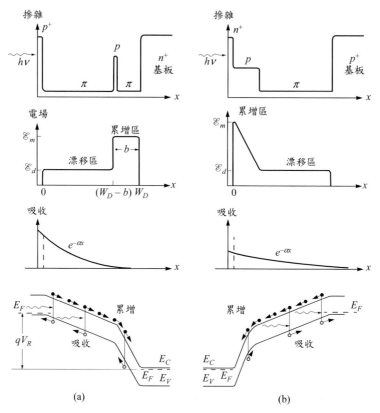

圖 17    透穿累增光二極體的掺雜分布、電場分布、入射光吸收與能帶結構圖，顯示電子
如何啓發倍增過程 (a) 低—高—低累增光電二極體 (b) 高—低累增光電二極體。

$$\alpha_n b = \frac{\ln(k)}{k-1} \quad , \quad k \equiv \frac{\alpha_p}{\alpha_n} \tag{47}$$

崩潰電壓爲 $V_B \approx \mathscr{E}_m b + \mathscr{E}_d (W_D - b)$，對已知的波長，我們可以選擇 $W_D$（例

如 $W_D = 1/\alpha$）以及可獨立地調整 $b$ 值，以得到最佳化的元件性能。大部分

的光應該在 $\pi$ 區域（$W_D - b$）內被吸收，並且電子進入累增區，開始產生累

增過程，所以可預期 $p^+$-$\pi$-$p$-$\pi$-$n^+$ 元件會有較高的量子效率、高響應速率以

及好的訊號雜訊比。事實上，要製作一個狹窄的 $p$- 型區域是困難的，因此

$n^+$-$p$-$\pi$-$p$ 元件（圖 17b）可能是一種選擇。此種掺雜分布與高—低 IMPATT

結構是一致的，藉由離子佈植與擴散方式可以得到良好的摻雜分布控制，使此種 $n^+$-$p$-$\pi$-$p$ 元件結構更適合製作在大直徑的矽晶圓上[46]。對於有抗反射塗層的元件，在 $\lambda \approx 0.8$ μm，量子效率 $\eta \approx 100\%$。在啟發倍乘過程中，由於混合少量電洞，因此雜訊因子會高於圖 17a 所示的結構。

金屬—半導體（蕭特基位障）累增光電二極體在可見光與紫外光範圍是很有用的，但因為在高偏壓時，蕭特基位障先天性上有較高的漏電流，所以在應用上比以摻雜方式而形成的接面不普遍。蕭特基位障累增光電二極體的基本特性與一般 $p$-$n$ 接面的累增光電二極體相似。如圖 16b 所示，具有一層 SiPt 薄膜（$\approx 10$ nm）與擴散防護環的蕭特基位障累增光電二極體製作在 0.5 Ω-cm 的 $n$- 型基板上，其具有理想的逆向飽和電流。由於防護環的功用是消除接面的漏電流，因此可獲得理想的逆向飽和電流。在蕭特基位障的累增光電二極體，累增倍乘過程可以放大高速光電流脈衝的波峰值達 35 倍[47]。在 PtSi-Si 的累增倍乘光二極體的雜訊量測時，於可見光範圍內可以看見放大光電流的雜訊，隨著以近似於 $M^3$ 的關係而增加。當波長減少時，電子注入光電流變成主要電流與雜訊減小，此現象與雜訊理論相符合。

製作在 $n$- 型矽基板上的蕭特基位障累增光電二極體，被認為對紫外光的高速偵測是特別有用的，紫外線穿透薄的金屬電極，被吸收在矽表面 10 nm 處之內。載子倍乘現象主要是由電子啟發而得到低雜訊與高帶寬的乘積，同時也可能得到高速響應的光電流脈衝放大。當延伸波長範圍到超過能隙時（請參見圖 11b），也可以發生光激發越過位障的現象。

異質接面累增光二極體，特別是三五族合金，比鍺與矽元件具有更多的優點。藉由調整合金的組成，可以調諧元件的波長響應。因為直接能隙的三五族合金具有高的吸收係數，即使在使用很窄的空乏區寬度來提供高速響應時，此元件仍有高的量子效率。此外，可以成長異質結構的窗型層（以大能隙材料作為表面層）以獲得高速響應特性，以及減少光產生之載子的表面復合損失。使用各種合金系統如：AlGaAs/GaAs、AlGaSb/GaSb、InGaAs/InP 等材料，可以製作出不同異質結構的累增光二極體，這些結構在改善高速響應與量子效率上，已被證實優於鍺與矽材料的元件特性，目前有許多深入的研究仍持續廣泛地在這領域進行，以了解材料的性質、吸收係數與可靠度。許多異質接面的累增光二極體元件製作是使用三五族半導體成長在 GaAs 或是 InP 基板上的方式，利用與晶格常數非常匹配的三元或是四元化合物，藉由磊晶方式成長在基板上（例如使用液相或是氣相磊晶或是分子束磊晶等方法）。可以調製合金的組成、摻雜濃度與每層的厚度來獲得最佳的元件工作性能 [14, 29, 30, 40]。

最常見的組成是 AlGaAs/GaAs 的異質接面。最上層的 AlGaAs 層可以作為 0.5 至 0.9 μm 入射光穿透的窗型層。<100> 晶向的 GaAs 並沒有較好的游離率（$k = 0.83$）。對於 <111> 晶向的 GaAs，電洞的游離率遠大於電子的游離率（參見本書上冊第一章）。為了減少累增雜訊，我們必須使用 <111> 晶向 GaAs 來執行以電洞啟發倍乘過程。異質接面累增光二極體的主要優點之一是在倍乘區域內使用高能隙材料，並且保持以低能隙材料來當作光吸收層的特性，因為崩潰電壓被預期會隨著 $E_g^{3/2}$ 變化，所以穿隧與微電漿現象造成的暗電流可以被大幅地抑制。這個效應也可以預防累增光二極體結構中的邊緣崩潰現象，此方法被稱為分離吸收（separate absorption）與倍乘現象。

圖 18 所示為具有分離吸收與倍乘區域的 InGaAs/InP 異質累增光二極體的試樣 [48]。在 InP 區域內（倍乘區）形成 $p^+$-$n$ 接面，由於其有較大的能隙 $E_g$，所以光不會被吸收。在 $n$- 型 InP 基板上成長的 InGaAs 層作為光吸收區域，其較低的能隙可得到我們想要的波長。因為在 InP ($k' = 0.4$) 的材料中，電洞的游離率大於電子的游離率 2 至 3 倍，所以累增過程應該會先從電洞開始發生。$n$- 型 InP 與 $n$-InGaAs 的摻雜與厚度通常是設計在符合累增的條件下，能使 $n$- 型 InP 層完全空乏（如圖 18b）。在接近異質接面處的 InP 組成也必須變成漸變式結構，以避免在價電帶 $\Delta E_V$ 處的電洞產生位障，而造成電洞的累積。此元件在 1.3 μm 波長下，量子效率為 40%，而在 1.6 μm 波長下為 50%，其雜訊因子會比在 1.15 μm 波長下操作的 Ge 累增光二極體元件低 3 dB。

異質接面累增光二極體的額外優點是，若倍乘區厚度做得夠薄，則元件

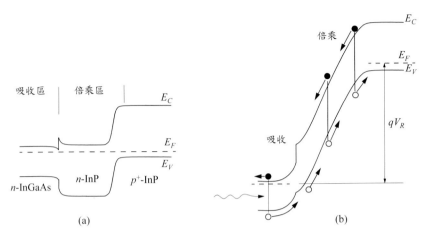

圖 18　InGaAs/InP 異質接面的累增光二極體能帶圖 (a) 在熱平衡狀態 (b) 在累增崩潰狀態。

雜訊可以更少。定性來說，衝擊游離的發生是需要某一個最小的距離，通常稱爲死亡空間，以讓載子能由電場中收集到足夠的能量。更長的倍乘區域可允許更多的倍乘效應與更大的增益，轉而產生更大的統計波動，最終將導致更多的雜訊，這樣的現象如圖 19 所示，可以清楚看到當倍乘區域從 1 μm 降至 0.1 μm，此在高增益下的分布是緊密的，然而，兩者平均的增益相同（≈ 20），因此，訊雜因子會由 6.9 降至 4 左右 [29]。

　　對於累增光二極體來說，雜訊是非常重要的問題，因此以下探討某些材料特性來改善游離率的比值。從 $Al_xGa_{1-x}Sb$ 接面的研究文獻可得知，當價電帶的自旋軌域分裂值 Δ 接近能隙時（如圖 20 的插圖），$k'$ 的數值會變得非常小 [49]。圖 20 顯示，在 $\Delta E_g = 1$，造成 $k'$ 值明顯地降低，在 $M = 100$ 的情況下，雜訊因子會小於 5，可得 $k'$ 值小於 0.04，此現象也可以在其他的材料觀察到，例如 InGaAsSb 與 HgCdTe。以分子束磊晶（molecular beam epitaxy, MBE）系統製作技術成長數位合金（digital alloy）是一個週期結構，其每個週期包含少數的單層二元成分，如圖 21a 所示。使用 InAlAs 數位合金更進一步地實現並得到較低雜訊的累增光二極體，與隨機合金堆疊相比之下，InAlAs 數位合金製作的累增光二極體，由於 $k$ 值（$k ≈ 0.01$）相對較低，與

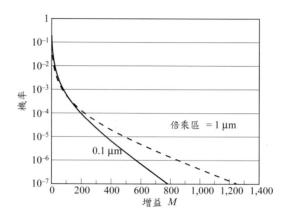

圖 19　具有 1 μm 與 0.1 μm 倍乘區域的 InAlAs APDs 增益分布圖，兩者的平均增益是相同的（≈ 20）。（參考文獻 29）

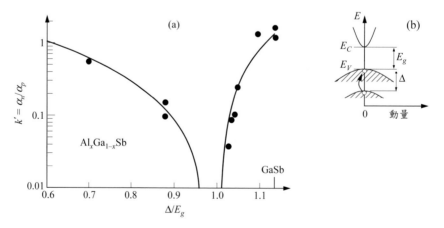

圖 20　(a) $Al_xGa_{1-x}Sb$ 中，游離率比與能隙變化（$\Delta/E_g$）(b) 能量─動量圖，$\Delta$ 為價電帶的自旋軌域分裂值。（參考文獻 49）

隨機合金比較，其主要貢獻來自數位合金被抑制的 $\alpha_p$ 值[50]。數位與隨機合金的載子能量分布計算如圖21b，在對比條件下的數位合金與隨機合金相比，電洞能量分布較窄，顯示出數位累增光二極體有低的 $k$ 值，並確定可觀察到低 $F(M)$ 值。

## 13.5 光電晶體

　　光電晶體（phototransistor）可以藉由內部雙極性電晶體的操作獲得較高的增益，但電晶體的製作流程比光二極體還要複雜，且大面積的元件特性會衰減其高頻響應特性。與累增光二極體相比，光電晶體沒有累增過程所需要的高電壓與高雜訊，因此使其能提供合理的光電流增益。圖22為雙極性光電晶體的電路模型，由於並聯組合二極體與電容而有較大的基極—集極接面作為光吸收的區域，因此與傳統的雙極性電晶體有所不同。光電晶體在光隔離器方面的應用特別有效，主要是因為它能提供較高的電流轉移比（current transfer ratio），其電流轉移比定義為輸出光偵測電流與輸入光源（雷射或是 LED）的電流比率。如果以傳統光二極體的電流轉移比為 0.2% 相較，光電晶體具有 50% 或是更高的數值。

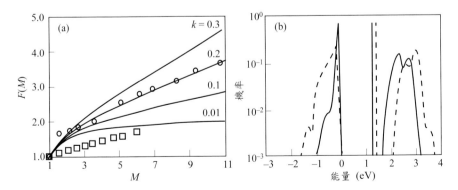

圖21　(a) 過量雜訊量測的數據，其中方塊與圓分別為數位與隨機合金 (b) 以 $\mathscr{E} = 800$ kV/cm 驅動，數位（實線）與隨機（虛線）合金累增光二極體的載子能量分布計算結果。（參考文獻 50）

　　光電晶體施加偏壓在主動工作狀態下，是指基極爲浮動的狀態下，對於 *n-p-n* 結構來說是施加一相對於射極爲正的偏壓在集極上。圖 22c 繪出其能帶結構與其照光後的能帶變動，在基極與集極空乏區具有固定擴散長度的距離內，光產生的電洞流入能帶最高處且在基極被捕獲。聚積的電洞或是正電荷會降低基極的能量（提升位能）並允許大量的電子從射極流動至集極，對於雙極性電晶體與光電晶體而言，如果電子傳渡通過基極的時間小於少數載子存活的時間，射極注入效率 $\gamma$ 會決定以少數電洞電流造成大量電子電流的結果，並且主導元件的增益機制。依據其產生源位置所造成的光電子電流，將流向射極端或是集極端。

　　嚴格來說，這些電子能減少流入射極的電流 $I_C$ 或是增加流入集極的電流 $I_E$，但是當增益變大或是全部的 $I_C$ 或 $I_E$ 大於光電流時，電子貢獻的部分就只是少數而已。簡單來說，接下來的分析假設光線在靠近基極與集極的接面上被吸收，如圖 22c 所示，搭配使用第五章表 2 中的傳統雙極性二極體參數，總集極電流可以表示如下

$$I_C = I_{ph} + I_{CO} + \alpha_T I_{nE} \tag{48}$$

其中 $I_{ph}$ 是光電流，$I_{CO}$ 爲集極流至基極的逆向飽和電流，$\alpha_T$ 爲基極傳輸因子（transport factor）。當基極在開路狀態，淨基極電流爲零，且

$$I_{pE} + (1 - \alpha_T) I_{nE} = I_{ph} + I_{CO} \tag{49}$$

由式 (48) 與式 (49)，以及所定義的射極注入效率 $\gamma = I_{nE}/I_E$，可得

$$I_{CEO} = (I_{ph} + I_{CO})(\beta_0 + 1) \approx \beta_0 I_{ph} \tag{50}$$

除了增加光強度來取代基極增加的電流（參見第五章圖 11b）之外，光電晶體電壓－電流特性在不同光強度下的表現與雙極性電晶體的特性相似。式 (50) 亦指出其光電流增益爲（$\beta_0 + 1$）。另一方面，暗電流同時受到相同因子影響而被放大。在實際同質接面的光電晶體，增益值變化從 50 到數百，但是異質接面的光電晶體卻可以獲得高於 $10^4$ 的增益值。光電晶體的缺點之一是其增益值會隨著光強度而變化，無法維持常數。光電晶體的響應速率受

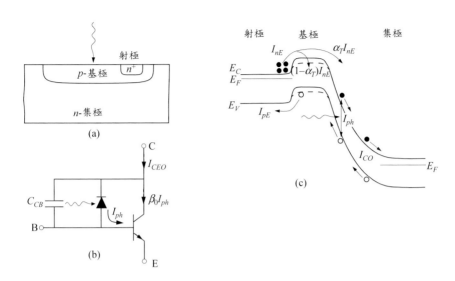

圖 22　(a) 光電晶體的結構圖 (b) 等效電路圖 (c) 偏壓狀態下的能帶圖，指出不同電流的組成。虛線是照光狀態下的基極位能漂移（開路基極）。

到射極與集極電荷充電時間的限制，可以表示為

$$\tau = \tau_E + \tau_C = \beta_0 \left[ \frac{kT}{qI_{CEO}}(C_{EB} + C_{CB}) + R_L C_{CB} \right] \tag{51}$$

其中 $C_{EB}$ 與 $C_{CB}$ 分別是射極—基極與集極—基極間的電容，$R_L$ 為負載電阻。在實際的同質接面元件當中，響應時間相對較長，通常在 1 至 10 毫秒範圍之間，亦將限制操作頻率大約為 200 kHz，但是異質接面光電晶體的操作頻率卻可以高達 2 GHz。從式 (51) 中可以發現許多現象，首先當光訊號（或是 $I_{CEO}$）變大，響應速度越快。於實際應用時，速度是重要關鍵，對於基極電極接觸的元件而言，施加一直流偏壓可以增加其直流集極電流，但會降低光電流的增益。此外，響應速率將反比於其增益值。有鑑於此，以增益—帶寬乘積來評估的元件性能是較好的。雜訊等效功率可由類似於式 (19) 的展開式來表示[51]

$$I_{eq} = I_{CEO}\left(1 + \frac{2h_{fe}^2}{h_{FE}}\right) \tag{52}$$

其中 $h_{fe}$ 為小訊號的共射極電流增益，因此在低雜訊與高增益之間有折衷值。如圖 23 所示，藉由增加第二個雙極性電晶體，可以獲得高轉移比值的達靈頓光電晶體（或是光達靈頓），以兩個電晶體其中一個當作光電晶體，其射極電流回饋到另外一個電晶體的基極，當作額外的放大器。對於第一級電路，其增益將變為 $\beta_0^2$，這個結構的頻率響應受限於大的基極—集極電容，以及由於偵測器增益所引起的回饋效應而發生降低現象。兩相比較，光二極體的典型響應時間為 0.01 毫秒的數量級，而光電晶體為 5 毫秒、達靈頓電晶體為 50 毫秒。

　　異質接面光電晶體的射極比基極的能隙大，所以有類似於一般異質接面雙極性電晶體的優點。異質結構的研究包括在 AlGaAs/GaAs、InGaAs/InP 與 CdS/Si，寬能隙的射極有較高的注入效益，亦獲得較高的增益，並允許基極能夠有較重的摻雜來降低其基極電阻，而且入射光可以穿透，所以光會更有效地被吸收在基極與集極。此外，雙重異質接面光電晶體在集極與基極的接面有額外的異質接面 [52]，此元件對於外加偏壓的兩種極性有較高的阻斷電壓與較高的增益，與在零偏壓點端時具有線性電壓電流的特性，故可以獲得兩側增益高於 3,000。[52]

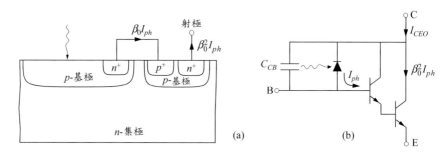

圖 23　達靈頓光二極體 (a) 結構示意圖 (b) 等效電路圖。

# 13.6 電荷耦合元件

電荷耦合元件（charge-coupled device, CCD）可以當作影像感測器或是同步移位暫存器（shift register）。事實上，當被應用在相機或是影像紀錄等影像陣列系統時，電荷耦合元件同時具有影像感測器及同步移位暫存器兩種功用。作為光感測器時，電荷耦合元件亦被稱作電荷耦合影像感測器（charge-coupled image sensor）或是電荷轉移影像感測器（charge-transfer image sensor）。作為訊號位移時，也可以稱為電荷轉移元件（charge-transfer device）。

1970 年，波以耳（Bolye）與史密斯（Smith）將 CCD 的概念應用在同步移位暫存器，並在後續相關研究中提到其作為影像元件的可行性[54]。1970年期間，CCD 當作線性掃瞄系統第一次被發表[55,56]。而在 1972 年時，CCD 延伸應用於二維面積掃描系統上[57]。為了延伸矽元件偵測波長的範圍，化合物半導體於 1973 年期間被提出來[58,59]，到了 1970 年代，CCD 在商業影像產品上已經成為一種成熟的技術[60]。

## 13.6.1 CCD 影像感測器

圖 24a 所示為表面通道電荷耦合元件（surface-channel charge-coupled device, SCCD），除了閘極為半穿透型態允許光通過外，其他結構都相似於CCD 同步移位暫存器。而一般閘極材料多使用金屬、多晶矽與金屬矽化物。除此之外，CCD 可以從基板背面照射以避免光線被閘極端吸收，在這種結構中，半導體必須夠薄使大部分的光可以被頂端表面的空乏區吸收，且由於每個邊的像素通常都小於 10 μm，因此不會降低空間解析度。

不像其他的光感測器，CCD 影像感測器的元件彼此相近，並以鏈狀型態相連接，由於其獨特的排列方式，故可如同步移位暫存器般操作來傳輸訊號。圖 24b 為表面擁有一層相反類型的埋入通道電荷耦合元件（Buried-channel charge-coupled device, BCCD）結構，這薄薄的一層（約 0.2 至 0.3

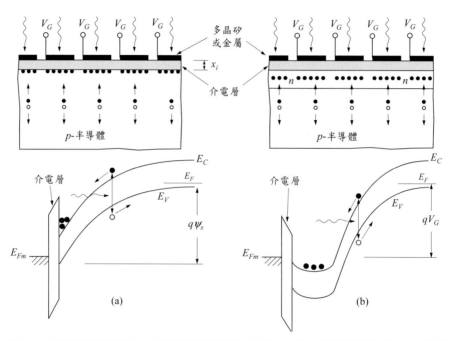

圖 24　元件結構與能帶圖 (a) 表面通道電荷耦合元件 (b) 埋入通道電荷耦合元件。施加
正閘極偏壓在 *p-* 型基板上，以驅動半導體進入非平衡條件的深空乏。

μm）將被完全空乏，使聚集的光產生電荷完全排離表面。由於表面復合區
域減小，故此種結構擁有高轉移效率與較低暗電流的優勢，但其缺點是相較
於 SCCD，有大約小了 2 至 3 個數量級的電荷電容。在所採用的材料之間，
如 HgCdTe 與 InSb，矽是一般最常見應用於 CCD 的半導體材料。

　　當光照射時，CCD 光偵測元件是唯一無需額外的直流驅動，即可產生
光電流的元件。在光照射時，光產生載子被累積起來，而訊號則以電荷包
（charge packet）的方式來儲存，以留作為後續傳輸與偵測用，這有點類似
於操作在開路電路條件下的光二極體（*p-i-n* 或是蕭特基型二極體）。由於
CCD 基本結構為金屬—絕緣體—半導體（MIS）電容結構，故閘極在大脈
衝訊號條件下，操作在非平衡狀態下；如果半導體在深層空乏狀態下發生復
合，光產生載子將無法有效地被收集。

　　圖 24a 所示爲對 SCCD 元件施加閘極大脈衝訊號後即時的能帶圖。此閘極偏壓訊號具有極性，且可以驅動半導體進入深層空乏區。對於一個空的電位井而言，在深層空乏狀態下的閘極電壓與表面電位 $\psi_s$ 可以描述爲（參考第四章）

$$V_G - V_{FB} = V_i + \psi_s = \frac{qN_AW_D}{C_i} + \psi_s \tag{53}$$

其中 $V_i$ 爲跨越絕緣層的電壓，$C_i = \varepsilon_i/x_i$ 絕緣層的電容，且

$$\psi_s = \frac{qN_AW_D^2}{2\varepsilon_s} \tag{54}$$

由式 (53)(54)，可得

$$V_G - V_{FB} = \psi_s + \frac{\sqrt{2\varepsilon_s qN_A\psi_s}}{C_i} \tag{55}$$

　　當光產生的電洞擴散至基板時，較大的表面位能將創造一個電位井提供給光來產生的電子。類似於光二極體，在空乏寬度 $W_D$ 的內部量子效率 $\eta \approx 100\%$，從正面照光的全部效率 $\eta$ 可以寫爲

$$\eta = 1 - \frac{\exp(-\alpha W_D)}{1 + \alpha L_n} \tag{56}$$

其中 $L_n$ 爲電子擴散長度。全部的訊號電荷密度爲 $Q_{sig}$ 正比於光強度與總照射時間，可以表示爲

$$Q_{sig} = -q\Phi\int \eta dt \tag{57}$$

其中 $\Phi$ 爲光通量密度（photon flux density）。當電子開始在半導體表面聚集，氧化層的電場 $\mathscr{E}_i$ 開始增加，而表面電位與空乏區寬度開始縮減。隨著訊號電荷包出現在半導體表面時，表面電場 $\mathscr{E}_s$ 變爲

$$\mathscr{E}_s = \frac{qN_A W_D + Q_{sig}}{\varepsilon_s} = \sqrt{\frac{2qN_A \psi_s}{\varepsilon_s}} \tag{58a}$$

與氧化電場為

$$\mathscr{E}_i = \frac{qN_A W_D - Q_{sig}}{\varepsilon_i} = \frac{V_i}{x_i} \tag{58b}$$

式 (53) 變為

$$V_G - V_{FB} = \frac{\sqrt{2\varepsilon_s qN_A \psi_s} - Q_{sig}}{C_i} + \psi_s \tag{59}$$

式 (59) 可以解出 $\psi_s$，其結果為

$$\psi_s = V_G - V_{FB} + \frac{qN_A\varepsilon_s}{C_i^2} + \frac{Q_{sig}}{C_i} - \frac{1}{C_i}\sqrt{2qN_A\varepsilon_s\left(V_G - V_{FB} + \frac{Q_{sig}}{C_i}\right) + \left(\frac{qN_A\varepsilon_s}{C_i}\right)^2} \tag{60}$$

對已知閘極電壓時，表面電位 $\psi_s$ 將隨著儲存電荷的增加而呈線性遞減。這可以說明被收集的最大訊號 $Q_{max} \approx C_i V_G$，具有最大電荷密度時，表面電位將下降到對應的熱平衡值

$$\psi_s = 2\psi_B = \frac{2kT}{q}\ln\left(\frac{N_A}{n_i}\right) \tag{61}$$

實際元件的最大電荷密度大約有 $10^{11}$ 載子數 /cm²。元件中，10 μm² 的面積可以維持 $10^5$ 個載子。由於最小可偵測訊號最少為 20 個載子，可以達到 $10^4$ 動態範圍。除了光之外，不同產生暗電流的來源也提供額外的電荷到表面上，並成為元件中的背景雜訊。總和暗電流與光電流，總電荷密度可以表示為

$$\frac{dQ_{sig}}{dt} = J_{da} + J_{ph} = \frac{qn_i W_D}{2\tau} + \frac{qn_i S_o}{2} + \frac{qn_i^2 L_D}{N_A \tau} + q\eta\Phi \tag{62}$$

此式中，前三項分別為電荷生成在 (1) 空乏區內 (2) 表面 (3) 中性塊材。在其驅動系統回到熱平衡狀態之前，暗電流也會限制最大積分時間為 $t = Q_{max}$ /

$J_{da}$，典型的曝光時間範圍大約是從 0.1 到 100 ms 之間。為了偵測非常弱的訊號，通常需要冷卻來降低暗電流，如此才能夠在較長的積分時間操作。在曝光週期後，電荷藉由 CCD 同步移位暫存器傳輸至放大器。這類的機制將在下一個章節中討論。

由於 CCD 可以用來作為同步移位暫存器，其可以不用藉由很複雜的 *x-y* 軸定位到每一個像素之中，並連續地帶到單一節點，故這種光偵測器應用在影像陣列系統中有很大的優勢，包括在累積電荷超過一個長周期時間的偵測模式，還可以用來偵測較微弱的訊號，這對於天文學的影像觀測來說是很重要的功能。此外，CCD 有低暗電流、低雜訊、低電壓操作、線性特性佳與動態範圍佳等優點，加上其結構簡單、簡潔、穩定且耐用，並且相容於 MOS 製程技術，這些因素皆使CCD擁有高良率，並適用於許多消費性產品。

如圖 25 所示，線成像器（line imager）與面成像器（area imager）有不同的讀取機制。具有雙輸出暫存器的線成像器，可大幅改善讀取速度（圖 25a）。大部分一般的面成像器不是使用線間轉移（inter-line transfer）（圖 25b）就是使用框架轉移（frame transfer）（圖 25c）的讀取架構。線間轉移為其訊號轉移至鄰近的像素，當光敏像素開始為下筆訊號數據收集電荷時，這些訊號隨即依序沿著輸出暫存器鏈通過，而在框架轉移的機制中，訊號移動至遠離感測區域的儲存區域內。與線間轉移相比，框架轉移的優點是有更多有效光感測區域，但是當 CCD 繼續接收光線當作訊號電荷並且傳遞時，卻會出現更多影像模糊的情況。對於線間轉移與框架轉移，所有縱向元件同時推動它們的電荷訊號到水平輸出記錄器，而輸出記錄器攜帶這些訊號輸出到更高的時脈頻率（clocking rate）。

**電荷注入元件（Charge-Injection Device, CID）** 電荷注入元件的結構並不需要與 CCD 不同，兩者差異點在於其讀取模式。電荷注入元件藉由降低閘極的電壓來釋放電荷至基板，而非使用橫向轉移方式累積的電荷。在面成像器系統中，藉由離子佈植形成出兩個如圖 26 所示的單位井，完成此種光感測器的 *x-y* 位置定位。由於兩個空間閘極的間隔非常接近，光產生的電荷

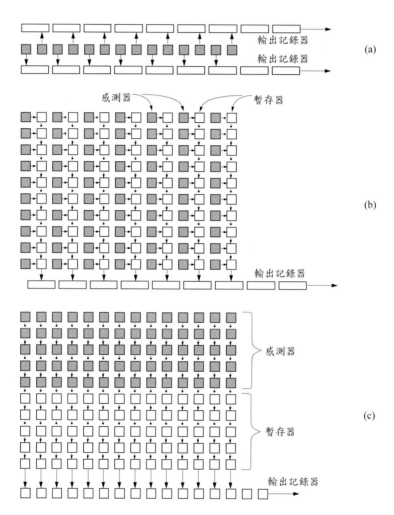

圖 25　表示讀取機制的架構布局 (a) 具有雙輸出暫存器的線成像器 (b) 線間轉移 (c) 框架轉移。灰色像素代表 CCD 作為光偵測器。輸出暫存器工作的時脈頻率通常比線間轉移器還高。

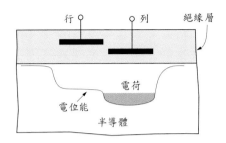

圖26 擁有雙閘極控制兩相鄰電位井的 CID。電荷能在兩井之間移動或是釋放至基板。

可以在兩個由閘極電壓控制的井間位移，只有當兩個閘極位能變低，以及半導體表面操作進入累積狀態時，電荷才能注入至基板。

　　CID 結構有連續注入與平行注入[61]兩種讀取方式，在連續注入模式中，當兩個閘極電位變成浮動時，就決定了一個像素位置，而當電荷注入基板時，在基板末端或是閘極端均可以感測到一個位移位電流的存在（圖27a）。在平行注入模式下，當整列的訊號被選定時，所有行的訊息將被同時讀取（圖27b）。在一個單元中，當電荷從一個井（具有較高的閘極電壓或是（與）較薄的閘極介電層的井）轉移至另外一井時，即可以偵測到此訊號，如同讀取閘極位移電流的讀取模式，電荷將被保存。

　　CID 陣列具有執行隨機存取的能力，因此轉移效率不是關鍵，單元間的轉移是非必要的，但需要取捨選擇，大量的能量散失可藉由磊晶基板來改善，而整行大電容所造成的高雜訊、較弱的訊號，需要較靈敏的感測放大器。

## 13.6.2 CCD 同步位移暫存器

　　在這個章節，我們將探討 CCD 之間的電子轉移。對於在光學感測方面的應用，電荷包是由入射光產生的電子電洞對而形成的結果；對於類比或是記憶體元件的部分，是藉由鄰近 CCD 的 *p-n* 接面注入形成電荷包。雖然電荷包的來源不同，但是傳輸機制卻是相同的。

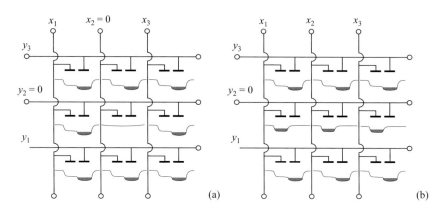

圖 27    電荷注入元件二維陣列中的讀取機制 (a) 依序注入 (b) 平行注入。在 (a) 中 $(x,y)$ = (2,2) 被選定，在 (b) 中整列 $y_2$ 被選定。

CCD 是在 1970 年由波以耳（Bolye）與史密斯（Smith）所發明 [62]。當 CCD 緊密地放置在一起，並依序地施加適當的閘極電壓時，在表面的少數載子電荷會在元件間互相流動，形成簡單的位移暫存器（shift register）。同一時期，桑格斯特（Sangster）等人也提出一個具有相似功能的 MOS 斗鏈式元件（Bucket-brigade device, BBD）概念 [63]。CCD 可以看作是 BBD 的整合版，儘管在相同特定的應用上，以其他半導體製作出的 MIS 結構、蕭特基位障與異質接面都可以被用來製作，但大部分的 CCD 是由矽的 MOS 系統製作而成，主要是因為熱成長的二氧化矽具有較佳的介面特性。圖 28 說明三相中，$n$- 通道型 CCD 鏈的電荷轉移基本原理，電極連接至 $\phi_1$、$\phi_2$、$\phi_3$ 時脈線（clock line）上的電極形成 CCD 的主體，如圖 28b。圖 28c 為相對應的電位井與電荷分布。

在 $t = t_1$ 時，時脈線 $\phi_1$ 處於高電壓，而 $\phi_2$、$\phi_3$ 則處於低電壓，且在 $\phi_1$ 下的電位井將比其它兩者深。我們假設第一個 $\phi_1$ 電極處有一個訊號電荷，當 $t = t_2$ 時，$\phi_1$、$\phi_2$ 兩個皆為高電壓狀態，故電荷開始轉移。當 $t = t_3$，$\phi_2$ 電極仍然維持在高電壓狀態時，$\phi_1$ 回復到低電壓狀態，在這個週期內，$\phi_1$ 儲

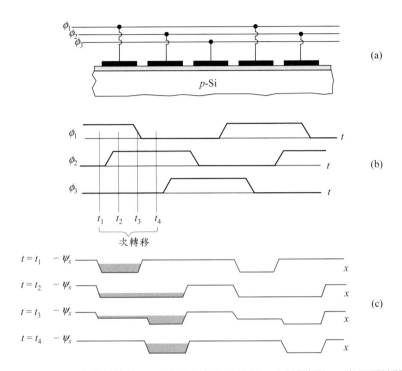

圖 28　說明 CCD 的電荷傳輸 (a) 三相閘極偏壓的應用 (b) 時脈波形 (c) 在不同時間下，
　　　 表面電位對距離的變化。

存的電子將被排空。由於電荷傳輸通過電極寬度的時間有限，所以在第一個
節點的殘留電荷減少時，波形會出現緩慢下降的邊緣。當 $t = t_4$ 時，電荷轉
移完成且原來的電荷包被儲存在最初的 $\phi_2$ 電極區下方，重複此動作，電荷
包將持續向右邊位移。依據所設計的結構，CCD 可以操作在兩相、三相、
四相，一些相關代表性的結構，表示於圖 29。為了有效轉移電子，CCD 的
間距不可以過大。對於在兩相的操作下，需要非對稱性的結構去定義電荷流
動的方向，有許多電極結構與時脈方案已被提出與執行 [64-66]。

**電荷轉移機制（Charge-Transfer Mechanisms）**　　三種基本電荷轉移機制
分別為 (1) 熱擴散 (2) 自我誘發漂移（self-induced drift）(3) 邊緣電場效應
（fringing-field effect）。對於小的訊號電荷，熱擴散為主要的轉移機

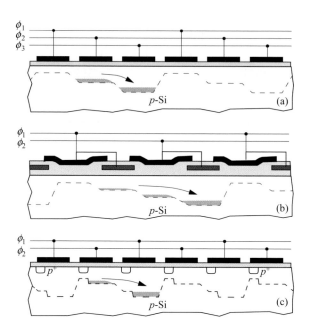

圖 29　使用 (a) 三相單極閘極 (b) 具有階梯氧化層的兩相 (c) 具有重摻雜電荷包的兩相
的 CCD 位移暫存器，虛線顯示其通道電位。

制。在儲存電極下的總電荷會隨著時間呈指數性地減少，時間常數 [67]
為 $\tau_{th} = 4L^2 / \pi^2 D_n$，其中 $L$ 是電極長度，而 $D_n$ 是少數載子的擴散常數。對足
夠大的電荷包來說，由載子間的靜電排斥力產生的自我誘發漂移現象主導整
個傳輸過程，自我誘發縱向電場的大小 $\mathscr{E}_{xs}$，可以藉由計算表面電位的梯度
變化而求得（假設隨著訊號電荷，如同式 (60) 呈線性變化）

$$\mathscr{E}_{xs} \approx \frac{1}{C_i} \frac{dQ_{sig}(x, t)}{dx} \tag{63}$$

自我誘發電場形成的初始電荷包衰減的情況，可以表示為 [68]

$$\frac{Q_{sig}(t)}{Q_{sig}(t=0)} = \frac{t_0}{t + t_0} \quad , \quad t_0 \equiv \frac{\pi L^2 C_i}{2\mu_n Q_{sig}} \tag{64}$$

其中 $\mu_n$ 是載子的移動率。由於靜電位的二維空間耦合現象,使得施加在鄰近電極的電壓,會影響儲存在電極下的表面電位,即使介面沒有訊號電荷,外加偏壓也會形成表面電場的分布,此處邊緣電場為氧化層厚度、電極長度、基板摻雜與閘極偏壓等函數,亦為距離半導體表面距離的函數,而其最大值在深度 $L/2$ 位置。由於這些原因,BCCD 在邊緣電場效應的優勢遠大於 SCCD,如圖 30 所示。由於邊緣電場效應出現,即使在非常低的電荷濃度下,最後的訊號電荷也可以經由邊緣電場傳輸出去[69]。轉移效率(transfer efficiency) $\eta$ 是兩電極間轉移電荷的比值

$$\eta = 1 - \frac{Q_{sig}(t=T)}{Q_{sig}(t=0)} \tag{65}$$

其中 $T$ 是總轉移週期,相反地,無效轉移率(transfer inefficiency) $\varepsilon$ 的定義為

$$\varepsilon \equiv 1 - \eta = \frac{Q_{sig}(t=T)}{Q_{sig}(t=0)} \tag{66}$$

圖 30 所示為在數十個 MHz 的時鐘脈衝(時脈)頻率下,當邊緣電場存在時,可以得到大於 99.99% 的轉移效率。當頻率升高時,閘極長度必須

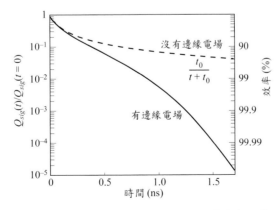

圖 30 正規化殘存電荷對與時間的關係圖(4 μm 的閘極長度與 $10^{15}$ cm$^{-3}$ 摻雜),虛線表示沒有邊緣電場時的電荷轉移過程。(參考文獻 69)

縮短以增加邊緣電場的效應。利用以電荷連續與電流傳輸方程式爲基礎的二維模型，可以計算出電荷分布的時間相依表面電位與傳渡行爲，圖 31 爲代表性的結果 [70]。圖 31a 說明一開始時的電荷轉移過程，由於強的自我誘發漂移現象與邊緣電場效應而造成高的漂移速率，所以有高的電荷轉移速率。在 0.8 ns 後，其表面電位改變非常小，此現象說明可以留下來作轉移的電荷數量非常少，且 0.8 ns 後，兩個鄰近電位井的電位差約爲 1.5 V（非常接近於所有電荷完成轉移時的最後電位差）。當兩個電位井彼此靠近時，轉移速率明顯降低。圖 31b 說明電荷分布的暫態行爲，由於電位井周邊的邊緣電場迫使電子移到電位能井的中間，因此在儲存閘極 A 下的電子分布遠大於在轉移閘極 B 下的電子數分布，在閘極 B 下的邊緣電場大於在閘極 A 下的邊緣電場，因此，在閘極 B 下的電子將被侷限在閘極的中間，而在圖 31b 也可以發現，在 0.8 ns 後大約有 99% 的電子會被轉移。

　　在上述討論中，我們只考慮傳導帶內的自由電子，尚未考慮介面缺陷間的電荷躍遷（transistion），因此在此處理的電荷轉移機制稱作自由電荷轉移模型（free-charge transfer model）。對一已知元件，在高頻率操作時的轉

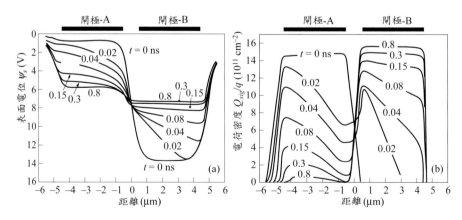

圖 31　　(a) 在儲存與轉移閘極下（長度爲 4 µm），時間相依的表面位能分布 (b) 在閘極下的暫態電荷分布。（參考文獻 70）

移效率，可以利用此模型來描述，且此轉移效率也受到時脈速率的限制。對於閘極長度小於 10 μm 的 CCD 元件，最高工作頻率可以超過 10 MHz；對於中頻率範圍，在介面被捕獲的電荷會決定其轉移效率的大小[71]。當電荷與空的介面缺陷接觸時，這些缺陷瞬間被填滿，但是當電荷持續移入時，介面缺陷將以不同的時間常數非常慢的釋放載子，其中一些捕獲的電荷會迅速地由介面缺陷釋放，並且繼續移動進入正確的電荷包內，但其餘的電荷會被釋放到電荷包的曳尾（tailing），這些電荷會造成前導電荷包的電荷損耗，並依序在最後一個電荷包後面形成尾巴，由介面缺陷引起的無效轉移率為

$$\varepsilon \approx \frac{qkTD_{it}}{C_i \Delta \psi_s} \ln(N_p + 1) \tag{67}$$

其中 $\Delta \psi_s$ 為訊號電荷造成的表面電位改變，$D_{it}$ 是介面缺陷密度，$N_p$ 是時鐘相位（clock phase）的數目。為了降低 $\varepsilon$，介面缺陷密度必須很低。為了避免這些效應，在整個過程中，以背景電荷稱為胖零電荷（fat zero charge）或偏壓電荷（bias charge）用來填滿這些缺陷。這些偏壓電荷的準位大於 20%，其損失的是 SNR 會降低。另一個可用來解決介面缺陷問題的方法是使用埋入通道電荷耦合元件（BCCD），有許多其他的因子會貢獻無效的轉移率，這些因子的本質包含在擴散與邊緣電場漂移轉移的期間，電荷會呈現指數的衰減，以及在時脈週期內的有限轉移時間。有效的傳輸也會因為元件之間的能隙隆起而受到阻礙。

**頻率限制（Frequency Limitations）**　　選擇時脈訊號的週期（頻率）有三個限制因素，第一，要有足夠長的時間來完成電荷的傳輸；第二，為了使暗電流產生的少數載子最小化，時脈訊號週期必須遠小於熱鬆弛時間。尤其是對於類比訊號，時脈週期必須足夠小才能避免訊號的損失；第三，時脈週期應該要比用來傳送的類比訊號小。在低的時脈頻率下，頻率限制主要受限於暗電流的大小。暗電流的電流密度（$J_{da}$）可以表示為[67]

$$J_{da} = \frac{qn_i W_D}{2\tau} + \frac{qS_0 n_i}{2} + \frac{qD_n}{L_n} \frac{n_i^2}{N_A} \tag{68}$$

其中 $\tau$ 爲少數載子的生命週期，以及 $S_0$ 爲表面產生／復合速率，右手邊第一項爲空乏區內的本體產生電流，第二項是表面產生的電流，最後一項是在空乏區邊緣的擴散電流，可以利用由暗電流所造成的累積電荷與訊號電荷，來估算 CCD 的低頻率極限值。若 CCD 是在固定頻率 $f$ 中連續地接收脈波訊號，由暗電流造成的輸出訊號[67]爲 $Q_{da} = J_{da}N / N_p f$，其中 $N$ 是電極的數目，$N_p$ 是 CCD 的相位數。而 CCD 的最大訊號電荷可以控制爲 $Q_{max} = C_i \Delta \psi_s$，其中 $\Delta \psi_s$ 是由最大訊號電荷造成的最大表面電位變化量，因此背景雜訊與訊號的比爲

$$\frac{Q_{da}}{Q_{max}} = \frac{J_{da}N}{N_p f C_i \Delta \psi_s} \tag{69}$$

由於暗電流建立在電荷包內，導致頻帶響應中的低頻衰退，也扭曲了訊號電荷的大小。爲了改善低頻響應，在式 (68) 中，必須採用長的少數載子生命期、大的擴散長度以及低的表面復合速率因子，以降低各種暗電流成分。

在高頻時，轉移效率急速下降是因電荷沒有足夠的時間完成全部的電荷轉移，所以會採取降低閘極長度 $L$、最大化表面移動率（在電荷包中用電子取代電洞），以及最小化電極間距等方法來延伸高頻的操作。GaAs 有較高的電子移動率，可以用來實現超高速率的 CCD 元件。

受到飽和速度限制，以異質接面 GaAs CCD 數值元件模擬，估算出最大操作頻率是 40 GHz[14]，一個實驗量測值爲 18 GHz 操作時脈頻率已被發表[72]。圖 32 所示爲當 $f < f_c$，輸出效率與頻率有關。在時脈頻率爲 $f_c$ 時，對 $\varepsilon$ 進行正規化可得[73]

$$\frac{Q_{sig}(\text{output})}{Q_{sig}(\text{input})} = \exp\left[-N\varepsilon\left\{1 - \cos\left(\frac{2\pi f}{f_c}\right)\right\}\right] \tag{70}$$

無效轉移率可能引起額外的相位延遲。圖 32b 表示單電荷包衰減，成爲 $N\varepsilon$ 乘積的函數[64]，從圖中可以觀察到較大的 $N\varepsilon$ 數值，各別的電荷包擴展成曳尾電荷包的情況。在每一個框架中，最左邊的單元代表每個理想的 CCD 預

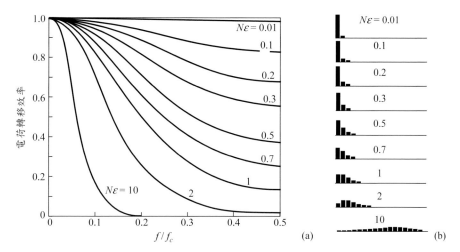

圖 32　(a) 在頻率響應下，無效轉移率乘積 $N\varepsilon$ (b) 來自單電荷包連續單元的訊號衰減。（參考文獻 64）

期最原始出現電荷包的位置。無效轉移率造成的電荷延遲呈現在較後面的時段（time slot），顯示朝向右邊。當 $N\varepsilon \geq 1$ 時，轉移效率明顯不足，因為電荷主要的數量不再出現在前端。

## 埋入通道電荷耦合元件（Buried-channel charge-coupled device, BCCD）

對於 SCCD 而言，少數載子電荷包沿著半導體表面移動，這種 CCD 的主要限制是介面缺陷效應。為了避開這種問題與改善轉移效率，使電荷不流經半導體表面的埋入通道電荷耦合元件（BCCD）因此被提出，其電荷包不會在半導體表面流動，替代方案是電荷包被侷限在表面底下的通道內 [74]。BCCD 是由一個相反型態（$n$- 型）的半導體層在 $p$- 型基板上所組成，具有消除介面缺陷的能力。當無訊號電荷存在時，施加正偏壓脈衝在閘極的情況下，較窄的 $n$- 型區會被完全空乏。

　　當訊號電荷被引入，此訊號電荷將會儲存在埋入的通道內。由於訊號電荷遠離表面，所以元件會具有高載子移動率，介面電荷所造成的電荷損失較小，以及對於電荷轉移會有較高的邊緣電場等優點，但是由於電荷較遠離閘極，而會造成控制電荷的能力較小，因此其缺點為較少的耦合（less coupling）。

圖 33 顯示為沿著埋入與表面通道的靜電位數值計算，可以明顯看出 BCCD 在轉移電極下，具有較大的電場可以幫助電荷加速轉移。在 BCCD 元件中，無效轉移率可達到 $10^{-4}$ 或是 $10^{-5}$，相較於一般同樣尺寸的典型 SCCD，小一個數量級。

### 13.6.3 CMOS 影像感測器

對一般消費性影像感測產品，例如數位相機與攝影機，CCD 影像感測器已經佔據主要的市場。然而在 1990 年代後期，這龐大的市場逐漸被 CMOS 影像感測器（CMOS image sensor）所取代[76]，即使 CMOS 影像感測器在光偵測器部分是較少更新的，但由於其取代 CCD 對光二極體需求快速的成長，因此值得特別提出說明[77]。使用 CMOS 相容技術的新穎之處在於可在每一個像素內整合更多的功能；反之，最佳化的 CCD 製程通常需要外加製程最佳化，所以需要設計特定的 CMOS。圖 34 所示為在十奈米（decananometer）範圍的最小圖形尺寸的 CMOS，因為更密集的微影技術，

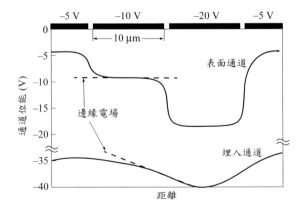

圖 33　沿著埋入與表面通道的電位二維計算值。圖中顯示 BCCD 比 SCCD 元件具有較高邊緣電場（斜率）。（參考文獻 75）

所以可能應用於製作單晶（monolithic）CMOS 影像感測器。由於在每一個像素中均具有高光學的填充因子，可以用於萃取低雜訊信號與執行高性能的偵測，在可見光與近紅外光波長內，焦面陣列（focal-plane array,FPA）可用於攝影機與數位相機，其中 CCD 與 CMOS 影像感測器是兩種具有前瞻性的製作技術，CCD 技術可以達成 $10^9$ 的最高像素量或最大格式。CMOS 影像感測器快速成長，則挑戰了 CCD 在可見光譜區的技術（如圖 34）。

　　CMOS 影像感測器不僅只是光感測器，也在像素內置入一些可以架構影像的功能。CMOS 影像感測器的三個主要架構如圖 35 所示，分別稱作被動式像素感測器（passive pixel sensor, PPS）、主動式像素感測器（active pixel sensor, APS）與數位式像素感測器（digital pixel sensor, DPS），三種架構皆包含光偵測器，其是 $p$-$n$ 接面的光二極體，但是其他考慮的架構包括：$p^+$-$n$-$p$ 釘扎型二極體，其相似於平面摻雜位障二極體，中間層是完全空乏的[80]，或

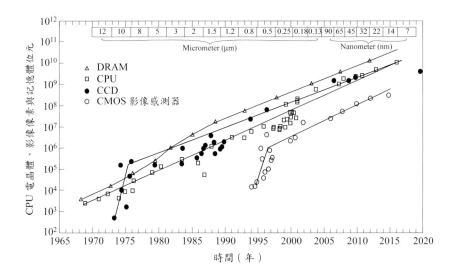

圖 34　對 CCD 影像陣列格式與 CMOS 影像感測器，比較使用矽 CPU 的電晶體數與在 DRAM 記憶體位元的複雜度。自 1970 年起的 CMOS 特性設計時間軸顯示在頂部。CMOS 影像感測器使 CCD 在可見光譜的技術面臨挑戰。（參考文獻 14, 78 與 79）

是類似 CCD 的光閘極。這些結構將增加每一個像素的面積，但是相對增加更多的功能在每個像素內。

被動式像素感測器（PPS）為最基本形式的影像陣列，即每個像素中，每個光偵測器皆由一個選擇電晶體所控制，其優點是列中的每個單元可以同時接收資料，並且當作記憶體陣列。由於 CCD 平常讀取資料時，是以一連串的方式進行，所以它的速度天生就高於 CCD。主動式像素感測器（APS）是目前最普遍的架構，在每一個像素中，除了有光二極體與選擇電晶體外，還有一個閘極被回饋入光電流的放大器，與重新歸零作用的電晶體，最後是數位式像素感測器（DPS），每一個像素中，在數位訊號處理器（DSP）後面，都會接一個類比數位訊號轉換器（ADC）進行操作，如同一個自動增益控制般。值得注意的是，APS 與 DPS 數位訊號在感測的過程並不會遺失，CCD 與 PPS 也有相同性能。

如圖 34，對 CCD 影像陣列格式與 CMOS 影像感測器來比較使用矽 CPU 的電晶體數與在 DRAM 記憶體位元的複雜性，CMOS 影像感測器挑戰 CCD 在可見光譜區，其優點包括具有隨意接收的能力，以致操作速度較快、雜訊較大，因為低電壓需求而操作功率較低，以及主要製作技術帶來的低成本。不過 CCD 仍然小像素尺寸、低光敏感性與高動態範圍等優點。

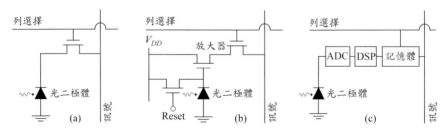

圖 35　CMOS 影像感測器的種類 (a) 被動式像素感測器（PPS）(b) 主動式像素感測器（APS）(c) 數位式像素感測（DPS）。

# 13.7 金屬—導體—金屬光偵測器

　　金屬—半導體—金屬（metal-semiconductor-metal, MSM）光偵測器的概念是在 1979 年由菅田（Sugeta）等人提出並驗證其特性[81, 82]。如圖 36 所示為 MSM 光偵測器的結構，基本上為兩個在同一表面背對背連接的蕭特基位障。增加一層薄薄的位障增強層（barrier-enhancement layer）來減少暗電流的概念，從 1988 年被提出至今也已被驗證[83, 84]，且近代大部分的結構亦有搭配此層。金屬接觸通常使用指叉線條狀（interdigitated strip）的圖案，而光會被吸收在金屬接觸間的空隙。

　　如同傳統的蕭特基位障光二極體，MSM 光偵測器使用金屬層來避免光線的吸收，為了能夠完全吸收光線，會讓主動層比吸收長度（$1/\alpha \sim 1$ μm）稍微厚一些，並使用大約 $10^{15}$ cm$^{-3}$ 的低摻雜來獲得較低的電容值。在 Si、Ge、GaAs、Si（4H）[85]、GaN[86]、AlGaN 與 INGaAs MSM 等光偵測器[1, 87, 88]之間。GaAs 可應用在長波長光通訊[1]，波長範圍為 1.2 至 1.6 μm。InGaAs 在 1.3 至 1.5 μm 範圍的應用獲得最多的注意，主要因為此波長光在光纖上的表現最為理想。

　　在典型的元件操作中，光電流首先會隨著電壓提升，隨即變成飽和狀態，在低電壓時，光電流的增加主要是因為在逆向偏壓的蕭特基接面之空乏區擴張，內部量子效率也因此被改善。光電流飽和時的電壓對應於陽極 $\mathscr{E} = 0$ 時的平帶條件，如圖 37 所示[89]，在此情況的量子效率能接近 100%，可以

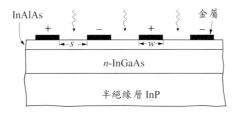

圖 36　MSM 光偵測器由平面指叉的金屬半導體接觸所組成，藉由最上層（InAlAs）提供一較高的位障高度來減少暗電流。

一維空乏方程式求得

$$V_{FB} \approx \left(\frac{qN}{2\varepsilon_s}\right)s^2 \tag{71}$$

其中 $N$ 為摻雜，$S$ 為指叉線條的間距。式 (71) 為貫穿條件，也就是當空乏區寬度充滿整個空間，且它發生在平帶之前。操作在貫穿條件之前，也有最小電容的優點。MSM 光偵測器的載子產生方式是能帶至能帶的激發，而不是與金屬—半導體—光二極體一樣，利用光激發越過位障的方式（如圖 11b）。在 MSM 光偵測器內，有時也可以觀察到內部光電流增益，對此增益的其中一個解釋是，在位障增強層內或是異質介面的長—生命期缺陷所造成的光電導率。另外一個理論是當光產生電洞累積在靠近陰極的價電帶高峰處，這些正電荷會增加跨過寬能隙位障增強層的電場，並引起大量的電子穿

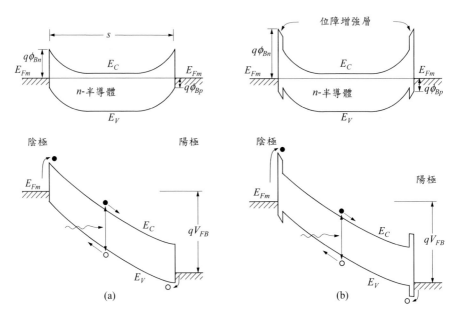

圖 37　在熱平衡狀態與平帶施加偏壓下，金屬—半導體—金屬光偵測器的能帶圖 (a) 無位障增加層 (b) 有位障增加層。

隧電流。與光電晶體類似，電子累積在靠近陽極處，則電洞穿隧電流會增強，在任何情況都會一直努力來減少增益，這是因爲增益機制使光偵測器的反應時間變慢，尤其是在關閉的過程。

MSM 光偵測器的主要缺點是暗電流較高，這是由於蕭特基位障接面而產生的，對於低能隙材料，當我們需要長波長偵測時，此暗電流問題特別嚴重。然而，對於低能隙半導體，以 InGaAs 等材料作爲位障增強層，可以大幅度地減少暗電流，藉由插入一層寬能隙材料（厚度爲 30 至 100 nm），位障高度會變高很多。位障增強層可以採漸變式組成，避免載子在能帶不連續邊緣被捕獲（見圖 37 靠近陰極處）。

由於 MSM 光偵測器有兩個背對背連結的蕭特基位障，任何極性的偏壓將使其中一個蕭特基位障處在逆偏方向（陰極），而另外一個爲順偏方向（陽極）。兩金屬接觸到主動層的能帶結構圖如圖 37 所示。最常見的暗電壓─電流特性，在低電壓時會出現飽和電流，其爲基本的熱發射電流（thermal emission current）。在此同時考慮電子與電洞電流的組成，飽和電流的通式爲 [89]

$$I_{da} = A_1 A_n^* T^2 \exp\left(\frac{-q\phi_{Bn}}{kT}\right) + A_2 A_p^* T^2 \exp\left(\frac{-q\phi_{Bp}}{kT}\right) \tag{72}$$

其中的 $A_1$ 與 $A_2$ 爲陰極與陽極接觸的面積，$A_n^*$ 與 $A_p^*$ 分別爲電子與電洞的有效李查遜常數（Richardson constant）。在較高偏壓時，電流會隨著偏壓持續上升。非飽和電流的形成，可能是由於影像力降低使其改變位障高度，或是通過位障時發生穿隧行爲所造成的現象。

MSM 光偵測器的優點是高速且可相容於 CMOS 的製程技術，其簡單的平面結構使其易於與 CMOS 元件整合在單一晶片內。由於 MSM 光偵測器在半絕緣基板上的二維效應，每單位面積有非常低的電容值，對於需要較大的光敏感面積之偵測器來說，將是非常有利的。若與具有相同量子效率的 *p-i-n* 光二極體或是蕭特基位障光二極體相較，其電容值約下降一半。小的電容值，可以提升 *RC* 充電時間與速度；偵測速度也受傳渡時間影響，其正比於間距尺寸，而小間距也有利於速度的表現。高於 100 GHz 的能帶寬已被正式發表 [90]。

　　爲了速度的最佳化，圖 38 顯示一個 MSM 光偵測器的理論分析，而由於材料與結構的選擇，使得操作速度不是很快，但得到一些得以觀察影響速度性能的因素，包括速度會受到 *RC* 時間常數與傳渡時間的限制。*RC* 時間常數影響的能帶寬可得 [91]

$$f_{RC} = \frac{1}{2\pi(R_L + R_s)C} \quad , \quad C = \frac{\kappa(k)}{\kappa(k')}\frac{\varepsilon_0 A(1 + \kappa_s)}{(s + w)} \tag{73}$$

其中 $R_L = 50\ \Omega$ 是負載電阻，$R_s$ 爲串連電阻。圖 38 爲接觸面積，$\kappa_s$ 爲半導體的相對介電常數，$\kappa(k)$ 爲第一類的完全橢圓積分

$$\kappa(k) = \int_0^{\pi/2} \frac{1}{\sqrt{1 - k^2 \sin^2 \varphi}} d\varphi \tag{74}$$

$$k = \tan^2 \frac{\pi w}{4(s + w)} \quad , \quad k' = \sqrt{1 - k^2} \tag{75}$$

傳渡時間會限制能帶寬，因此可得

$$f_{tr} = \frac{0.44}{\sqrt{2}}\left(\frac{\upsilon_s}{s}\right) \tag{76}$$

假設載子以飽和速度 $\upsilon_s$ 移動，在圖 38 可以看見速度對於指叉寬度不敏感。針對間距大小，*RC* 時間常數與傳渡時間有相反的趨勢，以此例來說，最佳化的間距約爲 8 µm。值得注意的是，針對光偵測與主要的通訊應用 InGaAs 與 Ge 是最成熟的材料 [88]。

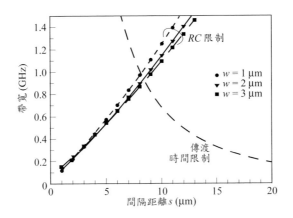

圖38　針對不同指叉寬度 $w$ 與間距 $s$ 的條件，MSM 光偵測器的理論帶寬。實例假設 1-μm 以 $In_{0.53}Ga_{0.47}As$ 為主動層。（參考文獻 91）

# 13.8 量子井近紅外光光偵測器（QWIP）

　　量 子 井 近 紅 外 光 光 偵 測 器（quantum-well infrared photodetector, QWIP），電子在量子井內次能帶間的躍遷，可改進光子的吸收，因此，被位障分離的量子井是 QWIP 的關鍵性因素。一般量子井的設計包含一個在量子井內的侷限能態以及一個與位障頂端對齊的第一激發態。量子井中採用傳導帶或是價電帶內吸收紅外線，而非使用能帶至能帶吸收的方式。在 1983 至 1985 年間首次被提出探討[93, 94]。在 1987 年，李維（Levine）[95] 與崔（Choi）[96] 等研究團體實現了第一個在 GaAs/AlGaAs 的異質結構內，以束縛態到束縛態的次能帶間躍遷（intersubband transition）為基礎的量子井紅外線偵測器（QWIP），這個團隊在 1988 年也提出束縛態到連續帶傳導的方式來改善偵測器[97]。在 1991 年時，另外一種從束縛態到迷你能帶的躍遷也被提出[98]。

　　使用 GaAs/AlGaAs 異質結構的 QWIP 結構如圖 39 所示。在這個 GaAs 的例子中，此量子井層的厚度為 5 nm，且摻雜濃度為 $10^{17}$ cm⁻³ 的 $n$- 型半導體，位障層未摻雜且厚度為 30 至 50 nm。典型的週期數目是 20 到 50 之間（如一個 QWIP 是由 20 至 50 個量子井所組成）[92, 99-101]。

　　針對直接能隙材料製作而成的量子井，由於次能帶間的躍遷過程需要將電磁波的電場分量垂直於量子井平面，因此垂直表面的入射光具有零吸收的現象；極化選擇規則需要其他方法將光線耦合到光感的區域上，圖 39 顯示這兩種普遍的結構。如圖 39a，在相鄰偵測器的邊緣上製作一個 45° 的拋光面，有好處的波長必須能穿透基板；如圖 39b，在基板上製作一光閘來折射入射光。然而，這個選擇規則並不適用於 p- 型量子井或是由非直接能隙，如 SiGe/Si 與 AlAs/AlGaAs 異質結構所製作的量子井。

　　QWIP 是由次能帶間激發造成的光導電率所建構的，圖 40 描繪出三種躍遷模式。在束縛態到束縛態的躍遷中，兩種量子能態被侷限在位障能量之下，光子將一個電子從基態激發到第一束縛態，這個電子隨即穿隧出位能井。在束縛態到連續帶（束縛態到延伸帶）的激發中，當基態以上的第一能階越過位障，激發的電子即能更簡單地從位能井逃脫。這種束縛態到連續帶的激發方式更有機會促使其有較高的吸收力、更寬的波長響應、較低的暗電流、較高的偵測率，以及較低的需求電壓。在束縛態到迷你能帶間的躍遷過程，由於超晶格的結構會存在迷你能帶，因此基於上述特性，QWIPs 具有極大的潛力應用於聚焦平面陣列影像偵測器系統中。

　　一般的 QWIP 電壓電流特性類似於一般常見的光偵測器。內摻雜物遷移效應會引起在量子井的能帶彎曲，而造成非對稱的特性。光電流可以用同樣使用在光導體上的通式 $I_{ph} = q\Phi_{ph}\eta G_a$，其中的 $\Phi_{ph}$ 為總光子通量（秒$^{-1}$），以及 $G_a$ 是光學增益。對 QWIP 的量子效率 $\eta$ 與光偵測器不同，光吸收與載子產生只發生在量子井內，但不會在整個結構中發生，其可以定義為

$$\eta = (1-R)[1-\exp(-N_{op}\alpha N_w L_w)]E_p P \tag{77}$$

其中 $R$ 為反射率，$N_{op}$ 是光通路數目，$N_w$ 是量子井數目，長度為 $L_w$。逃

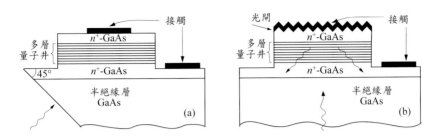

圖 39　GaAs/AlGaAs 量子井紅外光光偵測器結構在特定角度內，耦合的光到異質接面的方法 (a) 光垂直入射拋光面與量子井呈 45°(b) 利用光柵將來自基板的光折射。

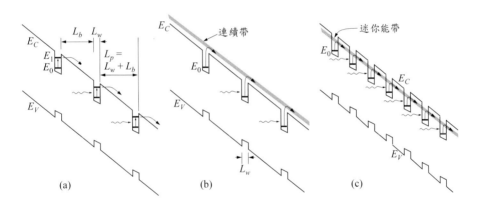

圖 40　在偏壓下，QWIP 的能帶結構 (a) 束縛態到束縛態的次能帶間 (b) 束縛態到連續帶間 (c) 束縛態到迷你能帶間的躍遷。

脫機率 $E_p$ 是電壓的函數，用以量測從量子井中逃脫的激發載子[102]，對於 GaAs 其 $n$- 型與 $p$- 型量子井的極化校正因子 $P$ 分別爲 0.5 與 1.0。吸收係數爲入射角的函數，且正比於 $\sin^2\theta$，其中 $\theta$ 爲光前進方向與量子井平面法線方向的夾角，光導電率增益（photoconductivity gain）爲[103, 104]

$$G_a = \frac{1}{N_w C_p} \tag{78}$$

其中 $C_p$ 是電子跨越量子井內捕獲機率，可以定義為

$$C_p = \frac{t_p}{\tau} = \frac{t_t}{N_w \tau} \tag{79}$$

$t_p$ 是跨越單一個週期結構的傳渡時間，$t_t$ 是穿越整個 QWIP 主動區長度 $L$（井與位障）的傳渡時間。結合式 (78) 與式 (79) 得到 $G_a = \tau/t_t$，其類似於標準光導體的增益。對於載子在移動率區（在飽和速度前） $t_t = L/v_d = L^2/\mu V$，其中假設跨過整個長度 $L$ 為均勻電場，可得 $G_a = \tau \mu V / L^2$。QWIP 的暗電流是跨過量子井位障的熱離子發射，與靠近位障頂端的熱離子場發射（熱輔助穿隧），由於這種光偵測器主要鎖定的波長範圍為 3 至 20 μm，形成井的位障必須要小，大約 0.2 eV 左右。為了限制住暗電流，QWIP 必須在低溫的條件下操作，其範圍在 4 至 77 K 之間。

　　由於量子井中所發生的熱游離發射，所得的暗電流可以表示為 $I_D = n^* q v_e A$，其中的 $n^*$ 是位於連續能帶內的載子（此處是電子）密度，$v_e$ 是電子的低電場速度，$A$ 是光入射的面積。如圖 41(a) 與圖 41(b)，對 GaAs/AlGaAs 量子井紅外線光偵測器而言，與摻雜濃度的效應相較下，溫度對於暗電流的效應是較重大的。此外，類似於 13.2 節所討論的，具有量子井數目 $M$ 的紅外線偵測器之偵測率（detectivity） $D^*(\lambda)$ 可以表示為 $D^*(\lambda) = R(\lambda) \sqrt{AB} / i_n$，其中的 $B$ 是帶寬，$i_n = \sqrt{4qI_D g_n B}$ 是暗電流雜訊，其中的 $g_n = \tau_{cap} v_e / (M+1) L_p$ 是 QWIPs 的雜訊增益，$\tau_{cap}$ 是電子捕獲時間。如圖 41(c)，在低溫情況下，摻雜效應對 QWIPs 的偵測率扮演著重要的角色 [105]。在不同操作溫度情況下，峰值偵測率（peak detectivity）隨著摻雜濃度而變化，峰值偵測率的大小隨著溫度的減少而增加，其原因是與高溫度比較，低溫時暗電流的貢獻度是較少的。

　　QWIP 使用碲化鎘汞（HgCdTe）材料作為長波長的光偵測器，是一種吸引人的選擇，不過 HgCdTe 材料存在一些問題，包括有過量的穿隧暗電流，以及如何以精確的組成來控制得到精確能隙的再現性問題。它可以與 GaAs 技術單晶積體電路相容，也可以藉由調變量子井的厚度來改變偵測波

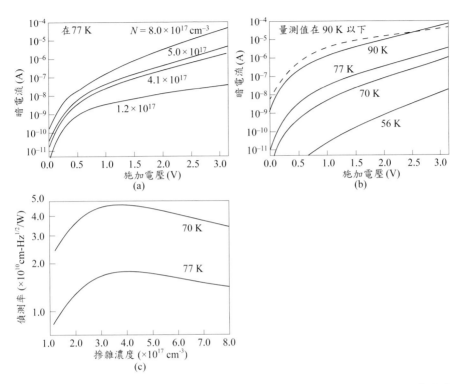

圖 41　對於一個具有 20 個量子井 GaAs/Al$_{0.26}$Ga$_{0.74}$As 的 QWIP，在不同的 (a) 摻雜濃度 (b) 溫度暗電流對施加電壓的關係圖 (c) 在施加 0.75 V 電壓下，偵測率對摻雜濃度的關係圖。（參考文獻 105）

長範圍，接近 20 μm 的長波長偵測能力也會被展現出來。QWIP 能夠在聚焦平面陣列作為二維影像偵測，例如熱與行星的影像，而且 QWIP 在量子井內有大約 5 ps 數量級的本質短載子生命期，因此擁有高速能力與快速響應。不過，使用 QWIP 時有一個困難處，即對於採用 n- 型 GaAs 井的 QWIP 來說，必須偵測正向入射的光，這樣將使光不容易耦合到光偵測器上。

除 了 QWIPs，量 子 點 紅 外 線 光 偵 測 器（quantum dot infrared photodetectors, QDIPs）被期待能超越 QWIPs 的低暗電流、高光導電增益以及靈敏度[99]。此外，比較 QWIPs 或碲化鎘汞（HgCdTe）為基礎材料的光二極體，其它類型的紅外線光偵測器，如 QDIPs 具有較低的量子效率，因為量子點（QDs）有小的吸收橫截面積，以及離散的能態密度。可以藉由置放量子點紅外線光偵測器在一共振腔內來改善其量子效率，以提升光線的吸收。具有共振腔的量子點紅外線光偵測器比沒有共振腔的元件，高出 12 倍的增強因子 [106]，並且已經實驗性地被發表及報導 [101]。

## 13.9 太陽能電池

### 13.9.1 簡介

目前在小規模的陸地或在衛星與太空火箭的太空應用中，太陽能電池提供最重要且永續的能源供應 [107-109]。由於全世界對能量需求的增加，石化燃料等傳統的能量資源，將在下個世紀內被耗盡，因此，我們必須發展且利用非傳統的能源，尤其長期存在的環境中如太陽般的自然資源。因為太陽能電池能以高轉換效率直接轉換太陽光為電流（不同於萃取熱能），所以被認為是從太陽獲得能量的最主要選擇，它能在低操作成本下提供近乎永恆的能量，而且近乎零污染 [110-111]。圖 42 所示為最佳研究電池效率對時間的演進圖，近幾年來，低成本平面式太陽能板、薄膜元件、聚光器系統與許多創新概念的研究與發展漸漸增加，在不遠的將來，小型太陽—能量模組單元與太陽—能量板在經濟的考量上，將會適合於大尺寸產品與太陽能的使用。

貝克勒爾（Becquerel）在 1839 年發現，當元件暴露在光線時，電極間與電解液的接面中會產生電壓的光伏效應（photovoltaic effect）[114]。此外，在不同固態元件也有許多相似的效應出現。1940 年 [115-116]，奧耳（Ohl）首先在矽 p-n 接面上觀察到顯著地電動勢電壓（EMF）的光伏效應。而鍺的光伏效應，在 1946 年時被班塞（Benzer）[117]，以及 1952 年時被潘切奇尼科夫（Pantchechnikoff）發表 [118]。在 1954 年前，太陽能電池尚未受到太多的注意，直到查平（Chapin）等人在單晶矽太陽能電池 [119] 以及雷諾（Reynolds）

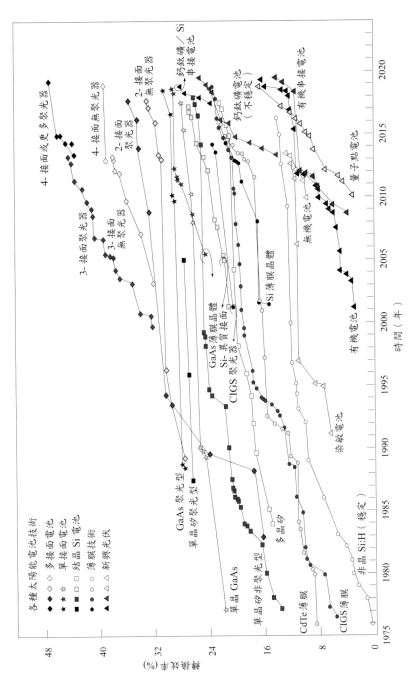

圖 42　最佳研究型電池效率對時間的演進圖。(參考文獻 112, 113)

等人在硫化鎘電池 [120] 的成果問世後，才開始引起越來越多人的興趣。直到今日，已經有許多技術使用其他種類的半導體材料來製作太陽能電池元件，也採用許多種元件結構，以及使用單晶態、多晶態以及非晶態薄膜結構。

太陽能電池與光二極體類似，換句話說，光二極體也可以操作在光電（光伏）模式，它如同太陽能電池一樣不需要施加偏壓，而且只需連接一負載即可操作，但元件的基本設計卻不同。對光二極體而言，只有位於光學訊號波長中的窄波長範圍才是最主要的，可是對太陽能電池來說，卻需要能與包含整個太陽光波段區間的寬光譜反應。此外，光二極體需要小面積以減少接面電容，太陽能電池卻需要大面積來吸收光源。對於光二極體而言，量子效率為最重要的優點型態之一，但是對太陽能電池來說，能量轉換效率才是最需要考量的特性 （電力傳送至負載產生太陽能）。

## 13.9.2 太陽輻射與理想的轉換效率

**太陽輻射（Solar Radition）**    太陽輸出的輻射能量來自於核融合反應。每秒約有 $6 \times 10^{11}$ kg 的氫氣轉換為氦氣，對應於淨質量損失約為 $4 \times 10^3$ kg，根據愛因斯坦關係式（$E = mc^2$），損失的重量相當於轉換成 $4 \times 10^{20}$ J，此能量主要以紫外光到紅外光，以及射頻範圍（0.2 至 3 μm）的電磁輻射形式來發射。目前太陽的全部質量約為 $2 \times 10^{30}$ kg，可以預測以近乎固定的輻射能量輸出來維持地球上穩定生存期，時間可以超過 100 億年。

在太空中，取地球到太陽之間的平均距離所得到的太陽輻射強度值為 1353 W/m²，當太陽光抵達地球表面，會受到大氣環境影響而衰減，包括在紅外光波段被水蒸氣吸收，在紫外光波段被臭氧吸收，以及受到大氣灰塵與隕石的散射影響。大氣對太陽光抵達地球表面的影響程度，定義為空氣質量（air mass, AM）。太陽與天頂之間夾角的 $\sec\theta$ 定義為空氣質量（AM），當太陽在我們正上方時，量測的大氣相對為最短路徑長度。AM0 代表太陽光在地球大氣圈外的太陽光譜，AM1 光譜代表太陽在天頂時地球表面的太陽光，入射功率為 925 W/m²。AM2 光譜為角度為 60°，入射功率為 691 W/m²，以此類推。

　　圖 43 為不同空氣質量（AM）條件下的太陽光譜，最頂端的曲線為空氣質量為零（AM0）的太陽光譜，其分布近似於 5800 K 黑體輻射溫度，如虛線圖形所示。空氣質量為零（AM0）的光譜主要適用於衛星與太空船的應用計算。空氣質量為 1.5（AM1.5）的條件（太陽位於水平面上 45°）表示滿足能量加權平均值，適合地面上的應用計算。對於太陽能電池能量的轉換，每個光子能產生一對電子電洞對，所以太陽能量必須轉換為光子通量。就 AM1.5 與 AM0 下時，每單位能量的光子通量強度如圖 44 所示。我們利用式 (1) 來轉換波長為光子能量 $\lambda = c/v = 1.24/hv$，在 AM1.5 時，總入射能量為 844 W/m²。

**理想轉換效率（Ideal Conversion Efficiency）**　　傳統的太陽能電池通常為 $p$-$n$ 接面且具有單一能隙 $E_g$。當元件受太陽光照射時，若光子能量低於能隙 $E_g$，將不會貢獻電池功率輸出（忽略聲子輔助吸收效應），但是當光子能量大於 $E_g$，太陽能電池便能輸出一個電荷的功率，同時超過能隙能量的部分

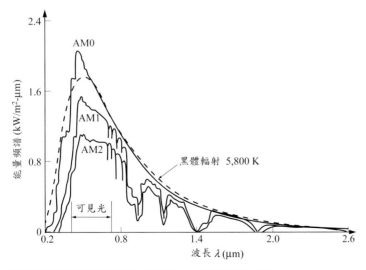

圖 43　在不同空氣質量條件下的太陽光譜。（參考文獻 122）

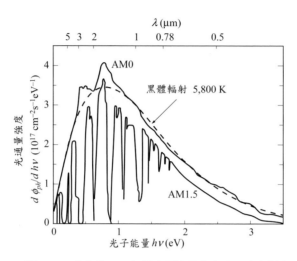

圖 44    在 AM0 與 AM1.5 的條件下,每個光子能量的光通量強度對應的太陽光譜。(參考文獻 123)

將轉換成熱能消散。為了推導理想轉換效率,我們應該考慮所使用的半導體能帶結構。假設太陽能電池具有理想的二極體電壓電流特性,等效電路如圖 45 所示。穩定光電流源與其接面並聯,電流源 $I_L$ 表示太陽照射後產生過量載子激發的結果,$I_s$ 如第二章所述為二極體飽和電流,$R_L$ 是電路的負載電阻。為了獲得光電流 $I_L$,我們需要對圖 44 曲線下的整體面積作積分,即為

$$I_L(E_g) = Aq\int_{h\nu=E_g}^{\infty} \frac{d\Phi}{dh\nu}d(h\nu) \tag{80}$$

其中 $A$ 為截面積,結果如圖 46 所示為半導體能隙的函數。考慮光電流的情況下,因為能收集到更多的光子數,故較小能隙的材料為最佳材料選擇。元件照光下的全部電壓—電流特性,簡單來說即為暗電流與光電流的總和,可得到

$$I = I_s\left[\exp\left(\frac{qV}{kT}\right) - 1\right] - I_L \tag{81}$$

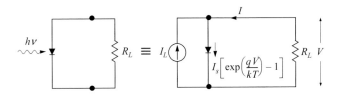

圖 45　在太陽光照射下，太陽能電池的理想等效電路圖。

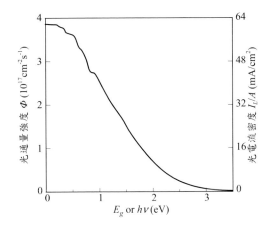

圖 46　具有特定能隙的太陽能電池，在太陽光譜下（AM1.5）產生最大光電流情況時的光子數量。（參考文獻 123）

由式 (81)，在電流設為 0 的情況下，得到開路電壓

$$V_{oc} = \frac{kT}{q}\ln\left(\frac{I_L}{I_s} + 1\right) \approx \frac{kT}{q}\ln\left(\frac{I_L}{I_s}\right) \tag{82}$$

因此當我們給定一 $I_L$ 時，開路電壓隨著飽和電流 $I_s$ 減少而呈對數增加。對一常見的 p-n 接面來說，其理想飽和電流可表示為

$$I_s = AqN_C N_V\left(\frac{1}{N_A}\sqrt{\frac{D_n}{\tau_n}} + \frac{1}{N_D}\sqrt{\frac{D_p}{\tau_p}}\right)\exp\left(\frac{-E_g}{kT}\right) \tag{83}$$

如我們所見，飽和電流 $I_s$ 隨著能隙 $E_g$ 呈指數遞減，因此為了獲得較大的開路電壓，需要使用寬能隙材料。就品質上來說，最大開路電壓為接面二極體的內建電位能，而最大內建電位大小接近其能隙的寬度。式 (81) 的圖形如圖 47 所示，曲線通過第四象限，因此能從連接負載的元件直接萃取出功率。藉由適當的選取負載大小，可以萃取出接近 80% 的 $I_{sc}$ 與 $V_{oc}$ 乘積，此處的 $I_{sc}$ 是指等效於光電流輸出的短路電流。圖形陰影區域即為最大功率輸出。我們也可以在圖 47 的曲線中，定義出元件在最大輸出功率 $P_m = I_m V_m$ 時，所對應的電壓 $V_m$ 值與電流 $I_m$ 值。為了推導最大功率操作點，輸出功率可以表示為

$$P = IV = I_s V \left[ \exp\left(\frac{qV}{kT}\right) - 1 \right] - I_L V. \tag{84}$$

當 $dP/dV = 0$ 時，可獲得最大功率的條件，或是

$$I_m = I_s \beta V_m \exp(\beta V_m) \approx I_L \left( 1 - \frac{1}{\beta V_m} \right) \tag{85}$$

$$V_m = \frac{1}{\beta} \ln \left[ \frac{(I_L/I_s) + 1}{1 + \beta V_m} \right] \approx V_{oc} - \frac{1}{\beta} \ln(1 + \beta V_m) \tag{86}$$

當 $\beta \equiv q/kT$ 時，最大功率輸出 $P_m$ 是

$$P_m = I_m V_m = F_F I_{SC} V_{OC} \approx I_L \left[ V_{OC} - \frac{1}{\beta} \ln(1 + \beta V_m) - \frac{1}{\beta} \right] \tag{87}$$

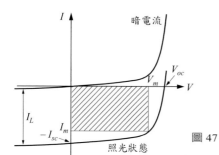

圖 47　在太陽光照射下，太陽能電池的電流—電壓特性圖，指出最大功率輸出時的情況。

此處的填充因子 $F_F$ 量測得到圖形的明確形式，並定義為

$$F_F \equiv \frac{I_m V_m}{I_{sc} V_{oc}} \tag{88}$$

實際上，好的填充因子大約為 0.8 左右。理想的轉換效率是最大輸出功率與其入射功率 $P_{in}$ 的比值

$$\eta = \frac{P_m}{P_{in}} = \frac{I_m V_m}{P_{in}} = \frac{V_m^2 I_s (q/kT) \exp(qV_m/kT)}{P_{in}} \tag{89}$$

　　理論上，理想的轉換效率是可以計算出來的。我們在前面提過半導體能隙越小，能獲得更多的光電流，而隨著半導體能隙增加，會有較小的飽和電流，以及較高的輸出電壓，所以為了獲得最大的輸出功率，將有一最佳的能帶 $E_g$ 值存在。藉由使用式 (83) 中與 $E_g$ 相關的理想飽和電流，即可計算出最大的轉換效率理論值。圖 48 中，對於一個太陽光在 300 K 溫度，空氣質量為 1.5 的條件下，其理想轉換效率為能隙能量的函數。因為大氣吸收的關係，曲線有輕微的振盪，值得注意的是，轉換效率在能隙範圍在 0.8 eV 到 1.4 eV 之間，具有寬廣的最大值分布，許多因素會導致理想效率的劣化，因此實際獲得效率比理想值低一些。接下來幾節會討論太陽能電池。圖 48 並指出在 1,000 個太陽聚光下（亦是 844 kW/m²）的理想轉換效率對能隙的關係，詳細的光學聚光內容將在 13. 9. 4 節討論。理想的轉換效率峰值從一個太陽聚光的 31% 到 1,000 個太陽聚光的 37%。當光電流隨著光強度呈線性增加時，由於 $V_{OC}$ 增加，其轉換效率數值將會隨之增加。

**非理想效應（Nonideal Effect）**　　對於實際的太陽能電池，如圖 45 所示的理想等效電路將被修正，並加入來自表面歐姆損失引起的串聯電阻，以及漏電流引起的並聯電阻。等效電路應該隨著二極體加入 $R_s$ 與負載 $R_L$ 串聯，加入分流電阻 $R_{sh}$ 與二極體並聯，並發現二極體的 I-V 特性，從式 (81) 修正如下 [125]

$$\ln\left(\frac{I + I_L}{I_s} - \frac{V - IR_s}{I_s R_{sh}} + 1\right) = \frac{q}{kT}(V - IR_s) \tag{90}$$

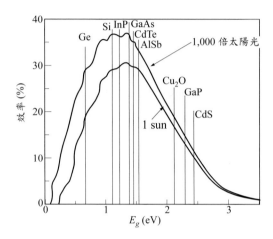

圖 48　在 300 K 時，1 個太陽與 1,000 個聚光太陽下，理想的太陽能電池效率。（參考文獻 124）

實際上，分流電阻的影響遠小於串聯電阻，而串聯電阻的效應可以很簡單地用 $(V - R_s)$ 取代 $V$ 得到，其主要是影響填充因子。對一個實際使用的太陽能電池，順向電流主要由空乏區內的復合電流主導，與理想的二極體效率相比，將會減少實際轉換效率。復合電流可以下列型式表示為

$$I_{re} = I_s'\left[\exp\left(\frac{qV}{2kT}\right) - 1\right] \tag{91}$$

導出類似方程式如同式 (82) 到式 (87)，只需要以 $I_s'$ 取代 $I_s$ 與指數項的部分除以 2，即可寫成相同的形式。在復合電流存在的情況下，其轉換效率較理想電流小，造成開路電壓與填充因子劣化，同時混合擴散電流、復合電流與缺陷引起電流的太陽能電池，其順向電流會隨著順向電壓呈指數相關，如同 $\exp(qV/nkT)$ 式中，$n$ 為理想因子（參見 2.3.2 節），其數值在 1 到 2 之間，轉換效率隨著 $n$ 值增加而減少。

　　當元件的溫度增加，由於擴散常數維持不變或是少數載子的生命期隨著溫度增加，擴散長度將會上升。少數載子的擴散長度增加將導致光電流 $I_L$ 變大，然而，因為飽和電流隨溫度呈指數關係，造成開路電壓 $V_{oc}$ 會急速下

降。當溫度增加時，*I-V* 曲線的轉角處將變得更圓滑（softness），致使填充因子的劣化。隨著溫度增加，綜合上述的效應，當溫度上升時轉換效率會降低。對於在光學聚光器（optical concentrator）下操作的太陽能電池，這些效應將會使轉換效率面臨一些挑戰。

　　在人造衛星的應用上，半導體受到外太空高能粒子的**轟擊**，形成許多缺陷並且導致少數載子的擴散長度減少，因此造成太陽能電池的能量輸出減少。為了改善輻射的容許值，摻雜鋰在太陽能電池中，而鋰會透過擴散方式進入半導體，並與輻射造成的點缺陷結合。

### 13.9.3 光電流與光譜響應

　　我們將推導矽材料的 *p-n* 接面太陽能電池，因為它是所有太陽能電池的代表性元件。基本的矽 *p-n* 接面太陽能電池如圖 49 所示，它包含表面的淺 *p-n* 接面，前面鋸齒狀的歐姆接觸與背面歐姆接觸，以及抗反射薄膜層的覆蓋。指叉狀的網柵是一種設計上的考量，因為它能減少串聯電阻，但也會造成太陽光入射面積的損失，所以在設計時需作一取捨，因此有些人使用透明導電材料，例如銦錫氧化物（Indium Tin Oxide, ITO）當作電極。

　　當波長為 λ 的單色光入射至正表面時，光電流與頻譜響應可以根據下列關係推導出來，其中頻譜響應為每個波長下每個入射光子產生且收集到的載子數目。距離半導體表面 *x* 距離下，電子電洞對產生的速率如圖 50 所示

$$G(\lambda, x) = \alpha(\lambda)\phi(\lambda)[1 - R(\lambda)]\exp[-\alpha(\lambda)x] \tag{92}$$

其中 α (λ) 為吸收係數，ϕ (λ) 是單位面積、單位時間、單位頻寬中的入射光子數，R (λ) 是從表面反射的光子分率。對於各邊固定摻雜濃度的陡接面 *p-n* 接面型太陽能電池而言，在空乏區外沒有電場分布，光產生的載子在空乏區外的區域主要藉由擴散方式來收集，而空乏區內則是藉由漂移方式收集。我們把光產生的載子收集分為三個區域：頂端中性區域、接面的空乏區、基板的中性區，也假設 $N_D \gg N_A$ 的單邊陡摻雜接面，故可以忽略 *n-* 型端的空乏

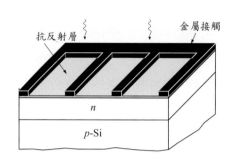

圖 49　矽材料的 *p-n* 接面太陽能電池結構。

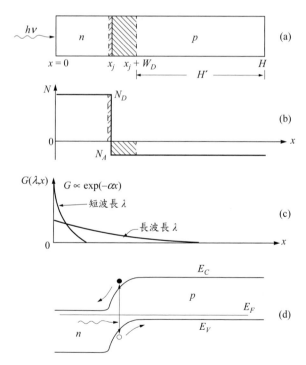

圖 50　(a) 考量下的太陽能電池的尺寸 (b) 假設陡峭摻雜分布 $N_D \gg N_A$ (c) 對長與短波長的
照射下，電子電洞對的產生率為距離的函數 (d) 能帶圖表示其電子電洞對產生的
情況。

區。在低階注入的條件下,對在 p- 型半導體基板上的電子,一維的穩態連續方程式中

$$G_n - \left(\frac{n_p - n_{po}}{\tau_n}\right) + \frac{1}{q}\frac{dJ_n}{dx} = 0 \tag{93a}$$

對於在 n- 型半導體基板上的電洞為

$$G_p - \left(\frac{p_n - p_{no}}{\tau_p}\right) - \frac{1}{q}\frac{dJ_p}{dx} = 0 \tag{93b}$$

電流密度方程式為

$$J_n = q\mu_n n_p \mathscr{E} + qD_n\left(\frac{dn_p}{dx}\right) \tag{94a}$$

$$J_p = q\mu_p p_n \mathscr{E} - qD_p\left(\frac{dp_n}{dx}\right) \tag{94b}$$

在 n- 型端接面的頂端,結合式 (92)、式 (93b)、式 (94b) 後,可以表示如下

$$D_p\frac{d^2 p_n}{dx^2} + \alpha\phi(1-R)\exp(-\alpha x) - \frac{p_n - p_{no}}{\tau_p} = 0 \tag{95}$$

此方程式的一般解為

$$p_n - p_{no} = C_2\cosh\left(\frac{x}{L_p}\right) + C_3\sinh\left(\frac{x}{L_p}\right) - \frac{\alpha\phi(1-R)\tau_p}{\alpha^2 L_p^2 - 1}\exp(-\alpha x) \tag{96}$$

其中 $L_p = \sqrt{D_p\tau_p}$ 是擴散長度,$C_2$、$C_3$ 是常數。此處有兩個邊界條件,在表面($x = 0$)會有復合速率,為 $S_p$ 的表面復合

$$D_p\frac{d(p_n - p_{no})}{dx} = S_p(p_n - p_{no}) \tag{97}$$

在空乏區邊緣($x = x_j$),由於空乏區的電場使過量載子密度變小(亦是 $p_n - p_{no} \approx 0$),利用這些邊界條件帶入式 (96),其電洞密度為

$$p_n - p_{no} = \left[\alpha\phi(1-R)\,\tau_p/(\alpha^2 L_p^2 - 1)\right]$$

$$\times \left[\frac{\left(\dfrac{S_p L_p}{D_p} + \alpha L_p\right)\sinh\dfrac{x_j - x}{L_p} + \exp(-\alpha x_j)\left(\dfrac{S_p L_p}{D_p}\sinh\dfrac{x}{L_p} + \cosh\dfrac{x}{L_p}\right)}{(S_p L_p/D_p)\sinh(x_j/L_p) + \cosh(x_j/L_p)} - \exp(-\alpha x)\right] \tag{98}$$

以及在空乏區邊緣造成的電洞光電流密度為

$$J_p = -qD_p\left(\frac{dp_n}{dx}\right)_{x_j} = \left[q\,\phi(1-R)\,\alpha L_p/(\alpha^2 L_p^2 - 1)\right]$$

$$\times \left[\frac{\left(\dfrac{S_p L_p}{D_p} + \alpha L_p\right) - \exp(-\alpha x_j)\left(\dfrac{S_p L_p}{D_p}\cosh\dfrac{x_j}{L_p} + \sinh\dfrac{x_j}{L_p}\right)}{(S_p L_p/D_p)\sin(x_j/L_p) + \cosh(x_j/L_p)} - \alpha L_p\exp(-\alpha x_j)\right] \tag{99}$$

在特定入射波長下，將於 $n$- 在 $p$- 上的太陽能電池正面處產生與收集光電流，其中，我們假設此區域有均勻的生命期、載子移動率以及摻雜濃度。式 92、93a、94a 可以使用下列邊界條件，求得太陽能電池基板上所產生的電子光電流

$$n_p - n_{po} \approx 0 \qquad \text{at } x = x_j + W_D \tag{100}$$

$$S_n(n_p - n_{po}) = \frac{-D_n dn_p}{dx} \qquad \text{at } x = H \tag{101}$$

其中，$W_D$ 為空乏區寬度，$H$ 為整個太陽能電池的寬度。式 (100) 中，描述過量少數載子濃度在空乏區邊緣處趨近為零。式 (101) 描述背面的表面復合現象發生於歐姆接觸處。使用這些邊界條件，在均勻摻雜的 $p$- 型基板內電子的分布為

$$n_p - n_{po} = \frac{\alpha\phi(1-R)\,\tau_n}{\alpha^2 L_n^2 - 1}\exp\left[-\alpha(x_j + W_D)\right]\Big\{\cosh(x'/L_n) - \exp(-\alpha x')$$

$$-\frac{(S_n L_n/D_n)\left[\cosh(H'/L_n) - \exp(-\alpha H')\right] + \sinh(H'/L_n) + \alpha L_n\exp(-\alpha H')}{(S_n L_n/D_n)\sinh(H'/L_n) + \cosh(H'/L_n)}$$

$$\times \sinh(x'/L_n)\Big\} \tag{102}$$

其中 $x' \equiv x - x_j - W_D$，以及收集空乏區邊緣電子而產生的光電流，$x = x_j + W_D$，為

$$J_n = qD_n\left(\frac{dn_p}{dx}\right)_{x_j + W_D} = \frac{q\phi(1-R)\alpha L_n}{\alpha^2 L_n^2 - 1}\exp[-\alpha(x_j + W_D)] \times \left\{ \alpha L_n - \right.$$
$$\left.\frac{(S_n L_n/D_n)[\cosh(H'/L_n) - \exp(-\alpha H')] + \sinh(H'/L_n) + \alpha L_n\exp(-\alpha H')}{(S_n L_n/D_n)\sinh(H'/L_n) + \cosh(H'/L_n)}\right\} \quad (103)$$

其中，圖 50a 中的 $H'$，為 $p$- 型基板中性區的厚度，一些光電流也會在空乏區內產生。然而此區的電場強度通常也比較高，光產生的載子在復合前，會被加速離開空乏區。此區中的量子效率將會趨近於 100%，每單位頻寬的光電流也等於被吸收的光子數

$$Jdr = q\phi(1-R)\exp(-\alpha x_j)[1-\exp(-\alpha W_D)] \quad (104)$$

對於特定波長下產生的總光電流，即為式 (99)、(103) 與 (104) 的總和

$$J_L(\lambda) = J_p(\lambda) + J_n(\lambda) + J_{dr}(\lambda) \quad (105)$$

針對外部觀測的光譜響應（spectral response, SR）定義為上述光電流總和除以 $q\phi$，而內部觀測的光譜響應則是光電流總和除以 $q\phi\,(1-R)$

$$SR(\lambda) = \frac{J_L(\lambda)}{q\phi(\lambda)[1 - R(\lambda)]} = \frac{J_p(\lambda) + J_n(\lambda) + J_{dr}(\lambda)}{q\phi(\lambda)[1 - R(\lambda)]} \quad (106)$$

對一個能隙為 $E_g$ 的半導體而言，理想的內部光譜響應是一階梯函數（step function），也就是 $hv < E_g$ 時為 0，$hv \geq E_g$ 時為 1（圖 51a 中的虛線部分）。圖 51a 為矽 $n$-$p$ 太陽能電池計算出來的實際內部光譜響應。在高光子能量時，此太陽能電池的實質上光譜響應與理想步階函數差異很大，圖中指出三個區域的各別對光譜響應的貢獻程度。在低光子能量時，由於矽的低吸收係數使大多數的載子在基板區域產生，當光子能量增加超過 2.5 eV 時，將由前面區域接管，超過 3.5 eV 以上時，吸收係數 $\alpha$ 會大於 $10^6$ cm$^{-1}$，因此光譜響應完全在前面區域導出。假設 $S_p$ 非常高，在前端的表面復合速率造成光譜響應與理想響應差異很大。當 $\alpha L_p \gg 1$ 且 $\alpha x_j \gg 1$ 時，光譜響應接近

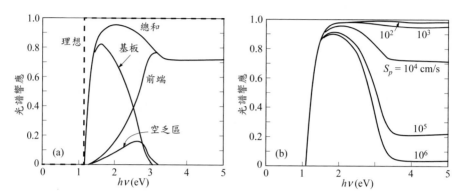

圖 51　(a) n- 在 p- 上的太陽能電池的內部光譜響應計算結果，圖中指出三個區域的個別貢獻。虛線為理想的響應。計算參數為 $N_D = 5 \times 10^{19}$ cm$^{-3}$，$N_A = 1.5 \times 10^{16}$ cm$^{-3}$，$\tau_p = 0.4$ μs，$\tau_n = 10$ μs，$x_j = 0.5$ μm，$S_p$（前端）$= 10^4$ cm/s 以及 $S_n$（後端）$= \infty$ (b) 在不同的表面復合速度計算下內部光譜響應。（參考文獻 126）

一個漸近值（例如式 (99) 中的前端光電流）。

$$SR = \frac{1 + (S_p/\alpha D_p)}{(S_p L_p/D_p)\sinh(x_j/L_p) + \cosh(x_j/L_p)} \tag{107}$$

表面復合速率 $S_p$ 對光譜響應有深遠影響，尤其是在高光子能量的時候。此效應如圖 51b 所示，元件參數除了 $S_p$ 的數值從 $10^2$ 變為 $10^6$ cm$^{-1}$ 外，其他參數與圖 51a 一樣。值得注意的是，當 $S_p$ 增加時，光譜響應急劇降低。式 (107) 也指出，一個 $S_p$ 藉由增加擴散長度 $L_p$，可以增加光譜響應。一般來說，為了增加適用波長範圍內的光譜響應，我們必須同時增加 $L_n$ 與 $L_p$，可以增加並且減少 $S_n$ 與 $S_p$。當已知光譜響應時，總光電流密度可以藉由如圖 43 所示的太陽光譜分布 $\phi(\lambda)$ 獲得，其值為

$$J_L = q \int_0^{\lambda_m} \phi(\lambda)[1 - R(\lambda)]SR(\lambda)d\lambda \tag{108}$$

此時 $\lambda_m$ 為對應半導體能隙的最長波長。為了獲得最大的 $J_L$，我們應該在波長範圍 $0 < \lambda < \lambda_m$ 之間，將 $R(\lambda)$ 最小化，並且將光譜響應 $SR(\lambda)$ 最大化。

### 13.9.4 元件結構

　　太陽電池需要高效率、低成本以及高可靠度，許多被提出的太陽能電池結構已經展示了令人印象深刻的成功。儘管太陽電池在總能量消耗的生產有其影響力，勢必得面臨到更多的挑戰，但卻是個可能達成的目標。

**結晶矽太陽能電池（Crystal-Si Solar Cell）**　　圖 42 所示的是目前市場上最成功的矽太陽能電池，其產品性能與成本可以得到最合理的平衡。單晶矽曾發表過最好的轉換效率超過 22%，其主要成本是單晶矽的基板，所以有許多研究都以降低成長單晶矽的成本為目標，其中一個方法就是將熔融矽製作改為帶狀成長結晶矽的技術。此技術取代一般晶棒（Ingot）的形狀，由薄片拉出的結晶矽，厚度小於一般的矽晶圓，同時可以減少在切割晶棒成為晶圓的過程與切割時材料的浪費。不過，製作太陽能電池所需的單晶矽品質要求，並不如高密度積體電路的嚴格。

　　理想的背向表面電場（back surface field, BSF）太陽能電池比傳統電池具有較高的輸出電壓，其能帶結構圖如圖 52 所示，正面是以一般的製程製作，但是電池背面在接觸端點附近有非常高的摻雜區域。電位能 $q\psi_p$ 通常會侷限在輕摻雜區域的少數載子（電子），且驅使它們回到正面。BSF 太陽能電池與一般太陽能電池相同，但是背面卻具有小的復合速率（$S_n <$ 100 cm/s）。在低的光子能量時，低的 $S_n$ 將會增強其光譜響應，因此，短路

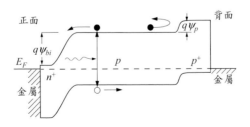

圖 52　$n^+$-$p$-$p^+$ 背面電場接面的太陽能電池能帶結構圖。（參考文獻 127）

電流密度將會增加，也因為短路電流的增加而提高開路電壓，在二極體背面接觸的復合電流會減少以及增加位能 $q\psi_p$。

　　為了減少光的反射，常利用在表面或是背面形成紋理表面（textured surface）結構來捕捉光線。紋路狀的太陽能電池利用沿 <100> 晶向作非等向性蝕刻的矽表面，如圖 53 所示，造成表面角錐型。入射光線照射至角錐的周邊將會被反射至另外一個角錐，而不是向背面反射的方式。如圖 54 所示，理論計算針對裸矽表面的反射率，其在較長波長平坦表面約 35%，在不同紋理平面上的表面反射率降低至 10%。[26, 27, 129] 其中次波長結構（sub-wavelength structure, SWS）、單層抗反射層（sigle-layer antireflection,

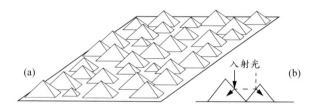

圖 53　(a) 具有角錐狀表面的紋理電池 (b) 光學路徑顯示捕獲光可以降低反射。（參考文獻 128）

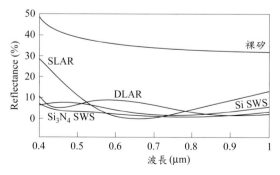

圖 54　比較不同型矽材在 0.4 至 1 μm 波長下的反射光譜（裸矽），最佳化的 SLAR、DLAR、Si 與 $Si_3N_4$ 次波長結構。（參考文獻 129）

SLAR）與雙層抗反射層（double-layer antireflection, DLAR）均為最佳化的塗層。外加抗反射層的塗佈可以使總反射降低數個百分比。

自從太陽能電池成為能量元件，且產生比一般積體電路較高的電流時，另種節省成本的領域就是使用厚金屬化製程。在生產線上，熟知的網印製程已普遍地用於沉積較厚的金屬層，此製程比起用真空系統沉積金屬層快速。

**薄膜太陽能電池 （Thin-Film Solar Cells）** 在薄膜太陽能電池中，主動半導體層是多晶矽膜或是一些不規則的薄膜，它們常被形成在一些主動或被動的基板上，例如玻璃、塑膠、陶瓷、金屬、石墨或冶金矽。藉由不同的方式可將半導體薄膜沉積在異質基板上，如氣相成長、電漿蒸鍍或電鍍。如果半導體的厚度遠大於吸收深度，大部分的光線會被半導體吸收；或如果擴散長度遠大於薄膜厚度，大部分的光產生載子可以被收集。最常見且成功地使用的薄膜材料為矽、CdTe、CdS、CIS（CuInSe$_2$）與 CIGS（CuInGaSe$_2$），如圖 42，它們的效率已經超過 20%。薄膜式太陽能電池的主要優點是低成本保証，因為其製程成本低與使用低成本的材料；缺點則是轉換效率低、耐久穩定度也較差，其中低轉換效率是由於晶粒邊界效應造成，以及在異質基板上成長出品質較差的半導體材料。另外因為半導體與周圍環境（如氧氣與水蒸氣）參與化學反應，而造成較差的穩定度。

非晶矽（amorphous silicon, $\alpha$-Si）薄膜是藉由射頻輝光放電技術，分解矽烷並沉積至金屬或是玻璃基板上成長 1 至 3 μm 厚的薄膜。單晶矽與非晶矽的差異頗為有趣，單晶矽的非直接能隙具有 $E_g$ = 1.1 eV，但是氫解離的非晶矽卻具有直接能隙 $E_g$ = 1.6 eV 類似晶體的光吸收特性。具備 p-n 接面與蕭特基位障的太陽能電池已經被製作成功，由於太陽光譜在可見光範圍內的吸收係數為 $10^4$ 至 $10^5$ cm$^{-1}$，許多光產生的載子均存在光照射表面 1 μm 內的一小範圍中。

由於沉積的薄膜總是包含許多缺陷，我們可估計出當缺陷濃度到達什麼程度時會造成元件特性的衰退。在沒有帶電荷的缺陷存在時，具有一個大小

為 $\mathscr{E} = E_g \,/\, qH$ 的均勻電場，其中 $H$ 是薄膜的總厚度。對於厚度為 $1/\alpha$（約 0.1 μm）且 $E_g = 1.5$ eV，其電場為 $1.5 \times 10^5$ V/cm。當缺陷濃度為 $n_t$ 時，其淨空間電荷為 $n_c$，其中 $n_c < n_t$。這些帶電荷的缺陷會影響電場強度，且其大小為 $\mathscr{E} = q\,n_c H/\varepsilon_s$。假設介電常數為 4，我們發現若 $n_c < 10^{16}$ cm$^{-3}$，$\Delta\mathscr{E} \ll \mathscr{E}$ 值，其說明總缺陷濃度將高達 $10^{17}$ cm$^{-3}$ 依然可以被容忍，且不會影響半導體內部的電場。其次我們要求空間限制電流必須高於 100 mA/cm$^2$，也就是本質上要大於一個太陽光照射下的短路電流密度。對於 0.1 μm 厚的條件下，顯示可允許的缺陷密度可以高達 $10^{17}$ cm$^{-2}$/eV。電場強度必須在一個傳渡時間內 $H\,/\,\mathscr{E}\mu$ 可分離電子與電洞，此時間必須小於復合生命期 $(n_t v\sigma)^{-1}$。其中 $\sigma \approx 10^{-14}$ cm$^2$ 為捕獲截面積，$v \approx /10^{17}$ cm/s 為熱速度，若下式成立，則可以滿足這些條件

$$\mu > \frac{n_t v \sigma H}{\mathscr{E}} = \frac{n_t v \sigma q H^2}{E_g} \approx 1 \ \text{cm}^2/\text{V-s} \tag{109}$$

此關係式並不難達成。上述討論可知，在缺陷密度非常高的半導體，若其厚度夠薄，且在能隙邊緣具有很高的吸收係數，加上滿足耦合需要的載子移動率等條件下，依然可以製成有用的太陽能電池。

### 蕭特基位障與 MIS 太陽能電池（Schottky-Barrier and MIS Solar Cells）

第三章討論過蕭特基二極體的基本特性，金屬必須夠薄至允許足夠的光抵達半導體，進入半導體的短波長光在空乏區內被吸收。長波長的光線在中性區內被吸收，如同在 p-n 接面般產生電子電洞對。對於太陽電池的應用，從金屬激發至半導體的載子，其貢獻小於總光電流的 1%，因此此項可以忽略。蕭特基位障的優點包括：(1) 無需高溫擴散或是退火製程，所以是低溫製程；(2) 適用於多晶矽或是薄膜太陽能電池；(3) 由於接近表面處有高電場存在，而具有較佳的輻射抵抗能力；(4) 空乏區正好位於半導體表面，因此本質上能降低表面附近低載子壽命與高復合率的影響，所以有較高的電流輸出與高光譜響應；對光電流的兩大貢獻，來自於空乏區域與基板中性區域。從空乏區收集的光電流與來自 p-n 接面產生的光電流相似，可導出其光電流為

$$J_{dr} = qT(\lambda)\phi(\lambda)[1-\exp(-\alpha W_D)] \tag{110}$$

其中 $T(\lambda)$ 是金屬穿透係數。從基板區域來的光電流可以由類似於式 (103)，除了以 $T(\lambda)$ 取代 $(1-R)$ 外，且以 $\alpha W_D$ 代替 $\alpha(x_j + W_D)$。如果背面接觸爲歐姆接觸，且元件的厚度遠大於擴散長度，即 $H' \gg L_p$，從基板產生的光電流可以簡化爲

$$J_n = qT(\lambda)\phi(\lambda)\frac{\alpha L_n}{\alpha L_n + 1}\exp(-\alpha W_D) \tag{111}$$

總光電流可以綜合成式 (110) 與式 (111)，照光下的蕭特基位障電流－電壓特性，可以得到

$$I = I_s\left[\exp\left(\frac{qV}{nkT}\right) - 1\right] - I_L \text{ and } I_s = AA^{**}T^2\exp\left(\frac{-q\phi_B}{kT}\right) \tag{112}$$

其中 $n$ 爲理想因子，$A^{**}$ 爲有效李查遜常數（請參考第三章），$q\phi_B$ 爲位障高度，其轉換效率可由式 (89) 中獲得。對於一個特定的半導體材料，轉換效率可以由式 (89)、式 (111) 與式 (112) 計算出來，且爲位障高度的函數。

　　大部分的金屬－半導體系統是製作在均勻摻雜的基板上，其最大的位障高度大約爲 $2/3\ E_g$，而且內建電位也低於 $p\text{-}n$ 接面所造成的內建電位，因此金屬半導體元件的 $V_{oc}$ 值也比較低。然而，可以藉由於半導體表面添加一層薄的且不同於摻雜種類的重摻雜層（$\approx 10\ \text{nm}$），來提升位障高度到接近半導體能隙的大小。

　　在 MIS（金屬－絕緣體－半導體）結構的太陽能電池中，將薄的絕緣層插入在金屬與半導體表面之間。MIS 太陽能電池的優點包含具有一個可延伸進入半導體表面的電場，來輔助收集由短波長光線所產生的少數載子，此外，太陽能電池元件的主動區也不會有擴散引發的晶格破壞，這對擴散型的 $p\text{-}n$ 接面太陽能電池而言是與生俱來的問題，其完全飽和電流密度相似於一具有額外穿隧項的蕭特基位障所產生的飽和電流密度（參考第九章）

$$J_s = A^{**}T^2 \exp\left(\frac{-q\phi_B}{kT}\right)\exp(-\delta\sqrt{q\phi_T}) \tag{113}$$

$q\phi_T$ 的單位為 eV，代表絕緣層的平均位障高度，而 $\delta$ 的單位為 Å，代表絕緣層厚度

$$V_{oc} = \frac{nkT}{q}\left[\ln\left(\frac{J_L}{A^{**}T^2}\right) + \frac{q\phi_B}{kT} + \delta\sqrt{q\phi_T}\right] \tag{114}$$

式 (114) 指出，MIS 太陽能電池的開路電壓會隨著 $\delta$ 增加而增加，但是當絕緣層厚度 $\delta$ 變厚時，短路電流會受其影響而減少，並造成轉換效率的降低。因此有研究指出，MIS 太陽能電池的最佳氧化層厚度大約在 2 nm。[130]

**多層接面太陽能電池（Multiple-Junction Solar Cell）**　　理論轉換效率最大值取決於 $E_g$ 對於光電流與開路電壓之間的平衡，同時也指出使用不同能隙的多層接面，並且堆疊在每一層上面。由於沒有浪費低於 $E_g$ 能量的光子，所以轉換效率可以有效的增加。兩層接面太陽能電池的理論值計算，如圖 55 所示，對於此雙層堆疊太陽能電池結構，當 $E_{g1}$ = 1.7 eV 與 $E_{g2}$ = 1 eV 時，其最大轉換效率大約為 40%；而對於三層接面的太陽能電池，理想的結合

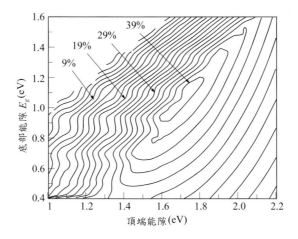

圖 55　堆疊式太陽能電池的最大轉換效率，為頂端能隙與底部能隙的函數。（參考文獻131）

是 $E_{g1} = 1.75$ eV、$E_{g2} = 1.18$ eV 與 $E_{g3} = 0.75$ eV。當多於三層能隙時，轉換效率的增加將變得非常緩慢。就實驗結果來說，單晶太陽能電池的三層接面以 GaAs/InGaAs 與 InGaP/InGaAs/Ge 的化合物半導體材料製成的太陽能電池，已經有研究指出其效率可以高達 30%，此結構效率高於任何相關研究成果。在薄膜式太陽能電池方面，SiGeC/Si/SiGe 與 SiGeC/Si/GeC 的多層接面太陽能電池，比單一接面的元件還有較高的轉換效率，如圖 42 中最大效率高於 45%。

**中間能帶太陽能電池（Intermediate Band Solar Cells, IBSCs）** 根據詳細的平衡論點，若光子能量小於基板材料的能隙值 $E_g$，則能量是不能被吸收的。然而，大於能隙 $E_g$ 的過量能量，藉由聲子散射（phonon scattering）轉換成熱能，傳統的單接面型太陽能電池有低的量子效率，對於低－與高－能量的光子，其轉換效率設定一個低的基本極限稱爲蕭克萊－奎伊瑟極限（Shockley-Queisser limit）[132, 133]。一個可以突破蕭克萊－奎伊瑟極限的新興的量子技術，稱爲中間能帶太陽能電池（IBSCs）被提出，其比多接面型太陽能電池（multi-junction cells）的製造成本低[134]。IBSCs 開發在禁止能帶區域內形成中間能帶，以使其能夠吸收透過雙光子躍遷機制的次能隙光子[135-139]。圖 56a 以及 b 顯示 IBSC 的能帶圖以及元件結構，其中 $E_{IB}$ 表示中間能帶：$E_{Fc}$、$E_{FIB}$ 與 $E_{Fh}$ 均是準費米能階，$E_L$ 是 $E_{IB}$ 與 $E_C$ 的能量差，$E_H$ 爲 $E_V$ 與 $E_{IB}$ 的能量差，$G_{VC}$、$G_{VI}$ 與 $G_{IC}$ 是對應能帶的電子－電洞的產生速率，$V$ 與 $J$ 分別爲施加電壓以及光電流密度。

有兩種型態的吸收過程。第一種過程是 $E_V \rightarrow E_C$ 的躍遷，其中光子的能量必須大於能隙值 $E_g$，以產生電子－電洞對，而另一種過程是經由從 $E_V \rightarrow E_{IB}$ 以及 $E_{IB} \rightarrow E_C$ 二步驟的躍遷來完成。雖然光子能量小於能隙 $E_g$，但是若光子能量大於 $E_H$ 與 $E_L$，仍然能夠被價電帶或中間能帶吸收。進一步來說，中間能帶應該是半填滿的狀態，以便電子能夠填滿在能帶內的空能態，由於吸收能量大於 $E_H$ 的光子，使電子由價電能帶激升至中間能帶內的空能態，而在中間能帶 $E_{IB}$ 的電子藉由吸收能量較高於 $E_L$ 的光子，電子由中間

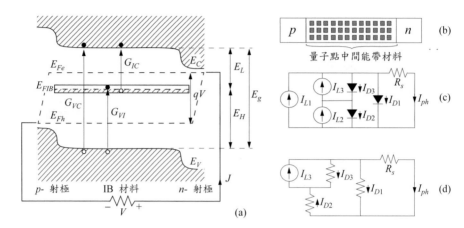

圖 56    (a) IBSC 的能帶分布圖（參考文獻 139）(b) 具有量子點 IBSC 的圖示說明 (c) 在短路情況下，IBSC 的等效電路(d) 在照光情況下，IBSC 的小訊號模型等效電路。（參考文獻 140）

能帶躍遷至導電帶 $E_C$。中間能帶太陽能電池藉由增加在次能帶能隙區域的量子效率[141-145] 改善轉換效率。圖 56c 與 d 顯示在短路與照光情況下，中間能帶太陽能電池的等效電路。其中 *p-n* 二極體說明在能帶間內部產生復合與其電壓值所相對應能帶的準費米能階之間的差值[140]。

**量子點太陽能電池（Quantum Dot Solar Cells，QDSCs）**    量子點太陽能電池（QDSCs）開發量子侷限效應以產生迷你能帶，即中間能帶來自於雙光子躍遷的觀點，以及實現中間能帶太陽能電池的概念[146-151]。藉由組合不同材料形成的量子點與基板來控制量子點尺寸的大小，理論上，中間能帶（IBs）的能帶寬度與能量是可以調節及最佳化；實際上，以斯特朗斯基—柯拉斯坦諾成長法（Stranski -Krastanov growth）用於製作量子點的超晶格，如圖 57(a)。因為量子井效應、置入濕層（wetting layer）所產生的能帶彎曲與量子點的應變（strain）等，在迷你能帶的形成可能造成重大的變化[146, 151-153]。具有無缺陷的中性光束蝕刻的先進由上而下的奈米製作技術，可精確地控制量子點的尺寸大小在次 −10 nm 範圍，無置入濕層且可以將最小化應變量，如圖 57b 以及 c[143, 144]。圖 58a 說明具有嵌入式矽量子點超晶格的 Si/SiC 量子點太陽能電

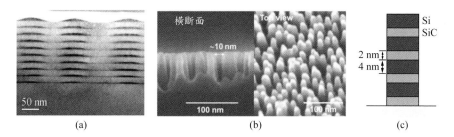

圖57　(a) 以斯特朗斯基─柯拉斯坦諾成長法製作多層 Ge 量子點超晶格，在矽基板上的高解析度電子顯微鏡橫斷面圖（參考文獻 152）(b) 以先進由上而下製程製作的四層 Si 量子點超晶格，在 SiC 基板的 SEM 橫斷面與頂視圖（參考文獻 143)(c) 在 (b) 圖中的四層 Si 量子點超晶格的每一單元。（參考文獻 147）

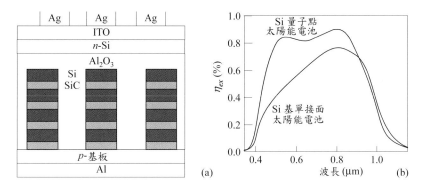

圖58　(a) 具有矽量子點超晶格與 $Al_2O_3$ 鈍化層 Si/SiC QDSC 的元件構造圖 (b) QDSC 與傳統矽基單接面太陽能電池的外部量子效率。（參考文獻 144, 147）

池，圖 58b 是比較量子點太陽能電池，以及傳統以矽基單接面太陽能電池之間的外部量子效率。由 SiC 以及 Si 的能隙，能夠觀察到外部量子效率重大的改善，亦就是 SiC 的次能隙區域。如圖 42，在 2010 年發表的量子點太陽能電池最大效率高於 16%。

**光學聚光（Optical Concentration）**　　藉由平面鏡與透鏡可以聚集太陽光線，藉由聚光器的面積來取代大量的元件面積，光學聚光提供一個深具吸引力與彈性空間的方法[108]，來減少太陽能電池的成本。光學聚光也提供其他優點，包括：(1) 增加元件轉換效率（圖 48 所示）；(2) 混合系統產生電與熱的輸出；(3) 減少電池溫度係數。在一個標準的聚光器（concentrator）模組中，使用平面鏡與透鏡來將太陽光對準並聚光到掛載水冷式的太陽能電池模組上。圖 59 所示爲由垂直接面的矽太陽能電池得到的實驗結果，注意其元件的性能隨著從 1 個太陽到 1,000 個太陽的聚光而增強。短路電流隨著聚光呈線性增加，在填充因子稍微劣化時，聚光太陽數每增加 10 倍，開路電壓增加 0.1 V。

前述三項乘積，再除以輸出聚光功率得到的轉換效率，每 10 倍數量級聚光可以提升約 2% 速率。因此，一個電池在 1,000 個太陽聚光下操作，其輸出功率等於在一個太陽下 1,300 個電池產生的能量總和，所以光線聚光方式可以使用便宜的聚光材料來取代昂貴的太陽能電池，並且配合追蹤設定來最小化整個系統的製作成本。在高聚光情況下，載子密度接近基板的摻雜濃度，且達到高注入條件。電流密度正比於 $\exp(qV/nkT)$，其中 $n = 2$，因此

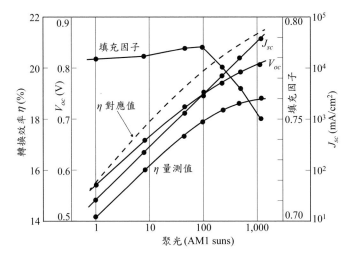

圖 59　針對多層垂直接面的太陽能電池，轉換效率 $\eta$、開路電壓、短路電流與填充因子對 AM 太陽聚光的關係圖。（參考文獻 154）

開路電壓變爲

$$V_{oc} = \frac{2kT}{q} \ln\left(\frac{J_L}{J_s} + 1\right) \text{ and } J_s = C_4\left(\frac{T}{T_0}\right)^{3/2} \exp\left[-\frac{E_g(T)}{2kT}\right] \tag{115}$$

其中 $C_4$ 是常數，$T$ 爲操作溫度，$T_0$ 爲 300 K。開路電壓與溫度相依，在一個太陽聚光下爲 $-2.07$ $m$V/°C，而在 500 個太陽聚光下改變爲 $-1.45$ $m$V/°C。因此對於矽太陽能電池，高強度的太陽聚光可以降低因溫度提高操作時而造成的效率損失。藉由不同能隙的個別太陽能電池組合，可以增加太陽能電池的轉換效率與功率輸出 [108]。光譜分離排列可以叉開太陽光通量爲好幾個狹小的光譜能帶，以及傳遞每個能帶的光通量，到最適合此能帶的單元處。

# 參考文獻

1. G. P. Agrawal, *Fiber-Optic Communication Systems*, 4th Ed., Wiley, New Jersey, 2010.

2. J. D. Vincent, S. E. Hodges, J. Vampola, M. Stegall, and G. Pierce, *Fundamentals of Infrared and Visible Detector Operation and Testing*, 2nd Ed., Wiley, New Jersey, 2016.

3. A. K. Maini, *Handbook of Defence Electronics and Optronics Fundamentals, Technologies and Systems*, Wiley, New Jersey, 2018.

4. D. L. Andrews, *Photonics, Volume 1: Fundamentals of Photonics and Physics*, Wiley, New Jersey, 2015.

5. H. Melchior, "Demodulation and Photodetection Techniques," in F. T. Arecchi and E. O. Schulz-Dubois, Eds., *Laser Handbook*, Vol. **1**, North-Holland, Amsterdam, 1972.

6. M. C. Gupta and J. Ballato, *The Handbook of Photonics*, 2nd Ed., Chapter 9, CRC Press, Northwestern, 2019.

7. C. A. Musca, J. F. Siliquini, B. D. Nener, and L. Faraone, "Heterojunction Blocking Contacts in MOCVD Grown $Hg_{1-x}Cd_xTe$ Long Wavelength Infrared Photoconductors," *IEEE Trans. Electron Dev.*, **ED-44**, 239 (1997).

8. M. DiDomenico and O. Svelto, "Solid-State Photodetection: A Comparison between Photodiodes and Photoconductors," *Proc. IEEE*, **52**, 136 (1964).

9. A. Van der Ziel, *Fluctuation Phenomena in Semiconductors*, Chapter 6, Academic Press, New York, 1959.

10. W. L. Eisenman, J. D. Merriam, and R. F. Potter, "Operational Characteristics of Infrared Photodiode," in R. K. Willardson and A. C. Bear, Eds., *Semiconductors and Semimetals*, Vol. **12**, *Infrared Detector II*, Academic Press, New York, 1977.

11. P. Martyniuk, J. Antoszewski, M. Martyniuk, L. Faraone, and A. Rogalski, "New Concepts in Infrared Photodetector Designs," *Appl. Phys. Rev.*, **1**, 041102 (2014).

12. G. E. Stillman, C. M. Wolfe, and J. O. Dimmock, "Far-Infrared Photoconductivity in High Purity GaAs," in R. K. Willardson and A. C. Bear, Eds., *Semiconductors and Semimetals*, Vol. **12**, *Infrared Detector II*, Academic Press, New York, 1977.

13. J. Piprek, Ed., *Handbook of Optoelectronic Device Modeling and Simulation*, Vol. **2**, CRC Press, Northwestern, 2018.

14. J. P. Dakin and R. G. W. Brown, Eds., *Handbook of Optoelectronics*, Vol. **1–2**, CRC Press, Northwestern, 2018.

15. T. Lühder, J. Plentz, J. Kobelke, K. Wondraczek, and M. A. Schmidt, "All-Fiber Integrated In-Line Semiconductor Photoconductor," *J. Lightwave Technol.*, **37**, 3244 (2019).

16. G. E. Stillman and C. M. Wolfe, "Avalanche Photodiode," in R. K. Willardson and A. C. Bear, Eds., *Semiconductors and Semimetals*, Vol. **12**, *Infrared Detector II*, Academic Press, New York, 1977.

17. R. G. Smith and S. D. Personick, "Receiver Design for Optical Communication Systems," in H. Kressel, Ed., *Semiconductor Devices for Optical Communication,* Springer, New York, 1979.

18. W. W. Gartner, "Depletion-Layer Photoeffects in Semiconductors," *Phys. Rev.*, **116**, 84 (1959).

19. H. S. Lee and S. M. Sze, "Silicon *p-i-n* Photodetector Using Internal Reflection Method," *IEEE Trans. Electron Dev.*, ED-17, 342 (1970).

20. J. Muller, "Thin Silicon Film *p-i-n* Photodiodes with Internal Reflection," *IEEE Trans. Electron Dev.*, **ED-25**, 247 (1978).

21. C. K. Tseng, W. T. Chen, K. H. Chen, H. D. Liu, Y. Kang, N. Na, and M. C. M. Lee, "A Self-Assembled Microbonded Germanium/Silicon Heterojunction Photodiode for 25 Gb/s High-Speed Optical Interconnects," *Sci. Rep.*, **3**, 3225 (2013).

22. C. Jagadish, S. Lourdudoss, and J. E. Bowers, Eds., *Semiconductors and Semimetals: Future Directions in Silicon Photonics*, Vol. **101**, Academic Press, Massachusetts, 2019.

23. W. F. Kosonocky, "Review of Schottky-Barrier Imager Technology," *SPIE*, **1308**, 2 (1990).

24. P. R. Sasi Kumar, *Photonics: An introduction*, PHI Learning, New Delhi, 2012.

25. C. R. Crowell and S. M. Sze, "Hot Electron Transport and Electron Tunneling in Thin Film Structures," in R. E. Thun, Ed., *Physics of Thin Films*, Vol. **4**, Academic Press, New York, 1967.

26. K. C. Sahoo, Y. Li, and E. Y. Chang, "Shape Effect of Silicon Nitride Sub-wavelength Structure on Reflectance for Solar Cell Application," *IEEE Trans. Electron Dev.*, **57**, 2427 (2010).

27. Y. Li, M. Y. Lee, H. W. Cheng, and Z. L. Lu, "3D Simulation of Morphological Effect on Reflectance of $Si_3N_4$ Sub-Wavelength Structures for Silicon Solar Cells," *Nanoscale Res. Lett.*, **7**, 196 (2012).

28. W. M. Sharpless, "Cartridge-Type Point Contact Photodiode," *Proc. IEEE*, **52**, 207 (1964).

29. J. C. Campbell, S. Demiguel, F. Ma, A. Beck, X. Guo, S. Wang, X. Zheng, X. Li, J. D. Beck, M. A. Kinch, et al., "Recent Advances in Avalanche Photodiodes," *IEEE J. Sel. Top. Quantum Electron.*, **10**, 777 (2004).

30. J. C. Campbell, "Recent Advances in Avalanche Photodiodes," *J. Lightwave Technol.*, **34**, 278 (2016).

31. H. Melchior and W. T. Lynch, "Signal and Noise Response of High Speed Germanium Avalanche Photodiodes," *IEEE Trans. Electron Dev.*, **ED-13**, 829 (1966).

32. R. B. Emmons, "Avalanche Photodiode Frequency Response," *J. Appl. Phys.*, **38**, 3705 (1967).

33. R. J. McIntyre, "Multiplication Noise in Uniform Avalanche Diodes," *IEEE Trans. Electron Dev.*, **ED-13**, 164 (1966).

34. 34. R. D. Baertsch, "Noise and Ionization Rate Measurements in Silicon Photodiodes," *IEEE Trans. Electron Dev.*, **ED-13**, 987 (1966).

35. R. J. McIntyre, "The Distribution of Gains in Uniformly Multiplying Avalanche Photodiodes: Theory," *IEEE Trans. Electron Dev.*, **ED-19**, 703 (1972).

36. R. P. Webb, R. J. McIntyre, and J. Conradi, "Properties of Avalanche Photodiodes," *RCA Rev.*, **35**, 234 (1974).

37. A. R. J. Marshall, P. J. Ker, A. Krysa, J. P. R. David, and C. H. Tan "High Speed InAs Electron Avalanche Photodiodes Overcome the Conventional Gain-Bandwidth Product Limit," *Opt. Express*, **19**, 23341 (2011).

38. W. Sun, Z. Lu, X. Zheng, J. C. Campbell, S. J. Maddox, H. P. Nair, and S. R. Bank, "High-Gain InAs Avalanche Photodiodes," *IEEE J. Quantum Electron.*, **49**, 154 (2013).

39. X. Bai, X. Guo, D. Mcintosh, H. Liu, and J. C. Campbell, "High Detection Sensitivity of Ultraviolet 4H-SiC Avalanche Photodiodes", *IEEE J. Quantum Electron.*, **43**, 1159 (2007).

40. J. C. Campbell, "Recent Advances in Avalanche Photodiodes: Ultraviolet to Infrared," Proc. I*EEE Photonics Soc. Annu. Meet.*, p.202, 2011.

41. J. Beck, M. Kinch, R. Scritchfield, M. Woodall, M. Ohlson, L. Wood, P. Mitra, and J. Robinson, "Properties of the HgCdTe Linear-Mode e-APD," Proc. *IEEE Photonics Soc. Annu. Meet.*, p.122, 2010.

42. H. Kanbe and T. Kmura, "Figure of Merit for Avalanche Photodiodes," *Electron. Lett.*, **13**, 262 (1977).

43. L. K. Anderson, P. G. McMullin, L. A. D'Asaro, and A. Goetzberger, "Microwave Photodiodes Exhibiting Microplasma-Free Carrier Multiplication," *Appl. Phys. Lett.*, **6**, 62 (1965).

44. S. M. Sze and G. Gibbons, "Effect of Junction Curvature on Breakdown Voltage in Semiconductors," *Solid-State Electron.*, **9**, 831 (1966).

45. H. W. Ruegg, "An Optimized Avalanche Photodiode," *IEEE Trans. Electron Dev.*, **ED-14**, 239 (1967).

46. H. Melchior, A. R. Hartman, D. P. Schinke, and T. E. Seidel, "Planar Epitaxial Silicon Avalanche Photodiode," *Bell Syst. Tech. J.*, **57**, 1791 (1978).

47. H. Melchior, M. P. Lepselter, and S. M. Sze, "Metal-Semiconductor Avalanche Photodiode," *IEEE Solid-State Device Res. Conf.*, Boulder, Colorado, June 17–19, 1968.

48. N. Susa, H. Nakagome, O. Mikami, H. Ando, and H. Kanbe, "New InGaAs/InP Avalanche Photodiode Structure for the 1–1.6 m Wavelength Region" *IEEE J. Quantum Electron.*, **QE-16**, 864 (1980).

49. O. Hildebrand, W. Kuebart, and M. H. Pilkuhn, "Resonant Enhancement of Impact Ionization in $Al_xGa_{1-x}Sb$ *p-i-n* Avalanche Photodiodes," *Appl. Phys. Lett.*, **37**, 801 (1980).

50. J. Zheng, Y. Yuan, Y. Tan, Y. Peng, A. K. Rockwell, S. R. Bank, A. W. Ghosh, and J. C. Campbell, "Digital Alloy InAlAs Avalanche Photodiodes," *J. Lightwave Technol.*, **36**, 3580 (2018).

51. F. H. DeLaMoneda, E. R. Chenette, and A. Van der Ziel, "Noise in Phototransistors," *IEEE Trans. Electron Dev.*, **ED-18**, 340 (1971).

52. S. Knight, L. R. Dawson, U. G. Keramidas, and M. G. Spencer, "An Optically Triggered Double Heterostructure Linear Bilateral Phototransistor," *Tech. Dig. IEEE IEDM*, p.472, 1977.

53. E. R. Fossum and D. B. Hondongwa, "A Review of the Pinned Photodiode for CCD and CMOS Image Sensors," *IEEE J. Electron Dev. Soc.*, **2**, 33 (2014).

54. W. S. Boyle and G. E. Smith, "Charge Coupled Semiconductor Devices," *Bell Syst. Tech. J.*, **49**, 587 (1970).

55. M. F. Tompsett, G. F. Amelio, and G. E. Smith, "Charge Coupled 8-bit Shift Register," *Appl. Phys. Lett.*, **17**, 111 (1970).

56. 56. M. F. Tompsett, G. F. Amelio, W. J. Bertram, R. R. Buckley, W. J. McNamara, J. C. Mikkelsen, and D. A. Sealer, "Charge-Coupled Imaging Devices: Experimental Results," *IEEE Trans. Electron Dev.*, **ED-18**, 992 (1971).

57. W. J. Bertram, D. A. Sealer, C. H. Sequin, M. F. Tompsett, and R. R. Buckley, "Recent Advances in Charge Coupled Imaging Devices," *IEEE INTERCON Dig.*, p.292 (1972).

58. T. F. Tao, J. R. Ellis, L. Kost, and A. Doshier, "Feasibility Study of PbTe and $Pb_{0.76}Sn_{0.24}Te$ Infrared Charge Coupled Imager," *Proc. Int. Conf. Tech. Appl. Charge* Coupled Devices, p.259, 1973.

59. J. C. Kim, "InSb MIS Structures for Infrared Imaging Devices," *Tech. Dig. IEEE IEDM*, p.419, 1973.

60. D. Durini, *High Performance Silicon Imaging: Fundamentals and Applications of CMOS and CCD Sensors*, Elsevier, Cambridge, 2014.

61. H. K. Burke and G. J. Michon, "Charge-Injection Imaging: Operating Techniques and Performances Characteristics," *IEEE Trans. Electron Dev.*, **ED-23**, 189 (1976).

62. W. S. Boyle and G. E. Smith, "Charge-Coupled Semiconductor Devices," Bell Syst. Tech. J., 49, 487 (1970); "Charge-Coupled Devices—A New Approach to MIS Device Structures," *IEEE Spectrum*, **8**, 18 (1971).

63. F. L. J. Sangster, "Integrated MOS and Bipolar Analog Delay Lines Using Bucket-Brigade Capacitor Storage," *Proc. IEEE Int. Solid-State Circuits Conf.*, p.74, 1970.

64. M. F. Tompsett, "Video-Signal Generation," in T. P. McLean and P. Schagen, Eds., *Electronic Imaging*, Academic Press, New York, 1979.

65. I. S. McLean, *Electronic Imaging in Astronomy: Detectors and Instrumentation*, Springer, Chichester, 2008.

66. S. O. Kasap, *Optoelectronics and Photonics: Principles and Practices*, 2nd Ed., Pearson, Essex, 2013.

67. C. K. Kim, "The Physics of Charge-Coupled Devices," in M. J. Howes and D. V. Morgan, Eds., *Charge-Coupled Devices and Systems*, Wiley, New York, 1979.

68. C. H. Sequin and M. F. Tompsett, *Charge Transfer Devices*, Academic Press, New York, 1975.

69. J. E. Carnes, W. F. Kosonocky, and E. G. Ramberg, "Free Charge Transfer in Charge-Coupled Devices," *IEEE Trans. Electron Dev.*, **ED-19**, 798 (1972).

70. M. H. Elsaid, S. G. Chamberlain, and L. A. K. Watt, "Computer Model and Charge Transport Studies in Short Gate Charge-Coupled Devices," *Solid-State Electron.*, **20**, 61 (1977).

71. M. F. Tompsett, "The Quantitative Effect of Interface States on the Performance of Charge-Coupled Devices," *IEEE Trans. Electron Dev.*, **ED-20**, 45 (1973).

72. R. E. Colbeth and R. A. LaRue, "A CCD Frequency Prescaler for Broadband Applications," *IEEE J. Solid-State Circuits*, **28**, 922 (1993).

73. M. F. Tompsett, "Charge Transfer Devices," *J. Vac. Sci. Technol.*, **9**, 1166 (1972).

74. W. S. Boyle and G. E. Smith, U.S. Patent 3,792,322 (1974).

75. R. H. Walden, R. H. Krambeck, R. J. Strain, J. McKenna, N. L. Schryer, and G. E. Smith, "The Buried Channel Charge Coupled Device," *Bell Syst. Tech. J.*, **51**, 1635 (1972).

76. A. El Gamal and H. Eltoukhy, "CMOS Image Sensors," *IEEE Circuits Dev. Mag.*, **21**, 6 (2005).

77. H. Yu, M. Yan, and X. Huang, *CMOS Integrated Lab-on-a-Chip System for Personalized Biomedical Diagnosis*, Chapter 7, Wiley, New Jersey, 2018.

78. A. Rogalski, "Graphene-Based Materials in the Infrared and Terahertz Detector Families: a Tutorial," *Adv. Opt. Photonics*, **11**, 314 (2019).

79. A. Rogalski, *Infrared and Terahertz Detector*, 3rd Ed., CRC Press, Florida, 2019.

80. K. K. Ng, *Complete Guide to Semiconductor Devices*, 2nd Ed., Wiley/IEEE Press, New York, 2002.

81. T. Sugeta, T. Urisu, S. Sakata, and Y. Mizushima, "Metal-Semiconductor-Metal Photodetector for High-Speed Optoelectronic Circuits," *Jpn. J. Appl. Phys.*, **19**, 459 (1980).

82. T. Sugeta and T. Urisu, "High-Gain Metal-Semiconductor-Metal Photodetectors for High- Speed Optoelectronics Circuits," *IEEE Trans. Electron Dev.*, **ED-26**, 1855 (1979).

83. H. Schumacher, H. P. Leblanc, J. Soole, and R. Bhat, "An Investigation of the Optoelectronic Response of GaAs/InGaAs MSM Photodetectors," *IEEE Electron Dev. Lett.*, **EDL-9**, 607 (1988).

84. J. B. D. Soole, H. Schumacher, R. Esagui, and R. Bhat, "Waveguide Integrated MSM Photodetector for the 1.3 μm–1.6μm Wavelength Range," *Tech. Dig. IEEE IEDM*, p.483, 1988.

85. A. Sciuto, F. Roccaforte, S. D. Franco, S. F. Liotta, G. Bonanno, and V. Raineri, "High Efficiency 4H–SiC Schottky UV Photodiodes Using Self-Aligned Semitransparent Contacts," *Superlattices Microstruct.*, **41**, 29 (2007).

86. F. Xie, H. Lu, D. Chen, X. Ji, F. Yan, R. Zhang, Y. Zheng, L. Li, and J. Zhou, "Ultra-Low Dark Current AlGaN-Based Solar-Blind Metal-Semiconductor-Metal Photodetectors for High-Temperature Applications," *IEEE Sens. J.*, **12**, 2086 (2012).

87. L. Sang, M. Liao, and M. Sumiya, "A Comprehensive Review of Semiconductor Ultraviolet Photodetectors: From Thin Film to One-Dimensional Nanostructures," *Sensors*, **13**, 10482 (2013).

88. P. C. Eng, S. Song, and B. Ping, "State-of-the-Art Photodetectors for Optoelectronic Integration at Telecommunication Wavelength," *Nanophotonics*, **4**, 277 (2015).

89. S. M. Sze, D. J. Coleman, and A. Loya, "Current Transport in Metal-Semiconductor-Metal (MSM) Structures," *Solid-State Electron.*, **14**, 1209 (1971).

90. B. J. van Zeghbroeck, W. Patrick, J. Halbout, and P. Vettiger, "105-GHz Bandwidth Metal- Semiconductor-Metal Photodiode," *IEEE Electron Dev. Lett.*, **EDL-9**, 527 (1988).

91. J. Kim, W. B. Johnson, S. Kanakaraju, L. C. Calhoun, and C. H. Lee, "Improvement of Dark Current Using InP/InGaAsP Transition Layer in Large-Area InGaAs MSM Photodetectors," *IEEE Trans. Electron Dev.*, **ED-51**, 351 (2004).

92. R. Owens, *Photodetectors: Devices and Applications*, Library Press, New York, 2017.

93. L. C. Chiu, J. S. Smith, S. Margalit, A. Yariv, and A. Y. Cho, "Application of Internal Photoemission from Quantum-Well and Heterojunction Superlattices to Infrared Photodetectors," *Infrared Phys.*, **23**, 93 (1983).

94. L. C. West and S. J. Eglash, "First Observation of an Extremely Large-Dipole Infrared Transition Within the Conduction Band of a GaAs Quantum Well," *Appl. Phys. Lett.*, **46**, 1156 (1985).

95. B. F. Levine, K. K. Choi, C. G. Bethea, J. Walker, and R. J. Malik, "New 10 μm Infrared Detector Using Intersubband Absorption in Resonant Tunneling GaAlAs Superlattices," *Appl. Phys. Lett.*, **50**, 1092 (1987).

96. K. K. Choi, B. F. Levine, C. G. Bethea, J. Walker, and R. J. Malik, "Multiple Quantum Well 10 μm $GaAs/Al_xGa_{1-x}As$ Infrared Detector with Improved Responsivity," *Appl. Phys. Lett.*, **50**, 1814 (1987).

97. B. F. Levine, C. G. Bethea, G. Hasnain, J. Walker, and R. J. Malik, "High-detectivity $D^*=1.0–10^{10}$ cm-Hz$^{0.5}$/W GaAs/AlGaAs Multiquantum Well $\lambda = 8.3$ μm Infrared Detector," **Appl. Phys. Lett**., **53**, 296 (1988).

98. L. S. Yu and S. S. Li, "A Metal Grating Coupled Bound-to-Miniband Transition GaAs Multiquantum Well/Superlattice Infrared Detector," *Appl. Phys. Lett.*, **59**, 1332 (1991).

99. M. Beeler, E. Trichas, and E. Monroy, "III-Nitride Semiconductors for Intersubband Opto- Electronics: A Review," *Semicond. Sci. Technol.*, **28**, 074022 (2013).

100. H. Schneider and H. C. Liu, *Quantum Well Infrared Photodetectors: Physics and Applications*, Springer-Verlag, Berlin, 2007.

101. B. Nabet, Ed., *Photodetectors: Materials, Devices and Applications*, Elsevier, Cambridge, 2016.

102. B. F. Levine, A. Zussman, J. M. Kuo, and J. de Jong, "19 μm Cutoff Long-Wavelength $GaAs/Al_xGa_{1-x}As$ Quantum-Well Infrared Photodetectors," *J. Appl. Phys.*, **71**, 5130 (1992).

103. H. C. Liu, "Photoconductive Gain Mechanism of Quantum-Well Intersubband Infrared Detectors," *Appl. Phys. Lett.*, **60**, 1507 (1992).

104. B. F. Levine, "Quantum-Well Infrared Photodetectors," *J. Appl. Phys.*, **74**, R1 (1993).

105. M. A. Billaha, M. K. Das, and S. Kumar, "Effect of Doping on the Performance of Multiple Quantum Well Infrared Photodetector," *IET Circuits Devices Syst.*, **12**, 551 (2018).

106. T. Asano, C. Hu, Y. Zhang, M. Liu, J. C. Campbell, and A. Madhukar, "Design Consideration and Demonstration of Resonant-Cavity-Enhanced Quantum Dot Infrared Photodetectors in Mid-Infrared Wavelength Regime (3–5 µm)," **IEEE J. Quantum Electron.**, *46*, 1484 (2010).

107. R. Schmalensee, *The Future of Solar Energy, Massachusetts Institute of Technology*, Massachusetts, 2015.

108. C. Algora and I. Rey-Stolle, Eds., *Handbook of Concentrator Photovoltaic Technology*, Wiley, West Sussex, 2016.

109. K. Mudryk and S. Werle, Eds., *Renewable Energy Sources: Engineering, Technology*, Innovation, Springer, Cham, 2018.

110. G. Conibeer and A. Willoughby, Ed., *Solar Cell Materials: Developing Technologies*, Wiley, West Sussex, 2014.

111. H. Fujiwara and R. W. Collins, Ed., *Spectroscopic Ellipsometry for Photovoltaics*, **Vol. 1–2**, Springer, Cham, 2018.

112. M. A. Green, E. D. Dunlop, D. H. Levi, J. Hohl-Ebinger, M. Yoshita, and A. W. Y. Ho-Bailli, "Solar Cell Efficiency Tables (Version 54)," *Prog. Photovolt. Res. Appl.*, **27**, 565 (2019).

113. National Renewable Energy Laboratory, "Best Research-Cell Efficiency Chart," 2019.

114. E. Becquerel, "On Electric Effects under the Influence of Solar Radiation," *Compt. Rend.*, **9**, 561 (1839).

115. R. S. Ohl, "Light-Sensitive Electric Device," U.S. Patent 2,402,662. Filed May 27, 1941. Granted June 25, 1946.

116. M. Riordan and L. Hoddeson, "The Origins of the *pn* Junction," *IEEE Spectrum*, **34**, 46 (1997).

117. S. Benzer, "Photoelectric Effects in Germanium," NDRC report, 14–580 (1945); "Excess-Defect Germanium Contacts," *Phys. Rev.*, **72**, 1267 (1947).

118. 118. J. I. Pantchechnikoff, "A Large Area Germanium Photocell," *Rev. Sci. Instr.*, **23**, 135 (1952).

119. D. M. Chapin, C. S. Fuller, and G. L. Pearson, "A New Silicon *p-n* Junction Photocell for Converting Solar Radiation into Electrical Power," *J. Appl. Phys.*, **25**, 676 (1954).

120. D. C. Reynolds, G. Leies, L. L. Antes, and R. E. Marburger, "Photovoltaic Effect in Cadmium Sulfide," *Phys. Rev.*, **96**, 533 (1954).

121. M. P. Paranthaman, W. Wong-Ng, and R. N. Bhattacharya, Ed., *Semiconductor Materials for Solar Photovoltaic Cells*, Springer, New York, 2016.

122. M. P. Thekaekara, "Data on Incident Solar Energy," *Suppl. Proc. Annu. Meet. Inst. Environ. Sci.*, p.21, 1974.

123. C. H. Henry, "Limiting Efficiency of Ideal Single and Multiple Energy Gap Terrestrial Solar Cells," *J. Appl. Phys.*, **51**, 4494 (1980).

124. *Principal Conclusions of the American Physical Society Study Group on Solar Photovoltaic Energy Conversion*, American Physical Society, New York, 1979.

125. M. B. Prince, "Silicon Solar Energy Converters," *J. Appl. Phys.*, **26**, 534 (1955).

126. H. J. Hovel, "Solar Cells," in R. K. Willardson and A. C. Beer, Eds., Semiconductors and Semimetals, Vol. 11, Academic Press, New York, 1975; "Photovoltaic Materials and Devices for Terrestrial Applications," *Tech. Dig. IEEE IEDM*, p.3, 1979.

127. J. Mandelkorn and J. H. Lamneck, "Simplified Fabrication of Back Surface Electric Field Silicon Cells and Novel Characteristic of Such Cells," *Solar Cells*, **29**, 121 (1990).

128. R. A. Arndt, J. F. Allison, J. G. Haynos, and A. Meulenberg, "Optical Properties of the COMSAT Non-Reflective Cell," *Conf. Rec. IEEE Photovoltaic Spec*. Conf., p.40, 1975.

129. K. C. Sahoo, Y. Li, and E. Y. Chang, "Numerical Calculation of the Reflectance of Sub-Wavelength Structures on Silicon Nitride for Solar Cell Application," *Comput. Phys. Commun.*, **180**, 1721 (2009).

130. H. C. Card and E. S. Yang, "MIS-Schottky Theory under Conditions of Optical Carrier Generation in Solar Cells," *Appl. Phys. Lett.*, **29**, 51 (1976).

131. A. V. Shah, M. Vanecek, J. Meier, F. Meillaud, J. Guillet, D. Fischer, C. Droz, X. Niquille, S. Fay, E. Vallat-Sauvain, et al., "Basic Efficiency Limits, Recent Experiments Results and Novel Light-Trapping Schemes in a-Si:H, μc-Si:H and Micromorph Tandem Solar Cells," *J. Non-Cryst. Solids*, *338-340*, 639 (2004).

132. S. Rühle, "Tabulated Values of the Shockley–Queisser Limit for Single Junction Solar cells," *Sol. Energy*, **130**, 139 (2016).

133. W. Shockley and H. J. Queisser, "Detailed Balance Limit of Efficiency of *p–n* Junction Solar Cells," *J. Appl. Phys.*, **32**, 510 (1961).

134. G. Conibeer, "Third-generation photovoltaics," *Mater. Today*, **10**, 42 (2007).

135. L. Cuadra, A. Martí, and A. Luque, "Influence of the Overlap Between the Absorption Coefficients on the Efficiency of the Intermediate Band Solar Cell," *IEEE Trans. Elec. Dev.*, **51**, 1002 (2004).

136. A. Luque and A. Martí, "Increasing the Efficiency of Ideal Solar Cells by Photon Induced Transitions at Intermediate Levels," *Phys. Rev. Lett.*, **78**, 5014 (1997).

137. N. López, L. A. Reichertz, K. M. Yu, K. Campman, and W. Walukiewicz, "Engineering the Electronic Band Structure for Multiband Solar Cells," *Phys. Rev. Lett.*, **106**, 028701 (2011).

138. Y. Okada, N. J. Ekins-Daukes, T. Kita, R. Tamaki, M. Yoshida, A. Pusch, O. Hess, C. C. Phillips, D. J. Farrell, K. Yoshida, et al., "Intermediate Band Solar Cells: Recent Progress and Future Directions," *Appl. Phys. Rev.*, **2**, 021302 (2015).

139. P. G. Linares, A. Martí, E. Antolín, and A. Luque, "III–V Compound Semiconductor Screening for Implementing Quantum Dot Intermediate Band Solar Cells," *J. Appl. Phys.*, **109**, 014313 (2011).

140. A. Datas, E. López, I. Ramiro, E. Antolín, A. Martí, and A. Luque, "Intermediate Band Solar Cell with Extreme Broadband Spectrum Quantum Efficiency," *Phys. Rev. Lett.*, **114**, 157701 (2015).

141. E. Saputra, J. Ohta, N. Kakuda, and K. Yamaguchi, "Self-Formation of In-Plane Ultrahigh- Density InAs Quantum Dots on GaAsSb/GaAs(001)," *Appl. Phys. Express*, **5**, 125502 (2012).

142. F. K. Tutu, P. Lam, J. Wu, N. Miyashita, Y. Okada, K. H. Lee, N. J. Ekins-Daukes, J. Wilson, and H. Liu, "InAs/GaAs Quantum Dot Solar Cell with an AlAs Cap Layer," *Appl. Phys. Lett.*, **102**, 163907 (2013).

143. M. M. Rahman, Y. C. Tsai, M. Y. Lee, A. Higo, Y. Li, Y. Hoshi, N. Usami, and S. Samukawa, "Effect of ALD-Al2O3 Passivated Silicon Quantum Dot Superlattices on *p*/*i*/ *n*⁺ Solar Cells," *IEEE Trans. Elec. Dev.*, **64**, 2886 (2017).

144. M. M. Rahman, M. Y. Lee, Y. C. Tsai, A. Higo, H. Sekhar, M. Igarashi, M. E. Syazwan, Y. Hoshi, K. Sawano, N. Usami, et al., "Impact of Silicon Quantum Dot Super Lattice and Quantum Well Structure as Intermediate Layer on *p–i–n* Silicon Solar Cells," *Prog. Photovolt. Res. Appl.*, **24**, 774 (2015).

145. P. Lam, J. Wu, M. Tang, Q. Jiang, S. Hatch, R. Beanland, J. Wilson, R. Allison, and H. Liu, "Submonolayer InGaAs/GaAs Quantum Dot Solar Cells," *Sol. Energy Mater. Sol. Cells*, **126**, 83 (2014).

146. Y. C. Tsai, M. Y. Lee, Y. Li, and S. Samukawa, "Miniband Formulation in Ge/Si Quantum Dot Array," *Jpn. J. Appl. Phys.*, **55**, 04EJ14 (2016).

147. Y. C. Tsai, Y. Li, and S. Samukawa, "Physical and Electrical Characteristics of Si/SiC Quantum Dot Superlattice Solar Cells with Passivation Layer of Aluminum Oxide," *Nanotechnology*, **28**, 485401 (2017).

148. D. Grützmacher, T. Fromherz, C. Dais, J. Stangl, E. Müller, Y. Ekinci, H. H. Solak, H. Sigg, R. T. Lechner, E. Wintersberger, et al., "Three-Dimensional Si/Ge Quantum Dot Crystals," *Nano Lett.*, **7**, 3150 (2007).

149. M. Y. Levy and C. Honsberg, "Nanostructured Absorbers for Multiple Transition Solar Cells," *IEEE Trans. Elec. Dev.*, **55**, 706 (2008).

150. M. Y. Lee, Y. Li, and S. Samukawa, "Miniband Calculation of 3-D Nanostructure Array for Solar Cell Applications," *IEEE Trans. Elec. Dev.*, **62**, 3709 (2015).

151. Y. C. Tsai, M. Y. Lee, Y. Li, and S. Samukawa, "Design and Simulation of Intermediate Band Solar Cell With Ultradense Type-II Multilayer Ge/Si Quantum Dot Superlattice," *IEEE Trans. Elec. Dev.*, **64**, 4547 (2017).

152. K. L. Wang, J. L. Liu, and G. Jin, "Self-Assembled Ge Quantum Dots on Si and Their Applications," *J. Cryst. Growth*, **237–239**, 1892 (2002).

153. A. Portavoce, K. Hoummada, A. Ronda, D. Mangelinck, and I. Berbezier, "Si/Ge Intermixing During Ge Stranski–Krastanov Growth," *Beilstein J. Nanotechnol.*, **5**, 2374 (2014).

154. R. I. Frank, J. L. Goodrich, and R. Kaplow, "A Novel Silicon High-Intensity Photovoltaic Cell," *GOMAC Conference*, Houston, Texas, 1980.

# 習題

1. (a) 證明光偵測器的量子效率 $\eta$ 在波長 $\lambda$ (μm) 時與響應 $\mathscr{R}$ 有下列關係：$R = \eta\lambda / 1.24$。

   (b) 在波長為 0.8 μm 的光源下，對於下列情況其理想的響應 $\mathscr{R}$ 值各為何？(1)GaAs 的同質接面；(2)$Al_{0.34}Ga_{0.66}As$ 的同質接面；(3) GaAs 與 $Al_{0.34}Ga_{0.66}As$ 所形成的異質接面；(4) 以串聯串接製成的兩端點光偵測器，其中上層與下層的偵測器分別是以 $Al_{0.34}Ga_{0.66}As$ 與 GaAs 材料所製作。

2. 具有長度 $L$ = 6 mm，寬度 $W$ = 2 mm，厚度 $D$ = 1 mm 的光導體，如圖 2(a) 所示放置在均勻照射下。吸收光使其增加 2.83 mA 的電流，此時施加 10 V 的電壓在此元件上，當光照射突然中斷，其電流會下降，下降的速率一開始是 23.6 A/s。電子與電洞的移動率分別為 3600 與 1700 $cm^2$/V-s。試求 (a) 在照射下產生的電子—電洞對的平衡密度；(b) 少數載子的生命期；(c) 在照射中斷 1 ms 後，殘留的過量電子與電洞密度。

3. 當 1 μW，$hv$ = 3 eV 的光照射在一具有量子效率 $\eta$ = 0.85，且少數載子生命期 0.6 ns 的光導體上，試計算所產生的增益與電流。此材料具有的電子移動率為 3000 cm²/V-s，電場為 5000 V/cm，而長度 $L$ = 10 μm。

4. (a) 對於一個 *p-i-n* 接面的光偵測器，其量子效率可由式 (25) 表示。請由式 (2) 與式 (24) 來推導出此式。

    (b) 假設在波長 1.55 μm 光照射下的吸收係數為 10⁴ cm⁻¹ 且擴散長度為 10⁻² cm。對於一個具有 1.0 μm 厚 InGaAs 吸收層的 *p-i-n* 光偵測器，在光進入光偵測器的一側有抗反射塗層（反射率＝ 0%）。
    (1) 在波長為 1.55 μm 下，光二極體的外部量子效率為多少？
    (2) 若光穿越過吸收層兩次，試求出其外部量子效率為多少？

5. 對一光二極體而言，需要有足夠寬的空乏層來吸收大部分的入射光，但空乏區寬度不能太寬，否則會導致頻率響應受限。對調變頻率為 10 GHz 的矽光二極體，試求出其最佳的空乏層寬度。

6. 在不需考慮倍乘（$M$ = 1) 的情況下，矽累增光二極體在波長為 0.9 μm 照射下的量子效率 $\eta$ = 60%。若施加 5 nW 入射光功率在此元件上，請計算具有 $M$ = 90 的累增光二極體之光電流值。

7. 對於一鍺低－高－低累增光二極體（APD）而言，若累增區域的厚度為 1.0 μm，試求出在室溫下，電子與電洞的游離速率（ionization rate）。

8. 操作在 0.8 μm 的矽 $n^+$-$p$-$\pi$-$p^+$ 累增光二極體，具有 3 μm 厚的 *p-* 層，以及 9 μm 厚的 $\pi$- 層，其偏壓必須夠高，以使 *p-* 區域產生累增崩潰，而 $\pi$- 區域產生速度飽和。試求出所需的最小偏壓，及相對應的 *p-* 區域摻雜濃度？估計此元件的傳渡時間？

9. 對於一 0.12-cm$^2$ 電荷耦合元件（CCD）照相機，具有 $200 \times 300$ 平方像素（pixel$^2$），每一個像素都是由一個 MOS 元件所製作。此 CCD 具有框架速率（frame rate）為 15 frame/s，且其速率趨向於飽和狀態，在波長為 542.2 nm，入射功率密度為 0.025 μW/cm$^2$ 的情況下，其量子效率為 40%。在不需考慮像素間隔（gap）情況下，試計算出每一個像素 / 框架（pixel / frame）所捕獲的光電子。

10. 假設在全波長範圍內，GaAs 量子井紅外線光偵測器（QWIP）是由 5 nm 量子井所組成，這些量子井具有與光電洞以及光電子相同的折射率。針對 *n*- 型以及 *p*- 型 QWIP，試計算出其在各別峰吸收波長下的峰吸收比值。

11. 一 *p-n* 接面光二極體可以類似於太陽能電池操作在光伏條件下。在照光條件下，光二極體元件的電流－電壓特性也是類似於太陽能電池。試說明光二極體與太陽能電池的三個主要差異。

12. 試考慮一面積為 2 cm$^2$ 的矽 *p-n* 接面太陽能電池。若此太陽能電池的摻雜為 $N_A - 1.7 \times 10^{16}$ cm$^3$ 及 $N_D = 5 \times 10^{19}$ cm$^{-3}$，而 $\tau_n = 10$ μs，$\tau_p = 0.5$ μs，$D_n = 9.3$ cm$^2$/s，$D_p = 2.5$ cm$^2$/s，$I_L = 95$ mA。在室溫條件下 (a) 計算並繪出此太陽能電池的電流－電壓特性曲線；(b) 計算其開路電壓；(c) 決定太陽能電池的最大輸出功率。

13. 假設 $n = 1.5$，在光強度 450 W/m$^2$ 的照射下，一矽基太陽能電池具有短路電流為 $-15$ mA 以及開路電壓為 0.75 V。當照光強度提升 4 倍（亦就是 450 W/m$^2 \times 4 = 1800$ W/m$^2$）時，請求出太陽能電池的短路電流與開路電壓。

# 第十四章
## 感測器
## Sensors

## 14.1 簡介

　　自然界中，人類的身體與生俱來就有許多感測器，對溫度、壓力、光線、味道等有分別判斷的能力，然而，藉由一些感測元件將大大地延伸輔助我們對於事物感測能力的可見度，如磁場。感測器是一種元件，對特定的量測提供有用的響應輸出，其多樣性不僅在感測與應用上，也與感測的機制有關。廣義地說，一個感測器會感應到周遭環境感興趣的性質，藉由轉換所偵測的性質成為一輸出訊號，偵測性質的型態可以具體分類為物理性、化學性與生物性，本章討論的重點為物理性感測器。在獲得前述的定量數值後，感測器將其轉換為適當的處理訊號，其輸出訊號大部分是電性或光學性的，第十三章已談過光學訊號，本章我們聚焦在電性訊號。雖然，有許多名詞被用來描述相同或是類似的功能，但就本書來說，感測器（sensors）、偵測器（detectors）以及傳感器（Transducers）均是同義字。因為感測器控制與精確度較好，已被普遍使用在自動化系統與遙控應用領域，並持續提升對其安全、環境控制、健康改善等相關領域的需求度；但在半導體領域，感測器相對發展的較慢。在手持裝置、自主性系統以及實驗室晶片診斷（lab-on-a-chip diagnostics）的年代 [1-4]，感測器是越來越重要的元件類別。鑑於本書性質，我們會特別強調以半導體為基礎的感測器，也會一併考慮一些非半導體的感測器。

　　除了功能性外，感測器可以各種不同應用的準則來判定，如增益、動態範圍、偵測極限、尺寸／重量／功率、可靠度／再現性／耐久性與成本等。化學與生物的感測器具有額外選擇性的準則，也就是有區分分析物差異性的能力，且特別在實際的環境中存在多重分析物與干擾物（inter-ferents）情況下更甚。使化學的感測器達到更好的性能，為一項特殊的挑戰議題（例如：現階段並沒有如鼻子一般的化學感測器——比狗的鼻子性能優異），由於生物感測器能夠發揮高選擇性生物機制，如免疫系統的機制，因此其具有更好的性能。圖 1 為感測器基本工作原理的說明，量測的方式主要是利用感測器或是偵測外在事物的影響、特性，或是條件等因素的變化。如圖 1 右表所示，主要量測的方式包括：電、磁、光學、熱[5,6]（熱量與溫度）、機械的[7]（位移、速度、加速度等）、化學的[8,9] 以及生物性的[8,9]。某些感測器並不需要電訊號的輸入或是功率，稱為自我產生感測器（self-generating sensor），其他的感測器在操作時需外加能源，稱為調變感測（modulating sensor）[7]。

　　以物理感測器輸出電子訊號的轉換機制（transduction mechanism）　摘要列於表 1。化學與生物感測器通常包含相同的機制，例如存在化學物質會導致化學敏感材料的電阻值產生變化，反過來可以量測為物理性質。值得注意的是，大多數感測器（各種類型）的絕對感測都不是特別精確，因此，它們通常是基於量測差異值的相對感測，可以比較一未知與一已知電阻值之間的差異，例如：在惠斯登電橋（Wheatstone bridge）或量測一未知的化學蒸氣訊號相對於一標準空氣訊號。此一操作模式傾向於改善其精確度與減低其偵測極限（藉由降低其噪音基底）。明顯地，若可量測的是另一種電子訊號，則半導體感測器將變成一常規半導體元件，已於前面章節中討論。

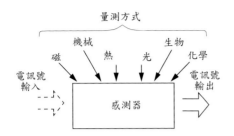

圖 1　一般的半導體感測器主要的應用是透過電訊號的變化對物理特性加以偵測。各種
　　　不同的傳感器（transducer）的列表，分別是電、磁、光學、熱以及化學的訊號
　　　及其縮寫字。M 是自我產生感測器以及 S 是調變感測器。

表 1　以物理感測器輸出電子訊號的轉換機制（參考文獻 7）

| | 量測方式 | | | | | |
|---|---|---|---|---|---|---|
| | 電性 | 磁性 | 光學性 | 熱 | 機械性 | 化學性 |
| 轉換機制 | 歐姆定律 | 霍爾效應 | 光導電率 | 賽貝克效應 | 壓電性 | 電壓效應 |

## 14.2 熱感測器

　　大多數材料的性質都是溫度相依性的，因此在原理上，大多數的材料
能夠當作熱感測器。熱阻器（thermister）是熱感測器的最簡單例子，其
中半導體電阻值的溫度相依性已被討論 [4]，其它的熱感測器，如：熱電堆
（thermopiles）是基於 $p$-$n$ 接面、雙極性電晶體的集極電流、金屬的、電阻
的或金屬間接觸電位的溫度相依性。對於已知的最佳應用是達成在 14.1 節
中所標註標準上的工程判定。

### 14.2.1 熱阻器

　　熱阻器（thermister）是熱學的（thermal）以及電阻器（resistor）的
混成詞。觀察不同材料的溫度相依－電阻值，已有一段很長的歷史，可以
追溯到 19 世紀。熱阻器通常包含半導體材料，且都是由來自兩種不同種類
的材料所組成：金屬氧化物與單晶半導體，每一種材料都有不同的溫度範

圍。當所組合的金屬材料之性質明顯不同，稱為電阻溫度偵測器（resistance temperature detectors），將於 14.2.4 節討論說明。

根據所需量測環境的溫度，熱阻器可被簡便製作成各種不同的型式，這些環境包含空氣、液態與固態的表面，以及二維空間影像的輻射，因此，熱阻器可以不同的型式，如珠子狀、盤狀、墊圈、柱狀、針狀與薄膜等型式出現。金屬氧化物的熱阻器通常是將微細粉末壓縮後，以高溫燒結來製作，最常用的材料包含有 $Mn_2O_3$、$NiO$、$Co_2O_3$、$Cu_2O$、$Fe_2O_3$、$TiO_2$、$U_2O_3$ 等。單晶矽與鍺的熱阻器之通常濃度摻雜為 $10^{16}$ 至 $10^{17}$ $cm^{-3}$，有時會以較少百分比但相同數量級的相反類型摻雜物進行摻雜。

感測的溫度範圍取決於材料的能帶，也就是說較大的能帶（$E_g$）可用來偵測較高的溫度。鍺熱阻器比矽熱阻器更普遍，主要應用在低溫的範圍 1 至 100 K。以矽為材料的熱阻器溫度限制低於 250 K，而高於此溫度時則為正的溫度係數 PTC（positive temperature coefficient）的起始。金屬氧化物的熱阻器應用在 200 至 700 K 溫度下，對於更高的溫度，熱阻器則以 $Al_2O_3$、$BeO$、$MgO$、$ZrO_2$、$Y_2O_3$ 與 $Dy_2O_3$ 等材料為主。由於熱阻器為一個電阻，其導電度可根據下列方程式來表示

$$\sigma = \frac{1}{\rho} = q(n\mu_n + p\mu_p) \tag{1}$$

大部分的熱阻器操作在溫度與游離濃度（$n$ 或 $p$）呈強烈相關函數的溫度範圍內，如 $\exp(-E_a/kT)$，其中活化能 $E_a$ 與能帶及雜質的能階相關。定量來說，當溫度上升，被活化的摻雜能階上升，因此造成電阻值下降。電阻值隨溫度上升而下降的關係稱為負的溫度係數（negative temperature coefficient, NTC）。依經驗來看，淨電阻值可以下列經驗式描述

$$R = R_o\exp\left[B\left(\frac{1}{T} - \frac{1}{T_o}\right)\right] \tag{2}$$

$R_0$ 為在 $T_0$ 時的參考阻值，通常以室溫為參考值。$B$ 為一特性溫度，其範圍通常在 2,000 至 5,000 K，實際上與溫度相關，但為低度相關，因此在一階

近似的分析中可被忽略。阻值的溫度係數 $\alpha$ 可以表示成

$$\alpha \equiv \frac{1}{R}\frac{dR}{dT} = -\frac{B}{T^2} \tag{3}$$

這個負號代表是 NTC。阻值的改變是由於溫度改變 $\Delta T$ 時的訊號增加，$\Delta R = R\,\alpha\,\Delta T$，阻值的溫度係數 $\alpha$ 具有一典型的數值，約為 $-5\%$ $K^{-1}$，且其靈敏度是金屬溫度偵測器的十倍左右。熱阻器的電阻值通常介於 1 kΩ 到 10 MΩ 之間。在比較高的溫度或是較高摻雜的元件中，由於摻雜質幾乎可全部游離，由聲子產生的散射開始主導，並具有溫度的相依性，進而造成載子移動率的降低，這個結果造成正溫度係數（PTC）的現象產生。一般而言，PTC 並不像 NTC 那樣靈敏，因此沒有應用在熱阻器的使用上。

在高電流情況下，熱阻器的自我加熱效應會造成更複雜的行為，其所產生的電流電壓特性曲線不同於 NTC 與 PTC 所產生的曲線。在具有 NTC 的熱阻器中，自我加熱效應將引發電阻降低，並對電壓源產生正向回饋的作用，如圖 2a 所示，導致產生較高的電流。反之，對於操作在 PTC 的熱阻器，自我加熱效應將使電阻值上升，並對電流源產生負回饋，如圖 2b 所示。這兩個曲線與負微分電阻的 S 型與 N 型特性曲線相似。熱阻器使用於溫度量測的優點包括：低成本、高解析度，以及在尺寸與形狀上的可變通性等特點。由於電阻的絕對值非常高，因此在使用上，較長的電纜線及較大的接觸電阻是可被允許的。在一般的應用上其響應速度（1 毫秒到 10 秒）並非關鍵性的因素。

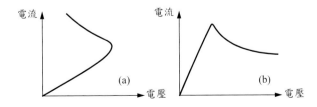

圖 2 具有 (a) 負溫度係數 (b) 正溫度係數的自我加熱型熱阻器之電流與電壓特性曲線。

### 14.2.2 二極體熱感測器

　　二極體熱感測器（Diode Thermal Sensor）的操作是利用 *p-n* 接面的擴散電流。如同在第二章順向偏壓時的擴散電流項，如下所列

$$I = Aq\left(\frac{D_p}{L_pN_D} + \frac{D_n}{L_nN_A}\right)n_i^2\left[\exp\left(\frac{qV}{kT}\right) - 1\right] \approx Aq\left(\frac{D_p}{L_pN_D} + \frac{D_n}{L_nN_A}\right)n_i^2\exp\left(\frac{qV}{kT}\right) \quad (4)$$

除了常見的 $qV/kT$ 項，載子本質濃度 $n_i$ 與 $D_p/L_p$、$D_n/L_n$ 皆為溫度相依的因子。由於載子本質濃度 $n_i$ 與能隙大小相關，因此我們假設一個溫度相依式 $E_g(T) = E_g(0) - \alpha T$，其中 $E_g(0)$ 為外插至絕對溫度零度的 $E_g$ 值（參閱 1.3 節）。由第一章的式 (25) 可得

$$n_i^2 \propto T^3\exp\left[-\frac{E_g(T)}{kT}\right] \propto T^3\exp\left[-\frac{E_g(0)}{kT}\right] \quad (5)$$

接下來，擴散常數項主要是與主導電流的載子種類（電子或是電洞）相關，其具有溫度的相關性 $D_p/L_p$ 或 $D_n/L_n \propto T^{C_1}$，其中 $C_1$ 為常數（參閱 2 3.1 節），由這些項可得

$$I = C_2T^{C_3}\exp\left[\frac{qV - E_g(0)}{kT}\right] \quad (6)$$

其中 $C_2$ 與 $C_3$ 為常數。在實際的應用上，當一已知的電流通過二極體，其端點的電壓將被監測（圖 3a 所示）。由式 (16) 可得

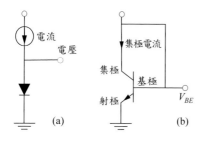

圖 3　(a) 二極體 (b) 雙極性電晶體，經由電流熱感測的量測。

$$V(T) = \frac{E_g(0)}{q} + \frac{kT}{q}\ln\left(\frac{I}{C_2 T^{C_3}}\right) \tag{7}$$

由於演算項對於溫度的變化並不敏感，因此端點的電壓與溫度呈線性關係，且與 $E_g(0)/q$ 呈現偏移的關係。一般的感測度大約為 1 至 3 mV/℃。通常我們可以在一個相同的元件上連續地使用兩個偏壓電流，或是在兩個相同的元件上同時利用兩個偏壓電流的量測技術，來避免常數 $E_g(0)$、$C_2$、$C_3$ 的計算。由式 (7) 得到兩個量測所得的電壓差為

$$\Delta V(T) \approx \frac{kT}{q}\ln\left(\frac{I_1}{I_2}\right) \tag{8}$$

### 14.2.3 電晶體熱感測器

在任何的 p-n 接面二極體中，除了擴散電流外，同時存在由非理想效應所產生的電流（參閱第二章），其包含表面與塊材的復合電流，在溫度量測時會增加雜訊的產生，這些非理想的效應通常可以利用雙極性電晶體中的集極電流來抑制。在一個雙極性電晶體中，射極電流與 p-n 接面二極體的電流相同，集極電流可以過濾非理想效應所產生的電流，而只保留由擴散所產生的電流。圖 3b 所示為集極與基極短路，藉由監測集極電流的方式，可以移除對理想二極體的嚴格要求。除了監測集極電流及基極—射極相對電壓 $V_{BE}$ 外，應用於電晶體熱感測的物理模式與二極體相同。

### 14.2.4 非半導體熱感測器

**電阻溫度偵測器（Resistance Temperature Detector, RTD）** 電阻溫度偵測器與熱阻器相似，但其使用的材料以金屬為主。因為含金屬成分具有正溫度係數（PTC）與較差的靈敏度，目前最常使用的金屬材料依序為白金、鎳以及銅等，與溫度相關的主要形式為 $R = R_0(1 + C_4 T + C_5 T^2)$，其中 $R_0$ 為在參考溫度時的電阻值，通常為 0℃。對白金而言，溫度係數 $C_4 = 3.96 \times 10^{-3}/℃$，$C_5 = 5.83 \times 10^{-6}/℃$。這些材料適用的溫度範圍，白金：−260 至 600℃，溫度升高至 900℃，其準確度也將隨溫度上升而減少；鎳：−80 至 300℃；銅：

−200 至 200℃。電阻溫度偵測器的形狀可以是線（wire）或是箔片（foil）等形狀，通常的阻值約為 100 Ω。由於這麼低的阻值，必須使用四端點的量測方式以及橋接式的電路來降低接觸或是連結時所導致的寄生電阻效應。

**熱電偶（thermocouple）**　　熱電偶是基於熱電學的原理，主要是利用熱能與電能間的交互作用而設計的感測元件。與熱電偶基礎操作與原理相關的三個熱電效應分別是以在 1822 至 1847 年間發現這些效應的科學家名字命名：塞貝克效應（Seebeck effect）、帕爾帖效應（Peltier effect）以及湯姆生效應（Thomson effect）。塞貝克效應主要是連接兩個不同的溫度下相異的導體，在迴路中將有一個溫度相依的電壓（開路，圖 4b）或電流（閉路，圖 4a）發生，如圖 4 所示被分成兩項，分別通過每個接面或是每條線；帕爾帖效應則是當一個電流流經接面時，熱可被吸收或產生，取決於電流流動的方向，這個效應可以開拓應用在冷凍技術方面。在開路的條件下，帕爾帖電動勢（electromotive force, EMF）$V_p$ 可以被建立在每個接面上並且為溫度的函數。湯姆生效應則是應用於類似線圈而非是接面的熱交換性質，在開路的條件下，當線圈沿著其長度具有一溫度梯度的變化，則湯姆生電動勢將被建立。如圖 4b 所示，塞貝克電壓 $V_S$ 是由兩個帕爾帖電動勢與兩個湯姆生電動勢的總和，如下列所示

$$V_S = (V_{p1} - V_{p2}) + (V_{TA} - V_{TB}) \tag{9}$$

塞貝克電壓為量測兩個接面在不同溫度（$T_2 - T_1$）的電壓差。假設兩接面所在的溫度相同，$V_{TA} = V_{TB} = 0$，$(V_{P1} - V_{P2}) = 0$，以及 $V_S = 0$。熱電偶被應用在溫度的感測器上。由於輸出電壓與接面溫度的差相關，因此其中一個接面（參考接面）的溫度必須為已知的值，通常以 0℃ 為參考溫度，利用冰塊可輕易達到這個溫度值。在準確度要求不那麼高的情況下，室溫也可用來當作參考溫度，溫度差與電壓間的關係與溫差取決於熱電偶的材料特性。對於所有熱電偶的溫度差與電壓間相關特性可查詢表列。形成熱電偶接面的技術有熔接、焊接、合金焊接等方式，選擇使用何種熱電偶取決於其所適用的溫度範圍與靈敏度，通常靈敏度範圍在 5 至 90 mV/℃ 之間。由於其堅固耐用、便

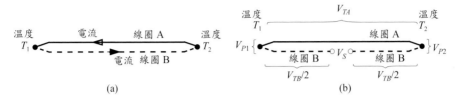

圖 4　(a) 為一個閉路的熱電偶，當溫度 $T_1 \neq T_2$ 時，將產生一個循環電流 (b) 當電路為開路的狀態，將產生一個電壓。端點的電壓可被分成由通過接面的帕爾帖電動勢（$V_P$）及沿著線的湯姆生電動勢（$V_T$）。

宜、使用簡單以及適用大部分的溫度範圍，因此熱電偶被廣泛應用在溫度的感測上，主要的缺點為低靈敏度，而且其準確度需要一個參考溫度 [10,11]。熱電偶的響應時間大約是毫秒內。

　　熱電堆（thermopile）則單純以多個熱電偶以串聯的方式連結而成。主要的目的為改善其靈敏度，因此輸出電壓為所有熱電偶接面對（junction pairs）的總和。一個具有單一熱電偶結構的矽基微量卡路里計（micro-calorimeter）已經被發表及應用於熱偵測上，其靈敏度為 0.44 V/W，響應時間小於 20 ms [12]。

## 14.2.5 熱感測器的性能

　　雜訊等效功率（noise equivalent power, NEP）是一種光偵測器（參閱第十三章）靈敏度的量測。輻射感測器的雜訊等效功率（NEP）是指入射輻射功率時，感測器輸出產生的訊號對雜訊比（SNR）的值為 1。熱感測器的每單位頻寬的總雜訊等效功率（$\text{NEP}_{tot}$）是由二個主要分項：熱絕緣結構的溫度波動雜訊（temperature fluctuation noise, $\text{NEP}_{ph}$）以及溫度感測器的電性詹森雜訊（electrical Johnson noise, $\text{NEP}_j$）所組成的，可以寫成 [13]

$$\text{NEP}^2_{tot}(f) \approx \text{NEP}^2_{ph} + \text{NEP}^2_J(f) \tag{10}$$

其中的 $\mathrm{NEP}_{ph} = \sqrt{4kT^2G}$ 與 $G$ 是熱傳導（heat conductance）[14]。$\mathrm{NEP}_j = 4kTR\,/|S|^2$，其中 $R$ 是感測器的電阻，$S$ 是熱感測器的響應率（responsivity），其與操作頻率 $f$ 相關。式 (10) 可更進一步地重整為 [15]

$$\mathrm{NEP}_{tot}^2(f) = \mathrm{NEP}_{ph}^2\left\{1 + \frac{R}{R_D}[1 + (2\pi f\tau)^2]\right\} \tag{11}$$

其中的 $R_D$ 是動態電阻，$\tau = C/G$ 是熱時間常數，且 $C$ 是熱電容。在式 (11) 中 $R/R_D$ 項的倒數，稱為熱感測器的無因次品質指數 $M$。因為全部的熱轉移是由輻射（$R$）、形成熱感測器功能性薄膜層的傳導（$C$）以及寄生性熱流（$P$）所組成的，$M$ 滿足表示式如下

$$\frac{1}{M} = \frac{1}{M_R} + \frac{1}{M_C} + \frac{1}{M_P} \tag{12}$$

其中的下標 $R$、$C$、$P$ 代表著前述的分項。明顯地，在式 (12) 中的 $M_C$ 項式與熱電元件的無因次品質指數 $ZT$ 相同。$ZT$ 值得關注的是在熱電功率產生，以及增加熱電轉換效率決定性的材料參數。熱電的功率可用來評估熱電元件的性能（即是，塞貝克係數）$\mathscr{P}$ 與材料的電與熱傳導率。$ZT$ 可以表示為

$$ZT = \frac{\sigma\mathscr{P}^2 T}{\kappa} \tag{13}$$

對於單一的熱電材料 [16,17]，其中的 $\sigma$ 是電傳導率，$T$ 是絕對溫度而單位為 Kelvin，且 $\kappa$ 是熱傳導率。圖 5a 顯示代表熱電材料 $ZT$ 最大值的時間軸線。

　　在塊狀的熱電材料中，$ZT$ 值取決於電荷載子與在式 (13) 分母項熱聲子（acoustic phonons）的熱傳導率。研究聚焦在增加熱電元件的效率或擴大操作溫度的範圍，顯而易見地，增加 $ZT$ 值可以達成減少熱電功率，以及電與熱傳導率的相關性。半導體奈米結構的技術已經更進一步地以量子侷限效應、介面、表面與摻雜技術等應用於調諧 $ZT$ 值。為了實現高的 $ZT$ 值，可藉由增強聲子散射與量子侷限效應等多種方法來減小熱傳導率。各種不同的奈米結構組成 AlGaN/GaN、Si/Ge、Si/SiGe 以及 $Bi_2Te_3$/$Sb_2Te_3$ 已被探討其

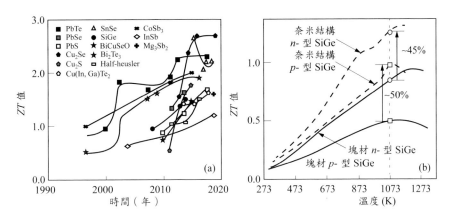

圖 5　(a) 對於不同的熱電材料，ZT 的最大值的時間軸線（參考文獻 18）(b) 具有以及不具有奈米結構矽鍺熱電材料的性能比較圖。（參考文獻 16）

可提升性能 [19-22]。以 SiGe 作爲例子，如圖 5b，與傳統的塊狀 SiGe 相較，奈米結構 SiGe 的性能，在 1,073 K 溫度下，增加的 ZT 值大於 45%[16]。 以超薄重度摻雜的單晶矽薄膜爲基材，具有全部雜訊等效功率（$NEP_{tot}$）爲 13 pW/$Hz^{1/2}$，熱時間常數爲 2.5 ms 的熱感測器已被發表 [15]，因爲其材料具有的高塞貝克係數 $\mathscr{P} = 0.39$ mV/K，故爲一個高靈敏度感測器。

# 14.3 機械感測器

## 14.3.1 應變計

材料的應變是在施加應力下本身的形變所造成。應變計（Strain Gauge）可藉由監測電阻值的變化來量測應變的程度。舉例來說，當應變計的長度被拉伸時，可能因爲長度變長與橫切面變小的幾何效應，以及在應力情況下電阻率改變的壓阻效應會造成阻值的變化。壓阻效應通常發生在半導體材料且比幾何效應的變化顯著，半導體材料中的矽與鍺的壓阻效應是由史密斯（smith）在 1953 年所發現 [23]。由於應變計是以量測電阻作爲基準，首先推導出應變與電阻的關係式──壓阻效應（piezoresistive effect）。對於典型的變形，1－維的應變是每單位長度的長度變化，應變 $S$ 是由應力所造成長度線性維度的變化與原本長度的比值

$$S = \frac{\Delta l}{l} \tag{14}$$

為長度 $l$ 與橫切面積 $A$ 的棒狀，以及薄膜狀阻值表示如 $R = \rho l/A$，當應變計在應變的情況下，所有三個參數 $l$、$A$ 以及電阻率 $\rho$ 發生改變，因此可得

$$\frac{\Delta R}{R} = \frac{\Delta l}{l} - \frac{\Delta A}{A} + \frac{\Delta \rho}{\rho} = \frac{\Delta l}{l}\left(1 - \frac{\Delta A/A}{\Delta l/l} + \frac{\Delta \rho/\rho}{\Delta l/l}\right) \approx S(1 + 2\nu + P_z) \tag{15}$$

其中 $\nu$ 為波松比（Poisson ratio），與長度及橫切面的應變相關（$t$ 的線性方向垂直於 $l$）如下所示

$$\nu \equiv \frac{-\Delta t/t}{\Delta l/l} \tag{16}$$

而式 (15) 中的因子 2 是由 $\Delta A/A = 2\Delta t/t$ 而來，$P_z$ 為壓阻效應的量測值，（金屬應變儀 $P_z \approx 0$）如下所示

$$P_z \equiv \frac{\Delta \rho/\rho}{\Delta l/l} = C_p Y \tag{17}$$

$C_P$ 是因為縱向長度變化的壓阻係數（piezoresistive coefficient），而 $Y$ 為楊氏模數（Young's modulus），其總和為

$$G \equiv 1 + 2\nu + P_z = \frac{\Delta R/R}{S} \tag{18}$$

應變靈敏度的量測值稱為應變計因子（gauge factor）。對於金屬而言，應變計因子典型的值為 2；對於半導體而言，它落於 50 至 250 的範圍，且顯示可改善的靈敏度在兩個數量級。圖 6a 顯示在不同溫度下，應變計因子對於溫度 [24] 的關係圖。在這些半導體材料中，矽基壓阻元件（piezoresistive devices）有利於在低溫（< 200℃）的應用，如應變計（strain gauge）、壓力感測器、慣性量測單元或懸臂支架（cantilever）。另一方面，碳化矽是

適合用於量測應變在高溫下的微機電系統（MEMS），包含燃燒室與太空探索[25]。如圖 6b，半導體型的應變計可以是分隔接合的棒狀，以擴散或是離子佈植的結構，或是以薄膜沉積而成的結構[26]。由於可以與積體電路製程技術整合，因此其中又以擴散／離子佈植的形式為主要結構。半導體型的應變計通常被摻雜成 p- 型，其主因是由於與 n- 型的半導體相較時，p- 型應變計具有較高的靈敏度與較好的線性關係。摻雜範圍大約為 $10^{20}$ cm$^{-3}$，雖然較高的摻雜將降低應變係數（將於稍後作更深入的討論），但卻能改善另一項更為重要的效能 —— 與溫度不具有相依性，主要的取捨方式如圖 6a 所示。雖然已有許多鍺的相關研究，但幾乎所有的商業半導體應變計皆以矽為材料製作而成。以半導體應變計與金屬應變計來說，前者具有較高的靈敏度與較高的阻值，來減少能量的消耗，但後者具有較低的溫度相依性、較好的線性關係、較高的應變範圍（4% 與半導體型 0.3% 相較），以及與彎曲的表面搭配有較佳的可彎曲度。最常使用的金屬材料為銅─鎳合金如康銅（consatnatn）。

$$\frac{\Delta R}{R} = C_6 S + C_7 S^2 \tag{19}$$

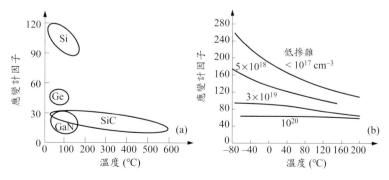

圖 6　(a) 在半導體的壓阻變化圖（參考文獻 24）(b) 矽的應變因子隨著摻雜量而降低，但溫度效應是減少的。（參考文獻 26）

其中 $C_6$ 與 $C_7$ 為常數。若 $S$ 足夠小，式 (19) 意味著 $\Delta R/R \propto S$，因此，校正也需要考慮到電阻值與溫度的相依性。這對半導體型的應變計來說是特別重要的，因此將溫度計架設於應變計附近可以提供校正時所需的資料。較佳的方式為將兩個或是四個相似的應變計合併使用在惠斯登電橋的結構中，只有一個手臂暴露在應變中，利用應變計接觸來達到溫度上自我校正的功用。

如圖 7a，在 300 K 下，以立方晶體結構的 $p$- 型 SiC(3C) 為基材的懸浮電阻器（suspended resistor），其電阻變化對應變的關係圖 [24]。$\Delta R/R$ 的變化趨勢完全依循式 (19)，在 $S$ 值小時，$\Delta R/R$ 對於 $S$ 的變化幾乎是呈線性關係。在圖 7a 中，電阻量測所施加的電流設定為 500 nA，其值要足夠低到使得焦耳熱（Joule heating）不明顯，試樣要更進一步在高溫爐中進行特性化 [24]。如圖 7a 顯示，$p$- 型 SiC(3C) 試樣電阻對溫度（虛線）的變化，當溫度從 300 上升至 600 K，試樣的電阻變化為 50%，這顯示在特性化的試樣，其電阻是負電阻係數（NTC），電阻值的降低是因為熱激發性的載子濃度 [27,28]。

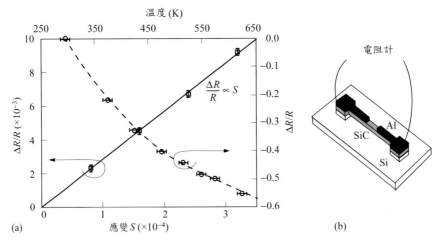

圖 7    (a) 在 300 K 下，在懸浮電阻器上施加拉伸應變的電阻值變化（實線）的函數關係圖；$p$- 型 SiC（3C）的電阻值—溫度曲線（虛線），空心方形與圓形均是測量數據 (b) 使用一電阻計在拉伸應變情況下，量測的 $p$- 型 SiC（3C）的電阻值。（參考文獻 24, 27）

另一個考量是在量測的電壓下，由本身的自我加熱效應所產生的阻值變化，以及當應變計暴露在光的環境下，由光導電效應所產生的變化。應變計以虎克定律（Hooke's law）$S = \sigma / Y$ 的原理應用，可以被用來量測應力 $\sigma$。假如一個應變材料的楊氏模數是已知的，只要量測得到應變，則壓力、力、重量等將可被推論出來。

　　應變計是近來最受歡迎的機械傳感器（transducer），其應用可被分為兩種方式：(1) 直接量測應變（變形）及位移；(2) 利用虎克定律，非直接式的量測壓力、力、重量以及加速度等，其應用如下：

1. 直接的應變量測：對於許多結構的保持，如建築物橋梁等，必須要時常監測微小的形變，如彎曲、延展、壓縮與破裂的相關數據記錄。另一個使用的可能是在太空船中以及自動推進的物體。應變的監測也是應力分析上所必須具備的數據，位移的量測也屬於這個範疇。

2. 壓力感測器：假如應變與應力的關係（楊氏模數）對應變材料而言為已知，則施加於此應變計的壓力將可量測出來。一種常用於環境與流體的壓力感測器的隔膜式壓力計（diaphragm type），是由矽的擴散應變計所製成，如圖 8a 所示。利用固定的擴散應變計監測不同壓力下的壓阻效應。而隔膜式的元件是由化學蝕刻矽基板的方式製成。感測器主要被使用在醫療與自動推進等領域，在一個秤重荷重元（load cell）中，源自於將把手的壓縮或是彎曲的重量放到被附加或是內建於把手的應變計中，如重型卡車的電子秤與輕型的家用電子秤。把手的力矩（扭轉限制下）是可被量測的，加速度則可經由力（壓力）的量測得到，由於

$$力 = 質量 \times 加速度 \tag{20}$$

其主要的實施方式如圖 8b 所示。速度可由加速度的積分推演所得。類似的感測器可被製作來偵測震動、衝擊與擺動。

**壓電阻應變計（Piezoelectric Strain Gauge）**　　一個壓電阻應變計是根據當一個壓電晶體在應變下產生電荷及電壓效應的壓電率為原理所設計[29]。除

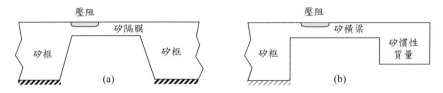

圖 8　　以壓阻為基礎的感測器 (a) 以矽為材料的壓力感測器 (b) 加速度的感測器。（參考文獻 1）

了所量測的訊號為電壓而不是電阻，操作上與壓電阻應變計相當類似。以結構上來看，三明治的結構將壓電晶體夾在兩層導電電極之間，如圖 9 所示。在施加應力時，晶體產生應變而產生電荷或是電壓上的變化，這樣的流程也可以反向操作施加電壓，產生應變或是機械上的位移，其反向操作最好的例子就是由於聲壓產生電壓的壓電麥克風應用，以及由電壓產生應變或是機械上位移（音波）壓電的揚聲器。對壓電率（Piezoelectricity）的變化可以下列方程式來表示

$$S = \gamma T + C_{PC}\mathscr{E}, \quad \mathscr{D} = C_{PC}T + \varepsilon\mathscr{E} \tag{21}$$

其中 $\gamma$ 為遵循常數，$\mathscr{D}$ 是電位移，上式說明可以經由應力 $\sigma$、電場與電荷（遵循高斯定律）來產生應變，其中壓電電荷常數 $C_{pc}$ 可寫成

$$C_{pc} = \frac{\text{induce charge density}}{\text{pressure}} \tag{22}$$

壓電感測器的操作是在無須施加外部電壓下即可自我產生，由於在自然的動力學下，電荷將逐漸被排出，因此，壓電感測器對於動態系統的應用如加速計、擴音器、麥克風、超音波震盪清潔器，以及在衝擊、震盪與衝擊的感測上將更加有用，其他可應用在有火花的點火開關，以及微小鏡片的定位等（只有在應變產生時，靜態的應用才可能）。最常見的壓電材料為石英、氧化鋅、電氣石與鈦鋯酸鉛、鈦酸鋇等陶瓷材料。壓電感測器的缺點為源頭的阻抗太高，因此第一階段的放大器必須有較高的輸入阻抗來感測的電壓。

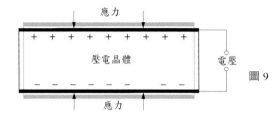

圖 9　在壓電感測器內，應變會產生電
荷（或電壓），反之電荷（或
電壓）亦可產生應變。

## 14.3.2 指叉感測器

指叉感測器（interdigital transducer, IDT）為一表面聲波感測器
（Surface-acoustic-wave, SAW），基於壓電效應可將電的訊號轉化成表面
聲波，反之也可將表面聲波轉換成電的訊號，因此，指叉感測器也被稱為聲
波的感測器。指叉感測器是由懷特（White）及福特摩（Voltmer）於 1965
年發現[30]，用以取代傳統的表面聲波感測器如斜角感測器與梳狀感測器。

指叉感測器的主要構造是在壓電材料的基板上埋入金屬指狀結構，如圖
10 所示。間隔的手指狀以兩條軌道相連結，最重要的尺寸為以指狀間的間隔
週期 $p$ 決定表面聲波的波長 $\lambda$，指狀結構的線寬 $l$ 及間距 $s$ 通常一樣，且約近
似為 $p/4$。最常使用的金屬為 0.1 至 0.3μm 的鋁，但在任何的條件下必須小
於 $l/2$。即使是在單一個指叉感測器中，金屬指狀結構彼此間的部分重疊寬
度 $W$ 是可調變的，在訊號處理輸出的應用上，指叉感測器是特別常使用的結
構，這樣的方式也稱為變跡法；而指狀結構的對數（pair）$N$ 則取決於所需
的應用。較大的 $N$ 對電訊號與表面聲波具有較高效率的耦合能力，但也會犧
牲偵測的頻寬，將於之後說明討論。通常使用的壓電材料有石英、LiNbO$_3$、
ZnO、BaTiO$_3$、LiTaO$_3$ 與鈦鋯酸鉛等材料，較不常使用的半導體材料為硫化
鎘、硒化鎘、碲化鎘與砷化鎵等。對壓電效應而言，晶格的有序性為不可或
缺的性質，所以必須是單晶或是多晶的材料結構。對於薄膜型的指叉感測器
來說，壓電薄膜的厚度與表面聲波波長的尺寸相近，而以濺鍍製程的氧化鋅
為最常使用的材料，金屬層沉積在壓電薄膜的上或下層皆可[31]。

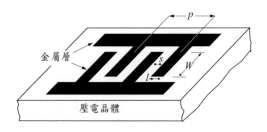

圖 10　指叉感測器製作在壓電的塊材上，金屬層沉積在壓電薄膜的上或下層皆可。

在大部分的應用中 [32]，以兩個指叉感測器的組合為主，其中一個將電的輸入訊號轉換成在介質（medium）之中傳導的表面聲波，而另一個則是將此表面聲波轉換回電的訊號（圖 11a）。兩個指叉感測器的組合加上介質就稱為表面聲波元件（SAW devices）。圖 11b 顯示一表面聲波元件的梅森等效電路（Mason equivalent circuit），其中的 $G_a(f)$ 是輻射電導、$B_a(f)$ 是聲納，$C_T$ 是總電容值 [33]。藉由監測傳遞的表面聲波特性，即可得知介質的特性。由於指叉感測器技術的成功，使得表面聲波元件在應用上的主導性高於塊體聲波 BAW（Bulk-acoustic-wave）元件。

指叉感測器的主要功能是將電訊號及表面聲波 SAW 之間的能量進行轉換。為了有助於想像表面聲波 SAW 的行為，一個較好的比喻為如同將一塊石頭丟入平靜的水中，或是由小船移動產生漣漪的傳導一般。對於固體而言，表面聲波起源於物質結構的變形或是應變。微觀上來說，晶格中的原子距離其平衡位置一段位移則產生的回復力，相似於彈簧原理是正比於位移量，因此，表面聲波也稱為彈性波（elastic wave）（換言之，是一個不具有壓電的耦合機械的波）。表面聲波與塊材聲波的不同點在於其經由表面進行傳導，絕大部分的能量限制在表面的一個波長之內，表面波可被分成原子位移方向與波傳播方向平行的縱波，以及原子位移方向與波傳播方向垂直的橫波（圖 12）。然而，表面聲波是由縱波或是橫波主導乃取決於壓電特性與晶體的方向性。圖 13 說明壓電效應的起因以及電荷極化與應變的關係，取決於晶體的結構 [29]。表面聲波的傳播速度 $v$ 取決於介質的良好彈性度與質

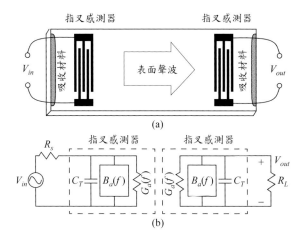

圖 11　(a) 在聲波的偵測中，一個指叉感測器產生表面聲波在介質中傳導，此介質的特性也會影響表面聲波，而另一個指叉感測器將此一表面聲波轉換回電的訊號。在兩端點處的吸收材料可以最小化反射波 (b) 表面聲波元件的梅森等效電路示意圖。（參考文獻 33）

量密度。以上提到的實際壓電材料，在 1–10 × 10⁵ cm/s 範圍內，大約爲 3 × 10⁵ cm/s。指叉感測器中心的頻率響應爲

$$f_o = \frac{\upsilon}{\lambda} = \frac{\upsilon}{p} \tag{23}$$

小的指狀週期 $p$ 儘管具有低的速度，但仍可提供高頻的操作。指叉感測器的頻率響應以下列式子表示

$$R(f) = C_8 \frac{\sin X}{X} \text{ and } X = N\pi\left(\frac{f - f_o}{f_o}\right) \tag{24}$$

其中 $C_8$ 爲一個常數，如圖 14 所示爲頻率響應圖。頻帶寬與指叉對數的相依性可由此得到驗證。表面聲波元件的迷人之處在於其低速特性，速度較電磁波小約五個數量級的大小，在一些合理的尺寸下則有非常大的延遲效應，通常延遲的範圍約爲 3 ms/cm，而且其即使速度較慢也能轉換爲較小的波長與物理上的尺寸 [ 式 (23)]。非常有趣的是，對一個 5 MHz 的微波電路而言，

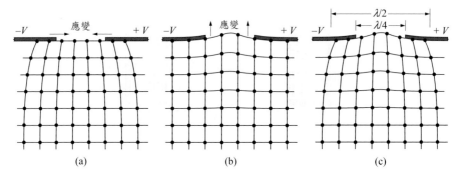

圖 12　在指叉感測器的作用下，藉由原子位移產生的各種表面聲波 (a) 縱波 (b) 橫波 (c) 同時具有橫波與縱波的組合。

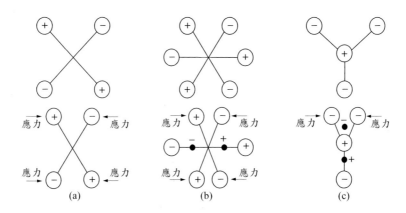

圖 13　壓電效應的起源，由應力 $\sigma$ 所導致的極化 (a) 應力在對稱晶體中產生的非極化 (b) 極化平行應力方向 (c) 極化垂直應力方向。（參考文獻 29）

所需的橫向電晶體尺寸必須為縮至約 0.3 μm，在這樣頻率操作下的指叉感測器也需要相似的線寬及空間尺寸。表面聲波元件的另一優點為低的衰減、較低的色散效應（速度隨頻率變化的現象）、表面聲波容易操作，以及可與積體電路製程技術相容等優點，而塊材聲波元件無法完全達到上述優點，它們只能使用在低於 10 MHz 的頻率，這個操作頻率需要極大尺寸的表面聲波元件才能達到。

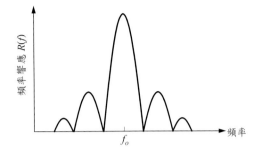

圖 14　指叉感測器的頻率響應圖。

　　表面聲波元件的應用包括感測、訊號處理、射頻辨識（RFIDs）與生物感測器（biosensor）[34, 35]。在感測的應用上，表面聲波的延遲與強度的調整是重要並且具有意義的。在感測的領域上，表面聲波的速度與強度將被感測物質本身的物理特性所影響，例如溫度、濕度、壓力與應力等（圖 11）。氣體的流動可藉由感測環境的冷卻效應來偵測，因此，如果感測的面積上鍍上一層特殊的吸收材料，則表面聲波會對一些化學物質與氣體如 $H_2$、$SO_2$、$NO_2$ 以及 $NH_3$ 等具有感測效果[36]。將兩個指叉感測器沉積在表面，則可對表面的破裂與缺陷進行非破壞性的檢測，最後，雖然表面聲波為機械波，但光線也可以藉由類似光柵的原理產生繞射效應，這項特性可以用在診斷、光學模組與光反射器等應用。

　　在訊號處理方面，最常應用在延遲線及濾波器上。由於經由指叉感測器產生的表面聲波具有雙向性，因此在端點處必然有接收器（圖 11），這種接收器也會使傳輸能量降低，造成 3-dB 能量的損失。其他功用的表面聲波元件包含脈衝壓縮器（濾波器）、震盪器、共振器、卷積器（convolver）、相關器（correlator）等應用，這些表面聲波元件在通訊、雷達與廣播設備如電視收訊器的應用上非常有用[34]。壓電元件在開發獨特無線操作系統方面，表面聲波元件在可靠性工業應用的射頻辨識（RFIDs）與遙控感測器，已經佔有重要角色，表面聲波元件更進一步可應用在免疫感測器（immunosensors）[35]。

### 14.3.3 電容感測器

　　電容感測器（capacitive sensor）是一個偵測壓力的簡單機械結構，利用偵測電容感測器中兩片導體板之間距離的變化為原理 （圖 15）。電容值 $C = \varepsilon A/d$，與面積 A、距離 $d$ 以及電極間空間的介電常數（permittivity）$\varepsilon$ 具有線性的關係。然而，必須要先知道壓力與位移間的關係，這取決於控制電極移動的懸臂（cantilever）材料特性。基於這方面的考量，懸臂的材料不一定要由半導體材料所構成，然而，最常用的矽仍被使用作為懸臂的材料，主要是因為技術成熟，而且半導體製程不昂貴。另一種結構是由薄化晶圓厚度製成的半導體隔膜所形成，並且能作為可彎曲的電極。

　　許多的加速度計（accelerometer）是基於電容感測技術。無論如何，微加工的加速度感測器會有小的電容值與低靈敏度。以介電質的支撐結構可以實現得到較大的電容值，為了增加有效的表面積，採用具有梳狀結構的微機電技術[7]。高解析度的感測器與微感測器之電容值的變化，能夠被量測到小於飛法拉第（femtofarad） $10^{-15}$ F 的分率。電容感測器的類比電路包含有使用橋式電路（bridge circuit）量測阻抗、使用運算放大器（operational amplifiers, OPAs）量測電流－電壓、使用電感電容（LC）振盪器量測頻率，以及基於充電和放電量測時間。圖 16a 與 b 以阻抗與電流－電壓的量測電路

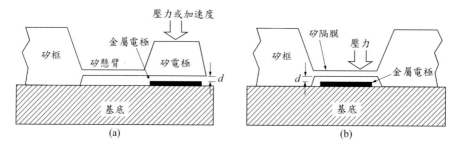

圖 15　電容感測器的結構 (a) 使用矽的懸臂製成的壓力或加速器感測器 (b) 使用矽薄膜製成的壓力感測器。

爲例，基於轉換函數理論，在 $s$ 領域（domain）中的阻抗以及電流—電壓量
測電路的輸出訊號表示爲

$$v_{out}(s) = \frac{1}{2}\frac{C_2 - C_1}{C_1 + C_2}v_{in}(s) \tag{25}$$

對於圖 16a，其中的 $C_2$ 可以參考其值與不同感測結構有關。同樣地，對於
圖 16b，可得

$$v_{out}(s) = -\frac{C_i/C_f}{1 + \dfrac{1 + C_i/C_f}{A(s)}}v_{in}(s) \approx -\frac{C_i}{C_f}v_{in}(s) \tag{26}$$

其中假設 $R$ 是大到可以被忽略的，並且假設運算放大器（OPA）的增益 $A$
非常大。那麼很明顯地，回饋電容值 $C_f$ 的測定會受限於寄生電容 $C_i$，如運
算放大器（OPA）的配線（wiring）或輸入電容值。在式 (26) 的電路增益對
於電容值的變化是敏感的，所以，對於較穩定的特性來說，頻率量測可藉由
電感電容振盪器，以及基於定電流的充電放電時間量測來實現。

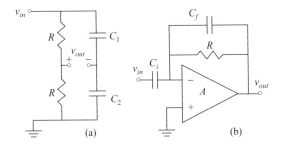

圖 16　　(a) 橋式的電路圖 (b) 電流—電壓（$I\text{-}V$）量測的電路，對其施加而維持電容感
　　　　測器本質的性能。（參考文獻 7）

## 14.4 磁感測器

　　如圖 1 所列的表格中顯示，磁場微感測器（microsensors）是調變傳感器（modulating transducers）。磁感測器（Magnetic Sensors）的主要應用依功能性可分為兩大類：直接偵測磁場、偵測位置及動作[37]。圖 17 顯示不同類型的磁傳感器（magnetic transducers）的磁場範圍，偵測磁場強度的設備被稱為磁力計（magnetometer）或高斯計（gaussmeter）。五種類型的磁感測器：半導體磁感測器、鐵磁薄膜磁電阻器（Magnetoresistor）、通量閘磁力計（flux-gate magnetometer）、核磁共振與光電子磁力計（optoelectronic magnetometer）以及超導體量子干涉元件磁力計（superconducting quantum interference device magnetometer）之磁場的偵測範圍從 $10^{-14}$ 至 $10^2$ 特斯拉（Tesla）[37]。本章將聚焦半導體磁感測器的討論，特別是應用在讀取磁帶的磁頭（包含在信用卡中的去磁功用）、磁碟機、虛擬記憶體等。由於直流或交流的電流可以在導線中產生磁場，因此電流也可被直接偵測，相較於一般安培計必須串連在導線中才能量測的限制，也是磁感測器的優點之一。在第二部分的應用上，將磁偵測器裝置於物體上，即可偵測其位置、位移、角度。以在角度偵測的應用為例，包括流速計、直流無電刷的馬達，以及在汽車火星塞的計時等功用。非接觸性的開關可經由以磁石的接近或是遠離磁感測器而達成，例如切換電腦鍵盤以及封閉迴路的安全系統等應用。雖然有許多不同種類的磁感測器，但都是以霍爾效應為其基本原理，讀者可以參考第 1.5.2 節作更詳細的回顧。

### 14.4.1 霍爾片

　　霍爾片（Hall Plate）又稱為霍爾產生器（Hall generator），由於在金屬中的霍爾效應（Hall effect）非常微弱，因此直到半導體材料的實現才得以應用此效應。在 1950 年代中期，商用的霍爾片為分離獨立的感測器，大約到 1970 年代發展為積體感測器（Integrated sensor）。霍爾片是由一片具有四個接點的半導體板所構成，可由下列其中一種形式存在：(1) 分隔的棒

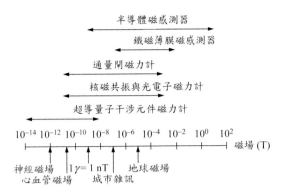

圖 17　不同類型的磁感測器之磁場偵測範圍。（參考文獻 37）

子：(2) 沉積薄膜在支撐的基板上；以及 (3) 具有與基板摻雜類型相反的摻雜層等。

　　圖 18a 顯示，假設在 $x$-$y$ 平面上的一個二維霍爾片，以及在 $z$- 方向的外部的磁場上，其可視爲一個二維微小單位單元（unit element）的排列。如圖 18b 顯示，一個霍爾片單位單元的等效電路模型在每一個邊界上具有四個電阻器，四個電阻器分別位在對角方向，以及二個電流控制的電壓源（current-controlled voltage source, CCVS）。霍爾片採用的是等方向性的材料，因此，$\Delta Rx = \Delta Ry = \Delta R$。$\Delta R$ 值大小決定於霍爾片的片電阻率。在圖 18 中的 CCVS、$V_{H,x}$ 說明霍爾效應對電流 $\Delta I_y$，是因爲 CCVS 偵測到在 $y$- 方向的電流與在 $x$- 方向產生相對應的霍爾電壓。同樣地，由 CCVS、$V_{H,y}$ 在 $y$- 方向產生相對應的霍爾電壓。

　　由積體電路技術製作出的霍爾片如圖 19 所示。主動層的摻雜量必須要儘量小，以達到較高的霍爾電壓 $V_H$（與摻雜濃度成反比）。常用的材料有 InSb、InAs、Si、Ge 等，化合物半導體材料因爲具有較高的移動率而較吸引人，Si 則由於積體電路的成熟技術，而在積體感測器上較受青睞。霍爾效應的產生是由於在半導體材料上施加一電流，並且在與電流方向正交的磁

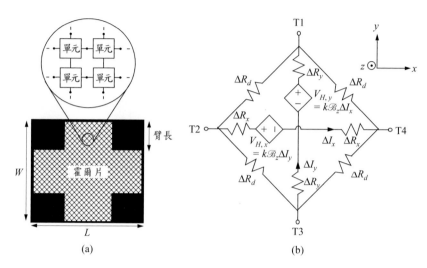

圖 18　(a) 二維霍爾片示意圖，放大圖顯示二維單位單元的陣列。每個單位單元具有四個端點，單位單元藉由這些端點互相連結，霍爾片的偵測能力受控於臂長尺寸 (b) 霍爾片單位單元的等效電路模型。（參考文獻 38）

場下，會產生霍爾電壓 $V_H$，此霍爾電壓在假設霍爾係數 $\gamma_H = 1$ 與 $p$- 型半導體的情況下，可得

$$V_H = R_H W J_x \mathcal{B} = W \mathcal{E}_x \mu \mathcal{B} \tag{27}$$

要注意的是，為了得到較大的訊號，$R_H$ 較大，載子的濃度則必須儘量小，這也是霍爾效應在半導體材料為何比金屬材料更顯著的原因。霍爾片的靈敏度有許多不同的定義方式，主要是取決於其是電流相關、電壓相關，還是功率相關的操作型態，這些通常可由 $\partial V_H / I \partial \mathcal{B}$、$\partial V_H / V \partial \mathcal{B}$、$\partial V_H / P \partial \mathcal{B}$，或只是簡單地以 $\partial V_H / \partial \mathcal{B}$ 來定義。通常來說，一個高效率的霍爾片必須具有低載子濃度與高載子移動率等條件，一般的靈敏度 $\approx 200$ V/A-T，但最大值則可高達到 1,000 V/A-T。具有高載子移動率的材料，如砷化鎵及磷化銦等在這方面的應用比矽材料更受歡迎，為了具有較高的載子移動率，近來最常使用的結構為異質接面或是調變型的通道，以及量子井等結構。

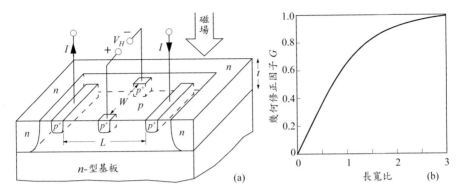

圖 19    (a) 由積體電路技術所製作的霍爾片結構。周圍圍繞的 *n*- 型區域形成隔離層 (b) 幾何修正因子是長寬比（*L/W*）的函數。（參考文獻 2）

　　爲了使磁場可以偏轉電流並發展出霍爾電壓，長度 *L* 必須大於寬度 *W*。圖 19b 說明此效應，長寬比 (*L /W* ) ≥ 3 爲得到全效應所必須具備的條件，這個效應可由幾何修正係數（*G* < 1）來計算如下列方程式所示

$$V_H = GR_H WJ_x \mathscr{B} = GW\mathscr{E}_x\mu\mathscr{B} \tag{28}$$

其中 *G* 爲長寬比（*L /W*）的函數，如圖 19b 所示。對一個磁場的感測器而言，最重要的一點爲霍爾電壓 $V_H$ 必須對磁場 $\mathscr{B}$ 呈線性的關係，且必須爲零偏移量，也就是當磁場 $\mathscr{B}$ 爲零時，霍爾電壓 $V_H$ 必須爲零，如圖 20a。一個以 0.8 μm CMOS 製程製作的霍爾片，臂長度爲 60 μm、施加偏電流爲 1 mA 條件下，量測所得的霍爾電壓幾乎與施加的磁場呈線性的關係。在應用方面，磁場 $\mathscr{B}$ = 0 時會產生偏移電壓（offset voltage），這個電壓偏移是幾何效應以及壓電效應兩個因素所造成，而此幾何效應的成因主要是由於兩端的霍爾接頭並不是非常精確地位於相對的位置。假設在霍爾接頭的電流方向有一個對不準而產生的位移 $\Delta x$，所導致的偏移電壓可表示爲 $V_H = \mathscr{E}_x \Delta x$，圖 20b 顯示，以 0.18 μm CMOS 製程製作在 n- 井上的霍爾片，施加偏電流爲 1 mA 下，所量測的靈敏度對臂長度的關係 [38]。當霍爾片幾何尺寸增加，其靈敏度也增加，是因爲在式 (28) 中的長度 *L* 增加。而壓電效應是在壓電材料上施加應

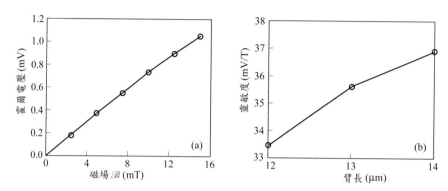

圖 20　(a) 以一個 0.8 μm CMOS 製程所製作的霍爾片,在臂長度為 60 μm,施加偏電流為 1 mA 條件下,量測所得的霍爾電壓對施加磁場的關係圖(參考文獻 39)(b) 以一個 0.18 μm CMOS 製程製作的霍爾片中心尺寸是 $10^4$ $μm^2$,其量測所得的靈敏感度對在圖 18 臂長度的關係圖。(參考文獻 38)

力會產生電壓的現象,這對於薄膜型的霍爾片是相當嚴重的效應。偏移電壓可藉由將兩個或是四個霍爾片相連結,將個別霍爾片的偏移電壓消除,或是增加第五端點作為控制閘來注入電流補償。霍爾片吸引人之處在於其具有低成本、結構簡易,以及可與積體電路製程技術相容等優點。

## 14.4.2 磁電阻器

　　磁電阻器(Magnetoresistor)是基於磁電阻效應所設計出來的元件,其為當元件處在磁場下,其電阻值會上升。磁電阻效應起源於兩個獨立的機制:(1) 物理上的磁阻效應;以及 (2) 幾何上的磁阻效應。物理上的磁阻效應起因於所有的載子並不是以相同的速度在移動,霍爾電壓的建立可平衡一個平均速度的產生,因此與平均速度不同的載子將會偏離最短移動路徑,如圖 21a 所示。這些較長的移動路徑將導致阻值的增加,而物理上的磁阻效應造成了與磁場的相依性,如 $R(\mathscr{B}) = R(0)(1+C_9\mu^2\mathscr{B}^2)$,其中 $C_9$ 為常數項。

　　幾何上的磁電阻效應發生在具較低長寬比的樣品中,此時全部霍爾電壓的效應並不能平衡羅侖茲力(參閱式 (2) 以及圖 21b),且載子在接近接觸點處將朝向施加電場以一個角度來移動。較長的移動路徑再次導致較大的阻

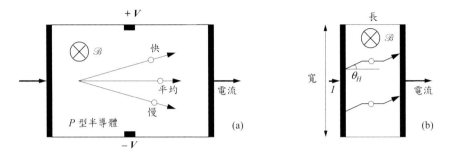

圖 21　(a) 物理上的磁阻效應起因於載子的速度不均勻,具有高於或低於平均速度的載子將導致較長的移動距離 (b) 幾何的磁阻效應發生在具有較小長寬比 $L/W$ 的樣品上。在接近接觸點處的載子會以霍爾角度移動。

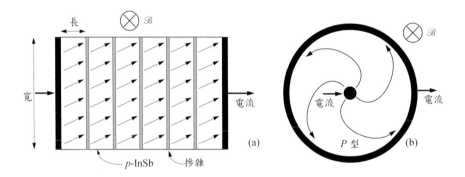

圖 22　磁電阻器可將幾何磁阻效應最大化 (a) 高摻雜的短捷徑將樣品分隔成許多小長寬比 $L/W$ 的區域 (b) 科賓諾圓盤形狀不允許霍爾電壓的建立。箭頭所示為電洞的路徑。

值,磁電阻器會將此效應最大化,如圖 22a 所示,加入較多傳導短捷徑於結構中,此結構也等於許多較小長寬比 $L/W$ 霍爾片的串聯方式。另一種磁電阻器是以科賓諾圓盤(Corbino disc)形狀構成,接觸點是以同心的方式構成,因此沒有可建立的霍爾電壓側邊。一般的霍爾片,在霍爾電場 $\mathscr{E}_H$ 存在時,載子會以直線位移的路徑移動,合理的假設是在沒有霍爾電場存在時,載子將以一個角度的方式移動,此角度亦稱霍爾角度(Hall angle)

(29)

導致其阻值變成
$$\theta_H \equiv \tan^{-1}\left(\frac{\mathcal{E}_H}{\mathcal{E}_x}\right) = \tan^{-1}(r_H \mu \mathcal{B})$$

$$R(\mathcal{B}) = R(0)(1 + a \tan^2 \theta_H) = R(0)(1 + ar^2_H \mu^2 \mathcal{B}^2) \tag{30}$$

因子 $a$ 是量測長度的幾何效應。當長寬比 $(L/W) < 1/4$ 時，$a$ 值為 1，而當長寬比 $(L/W) > 4$ 時，其值不存在。平方項的存在是來自於電流的路徑不僅較長，而且也比較窄的緣故。

### 14.4.3 磁二極體

　　磁二極體（Magnetodiode）的結構是一個 $p\text{-}i\text{-}n$ 二極體，其中本質層的表面具有高的載子復合率（圖 23）。當 $p\text{-}i\text{-}n$ 二極體施以順偏壓時，本質區注入高濃度的電子與電洞，而電流大小由復合速率所控制。在一個磁場作用下，電子與電洞都趨向於相同的高復合效率表面，導致復合電流的上升。中間本質層的目的是為了形成較大的空乏層以用來放大復合效應。實際應用的磁二極體可以使用矽薄膜在藍寶石基板上（Silicon-on-sapphire, SOS）的結構製成，其中在底層 $Si/Al_2O_3$ 的介面本質上具有較高密度的缺陷，可作為平行表面方向的磁場偵測，而磁二極體的缺點為較差的重製性、較差的線性關係，以及較差的溫度相依性等。

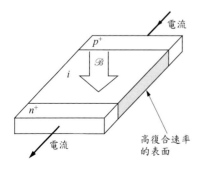

圖 23　磁二極體是一個具有表面高復合速率本質層的 $p\text{-}i\text{-}n$ 二極體結構。

### 14.4.4 磁電晶體

　　磁電晶體（magnetotransistor）也稱為磁開關（magistor），通常是指一個具有多個集極接觸的雙極性電晶體，其中電流的差值與磁場成正比關係。磁電晶體的結構可為水平或垂直式的結構，每一個磁電晶體皆可操作在偏轉模式或是注入調變模式。在圖 24，為四種架構組合的頂視及橫切面圖。在偏轉模式的操作下，注入的載子在磁場作用下偏轉至基極或是集極區域，然後被兩個集極接觸端不對稱的收集；而在注入調變模式的操作下，基極具有兩個作為霍爾片的接觸點；在磁場的作用下，基極具有不相等的區域位能，而造成不對稱的射－基極電壓，以及不對稱的射極注入，因此也造成不對稱的集極電流。集極電流的差值與磁場大小成正比，為 $IC = K\mu I_c \mathcal{B}$，其中 $K = LG/2W$，$G$ 是幾何修正因子。

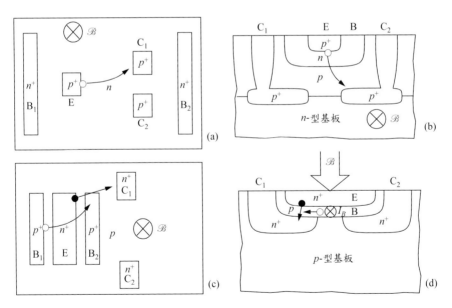

圖 24　(a)(c) 為磁電晶體的頂視圖 (b)(d) 為磁電晶體的橫切面圖 (a) 橫向的磁電晶體以偏轉模式操作，基極的兩端點是用來驅動基極處的載子到較高的速率 (b) 偏轉模式的垂直式磁電晶體 (c) 注入調變模式的橫向磁電晶體 (d) 注入調變模式的垂直磁電晶體，其中 $E$ 代表射極，$B$ 代表基極，$C$ 代表集極。

　　圖 25a 顯示在電流偏轉模式下操作一個 *n-p-n* 垂直式雙集極磁電晶體
（double collector magnetotransistor）的橫切截面圖。若施加的磁場等於零，
注入在射極與橫跨過基極的電子流是對稱性的，且 $I_{C1} = I_{C2}$。若施加的磁場
是平行於元件表面，射極電子電流的對稱性分布會導致不同的集極電流。
圖 25b 與 c 顯示感測器響應對不同的幾何形狀與材料的關係圖，磁電晶體
的 $L/W = 0.5$，理論上顯示具高性能（圖 25b），因為感測器響應可表示為

$$h(\mathscr{B}) = \frac{\Delta I_C}{(I_{C1} + I_{C2})|_{\mathscr{B}=0}} = \frac{1}{2}\mu\frac{L}{W}G\mathscr{B} \tag{32}$$

其中 $\mu = 1.5 \times 10^3$ cm$^2$/v-s 是矽電子的霍爾移動率。除了矽之外，如圖 25c，
可以使用不同材料如砷化鎵或磷化銦，因為其載子的高移動率，磁電晶體的
感測器具有較高的特性。

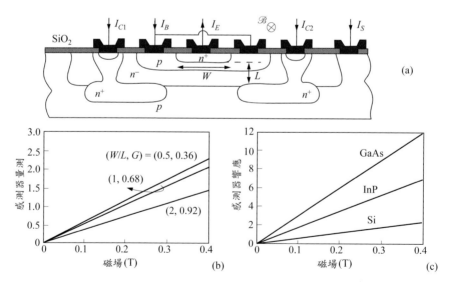

圖 25　(a) 雙集極磁電晶體的元件結構圖，其中的 $W = 50$ μm 是射極寬度，且 $L$ 是射極與
　　　　集極之間的垂直距離，對 (b) 不同幾何形狀 (c) 不同材料的感測器響應關係圖。（參
　　　　考文獻 40）

### 14.4.5 磁場感測場效電晶體

磁場感測場效電晶體（magnetic-field-sensitive field-effect transistor, MAGFET）通常為一個 MOSFET 結構，在不同的結構下以兩種模式操作，結構如圖 26a 所示與霍爾片相似，其中樣品的厚度 $t$ 由表面所感應的反轉層來取代，以及跨在霍爾接頭端輸出的霍爾電壓。霍爾電壓的表示與霍爾片相似，如下列方程式所示

$$V_H = \frac{Gr_H I_D \mathscr{B}}{Q_{in}} = \frac{Gr_H I_D \mathscr{B}}{C_{ox}(V_G - V_T)} \tag{33}$$

其中所有的參數與一般的MOSFET參數相同，$Q_{in}$ 為反轉層的片電荷（charge sheet），$V_T$ 為起始電壓，元件是操作在 $V_D \ll (V_G - V_T)$ 線性區範圍。一般而言，$n$- 型磁場感測場效電晶體比 $p$- 型的磁場感測場效電晶體的雜訊低，與一般的霍爾片相較，磁場感測場效電晶體的表面載子移動率較低及 $1/f$ 雜訊較高，但具有可變載子濃度的優點。

除了傳統式的磁場感測場效電晶體，分離汲極的磁場感測場效電晶體（split-drain MAGFET）因為結構簡單與容易整合於標準CMOS製程技術，被作為常見的磁感測器[41]。當一施加的磁場是正交於分離汲極的磁場感測場效電晶體的通道，霍爾效應將誘發出羅倫茲力（Lorentz force）在通道之內的電荷載子上，因此，在通道之內的電子流將被偏轉且造成汲極電流不平衡

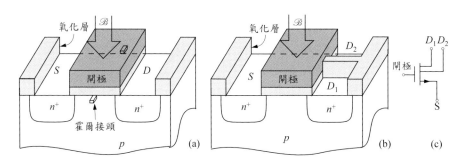

圖 26　(a) 使用反轉層通道為霍爾片的 MAGFET(b) 分離汲極式的 MAGFET。

（也稱爲霍爾電流）。與傳統式的 MAGFET 相較，分離汲極的 MAGFET 顯示會有大的霍爾電流，如圖 26b。在一個橫向的磁場作用下，在 MOSFET 通道的載子被偏轉至另一邊，因此可偵測兩汲極端電流的差值，這個操作的方式與圖 24a 所示的橫向磁電晶體相似，也可以相似式 (31) 來描述其特性。

　　MAGFET 與 CMOS 積體電路的各種不同整合，已討論過磁運算放大器（magnetic operational amplifiers）、磁數位轉換器（magnetic-digital converter）以及磁頻率轉換器（magnetic-frequency converter），用來強化其感測能力 [42-45]。如圖 27a，分離汲極的 MAGFET 可與 CMOS 積體電路整合，以強化其磁感測器的性能 [43]。在圖 27a 中，當 $\mathscr{B} = 0$，對於零磁感測器輸出的平衡電阻 $Rv$，一般而言，MAGFET 的靈敏度大約是 2 至 3 ％特斯拉（Tesla），分離汲極 MAGFET 可以製作成不同的形狀。圖 27b 爲扇形磁場 MAGFET 的布局圖，理論與實驗均顯示扇形分離汲極的 MAGFET 靈敏度較高於傳統正方形的 MAGFET [42-45]。扇形 MAGFET 的優點是從汲極到源極之間通道寬度呈現梯度式減少，扇形分離汲極的 MAGFET 結構會造成載子偏轉，而使分離汲極之間增加，因而增加靈敏度 [43]。如圖 27a，對於一個感測器，$R = 18\,k\Omega$、$Rv = 200\,k\Omega$、$L = 48\,\mu m$、$r = 10\,\mu m$、$a = 90°$ 以及 $d = 3$ $\mu m$，使用一 0.6 μm CMOS 製程技術所製作的扇形 MAGFET，其所量測的靈敏度是 3.61% T，此值較高於傳統式的 MAGFET[43]。

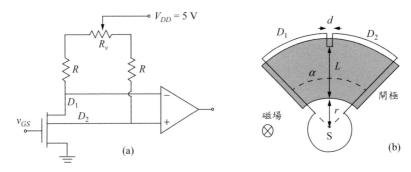

圖 27　(a)MAGFET 靈敏度量測的電路圖 (b) 扇形磁場感應場效電晶體的布局圖。（參考文獻 43）

　　基於積體電路相容的磁感測技術之感測元件，如 CMOS 與雙極性技術，可得在幾 mT 的範圍內的適當靈敏度。因為二維電子氣電子（2DEG electron）的高移動率，如同在第八章討論過，氮化鎵高電子移動率電晶體磁場感測場效電晶體（GaN HEMT MAGFET）改進的性能 [46-47]，成長在矽基板上，具有階梯狀的 AlGaN 中間層並且摻雜 GaN/Al$_{0.25}$Ga$_{0.75}$N/GaN 的異質結構元件已經被製作與量測。磁場在幾 mT 的範圍內，對一個 35 μm × 20 μm 雛型元件，施加 1 mA 電流、14% Tesla 磁場，其電流靈敏度量測已被發表 [46]。恆定的靈敏度是因為二維電子氣的本性，其包含 GaN 高電子移動率電晶體的高電子濃度與高移動率。當溫度由 300 K 增加至 448 K，因為在二維電子氣通道中的聲子散射增加 [47]，GaN 雙汲極的 MAGFET 所量測的相對靈敏度，會由 9.78%/T 減至 3.79%/T。目前，GaN 基 MAGFET 在高溫時之功能性是有價值的。儘管如此，其最低的靈敏度仍是較高於那些前面討論過的矽基 MAGFET。

## 14.4.6 載子域磁場感測器

　　載子區域（Carrier-Domain）是由電子與電洞電漿所構成，如同閘流體一樣，可以藉由 p-n-p-n 結構導通來產生電漿。一個垂直的載子域磁場感測器（Carrier-Domain Magnetic-Field Sensor）結構如圖 28a 所示。由於為對稱的元件結構，載子區域在中心產生，在一個磁場的作用下，載子區域水平平移導致在 $I_{p1} - I_{p2}$ 與 $I_{n1} - I_{n2}$ 的電流變化，這個感測器的缺點是與溫度的相依性。另一種形式的水平與圓形載子區域的磁力計也被研究，如圖 28b 所示。在這樣的排列下，藉由最外圍分段的集極偵測載子區域，載子區域以一個與磁場成正比的頻率繞著圓圈作轉動，此輸出頻率是這個感測器獨特的特性。

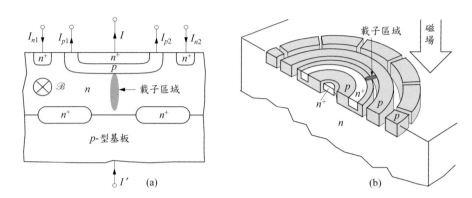

圖 28　(a) 載子域磁場感測器在一個磁場的作用下，偵測載子區域水平平移導致在 $I_{p1}-$ $I_{p2}$ 與 $I_{n1}-I_{n2}$ 的電流變化。(b) 水平與圓形載子區域的磁力計。載子區域以一個與磁場成正比的頻率繞著圓圈作轉動。（參考文獻 48）

## 14.5 化學感測器

化學感測器（chemical sensors）已經受到許多研究學者與技術人員的注目 [8, 49-51]。由於在利基的應用上具有衝擊性，使他們注意到更多廣泛性的應用，若其性能能夠被改善，尤其是如在 14.1 節中談到有關於選擇性（selectivity）的議題，那麼一個完全涵蓋的廣泛領域會超越我們所能關注的範圍，所以在此將聚焦討論可以感測局部化學環境的小型化元件，像是排除在機場安檢的各類化學偵測器設備。本節會進一步藉由幾個典型的感測器來限制所涵蓋的範圍，也就是金屬－氧化物感測器（metal-oxide sensors）、離子感測場效電晶體（ion-sensitive field-effect transistora）以及觸媒金屬感測器（catalytic-metal sensors）等，特別是在全球的奈米科學與奈米技術發展中，已經將金奈米粒子或奈米碳管（carbon nanotubes）應用在感測器、化學蒸氣感測器上 [52, 53]。

### 14.5.1 金屬－氧化物感測器

金屬－氧化物感測器（metal-oxide sensors）是由多晶體的薄膜形成，其電阻值為化學敏感性的，金屬氧化物應用於作為氣體感測器，主要是取決於其電子結構[54-58]。根據氧化物、金屬氧化物的電子結構範圍可以區分為過渡金屬氧化物（例如：$Fe_2O_3$、$NiO$、$Cr_2O_3$ 等）以及非過渡金屬氧化物。非過渡金屬氧化物是由前過渡金屬氧化物（pre-transition-metal oxides）（$Al_2O_3$）與後過渡金屬氧化物（post-transition-metal oxides）（$ZnO$、$SnO_2$ 等）所組成的[56]。氣體的感測器可以由 $SnO_2$、$Fe_2O_3$、$TiO_2$、$ZnO_2$、$In_2O_3$ 與 $WO_3$ 的金屬－氧化物半導體來製作，其中以 $SnO_2$ 為最常使用的材料（大約 34%）[54, 55, 57]，這些氣體的感測器是以粉末在高溫燒結而成，或是以蒸鍍或濺鍍的方式沉積在基板上。通常會添加一些貴重的金屬如鈀或是白金等，以增強其靈敏度。當元件暴露在特殊的氣體中，阻值將發生變化。可以偵測的氣體種類如 $H_2$、$CH_4$（甲烷）、$O_2$、$O_3$（臭氧）、$CO$、$CO_2$、$NO$、$NO_2$、$SO$、$SO_2$、$SO_3$、$HCl$ 等，這些金屬－氧化物半導體感測器通常可藉由操作在高於室溫，大約在 200 至 400℃ 改善其靈敏度，原因之一為其能隙較高約在 3 至 4 eV，使得阻值可在較高溫時降低到一個可量測的實際值。

電阻值變化的機制一般認為是由晶粒邊界的反應所造成。在許多情況下，靈敏度可藉由具有高密度晶粒邊界的小晶粒來達到明顯的改善。有一些模型可以對於暴露於氣體成分時所產生的阻值變化提出解釋，在此以最常使用的兩個理論說明：第一個是與晶粒邊界間的傳導相關，這些晶粒邊界的特性為氧過量的區域，因此位能障礙在此處形成，並會空乏周圍的載子，妨礙電流流經晶粒邊界（圖 29），而被偵測的氣體可將原本吸收的氧中和，降低位能障礙進而降低阻值。另一個可能的機制為塊材的效應，在此氣體分子與吸附在晶粒邊界的氧反應，依據反應的形式使自由電子被釋放或是中和，這個過程改變了在塊材中總載子的濃度與阻值。如果不考慮不理想的重製性、長時間的穩定性、靈敏度以及選擇性等問題，由於這些金屬－氧化物氣體感測器的價格不昂貴，加上簡易的使用特性，使其具有很大的商業市場。

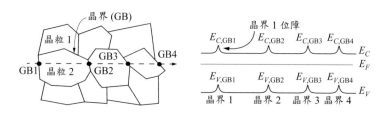

圖 29　在一個 *n-* 型的 MOS 感測器中，晶粒邊界將引起位能障礙。

## 14.5.2 離子感測場效電晶體

由於化學感測器的場效電晶體具有超高偵測靈敏度、大量生產能力以及低製造成本等吸引人的特性，因此引起極大的關注。離子感測場效電晶體 （ion-sensitive field-effect transistor, ISFET）是最常使用的化學性感測場效電晶體 [51, 59-62]。ISFET 是由 Bergveld 於 1970 年提出並透過偵測溶液中的 pH 值來驗證 [51, 59-62]，而在 1974 年提出一個以參考電極與電解液直接接觸的概念後 [65]，如此的一個參考電極一直被視爲是 ISFET 不可或缺的部分。由於 ISFET 是用來偵測離子的元件，因此包含離子的電解液必須與電晶體接觸，在這樣的方式下，電解液取代了傳統的多晶矽閘極，成爲 MOSFET 的閘極 （圖 30a），與電解液閘極的接觸則由參考電極來提供，一般爲銀－氯化銀，閘極的絕緣層是這個結構最主要的部分，通常使用多層的閘極介電層。有時候，需要在二氧化矽上方加上一層阻障層，來阻擋離子穿透進入二氧化矽與矽的介面，上層的絕緣層有助於感測的離子進行最佳的選擇性以及獲得最大化靈敏度，常用的有 $Si_3N_4$、$Al_2O_3$、$TiO_2$ 以及 $Ta_2O_5$ 等材料。ISFET 在設計上的主要考量就是封裝，要避免離子穿透元件結構的其他部分。典型使用的通道長度 $L$ 與寬度 $W$ 的尺寸，大約爲幾十到幾百個毫米。

明顯地，在電解液中電荷的分布遵循古典的浦松－波茲曼（Poisson-Boltzmann）分布（討論於第一章）以形成電雙層。如圖 30a，絕緣體是曝露在分析物，施加偏壓在參考電極（例如：遙控的閘極），引用鍵結與古依－查普曼層－斯特恩（Gouy-Chapman-Stern）理論 [8, 67-73]，與離子從分析

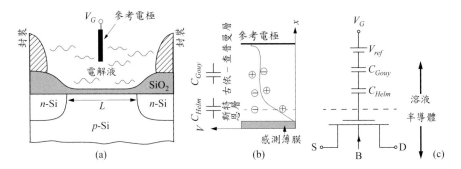

圖 30 (a) ISFET（$n$- 通道型）浸泡在電解質中進行量測 (b) 在電解液與絕緣體接面的電位分布，其中的 $C_{Helm}$ 與 $C_{Gouy}$ 分別是斯特恩層與古依—查普曼層的電容值 (c) ISFET 的等效電路模型。（參考文獻 60, 66）

物的塊材到電解液，以及絕緣體接面的電位能變化之浦松波茲曼分布有關。在介面處，離子可能被束縛在相反電荷的表面位置，而形成類似平面的電荷延伸與雙層的電容。因此，如圖 30b 顯示，此位置的電位耦合在絕緣體的表面，用於調變通道的電荷。$C_{Helm}$ 與 $C_{Gouy}$ 說明雙層的電容值（大約是 1 pF/$\mu$m$^2$）。根據電解液與絕緣體介面的電荷理論，離子感測場效電晶體的等效電路模型是由電容無功組件（reactive component）與傳統的 MOSFET 所組成，顯示於圖 30c。介於浮動閘極與 $C_{Helm}$ 之間的鈍化電容，必須包含其代表感測絕緣體的電容耦合行為 [60]。

為了瞭解 ISFET 的操作方式，以傳統的 MOSFET 操作方式開始說明是較好的方式（參閱第六章），其電性可概略分成兩個操作區─線性區與飽和區，而其電流─電壓特性可得

$$I_{lin} = \frac{\mu C_i W (V_G - V_T) V_D}{L} \tag{34}$$

$$I_{sat} = \frac{\mu C_i W}{2L} (V_G - V_T)^2 \tag{35}$$

這些區域的分開準則以汲極電壓定義為 $V_{D,sat} = V_G - V_T$，對任何的 FET 來說，其中一個重要的參數為起始電壓 $V_T$，也就是將電晶體開啟所需要閘極電壓的大小，$V_T$ 為

$$V_T = V_{FB} + 2\psi_B + \frac{\sqrt{2\varepsilon_s qN(2\psi_B)}}{C_i} \tag{36}$$

由圖 31 中的能帶圖。對於 ISFET 的平帶電壓 $V_{FB}$

$$V_{FB} = \phi_{sol} - \phi_s + \psi_i - \psi_{sol} \tag{37}$$

其中 $\psi_i$ 是由於偶極層在電解液 / 介電層界面的介電層端所產生的絕緣層表面電位，而 $\psi_{sol}$ 則為在相同界面的溶液端電位降。此外，$\psi_{sol}$ 對於離子並不敏感，而離子的偵測方式取決於離子濃度對於 $\psi_i$ 的變化。實際上，離子沉積在絕緣層的表面而改變了 $\psi_i$、$V_{FB}$、$V_T$、FET 的電流，離子的存在等同於閘極偏壓的改變。在實際應用上，施加偏壓使 ISFET 維持一固定的汲極到源極電流 $I_D$，而維持這樣固定電流的閘極電壓改變量為量測的指標。偵測的離子如 $H^+$(pH)，$Na^+$、$K^+$、$Ca^{2+}$、$Cl^-$、$F^-$、$NO_3^-$ 以及 $CO_3^{2-}$ 等，一般對於使用 $SiO_2$ 感測層來偵測 pH 值，典型的靈敏度為 20 至 50 mV/pH；對於使用 $Al_2O_3$、$Si_3N_4$ 與 $Ta_2O_5$ 等材料感測層來偵測 pH 值，其靈敏度分別為 50 至 60、40 至 60、50 至 60 mV/pH[74]。

　　圖 32a 說明使用 0.25 μm CMOS 製程技術製作 n- 型離子感應性場效電晶體（ISFET），其中的浮動閘極使用鋁來形成，具有 $Si_3N_4$ 層的感測表面。離散的緩衝溶液從 pH 4 至 pH 9，如圖 32b 所示，對於 n- 型 ISFET 元件施加在參考電極上的電壓 $V_{ref}$ = 250 mV，在微弱的反轉下所量測的汲極電流對 pH 值的關係圖。汲極電流 $I_D \propto I_o \exp$（靈敏度 × pH/$nV_{th}$），其中的 $I_o$ 是一特性的電流，$n$ = 1.35 是次臨界斜率因子（subthreshold slope factor），$V_{th}$ 是熱電壓[66]。元件所量測微弱的反轉 pH 敏感度是 $-1.34$ dB/pH，與一般的電化學離子感測器相較，ISFET 具有尺寸較小、反應時間較快、輸出阻抗較低，以及可使用積體電路製程技術的成本較低等優勢[75-78]，現在也已經商業

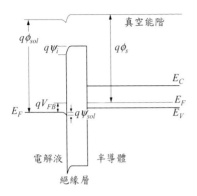

圖 31　在平帶條件下與電解液接觸 ISFET 的能帶圖。

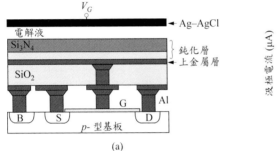

(a)

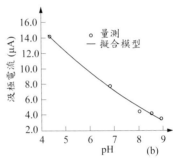

(b)

圖 32　(a) 使用 CMOS 製程技術所製作的 $n$- 型 ISFET 的元件結構圖，其中 $Si_3N_4$ 與 $SiO_2$ 層形成一鈍化層，化學感測面積與閘極尺寸的 $W/L$ 比值分別是 103.1/32.1 與 200/0.34 μm/μm(b) 汲極電流對 pH 值的關係圖。 （參考文獻 66）

化生產，目前主要應用在生醫領域上。舉例來說，在血液及尿檢的分析上，可以偵測如 pH 值、$Na^+$、$K^+$、$Ca^{2+}$、$Cl^-$、葡萄糖、尿素、膽固醇，這類元件最主要的限制為需要長時間的可靠度，以及不可回復性等重要的考量。由於這類應用的特性，大部分的 ISFET 感測器是用完即丟的。

### 14.5.3 催化金屬感測器

有一群組的感測器是利用曝露於某些氣體中，其觸媒活性金屬的功函數產生某些程度的變化 [8,79]，這些觸媒的金屬感測器都是半導體元件的一部分，其半導體的形式：(1) 平面型的 MOSFET；(2) 環繞閘極奈米線金氧半場效電晶體（GAA nanowire MOSFET）；(3) TFET；(4) MOS 電容器；(5) MIS 穿隧二極體以及 (6) 蕭特基能障二極體等 [80,81]。對 MOSFET 而言，閘極的材料部分使用催化金屬。由於功函數的改變會使起始電壓發生變化，也導致 MOSFET 電流的變化。除了平面型的 MOSFET 之外，具有觸媒金屬閘極的 GAA MOSFET 也已經被用來增強氣體感測器的靈敏度。環繞閘極奈米線 MOSFETs 具有高的表面對體積比值、低的漏電流、較佳的閘極控制，以及近似於理想的次臨界特性，是有潛力的 3-D 元件，對於低功率、高靈敏度與奈米級 CMOS 相容性的氣體感測器 [80]，平面型的 MOSFET 會受到短通道效應與熱載子效應，它們是元件尺寸微縮的主要障礙。低功率電子元件的 TFETs 也已經被提出（參閱第六章），其是超陡峭的次臨界元件，具有次臨界擺幅 ≤ 60 mV/decade。

　　一個 $n^+$- 源極封包的 $p$-$i$-$n$ GAA 奈米線穿隧場效電晶體，以 Pd 作為觸媒金屬閘極所製作的氫氣偵測器也同時被發表。理論上，$n^+$- 封包的引入可以改善 TFET 的特性，而環繞閘極奈米線的使用能強化元件閘極的可控制性。感測器的靈敏度是量測輸出值大小的變化，當參數的改變偏離標準值時，這些參數能夠被感測到。在曝露於氣體的前後，藉由考量元件的開啟與關閉電流的變化比值，在氣體壓力為 $10^{-10}$ Tor 下，靈敏度為 $10^6$ 數量級已經被研究出來 [81]。對於 MOS 電容而言，由於電容的變化是隨著閘極電壓而改變的，因此功函數的變化將造成電容－電壓曲線的平移，對於 MIS 的穿隧二極體與蕭特基能障二極體而言，由於能障高度的調整，其相對應的順向電流也會受到影響。

　　觸媒金屬可以是 Pd、Pt、Ir 與 Ni 等材料，其中以 Pd 為最成功的材料。使用這些性質最有效的偵測元件是 $H_2$ 感測器，其主要機制是因為氫氣先被吸附於催化金屬上，接著氫氣分子解離為氫離子且擴散至金屬的界面，其接觸元件的其他部分，因而形成一偶極層（dipole layer），偶極層改變金屬的有效功函數。

# 14.6 生物感測器

生物感測器（biosensors）應用在衛生保健產業、食品產業、環境偵測、生物技術（biotechnology）、生物防護（biodefense）以及其它的領域，被視爲全球主要的經濟活動[82]。顧名思義，生物感測器只不過是生物學上活性材料的感測器，無論它是否是生醫化學品[59, 83]或生醫材料，如細胞[84, 85]。值得注意的是，應用積體電路製造技術爲生物感測技術帶來很大的效益，已擴展至微流體（microfluidics），甚至實現製作實驗室晶片（lab-on-a-chip）[86]。與其他感測器一樣，使用電與光學的輸出訊號，而光學性（通常轉換爲電性）可能有較廣泛的應用，包含應用在去氧核糖核酸定序（Deoxyribonucleic acid-DNA sequencing）。生物化學偵測不同於化學感測，如 14.5 節所述，因爲它幾乎總是在水溶液介質中，以及如簡介中所指出的，它是可以利用高度選擇性之生物機制。

一個主要的機制是免疫系統的（immune system），能夠從一注射過的活體動物身上獲得抗體（antibodies）與感興趣的抗原（antigen）（例如：食物過敏原或生物毒素），然後將它們合併到一個元件之中，如 ISFET，已於 14.5.2 節中討論[59]。其他選擇性的生物機制包括：基於去氧核糖核酸（DNA）互補性的機制，以及聚合酶鏈反應（用於檢測特定的 DNA 或者 RNA 序列）[59, 86]，或在 DNA、RNA，或肽適體（peptide aptamers）（寡聚物（oligomers）選擇得到對鍵結特定靶標具有高選擇性）[83]。最後，合成生物學領域發展迅速並且可能製作全細胞生物感測器[87]，此處不再贅述，有興趣的讀者可查閱引用的參考資料[8, 88-92]。

基於傳統的固相免疫分析（immunoassays）原理，僅關注抗體－抗原（antibody-antigen, Ab-Ag）相互作用的生物感測器稱爲免疫感測器（immunosensors）。如第 14.3.2 節中討論，表面聲波免疫感測器的優點明顯的與親和力、特殊性以及抗體／抗原結合反應的選擇性有關連性[35]。一個表面聲波免疫感測器可以使用單一步驟或多重步驟的方法來鍵結至晶體表面。單一步驟是測量單一成分，鍵結至改質的晶體表面，而多重步驟則是測量二個或多個成分，依序鍵結至晶體表面。

# 參考文獻

1. S. M. Sze, *Semiconductor Sensors*, Wiley, New York, 1994.

2. S. Middelhoek and S. A. Audet, *Silicon Sensors*, Academic Press, London, 1989.

3. S. Luryi, J. Xu, and A. Zaslavsky, Eds., *Future Trends in Microelectronics; From Nanophotonics to Sensors and Energy*, Wiley, New Jersey, 2010: Future Trends in Microelectronics: Journey into the Unknown, Wiley. New Jersey, 2016.

4. J. Fraden, *Handbook of Modern Sensors: Physics, Designs, and Applications*, 4th ed., Springer. New York, 2016.

5. H. Budzier and G. Gerlach, *Thermal Infrared Sensors: Theory, Optimisation and Practice,* Wiley, West Sussex, 2011.

6. C. M. Jha, Ed., *Thermal Sensors: Principles and Applications for Semiconductor Industries*, Springer. New York. 2015.

7. P. Regtien and E. Dertien, *Sensor for Mechatronics*, 2nd Ed., Elsevier, Massachusctts, 2018.

8. F. Ren and S. J. Pearton, *Semiconductor Device-Based Sensors for Gas, Chemical, and Biomedical Applications*, CRC Press, Florida, 2011.

9. F. Ren and S. J. Pearton, *Semiconductor-Based Sensors*, World Scientific, New Jerscy, 2016.

10. K. Biswas, " Advances in Thermoelectric Materials and Devices for Energy Harnessing and Utilization ", *Proc. Indian Nat Sci. Acad.*, **81**, 903 (2015).

11. J. G. Stockholm, " Applications in Thermoelectricity ", *Materials Today: Proceedings*, **5**, 10257(2018).

12. Z. Wang, M. Kimura, M. Toda, and T. Ono, " Silicon-Based Micro Calorimeter with Single Thermocouple Structure for Thermal Characterization ", *IEEE Electron Dev. Lett.*, **40**, 1198(2019).

13. U. Dillner, E. Kessler, and H. G. Meyer, " Figures of Merit of Thermoelectric and Bolometric Thermal Radiation Sensors ", *J. Sens. Sens. Syst.*, **2**, 85 (2013).

14. J. C. Mather, " Bolometer Noise: Nonequilibrium Theory ", *Appl. Opt.*, **21**. 1125(1982).

15. A. Varpula, A. V. Timofeev, A. Shchepetov, K. Grigoras, J. Hassel, J. A. Ylilammi, and M. Prunnila, " Thermoelectric Thermal Detectors Based on Ultra-Thin Heavily Doped Single-Crystal Silicon Membranes ", *Appl. Phys. Lett.*, **110**, 262101(2017).

16. A. H. Khoshaman, H. D. E. Fan, A. T. Koch, G. A. Sawatzky, and A. Nojeh, " Thermionics. T,ermoelectrics, and Nanotechnology ", *IEEE Nanotechnol. Mag.*, **8**, 4(2014).

17. H. J. Goldsmid, *Introduction to Thermoelectricity*, Springer, New York. 2010.

18. J. He and T. M. Tritt, " Advances in Thermoelectric Materials Research: Looking Back and Moving Forward ", *Science,* **357**, 1369 (2017).

19. C. Wingert, Z. C. Y. Chen, E. Dechaumphai, J. Moon, J. H. Kim, J. Xiang, and R. Chen, " Thermal Conductivity of Ge and Ge-Si Core-Shell Nanowires in the Phonon Confinement Regime ", *Nano Lett.*, **11**, 5507 (2011).

20. D. Aketo, T. Shiga, and J. Shiomi, " Scaling Laws of Cumulative Thermal Conductivity for Short and Long Phonon Mean Free Paths ", *Appl. Phys. Lett.*, **105**, 131901(2014).

21. P. A. Mante, N. Anttu, W. Zhang, J. Wallentin, 1. J.Chen, S. I chmann, M. Heurin, M. T.Borgstrom, M. E. Pistol, and A. Yartsev, " Confinement Effects on Brillouin Scattering in Semiconductor Nanowire Photonic Crystal ", *Phys. Rev. B*, **94**, 024115 (2016).

22. A. Kikuchi, A. Yao, I. Moci, T. Ono, and S. Samukaw, " Composite Films of Highly Ordered Si Nanowires Embedded in SiGe0.3 for Thermoelectric Applications ", *J. Appl. Phys.*, **122**, 165302 (2017).

23. C. S. Smith," Piezoresistance Effect in Germanium and Silicon ", *Phys. Rev.*, **94**, 42 (1954).

24. H. P. Phan, *Piezoresistive Effect of p-Type Single Crystalline 3C-SiC Silicon Carbide Mechanical Sensors for Harsh Environments*, Springer. Cham, 2017.

25. P. G. Neodeck, R. S. Okojie, and L. Y. Chen, " High-Temperature Electronics-A Role for Wide Bandgap Semiconductors? ", *Proc. IEEE*, **90**, 1065 (2002).

26. W. P. Mason, " Use of Solid-State Transducers in Mechanics and Acoustics ", *J. Audio Eng. Soc.*, **17**, 506 (1969).

27. H. P. Phan, T. Dinh, T. Kozeki, A. Qamar, T. Namazu, S. Dimitrjev, N. T.Nguyen, and D.V. Dao, " Piezoresistive Effect in p-Type 3C-SiC at High Temperatures Characterized Using Joule Heating ", *Sci. Rep.*, **6**, 28499(2016).

28. T. Dinh, D. V. Dao, H. P. Phan, L. Wang, A. Qamar, N. T. Nguyen, P. Tanner, and M. Rybachuk, " Charge Transport and Activation Energy of Amorphous Silicon Carbide Thin Film on Quartz at Elevated Temperature ", *Appl. Phys. Express*, **8**, 061303(2015).

29. A. J. Pointon, " Piezoelectric Devices ", *IEE Proc.*, **129**, Pt. A, 285 (1982).

30. R. M. White and F. W. Voltmer, " Direct Piezoelectric Coupling to Surface Elastic Waves ", *Appl. Phys. Lett.*, **7**, 314 (1965).

31. A. A. Barlian, W. T. Park. J. R. Mallon, A. J. Rastegar, and B. L. Pruitt, " Review: Semiconductor Piezoresistance for Microsystems ", *Proc. IEEE,* **97**, 513 (2009).

32. K. Nakamura. Ed., *Ultrasonic Transducers: Materials and Design for Sensors, Actuators and Medical Applications*, Woodhead Publishing, Cambridge, 2012.

33. M. U. Sharma. D. Kumar, S. K. Koul, T. Venkatesan, G. Pandiyarajan, A. T. Nimal, P. R. Kumar, and H. M. Pandya, " Modelling of SAW Devices for Gas Sensing Applications - A Comparison ", *J. Environ Nanotechnol.*, **3**, 63(2014).

34. W. Heywang, K. Lubitz, and W. Wersing, Eds., *Piezoelectricity: Evolution and Future of a Technology*, Springer-Verlag, Berlin, 2008.

35. J. H. Thomas and N. Yaakoubi, Eds., *New Sensors and Processing Chain*, Wiley, New Jersey, 2014.

36. J. W. Grate, S. J. Martin, and R. M. White, " Acoustic Wave Microsensors ", *Anal. Chem.*, **65**, Part I, 940A, Part II, 987A (1993).

37. C. Roumenin. " Microsensors for Magnetic Fields ", in J. Korvink and O. Paul, Eds., *MEMS: A Practical Guide of Design, Analysis, and Applications*, Springer-Verlag, Berlin, 2002.

38. H. Chae, " Circuit Modeling of a Hall Plate for Hall Sensor Optimization ", *J. Semicond. Tech. Sci.*, **17**, 935 (2017).

39. Y. Xu and H. B. Pan, " An Improved Equivalent Simulation Model for CMOS Integrated Hall Plates ", *Sensors*, **11**, 6284 (2011).

40. G. Caruntu and C. Panait, " The Optimization of Hall Microsensors Structures ", *Proc. IEEE Int. Conf: Intell. Data Acqu. Adv. Comput. Systems. Tech. Appl.*, p.115, 2011; " Magnetic Microsensors ", in I. V. Minin and O. V. Minin, Eds., Microsensors, InTech, Rijeka, 2011.

41. J. Lenz, " A Review of Magnetic Sensors ", *Proc. IEEE*, **78**, 973 (1990).

42. Y. Yunruo, Z. Dazhong, and G. Qing, " Sector Split-Drain Magnetic Field-Effect Based on Standard CMOS Technology ", *Sens. Actuators A*, **121**, 347 (2005).

43. G. Qing, Z. Dazhong, and Y. Yunruo, " CMOS Magnetic Sensor Integrated Circuit with Sectorial MAGFET ", *Sens. Actuators A*, **126**, 154 (2006).

44. B. Zhang, C. B. Korman, and M. E. Zaghloul, " Circular MAGFET Design and SNR Optimization for Magnetic Bead Detection ", *IEEE Trans. Magn.*, **48**. 3851 (2012).

45. Z. Yang, S. L. Siu, W. S. Tam, C. W. Kok, C. W. Leung, P. T. Lai, H. Wong, W. M. Tang, and P. W. T. Pong, " Split-Drain Magnetic Field-Effect Transistor Channel Charge Trapping and Stress Induced Sensitivity Deterioration ", *IEEE Trans, Magn.*, **5**, 4000304(2014).

46. P. Igic, N. Jankovic, J. Evans, M. Elwin, S. Batcup, and S. Faramchr, " Dual-Drain GaN Magnetic Sensor Compatible with GaN RF Power Technology ", *IEEE Electron Dev. Lett.*, **39**, 746(2018).

47. B. R. Thomas, S. Faramehr, D. C. Moody, J. E. Evans, M. P. Elwin, and P. Igic, " Study of GaN Dual-Drain Magnetic Sensor Performance at Elevated Temperatures ", *IEEE Electron Dev.*, **66**, 1937 (2019).

48. H. P. Baltes and R. S. Popovic, " Integrated Semiconductor Magnetic Field Sensors ", *Proc. IEEE*, **74**, 1107 (1986).

49. S. Soloman, *Sensors Handbook*, 2nd Ed., McGraw-Hill, New York, 2010.

50. A. Rasooly and B. Prickril, Eds., *Biosensors and Biodetection: Methods and Protocols Volume 1: Optical-Based Detectors*, Humana Press. New York. 2017.

51. B. Prickril and A. Rasooly, Eds., *Biosensors and Biodetection: Methods and Protocols Volume 2: Electrochemical, Bioelectronic, Piezoelectric, Cellular and Molecular Biosensor*s, Humana Press, New York. 2017.

52. J. Y. Yang, H. Wen Cheng, Y. Chen, Y. Li, and C. H. Lin, " Surface-Enhanced Raman Scattering Active Substrates ", *IEEE Nanotechnol. Mag.*, **5**, 12 (2011).

53. A. W. Snow, F. K. Perkins, M. G. Ancona, J. T. Robinson, E. S. Snow. and E. E. Foos, " Disordered Nanomaterials for Chemielectric Vapor Sensing: A Review ", *IEEE Sens. J.*, **15**, 1301(2015).

54. P. T. Moseley, " Materials Selection for Semiconductor Gas Sensors ", *Sens. Actuators B*, **6**, 149 (1992).

55. D. Kohl, " Junction and Applications of Gas Sensors ", *J. Phys. D: Appl. Phys.*, **34**, R125 (2001).

56. C. Wang, L. Yın, L. Zhang, D. Xiang, and R. Gao, " Metal Oxide Gas Sensors: Sensitivity and Influencing Factors ", *Sensors*, **10**, 2088 (2010).

57. G. Korotcenkov, V. Brinzari, and B. K. Cho, " Conductometric Gas Sensors Based Oxides Modified with Gold Nanoparticles: a Review ", *Microchim. Acta*, **183**, 1033 (2016).

58. Y. K. Moon, S. Y. Jeong, Y. C. Kang, and J. H. Lee, " Metal Oxide Gas Sensors with Au Nanocluster Catalytic Overlayer: Toward Tuning Gas Selectivity and Response Using a Novel Bilayer Sensor Design ", *ACS Appl. Mater.: Interfaces*, **11**, 32169 (2019).

59. C. S. Lee, S. K. Kim, and M. Kim, " Ion-Sensitive Field-Effect Transistor For Biological Sensing ", *Sensors*, **9**, 7111(2009).

60. M. Sohbati and C. Toumazou, " Dimension and Shape Effects on the ISFET Performance ", *IEEE Sens. J.*, **15**, 1670 (2015).

61. Y. C. Syu, W. E. Hsu, and C. T. Lin, " Review - Field-Effect Transistor Biosensing: Devices and Clinical Applications ", *ECS J. Solid State Sci. Techno*l., **7**, Q3196 (2018).

62. H. Yu, M. Yan, and X. Huang, *CMOS Integrated Lab-on-a-Chip System for Personalized Biomedical Diagnosis*, Wiley, New Jersey. 2018.

63. P. Bergveld, " Development of an Ion-Sensitive Solid-State Device for Neurophysiological Measurements ", *IEEE Trans. Biom. Eng.*, **MBE-17**, 70 (1970).

64. P. Bergveld, " Development, Operation, and Application of the Ion-Sensitive Field-Effect Transistor as a Tool for Electrophysiology ", *IEEE Trans. Biom. Eng.*, **MBE-19**, 342 (1972).

65. T. Matsuo and K. D. Wise, " An Integrated Field-Effect Electrode for Biopotential Recording ", *IEEE Trans. Biom. Eng.*, **MBE-21**, 485 (1974).

66. P. Georgiou and C. Toumazou, " ISFET Characteristics in CMOS and Their Application to Weak Inversion Operation ", *Sens. Actuators B*, **143**, 211 (2009).

67. M. Gouy, " Sur la constitution de la charge electrique a la suriace d'un Electrolyte ", *J. Phys. Theor. Appl.*, **9**, 457 (1910).

68. D. L. Chapman, " A Contribution to the Theory of Electrocapillarity ", *Philos. Mag.*, **25**, 475(1913).

69. D. E. Yates, S. Levine, and T. W. Healy, " Site-Binding Model of the Electrical Double Layer at the Oxide/Water Interface ", *J. Chem. Soc.*, **70**, 1807 (1974).

70. W. M. Siu and R. S. C. Cobbold, " Basic Properties of the Electrolyte – SiO2-Si System: Physical and Theoretical Aspects ", *IEEE Trans. Electron Dev.*, **26**, 1805 (1979).

71. K. B. Oldham, " A Gouy-Chapman-Stern Model of the Double Layer at a (Metal)/ (Ionic Liquid) Interface ", *J. Electroanal. Chem.*, **613**, 131 (2008).

72. X. Yang. W. R. Frensley, D. Zhou, and W. W. Hu, " Performance Analysis of Si Nanowire Biosensor by Numerical Modeling for Charge Sensing ", *IEEE Trans. Namotechnol.*, **11**, 501 (2012).

73. R. Wrege, M. C. Schneider, J. G. Guimaraes, and C. G. Montoro, " ISFETs: Theory, Modeling and Chip for Characterization ", Proc. *Latin American Symp. Circuits & Systems*, p.109, 2019.

74. J. C. Dutta, " Ion Sensitive Field Effect Transistor for Applications in Bioelectronic Sensors: A Research Review ", *Proc. IEEE Comput. Inell. Signal Proc.*, p.185, 2012.

75. Y. J. Huang, C. C. Lin, J. C. Huang, C. H. Hsich, C.H. Wen, T. T. Chen, L S. Jang, C.K Yang, J. H. Yang, F. Tsui, et al., " High Performance Dual-Gate ISFET with Non-ideal Effect Reduction Schemes in a SOI-CMOS Bioelectrical SoC ", *Tech. Dig. IEEE IEDM*, p.747, 2015.

76. H. Cho, K. Kim, J. S. Yoon. T. Rim, M. Mesyappan, and C. K Bac, " Optimization of Signal to Noise Ratio in Silicon Nanowire ISFET Sensors ", *IEEE Sens. J.*, **17**, 2792 (2017).

77. K. B. Parizi, A. J. Yeh, A. S. Y. Poon, and H. S. Philip Wong, " Exceeding Nernst Limit (59mV/pH): CMOS-Based pH Sensor for Autonomous Applications ", *Tech. Dig. IEEE IEDM*, p.557, 2012.

78. J. R. Zhang, M. Rupakula, F. Bellando, E. G. Cordero, J. Longo, F Wildhaber, H. Guerin, and A. M. Ionescu, " All CMOS Integrated 3D-Extended Metal Gate ISFE'Ts for pH and Multi-Ion ($Na^+$, $K^+$, $Ca^{2+}$) Sensing ", *Tech. Dig. IEEE IEDM*, p.269, 2018.

79. I. Lundstrom, M. Armgarth, and L. Petersson, " Physics with Catalytic Metal Gate Chemical Sensors ", *Crit. Rev. Solid State Mater. Sci.*, **15**, 201 (1989).

80. R. Gautam, M. Saxena, R. S. Gupta, and M. Gupta, " Gate-All-Around Nanowire MOSFET With Catalytic Metal Gate For Gas Sensing Applications ", *IEEE Trans. Nanotechnol.*, **12**, 939 (2013).

81. J. Madan, S. Shekhar, and R. Chaujar, " PNIN-GAA-Tunnel FET with Palladium Catalytic Metal Gate as a Highly Sensitive Hydrogen Gas Sensor ", *Proc. IEEE International Conference on Simulation of Semiconductor Processes and Devices*, p. 197, 2017.

82. R. R. Pethig and S. Smith, *Introductory Bioelectronics*, Wiley, New Jersey, 2012.

83. Y. L. Khung and D. Narducei, " Synergizing Nucleic Acid Aptamers with 1-Dimensional Nanostructures as Label-Free Field-Effect Transistor Biosensors ", *Biosens. Bioelectron.*, **50**, 278 (2013).

84. C. Petchakup, K. H. H. Li, and H. W. Hou, " Advances in Single-Cell Impedance Cytometry for Biomedical Applications ", *Micromachines*, **8**, 87 (2017).

85. T. P. Burg, M. Godin, S. M. Knudsen, W. Shen, G. Carlson, J. S. Foster, K. Babcock, and S. R. Manalis, " Weighing of Biomolecules, Single Cells, and Single Nanoparticles in Fluid ", *Nature*, **446**, 1066 (2007).

86. K. A. Heyries, C. Tropini, M. Vaninsberghe, C. Doolin, O. I. Petriv, A. Singhal, K. Leung, C. B. Hughesman, and C. L. Hansen, " Megapixel Digital PCR ", *Nat. Methods*, **8**, 649 (2011).

87. J. R. Van Der Meer and S. Belkin, " Where Microbiology Meets Microengineering: Design and Applications of Reporter Bacteria ", *Nat. Rev. Microbiol.*, **8**, 511 (2010).

88. J. Cooper and T. Cass, *Biosensors: A Practical Approach*, Oxford University, Oxford, 2004.

89. A. Sadana and N. Sadana, *Handbooks of Biosensors and Biosensor Kinetics*, Elsevier, New York, 2011.

90. J. Y. Yoon, *Introduction to Biosensors: From Electrical Circuit to Immunosensors*, 2nd Ed., Springer, 2016.

91. G. K. Knopf and A. S. Bassi, Eds., *Smart Biosensor Technology*, 2nd Ed., CRC Press, New York, 2018.

92. M. G. Ancona, private communication.

# 習題

1.　一個電晶體在 0.5 mm 厚的矽基板表面被用來作為溫度的偵測元件，其接面面積大小為 25 μm × 25 μm。在 10 μA 的條件下，對電晶體施加偏壓，其集極—射極的電壓為 0.6 V。請計算由電晶體自我加熱效應所導致的溫度量測誤差值為多少？（提示：為了簡化問題假設熱流為半球形的放射狀。同心球面的熱電阻值可以 $R_{th} = (1/4\kappa\pi)[(1/r_1) - (1/r_2)]$ 表示，其中 $\kappa$ 為矽的熱傳導率，1.5 W/cm-K）

2.　對一個摻雜濃度 $10^{20}$ cm$^{-3}$ 的矽應變計來說，請求出其在 25°C 縱向的壓阻係數值大小？

3.　對於一矽塊材在 <100> 應變方向，縱向的壓阻係數值為 $-101.5 \times 10^{-11}$ Pa$^{-1}$，假設一波松比（Poisson ratio）為 0.25，試計算出應變計因子（gauge factor）。

4.　一個具有慣性質量的加速器，以一個以矽為材料的橫梁懸掛之，其尺寸如下圖所示。假設橫梁的橫切面為長方形，當加速度值為 100 cm/$s^2$ 時，試以 $x$ 的函數計算出可移動電極的質量，以及懸掛橫梁上表面應力值大小？假設無地心引力與可忽略橫梁的質量。（矽的密度為 2.33 g/cm$^3$）（提示：橫梁上的表面應力為 6 $M/h^2$，其中 $M$ 為彎曲動量 = 力 × $(1-x)$，其中 $x$ 以 mm 為單位，$h$ 則為橫樑的厚度）

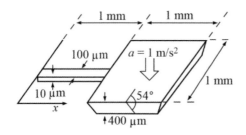

5. (a) 對一個指叉感測器來說，假如表面聲波以 $3.1 \times 10^5$ cm/s 速度傳播，且操作頻率為 840 MHz 的情況下，試計算指叉結構的週期 $p$ 為多少？

   (b) 對一個 ZnO/SiO$_2$/Si 結構的感測器，令 $Kh_{SiO_2} = 1$ 與 $Kh_{ZnO} = 0.3$ 可以達到溫度穩定，其中 $K \equiv 2\pi/p$。試計算出 SiO$_2$ 層的厚度 $h_{SiO_2}$ 與 ZnO 層的厚度 $h_{ZnO}$？

6. 考慮一個與圖 19 相似的霍爾片結構，但其兩端的摻雜為相反型態（即磊晶層為 $n$- 型，周圍與底層為 $p$- 型）。假設 $t = 10$ μm，$L = 600$ μm，$W = 200$ μm，片電阻值，$R_□$ 為 1000 Ω/□，供應電流 $I = 10$ mA，磁感 $\mathscr{B} = 100$ Gauss，試計算 (a) 霍爾係數 (b) 霍爾電壓 (c) 霍爾角度。

7. (a) 推導出雙極電流的霍爾係數 $R_H$ 的表示式。（提示：當磁感向量 $\mathscr{B}$ 與電場 $\mathscr{E}$ 垂直時，電流密度 $Jn(\mathscr{B}) = \sigma_{nB} (\mathscr{E} + \mu_n^* \mathscr{B} \times \mathscr{E})$，其中 $\sigma_{nB} = \sigma_n [(1+ \mu_n^* \mathscr{B})^2]^{-1}$，$\sigma_n$ 為電導率，$\mu_n^*$ 為霍爾移動率 $= r_n \mu_n = r_n \times$ 移動率）；(b) 以磷與硼摻雜的矽基板，其摻雜濃度為 $N_D = 4 \times 10^{12}$ cm$^{-3}$，$N_A = 4.1 \times 10^{12}$ cm$^{-3}$，$r_n = 1.15$，$r_p = 0.7$，$\mu_p = 0.047$/T，$\mu_n = 0.138$/T。求 $R_H$ 值為多少？

8. 對於一個如圖 25a 的磁電晶體，散粒雜訊影響集極電流 $I_c$。若訊號雜訊比（SNR）被定義為 $K\mu I c \mathscr{B} / \sqrt{S_{NI}(f) \Delta f}$，其中的 $\Delta f$ 是頻率 $f$ 的偏移值，$S_{NI}(f)$ 是在集極電流為 $I_c$ 時的雜訊電流頻譜密度。在 $f \geq 100$ Hz，元件電流為 $I$，散粒雜訊 $S_{NI}(f) = 2qI$ 的情況下 (a) 試推導出 SNR 與幾何相依的表示式；(b) 對於 $W/L = 2.0$、1.0 與 0.5 時，試估計並比較 SNR 對磁感應向量 $\mathscr{B}$ 的關係。假設 $G = 0.36$、元件電流 $I \approx I_c = 1.0$ mA，$\Delta f = 1.0$ Hz。

9. 考慮以矽為材料的 ISFET，其 $L = 1$ μm，$W = 10$ μm，$N_A = 5 \times 10^{16}$ cm$^{-3}$，$\mu_n = 800$ cm$^2$/V-s，其電容值 $Ci = 3.45 \times 10^{-7}$ F/cm$^2$。對電解液與絕緣層的接觸，其 $\phi_{sol} = 5.30$ V，$\psi_i = 0.3$ V 與 $\psi_{sol} = 0.2$ V。試求在 $V_G = 5$ V 汲極電流值大小？

10. 已知靈敏度（亦即表面電位 $\psi_s$ 相依於 pH 值）遵循奈斯特極限值（Nernst limit）$d\psi_s / d\mathrm{pH} \propto -2.3\, V_{th}\, \alpha \approx 59$ mV/pH，其中 $V_{th}$ 為熱電壓與室溫下無因次靈敏度參數 $\alpha = 1.0$。為了提升感測能力，一個具有浮動閘極與延伸的感測閘極

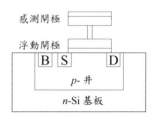

$n$- 型 ISFET 被提出來。試說明右圖的結構元件如何可達到高的靈敏度。

11. 假設表面具有足夠空的表面狀態下，李查遜方程式 $J = AT^2 \exp[-(q\psi_s + E_C - E_F)/kT]$，其中對電子傳輸至表面而言 $A = 120$ A/cm$^2$-K$^2$，當一個空乏層存在時，也可以決定的電子捕獲速率。當 $\psi_s$ 變得更負時，電子的復合率以李查遜方程式來描述的可能愈來愈低。假設對一個實際應用感測器而言，在 10 秒內必須達到平衡，請估計可容許能帶彎曲的限制為何？為了將問題簡化，假設電子在平衡態的捕獲速率，以李查遜方程式描述必須在 10 秒內充分傳輸至表面狀態電荷 $N_s$。假設溫度為 300 K，$E_C - E_F = 0.15$ eV，施體密度為 $10^{17}$ cm$^{-3}$，以及 $\varepsilon_s$ 為 $10^{-12}$ F/cm。

12. 參考圖 29 與下圖所示的 $n$- 型樣品，$N_t$ 是長度 $L$ 與面積 $W^2$ 的函數。推導出其阻值，其中 $N_t$ 為電荷被晶粒邊界所捕獲的數目。假設只有一個晶粒邊界延伸至整個樣品，所在位置為 $L/W^2$ 處。利用習題 11 所得的李查遜方程式，以及假設施加小的電壓情況下加以推導。

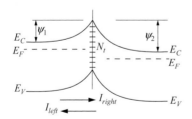

# 附錄 A
## 符號表

| 符號 | 說明 | 單位 |
|------|------|------|
| $a$ | 晶格常數 | Å |
| $A$ | 面積 | cm$^2$ |
| $A$ | 電子有效李查遜常數 | A/cm$^2$-K$^2$ |
| $A^*, A^{**}$ | 有效李查遜常數 | A/cm$^2$-K$^2$ |
| $B$ | 頻寬 | Hz |
| $\mathscr{B}$ | 磁感應強度 | Wb/cm$^2$, V-s/cm$^2$ |
| $c$ | 真空光速 | cm/s |
| $c_s$ | 聲速 | cm/s |
| $C_d$ | 單位面積擴散電容 | F/cm$^2$ |
| $C_D$ | 單位面積空乏層電容 | F/cm$^2$ |
| $C_{FB}$ | 平帶單位面積電容 | F/cm$^2$ |
| $C_i$ | 單位面積絕緣層電容 | F/cm$^2$ |
| $C_{it}$ | 單位面積介面缺陷電容 | F/cm$^2$ |
| $C_{ox}$ | 單位氧化層電容 | F/cm$^2$ |
| $C_p$ | 比熱 | J/g-K |
| $C$ | 電容 | F |
| $d, d_{ox}$ | 氧化層厚度 | cm |
| $d_i$ | 絕緣層厚度 | cm |
| $D$ | 擴散係數 | cm$^2$/s |

| 符號 | 說明 | 單位 |
|---|---|---|
| $D_a$ | 雙極性擴散係數 | cm$^2$/s |
| $D_{it}$ | 介面缺陷密度 | cm$^{-2}$-eV$^{-1}$ |
| $D_n$ | 電子擴散係數 | cm$^2$/s |
| $D_p$ | 電洞擴散係數 | cm$^2$/s |
| $\mathscr{D}$ | 電位移 | C/cm$^2$ |
| $E$ | 能量 | eV |
| $E_a$ | 活化能 | eV |
| $E_A$ | 受體游離化能量 | eV |
| $E_C$ | 導電帶底部邊緣 | eV |
| $E_D$ | 施體游離化能量 | eV |
| $E_F$ | 費米能階 | eV |
| $E_{Fm}$ | 金屬費米能階 | eV |
| $E_{Fn}$ | 電子準費米能階 | eV |
| $E_{Fp}$ | 電洞準費米能階 | eV |
| $E_g$ | 能隙 | eV |
| $E_i$ | 本質費米能階 | eV |
| $E_p$ | 光學聲子能量 | eV |
| $E_t$ | 缺陷能量能階 | eV |
| $E_V$ | 價電帶頂部邊緣 | eV |
| $\mathscr{E}$ | 電場 | V/cm |
| $\mathscr{E}_c$ | 臨界電場 | V/cm |
| $\mathscr{E}_m$ | 最大電場 | V/cm |
| $f$ | 頻率 | Hz |

| 符號 | 說明 | 單位 |
|---|---|---|
| $f_{max}$ | 最大振動頻率（單方面增益是一致的） | Hz |
| $f_T$ | 截止頻率 | Hz |
| $F$ | 費米—狄拉克分布函數 | — |
| $F_{1/2}$ | 費米—狄拉克積分 | — |
| $F_C$ | 電子費米—狄拉克分布函數 | — |
| $F_F$ | 填充係數 | — |
| $F_V$ | 電洞費米—狄拉克分布函數 | — |
| $g_m$ | 轉導 | S |
| $g_{mi}$ | 轉導，本質 | S |
| $g_{mx}$ | 轉導，外質 | S |
| $G$ | 電導率 | S |
| $G_a$ | 增益 | — |
| $G_e$ | 產生率 | $cm^{-3}\text{-}s^{-1}$ |
| $G_n$ | 電子產生率 | $cm^{-3}\text{-}s^{-1}$ |
| $G_p$ | 電洞產生率 | $cm^{-3}\text{-}s^{-1}$ |
| $G_p$ | 功率增益 | — |
| $G_{th}$ | 熱產生率 | $cm^{-3}\text{-}s^{-1}$ |
| $h$ | 普朗克常數 | J-s |
| $h_{fb}$ | 小訊號共基極電流增益，$=\alpha$ | — |
| $h_{FB}$ | 共基極電流增益，$=\alpha_0$ | — |
| $h_{fe}$ | 小訊號共射極電流增益，$=\beta$ | — |
| $h_{FE}$ | 共射極電流增益，$=\beta_0$ | — |
| $h$ | 減縮普朗克常數，$h/2\pi$ | J-s |

| 符號 | 說明 | 單位 |
|---|---|---|
| $\mathscr{H}$ | 磁場 | A/cm |
| $i$ | 本質（未摻雜）材料 | — |
| $I$ | 電流 | A |
| $I_0$ | 飽和電流 | A |
| $I_F$ | 順向電流 | A |
| $I_h$ | 保持電流 | A |
| $I_n$ | 電子電流 | A |
| $I_p$ | 電洞電流 | A |
| $I_{ph}$ | 光電流 | A |
| $I_{re}$ | 復合電流 | A |
| $I_R$ | 反向電流 | A |
| $I_{SC}$ | 光的反應短路電流 | A |
| $J$ | 電流密度 | A/cm$^2$ |
| $J_0$ | 飽和電流密度 | A/cm$^2$ |
| $J_F$ | 順向電流密度 | A/cm$^2$ |
| $J_{ge}$ | 產生電流密度 | A/cm$^2$ |
| $J_n$ | 電子電流密度 | A/cm$^2$ |
| $J_p$ | 電洞電流密度 | A/cm$^2$ |
| $J_{ph}$ | 光電流密度 | A/cm$^2$ |
| $J_{re}$ | 復合電流密度 | A/cm$^2$ |
| $J_R$ | 反向電流密度 | A/cm$^2$ |
| $J_{sc}$ | 短路電流密度 | A/cm$^2$ |
| $J_t$ | 穿隧電流密度 | A/cm$^2$ |

| 符號 | 說明 | 單位 |
|------|------|------|
| $J_T$ | 起始電流密度 | A/cm$^2$ |
| $k$ | 波茲曼常數 | J/K |
| $k$ | 波向量 | cm$^{-1}$ |
| $k_e$ | 消光係數，折射率的虛部 | — |
| $k_{ph}$ | 聲子波數向量 | cm$^{-1}$ |
| $\kappa$ | 介電常數，$\varepsilon/\varepsilon_0$ | — |
| $\kappa_i$ | 絕緣層介電常數 | — |
| $\kappa_{ox}$ | 氧化層介電常數 | — |
| $\kappa_s$ | 半導體介電常數 | — |
| $L$ | 長度 | cm |
| $L$ | 感應 | H |
| $L_a$ | 雙極性擴散長度 | cm |
| $L_d$ | 擴散長度 | cm |
| $L_D$ | 狄拜長度 | cm |
| $L_n$ | 電子擴散長度 | cm |
| $L_p$ | 電洞擴散長度 | cm |
| $m_0$ | 電子靜止質量 | kg |
| $m^*$ | 有效質量 | kg |
| $m_c^*$ | 導電有效質量 | kg |
| $m_{ce}^*$ | 電子導電有效質量 | kg |
| $m_{ch}^*$ | 電洞導電有效質量 | kg |
| $m_{de}^*$ | 電子能態密度有效質量 | kg |

| 符號 | 說明 | 單位 |
|---|---|---|
| $m_{dh}^{*}$ | 電洞能態密度有效質量 | kg |
| $m_{e}^{*}$ | 電子有效質量 | kg |
| $m_{h}^{*}$ | 電洞有效質量 | kg |
| $m_{hh}^{*}$ | 重電洞有效質量 | kg |
| $m_{l}^{*}$ | 電子縱向有效質量 | kg |
| $m_{lh}^{*}$ | 光電洞有效質量 | kg |
| $m_{t}^{*}$ | 電子橫向有效質量 | kg |
| $M$ | 倍乘因子 | — |
| $M_C$ | 導電帶相等的最小值數目 | — |
| $M_n$ | 電子倍乘因子 | — |
| $M_p$ | 電洞倍乘因子 | — |
| $n$ | 自由電子濃度 | $cm^{-3}$ |
| $n$ | n- 型半導體的（具有施體雜質） | — |
| $n_i$ | 本質載子濃度 | $cm^{-3}$ |
| $n_n$ | n- 型半導體的電子濃度（多數載子） | $cm^{-3}$ |
| $n_{no}$ | n- 型半導體的熱平衡電子濃度（多數載子） | $cm^{-3}$ |
| $n_p$ | p- 型半導體的電子濃度（少數載子） | $cm^{-3}$ |
| $n_{po}$ | p- 型半導體的熱平衡電子濃度（少數載子） | $cm^{-3}$ |
| $n_r$ | 折射率的實部 | — |
| $n$ | 複數折射率，$= n_r + ik_e$ | — |
| $N$ | 摻雜濃度 | $cm^{-3}$ |
| $N$ | 能態密度（態位密度） | $eV^{-1}\text{-}cm^{-3}$ |
| $N_A$ | 受體雜質密度 | $cm^{-3}$ |

| 符號 | 說明 | 單位 |
|---|---|---|
| $N_A^-$ | 游離化的受體雜質密度 | cm$^{-3}$ |
| $N_C$ | 導電帶有效能態密度 | cm$^{-3}$ |
| $N_D$ | 施體雜質濃度 | cm$^{-3}$ |
| $N_D^+$ | 游離的施體雜質濃度 | cm$^{-3}$ |
| $N_t$ | 塊材缺陷密度 | cm$^{-3}$ |
| $N_V$ | 價電帶有效能態密度 | cm$^{-3}$ |
| $N^*$ | 單位面積密度 | cm$^{-2}$ |
| $N_{it}^*$ | 單位面積介面缺陷密度 | cm$^{-2}$ |
| $N_{st}^*$ | 單位面積表面缺陷密度 | cm$^{-2}$ |
| $p$ | 自由電洞密度 | cm$^{-3}$ |
| $p$ | $p$- 型半導體的（具有受體雜質） | — |
| $p$ | 動量 | J-s/cm |
| $p_n$ | $n$- 型半導體的電洞濃度（少數載子） | cm$^{-3}$ |
| $p_{no}$ | $n$- 型半導體的熱平衡電洞濃度（少數載子） | cm$^{-3}$ |
| $p_p$ | $p$- 型半導體的電洞濃度（多數載子） | cm$^{-3}$ |
| $p_{po}$ | $p$- 型半導體的熱平衡電洞濃度（多數載子） | cm$^{-3}$ |
| $P$ | 壓力 | N/cm$^2$ |
| $P$ | 功率 | W |
| $P_{op}$ | 光學功率密度或強度 | W/cm$^2$ |
| $P_{opt}$ | 總光學強度 | W |
| $\mathscr{P}$ | 熱電子功率 | V/K |
| $q$ | 單位電子電荷，$=1.6\times10^{-19}$ 庫侖，絕對值 | C |
| $Q$ | 電容器以及電感器的品質因數 | — |

| 符號 | 說明 | 單位 |
|------|------|------|
| $Q$ | 電荷密度 | C/cm$^2$ |
| $Q_b$ | 甘梅數 | cm$^{-2}$ |
| $Q_D$ | 空乏區的空間電荷密度 | C/cm$^2$ |
| $Q_f$ | 固定氧化層電荷密度 | C/cm$^2$ |
| $Q_{it}$ | 介面缺陷電荷密度 | C/cm$^2$ |
| $Q_m$ | 移動離子電荷密度 | C/cm$^2$ |
| $Q_{ot}$ | 氧化層捕獲電荷 | C/cm$^2$ |
| $r_F$ | 動態順向電阻 | Ω |
| $r_H$ | 霍爾因子 | — |
| $r_R$ | 動態反向電阻 | Ω |
| $R$ | 光的反射 | — |
| $R$ | 電阻 | Ω |
| $R_c$ | 特徵接面電阻 | Ω-cm$^2$ |
| $R_{co}$ | 接面電阻 | Ω |
| $R_{CG}$ | 浮動閘極的耦合 | — |
| $R_e$ | 復合率 | cm$^{-3}$-s$^{-1}$ |
| $R_{ec}$ | 復合係數 | cm$^{-3}$/s |
| $R_H$ | 霍爾係數 | cm$^3$/C |
| $R_L$ | 負載電阻 | Ω |
| $R_{nr}$ | 非輻射的復合率 | cm$^{-3}$-s$^{-1}$ |
| $R_r$ | 輻射的復合率 | cm$^{-3}$-s$^{-1}$ |
| $R_\square$ | 每正方的片電阻 | Ω/$\square$ |
| $\mathscr{R}$ | 響應 | A/W |

| 符號 | 說明 | 單位 |
|---|---|---|
| $S$ | 應變 | — |
| $S$ | 次臨界擺幅 | 電流的 V/decade |
| $S_n$ | 電子表面復合速度 | cm/s |
| $S_p$ | 電洞表面復合速度 | cm/s |
| $t$ | 時間 | s |
| $t_r$ | 躍遷時間 | s |
| $T$ | 絕對溫度 | K |
| $T$ | 應力 | N/cm$^2$ |
| $T$ | 光的穿透 | — |
| $T_e$ | 電子溫度 | K |
| $T_t$ | 穿隧機率 | — |
| $U$ | 淨復合 / 產生率，$U=R-G$ | cm$^{-3}$-s$^{-1}$ |
| $\upsilon$ | 載子速度 | cm/s |
| $\upsilon_d$ | 漂移速度 | cm/s |
| $\upsilon_g$ | 群速度 | cm/s |
| $\upsilon_n$ | 電子速度 | cm/s |
| $\upsilon_p$ | 電洞速度 | cm/s |
| $\upsilon_{ph}$ | 聲子速度 | cm/s |
| $\upsilon_s$ | 飽合速度 | cm/s |
| $\upsilon_{th}$ | 熱速度 | cm/s |
| $V$ | 施加電壓 | V |
| $V_A$ | 爾力電壓 | V |

| 符號 | 說明 | 單位 |
|---|---|---|
| $V_B$ | 崩潰電壓 | V |
| $V_{BCBO}$ | 集極—開基極—射極 崩潰電壓 | V |
| $V_{BCEO}$ | 集極—開射極—基極 崩潰電壓 | V |
| $V_{BS}$ | 背向基板電壓 | V |
| $V_{CC}, V_{DD}$ | 供應電壓 | V |
| $V_F$ | 順向偏壓 | V |
| $V_{FB}$ | 平帶電壓 | V |
| $V_h$ | 握住電壓 | V |
| $V_H$ | 霍爾電壓 | V |
| $V_{oc}$ | 光的開路電壓響應 | V |
| $V_P$ | 截止電壓 | V |
| $V_{PT}$ | 貫穿電壓 | V |
| $V_R$ | 反向偏壓 | V |
| $V_T$ | 起始電壓 | V |
| $W$ | 厚度 | cm |
| $W_B$ | 基極厚度 | cm |
| $W_D$ | 空乏層寬度 | cm |
| $W_{Dm}$ | 最大空乏層寬度 | cm |
| $W_{Dn}$ | $n$- 型材料的空乏層寬度 | cm |
| $W_{Dp}$ | $p$- 型材料的空乏層寬度 | cm |
| $x$ | 距離或厚度 | cm |
| $\bar{x}$ | 平均位移 | cm |
| $Y$ | 楊氏係數或彈性模數 | $N/cm^2$ |

| 符號 | 說明 | 單位 |
|---|---|---|
| $Z$ | 阻抗 | $\Omega$ |
| $ZT$ | 熱電子元件品質指數 | — |
| $\alpha$ | 光學吸收係數 | cm$^{-1}$ |
| $\alpha$ | 小訊號共基極電流增益，$=h_{fb}$ | — |
| $\alpha$ | 游離化係數 | cm$^{-1}$ |
| $\alpha_0$ | 共基極電流增益，$=h_{FB}$ | — |
| $\alpha_n$ | 電子游離化係數 | cm$^{-1}$ |
| $\alpha_P$ | 電洞游離化係數 | cm$^{-1}$ |
| $\alpha_T$ | 基極傳輸因子 | — |
| $\beta$ | 小訊號共射極電流增益，$=h_{fe}$ | — |
| $\beta_0$ | 共射極電流增益，$=h_{FE}$ | — |
| $\beta_{th}$ | 熱位能的倒數，$=q/kT$ | V$^{-1}$ |
| $\gamma$ | 射極注入效率 | — |
| $\Delta n$ | 在平衡之上的超量電子濃度 | cm$^{-3}$ |
| $\Delta p$ | 在平衡之上的超量電洞濃度 | cm$^{-3}$ |
| $\varepsilon$ | 介電係數 | F/cm, C/V-cm |
| $\varepsilon_0$ | 眞空的介電係數 | F/cm, C/V-cm |
| $\varepsilon_i$ | 絕緣體的介電係數 | F/cm, C/V-cm |
| $\varepsilon_{ox}$ | 氧化層的介電係數 | F/cm, C/V-cm |
| $\varepsilon_s$ | 半導體的介電係數 | F/cm, C/V-cm |
| $\eta$ | 量子效率 | — |

| 符號 | 說明 | 單位 |
|------|------|------|
| $\eta$ | 順向偏壓下的整流器的理想因子 | — |
| $\eta_{ex}$ | 外部的量子效率 | — |
| $\eta_{in}$ | 內部的量子效率 | — |
| $\theta$ | 角度 | rad, ° |
| $\kappa$ | 熱導電率 | W/cm-K |
| $\lambda$ | 波長 | cm |
| $\lambda_m$ | 平均自由徑 | cm |
| $\lambda_{ph}$ | 聲子平均自由徑 | cm |
| $\mu$ | 漂移速度 ($\equiv v/\mathscr{E}$) | cm$^2$/V-s |
| $\mu$ | 磁導率 | $H/cm$ |
| $\mu_0$ | 真空磁導率 | $H/cm$ |
| $\mu_d$ | 微分移動率 ($\equiv dv/d\mathscr{E}$) | cm$^2$/V-s |
| $\mu_H$ | 霍爾移動率 | cm$^2$/V-s |
| $\mu_n$ | 電子移動率 | cm$^2$/V-s |
| $\mu_p$ | 電洞移動率 | cm$^2$/V-s |
| $v$ | 光的頻率 | Hz, s$^{-1}$ |
| $v$ | 波松比例 | — |
| $v$ | 淺摻雜的 $n$- 型材料 | — |
| $\pi$ | 淺摻雜的 $p$- 型材料 | — |
| $\rho$ | 電阻率 | $\Omega$-cm |
| $\rho$ | 電荷密度 | C/cm$^3$ |

| 符號 | 說明 | 單位 |
|------|------|------|
| $\sigma$ | 導電率 | S-cm$^{-1}$ |
| $\sigma$ | 捕獲截面 | cm$^2$ |
| $\sigma_n$ | 電子捕獲截面 | cm$^2$ |
| $\sigma_p$ | 電洞捕獲截面 | cm$^2$ |
| $\tau$ | 載子生命期 | $s$ |
| $\tau_a$ | 雙極性載子生命期 | $s$ |
| $\tau_A$ | 歐傑生命期 | $s$ |
| $\tau_e$ | 能量鬆弛時間 | $s$ |
| $\tau_g$ | 載子產生的生命期 | $s$ |
| $\tau_m$ | 散射的平均自由徑 | $s$ |
| $\tau_n$ | 電子的載子生命期 | $s$ |
| $\tau_{nr}$ | 非輻射復合的載子生命期 | $s$ |
| $\tau_p$ | 電洞的載子生命期 | $s$ |
| $\tau_r$ | 輻射復合的載子生命期 | $s$ |
| $\tau_R$ | 介電質鬆弛時間 | $s$ |
| $\tau_s$ | 儲存時間 | $s$ |
| $\tau_t$ | 傳渡時間 | $s$ |
| $\phi$ | 功函數或位障高度 | V |
| $\phi_B$ | 位障高度 | V |
| $\phi_{Bn}$ | $n$- 型半導體的蕭特基位障高度 | V |
| $\phi_{Bp}$ | $p$- 型半導體的蕭特基位障高度 | V |
| $\phi_m$ | 金屬功函數 | V |
| $\phi_{ms}$ | 金屬與半導體的功函數差 ($\phi_m$-$\phi_s$) | V |

| 符號 | 說明 | 單位 |
|---|---|---|
| $\phi_n$ | $n$-型半導體中從導電帶邊緣的費米位能，$(E_C - E_F)/q$，簡併材料為負值（如圖 1 所示） | V |
| $\phi_p$ | $p$-型半導體中從導電帶邊緣的費米位能，$(E_F - E_V)/q$，簡併材料為負值（如圖 1 所示） | V |
| $\phi_s$ | 半導體的功函數 | V |
| $\phi_{th}$ | 熱位能，$kT/q$ | V |
| $\Phi$ | 光通量 | $s^{-1}$ |
| $\chi$ | 電子親和力 | V |
| $\chi_s$ | 半導體的電子親和力 | V |
| $\psi$ | 波函數 | — |
| $\psi_{bi}$ | 平衡態的內建位能（總是正值） | V |
| $\psi_B$ | 塊材中的費米能階到本質費米能階，$|E_F - E_i|/q$ | V |
| $\psi_{Bn}$ | $n$-型材料的 $\psi_B$（如圖 1 所示） | V |
| $\psi_{Bp}$ | $p$-型材料的 $\psi_B$（如圖 1 所示） | V |
| $\psi_i$ | 半導體的位能，$-E_i/q$ | V |
| $\psi_n$ | $n$-型邊緣相對於 $n$-型塊材（$n$-型材料的能帶彎曲，在能帶圖中往下彎曲為正）（如圖 1 所示） | V |
| $\psi_p$ | $p$-型邊緣相對於 $p$-型塊材（$p$-型材料的能帶彎曲，在能帶圖中往下彎曲為正）（如圖 1 所示） | V |

| 符號 | 說明 | 單位 |
|---|---|---|
| $\psi_s$ | 表面位能相對於塊材（能帶彎曲，在能帶圖中往下彎曲為正）（如圖所示） | V |
| $\omega$ | 角頻率，$2\pi f$ 或 $2\pi\nu$ | Hz |

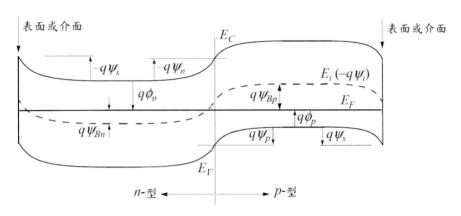

圖 1　半導體位能之表示符號與定義，注意此表面位能是相對於塊材，能帶向下彎曲時為數值為正，而當 $E_F$ 位於能隙之外（簡併態）時，$\phi_n$ 與 $\phi_p$ 為負值。

# 附錄 B
# 國際單位系統 (SI Units)

| 度量 | 單位 | 符號 | 因次 |
|------|------|------|------|
| 長度 | 公尺 (meter)$^*$ | m$^*$ | |
| 質量 | 公斤 (kilogram) | kg | |
| 時間 | 秒 (second) | s | |
| 溫度 | 凱氏溫度 (kelvin) | K | |
| 電流 | 安培 (ampere) | A | C/s |
| 頻率 | 赫茲 (hertz) | Hz | s$^{-1}$ |
| 力 | 牛頓 (newton) | N | kg-m/s$^2$, J/m |
| 壓力、應力 | 帕斯卡 (pascal) | Pa | N/m$^2$ |
| 能量 | 焦耳 (joule)$^*$ | J$^*$ | N-m, W-s |
| 功率 | 瓦特 (watt) | W | J/s, V-A |
| 電荷量 | 庫侖 (coulomb) | C | A-s |
| 電位 | 伏特 (volt) | V | J/C, W/A |
| 電導 | 西門子 (siemens) | S | A/V, 1/Ω |
| 電阻 | 歐姆 (ohm) | Ω | V/A |
| 電容 | 法拉第 (farad) | F | C/V |
| 磁通量 | 韋伯 (weber) | Wb | V-s |
| 磁感應 | 特斯拉 (tesla) | T | Wb/m$^2$ |
| 電感 | 亨利 (henry) | H | Wb/A |

$^*$ 在半導體領域中經常使用公分 (cm) 來表示長度，而以電子伏特 (eV) 表示能量。（1 cm = $10^{-2}$ m，1 eV = $1.6 \times 10^{-19}$ J）

# 附錄 C
## 國際單位字首 #

| 乘方 | 字首 | 符號 |
| --- | --- | --- |
| $10^{18}$ | exa | E |
| $10^{15}$ | pexa | P |
| $10^{12}$ | tera | T |
| $10^{9}$ | giga | G |
| $10^{6}$ | mega | M |
| $10^{3}$ | kilo | k |
| $10^{2}$ | hecto | h |
| $10$ | deka | da |
| $10^{-1}$ | deci | d |
| $10^{-2}$ | centi | c |
| $10^{-3}$ | milli | m |
| $10^{-6}$ | micro | $\mu$ |
| $10^{-9}$ | nano | n |
| $10^{-12}$ | pico | p |
| $10^{-15}$ | femto | f |
| $10^{-18}$ | atto | a |

\# 取自國際度衡量委員會（不採用重複字首，例如：用 p 表示 $10^{-12}$，而非 $\mu\mu$。）

# 附錄 D
## 希臘字母

| 字母 | 小寫 | 大寫 |
|---|---|---|
| Alpha | $\alpha$ | A |
| Beta | $\beta$ | B |
| Gamma | $\gamma$ | $\Gamma$ |
| Delta | $\delta$ | $\Delta$ |
| Epsilon | $\varepsilon$ | E |
| Zeta | $\zeta$ | Z |
| Eta | $\eta$ | H |
| Theta | $\theta$ | $\Theta$ |
| Iota | $\iota$ | I |
| Kappa | $\kappa$ | K |
| Lambda | $\lambda$ | $\Lambda$ |
| Mu | $\mu$ | M |
| Nu | $\nu$ | N |
| Xi | $\xi$ | $\Xi$ |
| Omicron | $o$ | O |
| Pi | $\pi$ | $\Pi$ |
| Rho | $\rho$ | P |
| Sigma | $\sigma$ | $\Sigma$ |
| Tau | $\tau$ | T |
| Upsilon | $\upsilon$ | $\Upsilon$ |
| Phi | $\phi$ | $\Phi$ |
| Chi | $\chi$ | X |
| Psi | $\psi$ | $\Psi$ |
| Omega | $\omega$ | $\Omega$ |

# 附錄 E
# 物理常數

| 度量 | 符號 | 數值 |
| --- | --- | --- |
| 大氣壓力 | | $1.01325 \times 10^5$ N/cm$^2$ |
| 亞佛加厥常數 | $N_{AV}$ | $6.02204 \times 10^{23}$ mol$^{-1}$ |
| 波爾半徑 | $a_B$ | 0.52917 Å |
| 波茲曼常數 | $k$ | $1.38066 \times 10\text{-}23$ J/K ($R/N_{AV}$) |
| | | $8.6174 \times 10^{-5}$ eV/K |
| 電子靜止質量 | $m_o$ | $9.1095 \times 10^{-31}$ kg |
| 電子伏特 | eV | 1 eV=$1.60218 \times 10^{-19}$ J |
| 基本電荷量 | $q$ | $1.60218 \times 10^{-19}$ C |
| 氣體常數 | $R$ | 1.98719 cal/mol-K |
| 磁通量子 ($h/2q$) | | $2.0678 \times 10^{-15}$ Wb |
| 眞空介磁係數 | $\mu_0$ | $1.25663 \times 10^{-8}$ H/cm ($4\pi \times 10^{-9}$) |
| 眞空介電係數 | $\varepsilon_0$ | $8.85418 \times 10^{-14}$ F/cm ($1/\mu_0 c^2$) |
| 普朗克常數 | $h$ | $6.62617 \times 10^{-34}$ J-s |
| | | $4.1357 \times 10^{-15}$ eV-s |
| 質子靜止質量 | $M_p$ | $1.67264 \times 10^{-27}$ kg |
| 約化普朗克常數 ($h/2\pi$) | $\hbar$ | $1.05458 \times 10^{-34}$ J-s |
| | | $6.5821 \times 10^{-16}$ eV-s |
| 眞空中光速 | $c$ | $2.99792 \times 10^{10}$ cm/s |
| 300K 時的熱電壓 | $kT/q$ | 0.0259 V |

# 附錄 F

## 重要半導體的特性

| 半導體 | 晶格結構 | 300 K 時的晶格常數 (Å) | 能隙 (eV) 300 K | 能隙 (eV) 0 K | 能帶 | 300 K 時的移動率 (cm²/V-s) $\mu_n$ | 300 K 時的移動率 (cm²/V-s) $\mu_p$ | 有效質量 $m_n^*/m_0^*$ | 有效質量 $m_p^*/m_0^*$ | $\varepsilon_s/\varepsilon_0$ |
|---|---|---|---|---|---|---|---|---|---|---|
| C 碳（鑽石） | D | 3.56683 | 5.47 | 5.48 | I | 1,800 | 1,200 | 0.2 | 0.25 | 5.7 |
| Ge 鍺 | D | 5.64613 | 0.66 | 0.74 | I | 3,900 | 1,900 | $1.64^{l},\,0.082^{t}$ | $0.04^{lh},\,0.28^{hh}$ | 16.0 |
| Si 矽 | D | 5.43102 | 1.12 | 1.17 | I | 1,450 | 500 | $0.98^{t},\,0.19^{t}$ | $0.16^{lh},\,0.49^{hh}$ | 11.9 |
| IV - IV SiC 碳化矽 | W | $a=3.086, c=15.117$ | 2.996 | 3.03 | I | 400 | 50 | 0.60 | 1.00 | 9.66 |
| III - V AlAs 砷化鋁 | Z | 5.6605 | 2.36 | 2.23 | I | 180 | | 0.11 | 0.22 | 10.1 |
| AlP 磷化鋁 | Z | 5.4635 | 2.42 | 2.51 | I | 60 | 450 | 0.212 | 0.145 | 9.8 |
| AlSb 銻化鋁 | Z | 6.1355 | 1.58 | 1.68 | I | 200 | 420 | 0.12 | 0.98 | 14.4 |
| BN 氮化硼 | Z | 3.6157 | 6.4 | | I | 200 | 500 | 0.26 | 0.36 | 7.1 |
| 〃 | W | $a=2.55, c=4.17$ | 5.8 | | D | | | 0.24 | 0.88 | 6.85 |
| BP 磷化硼 | Z | 4.5383 | 2.0 | | I | 40 | 500 | 0.67 | 0.042 | 11 |
| GaAs 砷化鎵 | Z | 5.6533 | 1.42 | 1.52 | D | 8,000 | 400 | 0.063 | $0.076^{lh},\,0.5^{hh}$ | 12.9 |
| GaN 氮化鎵 | W | $a=3.189, c=5.182$ | 3.44 | 3.50 | D | 400 | 10 | 0.27 | 0.8 | 10.4 |
| GaP 磷化鎵 | Z | 5.4512 | 2.26 | 2.34 | I | 110 | 75 | 0.82 | 0.60 | 11.1 |
| GaSb 銻化鎵 | Z | 6.0959 | 0.72 | 0.81 | D | 5,000 | 850 | 0.042 | 0.40 | 15.7 |
| InAs 砷化銦 | Z | 6.0584 | 0.36 | 0.42 | D | 33,000 | 460 | 0.023 | 0.40 | 15.1 |
| InP 磷化銦 | Z | 5.8686 | 1.35 | 1.42 | D | 4,600 | 150 | 0.077 | 0.64 | 12.6 |
| InSb 銻化銦 | Z | 6.4794 | 0.17 | 0.23 | D | 80,000 | 1,250 | 0.0145 | 0.40 | 16.8 |

| 半導體 | 晶格結構 | 300 K 時的晶格常數 (Å) | 能隙 (eV) | | 能帶 | 300 K 時的移動率 (cm²/V-s) | | 有效質量 | | $\varepsilon_s/\varepsilon_0$ |
|---|---|---|---|---|---|---|---|---|---|---|
| | | | 300 K | 0 K | | $\mu_n$ | $\mu_p$ | $m_n^*/m_0^*$ | $m_p^*/m_0^*$ | |
| II - IV CdS 硫化鎘 | Z | 5.825 | 2.5 | | D | | | | 0.51 | 5.4 |
| 〃 | W | $a$＝4.136,$c$＝6.714 | 2.49 | | D | 350 | 40 | 0.14 | 0.7 | 9.1 |
| CdSe 硒化鎘 | Z | 6.050 | 1.70 | 1.85 | D | 800 | | 0.20 | 0.45 | 10.0 |
| CdTe 碲化鎘 | Z | 6.482 | 1.56 | | D | 1,050 | 100 | 0.13 | | 10.2 |
| ZnO 氧化鋅 | R | 4.580 | 3.35 | 3.42 | D | 200 | 180 | 0.27 | | 9.0 |
| ZnS 硫化鋅 | Z | 5.410 | 3.66 | 3.84 | D | 600 | | 0.39 | 0.23 | 8.4 |
| 〃 | W | $a$＝3.822,$c$＝6.26 | 3.78 | | D | 280 | 800 | 0.287 | 0.49 | 9.6 |
| IV - VI PbS 硫化鉛 | R | 5.9362 | 0.41 | 0.286 | I | 600 | 700 | 0.25 | 0.25 | 17.0 |
| PbTe 碲化鉛 | R | 6.4620 | 0.31 | 0.19 | I | 6,000 | 4,000 | 0.17 | 0.20 | 30.0 |

D＝鑽石，W＝纖鋅礦，Z＝閃鋅礦，R＝岩鹽結構。I、D＝非直接、直接能隙。$l, t, lh, hh$＝縱向、橫向、輕電洞、重電洞的有效質量。

# 附錄 G
# 布拉區理論與在倒置晶格中的週期性能量

目前，我們證明布拉區理論 (Bloch theorem)。晶體對稱性的基本需要是晶體位能具有晶格位置的週期性，亦就是

$$V(r) = V(r + R) \tag{1}$$

在此，$R$ 是一個直接晶格位置，因此

$$|\Psi(r,k)|^2 = |\Psi(r+R,k)|^2 \tag{2}$$

以及 $\Psi(r)$ 與 $\Psi(r+R)$ 僅能相差一個常數 A。

$$AA^* = 1 \tag{3}$$

令

$$A = \exp(jk \cdot R) \tag{4}$$

則

$$AA^* = \exp(jk \cdot R)\exp(-jk \cdot R) = 1 \tag{5}$$

我們可以得到

$$\Psi(r+R,k) = A\Psi(r,k) = \exp(jk \cdot R)\Psi(r,k) \tag{6}$$

以及

$$
\begin{aligned}
\Psi(r,k) &= \frac{1}{\exp(jk \cdot R)}\Psi(r+R,k) \\
&= \exp(-jk \cdot R)\Psi(r+R,k) \\
&= \exp(jk \cdot R)\exp(-jk \cdot (r+R))\Psi(r+R,k)
\end{aligned}
\tag{7}
$$

令

$$U_b(r,k) = \exp(-jk \cdot (r+R))\Psi(r+R,k) \tag{8}$$

在此，證明 $Ub(r)$ 是具有晶格的週期性的週期性。由方程式 (8)，對於任一晶格向量 (lattice vector) $b$，我們得到

$$U_b(r+R,k) = \exp(-jk \cdot (r+b+R))\Psi(r+b+R,k) \tag{9}$$

方程式 (6) 意涵著

$$\begin{aligned}
\Psi(r+b+R,k)\big|_{r+R \equiv r'} &= \Psi(r'+b,k) \\
&= \exp(jk \cdot b)\Psi(r',k) \\
&= \exp(jk \cdot b)\Psi(r+R,k)
\end{aligned} \tag{10}$$

因此，

$$\begin{aligned}
U_b(r+b,k) &= \exp(-jk \cdot (r+b+R))\exp(jk \cdot b)\Psi(r+R,k) \\
&= \exp(-jk \cdot (r+R))\Psi(r+R,k) \\
&= U_b(r,k)
\end{aligned} \tag{11}$$

證明了布拉區理論。

　　在此，我們證明能量 $E(k)$ 在倒置晶格 (reciprocal lattice) 中是週期性的，也就是 $E(k)= E(k+G)$。依據布拉區函數 (Bloch function)，

$$\begin{aligned}
\Psi(r,k) &= \exp(jk \cdot r)U_b(r,k) \\
&= \exp(j(k+G) \cdot r)\exp(-jG \cdot r)U_b(r,k)
\end{aligned} \tag{12}$$

以及

$$\Psi(r,k+G) = \exp(j(k+G) \cdot r)U_b(r,k+G) \tag{13}$$

若

$$U_b(r,k+G) = \exp(-jG \cdot r)U_b(r,k) \tag{14}$$

藉由方程式 (12)，我們得到

$$\begin{aligned}
\Psi(r,k+G) &= \exp(j(k+G) \cdot r)\exp(-jG \cdot r)U_b(r,k) \\
&= \exp(jk \cdot r)U_b(r,k)
\end{aligned} \tag{15}$$

因此，方程式 (15) 是對於相同能量薛丁格方程式 (Schrodinger equation) 的解，因為它與方程式 (12) 相同。我們在此證明 $U_b(r, k+G)$ 是 $R$ 的週期性函數。

$$
\begin{aligned}
U_b(r+R, k+G) &= \exp(-jG \cdot (r+R))U_b(r+R, k) \\
&= \exp(-jG \cdot r) \cdot \exp(-jG \cdot R)U_b(r+R, k) \qquad (16) \\
&= \exp(-jG \cdot r)U_b(r, k)
\end{aligned}
$$

因為 $\exp(-jGa \cdot R) = 1$ 以及 $U_b(r+R, k) = U_b(r, k)$ ，方程式 (16) 等於方程式 (14)。它意謂著 $k$ 以及 $(k+G)$ 是相同的。因此，能量 $E(k)$ 在倒置晶格中是 $k$ 的週期性函數。明顯地，我們僅需要考慮 $k$ 的有限值（對於一維情況：$-\pi/a \leq k \leq \pi/a$ ），是第一布里淵區 (first Brillouin zone)。

# 附錄 H
# Si 與 GaAs 的特性

| 特性 | Si | GaAs |
|---|---|---|
| 原子密度 ($cm^{-3}$) | $5.02\times10^{22}$ | $4.43\times10^{22}$ |
| 原子重量 | 28.09 | 144.64 |
| 晶體結構 | 鑽石結構 | 閃鋅結構 |
| 密度 ($g/cm^3$) | 2.329 | 5.317 |
| 晶格常數 (Å) | 5.43102 | 5.6533 |
| 介電常數 | 11.9 | 12.9 |
| 電子親和力 $\chi$ (V) | 4.05 | 4.07 |
| 能隙 (eV) | 1.12（非直接） | 1.42（直接） |
| 導電帶的有效狀態位密度，$N_C$ ($cm^{-3}$) | $2.8\times10^{19}$ | $4.7\times10^{17}$ |
| 價電帶的有效狀態位密度，$N_V$ ($cm^{-3}$) | $2.65\times10^{19}$ | $7.0\times10^{18}$ |
| 本質載子濃度 $n_i$ ($cm^{-3}$) | $9.65\times10^9$ | $2.1\times10^6$ |
| 有效質量 ($m^*/m_0$)　　電子 | $m^*_l=0.98$ | 0.063 |
|  | $m^*_t=0.19$ |  |
| 　　　　　　　　　　電洞 | $m^*_{lh}=0.16$ | $m^*_{lh}=0.076$ |
|  | $m^*_{hh}=0.49$ | $m^*_{hh}0.50$ |
| 漂移移動率 ($cm^2/V$-s)　電子 $\mu_n$ | 1,450 | 8,000 |
| 　　　　　　　　　電洞 $\mu_p$ | 500 | 400 |
| 飽和速度 (cm/s) | $1\times10^7$ | $7\times10^6$ |
| 崩潰電場 (V/cm) | $2.5\text{-}8\times10^5$ | $3\text{-}9\times10^5$ |
| 少數載子生命期 (s) | $\approx10^{-3}$ | $\approx10^{-8}$ |

| 特性 | Si | GaAs |
|---|---|---|
| 折射率 | 3.42 | 3.3 |
| 光頻聲子能量 (eV) | 0.063 | 0.035 |
| 熔點 (℃) | 1414 | 1240 |
| 線性熱膨脹係數 $\Delta L/L\Delta T(℃^{-1})$ | $2.59\times10^{-6}$ | $5.75\times10^{-6}$ |
| 熱導率 (W/cm-K) | 1.56 | 0.46 |
| 熱擴散率 (cm$^2$/s) | 0.9 | 0.31 |
| 比熱 (J/g-℃) | 0.713 | 0.327 |
| 熱容量 (J/mol-℃) | 20.07 | 47.02 |
| 楊氏係數 (GPa) | 130 | 85.5 |

注意:所有數值皆為室溫下之特性。

# 附錄 I
# 波茲曼傳輸方程式的推導與流體力學模型

　　爲了推導半古典的波茲曼傳輸方程式 (Boltzmann transport equation, BTE)，我們考慮將電子以及電洞視爲古典粒子，以它們在時間 $t$ 時，位於眞實空間 $r$，以及動量爲 $k$ 來描述。波茲曼傳輸方程式 (BTE) 的推導是基於下列假設：(1) 在 $(r, k, t)$ 下，電子以及電洞均是古典粒子；(2) 載子之間沒有相關性；(3) 統計學上，載子的數量是足夠大的；(4) 以量子力學來描述碰撞。載子分布函數 $f(r, k, t)$ 是機率密度 (probability density)，以波茲曼傳輸方程式的運算求解找出載子。基於守恆定律，如圖 1 所示，在時間爲 $dt$，若流入超過於流出，則載子分佈函數 $f$ 在此一區間內是增加的；因此，我們得到

$$f(r+dr,k+dk,t+dt) - f(r,k,t) = \left(\frac{\partial f}{\partial r}\right)_{coll} dt \tag{1}$$

方程式 1 的左邊項使用泰勒展開式 (Taylor expansion)，我們得到

$$\frac{\partial f(r,k,t)}{\partial r} \cdot dr + \frac{\partial f(r,k,t)}{\partial k} \cdot dk + \frac{\partial f(r,k,t)}{\partial t} \cdot dt = \left(\frac{\partial f}{\partial r}\right)_{coll} dt \tag{2}$$

然後

$$\nabla_r f(r,k,t)\frac{dr}{dt} + \nabla_k f(r,k,t)\frac{dk}{dt} + \frac{\partial f(r,k,t)}{\partial t} = \left(\frac{\partial f}{\partial r}\right)_{coll} \tag{3}$$

顯然地，我們能夠定義電子群速度 (group velocity) 以及施加外力於電子

$$\frac{dr(k)}{dt} = u(k) \quad \text{和} \quad \frac{dk}{dt} = \frac{F(r,t)}{\hbar} = \frac{-q}{\hbar} E(r,t) \tag{4}$$

從方程式 3 以及 4，可得波茲曼傳輸方程式 (BTE)

$$\frac{\partial f(\mathbf{r},\mathbf{k},t)}{\partial t}+u(\mathbf{k})\cdot\nabla_r f(\mathbf{r},\mathbf{k},t)+\frac{-q\mathscr{E}}{\hbar}\nabla_k f(\mathbf{r},\mathbf{k},t)=\left(\frac{\partial f(\mathbf{r},\mathbf{k},t)}{\partial \mathbf{r}}\right)_{coll} \tag{5}$$

在方程式 5 的右邊項，碰撞項目 $(\partial f(\mathbf{r},\mathbf{k},t)/\partial t)_{coll}$　量化所有電子以及其他粒子的相互作用，如：電子－電子散射、聲學聲子 (phonon)、光學光子 (photon)、g 以及 f 類型的谷間聲子、離子化的雜質、衝擊離子化的散射等。

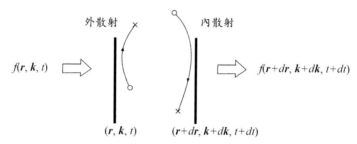

圖 1　在一維的相空間 $(\mathbf{r},\mathbf{k},t)$ 的單元

在此，基於在方程式 5 所導出的波茲曼傳輸方程式，我們推導電子的流體動力學模型 (hydrodynamic model, HD model)。為了制定半導體的平衡方程式，我們將方程式 5 乘上一動量函數 $\chi(\mathbf{k})$，並對整個 $\mathbf{k}$ 空間進行積分。

$$\int_{-\infty}^{\infty}\frac{\partial f(\mathbf{r},\mathbf{k},t)}{\partial t}\chi(\mathbf{k})d\mathbf{k}+\int_{-\infty}^{\infty}u(\mathbf{k})\cdot(\nabla_r f(\mathbf{r},\mathbf{k},t))\chi(\mathbf{k})d\mathbf{k}$$

$$-\int_{-\infty}^{\infty}\frac{q\mathbf{E}}{\hbar}\cdot\nabla_k f(\mathbf{r},\mathbf{k},t)\chi(\mathbf{k})d\mathbf{k}=\int_{-\infty}^{\infty}\left(\frac{\partial f(\mathbf{r},\mathbf{k},t)}{\partial t}\right)_{coll}\chi(\mathbf{k})d\mathbf{k} \tag{6}$$

藉由進行部分積分，方程式 6 的第一項可以簡化成

$$\int_{-\infty}^{\infty}\frac{\partial f(\mathbf{r},\mathbf{k},t)}{\partial t}\chi(\mathbf{k})d\mathbf{k}=\int_{-\infty}^{\infty}\frac{\partial(f(\mathbf{r},\mathbf{k},t)(\chi(\mathbf{k})))}{\partial t}d\mathbf{k}$$

$$-\int_{-\infty}^{\infty}f(\mathbf{r},\mathbf{k},t)\frac{\partial\chi(\mathbf{k})}{\partial t}d\mathbf{k} \tag{7}$$

$$=\frac{\partial}{\partial t}\int_{-\infty}^{\infty}f(\mathbf{r},\mathbf{k},t)\chi(\mathbf{k})d\mathbf{k}$$

由於 $\partial \chi(\boldsymbol{k}) / \partial t = 0$。對於第二項

$$
\int_{-\infty}^{\infty} u(\boldsymbol{k}) \cdot (\nabla_r f(\boldsymbol{r}, \boldsymbol{k}, t)) \chi(\boldsymbol{k}) d\boldsymbol{k} = \int_{-\infty}^{\infty} \nabla_r \cdot (u(\boldsymbol{k}) \nabla_r f(\boldsymbol{r}, \boldsymbol{k}, t) \chi(\boldsymbol{k})) d\boldsymbol{k}
$$
$$
- \int_{-\infty}^{\infty} f(\boldsymbol{r}, \boldsymbol{k}, t) \nabla_r \cdot (u(\boldsymbol{k}) \chi(\boldsymbol{k})) d\boldsymbol{k} \tag{8}
$$
$$
= \nabla_r \cdot \int_{-\infty}^{\infty} (u(\boldsymbol{k}) f(\boldsymbol{r}, \boldsymbol{k}, t) \chi(\boldsymbol{k})) d\boldsymbol{k}
$$

因為 $u(\boldsymbol{k}) \chi(\boldsymbol{k})$ 與 $r$ 無相依性。對於第三項

$$
\int_{-\infty}^{\infty} \frac{q\boldsymbol{E}}{\hbar} \cdot (\nabla_k f(\boldsymbol{r}, \boldsymbol{k}, t)) \chi(\boldsymbol{k}) d\boldsymbol{k}
$$
$$
= \frac{q\boldsymbol{E}}{\hbar} \cdot \left[ \int_{-\infty}^{\infty} \nabla_k (f(\boldsymbol{r}, \boldsymbol{k}, t) \chi(\boldsymbol{k})) d\boldsymbol{k} - \int_{-\infty}^{\infty} f(\boldsymbol{r}, \boldsymbol{k}, t) \nabla_k \chi(\boldsymbol{k}) d\boldsymbol{k} \right]
$$
$$
= \frac{q\boldsymbol{E}}{\hbar} \cdot \left[ f(\boldsymbol{r}, \boldsymbol{k}, t) \chi(\boldsymbol{k}) \Big|_{-\infty}^{\infty} - \int_{-\infty}^{\infty} f(\boldsymbol{r}, \boldsymbol{k}, t) \nabla_k \chi(\boldsymbol{k}) d\boldsymbol{k} \right] \tag{9}
$$
$$
= \frac{-q\boldsymbol{E}}{\hbar} \cdot \int_{-\infty}^{\infty} f(\boldsymbol{r}, \boldsymbol{k}, t) \nabla_k \chi(\boldsymbol{k}) d\boldsymbol{k}
$$

因為當 $\boldsymbol{k} = \pm\infty$，分布函數會消失。右手邊項可表示為

$$
\int_{-\infty}^{\infty} \left( \frac{\partial f(\boldsymbol{r}, \boldsymbol{k}, t)}{\partial t} \right)_{coll} \chi(\boldsymbol{k}) d\boldsymbol{k} = \int_{-\infty}^{\infty} \left( \frac{\partial f(\boldsymbol{r}, \boldsymbol{k}, t) \chi(\boldsymbol{k})}{\partial t} \right)_{coll} d\boldsymbol{k} \tag{10}
$$

結合上面方程式，波茲曼傳輸方程式的動量方程式通式變為

$$
\frac{\partial}{\partial t} \int_{-\infty}^{\infty} f(\boldsymbol{r}, \boldsymbol{k}, t) \chi(\boldsymbol{k}) d\boldsymbol{k} + \nabla_r \cdot \int_{-\infty}^{\infty} u(\boldsymbol{k}) f(\boldsymbol{r}, \boldsymbol{k}, t) \chi(\boldsymbol{k}) d\boldsymbol{k}
$$
$$
+ \frac{q\boldsymbol{E}}{\hbar} \cdot \int_{-\infty}^{\infty} f(\boldsymbol{r}, \boldsymbol{k}, t) \nabla_k \chi(\boldsymbol{k}) d\boldsymbol{k} = \int_{-\infty}^{\infty} \left( \frac{\partial f(\boldsymbol{r}, \boldsymbol{k}, t)}{\partial t} \right)_{coll} \chi(\boldsymbol{k}) d\boldsymbol{k} \tag{11}
$$

我們定義下列的平均數量

$$
n(\boldsymbol{r}, t) = \int_{-\infty}^{\infty} f(\boldsymbol{r}, \boldsymbol{k}, t) d\boldsymbol{k} \tag{12}
$$

$$
n(\boldsymbol{r}, t) v_{dn}(\boldsymbol{r}, t) = \int_{-\infty}^{\infty} u(\boldsymbol{k}) f(\boldsymbol{r}, \boldsymbol{k}, t) d\boldsymbol{k} \tag{13}
$$

$$n(\boldsymbol{r},t)\omega_n(\boldsymbol{r},t) = \frac{m_n^*}{2}\int_{-\infty}^{\infty}|u(\boldsymbol{k})|^2 f(\boldsymbol{r},\boldsymbol{k},t)d\boldsymbol{k} \tag{14}$$

$$\frac{1}{2}n(\boldsymbol{r},t)k_B\boldsymbol{T}_n(\boldsymbol{r},t) = \frac{m_n^*}{2}\int_{-\infty}^{\infty}(u(\boldsymbol{k})-v_{dn}(\boldsymbol{r},t))^2 f(\boldsymbol{r},\boldsymbol{k},t)d\boldsymbol{k} \tag{15}$$

以及

$$Q_n(\boldsymbol{r},t) = \frac{m_n^*}{2}\int_{-\infty}^{\infty}(u(\boldsymbol{k})-v_{dn}(\boldsymbol{r},t))|u(\boldsymbol{k})-v_{dn}(\boldsymbol{r},t)|^2 f(\boldsymbol{r},\boldsymbol{k},t)d\boldsymbol{k} \tag{16}$$

其中，$n(\boldsymbol{r},t)$ 是電子濃度、$v_{dn}(\boldsymbol{r},t)$ 是電子平均速度、$\omega_n(\boldsymbol{r},t)$ 是平均電子能量、$\boldsymbol{T}_n(\boldsymbol{r},t)$ 是電子溫度張量、$Q_n(\boldsymbol{r},t)$ 是熱流向量，以及 $m_n^*$ 是電子有效質量。令方程式 11 之中的 $\chi(\boldsymbol{k})=1$，可以得到

$$\frac{\partial}{\partial t}\int_{-\infty}^{\infty}f(\boldsymbol{r},\boldsymbol{k},t)d\boldsymbol{k}+\nabla_r\cdot\int_{-\infty}^{\infty}u(\boldsymbol{k})f(\boldsymbol{r},\boldsymbol{k},t)d\boldsymbol{k}=\int_{-\infty}^{\infty}\left(\frac{\partial f(\boldsymbol{r},\boldsymbol{k},t)}{\partial t}\right)_{coll}d\boldsymbol{k} \tag{17}$$

方程式 12 以及 13 應用於方程式 17，載子密度平衡方程式可得知

$$\frac{\partial n(\boldsymbol{r},t)}{\partial t}+\nabla_r\cdot(n(\boldsymbol{r},t)v_{dn}(\boldsymbol{r},t))=G-U \tag{18}$$

其中

$$\int_{-\infty}^{\infty}\left(\frac{\partial f(\boldsymbol{r},\boldsymbol{k},t)}{\partial t}\right)_{coll}d\boldsymbol{k}=G-U \tag{19}$$

　　考慮到由於電子產生、再復合所導致的導電帶，以及價電帶之間的耦合作用。$G$ 及 $U$ 分別是產生，以及再復合項。為了推導動量平衡方程式，令在方程式 11 中的 $\chi(\boldsymbol{k})=\mathrm{u}(\boldsymbol{k})$，可以得到

$$\frac{\partial}{\partial t}\int_{-\infty}^{\infty}f(\boldsymbol{r},\boldsymbol{k},t)u(\boldsymbol{k})d\boldsymbol{k}+\nabla_r\cdot\int_{-\infty}^{\infty}u(\boldsymbol{k})f(\boldsymbol{r},\boldsymbol{k},t)u(\boldsymbol{k})d\boldsymbol{k}$$
$$+\frac{q\boldsymbol{E}}{\hbar}\cdot\int_{-\infty}^{\infty}f(\boldsymbol{r},\boldsymbol{k},t)\nabla_k u(\boldsymbol{k})d\boldsymbol{k}=\int_{-\infty}^{\infty}\left(\frac{\partial f(\boldsymbol{r},\boldsymbol{k},t)u(\boldsymbol{k})}{\partial t}\right)_{coll}d\boldsymbol{k} \tag{20}$$

根據方程式 13，則方程式 20 的第一項可表示為

$$\frac{\partial}{\partial t}\int_{-\infty}^{\infty}f(\bm{r},\bm{k},t)u(\bm{k})d\bm{k}=\frac{\partial(n(\bm{r},t)v_{dn}(\bm{r},t))}{\partial t} \tag{21}$$

方程式 20 的第二項的積分可以表示為

$$\int_{-\infty}^{\infty}(u(\bm{k})-v_{dn}(\bm{r},t))(u(\bm{k})-v_{dn}(\bm{r},t))f(\bm{r},\bm{k},t)d\bm{k}$$

$$+\int_{-\infty}^{\infty}2v_{dn}(\bm{r},t)(u(\bm{k})-v_{dn}(\bm{r},t))f(\bm{r},\bm{k},t)d\bm{k}+\int_{-\infty}^{\infty}v_{dn}(\bm{r},t)v_{dn}(\bm{r},t)f(\bm{r},\bm{k},t)d\bm{k}$$

以及結合方程式 13，可計算出

$$\int_{-\infty}^{\infty}(u(\bm{k})-v_{dn}(\bm{r},t))f(\bm{r},\bm{k},t)v_{dn}(\bm{r},t)d\bm{k}=0$$

根據方程式 12, 15 以及上列的表示式

$$\nabla_{r}\cdot\int_{-\infty}^{\infty}u(\bm{k})u(\bm{k})f(\bm{r},\bm{k},t)\bm{k}=\nabla_{r}\cdot\left(\frac{n(\bm{r},t)k_{B}\bm{T}_{n}(\bm{r},t)}{m_{n}^{*}}+n(\bm{r},t)v_{dn}(\bm{r},t)^{2}\right) \tag{22}$$

對於方程式 20 的第三項，簡單假設為拋物線的能帶結構

$$E(\bm{k})=\frac{\hbar^{2}k^{2}}{2m_{n}^{*}}$$

以及粒子的群速度是

$$u(\bm{k})=\frac{1}{\hbar}\frac{dE(\bm{k})}{d\bm{k}}=\frac{\hbar k}{m_{n}^{*}}$$

因此

$$\nabla_{k}\cdot u(\bm{k})=\nabla_{k}\cdot\frac{\hbar k}{m_{n}^{*}}=\frac{\hbar}{m_{n}^{*}}\bm{I}$$

其中 $\bm{I}$ 是密度矩陣。因此，從上面的方程式，我們得到

$$\frac{qE}{\hbar} \cdot \int_{-\infty}^{\infty} f(\boldsymbol{r},\boldsymbol{k},t)\nabla_k u(\boldsymbol{k})d\boldsymbol{k} = \frac{qE}{\hbar} \cdot \frac{\hbar}{m_n^*} I \int_{-\infty}^{\infty} f(\boldsymbol{r},\boldsymbol{k},t)d\boldsymbol{k}$$
$$= \frac{qE}{m_n^*} \cdot (n(\boldsymbol{r},t)) \tag{23}$$

對於方程式 20 的右手邊項，可得

$$\int_{-\infty}^{\infty} \left( \frac{\partial f(\boldsymbol{r},\boldsymbol{k},t)u(\boldsymbol{k})}{\partial t} \right)_{coll} d\boldsymbol{k} = \left( \frac{\partial (n(\boldsymbol{r},t)v_{dn}(\boldsymbol{r},t))}{\partial t} \right)_{coll} \tag{24}$$

由方程式 21-24，方程式 20 可以重寫為

$$\frac{\partial (n(\boldsymbol{r},t)v_{dn}(\boldsymbol{r},t))}{\partial t} + \nabla_r \cdot \left( \frac{n(\boldsymbol{r},t)k_B T_n(\boldsymbol{r},t)}{m_n^*} + n(\boldsymbol{r},t)v_{dn}(\boldsymbol{r},t)^2 \right) + \frac{qE}{m_n^*}(n(\boldsymbol{r},t))$$
$$= \left( \frac{\partial (n(\boldsymbol{r},t)v_{dn}(\boldsymbol{r},t))}{\partial t} \right)_{coll} \tag{25}$$

為了推導能量平衡方程式，令方程式 11 中的 $\chi(\boldsymbol{k}) = m_n^* |u(\boldsymbol{k})|^2/2$，我們得到

$$\frac{\partial}{\partial t} \int_{-\infty}^{\infty} f(\boldsymbol{r},\boldsymbol{k},t)\frac{m_n^*|u(\boldsymbol{k})|^2}{2}d\boldsymbol{k} + \nabla_r \cdot \int_{-\infty}^{\infty} u(\boldsymbol{k})\frac{m_n^*|u(\boldsymbol{k})|^2}{2}f(\boldsymbol{r},\boldsymbol{k},t)d\boldsymbol{k}$$
$$+ \frac{qE}{\hbar} \cdot \int_{-\infty}^{\infty} f(\boldsymbol{r},\boldsymbol{k},t)\nabla_k \left( \frac{m_n^*|u(\boldsymbol{k})|^2}{2} \right)d\boldsymbol{k}$$
$$= \int_{-\infty}^{\infty} \left( \frac{\partial f(\boldsymbol{r},\boldsymbol{k},t)\frac{m_n^*|u(\boldsymbol{k})|^2}{2}}{\partial t} \right)_{coll} d\boldsymbol{k} \tag{26}$$

同樣地，仔細地評估方程式 26 中的每一項，能量平衡方程式可得

$$\frac{\partial (n(\boldsymbol{r},t)\omega_n(\boldsymbol{r},t))}{\partial t} + \nabla_r \cdot (v_{dn}(\boldsymbol{r},t)n(\boldsymbol{r},t)\omega_n(\boldsymbol{r},t) + v_{dn}(\boldsymbol{r},t)n(\boldsymbol{r},t)k_B T_n(\boldsymbol{r},t) + Q_n(\boldsymbol{r},t))$$
$$+ qnv_{dn}(\boldsymbol{r},t) \cdot \mathscr{E} = \left( \frac{\partial (n(\boldsymbol{r},t)\omega_n(\boldsymbol{r},t))}{\partial t} \right)_{coll} \tag{27}$$

結合於波松方程式以及前述的方程式 18, 25 以及 27，可以制定出電子的一組流體動力學模型 (hydrodynamic model, HD model)。對於電洞，我們可以推導出類似的方程式。因此，由七個偏微分方程式組成的一完整電子及電洞之流體動力學模型被推導出。基於更進一步簡化波茲曼傳輸方程式的動量方程式，則流體動力學模型能夠簡化成能量傳輸模型以及漂移－擴散模型（參考 1.8.1 節）。

# 附錄 J
## 氧化矽與氮化矽的特性

| 特性 | 氧化矽 | 氮化矽 |
|---|---|---|
| 結構 | 非晶態 | 非晶態 |
| 密度 (g/cm$^3$) | 2.27 | 3.1 |
| 介電常數 | 3.9 | 7.5 |
| 介電強度 (V/cm) | $\approx 10^7$ | $\approx 10^7$ |
| 電子親和力, $\chi$ (eV) | 0.9 | |
| 能隙, $E_g$ (eV) | 9 | $\approx 5$ |
| 紅外線吸收頻譜 ($\mu$m) | 9.3 | 11.5-12.0 |
| 熔點 (℃) | $\approx 1700$ | |
| 分子密度 (cm$^{-3}$) | $2.3 \times 10^{22}$ | |
| 分子重量 | 60.08 | |
| 折射率 | 1.46 | 2.05 |
| 電阻率 (Ω-cm) | $10^{14}$–$10^{16}$ | $\approx 10^{14}$ |
| 比熱 (J/g-℃) | 1.0 | |
| 熱導率 (W/cm-K) | 0.014 | |
| 熱擴散率 (cm$^2$/s) | 0.006 | |
| 線性熱膨脹係數 (℃$^{-1}$) | $5.0 \times 10^{-7}$ | |

註：室溫下的特性

# 附錄 K
# 雙極性電晶體的緊密模型

在本附錄中，概要性敘述各種不同雙極性電晶體的工業標準緊密模型 (compact model)。首先，圖 1 是甘梅—普恩模型 (Gummel-Poon model) 的一個等效電路圖。表 1 列出對於所有模型參數詳細的描述。

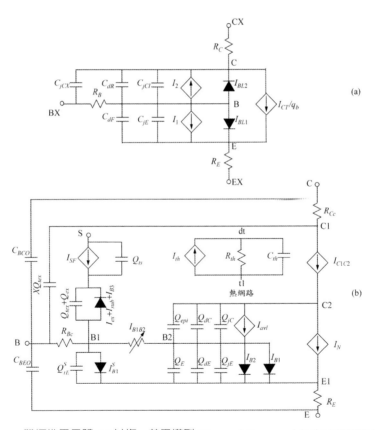

圖 1 *n-p-n* 雙極性電晶體 (a) 甘梅—普恩模型 (Gummel-Poon model) (b) MEXTRAM (c) VBIC 以及 (d) HICUM 的等效電路。在 MEXTRAM 模型中，電流 $I_{B1B2}$ 以及 $I_{C1C2}$ 描述可變電阻器（也稱 $R_{Bv}$ 以及 $R_{Cv}$）。在 VBIC 模型中，熱的等效電路包含外接於模型的兩個節點，所以局部的加熱及散熱可以連接到熱網 (thermal network)。HICUM 模型的等效電路包含熱網 (thermal network)，用於自我加熱效應的計算。

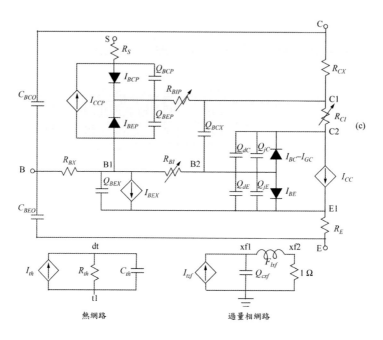

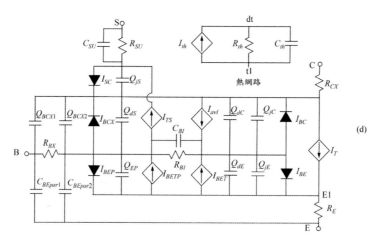

圖 1    (續)

表 1　甘梅—普恩模型 (Gummel-Poon model) 的模型參數列表，並提供參數的預設值。

| 名稱 (Name) | 單位 (Unit) | 數值 (Value) | 描述 (Description) |
|---|---|---|---|
| $I_S$ | A | $1.0 \times 10^{-16}$ | 傳輸飽和電流 |
| $B_F$ | — | 100 | 理想順向最大電流增量 |
| $N_F$ | — | 1.0 | 順向電流理想因子 |
| $B_R$ | — | 1.0 | 理想逆向最大電流增量 |
| $N_R$ | — | 1.0 | 逆向電流理想因子 |
| $I_{SE}$ | A | 0.0 | 基極—射極漏電流 |
| $N_E$ | — | 1.5 | 基極—射極漏電流理想因子 |
| $I_{SC}$ | A | 0.0 | 基極—集極漏電流 |
| $N_C$ | — | 2.0 | 基極集極漏電流理想因子 |
| $I_{KF}$ | A | 0.0 | 順向膝點電流 |
| $I_{KR}$ | A | 0.0 | 逆向膝點電流 |
| $R_B$ | Ω | 0.0 | 零偏壓基極電阻 |
| $R_E$ | Ω | 0.0 | 射極電阻 |
| $R_C$ | Ω | 0.0 | 集極電阻 |
| $C_{jEO}$ | F | 0.0 | 基極—射極零偏壓空乏電容 |
| $V_{jE}$ | V | 0.75 | 基極—射極接面內建電位能 |
| $M_{jE}$ | — | 0.33 | 基極—射極接面指數因子 |
| $C_{jCO}$ | F | 0.0 | 基極—集極零偏壓空乏電容 |
| $V_{jC}$ | V | 0.75 | 基極—集極接面內建電位能 |
| $M_{jC}$ | — | 0.33 | 基極—集極接面指數因子 |
| $X_{CJC}$ | — | 1.0 | 本質基極—集極電容因子 |
| $T_F$ | s | 0.0 | 理想順向傳渡時間 |
| $X_{TF}$ | — | 0.0 | $T_F$ 偏電壓相依的預係數 |
| $V_{TF}$ | V | 0.0 | $T_F$ 的 $V_{BC}$ 相依的係數 |
| $I_{TF}$ | A | 0.0 | $T_F$ 的 $I_C$ 相依性的係數 |
| $T_R$ | s | 0.0 | 逆向傳渡時間 |
| $F_C$ | — | 0.5 | 順向偏電壓電容係數 |
| $M$ | — | 1.0 | 電晶體連接乘數因子 |

中間的電流源 $I_1$、$I_2$ 以及 $I_{CT}$，已知如下

$$I_1 = \frac{I_S}{B_F}\left[\exp\left(\frac{V_B - V_E}{N_F \times V_{th}}\right) - 1\right] \quad \text{和} \quad I_2 = \frac{I_S}{B_R}\left[\exp\left(\frac{V_B - V_C}{N_R \times V_{th}}\right) - 1\right] \tag{1}$$

$$I_{CT} = I_S\left[\exp\left(\frac{V_B - V_E}{N_F \times V_T}\right) - \exp\left(\frac{V_B - V_C}{N_R \times V_T}\right)\right] \tag{2}$$

其中，$V_{th} = kT/q$ 是熱電壓 (thermal voltage)。漏電流 $I_{BL1}$ 以及 $I_{BL2}$ 為

$$I_{BL1} = I_{SE}\left[\exp\left(\frac{V_B - V_E}{N_E \times V_{th}}\right) - 1\right] \quad \text{和} \quad I_{BL2} = I_{SC}\left[\exp\left(\frac{V_B - V_C}{N_C \times V_{th}}\right) - 1\right] \tag{3}$$

此外，基極電荷相關的項 $q_b$ 可以寫成

$$q_b = \frac{q_1}{2} + \sqrt{\left(\frac{q_1}{2}\right)^2 + q_2} \tag{4}$$

其中，

$$q_1 = 1 + \frac{V_B - V_E}{V_{AR}} + \frac{V_B - V_C}{V_{AF}} \tag{5}$$

以及

$$q_2 = \frac{I_S}{I_{KF}}\left[\exp\left(\frac{V_B - V_E}{N_E \times V_{th}}\right) - 1\right] + \frac{I_S}{I_{KR}}\left[\exp\left(\frac{V_B - V_C}{N_R \times V_{th}}\right) - 1\right] \tag{6}$$

顯著地，$q_b$ 是基極電荷 $Q_B$ 以及平衡狀態下基極電荷 $Q_{BO}$ 的比例值。此外，$V_{AR}$ 以及 $V_{AF}$ 分別是逆向以及順向爾力電壓；$q_1$ 模擬爾力效應以及 $q_2$ 模擬共射極電流增益的高電流下降。擴散電容值已知為

$$C_{dR} = \frac{d}{dV_{BC}}\left(T_R \times I_S \times \exp\left(\frac{V_{BC}}{N_R \times V_{th}}\right)\right) \quad \text{和} \quad C_{dF} = \frac{d}{dV_{BE}}\left(\tau_F \times \frac{I_{bf}}{q_b}\right) \tag{7}$$

在此，$V_{BC} = V_B - V_C$、$V_{BE} = V_B - V_E$，有效理想的順向傳渡時間

$$\tau_f = T_F \left[ 1 + X_{TF} \times \left( \frac{I_{bf}}{I_{bf} + I_{TF}} \right)^2 \times \exp\left( \frac{V_{BC}}{1.44 \times V_{TF}} \right) \right] \tag{8}$$

以及順向擴散電流

$$I_{bf} = I_S \left[ \exp\left( \frac{V_{BE}}{N_F \times V_{th}} \right) - 1 \right] \tag{9}$$

空乏電容值是

$$C_{jE} = \begin{cases} C_{jEO} \left( 1 - \dfrac{V_{BE}}{V_{jE}} \right)^{-M_{jE}} & \text{當 } V_{BE} \leq F_C \times V_{jE} \\[3mm] C_{jEO} (1 - F_C)^{-M_{jE}} \left[ 1 - F_C(1 + M_{jE}) + \dfrac{M_{jE}}{V_{jE}} \times V_{BE} \right] & \text{當 } V_{BE} > F_C \times V_{jE} \end{cases} \tag{10}$$

$$C_{jCX} = \begin{cases} (1 - X_{CJC}) C_{jCO} \left( 1 - \dfrac{V_{BXC}}{V_{jC}} \right)^{-M_{jC}} & \text{當 } V_{BXC} \leq F_C \times V_{jC} \\[3mm] (1 - X_{CJC}) C_{jCO} (1 - F_C)^{-M_{jC}} \left[ 1 - F_C(1 + M_{jC}) + \dfrac{M_{jC}}{V_{jC}} \times V_{BXC} \right] & \text{當 } V_{BXC} > F_C \times V_{jC} \end{cases} \tag{11}$$

以及

$$C_{jCI} = \begin{cases} X_{CJC} \times C_{jCO} \left( 1 - \dfrac{V_{BC}}{V_{jC}} \right)^{-M_{jC}} & \text{當 } V_{BC} \leq F_C \times V_{jC} \\[3mm] X_{CJC} \times C_{jCO} (1 - F_C)^{-M_{jC}} \left[ 1 - F_C(1 + M_{jC}) + \dfrac{M_{jC}}{V_{jC}} \times V_{BC} \right] & \text{當 } V_{BC} > F_C \times V_{jC} \end{cases} \tag{12}$$

在此，$V_{BXC} = V_{BX} - V_C$。方程式 1-12 形成甘梅—普恩模型的一組方程式。結合前述的方程式，熱效應是更進一步模擬電流，其中，相關性的參數均列於表 2 中。

$$I_S(T_j) = I_S \left( \frac{T_j}{T_N} \right)^{X_{TI}} \exp\left[ \frac{E_g(T_N)}{k \times T_N} - \frac{E_g(T_j)}{k \times T_j} \right] \tag{13}$$

$$I_{SE}(T_j) = I_{SE} \left( \frac{T_j}{T_N} \right)^{\frac{X_{TI}}{N_E} - X_{TB}} \exp\left[ \frac{E_g(T_N)}{N_E \times k \times T_N} - \frac{E_g(T_j)}{N_E \times k \times T_j} \right] \tag{14}$$

$$I_{SC}(T_j) = I_{SC}\left(\frac{T_j}{T_N}\right)^{\frac{X_{TI}}{N_C}-X_{TB}} \exp\left[\frac{E_g(T_N)}{N_C \times k \times T_N} - \frac{E_g(T_j)}{N_C \times k \times T_j}\right] \tag{15}$$

$$B_F(T_j) = B_F\left(\frac{T_j}{T_N}\right)^{X_{TB}} \quad 和 \quad B_R(T_j) = B_R\left(\frac{T_j}{T_N}\right)^{X_{TB}} \tag{16}$$

在方程式 13-16 之中，能隙 $E_g$ 相依於溫度，參閱 5.7 節。

　　圖 1b 以及表 3 分別是 MEXTRAM 模型的等效電路圖及相關的符號。圖 1c 顯示 VBIC 模型的等效電路圖。VBIC 模型的等效電路圖的所有要素被列在表 4。圖 1d 及表 5 是 HICUM 模型的等效電路圖與相關性的模型符號。

表 2　甘梅—普恩模型 (Gummel-Poon model) 的溫度相依性參數列表

| 名稱 (Name) | 單位 (Unit) | 數值 (Value) | 描述 (Description) |
|---|---|---|---|
| $E_a$ | eV/K | $7.02\times10^{-4}$ | 第一能隙修正因子 |
| $E_b$ | K | 1108 | 第二能隙修正因子 |
| $X_{TI}$ | — | 3.0 | $I_S$ 的溫度指數 |
| $X_{TB}$ | — | 0.0 | $B_F$ 以及 $B_R$ 的溫度指數 |

表 3　MEXTRAM 模型的模型符號列表

| 名稱 (Name) | 單位 (Unit) | 描述 (Description) |
|---|---|---|
| $I_{SF}$ | A | 基板故障電流 |
| $I_{av1}$ | A | 總累增電流 |
| $I_{C1C2}$ | pA | 磊晶層電流 |
| $I_N$ | pA | 基本電晶體電流 |
| $I_{ex}$ | nA | 外質逆向基極電流 |
| $I_{sub}$ | μA | 主電流 |
| $I_{B3}$ | pA | 非理想逆向基極電流 |
| $I_{B1}^S$ | A | 流經側壁的理想基極電流 |

| 名稱 (Name) | 單位 (Unit) | 描述 (Description) |
|---|---|---|
| $I_{B1}$ | nA | 理想順向基極電流 |
| $I_{B2}$ | nA | 非理想順向基極電流 |
| $I_{B1B2}$ | nA | 收縮基極電流 |
| $R_{Bc}$ | Ω | 基極的恆定電阻器 |
| $R_{Cc}$ | Ω | 集極恆定電阻器 |
| $R_E$ | Ω | 射極電阻器 |
| $C_{BC0}$ | F | 重疊基極—集極電容 |
| $C_{BE0}$ | F | 重疊基極—射極電容 |
| $XQ_{tex}$ | fC | 外質基極—集極空乏電荷 |
| $Q_{tex}$ | fC | 外質基極—集極空乏電荷 |
| $Q_{ex}$ | fC | 外質基極—集極擴散電荷 |
| $Q^S_{tE}$ | fC | 來自側壁的空乏電荷 |
| $Q_{tS}$ | C | 集極—基板的空乏電荷 |
| $Q_{epi}$ | fC | 磊晶層擴散電荷 |
| $Q_E$ | aC | 在射極中與電荷相關的電洞積聚 |
| $Q_{dC}$ | aC | 基極—集極擴散電荷 |
| $Q_{dE}$ | aC | 基極—射極擴散電荷 |
| $Q_{jC}$ | fC | 基極—集極空乏電荷 |
| $Q_{jE}$ | fC | 基極—射極空乏電荷 |

表 4　VBIC 模型的模型符號列表

| 名稱 (Name) | 單位 (Unit) | 描述 (Description) |
|---|---|---|
| $I_{CCP}$ | A | 寄生電晶體傳輸電流 |
| $I_{BEX}$ | A | 外部基極—射極基極電流 |
| $I_{CC}$ | A | 基本電晶體電流 |
| $I_{BCP}$ | A | 寄生基極—集極電流 |
| $I_{BEP}$ | A | 寄生基極—射極電流 |
| $I_{BC}$ | A | 本質基極—集極電流 |
| $I_{GC}$ | A | 基極—集極弱累增電流 |
| $I_{BE}$ | A | 本質基極—射極電流 |
| $I_{th}$ | A | 熱（熱產生）電源 |
| $I_{tzf}$ | A | 順向傳輸電流，零相 |
| $R_{BX}$ | Ω | 外質基極電阻 |
| $R_S$ | Ω | 基板電阻 |
| $R_{BIP}$ | Ω | 理想寄生基極電阻 |
| $R_{BI}$ | Ω | 本質基極電阻 |
| $R_{CX}$ | Ω | 外質集極電阻 |
| $R_{CI}$ | Ω | 本質集極電阻 |
| $R_E$ | Ω | 射極電阻 |
| $R_{th}$ | Ω | 熱電阻 |
| $C_{BCO}$ | F | 基極與集極間的重疊電容 |
| $C_{BEO}$ | F | 基極與射極間的重疊電容 |
| $C_{th}$ | F | 熱電容 |
| $Q_{BEX}$ | C | 外質基極—射極電荷（只有空乏） |
| $Q_{BCP}$ | C | 寄生基極—集極電荷 |
| $Q_{BEP}$ | C | 寄生基極—射極電荷 |
| $Q_{BCX}$ | C | 外質基極—集極電荷（只有擴散） |
| $Q_{JC}$ | C | 基極—集極擴散電荷 |
| $Q_{dE}$ | C | 基極—射極擴散電荷 |
| $Q_{jC}$ | C | 基極—集極空乏電荷 |
| $Q_{jE}$ | C | 基極—射極空乏電荷 |

| 名稱 (Name) | 單位 (Unit) | 描述 (Description) |
|---|---|---|
| $Q_{cxf}$ | C | 過量相電路電容 |
| $F_{IXF}$ | H | 過量相電路電感 |

表 5 HICUM 模型的模型符號列表

| 名稱 (Name) | 單位 (Unit) | 描述 (Description) |
|---|---|---|
| $I_{SC}$ | A | 集極－基板飽和電流 |
| $I_{BCX}$ | A | 外部基極－集極飽和電流 |
| $I_{BEP}$ | A | 周邊基極－射極飽和電流 |
| $I_{TS}$ | A | 基板電晶體傳輸電流飽和電流 |
| $I_{BETP}$ | A | 周邊基極－射極穿隧飽和電流 |
| $I_{av1}$ | A | 累增產生電流 |
| $I_{BET}$ | A | 基極－射極穿隧飽和電流 |
| $I_{BC}$ | A | 內部基極－集極飽和電流 |
| $I_{BE}$ | A | 內部基極－射極飽和電流 |
| $I_T$ | A | 基本電晶體電流 |
| $I_{th}$ | A | 熱（熱產生）電源 |
| $R_{BX}$ | Ω | 外質基極電阻 |
| $R_{SU}$ | Ω | 基板電阻 |
| $R_{B1}$ | Ω | 本質基極電阻 |
| $R_{CX}$ | Ω | 外質集極電阻 |
| $R_E$ | Ω | 射極電阻 |
| $R_{th}$ | K/W | 熱電阻 |
| $C_{BEpar}$ | F | 射極－基極絕緣電容 |
| $C_{SU}$ | F | 分流電阻（由基板介電係數所造成） |
| $C_{B1}$ | F | 本質基極電容 |
| $C_{th}$ | Ws/K | 熱電容 |
| $Q_{BCX}$ | C | 外質基極－集極電荷 |
| $Q_{jS}$ | C | 基板空乏電荷 |
| $Q_{dS}$ | C | 基板擴散電荷 |

| 名稱 (Name) | 單位 (Unit) | 描述 (Description) |
|:---:|:---:|:---|
| $Q_{EP}$ | | 寄生射極電荷 |
| $Q_{dC}$ | C | 基極—集極擴散電荷 |
| $Q_{dE}$ | C | 基極—射極擴散電荷 |
| $Q_{jC}$ | C | 基極—集極空乏電荷 |
| $Q_{jE}$ | C | 基極—射極空乏電荷 |

# 附錄 L
# 浮動閘極記憶體效應的發現

在 1967 年的春天，姜大元 (Dawon Kahng) 與施敏 (Simon Sze) 發現了浮動閘極記憶體 (floating-gate memory, FGM) 效應 [1]。當時，他們兩位都是位於美國新紐澤西州默里山 (Murray Hill) 的美國電話電報公司貝爾研究室 (AT&T Bell Laboratory) 半導體元件部門的技術人員，任務是研究先進的電晶體以及開發新的元件概念。姜大元與施敏知道磁心記憶體 (magnetic core memory, MCM) 可使用於大型電腦，以及所有的通訊設備中，雖然磁心記憶體是非揮發性的 [2]，但是它遭遇到不少的缺點，包含大的形狀因子、高的功率消耗以及長的存取時間。此外，磁心記憶體與現有的半導體技術並不相容。

由於這些的缺點，姜大元與施敏很有興趣探討使用半導體技術來開發出非揮發性記憶體元件的可行性。某一天，在默里山簡餐咖啡廳的午餐時，姜大元提出含有金氧半 (MOS) 電容器串聯一個非線性電阻器的電路方塊。然而，對於長的儲存時間，電阻器的非線性會是非常大。施敏隨後提出金氧半電容器串聯於一個蕭特基二極體的電路架構。結果發現在長的儲存時間，外加電壓將會非常高，而且趨近於崩潰的程度。姜大元與施敏終於提出一個新的想法，使用一金屬層埋入在介於頂部金屬閘極，以及傳統金屬半場效電晶體的通道之間氧化層內 [3]。閘極堆疊是由金屬－上部絕緣體－浮動閘極－下部絕緣體－半導體四層式堆疊的元件結構。浮動閘極 ((floating gate, FG) 作為電荷儲存層會被絕緣體所環繞以得到最小的電荷洩漏。姜大元與施敏作了元件特性的理論性分析與設計實驗性元件結構，並由施敏的兩位技術助理喬治·卡雷 (George Carey) 與安迪·洛亞 (Andy Loya) 製作出實驗性元件結構。研究室的小組督導者馬蒂·萊普塞爾特 (Marty Lepselter) 提出建議採用鋯 (Zr) 作為浮動閘極材料，因為鋯的表面容易氧化形成氧化鋯 ($ZrO_2$)，可以作為上部絕緣體。量測結果與理論分析具有一致性，以及其中之一的第一個浮動閘極記憶體結構具有較長且大於一小時的儲存時間。姜大元與施敏在 1967 年 5 月 16 日投稿 *Bell System Technical Journal* 期刊論文，闡述浮動閘極記憶體效應的發現，此論文發表於 1967 年 7 月 1 日 [BSTJ, Vol. 46, p.1288-1295 (1967)][#]。

　　最初，姜大元與施敏的想法僅是以浮動閘極記憶元件結構來取代磁心記憶體，但是此一元件的應用已經遠遠超過他們原有的或任何其他所想像的 [4,5]。在 1983 年，浮動閘極記憶體被日本任天堂公司採用於遊戲機操縱台 (game console)，使遊戲機可以順利的重新啓動。在 1984 年，浮動閘極記憶體在個人電腦之中用來作為基本輸入以及輸出系統 (BIOS)，以便於在系統開啓後啓動電腦。其次，浮動閘極記憶體已能夠合乎所有的現代化電子的系統的發明，例如：數位手機（在 1990 年以及在 2007 年的智慧型手機）、固態驅動器 (1991)、快閃記憶卡 (1992)、平板電腦 (1995)、個人數位助理機 (1995)、數位影音播放器 (1997)、MP3 音樂播放器（1998 年以及在 2004 年的 iPod）、全球定位系統 (GPS)(1998)、數位照相機 (1999)、投影電視機 (1999)、通用串列匯流排 (USB)(2000)、快閃驅動器 (2000)、數位影音錄放影機 (2002)、數位電視機 (2003)、電子書 (2004)、智慧電網 (2005)、雲端運算 (2006)、先進駕駛輔助系統 (2009)、3D 列印機 (2010)、超輕薄筆記型電腦 (2011)、大數據 (2011)、智慧型手錶 (2013)、物聯網 (2013)、虛擬與混成實境播放器 (2016)，以及先進的人工智慧 (2020)。

　　在過去的五十年來，浮動閘極記憶體已經從電荷儲存的觀念進化到變成第四次工業革命的主要技術驅動器。以浮動閘極記憶體為基礎的系統應用，

---

[#]　1967 年 6 月 5 日，美國貝爾研究室也申請專利，名稱為「具有記憶性且包含電荷載子捕獲的場效半導體裝置 (Field Effect Semiconductor Apparatus with Memory Involving Entrapment of Charge Carriers)」，在 1970 年 3 月 10 日取得專利證書，專利號碼為 3,500,142。

幾乎改善人類社會的每一個面向並為人類帶來無法預料的利益。為了滿足不斷增長的需求，每年浮動閘極記憶體元件比起其他半導體元件有更大量的生產。僅在 2020 年一年之內，浮動閘極記憶體元件 ($2.5 \times 10^{21}$) 運送的數量比電晶體（雙極性與金氧半型）整個歷史性所生產數量更多 [6]。目前，在全世界上有 220 億兆浮動閘極記憶體 (FGM) 元件，對於每位男士、女士與小孩使用超過一兆記憶體元件，使得浮動閘極記憶體元件成為我們現代的社會一個不可或缺的半導體元件。

## 參考文獻

1. D. Kahng and S. M. Sze. "A Floating Gate and its Application to Memory Devices." *Bell Syst. Tech*. J. 46, 1288 (1967).

2. A. Wang and W. D. Woo, "Static Magnetic Storage and Delay Line." *J. Appl. Phys*., 21, 49 (1950).

3. For a discussion of MOSFET and nonvolatile memory devices, see for example: S. M. Sze and M. K. Lee. *Semiconductor Devices: Physics and Technology*, 3rd Ed.. Wiley. New Jersey, 2013.

4. C. Y. Lu and H. Kuan, "Nonvolatile Semiconductor Memory Revolutionizing Information Storage." *IEEE Nanotech. Mag*.. 3. 4 (2009).

5. T. Coughlin. "Storage in Media and Entertainment: The Flash Advantage." *Flash Memory Summit* 2016.

6. World Semiconductor Trade Statistics (WSTS), 2020.

# 索引 Index

半導體元件物理學 / 施敏, 李義明, 伍國珏著 ; 顧鴻壽, 陳密譯.
-- 初版 . -- 新竹市 : 國立陽明交通大學出版社, 2022.12

　　冊 ;　公分 . -- ( 電機電子系列 )

譯自 : Physics of semiconductor devices, 4th ed. vol. 2

ISBN 978-986-5470-56-1( 下冊 : 平裝 )

1.CST: 半導體

448.65　　　　　　　　　　　　　111019553

電機電子系列

半導體元件物理學第四版（下冊）

Physics of Semiconductor Devices Fourth edition　Volume.2

作　　　者：施敏、李義明、伍國珏
譯　　　者：顧鴻壽、陳密
編輯校對：顧子念
封面設計：柯俊仰
美術編輯：黃春香
責任編輯：程惠芳

出 版 者：國立陽明交通大學出版社
發 行 人：林奇宏
社　　長：黃明居
執行主編：陳怡慈
編　　輯：郭家堯、許玉欣
行　　銷：蕭芷芃
地　　址：新竹市大學路 1001 號
讀者服務：03-5712121 #50503　（週一至週五上午 8:30 至下午 5:00）
傳　　眞：03-5731764
e - m a i l：press@nycu.edu.tw
官　　網：https://press.nycu.edu.tw
FB 粉絲團：https://www.facebook.com/nycupress
製版印刷：華剛數位印刷有限公司
出版日期：2024 年 12 月初版二刷
定　　價：720 元
I S B N　：978-986-5470-56-2
G P N　：1011102013

展售門市查詢：
　陽明交通大學出版社　https://press.nycu.edu.tw
　三民書局（臺北市重慶南路一段 61 號））
　網址：http://www.sanmin.com.tw　電話：02-23617511
或洽政府出版品集中展售門市：
　國家書店（臺北市松江路 209 號 1 樓）
　網址：http://www.govbooks.com.tw　電話：02-25180207
　五南文化廣場（臺中市西區台灣大道二段 85 號）
　網址：http://www.wunanbooks.com.tw　電話：04-22260330